设计师职业培训教程

天正建筑2015建筑设计培训教程

张云杰　张艳明　编　著

清华大学出版社
北京

内 容 简 介

天正建筑是一款优秀的国产建筑设计软件。本书主要针对目前非常热门的天正建筑设计技术，将建筑设计职业知识和天正建筑的专业设计方法相结合。全书分为7个教学日，共54个教学课时，主要内容包括天正建筑基础、绘制轴网和柱子、绘制墙体和门窗、房间布局、尺寸标注、文字操作、三维建筑图和工程管理等。本书还配备了交互式多媒体教学光盘，便于读者学习使用。

本书结构严谨、内容翔实，知识全面，写法创新实用，可读性强，设计实例专业性强，步骤明确，主要针对使用天正建筑 T20 进行建筑设计的广大初、中级用户，也可作为大专院校计算机辅助设计课程的指导教材和公司天正建筑设计培训的内部教材。

图书在版编目(CIP)数据

天正建筑 2015 建筑设计培训教程/张云杰，张艳明编著. --北京：清华大学出版社，2016
(设计师职业培训教程)
ISBN 978-7-302-43833-5

Ⅰ. ①天…　Ⅱ. ①张…　②张…　Ⅲ. ①建筑设计—计算机辅助设计—应用软件—职业培训—教材　Ⅳ. ①TU201.4

中国版本图书馆 CIP 数据核字(2016)第 101937 号

责任编辑： 张彦青
装帧设计： 杨玉兰
责任校对： 吴春华
责任印制： 何　芊
出版发行： 清华大学出版社
　　网　　址： http://www.tup.com.cn, http://www.wqbook.com
　　地　　址： 北京清华大学学研大厦 A 座　　**邮　　编：** 100084
　　社 总 机： 010-62770175　　**邮　　购：** 010-62786544
　　投稿与读者服务： 010-62776969, c-service@tup.tsinghua.edu.cn
　　质量反馈： 010-62772015, zhiliang@tup.tsinghua.edu.cn
印 刷 者： 北京鑫丰华彩印有限公司
装 订 者： 三河市吉祥印务有限公司
经　　销： 全国新华书店
开　　本： 203mm×260mm　　**印　张：** 29.75　　**字　数：** 723 千字
(附 DVD 1 张)
版　　次： 2016 年 7 月第 1 版　　**印　次：** 2016 年 7 月第 1 次印刷
印　　数： 1～3000
定　　价： 65.00 元

产品编号：066075-01

前　言

本书是“设计师职业培训教程”丛书中的一本，这套丛书拥有完善的知识体系和教学套路，按照教学日和课时进行安排，采用阶梯式学习方法，对设计专业知识、软件的构架、应用方向以及命令操作都进行了详尽的讲解，循序渐进地提高读者的使用能力。丛书本着服务读者的理念，通过大量的内训，用经典实用案例对功能模块进行讲解，提高读者的应用水平，使读者全面地掌握所学知识，投入相应的工作中去。

本书主要介绍的是天正建筑设计软件，天正建筑是北京天正工程软件有限公司利用 AutoCAD 图形平台开发的优秀国产软件，主要用于绘制建筑图纸，它使得绘制建筑图纸更为灵活、方便，不仅可以减轻工作强度，还可以提高出图的效率和质量。目前，天正公司推出了最新的版本天正建筑 T20，代表了当今建筑设计软件的最新潮流。为了使读者能更好地学习软件，同时尽快熟悉天正建筑 T20 的建筑设计功能，笔者根据多年在该领域的设计经验，精心编写了本书。

笔者的 CAX 教研室长期从事天正建筑的专业设计和教学，数年来承接了大量的项目，并参与建筑设计的教学和培训工作，积累了丰富的实践经验。本书就像一位专业设计师，将设计项目时的思路、流程、方法和技巧、操作步骤面对面地与读者交流，是广大读者快速掌握天正建筑 T20 的自学实用指导书。

本书还配备了交互式多媒体教学演示光盘，将案例制作过程制成多媒体视频进行讲解，由从教多年的专业讲师全程视频教学，以面对面的形式讲解，便于读者学习使用。同时光盘中还提供了所有实例的源文件，以便读者练习使用。关于多媒体教学光盘的使用方法，读者可以参看光盘根目录下的光盘说明。另外，本书还提供了网上免费技术支持，欢迎大家登录云杰漫步多媒体科技的网上技术论坛进行交流：http://www.yunjiework.com/bbs。论坛分为多个专业的设计板块，可以为读者提供实时的软件技术支持。

本书由云杰漫步科技 CAX 教研室编著，参加编写工作的有张云杰、张艳明、尚蕾、靳翔、张云静、郝利剑、贺安、董闯、宋志刚、李海霞、贺秀亭、焦淑娟、彭勇、周益斌等。书中的设计范例、多媒体和光盘效果均由北京云杰漫步多媒体科技公司设计制作，同时感谢出版社的编辑和老师们的大力协助！

由于本书编写时间紧张，编写人员的水平有限，在编写过程中难免有不足之处，望广大读者不吝赐教，对书中的不足之处给予指正。

编　者

目 录

目录

设计师职业培训教程

第1教学日

天正建筑 T20 是北京天正工程软件有限公司利用 AutoCAD 图形平台开发的优秀国产软件，主要用于绘制建筑图纸。它定义了数十种专门针对建筑设计的图形对象，使得绘制建筑图纸更为灵活、方便，不仅可以减轻工作强度，还可以提高出图的效率和质量。

本教学日主要介绍天正建筑软件和 AutoCAD 的基本操作知识，使读者对天正建筑和 AutoCAD 软件有一个全面的了解和认识，为后续内容的深入学习打下坚实的基础。

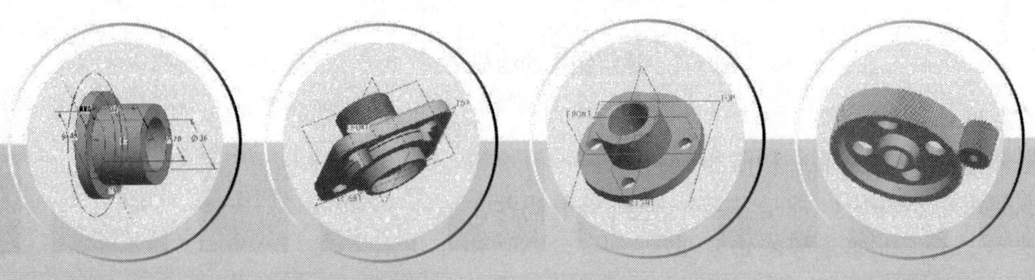

第1课 1课时 设计师职业知识——建筑的基本结构

在使用天正建筑软件绘制建筑施工图的过程中，我们会接触到很多有关建筑的基本概念，如建筑结构、开间、进深和标高等。因此本课对这些概念先进行简单的介绍。

1.1.1 建筑结构

建筑结构是指在建筑物(包括构筑物)中，由建筑材料做成的用来承受各种荷载或者作用，以起到骨架支撑作用的空间受力体系。

建筑结构设计简而言之就是用结构语言来表达建筑师及其他专业工程师所要表达的东西。结构语言就是结构工程师从建筑及其他专业图纸中所提炼简化出来的结构元素，包括墙、柱、梁、板、楼梯、基础等，如图 1-1 所示。然后用这些结构元素来构成建筑物或构筑物的结构体系，包括竖向和水平的承重及抗力体系。

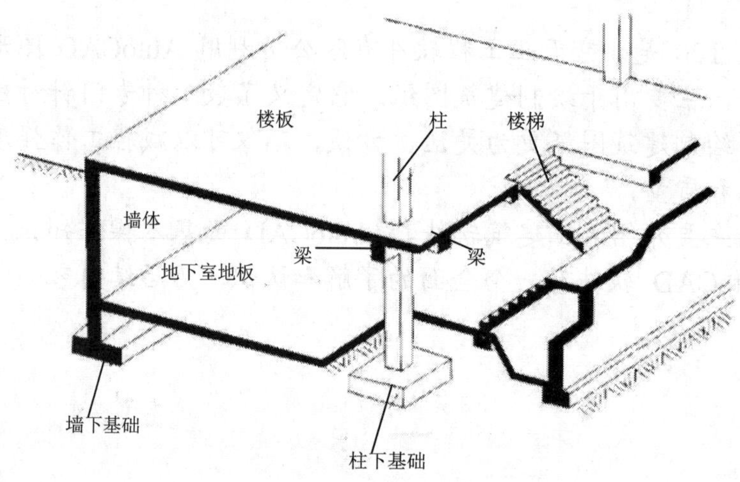

图 1-1 建筑结构的组成

各结构元素的主要作用如下。

- 墙体：墙体是建筑物的承重和围护构件。
- 柱：在框架承重结构中，柱是主要的竖向承重构件。
- 梁：由支座支承，主要承受弯矩和剪力。
- 楼板：主要用来承受垂直于板面的荷载，厚度远小于平面尺度。
- 楼梯：楼房建筑的垂直交通设施，供人们平时上下和紧急疏散时使用。
- 基础：建筑最下部的承重构件，承担建筑的全部荷载，并下传给地基。

1.1.2 建筑结构的分类

1. 砖混结构

砖混结构是指建筑物中竖向承重结构的墙、柱等采用砖或者砌块砌筑，横向承重的梁、楼板、屋面板等采用钢筋混凝土结构。也就是说，砖混结构是以小部分钢筋混凝土及大部分砖墙承重的结构，如图 1-2 所示。

图 1-2 砖混结构

砖混结构适合开间进深较小、房间面积小、多层(4～7 层)或低层(1～3 层)的建筑，承重墙体不能改动。

2. 框架结构

框架结构是指由梁和柱以刚接或者铰接相连接构成承重体系的结构，即由梁和柱组成框架共同抵抗适用过程中出现的水平荷载和竖向荷载，如图 1-3 所示。采用框架结构的房屋墙体不承重，仅起到围护和分隔的作用，一般用预制的加气混凝土、膨胀珍珠岩、空心砖或多孔砖、浮石、蛭石、陶粒等轻质板材等材料砌筑或装配而成。

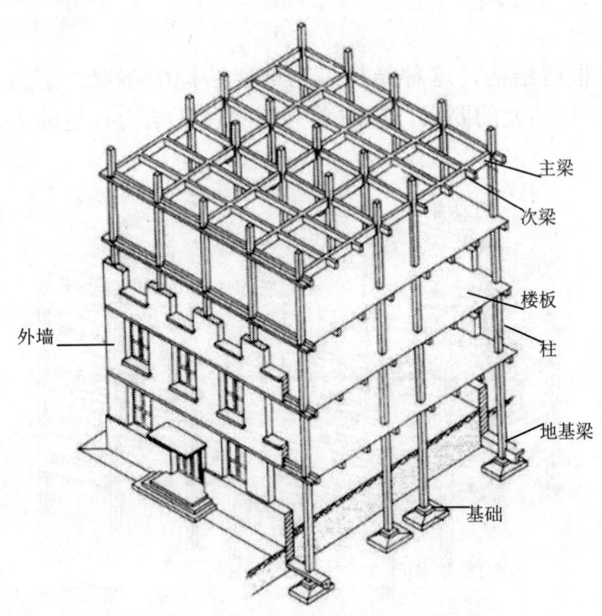

图 1-3 框架结构

框架结构可以建造较大的室内空间，房间分隔灵活，便于使用；工艺布置灵活性大，便于设备布置；抗震性能优越，具有较好的结构延性等优点。

3. 剪力墙结构

剪力墙结构是用钢筋混凝土墙板来代替框架结构中的梁柱，能承受各类荷载引起的内力，并能有效控制结构的水平力，这种用钢筋混凝土墙板来承受竖向和水平力的结构称为剪力墙结构，如图 1-4 所示。

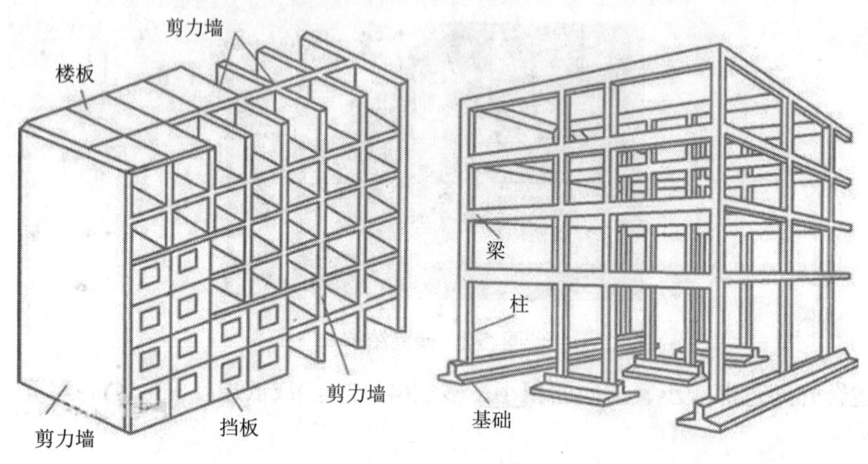

图 1-4　剪力墙结构

剪力墙的主要作用是承受竖向荷载(重力)、抵抗水平荷载(风、地震等)。在剪力墙结构中，墙与楼板组成受力体系，其缺点是剪力墙不能拆除或破坏，不利于形成较大的空间，住户无法对室内布局自行改造。

4. 框架-剪力墙结构

框架-剪力墙结构也称框剪结构，这种结构是在框架结构中布置一定数量的剪力墙，构成灵活自由的使用空间，满足不同建筑功能的要求，同时剪力墙能保证结构有足够大的刚度，如图 1-5 所示。

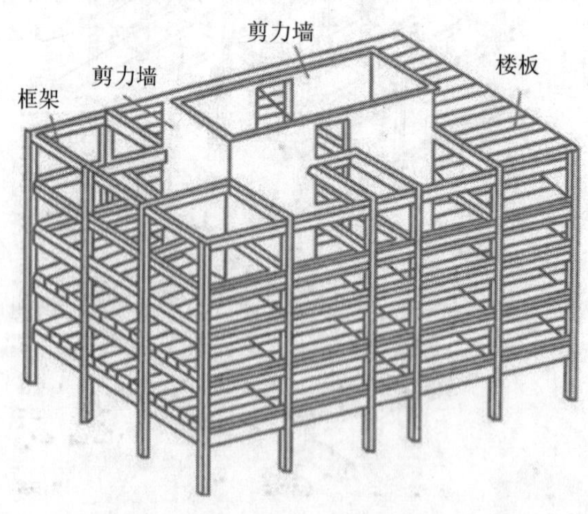

图 1-5　框架-剪力墙结构

框剪结构是由框架和剪力墙两种不同的抗侧力结构组成的新的受力形式，所以它的框架不同于纯框架结构中的框架，剪力墙在框剪结构中也不同于剪力墙结构中的剪力墙。

5. 筒体结构

筒体结构由框架-剪力墙结构与全剪力墙结构综合演变和发展而来。筒体结构是将剪力墙或密柱框架集中到房屋的内部和外围而形成的空间封闭式的筒体，如图 1-6 所示。其特点是剪力墙集中而获得较大的自由分割空间，多用于写字楼建筑。

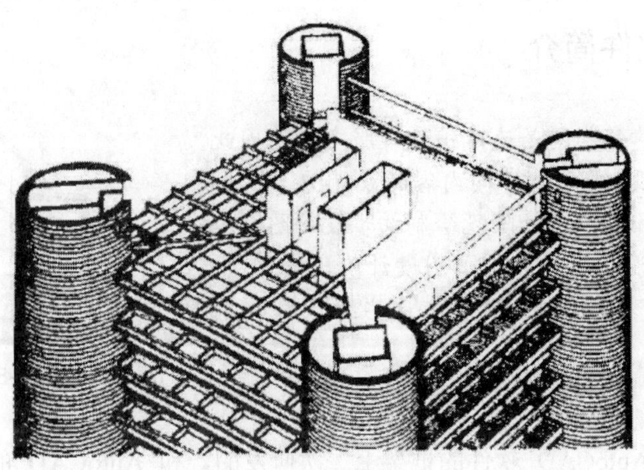

图 1-6 筒体结构

6. 钢结构

钢结构是以钢材制作为主的结构，是主要的建筑结构类型之一。钢结构是现代建筑工程中较普通的结构形式之一。

钢结构的特点是强度高、自重轻、刚度大，对于建造大跨度和超高、超重型的建筑物特别适宜；材料匀质性和各向同性好，属理想弹性体，最符合一般工程力学的基本假定；材料塑性、韧性好，可有较大变形，能很好地承受动力荷载；建筑工期短，其工业化程度高，可进行机械化程度高的专业化生产；加工精度高、效率高、密闭性好，可用于建造气罐、油罐和变压器等，如图 1-7 所示。

图 1-7 钢结构建筑

第2课 2课时 天正建筑软件的简介与操作界面

1.2.1 天正建筑软件简介

行业知识链接：建筑制图是为建筑设计服务的，因此，在建筑设计的不同阶段，要绘制不同内容的设计图。在建筑设计的方案设计阶段和初步设计阶段绘制初步设计图，在技术设计阶段绘制技术设计图，在施工图设计阶段绘制施工图。如图 1-8 所示是建筑绘图中的细节，这些细节都遵循制图规范。

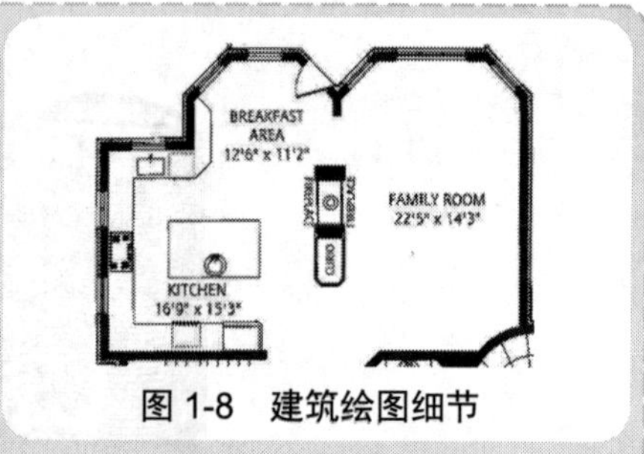

图 1-8 建筑绘图细节

天正建筑软件是在 AutoCAD 软件的框架上二次研发的，和 AutoCAD 的界面与操作方式相差不大，因此，具有 AutoCAD 使用基础的用户，能够轻松学会并顺利使用天正建筑软件。但同时天正建筑软件又有其自身的特点，本课即介绍天正建筑软件的优势及相关知识。

1. 天正建筑软件与 AutoCAD 软件的关系

天正建筑 T20-Arch 软件需要在 AutoCAD 软件的平台上运行，不同版本的 T20-Arch 软件需要在其相对应的 AutoCAD 平台上才能运行。天正建筑 T20 支持 32 位 AutoCAD 2004～2014 平台及 64 位 AutoCAD 2010～2014 平台。

因为天正建筑软件是在 AutoCAD 软件的基础上二次研发的，所以操作方式与 AutoCAD 大同小异，但同时也保持了自身的特点。在天正建筑软件中，可以使用基本编辑、夹点编辑、对象编辑、对象特性编辑、特性匹配(格式刷)等 AutoCAD 软件通用的编辑功能。此外，在天正建筑软件中编辑图形对象时，可以用鼠标双击对象，直接进入对象编辑或者对象特性编辑。

2. 天正建筑软件与 AutoCAD 软件的兼容性

由于自定义对象的导入，产生了图纸交流的问题，普通 AutoCAD 不能观察与操作图形文件中的天正对象。为了保持紧凑的 DWG 文件的容量，天正默认关闭了代理对象的显示，使得标准的 AutoCAD 无法显示这些图形。如果要在 AutoCAD 中显示天正图形，可以使用以下方法。

(1) 安装天正插件。可以在天正官方网站(www.tangent.com.cn)下载“天正建筑 T20 插件”并安装。天正建筑 T20 插件支持 32 位 AutoCAD 2002～2014 平台以及 64 位 AutoCAD 2010～2014 平台。

(2) 图形导出。如果不方便安装插件，可以在天正建筑软件中，选择【文件布图】|【整图导出】菜单命令，弹出【图形导出】对话框(见图 1-9)，将天正建筑绘制的图形导出为“天正 3 文件”格式。此格式的天正文件可以被大多数版本的 AutoCAD 直接打开。

图 1-9 【图形导出】对话框

(3) 分解天正图形。在天正建筑软件中选择【文件布图】|【分解对象】菜单命令，对天正对象进行分解。分解后的图可以被 AutoCAD 直接打开，但是无法再使用天正的相关编辑工具对其进行编辑，也会失去部分特性。如墙体被分解后，便不能双击墙体进入墙体编辑状态来修改墙高、材料、用途、尺寸等参数。

在安装天正建筑 T20-Arch 软件后，首次运行时，系统会出现提示框，提醒用户选择该 T20-Arch 软件在哪个 AutoCAD 平台上运行，假如用户所选择的 AutoCAD 版本与目前电脑中所安装的 T20-Arch 软件不兼容，则用户需要更换 AutoCAD 版本以适应 T20-Arch 软件，保证其正常运行。

3. 使用天正建筑软件绘图的优点

与 AutoCAD 软件相比，使用天正建筑 T20-Arch 软件绘制建筑图形，特别是绘制复杂的大型工程和建筑施工图纸的时候，不但可以保证绘制的速度和图形的准确性，还可以大大减少绘图人员的工作量。

天正建筑软件的主要优点如下。

(1) 在 AutoCAD 软件的基础上增加了用于绘制建筑构件的专用工具，用户可以调用建筑构件的绘制命令，在弹出的对话框中设置相应的参数，直接绘制出墙线、柱子、门窗等建筑图形，如图 1-10 所示。

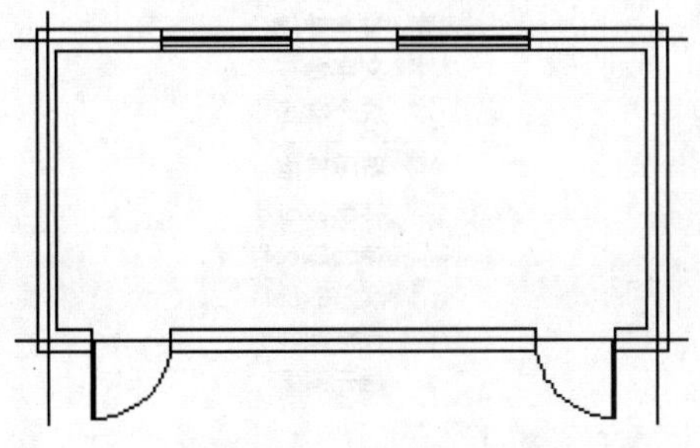

图 1-10 天正建筑特有的建筑构件

(2) 预设了许多智能特征，例如：插入的门窗碰到墙，墙即自动开洞并嵌入门窗，如图 1-11 所示，而删除门窗时，墙体将自动封口，从而大大提高了绘图的效率。

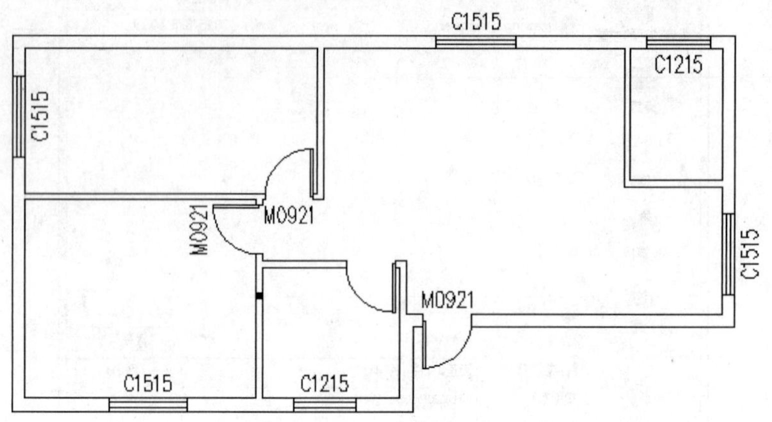

图 1-11　自动插入门窗功能

(3) 预设了图纸的绘图比例，以及符合国家规范的制图标准，可以提高绘图的准确性。其设置界面如图 1-12 所示。

图 1-12　绘图比例等设置

(4) 可以方便地书写和修改中西文混排文字，以及输入和变换文字的上下标、特殊字符等。此外，还提供了非常灵活的表格内容编辑命令，用户可以方便快速地编辑表格内容，相关命令如图 1-13 所示。

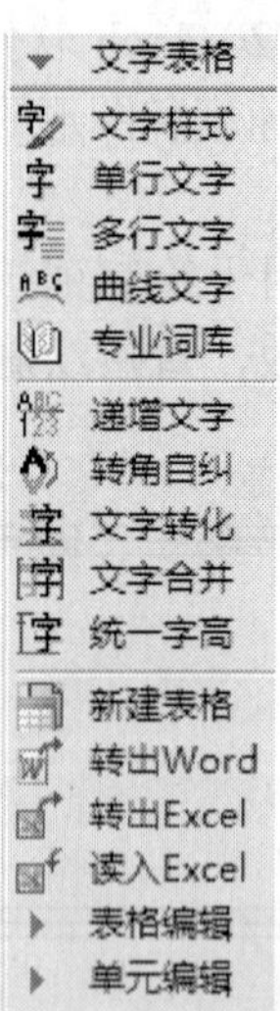

图 1-13　【文字表格】菜单

(5) 基本使用二维绘图模式，但是绘制的图形中含有三维信息，从而可以使用户轻松观察图形的三维效果，如图 1-14 所示。制作完成的三维模型还可以导出到 3ds Max 等三维软件中进行后期加工和渲染。

图 1-14　建筑三维效果

4. 启动和退出天正建筑软件

天正建筑软件安装、启动与退出的方法与其他软件大同小异，下面简单介绍天正建筑 T20 软件的启动与退出。

1) 天正建筑软件的启动

在正确安装天正建筑 T20 软件之后，程序会自动在 Windows 桌面上建立相应的快捷方式图标，通过该图标即可快速启动天正建筑软件。

双击桌面上的天正建筑快捷图标，可以快速启动天正建筑软件。此外，还可以通过 Windows 的【开始】菜单启动软件，选择【开始】|【所有程序】|【T20 天正建筑软件 T20-Arch V1.0】|【T20 天正建筑软件 T20-Arch V1.0】命令即可启动软件，如图 1-15 所示。

图 1-15　通过菜单启动天正建筑软件

首次打开的软件界面如图 1-16 所示。

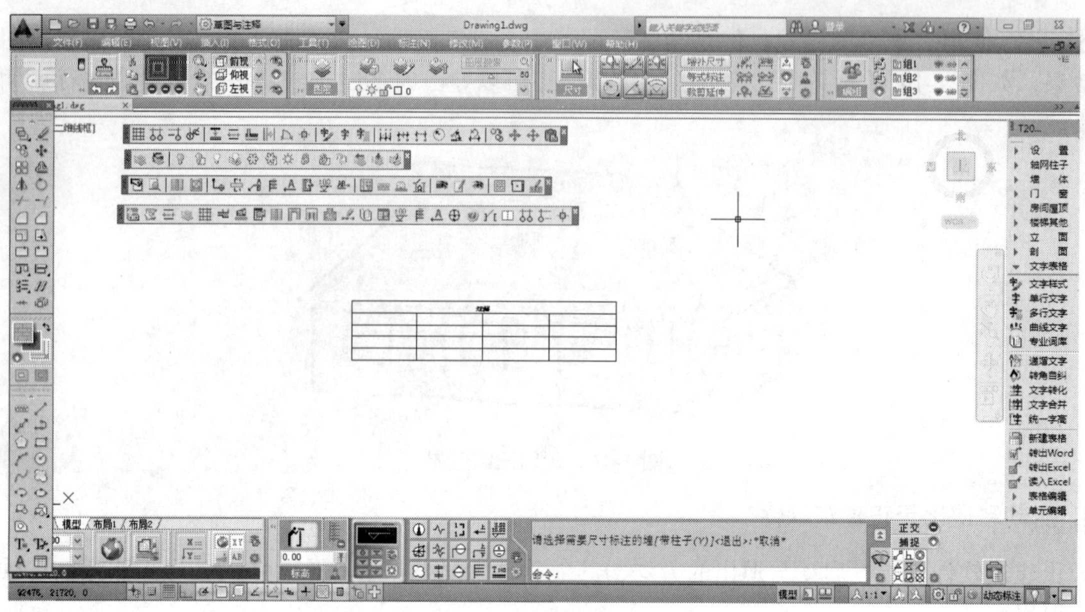

图 1-16　天正建筑软件界面

2) 天正建筑软件的退出

天正建筑软件有以下几种退出方法。

(1) 在完成建筑图形的绘制后，可以退出天正建筑软件。单击软件左上角的菜单浏览器按钮，在弹出的下拉列表中单击【退出 Autodesk AutoCAD 2014】按钮，如图 1-17 所示。此时系统弹出 AutoCAD 提示对话框，如图 1-18 所示，根据需要选择是否保存当前图形，即可退出软件。

图 1-17　单击【退出 Autodesk AutoCAD 2014】按钮

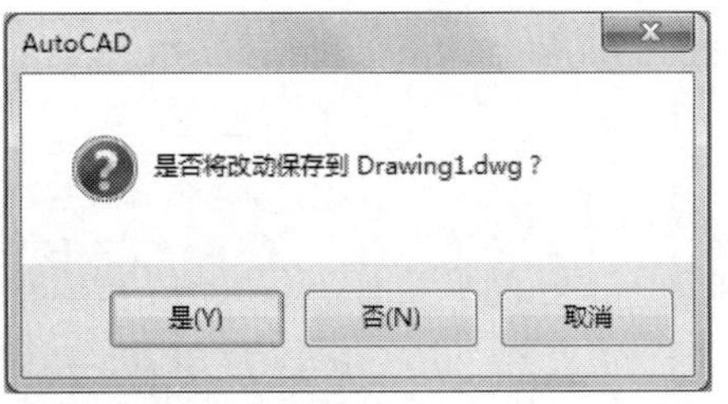

图 1-18　AutoCAD 提示框

(2) 选择【文件】|【退出】菜单命令，如图 1-19 所示，在随后弹出的 AutoCAD 对话框中根据需要选择是否保存当前图形，即可退出软件。

(3) 单击软件界面右上角的【关闭】按钮，如图 1-20 所示，即可关闭图形文件并退出软件。

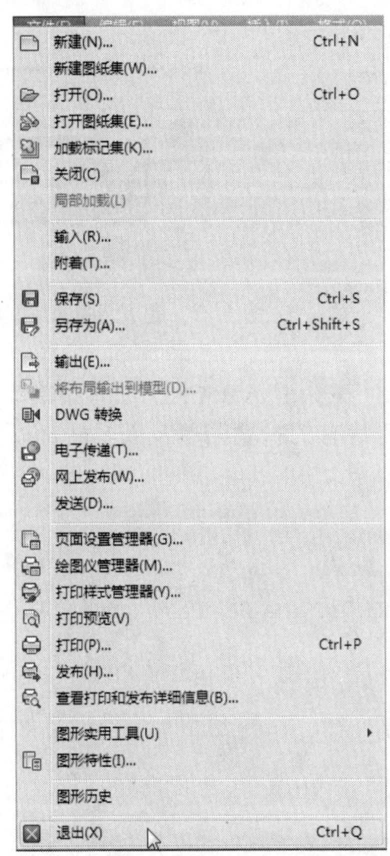

图 1-19　选择【文件】|【退出】菜单命令

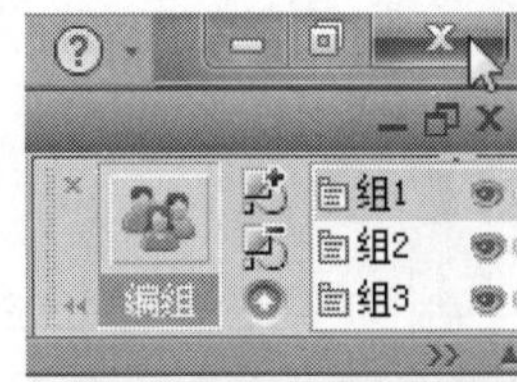

图 1-20　单击【关闭】按钮退出软件

(4) 在标题栏上单击鼠标右键，在弹出的快捷菜单中选择【关闭】命令，如图 1-21 所示，即可退出软件。

(5) 将鼠标指针移动至 Windows 任务栏中的天正建筑图标上，单击鼠标右键，在弹出的快捷菜单中选择【关闭窗口】命令，如图 1-22 所示，即可关闭图形文件并退出软件。

(6) 在命令行中输入“QUIT”或者“EXIT”并按 Enter 键，即可关闭图形文件并退出软件。按 Alt+F4 或 Ctrl+Q 组合键，也可退出软件。

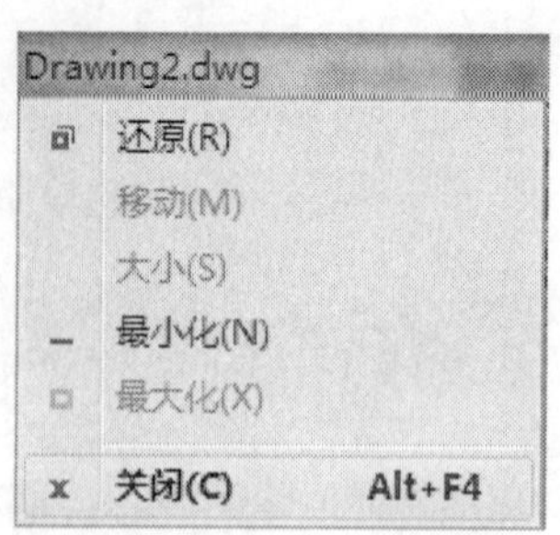

图 1-21 选择【关闭】命令退出软件

图 1-22 以任务栏退出软件

1.2.2 天正建筑软件的操作界面

行业知识链接： 室内设计图中连续重复的构配件等，当不易标明定位尺寸时，可在总尺寸的控制下，定位尺寸不用数值而用“均分”或 EQ 字样表示。如图 1-23 所示建筑图中的线型和字体是有规范的。

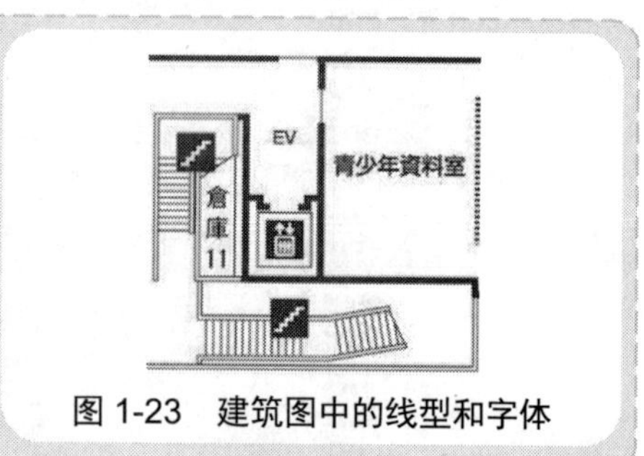

图 1-23 建筑图中的线型和字体

天正建筑软件 T20 是在 AutoCAD 的平台之上运行的，在保留 AutoCAD 所有菜单项和图标的基础上，对 AutoCAD 的交互界面进行了扩充，添加了天正特有的折叠菜单及工具栏，以方便用户使用。如图 1-24 所示为天正建筑软件的工作界面。

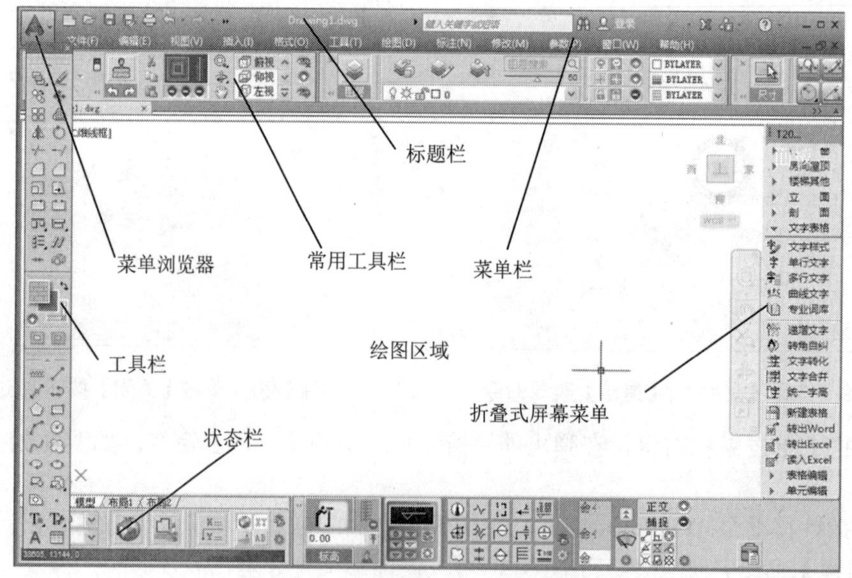

图 1-24 天正建筑软件的工作界面

提示：中文版 AutoCAD 提供了【草图与注释】、【三维基础】、【三维建模】和【AutoCAD 经典】4 种工作空间，本书统一使用【草图与注释】工作空间进行知识的讲解。

1. 折叠式屏幕菜单

天正建筑软件创新设计出了折叠式的屏幕菜单，在开启下一个菜单命令后，上一个打开的菜单命令会自动关闭以适应下一个菜单的开启。在命令行中输入“TMNLOAD”并按 Enter 键，可以打开屏幕菜单。如图 1-25 所示为折叠式屏幕菜单，在开启【门窗】屏幕菜单后，【墙体】屏幕菜单会自动关闭。

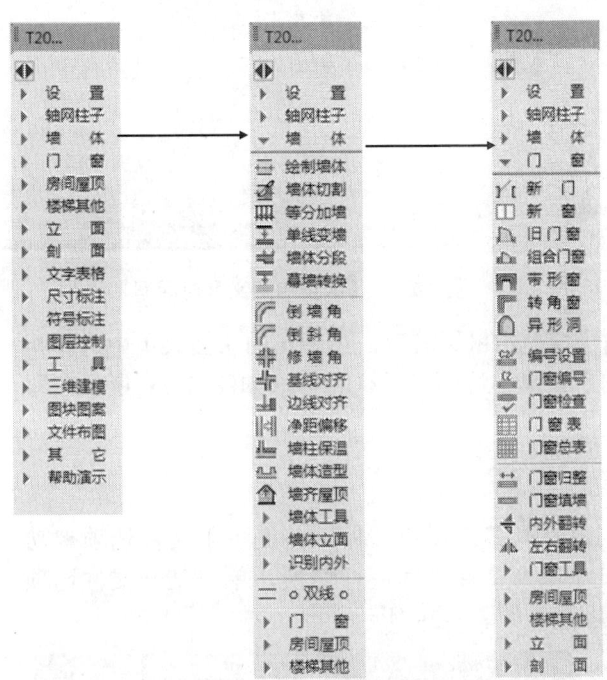

图 1-25　折叠式屏幕菜单

提示：因为屏幕的高度有限，可以用鼠标滚轮上下滚动来选取当前屏幕菜单中不可见的项目。

2. 常用和自定义工具栏

天正建筑软件有多个工具栏。在常用工具栏中有常用的绘制图形命令，比如绘制轴网、绘制墙体等，如图 1-26 所示。在屏幕菜单中可以自定义屏幕菜单、工具栏和快捷键。

图 1-26　常用工具栏

在屏幕菜单中选择【设置】|【自定义】命令，可以打开如图 1-27 所示的【天正自定义】对话框，在其中可以对【屏幕菜单】、【操作配置】、【基本界面】、【工具条】以及【快捷键】选项卡

进行自定义设置。

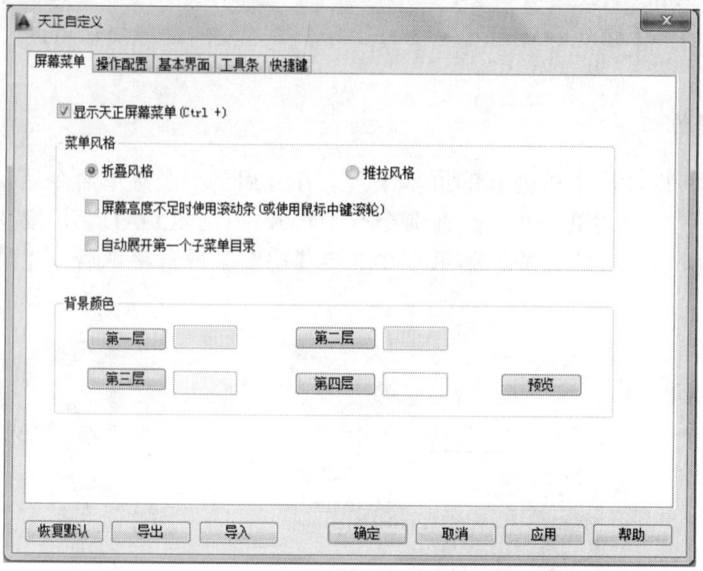

图 1-27 【天正自定义】对话框

在各个工具栏的空白区域单击鼠标右键，在弹出的快捷菜单中选择相应的命令，然后在弹出的子菜单中选择工具栏名称，如图 1-28 所示，即可开启相应的工具栏。

图 1-28 快捷菜单

3. 文件选项卡

天正建筑软件支持同时打开多个图形文件，并提供了文件选项卡功能，用户可以方便地在几个图形文件之间进行切换。单击某一文件选项卡，即可将其切换为当前图形，如图 1-29 所示。

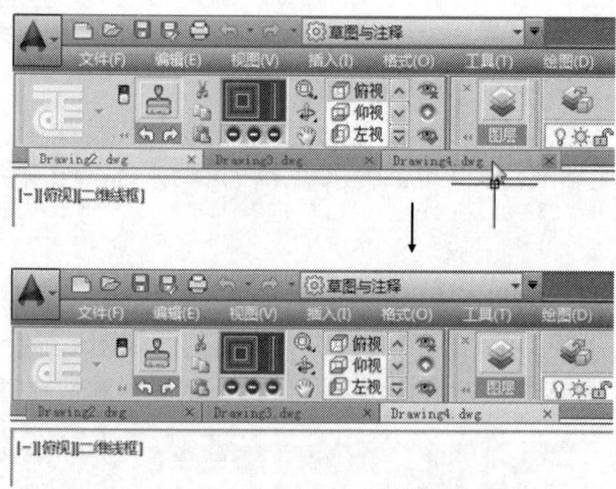

图 1-29 切换当前图形

将鼠标指针置于文件选项卡之上，单击鼠标右键，在弹出的快捷菜单中可以选择相应的命令对文件进行操作，如图 1-30 所示。

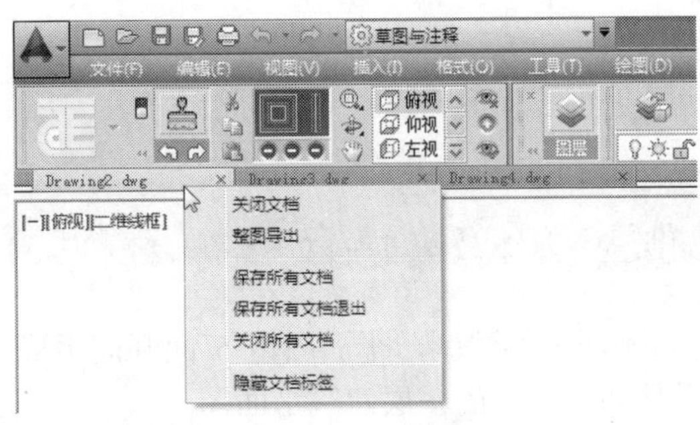

图 1-30　文件快捷菜单

4. 状态栏

状态栏位于软件界面的下方，天正建筑软件在 AutoCAD 状态栏的基础上增加了比例设置的下拉列表控件及多个功能切换开关，方便了动态输入、墙基线、填充、加粗和动态标注状态的快速切换，如图 1-31 所示。

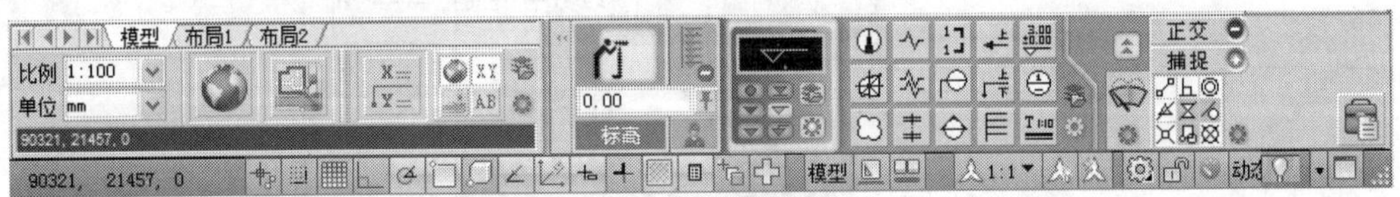

图 1-31　状态栏

AutoCAD 状态栏中天正各项工具的功能如下。

【比例】：可在弹出的下拉列表中设定新对象的出图比例。

【单位】：设置图纸的尺寸单位，如 mm、m 等。

【标高】：设置建筑的标高参数。

【正交】、【捕捉】：设置捕捉状态。

标注按钮：多个按钮用于标注建筑图的各个特殊标注。

5. 工程管理工具

在使用天正建筑软件绘制立面图和剖面图的时候，需要先调用工程管理命令来新建工程和创建楼层表，在完成了这一系列操作后，才能在此基础上生成建筑立面图或者建筑剖面图。工程管理工具主要用于管理属于同一个工程下的所有图纸。选择【文件布图】|【工程管理】菜单命令，可打开【工程管理】面板。在该面板的【工程管理】下拉菜单中可以选择相应的命令执行新建工程管理等操作，如图 1-32 所示。

图 1-32　【工程管理】面板

课后练习

案例文件：ywj\01\01.dwg

视频文件：光盘→视频课堂→第 1 教学日→1.2

本节课后练习的是一层建筑平面图的绘制，平面图由 5 间开间组成，且有墙壁基准，有台阶和阶梯等附属部分，如图 1-33 所示是创建完成的一层建筑平面图。

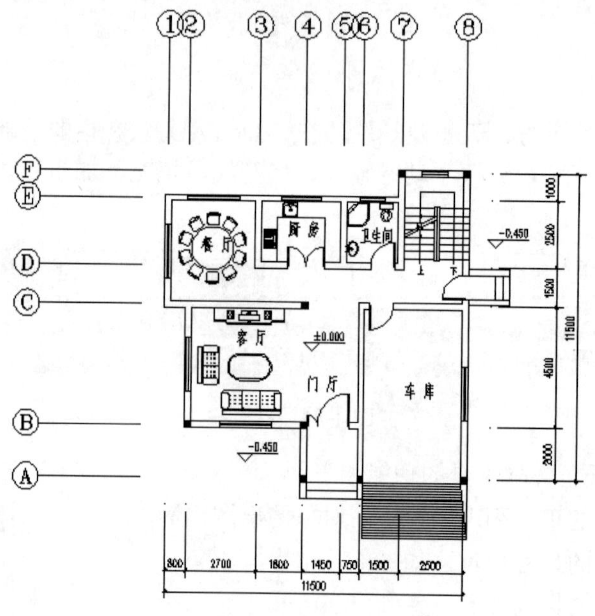

图 1-33　一层建筑平面图

本节案例主要练习了天正建筑软件 T20 的平面图绘制知识，首先绘制轴网，之后绘制墙体，再添加门窗、台阶等附属特征，接着创建文字、家具等特征，最后添加标注和标高，一层建筑平面图的创建思路和步骤如图 1-34 所示。

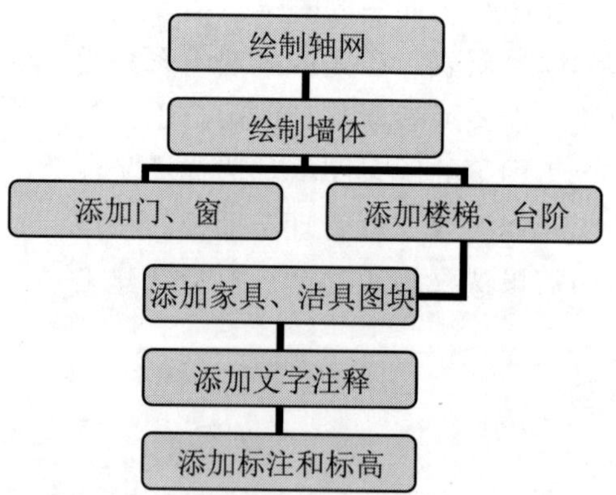

图 1-34　一层建筑平面图的创建思路和步骤

练习案例操作步骤如下。

step 01 首先绘制轴网。双击桌面图标，进入天正建筑软件 T20 的绘图环境，如图 1-35 所示。

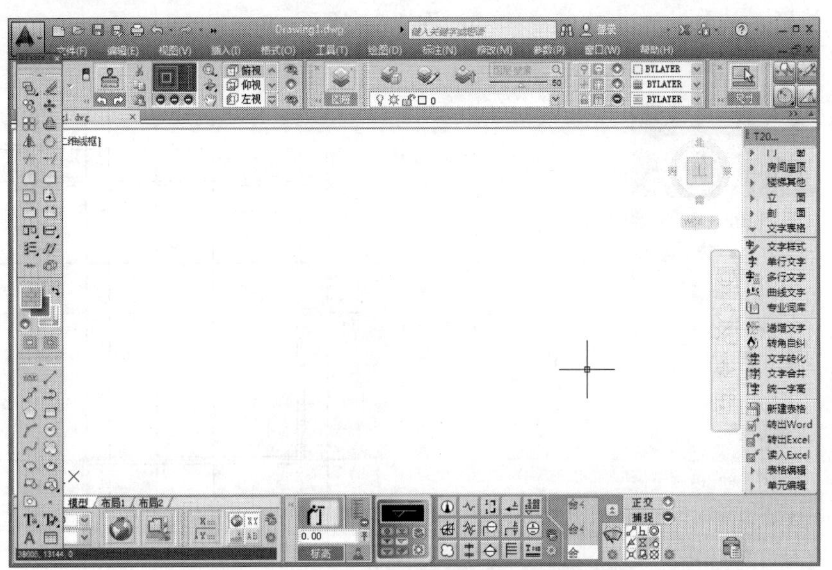

图 1-35 T20 天正建筑绘图环境

step 02 选择【轴网柱子】|【绘制轴网】菜单命令，弹出【绘制轴网】对话框，选中【下开】单选按钮，在【间距】文本框中分别输入间距值 800、2700、1800、1450、750、1500 和 2500(注：AutoCAD 中默认的长度单位为毫米(mm)，本书中对此一般不作标注)，如图 1-36 所示。

step 03 在【绘制轴网】对话框中，选中【右进】单选按钮，在【间距】文本框中分别输入间距值 1000、2500、1500、4500 和 2000，并单击绘图区放置轴网，完成轴网绘制，如图 1-37 所示。

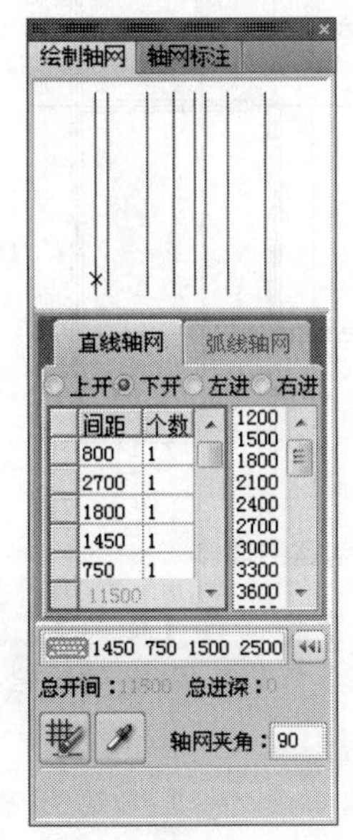

图 1-36 输入下开间距

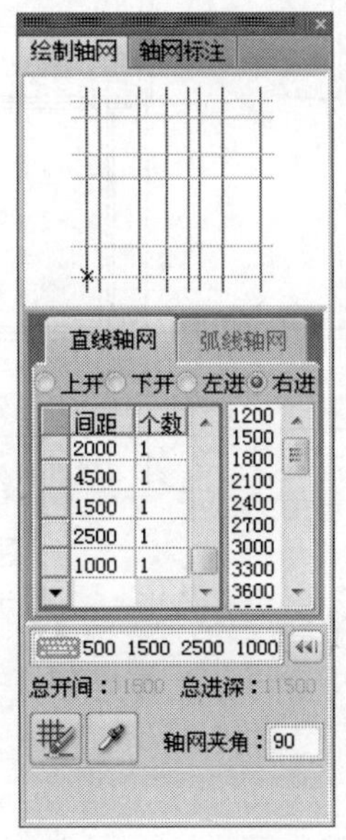

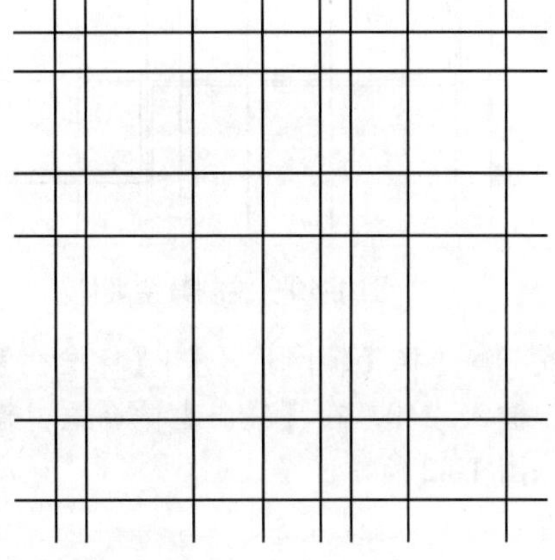

图 1-37 创建轴网

step 04 接着绘制墙体。选择【墙体】|【绘制墙体】菜单命令，弹出【墙体】对话框，在【墙宽】微调框中输入240，如图1-38所示。

step 05 在绘图区域依次单击绘制墙体，如图1-39所示。

图1-38　输入墙宽

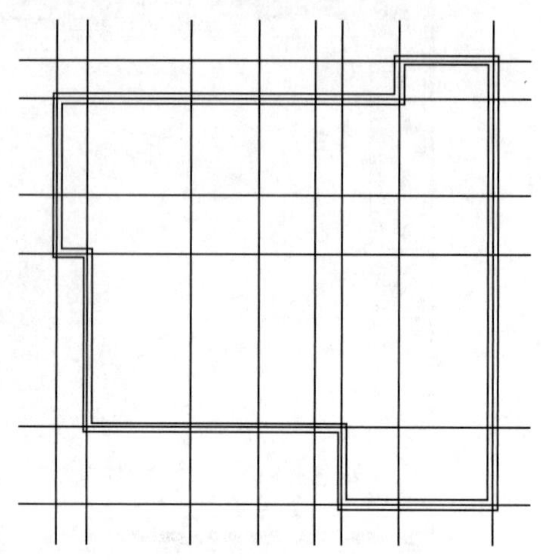

图1-39　在绘图区域绘制墙体

step 06 在绘图区域继续绘制其余墙体，如图1-40所示。

step 07 绘制室内墙体，如图1-41所示。

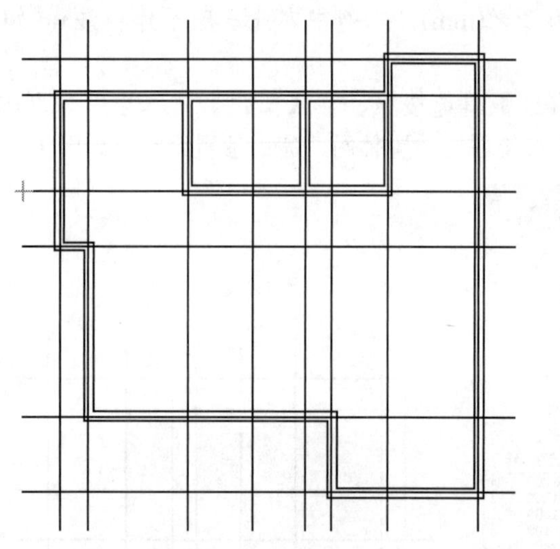

图1-40　绘制其余墙体

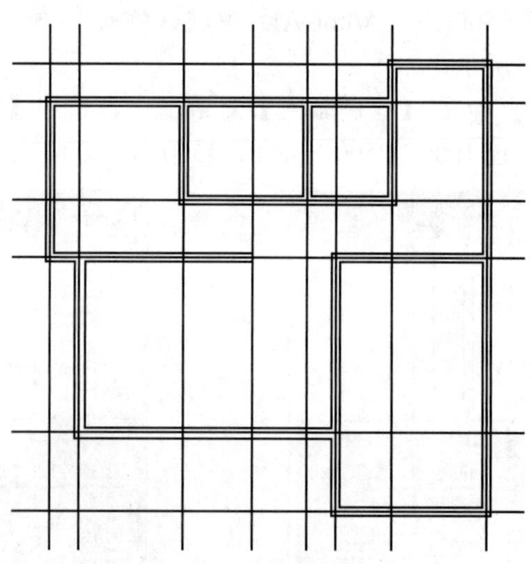

图1-41　绘制室内墙体

step 08 选择【轴网柱子】|【标准柱】菜单命令，弹出【标准柱】对话框，在【横向】微调框中输入240，在【纵向】微调框中输入240，并在绘图区域添加多个立柱，完成墙体绘制，如图1-42所示。

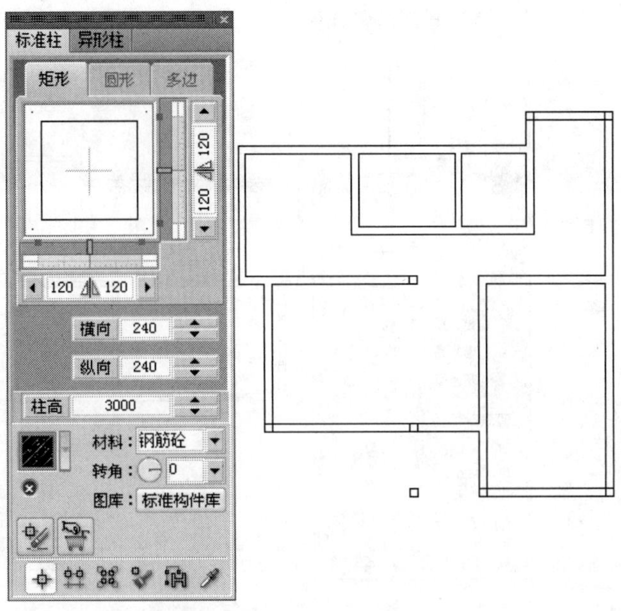

图 1-42　添加多个立柱

step 09 再添加门窗、阶梯特征。选择【门窗】|【新窗】菜单命令，弹出【窗】对话框，在【窗宽】微调框中输入 2000，并在绘图区域添加多个 2 米宽的窗户，如图 1-43 所示。

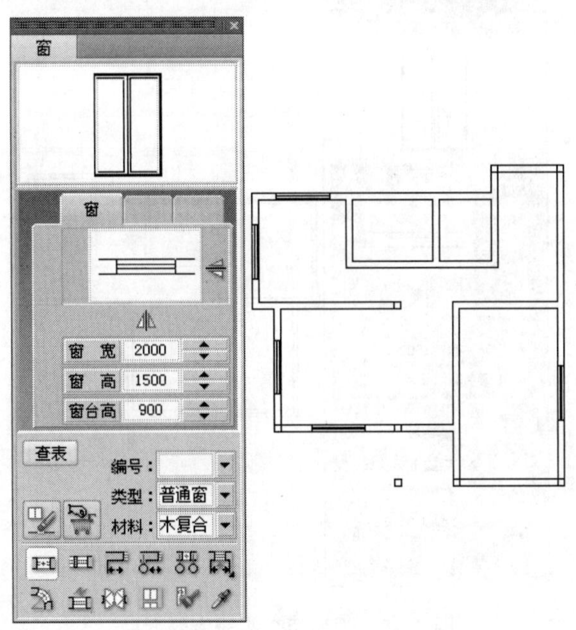

图 1-43　添加多个 2 米宽的窗户

step 10 在【窗】对话框的【窗宽】微调框中输入 1500，并在绘图区域添加一个 1.5 米宽的窗户，如图 1-44 所示。

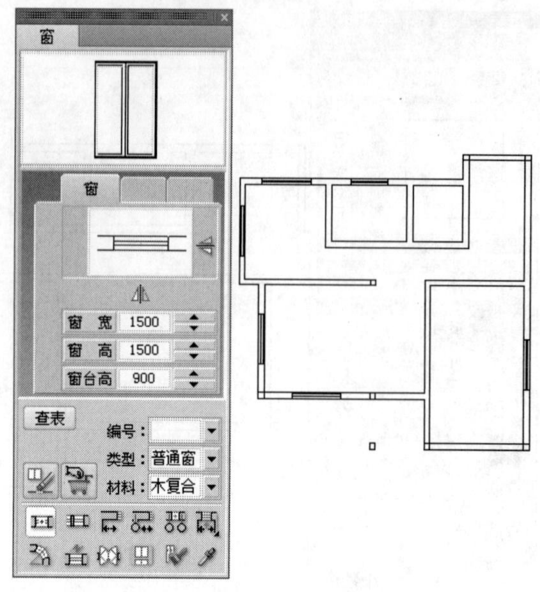

图 1-44　添加一个 1.5 米宽的窗户

step 11 在【窗】对话框的【窗宽】微调框中输入 1000，并在绘图区域添加两个 1 米宽的窗户，如图 1-45 所示。

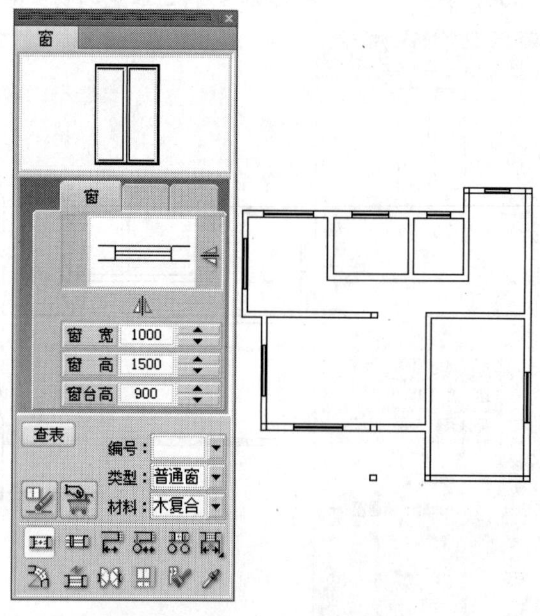

图 1-45　添加两个 1 米宽的窗户

step 12 选择【门窗】|【新门】菜单命令，弹出【门】对话框，在【门宽】微调框中输入 900，并在绘图区域添加多个 0.9 米宽的单扇平开门，如图 1-46 所示。

step 13 在【门】对话框中，选择【双扇平开门】选项，在【门宽】微调框中输入 1400，并在绘图区域添加一个 1.4 米宽的双扇平开门，如图 1-47 所示。

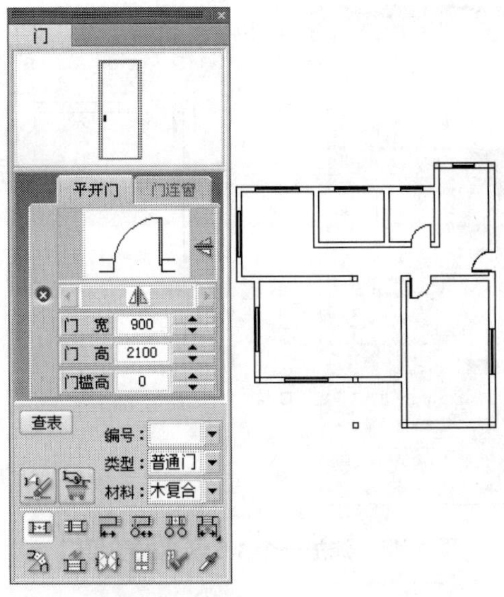

图 1-46　添加多个 0.9 米宽的单扇平开门

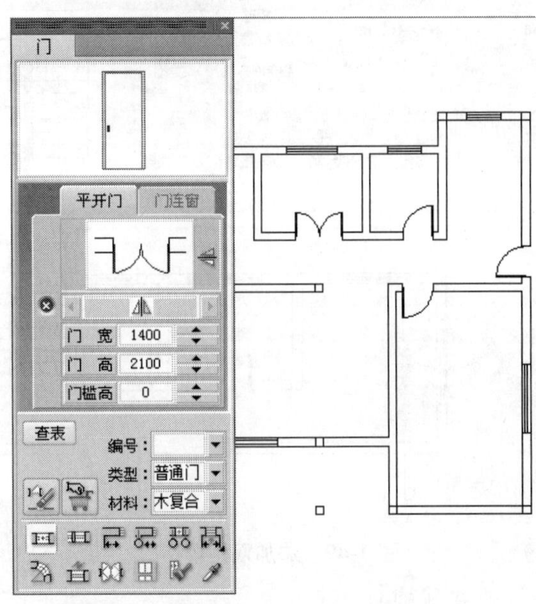

图 1-47　添加一个 1.4 米宽的双扇平开门

step 14 在【门】对话框中，选择【子母门(90 度双线)】选项，在【门宽】微调框中输入 1600，并在绘图区域添加一个 1.6 米宽的子母门，如图 1-48 所示。

step 15 选择【楼梯其他】|【双跑楼梯】菜单命令，弹出【双跑楼梯】对话框，在【踏步总数】微调框中选择 16，【梯间宽】文本框中输入 2500，【平台宽度】文本框输入 1200，并在绘图区域添加双跑楼梯，如图 1-49 所示。

step 16 选择【楼梯其他】|【台阶】菜单命令，弹出【台阶】对话框，选择【矩形单面台阶】类型，在【平台宽度】文本框中输入 2000，并在绘图区域添加台阶，如图 1-50 所示。

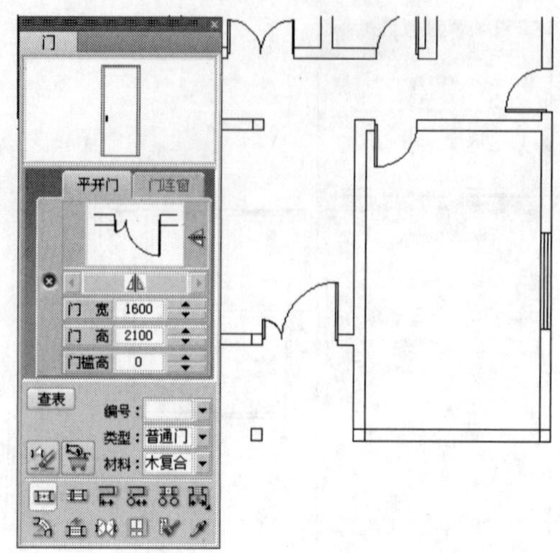

图 1-48　添加一个 1.6 米宽的子母门

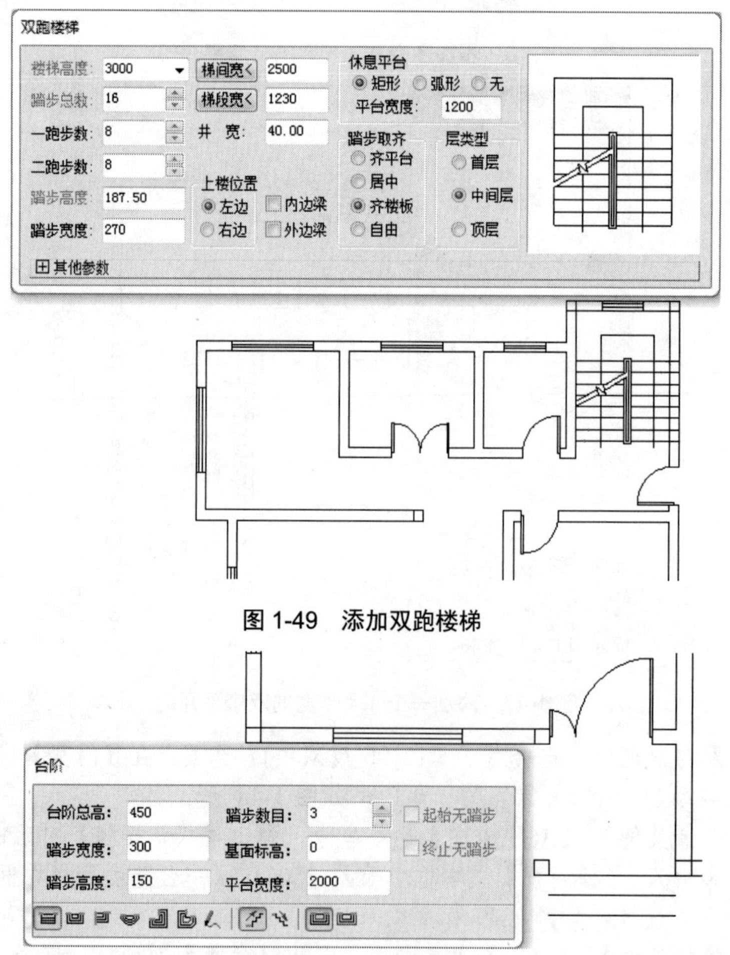

图 1-49　添加双跑楼梯

图 1-50　添加台阶

step 17 单击【绘图】工具栏中的【矩形】按钮，绘制两个矩形，如图 1-51 所示。

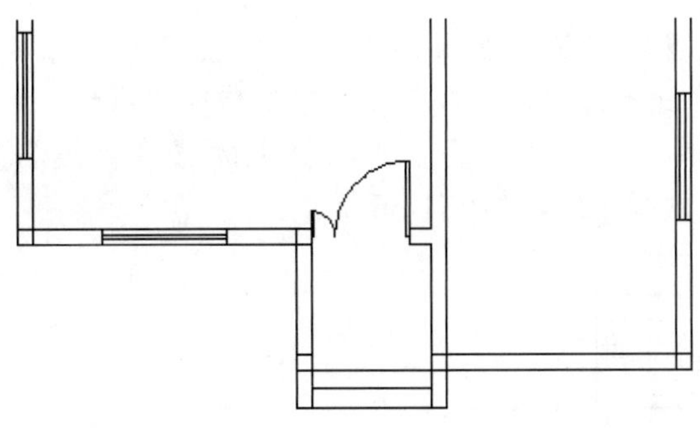

图 1-51　绘制两个矩形

step 18 选择【楼梯其他】|【坡道】菜单命令，弹出【坡道】对话框，在【坡道宽度】文本框中输入 4000，【边坡宽度】文本框中输入 240，选中【左边平齐】复选框，并在绘图区域添加坡道，如图 1-52 所示。

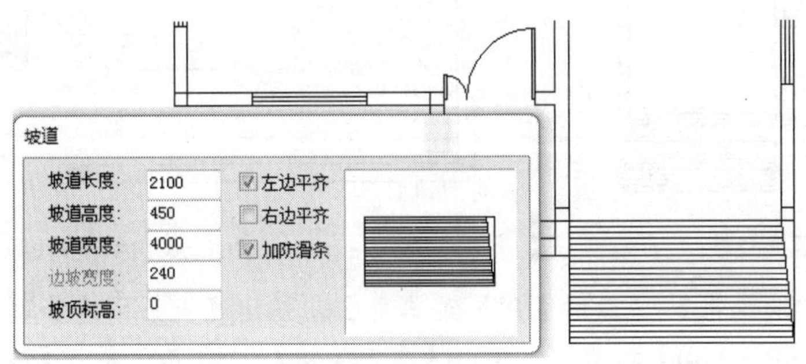

图 1-52　添加坡道

step 19 选择【楼梯其他】|【台阶】菜单命令，弹出【台阶】对话框，选择【矩形单面台阶】类型，在【平台宽度】文本框中输入 1000，并在绘图区域添加台阶，如图 1-53 所示。

step 20 单击【绘图】工具栏中的【矩形】按钮，绘制两个长为 1600、宽为 240 的矩形，如图 1-54 所示。

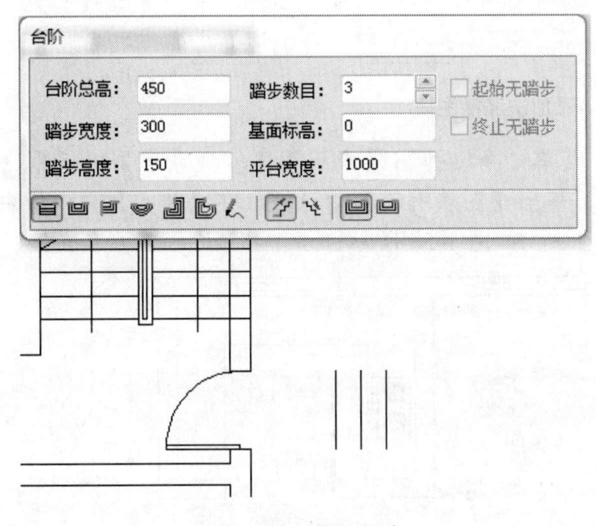

图 1-53　添加台阶

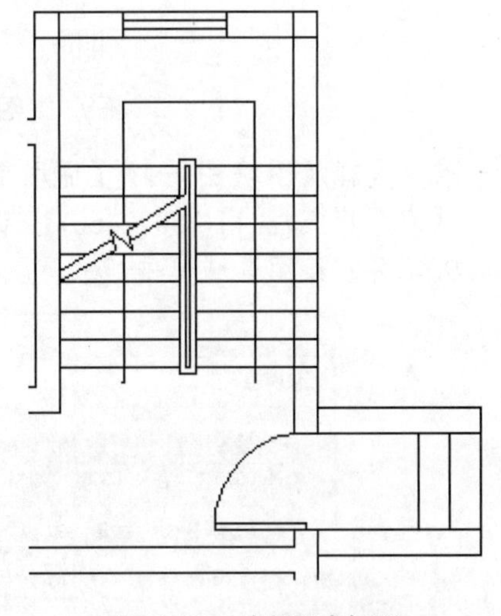

图 1-54　绘制两个矩形

step 21 选择【绘图】|【图案填充】菜单命令，弹出【图案填充和渐变色】对话框，选择SOLID图案，对立柱进行填充，完成门窗、阶梯特征的添加，如图1-55所示。

step 22 再添加室内家具。单击【绘图】工具栏中的【多段线】按钮，绘制长度分别为1660、1810和1660的多段线，如图1-56所示。

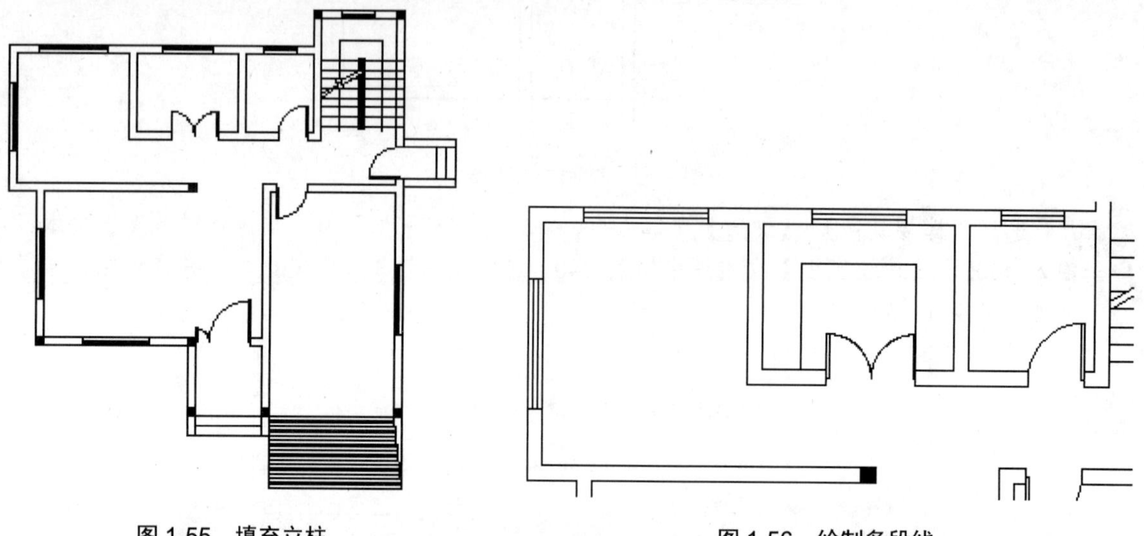

图1-55 填充立柱

图1-56 绘制多段线

step 23 选择【图块图案】|【通用图库】菜单命令，弹出【天正图库管理系统】对话框，选择【洗涤槽 2(500 × 450)】选项后，弹出【图块编辑】对话框，选中【输入尺寸】单选按钮，在Y文本框中输入500，并在绘图区域单击，放置洗涤槽图块，如图1-57所示。

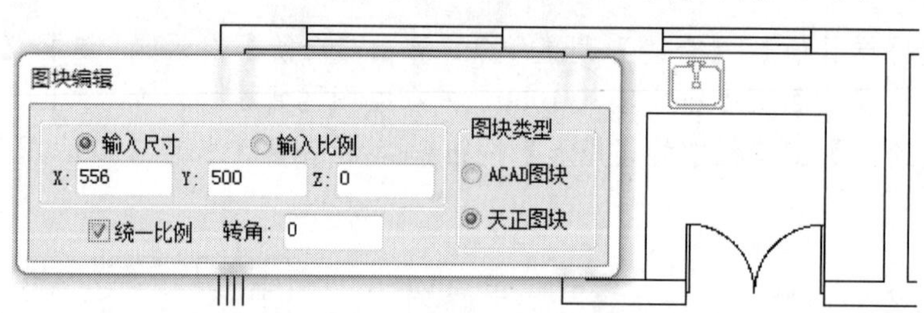

图1-57 添加洗涤槽图块

step 24 选择【图块图案】|【通用图库】菜单命令，弹出【天正图库管理系统】对话框，选择【双眼煤气灶 11(750 × 460)】选项后，弹出【图块编辑】对话框，在【转角】文本框中输入90，并在绘图区域单击，放置煤气灶图块，如图1-58所示。

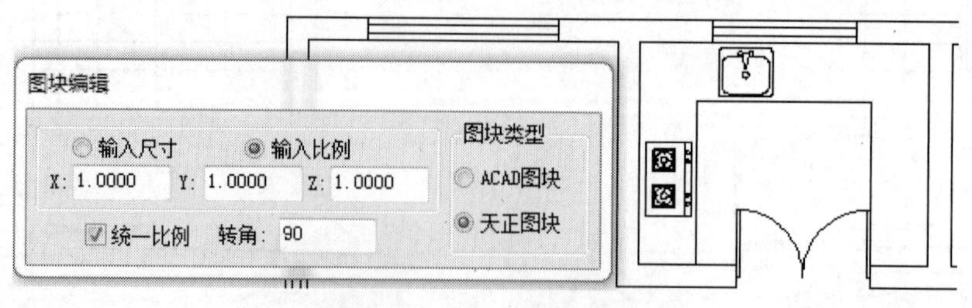

图1-58 添加煤气灶图块

step 25 选择【图块图案】|【通用图库】菜单命令，弹出【天正图库管理系统】对话框，选择【坐便器】｜【坐式 4】选项后，弹出【图块编辑】对话框，在【转角】文本框中输入 90，并在绘图区域单击，放置坐便器图块，如图 1-59 所示。

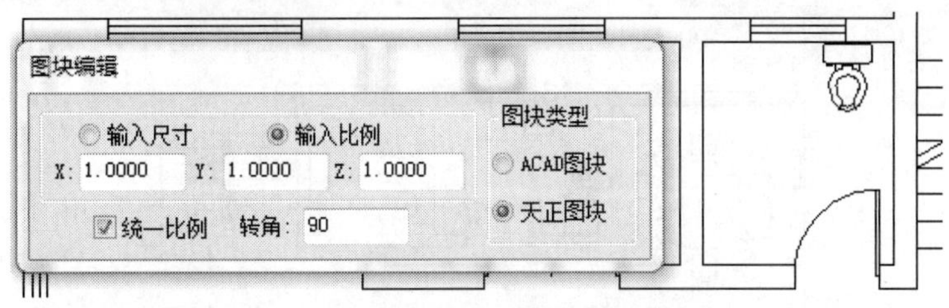

图 1-59　添加坐便器图块

step 26 选择【图块图案】|【通用图库】菜单命令，弹出【天正图库管理系统】对话框，选择【浴缸】｜ 900×900 选项后，弹出【图块编辑】对话框，在【转角】文本框中输入 270，并在绘图区域单击，放置浴缸图块，如图 1-60 所示。

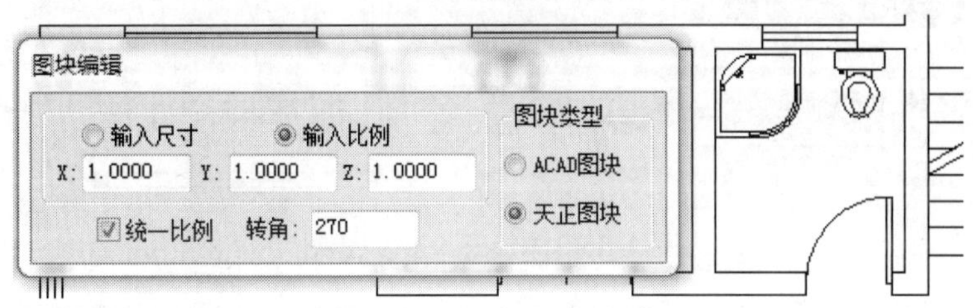

图 1-60　添加浴缸图块

step 27 选择【图块图案】|【通用图库】菜单命令，弹出【天正图库管理系统】对话框，选择【洗脸盆 1】选项后，弹出【图块编辑】对话框，在【转角】文本框中输入 90，并在绘图区域单击，放置洗脸盆图块，如图 1-61 所示。

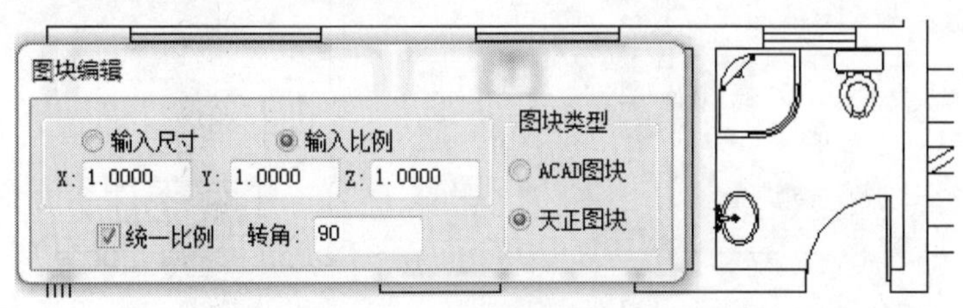

图 1-61　添加洗脸盆图块

step 28 选择【图块图案】|【通用图库】菜单命令，弹出【天正图库管理系统】对话框，选择【十人餐桌(圆桌面 D=1600)】选项后，弹出【图块编辑】对话框，在绘图区域单击，放置餐桌图块，如图 1-62 所示。

step 29 选择【图块图案】|【通用图库】菜单命令，弹出【天正图库管理系统】对话框，选择【三人沙发(2000*700)】选项后，弹出【图块编辑】对话框，选中【输入尺寸】单选按钮，在 Y 文本框中输入 900，在【转角】文本框中输入 180，并在绘图区域单击，放置三人沙发图块，如图 1-63 所示。

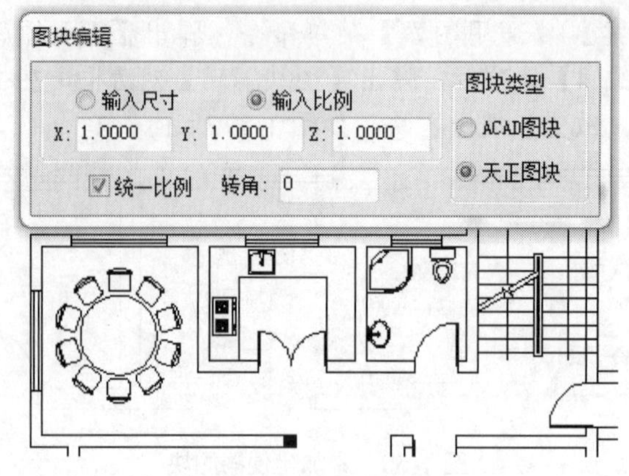

图 1-62　添加餐桌图块

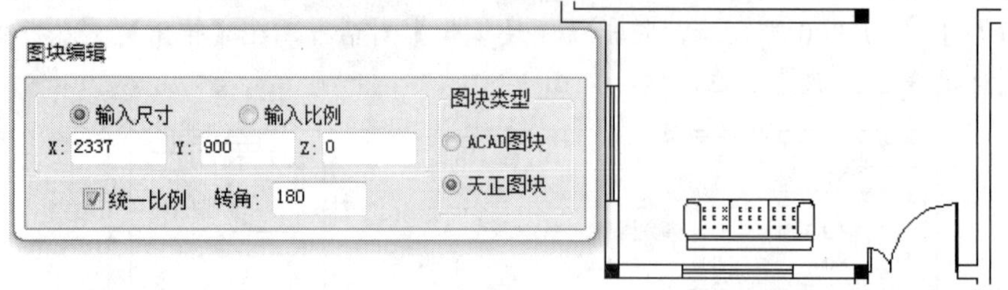

图 1-63　添加三人沙发图块

step 30 选择【图块图案】|【通用图库】菜单命令，弹出【天正图库管理系统】对话框，选择【双人沙发(1420*700)】选项后，弹出【图块编辑】对话框，选中【输入尺寸】单选按钮，在 Y 文本框中输入 800，在【转角】文本框中输入 90，并在绘图区域单击，放置双人沙发图块，如图 1-64 所示。

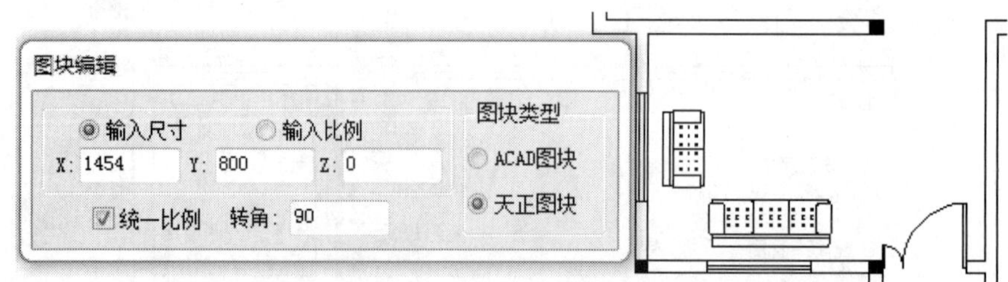

图 1-64　添加双人沙发图块

step 31 选择【图块图案】|【通用图库】菜单命令，弹出【天正图库管理系统】对话框，选择【茶几 3】选项后，弹出【图块编辑】对话框，选中【输入尺寸】单选按钮，在 Y 文本框中输入 1000，并在绘图区域单击，放置茶几图块，如图 1-65 所示。

step 32 选择【图块图案】|【通用图库】菜单命令，弹出【天正图库管理系统】对话框，选择【电视柜组合 9】选项后，弹出【图块编辑】对话框，选中【输入尺寸】单选按钮，在 Y 文本框中输入 600，并在绘图区域单击，放置电视柜组合图块，完成室内家具的添加，如图 1-66 所示。

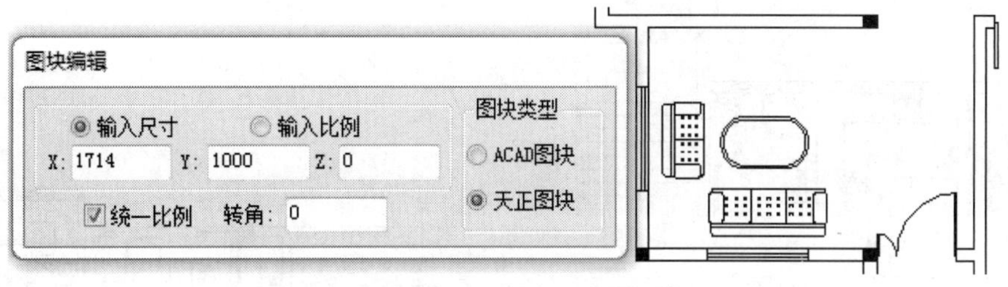

图 1-65　添加茶几图块

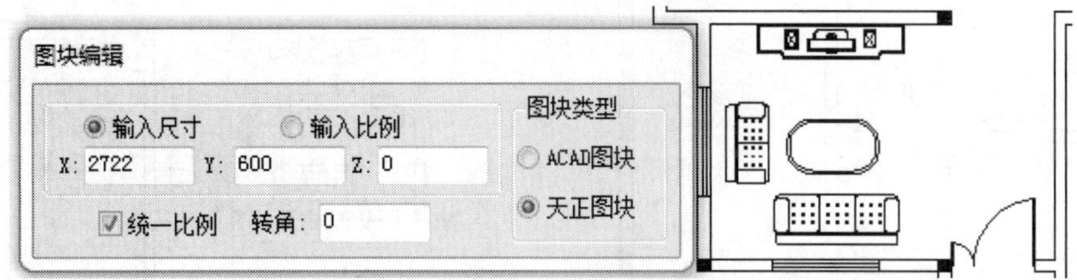

图 1-66　添加电视柜组合图块

step 33 接着添加文字。选择【文字表格】|【多行文字】菜单命令，弹出【多行文字】对话框，在【字高】下拉列表框中输入 5.0，输入文字“车库”，单击【确定】按钮，在绘图区域单击，放置文字，如图 1-67 所示。

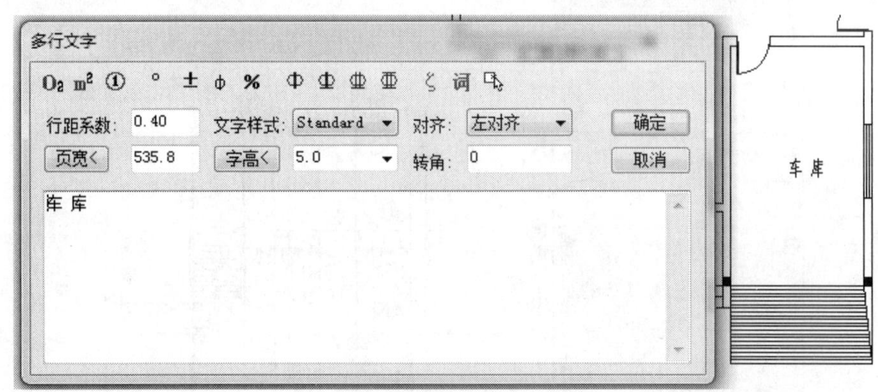

图 1-67　添加注释文字

step 34 单击【修改】工具栏中的【复制】按钮，复制文字到平面图中需要添加注释文字的位置，如图 1-68 所示。

step 35 双击文字进行修改，完成文字添加，如图 1-69 所示。

step 36 最后添加标注。选择【轴网柱子】|【轴网标注】菜单命令，弹出【轴网标注】对话框，选中【对侧标注】单选按钮，选择起始轴线和结束轴线进行标注，如图 1-70 所示。

step 37 选择【符号标注】|【标高标注】菜单命令，弹出【标高标注】对话框，选中【手工输入】复选框，在左侧列表框的【楼层标高】列中输入-0.450，并在绘图区域单击，放置标高，如图 1-71 所示。

step 38 按照同样的方法，完成所有标高的添加，如图 1-72 所示。

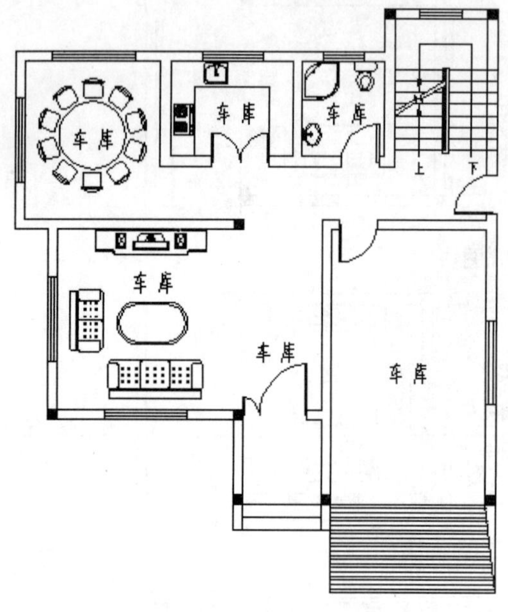

图 1-68　复制文字

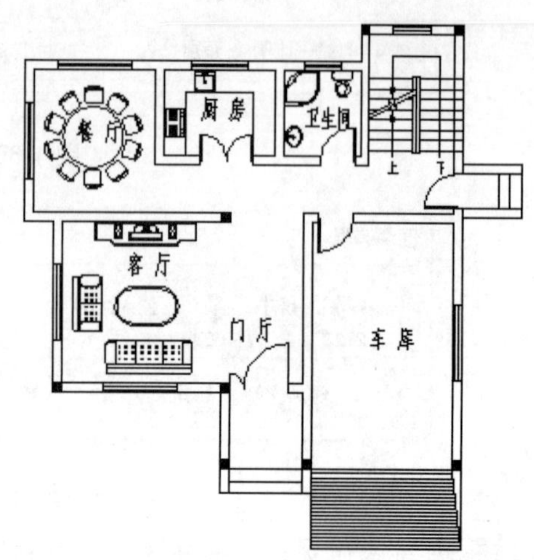

图 1-69　修改文字

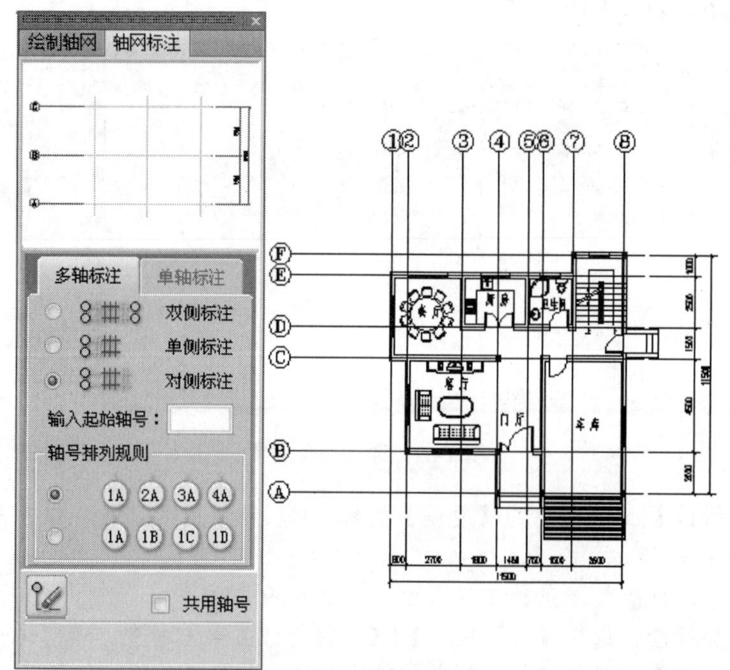

图 1-70　对平面图进行标注

step 39 完成绘制的一层建筑平面图，如图 1-73 所示。

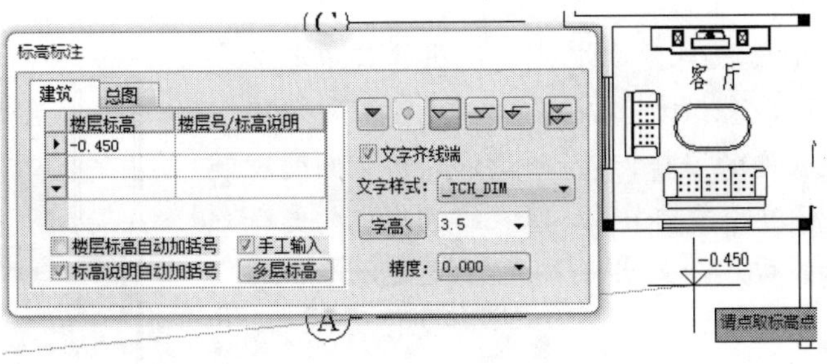

图 1-71　添加标高(1)

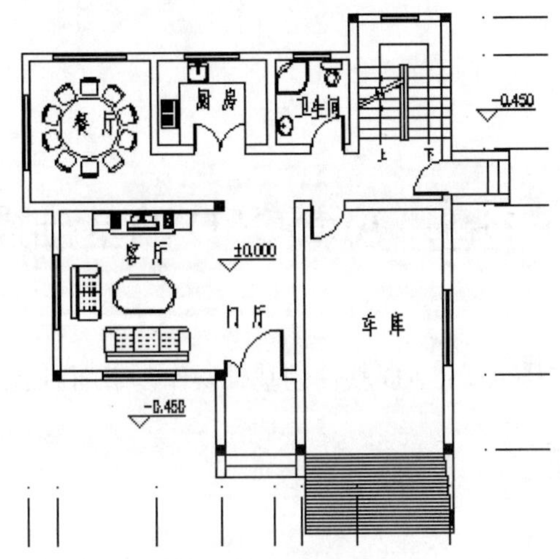

图 1-72　添加标高(2)

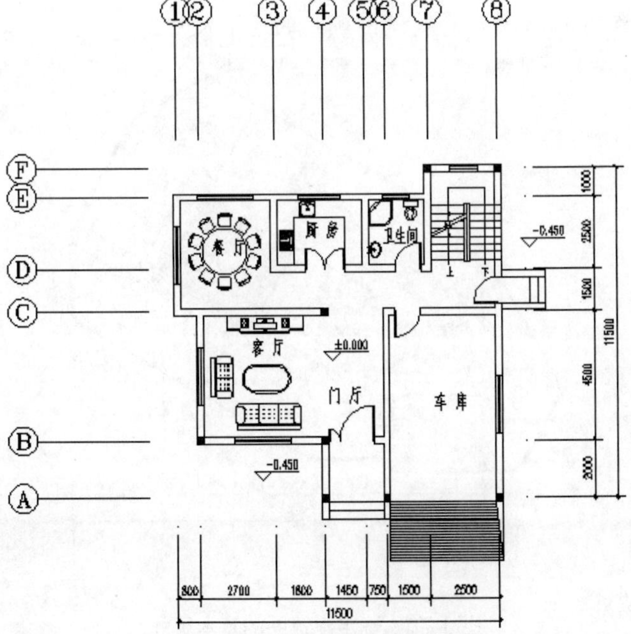

图 1-73　一层建筑平面图

建筑设计实践：初步设计图要求能表现出建筑中各部分、各使用空间的关系和基本功能要求的解决方案，包括建筑中水平交通和垂直交通的安排，建筑外形和内部空间处理的意图，建筑和周围环境的主要关系，以及结构形式的选择和主要技术问题的初步考虑。如图 1-74 所示是建筑平面的初步设计图。

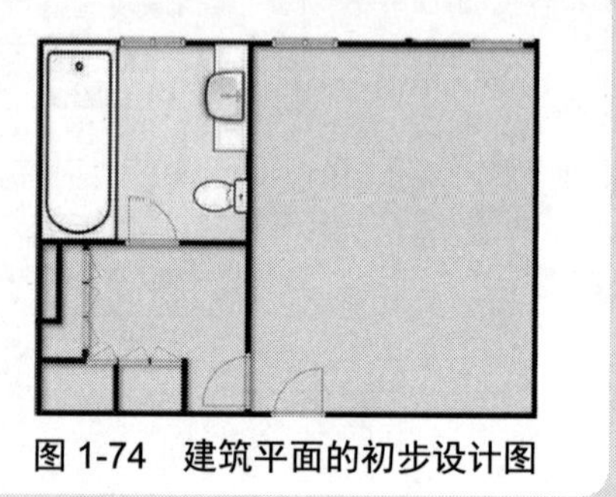

图 1-74 建筑平面的初步设计图

2 课时 AutoCAD 的基础操作

学习天正建筑软件首先要熟悉 AutoCAD 软件的基础操作，下面对 AutoCAD 软件进行简要的介绍。

1.3.1 软件的基本操作

行业知识链接：开始绘制建筑图时，对初步设计进行深入的技术研究，确定有关各工种的技术做法，使设计进一步完善。这一阶段的设计图纸要绘出肯定的度量单位和技术做法，为施工图纸的制作准备条件。如图 1-75 所示是建筑图确定的基本尺寸。

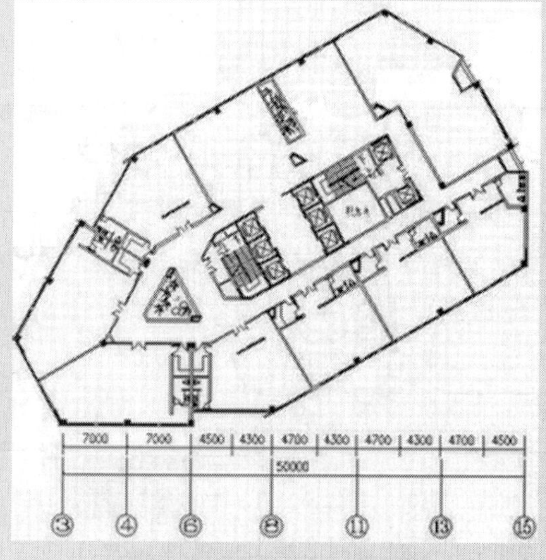

图 1-75 确定建筑图的基本尺寸

在 AutoCAD 中，对图形文件的管理一般包括创建新文件、打开文件、保存文件、关闭文件等操作。

1. 创建新文件

打开 AutoCAD 后，系统自动新建一个名为 Drawing.dwg 的图形文件。另外，用户还可以根据需要选择模板来新建图形文件。

在 AutoCAD 中创建新文件有以下几种方法。

(1) 在快速访问工具栏或菜单浏览器中单击【新建】按钮。

(2) 在菜单栏中选择【文件】|【新建】命令。

(3) 在命令行中直接输入 New 命令后按 Enter 键。

(4) 按 Ctrl+N 组合键。

(5) 调出标准工具栏，单击其中的【新建】按钮。

通过使用以上的任意一种方式，系统会打开如图 1-76 所示的【选择样板】对话框，从其列表中选择一个样板后单击【打开】按钮或直接双击选中的样板，即可建立一个新文件，如图 1-77 所示为新建立的文件 Drawing2.dwg。

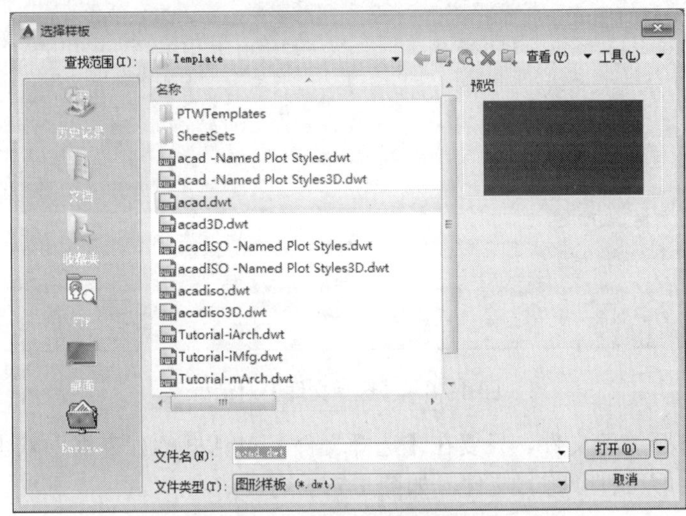

图 1-76 【选择样板】对话框

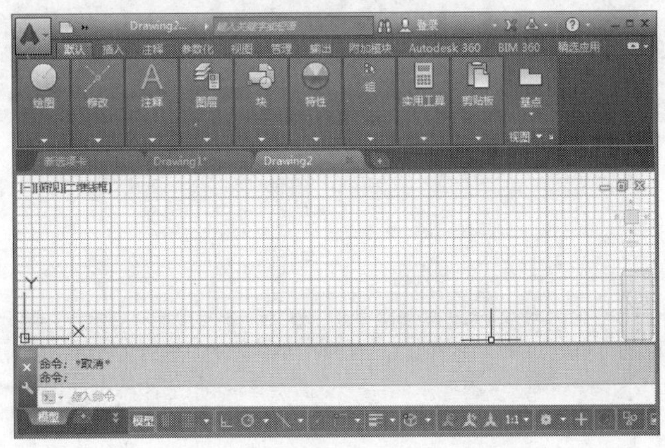

图 1-77 新建文件 Drawing2.dwg

2. 打开文件

在 AutoCAD 中打开现有文件，有以下几种方法。

(1) 单击快速访问工具栏或菜单浏览器中的【打开】按钮。

(2) 在菜单栏中选择【文件】|【打开】命令。

(3) 在命令行中直接输入 Open 命令后按 Enter 键。

(4) 按 Ctrl+O 组合键。

(5) 调出标准工具栏，单击其中的【打开】按钮。

通过使用以上的任意一种方式进行操作后，系统会打开如图 1-78 所示的【选择文件】对话框，从其列表中选择一个用户想要打开的现有文件后单击【打开】按钮或直接双击想要打开的文件。

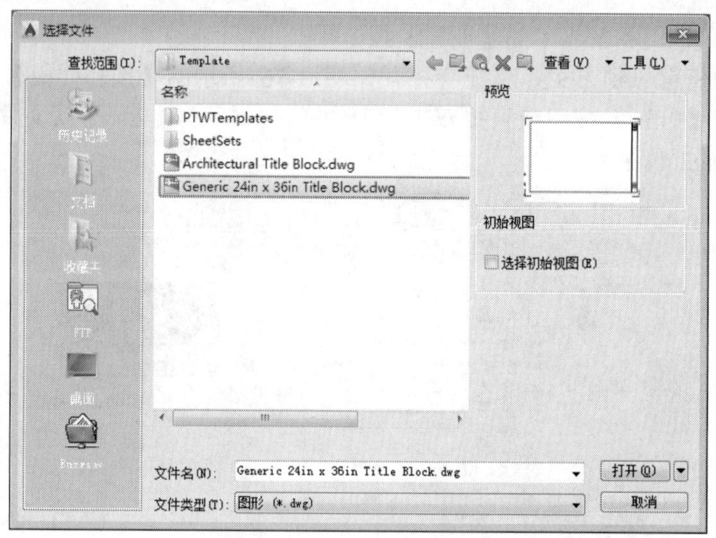

图 1-78 【选择文件】对话框

例如，用户想要打开练习文件，只要在【选择文件】对话框的列表框中双击该文件或选择该文件后单击【打开】按钮，即可打开练习文件，如图 1-79 所示。

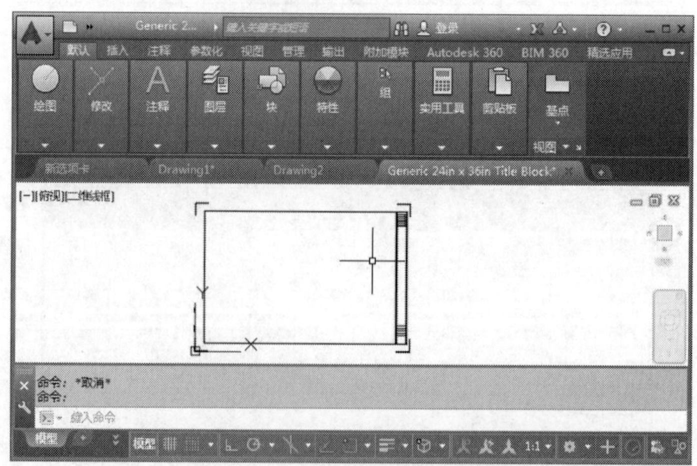

图 1-79 打开的练习文件

有时在单个任务中打开多个图形，可以方便地在它们之间传输信息。这时可以通过水平平铺或垂直平铺的方式来排列图形窗口，以便操作。

(1) 水平平铺：是以水平、不重叠的方式排列窗口。选择【窗口】|【水平平铺】菜单命令，或者在【视图】选项卡的【界面】面板中单击【水平平铺】按钮，排列的窗口如图 1-80 所示。

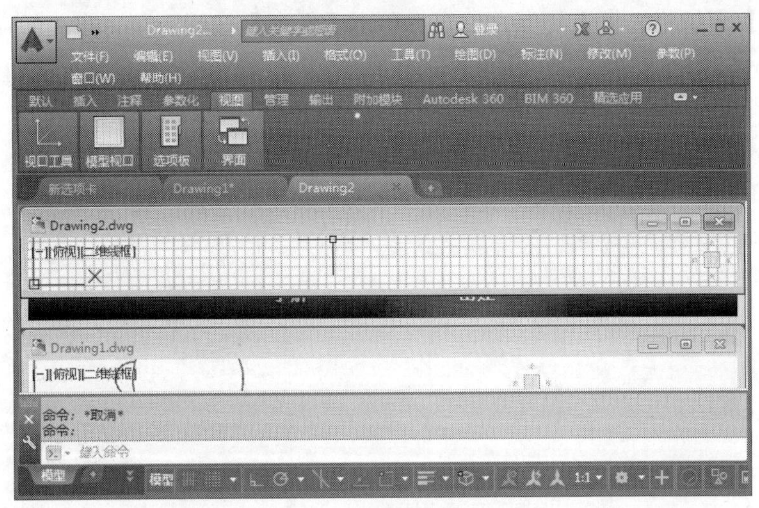

图 1-80　水平平铺的窗口

(2) 垂直平铺：是以垂直、不重叠的方式排列窗口。选择【窗口】|【垂直平铺】菜单命令，或者在【视图】选项卡的【界面】面板中单击【垂直平铺】按钮，排列的窗口如图 1-81 所示。

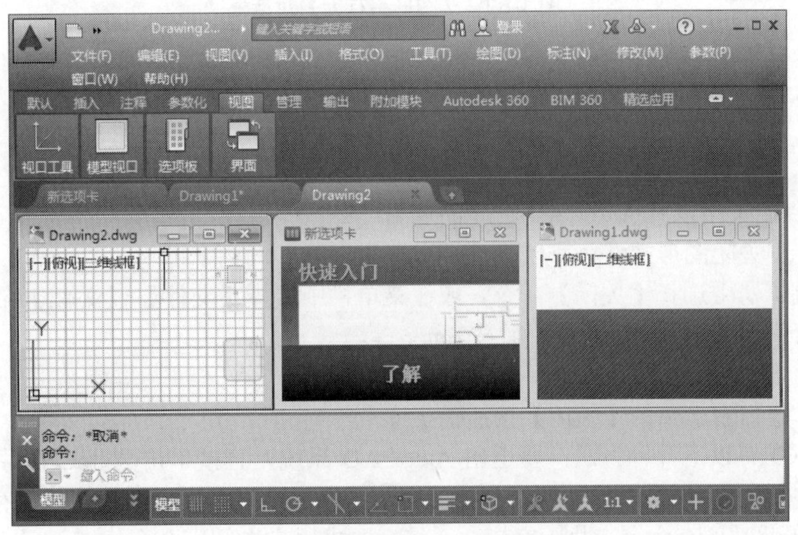

图 1-81　垂直平铺的窗口

3. 保存文件

在 AutoCAD 中保存现有文件，有以下几种方法。

(1) 单击快速访问工具栏或菜单浏览器中的【保存】按钮。

(2) 在菜单栏中选择【文件】|【保存】命令。

(3) 在命令行中直接输入 Save 命令后按 Enter 键。

(4) 按 Ctrl+S 组合键。

(5) 调出标准工具栏，单击其中的【保存】按钮。

通过使用以上的任意一种方式进行操作后，系统会打开如图 1-82 所示的【图形另存为】对话框，从其【保存于】下拉列表框选择保存位置后单击【保存】按钮，即可完成保存文件的操作。如此例是将 Drawing1.dwg 文件保存至 Template 的文件夹下。

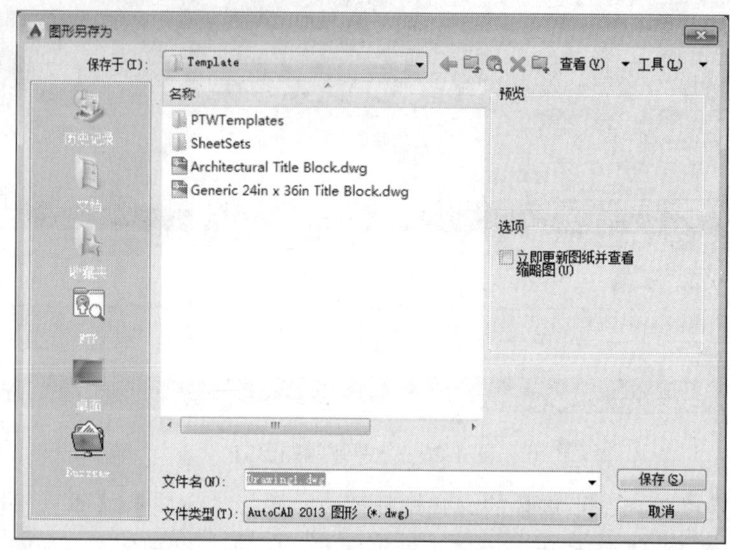

图 1-82 【图形另存为】对话框

AutoCAD 中除了图形文件后缀为 dwg 外，还使用了以下一些文件类型，其后缀分别为：图形标准 dws、图形样板 dwt、交互格式 dxf 等。

4. 关闭文件和退出程序

本节介绍文件的关闭以及 AutoCAD 程序的退出。

在 AutoCAD 中关闭图形文件，有以下几种方法。

(1) 在菜单浏览器中选择【关闭】命令，或在菜单栏中选择【文件】|【关闭】命令。

(2) 在命令行中直接输入 Close 命令后按 Enter 键。

(3) 按 Ctrl+C 组合键。

(4) 单击工作窗口右上角的【关闭】按钮。

退出 AutoCAD 有以下几种方法：要退出 AutoCAD 系统，直接单击 AutoCAD 系统窗口标题栏上的【关闭】按钮即可。如果图形文件没有被保存，系统退出时将提示用户进行保存，弹出如图 1-83 所示的提示。如果此时还有命令未执行完毕，系统会要求用户先结束命令。

(1) 选择【文件】|【退出】菜单命令。

(2) 在命令行中直接输入 Quit 命令后按 Enter 键。

(3) 单击 AutoCAD 系统窗口右上角的【关闭】按钮。

(4) 按 Ctrl+Q 组合键。

执行以上任意一种操作后，会退出 AutoCAD。

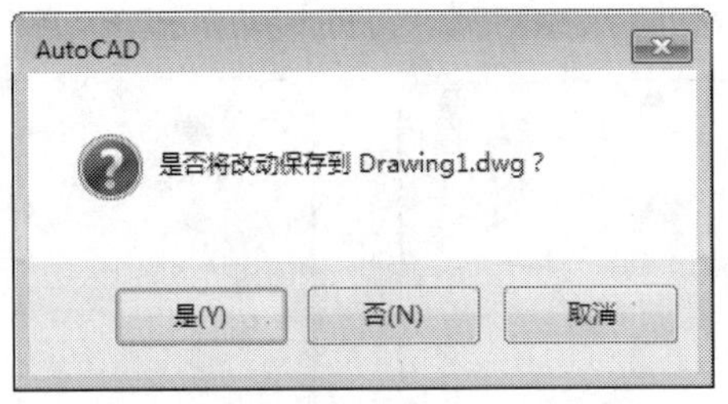

图 1-83　AutoCAD 退出时的提示，是否保存文件

1.3.2　视图显示

行业知识链接：常用的建筑图有建筑总平面图、建筑平面图、建筑立面图、建筑剖面图和建筑透视图或建筑鸟瞰图，如图 1-84 所示是鸟瞰视图。

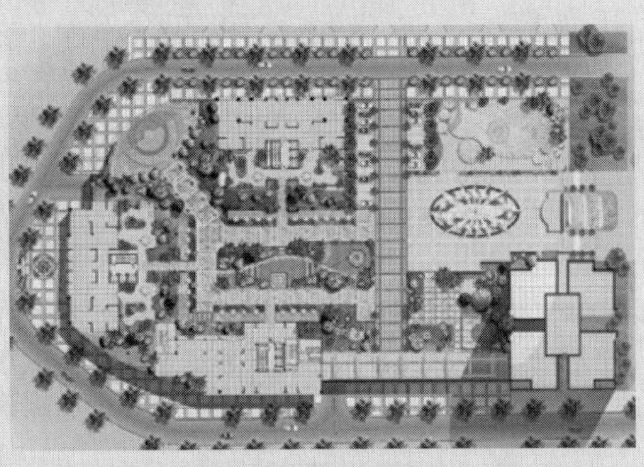

图 1-84　鸟瞰视图

与其他图形图像软件一样，使用 AutoCAD 绘制图形时，也可以自由地控制视图的显示比例，例如需要对图形进行细微观察时，可适当放大视图比例以显示图形中的细节部分；而需要观察全部图形时，则可适当缩小视图比例显示图形的全貌。

而如果在绘制较大的图形，或者放大了视图显示比例时，还可以随意移动视图的位置，以显示要查看的部位。在此节中将对如何进行视图控制做详细的介绍。

1. 平移视图

在编辑图形对象时，如果当前视图不能显示全部图形，可以适当平移视图，以显示被隐藏部分的图形。就像日常生活中使用相机平移一样，执行平移操作不会改变图形中对象的位置和或视图比例，它只改变当前视图中显示的内容。下面对具体操作进行介绍。

1) 实时平移视图

需要实时平移视图时，可以在菜单栏中选择【视图】|【平移】|【实时】命令；也可以调出标准工具栏，单击【实时平移】按钮，也可以在【视图】选项卡的【导航】面板中单击【平移】按钮；或在命令行中输入 PAN 命令后按 Enter 键，当十字光标变为手形标志后，再按住鼠标左键进行拖动，以

显示需要查看的区域，图形显示将随光标向同一方向移动，如图 1-85 和图 1-86 所示。

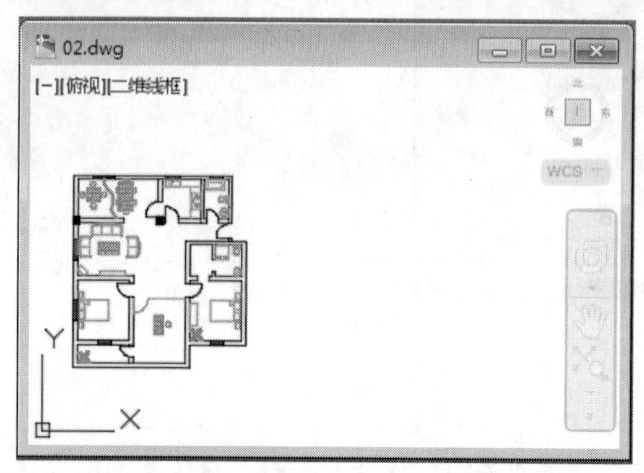

图 1-85　实时平移前的视图

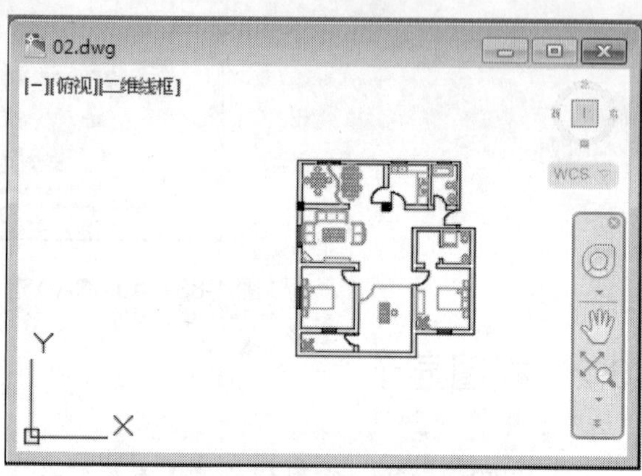

图 1-86　实时平移后的视图

当释放鼠标左键之后将停止平移操作。如果要结束平移视图的任务，可按 Esc 键或按 Enter 键，或者单击鼠标右键并在弹出的快捷菜单中选择【退出】命令，光标即可恢复至原来的状态。

提示： 用户也可以在绘图区的任意位置单击鼠标右键，然后在弹出的快捷菜单中选择【平移】命令。

2) 定点平移视图

需要通过指定点平移视图时，可以在菜单栏中选择【视图】|【平移】|【点】命令，当十字光标中间的正方形消失之后，在绘图区中单击鼠标可指定平移基点位置，再次单击鼠标可指定第二点的位置，即刚才指定的变更点移动后的位置，此时 AutoCAD 将会计算出从第一点至第二点的位移，如图 1-87 和图 1-88 所示。

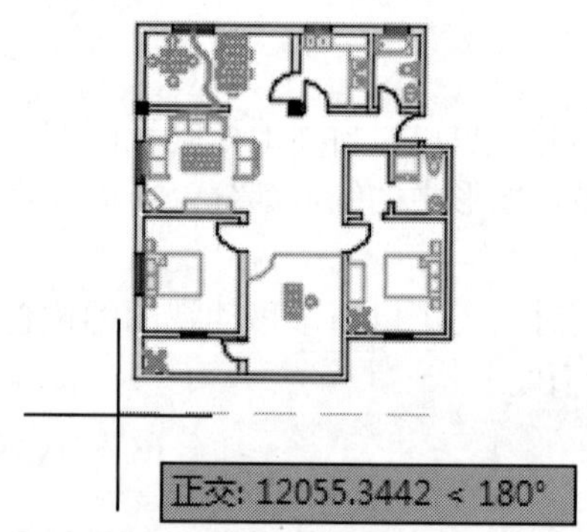

图 1-87　指定定点平移基点位置

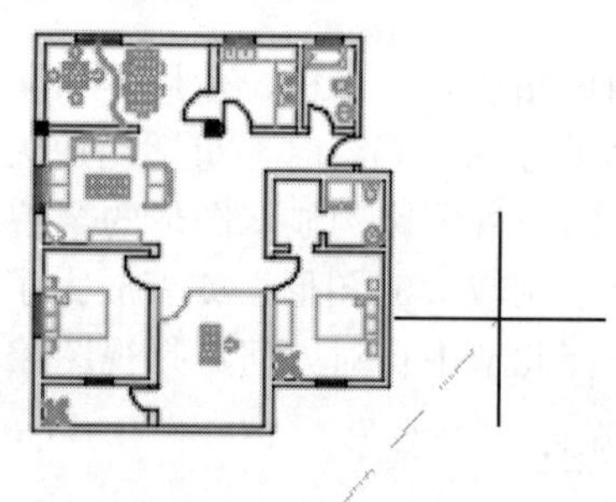

图 1-88　定点平移视图

另外，在菜单栏中选择【视图】|【平移】|【左】(或【右】或【上】或【下】)命令，可使视图向左(或向右或向上或向下)移动固定的距离。

2. 缩放视图

在绘图时，有时需要放大或缩小视图的显示比例。对视图进行缩放不会改变对象的绝对大小，改变的只是视图的显示比例。下面进行具体介绍。

1) 实时缩放视图

实时缩放视图是指向上或向下移动鼠标指针对视图进行动态的缩放。在菜单栏中选择【视图】|【缩放】|【实时】命令，或在【标准】工具栏中单击【实时缩放】按钮，或在【视图】选项卡的【导航】面板中单击【实时】按钮，当十字光标变成放大镜标志之后，按住鼠标左键垂直进行拖动，即可放大或缩小视图，如图 1-89 所示。当缩放到适合的尺寸后，按 Esc 键或按 Enter 键，或者单击鼠标右键并在弹出的快捷菜单中选择【退出】命令，光标即可恢复至原来的状态，结束该操作。

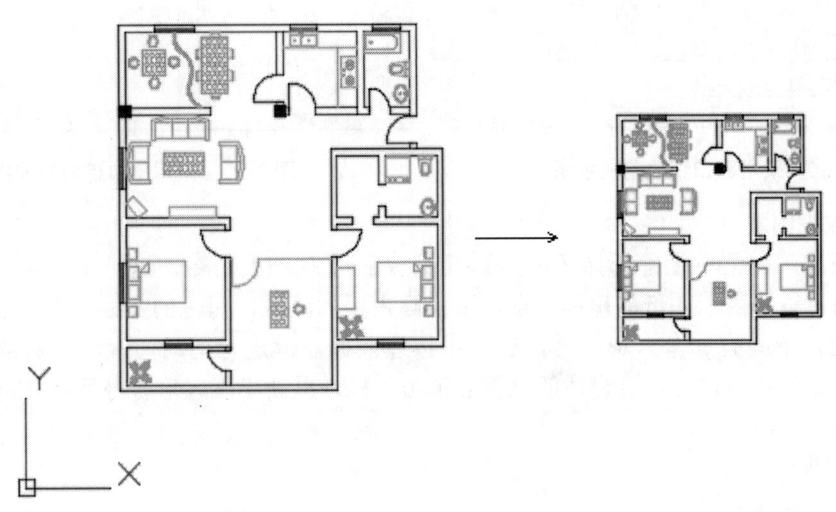

图 1-89　实时缩放前后的视图

提示： 用户也可以在绘图区的任意位置单击鼠标右键，然后在弹出的快捷菜单中选择【缩放】命令。

2) 上一个

当需要恢复到上一个设置的视图比例和位置时，在菜单栏中选择【视图】|【缩放】|【上一步】命令，或在标准工具栏中单击【缩放上一个】按钮，或在【视图】选项卡的【导航】面板中单击【上一个】按钮，但它不能恢复到以前编辑图形的内容。

3) 窗口缩放视图

当需要查看特定区域的图形时，可采用窗口缩放的方式，在菜单栏中选择【视图】|【缩放】|【窗口】命令，或在标准工具栏中单击【窗口缩放】按钮，或在【视图】选项卡的【导航】面板中单击【窗口】按钮，用鼠标在图形中圈定要查看的区域，释放鼠标后在整个绘图区中就会显示要查看的内容，如图 1-90 和图 1-91 所示。

提示： 当采用窗口缩放方式时，指定缩放区域的形状不需要严格符合新视图，但新视图必须符合视口的形状。

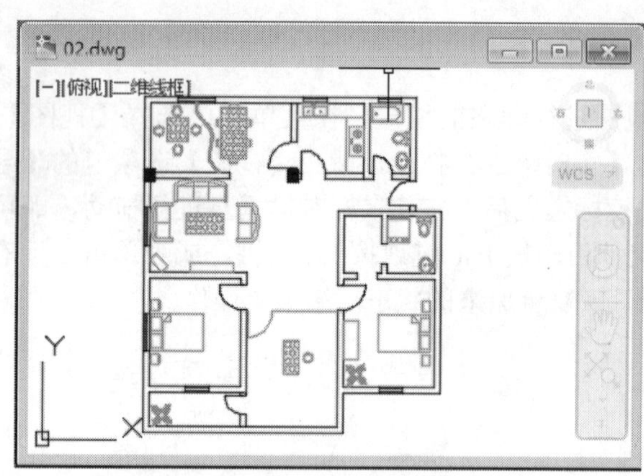

图 1-90　采用窗口缩放前的视图

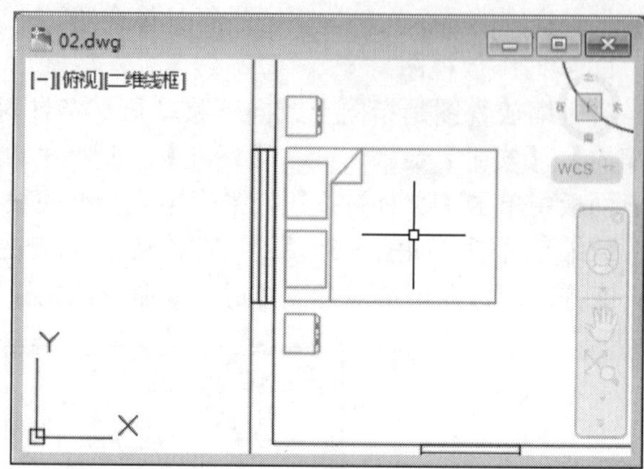

图 1-91　采用窗口缩放后的视图

4) 动态缩放视图

进行动态缩放，在菜单栏中选择【视图】|【缩放】|【动态】命令，这时绘图区将出现颜色不同的线框，蓝色的虚线框表示图纸的范围，即图形实际占用的区域，黑色的实线框为选取视图框，在未执行缩放操作前，中间有一个×形符号，在其中按住鼠标左键进行拖动，视图框右侧会出现一个箭头。用户可根据需要调整该框，至合适的位置后单击鼠标，重新出现×形符号后按 Enter 键，则绘图区只显示视图框的内容。

5) 比例缩放视图

在菜单栏中选择【视图】|【缩放】|【比例】命令，表示以指定的比例缩放视图显示。当输入具体的数值时，图形就会按照该数值比例实现绝对缩放；当在比例系数后面加 X 时，图形将实现相对缩放；若在数值后面添加 XP，则图形会相对于图纸空间进行缩放。

6) 中心点缩放视图

在菜单栏中选择【视图】|【缩放】|【圆心】命令，可以将图形中的指定点移动到绘图区的中心。

7) 对象缩放视图

在菜单栏中选择【视图】|【缩放】|【对象】命令，可以尽可能大地显示一个或多个选定的对象并使其位于绘图区域的中心。

8) 放大、缩小视图

在菜单栏中选择【视图】|【缩放】|【放大】(或【缩小】)命令，可以将视图放大(或缩小)一定的比例。

9) 全部缩放视图

在菜单栏中选择【视图】|【缩放】|【全部】命令，可以显示栅格区域界限，图形栅格界限将填充当前视图或图形区域，若栅格外有对象，也将显示这些对象。

10) 范围缩放视图

在菜单栏中选择【视图】|【缩放】|【范围】命令，将尽可能放大显示当前绘图区的所有对象，并且仍在当前视图或当前图形区域中全部显示这些对象。

另外，需要缩放视图时还可以在命令行中输入 ZOOM 命令后按 Enter 键，则命令行窗口提示如下：

```
命令： zoom
指定窗口的角点，输入比例因子 (nX 或 nXP)，或者[全部(A)/中心(C)/动态(D)/范围(E)/上一个(P)/比例(S)/窗口(W)/对象(O)] <实时>:
```

用户可以按照提示选择需要的命令进行输入后按 Enter 键，则可完成需要的缩放操作。

3. 命名视图

按一定比例、位置和方向显示的图形称为视图。按名称保存特定的视图后，可以在布局和打印或者需要参考特定的细节时恢复它们。在每一个图形任务中，可以恢复每个视口中显示的最后一个视图，最多可恢复前 10 个视图。命名视图随图形一起保存并可以随时使用。 在构造布局时，可以将命名视图恢复到布局的视口中。下面具体介绍保存、恢复、删除命名视图的步骤。

1) 保存命名视图

在菜单栏中选择【视图】|【命名视图】命令，或者调出视图工具栏，在其中单击【命名视图】按钮，打开【视图管理器】对话框，如图 1-92 所示。

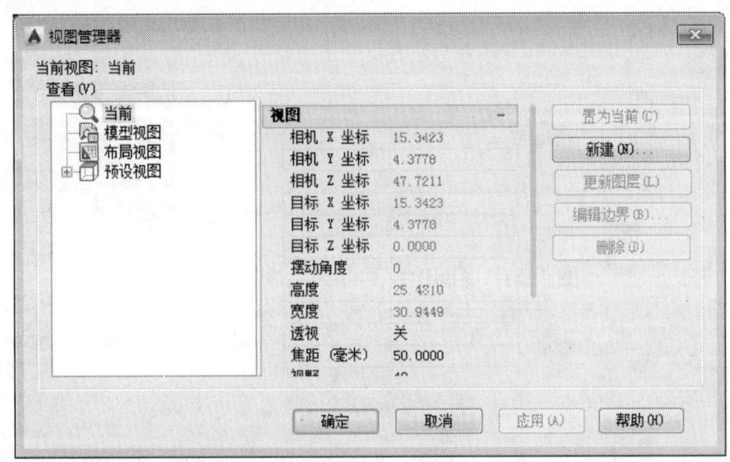

图 1-92 【视图管理器】对话框

在【视图管理器】对话框中单击【新建】按钮，打开如图 1-93 所示的【新建视图/快照特性】对话框。在该对话框中为该视图输入名称，输入视图类别(可选)。

选择以下选项之一来定义视图区域。

- 【当前显示】：包括当前可见的所有图形。
- 【定义窗口】：保存部分当前显示。使用定点设备指定视图的对角点时，该对话框将关闭。单击【定义视图窗口】，可以重定义该窗口。

单击【确定】按钮，保存新视图并返回【视图管理器】对话框，再单击【确定】按钮。

2) 恢复命名视图

在菜单栏中选择【视图】|【命名视图】命令，打开保存过的【视图管理器】对话框，如图 1-94 所示。

在【视图管理器】对话框中，选择想要恢复的视图(如选择视图 tul)后，单击【置为当前】按钮。单击【确定】按钮恢复视图并退出所有对话框。

图 1-93 【新建视图/快照特性】对话框

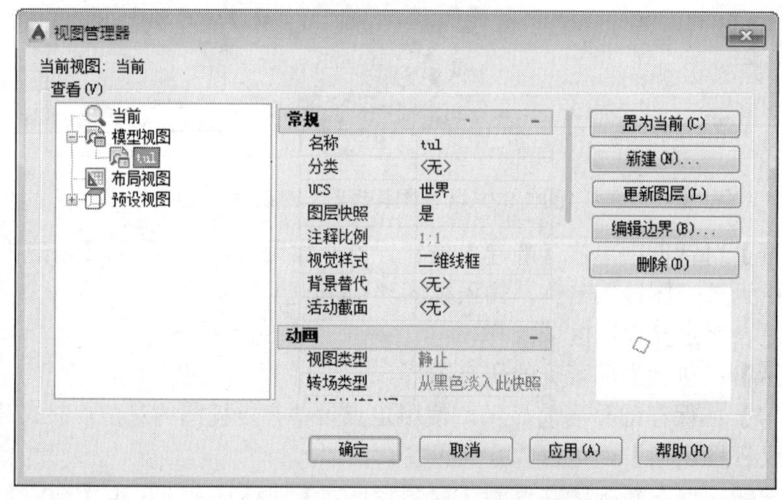

图 1-94 保存过的【视图管理器】对话框

3) 删除命名视图

在菜单栏中选择【视图】|【命名视图】命令，打开保存过的【视图管理器】对话框。在【视图管理器】对话框中选择想要删除的视图后，单击【删除】按钮。单击【确定】按钮删除视图并退出所有对话框。

1.3.3 坐标系和动态坐标系

行业知识链接：草图坐标系是绘制草图时定位的关键，没有坐标系的功能是无法进行定位的，无论是平面坐标系还是三维坐标系，都是基于数学原理，如图 1-95 所示是室内物品的平面坐标。

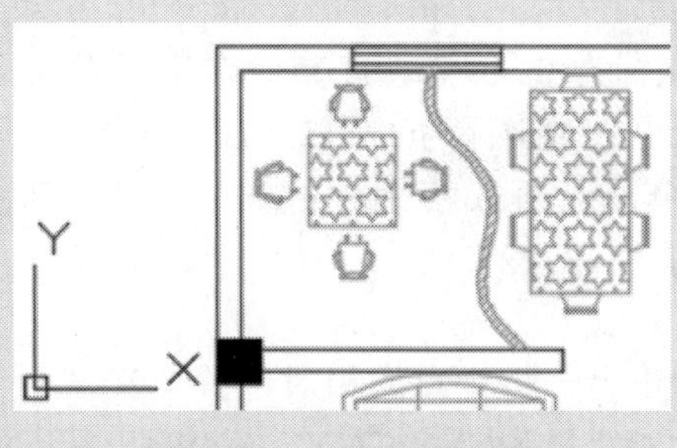

图 1-95 室内物品的坐标

要在 AutoCAD 中准确、高效地绘制图形，必须充分利用坐标系并掌握各坐标系的概念以及输入方法。它是确定对象位置最基本的手段。

1. 坐标系统

AutoCAD 中的坐标系按定制对象的不同，可分为世界坐标系(WCS)和用户坐标系(UCS)。

1) 世界坐标系(WCS)

根据笛卡儿坐标系的习惯，沿 X 轴正方向向右为水平距离增加的方向，沿 Y 轴正方向向上为竖直距离增加的方向，垂直于 XY 平面，沿 Z 轴正方向从所视方向向外为距离增加的方向。这一套坐标轴确定了世界坐标系，简称 WCS。该坐标系的特点是：它总是存在于一个设计图形之中，并且不可更改。

2) 用户坐标系(UCS)

相对于世界坐标系 WCS，可以创建无限多的坐标系，这些坐标系通常称为用户坐标系(UCS)，并且可以通过调用 UCS 命令去创建用户坐标系。尽管世界坐标系 WCS 是固定不变的，但可以从任意角度、任意方向来观察或旋转世界坐标系 WCS，而不用改变其他坐标系。AutoCAD 提供的坐标系图标，可以在同一图纸不同坐标系中保持同样的视觉效果。这种图标将通过指定 X、Y 轴的正方向来显示当前 UCS 的方位。

用户坐标系(UCS)是一种可自定义的坐标系，可以修改坐标系的原点和轴方向，即 X、Y、Z 轴以及原点方向都可以移动和旋转，在绘制三维对象时非常有用。

调用用户坐标首先需要执行用户坐标命令，其方法有如下几种。

- 在菜单栏中选择【工具】|【新建 UCS】|【三点】命令，执行用户坐标命令。
- 调出 UCS 工具栏，单击其中的【三点】按钮，执行用户坐标命令。
- 在命令行中输入 UCS 命令，执行用户坐标命令。

2. 坐标的表示方法

在使用 AutoCAD 进行绘图的过程中，绘图区中的任何一个图形都有属于自己的坐标位置。当用户在绘图过程中需要指定点位置时，便需使用指定点的坐标位置来确定点，从而精确、有效地完成绘图。

常用的坐标表示方法有：绝对直角坐标、相对直角坐标、绝对极坐标和相对极坐标。

1) 绝对直角坐标

以坐标原点(0, 0, 0)为基点定位所有的点。用户可以通过输入(X, Y, Z)坐标的方式来定义一个点的位置。

如图 1-96 所示，O 点绝对坐标为(0, 0, 0)，A 点绝对坐标为(4, 4, 0)，B 点绝对坐标为(12, 4, 0)，C 点绝对坐标为(12, 12, 0)。

如果 Z 方向坐标为 0，则可省略，则 A 点绝对坐标为(4, 4)，B 点绝对坐标为(12, 4)，C 点绝对坐标为(12, 12)。

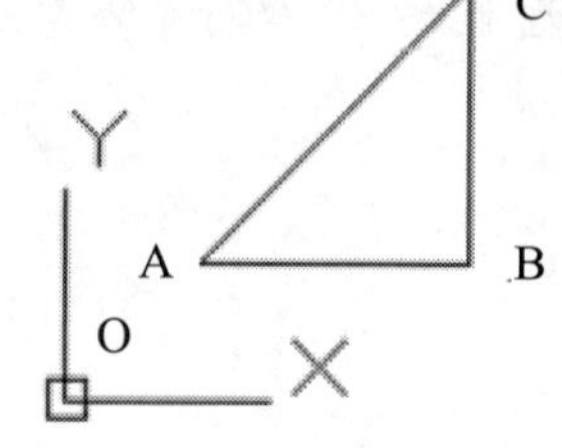

图 1-96　绝对直角坐标

2) 相对直角坐标

相对直角坐标是以某点相对于另一特定点的相对位置定义一个点的位置。相对特定坐标点(X, Y, Z)增量为(ΔX, ΔY, ΔZ)的坐标点的输入格式为@ΔX, ΔY, ΔZ。@字符的使用相当于输入一个相对坐标值“@0, 0”或极坐标“@0<任意角度”，它指定与前一个点的偏移量为 0。

在如图 1-96 所示的绝对直角坐标的图形中，O 点绝对坐标为(0, 0, 0)，A 点相对于 O 点相对坐标为“@4, 4”，B 点相对于 O 点相对坐标为“@12, 4”，B 点相对于 A 点相对坐标为“@8, 0”，C 点相对于 O 点相对坐标为“@12, 12”，C 点相对于 A 点相对坐标为“@8, 8”，C 点相对于 B 点相对坐标为“@0, 8”。

3) 绝对极坐标

以坐标原点(0, 0, 0)为极点定位所有的点，通过输入相对于极点的距离和角度的方式来定义一个点的位置。AutoCAD 的默认角度正方向是逆时针方向。起始 0 为 X 正向，用户输入极线距离再加一个角度即可指明一个点的位置。其使用格式为“距离<角度”。如要指定相对于原点距离为 100，角度为 45° 的点，输入“100<45”即可。

其中，角度按逆时针方向增大，按顺时针方向减小。如果要向顺时针方向移动，应输入负的角度值，如输入 10<-70 等价于输入 10<290。

4) 相对极坐标

以某一特定点为参考极点，输入相对于极点的距离和角度来定义一个点的位置。其使用格式为“@距离<角度”。如要指定相对于前一点距离为 60，角度为 45° 的点，输入“@60<45”即可。在绘图中，多种坐标输入方式配合使用会使绘图更灵活，再配合目标捕捉，夹点编辑等方式，则使绘图更快捷。

3. 动态输入

如果需要在绘图提示中输入坐标值，而不必在命令行中进行输入，这时可以通过动态输入功能实现。动态输入功能对于习惯在绘图提示中进行数据信息输入的人来说，可以大大提高绘图的工作效率。

1) 打开或关闭动态输入

启用“动态输入”绘图时，工具提示将在光标附近显示信息，该信息将随着光标的移动而动态更新。当某个命令处于活动状态时，可以在工具提示中输入值，动态输入不会取代命令窗口。打开和关闭“动态输入”可以单击状态栏上的【动态输入】按钮，进行切换。按 F12 键可以临时将其关闭。

2) 设置动态输入

在状态栏的【动态输入】按钮上单击鼠标右键，然后在弹出的快捷菜单中选择【动态输入设置】命令，打开【草图设置】对话框中的【动态输入】选项卡，如图 1-97 所示。选中【启用指针输入】和【可能时启用标注输入】复选框。

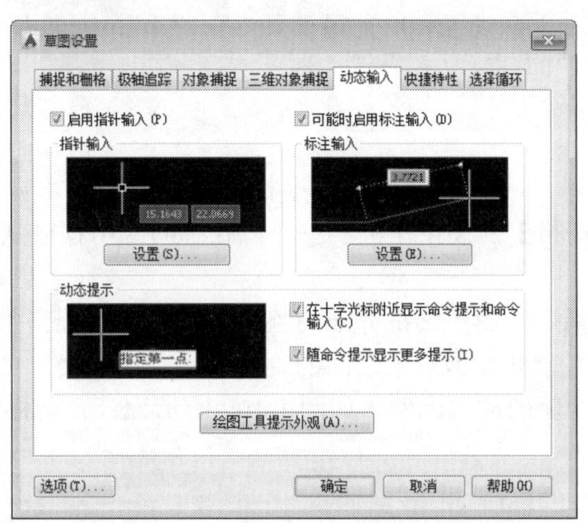

图 1-97　设置【动态输入】选项卡

当设置了动态输入功能后，在绘制图形时，便可在动态输入框中输入图形的尺寸等信息，从而方便用户的操作。

3) 在动态输入工具提示中输入坐标值的方法

在状态栏上，确定【动态输入】处于启用状态。

可以使用下列方法输入坐标值或选择选项。

若需要输入极坐标，则输入距第一点的距离并按 Tab 键，然后输入角度值并按 Enter 键。若需要输入笛卡儿坐标，则输入 X 坐标值和逗号“,”，然后输入 Y 坐标值并按 Enter 键。如果提示后有一个下箭头，则按下箭头键，直到选项旁边出现一个点为止。再按 Enter 键。

提示：按上箭头键可显示最近输入的坐标，也可以通过单击鼠标右键并在弹出的快捷菜单中选择“最近的输入”命令，从其快捷菜单中查看这些坐标或命令。对于标注输入，在输入字段中输入值并按 Tab 键后，该字段将显示一个锁定。

1.3.4　辅助工具

行业知识链接：使用 AutoCAD 的辅助工具可以快速绘图，也可以实现不同的绘图功能，如图 1-98 所示是利用栅格和捕捉功能绘制的特殊多边形。

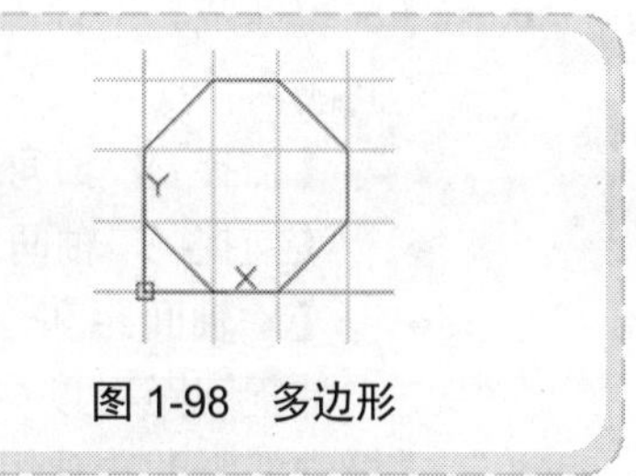

图 1-98　多边形

本节主要介绍设置捕捉和栅格的方法、使用自动捕捉的方法和极轴跟踪的方法等。

提示： 圆弧拟合样条功能主要用来处理线切割加工图形，经上述处理后的样条曲线，可以使图形加工结果更光滑，生成的加工代码更简单。在绘图过程中，用户仍然可以根据需要对图形单位、线型、图层等内容进行重新设置，以免因设置不合理而影响绘图效率。

1. 栅格和捕捉

要提高绘图的速度和效率，可以显示并捕捉栅格点的矩阵。还可以控制其间距、角度和对齐。【捕捉模式】和【显示图形栅格】开关按钮位于主窗口底部的应用程序状态栏，如图 1-99 所示。

1) 栅格和捕捉

栅格是点的矩阵，遍布指定为图形栅格界限的整个区域。使用栅格类似于在图形下放置一张坐标纸。利用栅格可以对齐对象并直观显示对象之间的距离。不打印栅格。如果放大或缩小图形，可能需要调整栅格间距，使其更适合新的放大比例，如图 1-100 所示为打开栅格绘图区的效果。

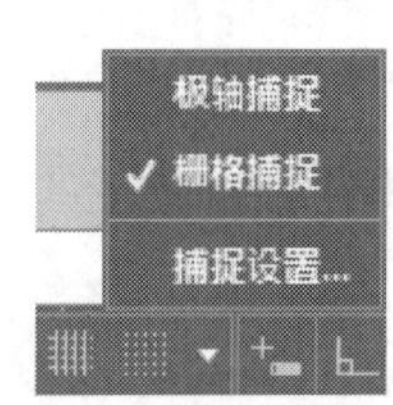

图 1-99　【捕捉模式】和【显示图形栅格】开关按钮

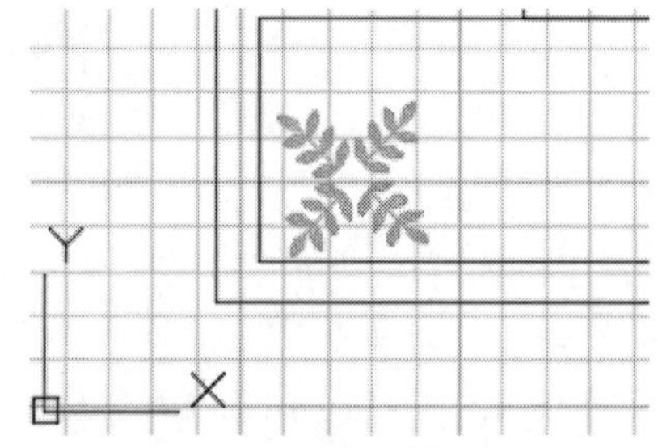

图 1-100　打开栅格绘图区的效果

捕捉模式用于限制十字光标，使其按照用户定义的间距移动。当【捕捉】模式打开时，光标似乎附着或捕捉到不可见的栅格。捕捉模式有助于使用箭头键或定点设备来精确地定位点。

2) 栅格和捕捉的应用

【栅格】显示和【捕捉】模式各自独立，但经常同时打开。

选择【工具】|【绘图设置】菜单命令，或者在命令行中输入 Dsettings，都会打开【草图设置】对话框，单击【捕捉和栅格】标签，切换到【捕捉和栅格】选项卡，可以对栅格捕捉属性进行设置，如图 1-101 所示。

下面详细介绍【捕捉和栅格】选项卡的设置。

- 【启用捕捉】复选框：用于打开或关闭捕捉模式。我们也可以通过单击状态栏上的【捕捉】按钮，或按 F9 键，或使用 SNAPMODE 系统变量，来打开或关闭捕捉模式。
- 【捕捉间距】选项组：用于控制捕捉位置处的不可见矩形栅格，以限制光标仅在指定的 X 和 Y 间隔内移动。
  - 【捕捉 X 轴间距】：指定 X 方向的捕捉间距。间距值必须为正实数。
  - 【捕捉 Y 轴间距】：指定 Y 方向的捕捉间距。间距值必须为正实数。
  - 【X 轴间距和 Y 轴间距相等】：为捕捉间距和栅格间距强制使用同一 X 和 Y 间距值。捕捉间距可以与栅格间距不同。
- 【极轴间距】选项组：用于控制极轴捕捉增量距离。

【极轴距离】：在选中【捕捉类型】选项组下的 PolarSnap 单选按钮时，设置捕捉增量距离。如果该值为 0，则极轴捕捉距离采用【捕捉 X 轴间距】的值。

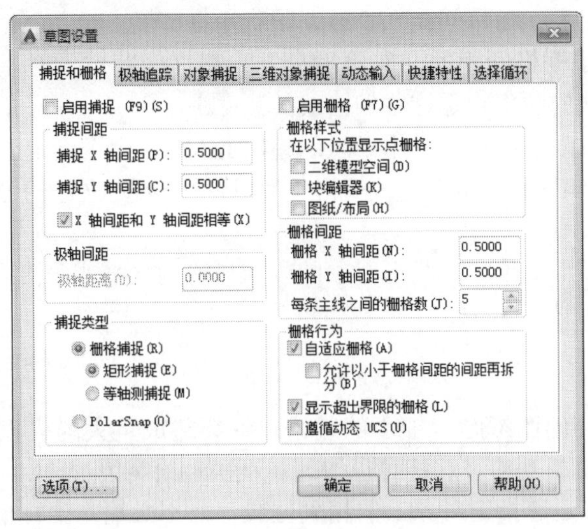

图 1-101　设置【捕捉和栅格】选项卡

提示：【极轴距离】的设置需与极坐标追踪或对象捕捉追踪结合使用。如果两个追踪功能都未选择，则【极轴距离】设置无效。

- 【捕捉类型】选项组：用于设置捕捉样式和捕捉类型。
  - 【栅格捕捉】：设置栅格捕捉类型。如果指定点，光标将沿垂直或水平栅格点进行捕捉。
  - 【矩形捕捉】：将捕捉样式设置为标准“矩形”捕捉模式。当捕捉类型设置为“栅格”并且打开“捕捉”模式时，光标将捕捉矩形捕捉栅格。
  - 【等轴测捕捉】：将捕捉样式设置为“等轴测”捕捉模式。当捕捉类型设置为“栅格”并且打开“捕捉”模式时，光标将捕捉等轴测捕捉栅格。
  - PolarSnap：将捕捉类型设置为 PolarSnap。如果打开了“捕捉”模式并在极轴追踪打开的情况下指定点，光标将沿在【极轴追踪】选项卡上相对于极轴追踪起点设置的极轴对齐角度进行捕捉。
- 【启用栅格】复选框：用于打开或关闭栅格。我们也可以通过单击状态栏上的【栅格】按钮，或按 F7 键，或使用 GRIDMODE 系统变量，来打开或关闭栅格模式。
- 【栅格间距】选项组：用于控制栅格的显示，有助于形象化显示距离。LIMITS 命令和 GRIDDISPLAY 系统变量控制栅格的界限。
  - 【栅格 X 轴间距】：指定 X 方向上的栅格间距。如果该值为 0，则栅格采用【捕捉 X 轴间距】的值。
  - 【栅格 Y 轴间距】：指定 Y 方向上的栅格间距。如果该值为 0，则栅格采用【捕捉 Y 轴间距】的值。
  - 【每条主线之间的栅格数】：指定主栅格线相对于次栅格线的频率。VSCURRENT 命令设置为除二维线框之外的任何视觉样式时，将显示栅格线而不是栅格点。

- 【栅格行为】选项组：用于控制当 VSCURRENT 命令设置为除二维线框之外的任何视觉样式时，所显示栅格线的外观。
    - 【自适应栅格】：栅格间距缩小时，限制栅格密度。
    - 【允许以小于栅格间距的间距再拆分】：栅格间距放大时，生成更多间距更小的栅格线。主栅格线的频率确定这些栅格线的频率。
    - 【显示超出界限的栅格】：用于显示超出 LIMITS 命令指定区域的栅格。
    - 【遵循动态 UCS】：用于更改栅格平面以遵循动态 UCS 的 XY 平面。

3) 正交

正交是指在绘制线形图形对象时，线形对象的方向只能为水平或垂直，即当指定第一点时，第二点只能在第一点的水平方向或垂直方向。

2. 对象捕捉

当绘制精度要求非常高的图纸时，细小的差错也许会造成重大的失误，为尽可能提高绘图的精度，AutoCAD 提供了对象捕捉功能，这样可以快速、准确地绘制图形。

使用对象捕捉功能可以迅速指定对象上的精确位置，而不必输入坐标值或绘制构造线。该功能可将指定点限制在现有对象的确切位置上，如中点或交点等，例如使用对象捕捉功能可以绘制到圆心或多段线中点的直线。

选择【工具】|【工具栏】| AutoCAD |【对象捕捉】菜单命令，如图 1-102 所示，打开【对象捕捉】工具栏，如图 1-103 所示。

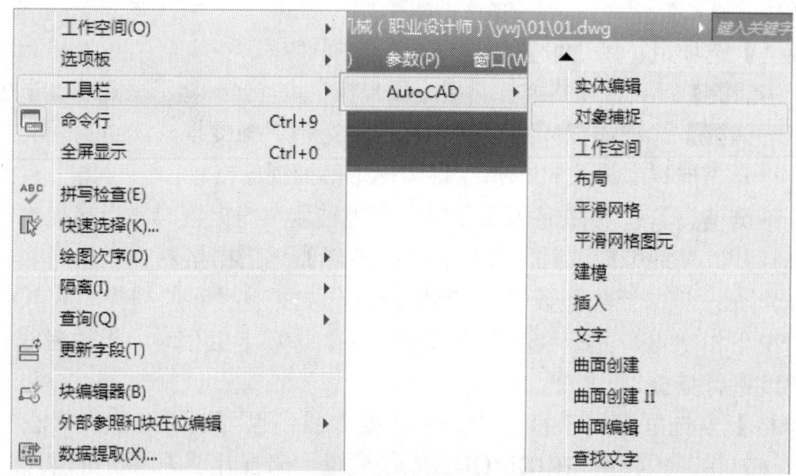

图 1-102 选择【对象捕捉】菜单命令

图 1-103 【对象捕捉】工具栏

对象捕捉名称和捕捉功能如表 1-1 所示。

表 1-1　对象捕捉命令列表

图　标	命令缩写	对象捕捉名称
	TT	临时追踪点
	FROM	捕捉自
	ENDP	捕捉到端点
	MID	捕捉到中点
	INT	捕捉到交点
	APPINT	捕捉到外观交点
	EXT	捕捉到延长线
	CEN	捕捉到圆心
	QUA	捕捉到象限点
	TAN	捕捉到切点
	PER	捕捉到垂足
	PAR	捕捉到平行线
	INS	捕捉到插入点
	NOD	捕捉到节点
	NEA	捕捉到最近点
	NON	无捕捉
	OSNAP	对象捕捉设置

3. 使用对象捕捉

如果需要对【对象捕捉】属性进行设置，可选择【工具】|【草图设置】菜单命令，或者在命令行中输入 Dsettings，都会打开【草图设置】对话框，单击【对象捕捉】标签，切换到【对象捕捉】选项卡，如图 1-104 所示。

1) 对象捕捉的方式

对象捕捉有两种方式。

(1) 如果在运行某个命令时设计对象捕捉，则当该命令结束时，捕捉也结束，这叫单点捕捉。这种捕捉形式一般是单击对象捕捉工具栏的相关命令按钮。

(2) 如果在运行绘图命令前设置捕捉，则该捕捉在绘图过程中一直有效，该捕捉形式在【草图设置】对话框的【对象捕捉】选项卡中进行设置。

2) 【对象捕捉】选项卡的有关选项

下面将详细介绍有关【对象捕捉】选项卡的内容。

- 【启用对象捕捉】复选框：用于打开或关闭执行对象捕捉。当对象捕捉打开时，在【对象捕捉模式】下选定的对象捕捉处于活动状态。(OSMODE 系统变量)

- 【启用对象捕捉追踪】复选框：用于打开或关闭对象捕捉追踪。使用对象捕捉追踪，在命令中指定点时，光标可以沿基于其他对象捕捉点的对齐路径进行追踪。要使用对象捕捉追踪，必须打开一个或多个对象捕捉。(AUTOSNAP 系统变量)
- 【对象捕捉模式】选项组中列出了可以在执行对象捕捉时打开的对象捕捉模式。
  - ◆ 【端点】：选中此复选框可捕捉到圆弧、椭圆弧、直线、多线、多段线线段、样条曲线、面域或射线最近的端点，或捕捉宽线、实体或三维面域的最近角点，如图 1-105 所示。

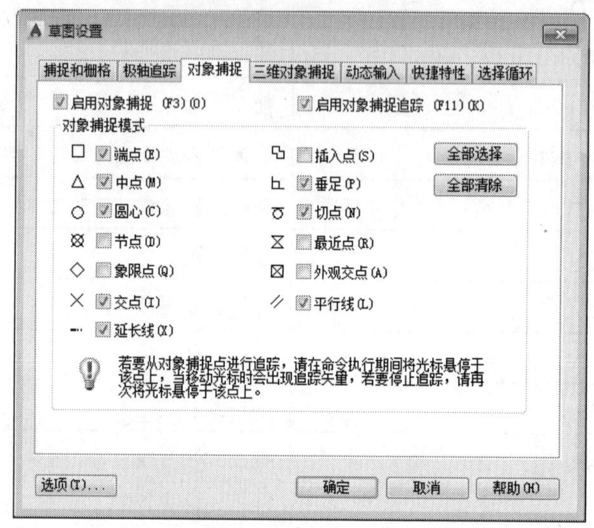

图 1-104　【草图设置】对话框中的【对象捕捉】选项卡

  - ◆ 【中点】：选中此复选框可捕捉到圆弧、椭圆、椭圆弧、直线、多线、多段线线段、面域、实体、样条曲线或参照线的中点，如图 1-106 所示。

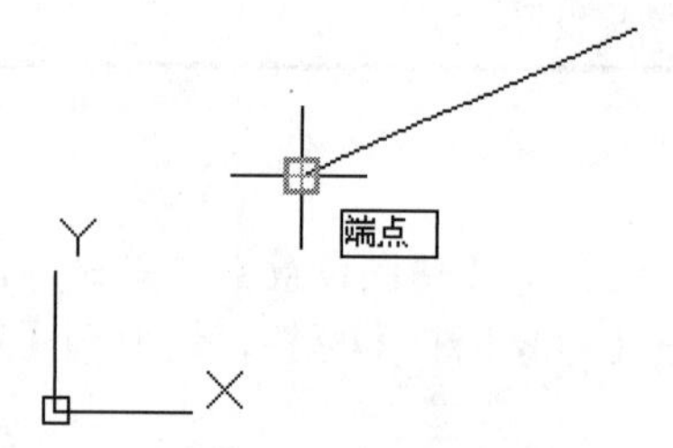

图 1-105　选择【对象捕捉模式】中的【端点】选项后捕捉的效果

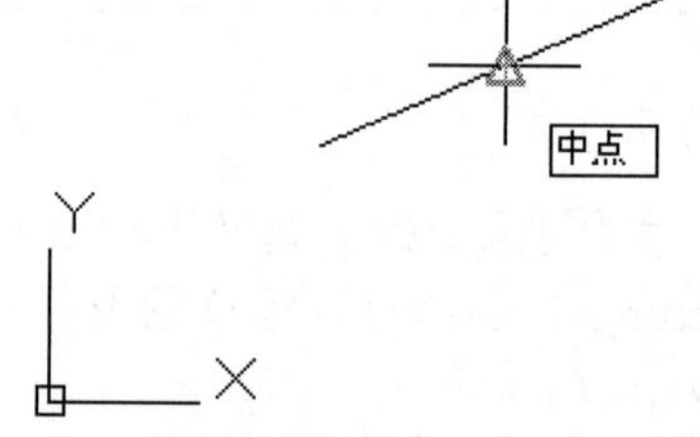

图 1-106　选择【对象捕捉模式】中的【中点】选项后捕捉的效果

  - ◆ 【圆心】：选中此复选框可捕捉到圆弧、圆、椭圆或椭圆弧的圆点，如图 1-107 所示。
  - ◆ 【节点】：选中此复选框可捕捉到点对象、标注定义点或标注文字起点，如图 1-108 所示。
  - ◆ 【象限点】：选中此复选框可捕捉到圆弧、圆、椭圆或椭圆弧的象限点，如图 1-109 所示。
  - ◆ 【交点】：选中此复选框可捕捉到圆弧、圆、椭圆、椭圆弧、直线、多线、多段线、射线、面域、样条曲线或参照线的交点。

◆ 【延长线】：选中此复选框可自动捕捉两条直线的延长交点，如图 1-110 所示。

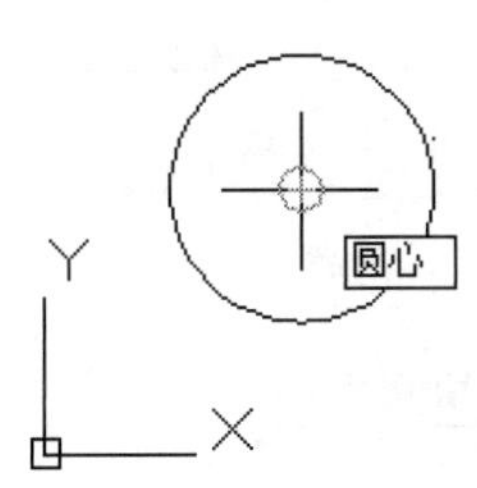

图 1-107 选择【对象捕捉模式】中的【圆心】选项后捕捉的效果

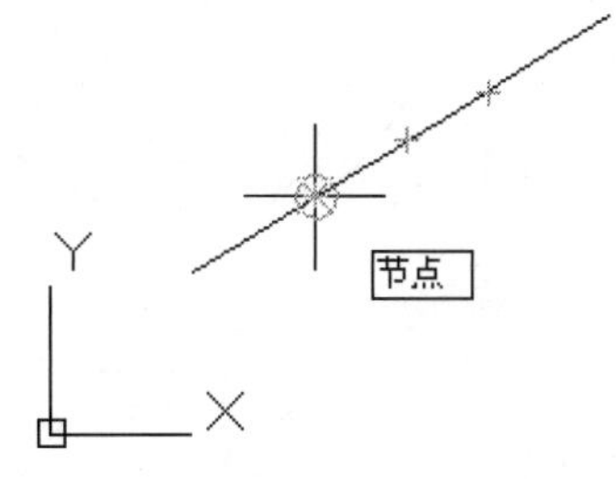

图 1-108 选择【对象捕捉模式】中的【节点】选项后捕捉的效果

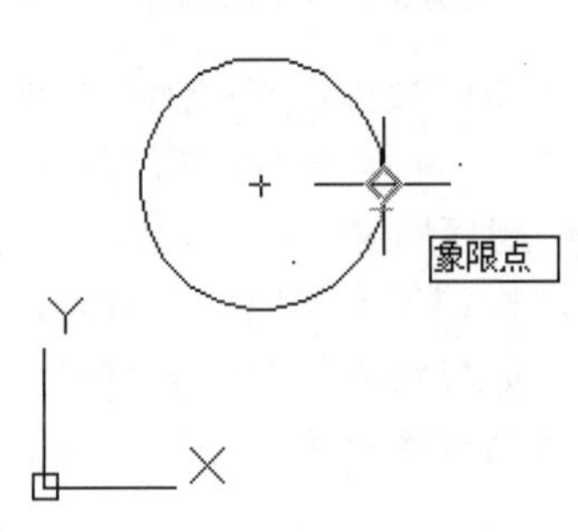

图 1-109 选择【对象捕捉模式】中的【象限点】选项后捕捉的效果

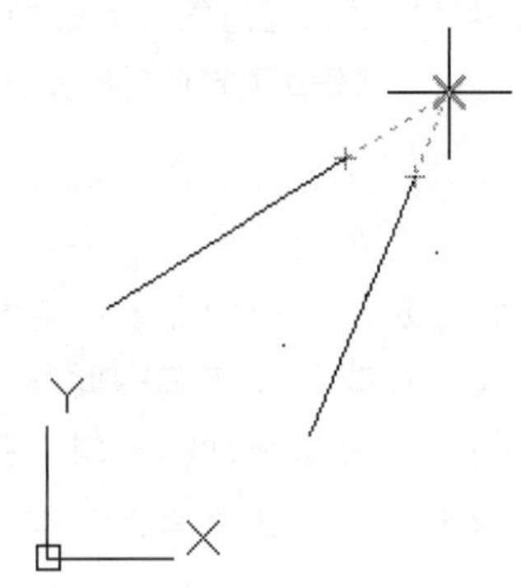

图 1-110 选择【对象捕捉模式】中的【交点】和【延长线】选项后捕捉的效果

提示：如果同时打开【交点】和【外观交点】执行对象捕捉，可能会得到不同的结果。选择【延长线】选项后，当光标经过对象的端点时，显示临时延长线或圆弧，以便用户在延长线或圆弧上指定点。

◆ 【插入点】：选中此复选框可捕捉到属性、块、形或文字的插入点。
◆ 【垂足】：选中此复选框可捕捉圆弧、圆、椭圆、椭圆弧、直线、多线、多段线、射线、面域、实体、样条曲线或参照线的垂足。当正在绘制的对象需要捕捉多个垂足时，将自动打开【递延垂足】捕捉模式。可以用直线、圆弧、圆、多段线、射线、参照线、多线或三维实体的边作为绘制垂直线的基础对象。可以用【递延垂足】在这些对象之间绘制垂直线。当靶框经过【递延垂足】捕捉点时，将显示 AutoSnap 工具栏提示和标记，如图 1-111 所示。
◆ 【切点】：选中此复选框可捕捉到圆弧、圆、椭圆、椭圆弧或样条曲线的切点。当正在绘制的对象需要捕捉多个垂足时，将自动打开【递延垂足】捕捉模式。例如，可以用【递延切点】来绘制与两条弧、两条多段线弧或两条圆相切的直线。当靶框经过【递延切点】捕捉点时，将显示标记和 AutoSnap 工具栏提示，如图 1-112 所示。
◆ 【最近点】：选中此复选框可捕捉到圆弧、圆、椭圆、椭圆弧、直线、多线、点、多段线、射线、样条曲线或参照线的最近点。

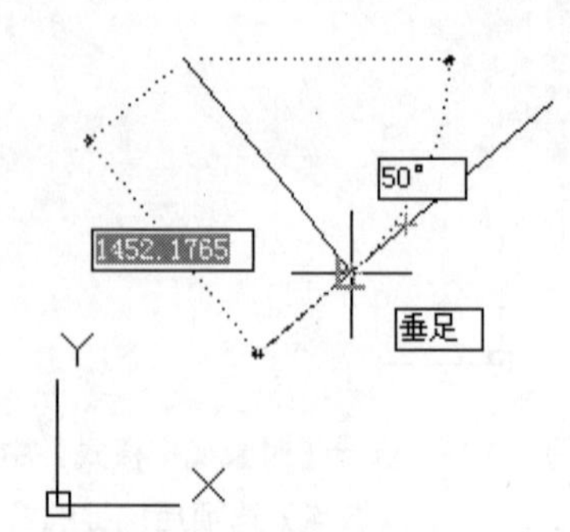

图 1-111　选择【对象捕捉模式】中的【垂足】选项后捕捉的效果

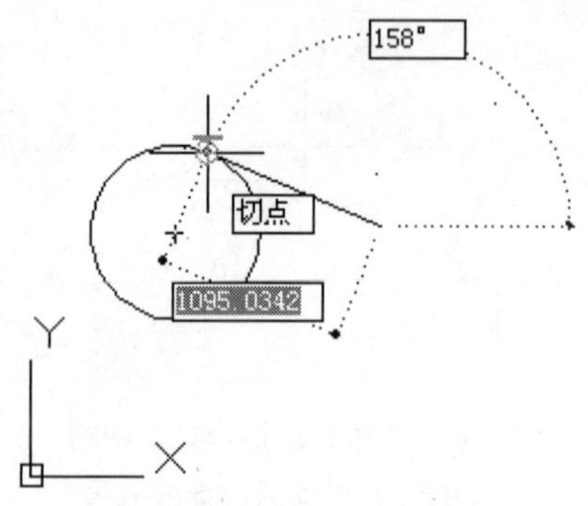

图 1-112　选择【对象捕捉模式】中的【切点】选项后捕捉的效果

- ◆ 【外观交点】：选中此复选框可捕捉到不在同一平面但是可能看起来在当前视图中相交的两个对象的外观交点。【延伸外观交点】不能用作执行对象捕捉模式。【外观交点】和【延伸外观交点】不能和三维实体的边或角点一起使用。
- ◆ 【平行线】：如选中此复选框，无论何时提示用户指定矢量的第二个点时，都要绘制与另一个对象平行的矢量。指定矢量的第一个点后，如果将光标移动到另一个对象的直线段上，即可获得第二个点。如果创建的对象的路径与这条直线段平行，将显示一条对齐路径，可用它创建平行对象。

- 【全部选择】按钮：单击此按钮将打开所有对象捕捉模式。
- 【全部清除】按钮：单击此按钮将关闭所有对象捕捉模式。

4. 自动捕捉

指定许多基本编辑选项。控制使用对象捕捉时显示的形象化辅助工具(称作自动捕捉)的相关设置。AutoSnap 设置保存在注册表中。如果光标或靶框处在对象上，可以按 Tab 键遍历该对象的所有可用捕捉点。

5. 自动捕捉设置

如果需要对【自动捕捉】属性进行设置，则选择【工具】|【选项】菜单命令，打开如图 1-113 所示的【选项】对话框，单击【绘图】标签，切换到【绘图】选项卡。

下面将介绍【自动捕捉设置】选项组中的内容。

- 【标记】复选框：用于控制自动捕捉标记的显示。该标记是当十字光标移到捕捉点上时显示的几何符号。
- 【磁吸】复选框：用于打开或关闭自动捕捉磁吸。磁吸是指十字光标自动移动并锁定到最近的捕捉点上。
- 【显示自动捕捉工具提示】复选框：用于控制自动捕捉工具栏提示的显示。工具栏提示是一个标签，用来描述捕捉到的对象部分。
- 【显示自动捕捉靶框】复选框：用于控制自动捕捉靶框的显示。靶框是捕捉对象时出现在十字光标内部的方框。

● 【颜色】按钮：指定自动捕捉标记的颜色。单击【颜色】按钮后，打开【图形窗口颜色】对话框，在【界面元素】列表框中选择【二维自动捕捉标记】选项，在【颜色】下拉列表框中可以任意选择一种颜色，如图 1-114 所示。

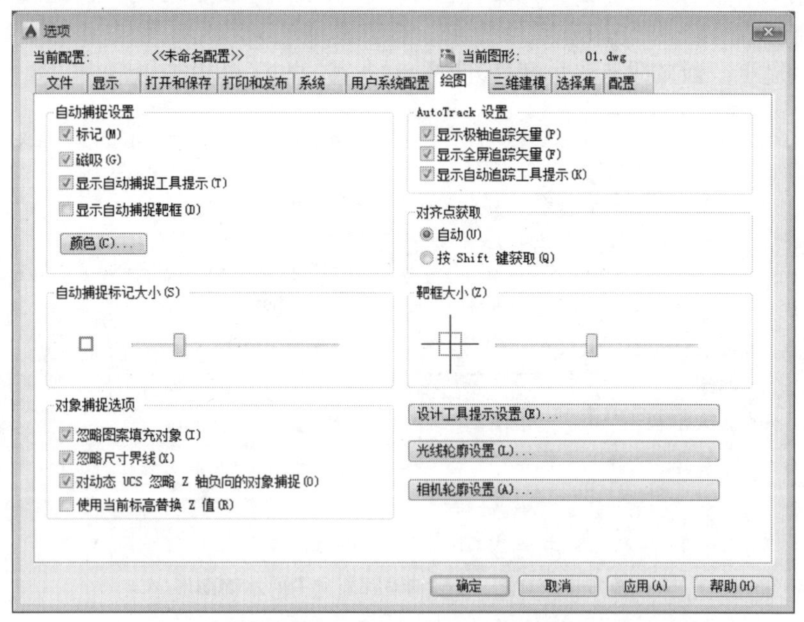

图 1-113 【选项】对话框中的【绘图】选项卡

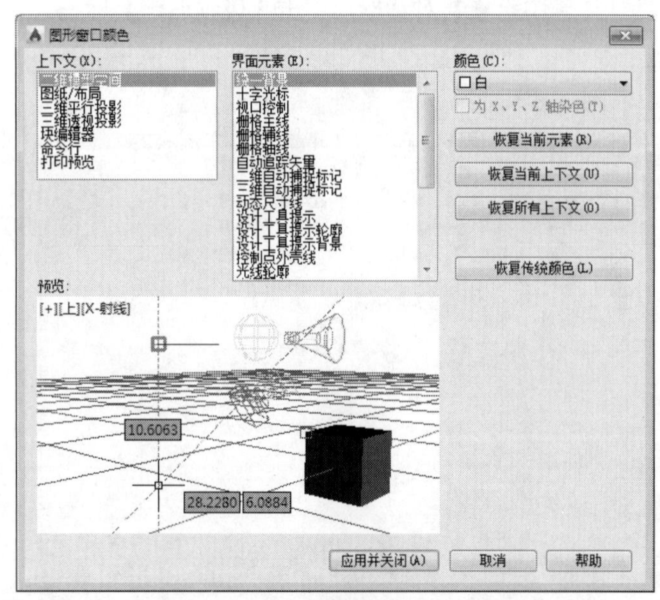

图 1-114 【图形窗口颜色】对话框

6. 极轴追踪

控制自动追踪设置。创建或修改对象时，可以使用【极轴追踪】以显示由指定的极轴角度所定义的临时对齐路径。可以使用 PolarSnap 功能沿对齐路径按指定距离进行捕捉。

7. 使用极轴追踪

使用极轴追踪，光标将按指定的角度进行移动。

例如，在下图中绘制一条从点 1 到点 2 的两个单位的直线，然后绘制一条到点 3 的两个单位的直线，并与第一条直线成 45° 角。如果打开了 45° 极轴角增量，当光标跨过 0° 或 45° 角时，将显示对齐路径和工具栏提示。当光标从该角度移开时，对齐路径和工具栏提示消失，如图 1-115 所示。

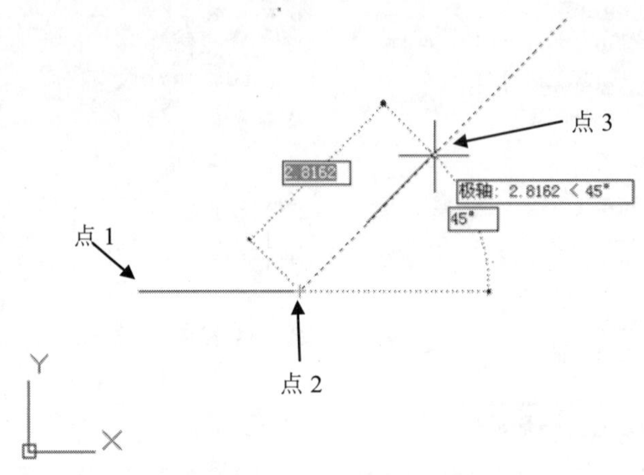

图 1-115 使用【极轴追踪】命令所示的图形

如果需要对【极轴追踪】属性进行设置，则可选择【工具】|【绘图设置】菜单命令，或者在命令行中输入 Dsettings，打开【草图设置】对话框，单击【极轴追踪】标签，切换到【极轴追踪】选项卡，如图 1-116 所示。

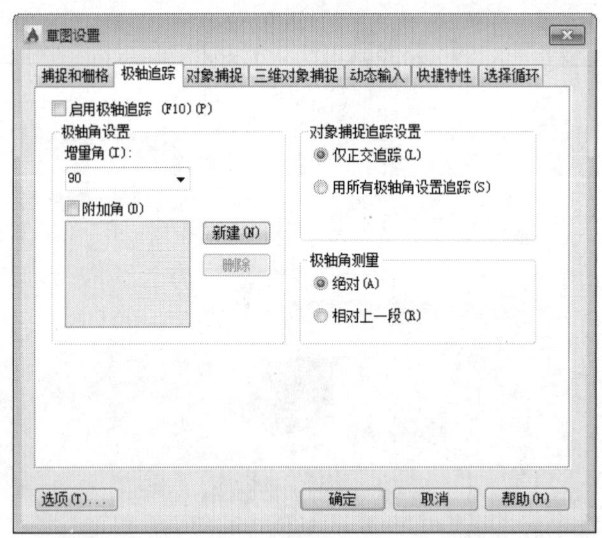

图 1-116 【草图设置】对话框中的【极轴追踪】选项卡

下面将详细介绍有关【极轴追踪】选项卡的内容。

- 【启用极轴追踪】复选框：用于打开或关闭极轴追踪。也可以按 F10 键或使用 AUTOSNAP 系统变量来打开或关闭极轴追踪。

- 【极轴角设置】选项组：设置极轴追踪的对齐角度。
  - ◆ 【增量角】：设置用来显示极轴追踪对齐路径的极轴角增量。可以输入任何角度，也可以从下拉列表框中选择“90、45、30、22.5、18、15、10、5”这些常用角度。
  - ◆ 【附加角】：对极轴追踪使用列表中的任何一种附加角度。【附加角】复选框受POLARMODE 系统变量控制，【附加角】列表框也受 POLARADDANG 系统变量控制。

> **提示：**附加角度是绝对的，而非增量的。添加分数角度之前，必须将 AUPREC 系统变量设置为合适的十进制精度以防止不需要的舍入。例如，如果 AUPREC 的值为 0(默认值)，则所有输入的分数角度将舍入为最接近的整数。

  - ◆ 【角度列表】：如果选中【附加角】复选框，将列出可用的附加角度。要添加新的角度，请单击【新建】按钮。要删除现有的角度，请单击【删除】按钮。
  - ◆ 【新建】按钮：最多可以添加 10 个附加极轴追踪对齐角度。
  - ◆ 【删除】按钮：删除选定的附加角度。
- 【对象捕捉追踪设置】选项组：设置对象捕捉追踪选项。
  - ◆ 【仅正交追踪】：如选中此单选按钮，当对象捕捉追踪打开时，仅显示已获得的对象捕捉点的正交(水平/垂直)对象捕捉追踪路径。
  - ◆ 【用所有极轴角设置追踪】：如选中此单选按钮，将极轴追踪设置应用于对象捕捉追踪。使用对象捕捉追踪时，光标将从获取的对象捕捉点起沿极轴对齐角度进行追踪。单击状态栏上的【极轴】和【对象追踪】也可以打开或关闭极轴追踪和对象捕捉追踪。
- 【极轴角测量】选项组：设置测量极轴追踪对齐角度的基准。
  - ◆ 【绝对】：如选中此单选按钮，根据当前用户坐标系(UCS)确定极轴追踪角度。
  - ◆ 【相对上一段】：如选中此单选按钮，根据上一个绘制线段确定极轴追踪角度。

8. 自动追踪

可以使用户在绘图的过程中按指定的角度绘制对象，或与其他对象有特殊关系的对象，当此模式处于打开状态时，临时的对齐虚线有助于用户精确地绘图。用户还可以通过一些设置来更改对齐路线以适合自己的需求，这样就可以达到精确绘图的目的。

选择【工具】|【选项】菜单命令，打开如图 1-117 所示的【选项】对话框，在【AutoTrack 设置】选项组中进行【自动追踪】的设置。

- 【显示极轴追踪矢量】：如选中此复选框，当极轴追踪打开时，将沿指定角度显示一个矢量。使用极轴追踪，可以沿角度绘制直线。极轴角 90 度的约数，如 45、30 和 15 度。可以通过将 TRACKPATH 设置为 2 禁用【显示极轴追踪矢量】。
- 【显示全屏追踪矢量】：此复选框用于控制追踪矢量的显示。追踪矢量是辅助用户按特定角度或与其他对象特定关系绘制对象的构造线。如果启用此复选框，对齐矢量将显示为无限长的线。可以通过将 TRACKPATH 设置为 1 来取消选中【显示全屏追踪矢量】复选框。
- 【显示自动追踪工具提示】：此复选框用于控制自动追踪工具提示的显示。工具提示是一个标签，它显示追踪坐标。

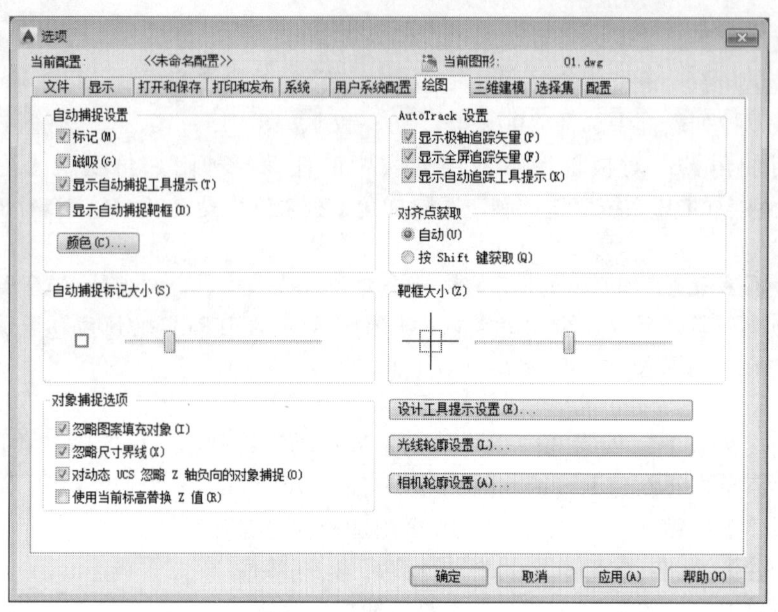

图 1-117 【选项】对话框

1.4.1 自定义设置

行业知识链接：建筑图主要用来表示房屋的规划位置、外部造型、内部布置、内外装修、细部构造、固定设施及施工要求等。如图 1-118 所示是平面建筑图的示意图。

图 1-118 平面建筑图的示意图

天正建筑软件安装完成之后，应先对软件进行相应的设置，如设置快捷键、图层等各项参数，以提高绘图的效率。本课将介绍天正建筑软件的设置方法。

1. 快捷键与自定义热键

在命令行中输入“ZDY”，或者选择【设置】|【自定义】菜单命令，打开【天正自定义】对话框，如图 1-119 所示。在【快捷键】选项卡中可以对普通快捷键和一键快捷进行查看和设置。

图 1-119 【天正自定义】对话框

如表 1-2 所示为天正建筑软件的绘图常用热键表，用户也可以参照上述方法自定义热键。

表 1-2 天正建筑软件绘图常用热键

热 键	功 能
F1	AutoCAD 帮助文件的切换键
F2	屏幕的图形显示与文本显示的切换键
F3	对象捕捉的开关键
F4	三维对象捕捉的开关键
F5	等轴测平面转换的开关键
F6	状态行中绝对坐标与相对坐标的切换键
F7	屏幕栅格点显示状态的切换键
F8	屏幕光标正交状态的切换键
F9	屏幕光标捕捉(光标模数)的开关键
F10	极轴追踪的开关键
F11	对象追踪的开关键
F12	AutoCAD 2006 以上版本中，F12 键用于切换动态输入，天正新提供显示墙基线用于捕捉的状态栏按钮
Ctrl++	屏幕菜单的开关键
Ctrl+ -	文档标签的开关键
Shift+F12	墙和门窗拖动时的模数开关键
Ctrl+~	【工程管理】面板的开关键

2. 视口控制

天正建筑绘图软件在绘图区中可以设置视口的显示方式与AutoCAD绘图软件相同。单击绘图区左上角的【视口控件】按钮[-]，在弹出的下拉菜单中选择【视口配置列表】命令，然后在弹出的子菜单中选择视口的配置方式，如图1-120所示，完成视口配置的结果如图1-121所示。

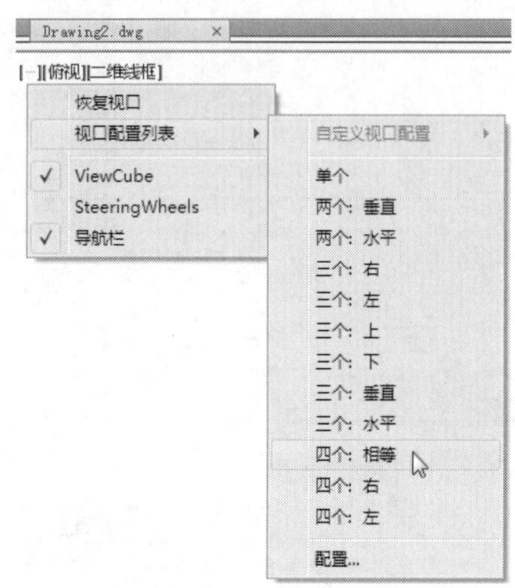

图1-120 选择【视口配置列表】选项

天正建筑软件提供了创建视口、编辑视口大小及删除视口快捷方式。

- 新建视口：将光标移到视口边缘线，当光标变成双向箭头时，在按下Ctrl键或Shift键的同时，按住鼠标左键并拖动鼠标，即可创建新视口。
- 编辑视口大小：将光标移到视口边缘线，当光标变成双向箭头时，上下左右拖动鼠标，即可调节视口的大小。
- 删除视口：将光标移到视口边缘线，当光标变成双向箭头时，拖动视口边缘线，向其对边方向移动，使两条边重合，即可删除视口。

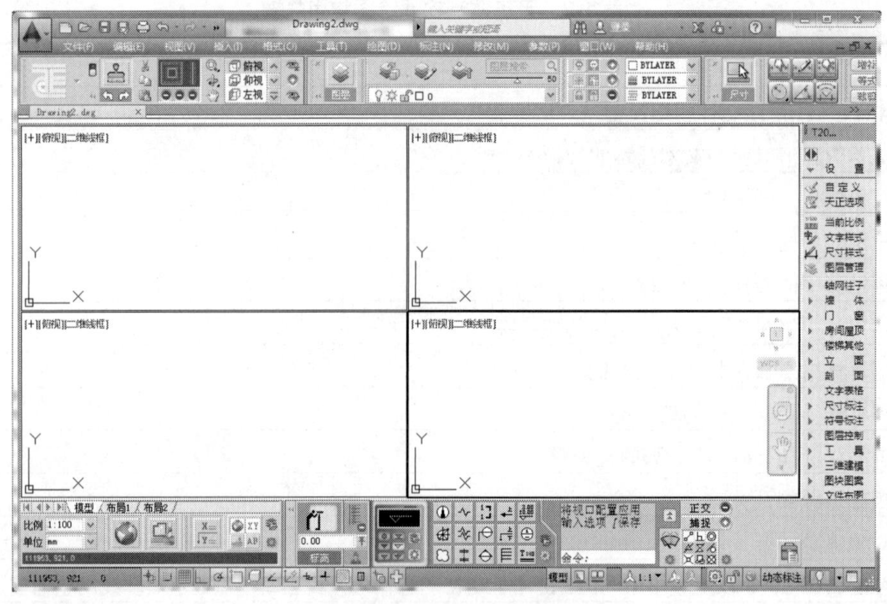

图1-121 视口配置结果

3. 软件初始化设置

天正建筑软件为用户提供了个性化设置软件的3种方式，分别是【基本设定】、【加粗填充】以及【高级选项】。【基本设定】选项可以对图形、符号和圆圈文字进行设置；【加粗填充】选项可以对墙体和柱子的填充方式进行设置；【高级选项】可以对尺寸标注、符号标注等的标注方式和显示效果进行设置。

在命令行中输入“TZXX”并按 Enter 键，在弹出的【天正选项】对话框中切换到【基本设定】选项卡，如图 1-122 所示，即可对图形的比例、当前层高以及标号标注、圆圈文字等进行详细的设置。

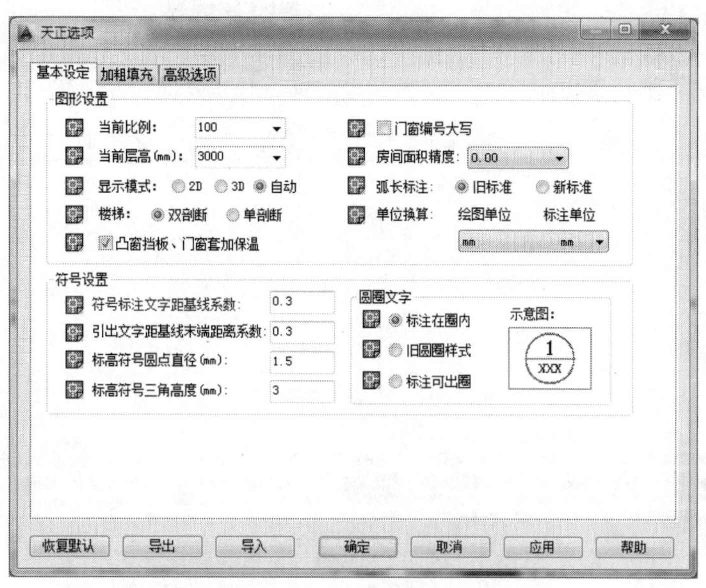

图 1-122　【基本设定】选项卡

切换到【加粗填充】选项卡，可以对选中的【石膏板】、【填充墙】等类型墙体的填充方式、填充颜色以及线宽等参数进行设置，如图 1-123 所示。

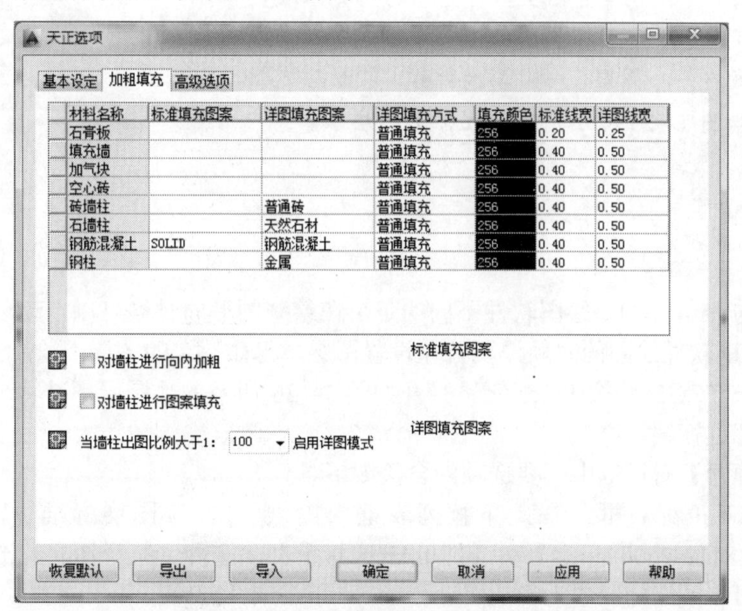

材料名称	标准填充图案	详图填充图案	详图填充方式	填充颜色	标准线宽	详图线宽
石膏板			普通填充	256	0.20	0.25
填充墙			普通填充	256	0.40	0.50
加气块			普通填充	256	0.40	0.50
空心砖			普通填充	256	0.40	0.50
砖墙柱		普通砖	普通填充	256	0.40	0.50
石墙柱		天然石材	普通填充	256	0.40	0.50
钢筋混凝土	SOLID	钢筋混凝土	普通填充	256	0.40	0.50
钢柱		金属	普通填充	256	0.40	0.50

图 1-123　【加粗填充】选项卡

切换到【高级选项】选项卡，可以对【尺寸标注】、【符号标注】、【立剖面】等的显示样式进行设置，如图 1-124 所示。

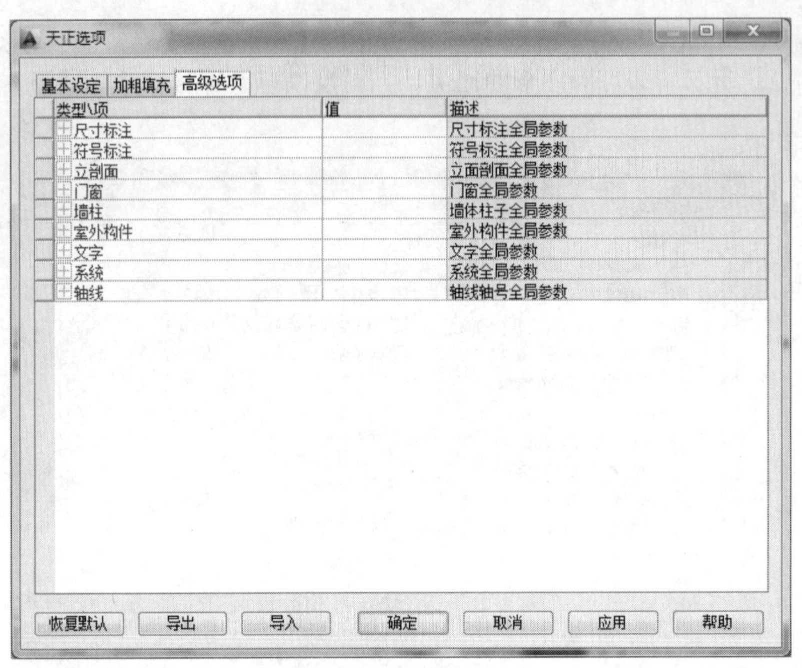

图 1-124 【高级选项】选项卡

1.4.2 图层操作

行业知识链接：图层是为了管理不同类别的图形而设置的，比如一个城市的基本平面布置图放在一个图层，城市地下水管道布置图放在一个图层，当需要的时候，可以让某个图层显示出来。如图 1-125 所示是建筑立体图图层示意。

图 1-125 建筑立体图

天正建筑软件与 AutoCAD 绘图软件不同的是，在绘制图形的时候可以自动创建相应的图层，而不必像使用 AutoCAD 软件绘图的时候，要首先设置图层，再在指定的图层上绘制图形。

在命令行中输入 TCGL 并按 Enter 键，打开如图 1-126 所示的【图层标准管理器】对话框，可以在其中对图层的属性进行编辑修改。

【图层标准管理器】对话框中主要选项的含义如下。

【当前标准】下拉列表框：在此下拉列表框中提供了 3 个图层标准，分别是【当前标准(TArch)】、【GBT18112-2000 标准】和【T20-Arch 标准】。选择了某个图层标准后，单击【置为当前标准】按钮，即可将所选标准置为当前。

图层属性区：在图层属性区单击【图层名】、【颜色】、【线型】、【备注】选项，可以修改图层的相应属性。

【新建标准】按钮：单击【新建标准】按钮，在弹出的【新建标准】对话框中输入标准名称，如

图 1-127 所示，再单击【确定】按钮即可新建图层标准。新建标准后，用户可自行对各图层的属性进行重新设置。

图 1-126 【图层标准管理器】对话框

【图层转换】按钮：单击【图层转换】按钮，在弹出的【图层转换】对话框中，分别选择原图层标准和目标图层标准，如图 1-128 所示，再单击【转换】按钮，即可完成图层的转换。

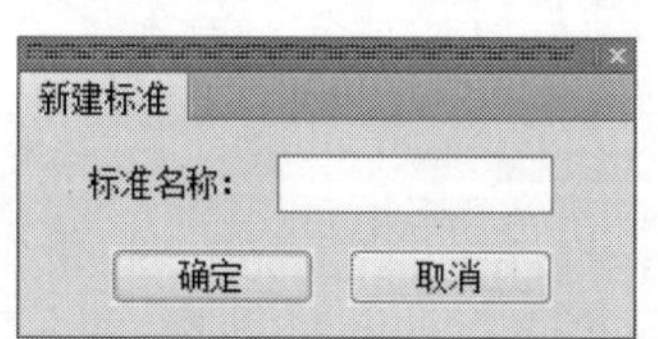

图 1-127 【新建标准】对话框

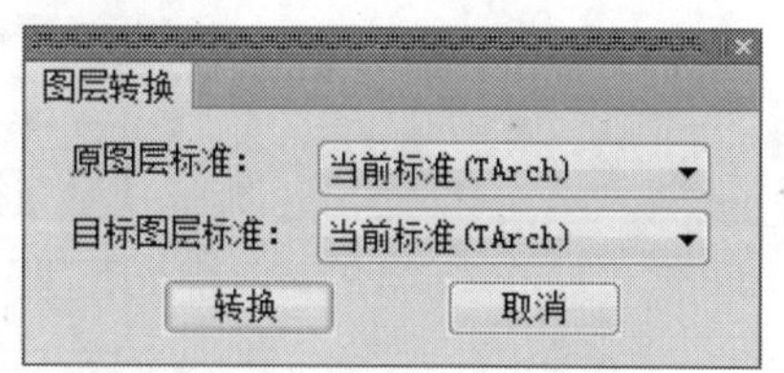

图 1-128 【图层转换】对话框

课后练习

案例文件： ywj\01\02.dwg

视频文件： 光盘→视频课堂→第 1 教学日→1.4

本节课后练习的是二层建筑平面图的绘制，平面图由 6 间开间组成，创建有墙壁基准，有阶梯、门窗等附属，如图 1-129 所示是创建完成的二层建筑平面图。

本节案例主要练习了天正建筑 T20 的平面图绘制，首先绘制轴网，之后绘制墙体，再添加门窗、楼梯等附属特征，接着创建文字特征，最后添加标注和标高，二层建筑平面图的创建思路和步骤如图 1-130 所示。

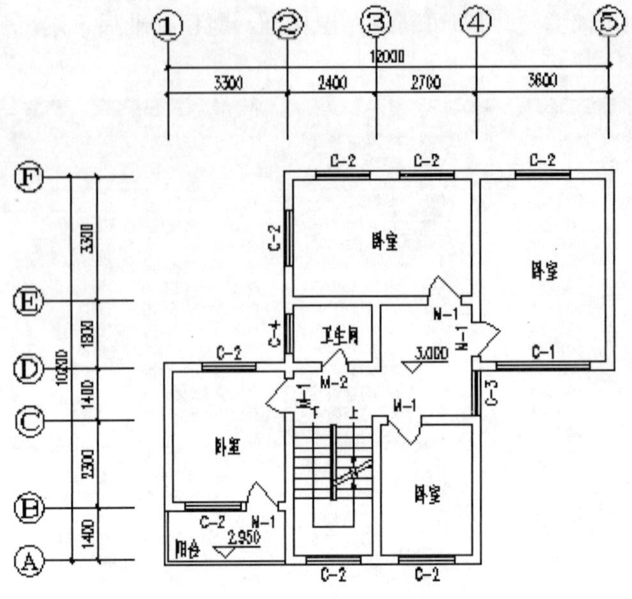

图 1-129　二层建筑平面图

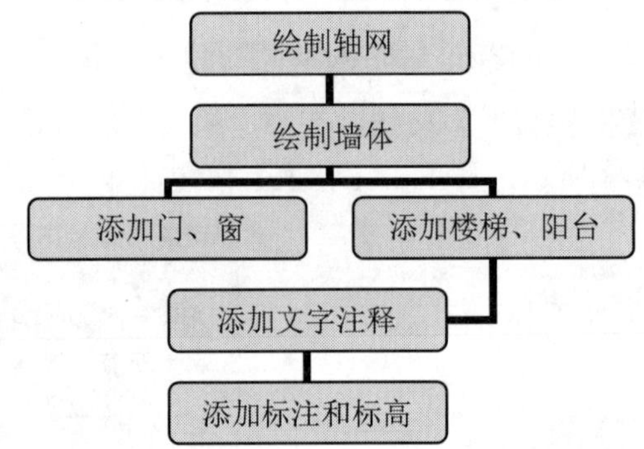

图 1-130　二层建筑平面图的创建思路和步骤

练习案例操作步骤如下。

step 01 首先创建轴网。选择【轴网柱子】|【绘制轴网】菜单命令，弹出【绘制轴网】对话框，选中【下开】单选按钮，在间距栏内分别输入间距值 3300、2400、2700 和 3600，如图 1-131 所示。

step 02 在【绘制轴网】对话框中，选中【右进】单选按钮，在【间距】文本框输入间距值 1400、2300、1400、1800 和 3300，并单击绘图区放置轴网，完成轴网的创建，如图 1-132 所示。

step 03 创建墙体。选择【墙体】|【绘制墙体】菜单命令，弹出【墙体】对话框，在【墙宽】微调框中输入 240，如图 1-133 所示。

step 04 在绘图区域绘制墙体，如图 1-134 所示。

图 1-131　输入下开间距

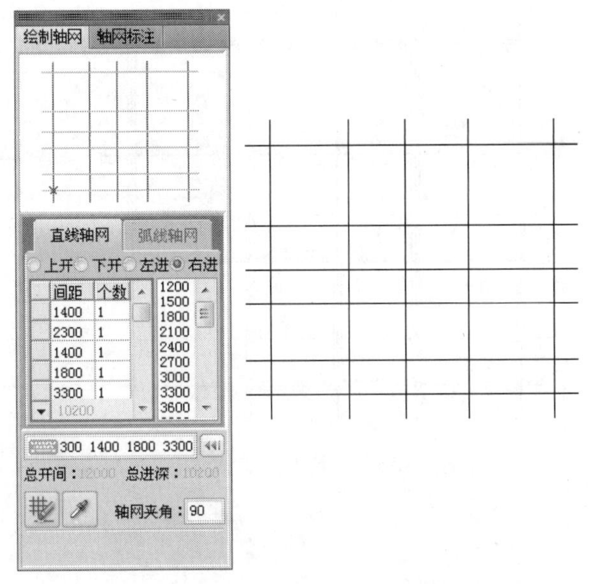

图 1-132　输入右进间距并放置轴网

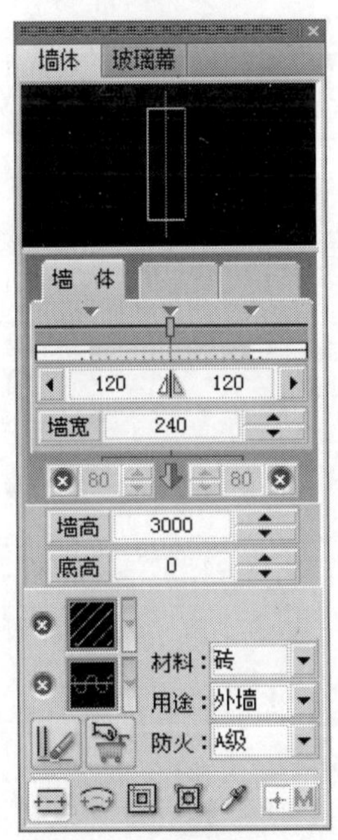

图 1-133　输入墙宽

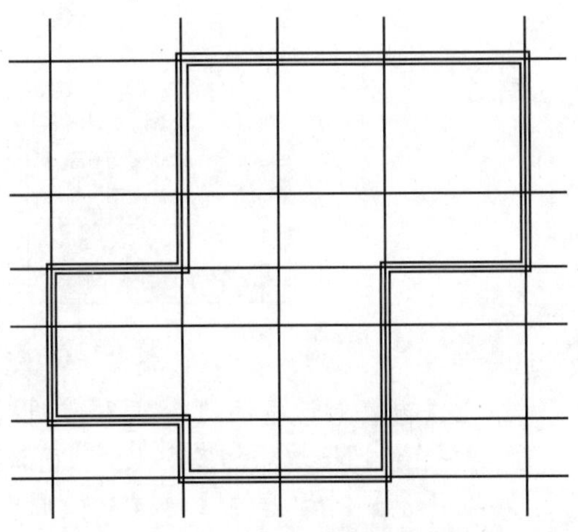

图 1-134　在绘图区域绘制墙体

step 05 绘制墙内的墙体，如图 1-135 所示。

step 06 绘制其余墙体，完成墙体的创建，如图 1-136 所示。

step 07 接着创建门窗等特征。选择【门窗】|【新窗】菜单命令，弹出【窗】对话框，在【窗宽】微调框中输入 2500，在【编号】下拉列表框中输入“C-1”，并在绘图区域添加多个 2.5 米宽的窗户，如图 1-137 所示。

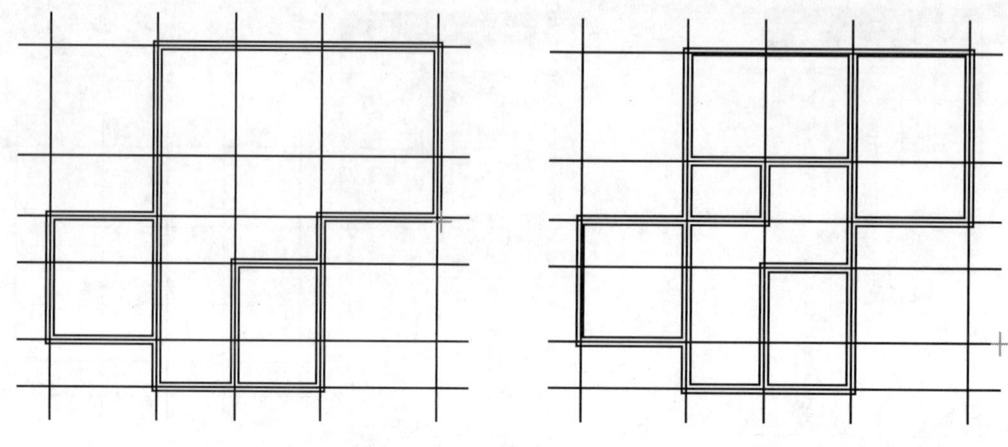

图 1-135　绘制墙内的墙体　　图 1-136　绘制其余墙体

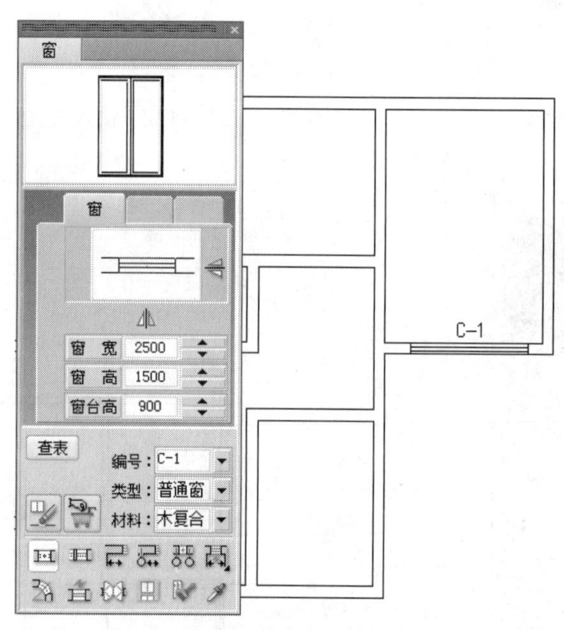

图 1-137　添加 2.5 米宽的窗户

step 08 在【窗】对话框的【窗宽】微调框中输入 1500，在【编号】下拉列表框中输入“C-2”，并在绘图区域添加多个 1.5 米宽的窗户，如图 1-138 所示。

step 09 在【窗】对话框的【窗宽】微调框中输入 1160，在【编号】下拉列表框中输入“C-3”，并在绘图区域中添加一个 1.16 米宽的窗户，如图 1-139 所示。

step 10 在【窗】对话框中的【窗宽】微调框中输入 1000，在【编号】下拉列表框中输入“C-4”，并在绘图区域中添加一个 1 米宽的窗户，如图 1-140 所示。

step 11 选择【门窗】|【新门】菜单命令，弹出【门】对话框，选择【单扇平开门(半开)】，在【门宽】微调框中输入 900，在【编号】下拉列表框中输入“M-1”，并在绘图区域中添加多个 0.9 米宽的门，如图 1-141 所示。

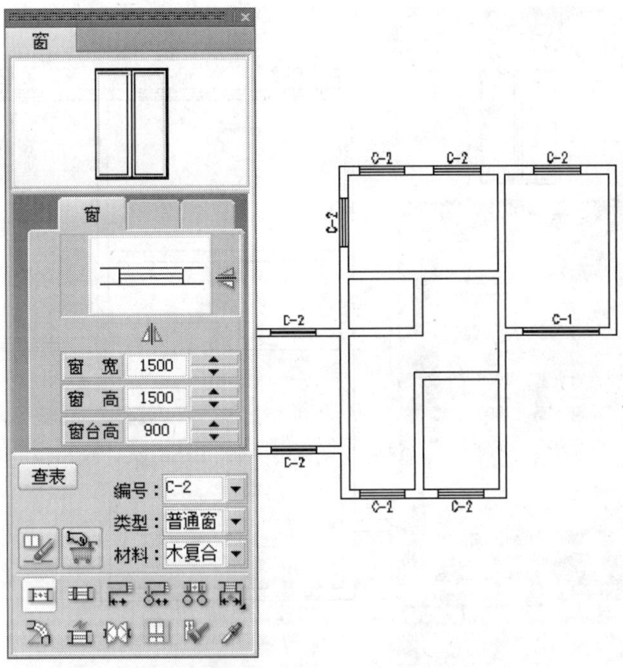

图 1-138　添加多个 1.5 米宽的窗户

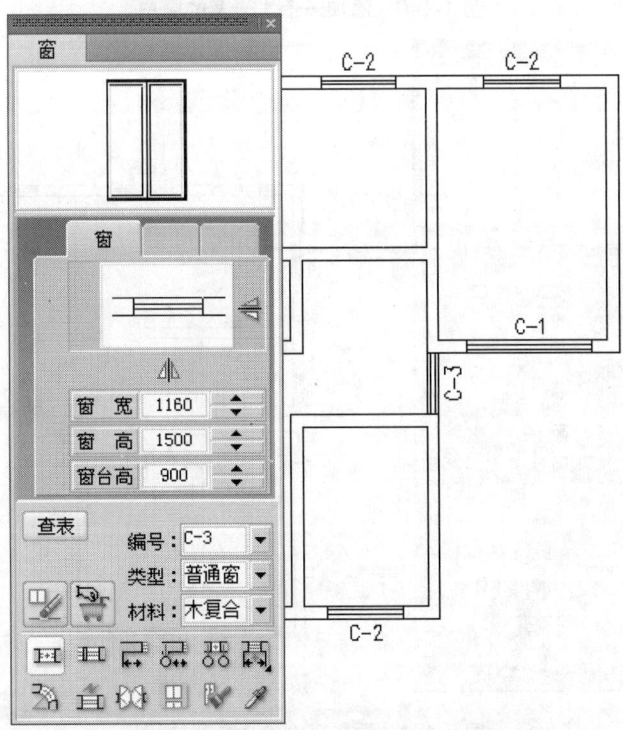

图 1-139　添加一个 1.16 米宽的窗户

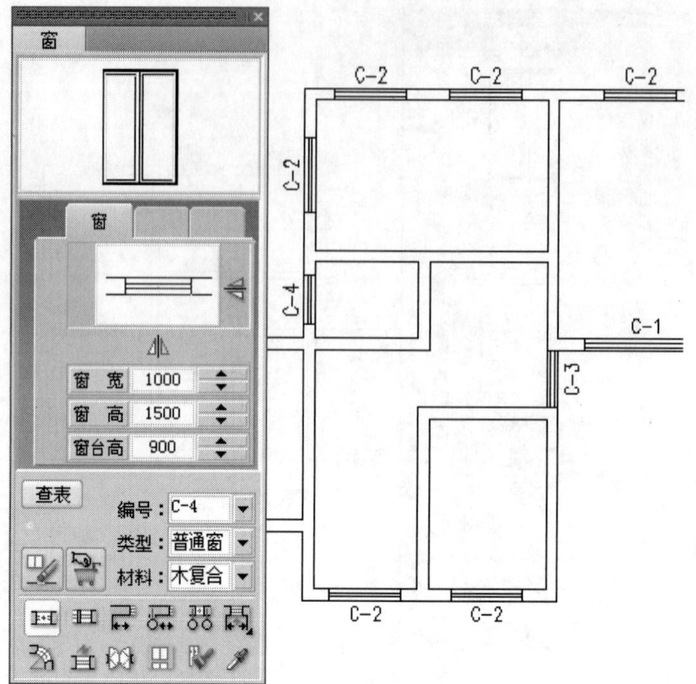

图 1-140　添加一个 1 米宽的窗户

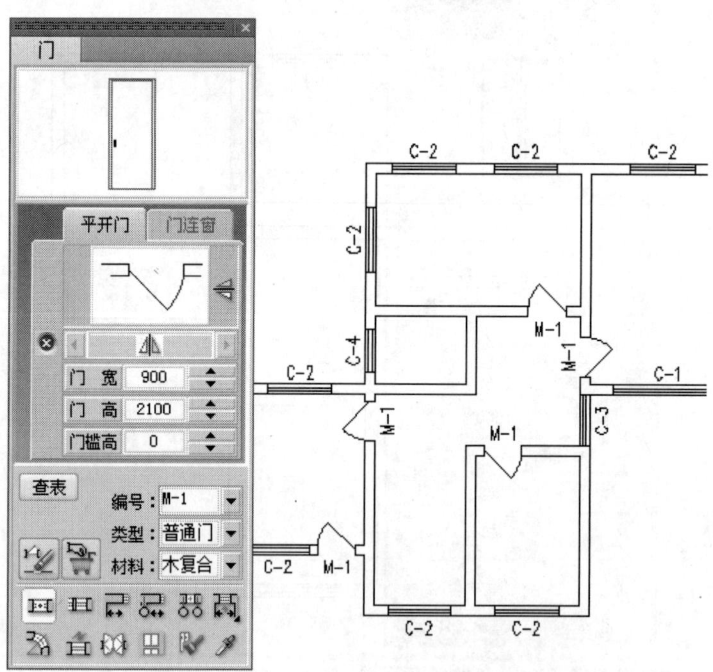

图 1-141　添加多个 0.9 米宽的门

step 12 在【门】对话框的【门宽】微调框中输入 700，并在绘图区域添加一个 0.7 米宽的门，如图 1-142 所示。

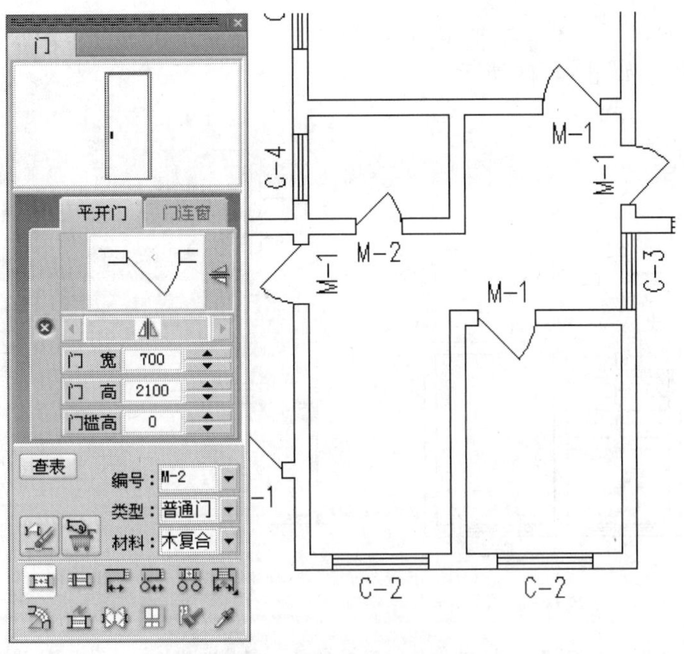

图 1-142　添加一个 0.7 米宽的门

step 13 选择【楼梯其他】|【双跑楼梯】菜单命令，弹出【双跑楼梯】对话框，在【踏步总数】微调框中输入 16，在【梯间宽】文本框中输入 2160，在【平台宽度】文本框中输入 1500，并在绘图区域中添加楼梯，如图 1-143 所示。

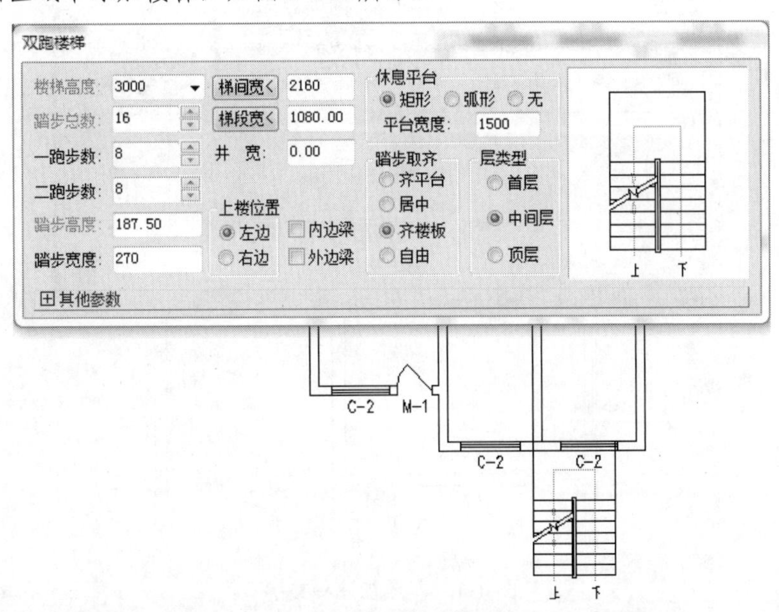

图 1-143　添加楼梯

step 14 单击【修改】工具栏中的【旋转】按钮，旋转楼梯，如图 1-144 所示。

step 15 选择【楼梯其他】|【阳台】菜单命令，弹出【绘制阳台】对话框，选择【阴角阳台】类

型，在【伸出距离】文本框中输入 3300，并在绘图区域中添加阳台，完成门、窗、阳台等特征的创建，如图 1-145 所示。

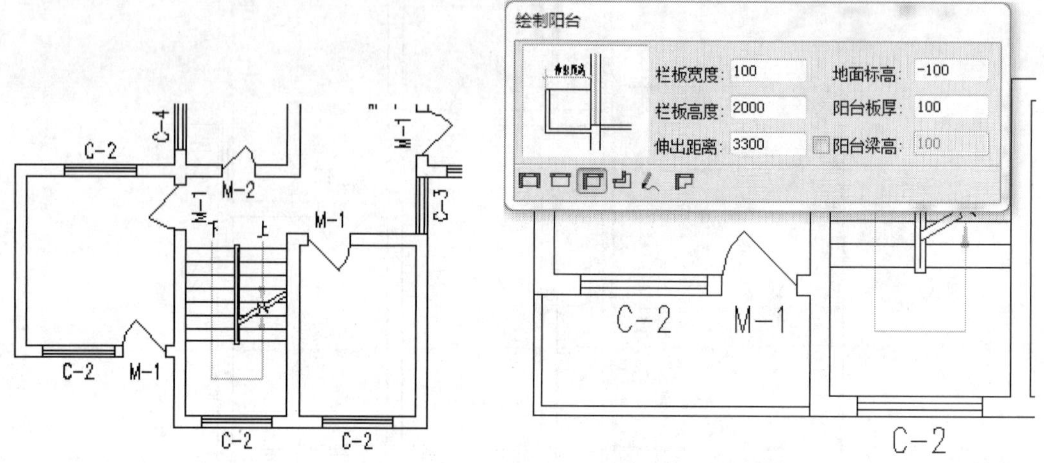

图 1-144　旋转楼梯　　　　图 1-145　添加阳台

step 16 再创建文字。选择【文字表格】|【多行文字】菜单命令，弹出【多行文字】对话框，在【字高】下拉列表框中输入 5，输入文字“卧室”，单击【确定】按钮，并在绘图区域单击放置文字，如图 1-146 所示。

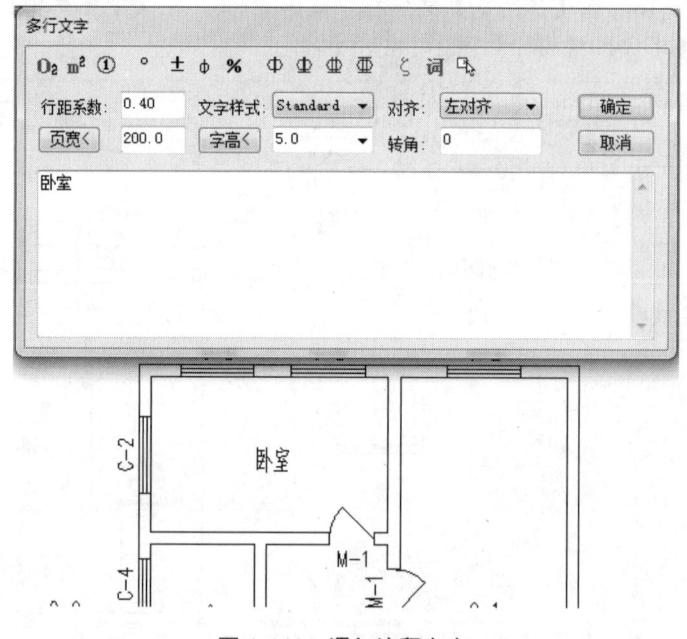

图 1-146　添加注释文字

step 17 单击【修改】工具栏中的【复制】按钮，复制文字到平面图中需要注释的位置，如图 1-147 所示。

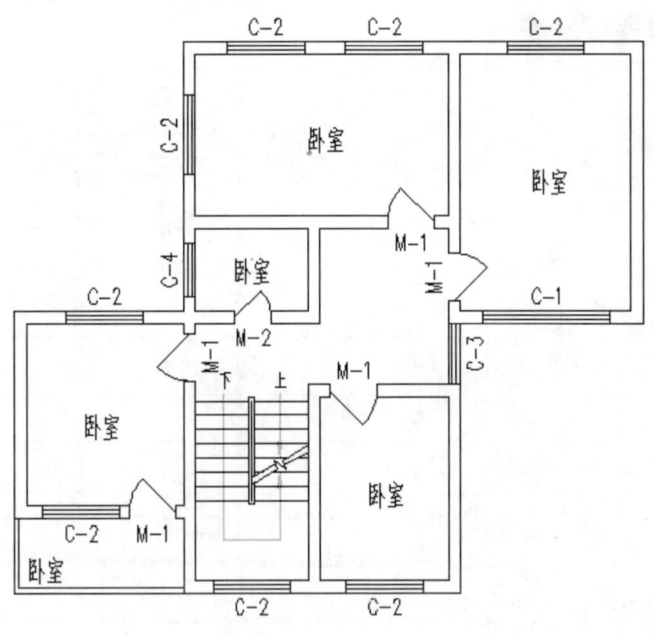

图 1-147　复制文字

step 18 双击文字进行修改，完成文字的创建，如图 1-148 所示。

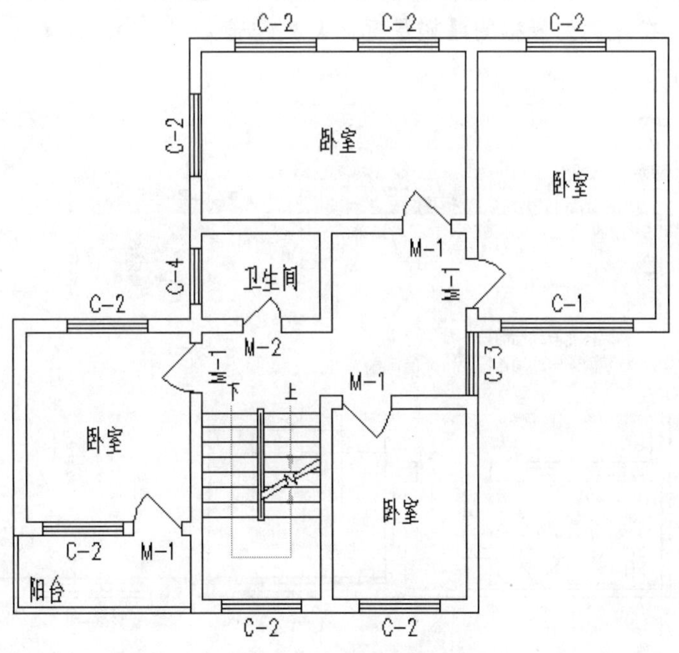

图 1-148　修改文字

step 19 最后添加标注。选择【轴网柱子】|【轴网标注】菜单命令，弹出【轴网标注】对话框，选中【单侧标注】单选按钮，选择起始轴线和结束轴线进行标注，如图 1-149 所示。

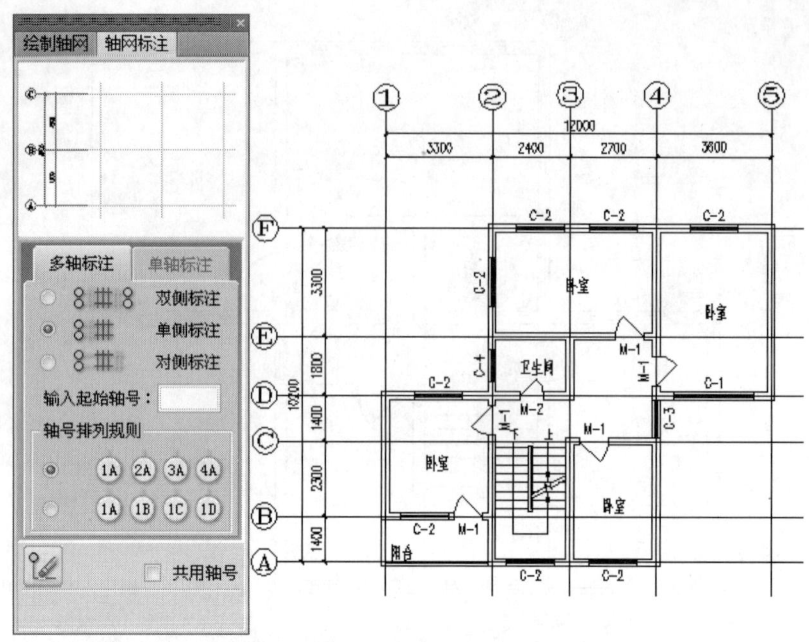

图 1-149　对平面图进行标注

step 20 选择【符号标注】|【标高标注】菜单命令，弹出【标高标注】对话框，选中【手工输入】复选框，在左侧列表框的【楼层标高】列中输入 2.950，并单击绘图区域，放置标高，如图 1-150 所示。

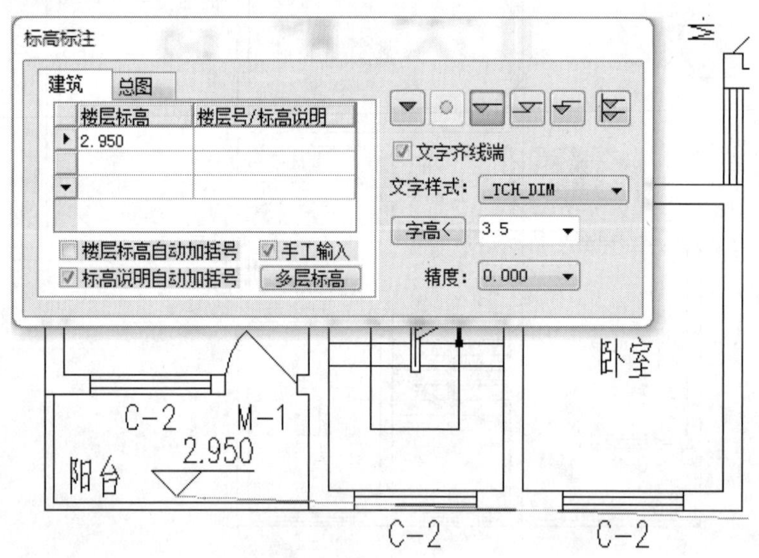

图 1-150　添加标高

step 21 按照同样的方法添加其他标高，完成二层建筑平面图的绘制，如图 1-151 所示。

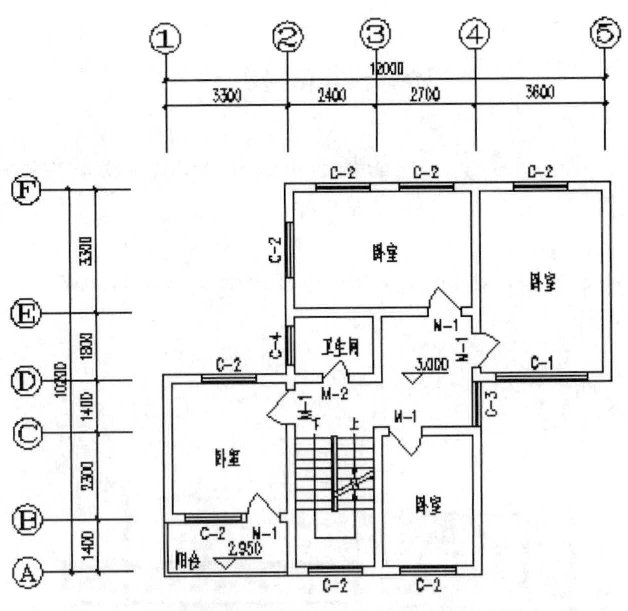

图 1-151　二层建筑平面图

建筑设计实践：建筑施工图主要表示各种设备、管道和线路的布置、走向以及安装施工要求等。设备施工图又分为给水排水施工图(水施)、供暖施工图(暖施)、通风与空调施工图(通施)、电气施工图(电施)等。设备施工图一般包括平面布置图、系统图和详图。如图 1-152 所示是建筑连接的施工图。

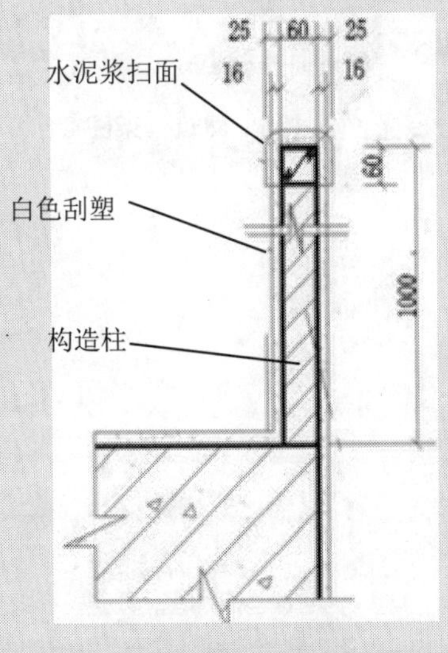

图 1-152　建筑连接施工图

阶段进阶练习

本教学日主要介绍了天正建筑软件 T20 的基础知识和 AutoCAD 软件的基础操作，包括软件的打开关闭，图形界面以及设置绘图环境和文件管理与坐标系的概念，读者学习后可以初步掌握天正建筑软件的入门知识，为下一步的学习打下基础。

如图 1-153 所示，使用本教学日学过的内容对建筑框架图纸进行操作。

一般练习步骤和内容如下。

(1) 绘制建筑框架。

(2) 设置工作环境和标注参数。

(3) 添加尺寸标注。

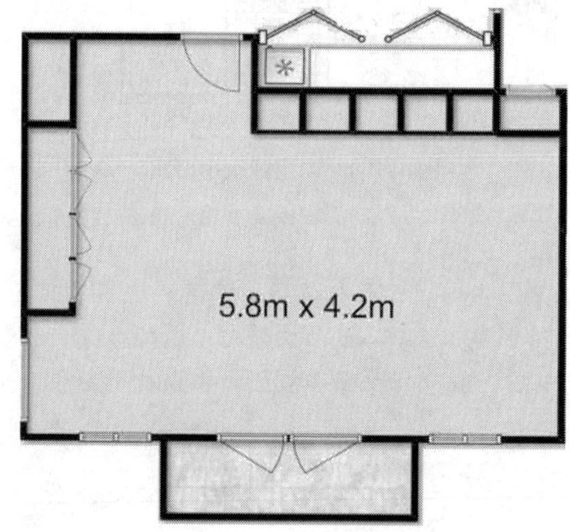

图 1-153　建筑框架图

第2教学日

轴网是建筑物平面布置图和墙柱构件定位的依据。在绘制建筑设计施工图时，凡是承重的墙、柱子、大梁、屋架等主要承重构件，都要绘制定位轴来确定其位置。而对于非承重墙的隔墙、次要构件等，其位置可以用附加轴线来进行确定，也可以注明与附近定位轴线有关尺寸的方法来确定。在建筑设计中，柱子主要起结构支撑的作用，是建筑的“骨架”。除支撑作用之外，它有时也具有装饰美观的功能。

本教学日主要讲述轴网的绘制、标注和编辑方法，并结合具体实例详细说明。之后再介绍柱子的创建与编辑，使读者进一步掌握建筑绘图的基础知识。

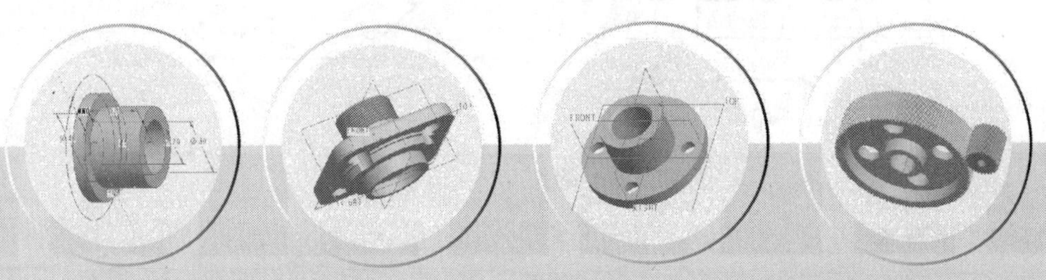

第1课 1课时 设计师职业知识——建筑中的轴网和柱子

轴网和柱子是建筑中的重要组成部分，轴网是建筑制图的主体框架，建筑物的主要支承构件按照轴网定位排列，达到井然有序。轴网由定位轴线(建筑结构中的墙或柱的中心线)、标志尺寸(用心标注建筑物定位轴线之间的距离大小)和轴号组成。柱子是建筑物中用以支承栋梁桁架的长条形构件。工程结构中主要承受压力，有时也同时承受弯矩的竖向杆件，用以支承梁、桁架、楼板等。

2.1.1 柱子的概念

柱子按形状可分为标准柱和异型柱。标准柱的常用截面形式包括矩形、圆形、多边形等，标准柱由“标准柱”命令生成。异型截面柱由任意形状柱和其他封闭的曲线通过布尔运算获得。

对于插入图中的柱子，用户如需要移动和修改，可充分利用夹点功能和其他编辑功能。对于标准柱的批量修改，可以使用“替换”的方式。柱子同样可采用 AutoCAD 的编辑命令进行修改，修改后相应墙段会自动更新。此外，柱、墙可同时用夹点拖动编辑。

1. 柱子的夹点

柱子的每一个角点处的夹点都可以进行拖动，以改变柱子的尺寸或者位置。如矩形柱的边中夹点用于改变柱子的边长，对角夹点用于改变柱子的大小，中心夹点用于改变柱子的转角或用于移动柱子；圆柱的边夹点用于改变柱子的半径，中心夹点用于移动柱子。柱子各夹点的作用如图 2-1 所示。

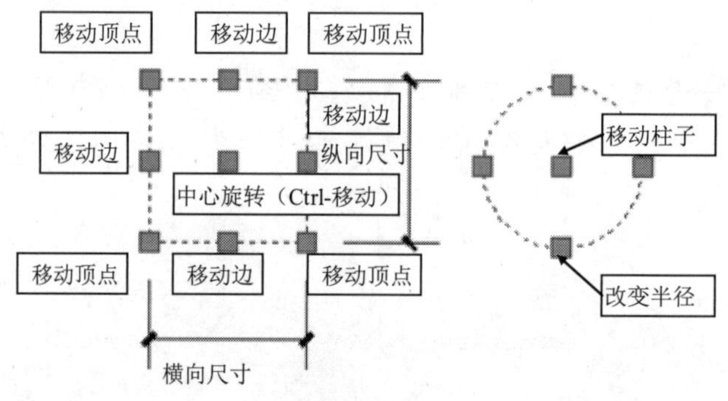

图 2-1 柱子的夹点

2. 柱子与墙体的连接方式

柱子的材料决定了柱子与墙体的连接方式，只有当柱子与墙体材料相同时，墙柱才能连成一体，否则将会被隔断。

为了区分墙体与柱子，天正建筑可设置柱子向内加粗或填充图案，如图 2-2 所示。选择【设置】|【天正选项】菜单命令，打开【天正选项】对话框，切换到【加粗填充】选项卡，即可对柱子的显示

方式和填充图案进行设置。

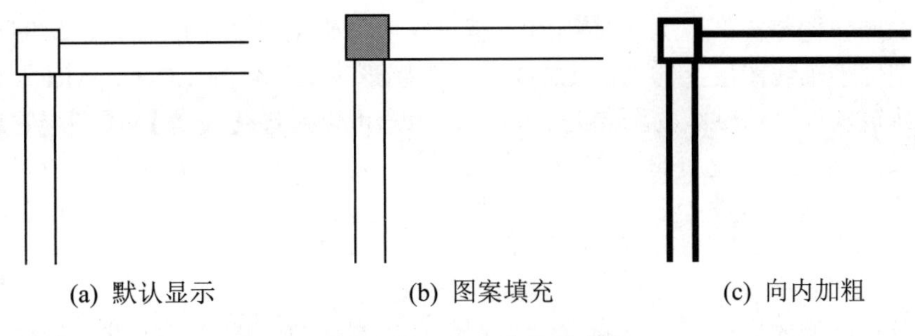

(a) 默认显示　(b) 图案填充　(c) 向内加粗

图 2-2　柱子的 3 种显示方式

2.1.2　柱子的种类

建筑的柱子有多种类型，在天正建筑软件中可分别选择相应的命令进行绘制。

按照在建筑物中所起的主要作用和结构类型，柱子又可分为以下几种类型。

1. 构造柱

为提高多层建筑砌体结构的抗震性能，规范要求应在房屋的砌体内适宜部位设置钢筋混凝土柱并与圈梁连接，共同加强建筑物的稳定性，这种钢筋混凝土柱通常被称为构造柱。构造柱主要不是承担竖向荷载的，而是抗击剪力、抗震等横向荷载的。

2. 框架柱

框架柱用于在框架结构中承受梁和板传来的荷载，并将荷载传给基础，是主要的竖向受力构件。需要通过计算进行配筋。

3. 框支柱

为了满足建筑下部大空间的要求，上部部分竖向构件不能直接连续贯通落地，而通过水平转换结构与下部竖向构件连接。当布置的转换梁用于支撑上部的剪力墙的时候，此时转换梁叫作框支梁，支撑框支梁的柱子就叫作框支柱。

4. 梁上柱

柱子本来应该从基础一直升上去，但是由于某些原因，建筑物的底部没有柱子，到了某一层后又需要设置柱子，那么柱子只能从下一层的梁上生根了，这就是梁上柱。

5. 剪力墙上柱

剪力墙上柱是指生根于剪力墙上的柱。它与框架柱的不同之处在于，它受力后将力通过剪力墙传递给基础。应注意柱与剪力墙钢筋的搭接。

2.1.3　轴网的概念

轴网是由两组或多组轴线与轴号、尺寸标注组成的平面网格，完整的轴网由轴线、轴号和尺寸标注 3 个相对独立的系统构成。

1. 轴线系统

考虑到轴线的操作比较灵活，为了使用时不至于给用户带来不必要的限制，轴网系统没有做成自定义对象，而是把位于轴线图层上的 AutoCAD 的基本图形对象，包括 LINE、ARC、CIRCLE 识别为轴线对象。天正建筑软件默认轴线的图层是 DOTE，用户可以通过【设置】|【图层管理】菜单命令修改默认的图层标准。轴线默认使用的线型为细实线，主要是为了绘图过程中方便捕捉，用户在出图前可以使用【轴网柱子】|【轴改线型】菜单命令，将细实线修改为制图规范要求的点划线。

2. 轴号系统

轴号是内部带有比例的自定义专业对象，是按照《房屋建筑制图统一标准》的规定编制的。它默认是在轴线两端成对出现，可以通过对象编辑单独控制个别轴号与其某一端的显示，轴号的大小与编号方式符合现行制图规范要求，保证出图后号圈的大小是 8，不出现规范规定不得用于轴号的字母。轴号对象预设有用于编辑的夹点，拖动夹点的功能用于轴号偏移、改变引线长度、轴号横向移动等。

为了方便用户的使用与修改，天正软件 T20 具有添补轴号和删除轴号等多种功能，其中【主附转换】命令可以批量修改主轴号与附加轴号之间的转换，【一轴多号】命令可以在原有轴号两端或一端增添新轴号，可解决用户常常遇到的图纸重复使用的问题。

3. 尺寸标注系统

尺寸标注是设计图纸中的重要组成部分，图纸的尺寸标注在国家颁布的《建筑制图标准》(GB/T 50104—2001)中有严格的规定。尺寸标注系统由自定义尺寸标注对象构成，在标注轴网时自动生成于轴标图层 AXIS 上，除了图层不同外，与其他命令的尺寸标注没有区别。

2.2.1 创建轴网

行业知识链接：平面图的方向宜与总图方向一致。平面图的长边宜与横式幅面图纸的长边一致。在同一张图纸上绘制多于一层的平面图时，各层平面图宜按层数由低到高的顺序从左至右或从下至上布置。如图 2-3 所示是一个平面图中的轴网。

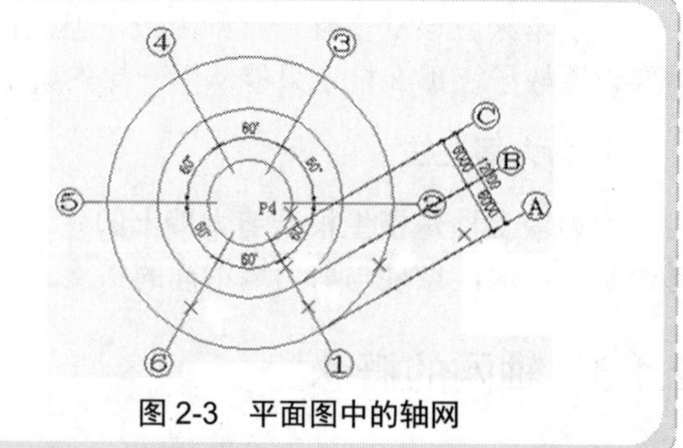

图 2-3　平面图中的轴网

轴网包括直线轴网和圆弧轴网，有以下多种创建轴网的方法。

- 使用【轴网柱子】|【绘制轴网】菜单命令生成标准的直线轴网或圆弧轴网。
- 根据已有的建筑平面布置图，使用【轴网柱子】|【墙生轴网】菜单命令生成轴网。
- 在轴线层上调用 LINE、ARC、CIRCLE 等命令绘制的线，执行【轴网标注】命令时自动将其识别的轴线。

1. 绘制直线轴网

直线轴网是指轴线为直线的轴网，包括正交轴网、斜交轴网和单向轴网，如图 2-4～图 2-6 所示。

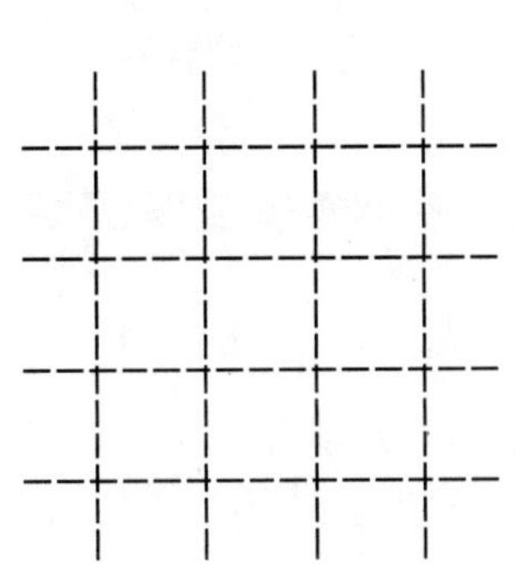

图 2-4　正交轴网

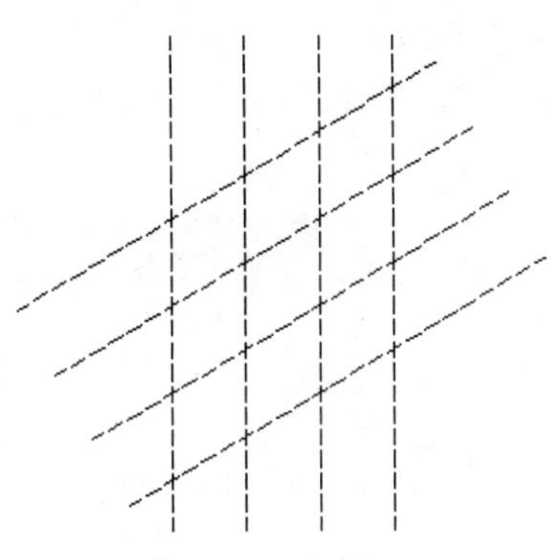

图 2-5　斜交轴网

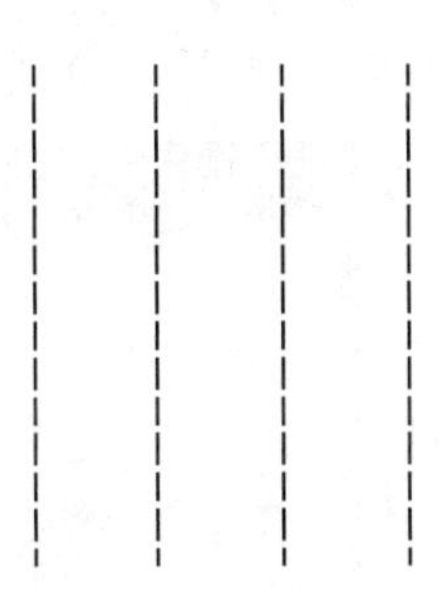

图 2-6　单向轴网

使用【绘制轴网】对话框可以快速绘制直线轴网，打开该对话框的方法如下。

- 使用菜单栏：选择【轴网柱子】|【绘制轴网】菜单命令，在弹出的【绘制轴网】对话框中切换到【直线轴网】选项卡，如图 2-7 所示。
- 使用命令行：在命令行中输入 HZZW 并按 Enter 键，弹出【绘制轴网】对话框。

图 2-7　【直线轴网】选项卡

【直线轴网】选项卡中各选项的功能如下。

- 【上开】/【下开】：在轴网上/下方进行轴网标注的房间开间尺寸。
- 【左进】/【右进】：在轴网左/右侧进行轴网标注的房间进深尺寸。
- 【个数】：尺寸栏中数据的重复次数，既可以单击右边的数值栏或下拉列表获得，也可以直接输入。
- 【间距】：开间或进深的尺寸数据，既可以单击右边的数值栏或下拉列表获得，也可以直接输入。
- 【轴网夹角】：输入开间与进深轴线之间的夹角数据，默认为夹角 90°的正交轴网。

下面具体讲解绘制直线轴网的方法，直线轴网参数如表 2-1 所示。

表 2-1　直线轴网参数

上开间	3600，2400，3000，2400
下开间	3600，2400，4200，1200
左进深	1800
右进深	5100，3900

(1) 绘制正交直线轴网。单击【轴网柱子】|【绘制轴网】菜单命令，打开【绘制轴网】对话框，切换到【直线轴网】选项卡，如图 2-8 所示。

(2) 选中【上开】单选按钮，设置上开间参数，如图 2-9 所示。选中【下开】单选按钮，设置下开间参数，如图 2-10 所示。

图 2-8　打开【绘制轴网】对话框

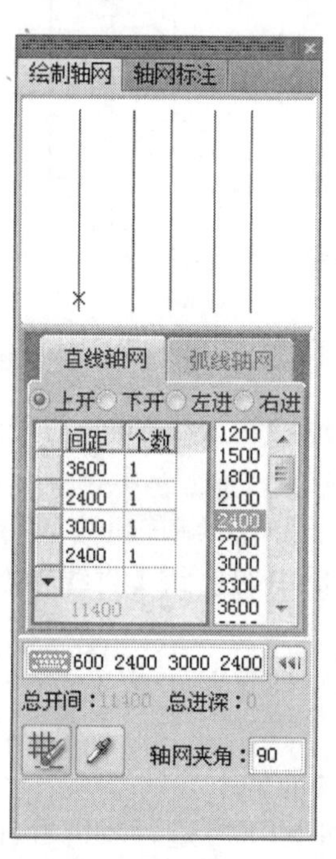

图 2-9　设置上开间参数

图 2-10　设置下开间参数

(3) 选中【左进】单选按钮，设置左进深参数，如图 2-11 所示。

(4) 选中【右进】单选按钮，设置右进深参数，如图 2-12 所示。

(5) 在绘图窗口中选取插入点，完成正交直线轴网的绘制，结果如图 2-13 所示。

(6) 若将夹角设为 60°，如图 2-14 所示，在绘图窗口中选取插入点，将得到如图 2-15 所示的斜交直线轴网。

> **提示**：在“键入”文本框中输入轴网数据时，每个数据之间用英文逗号或空格隔开，输完后按 Enter 键生效。

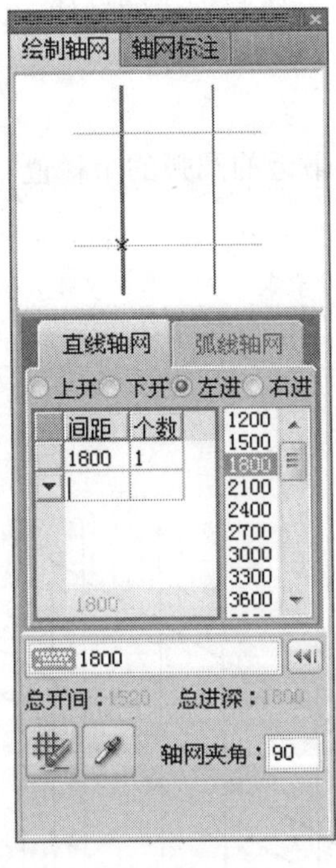

图 2-11　设置左进深参数

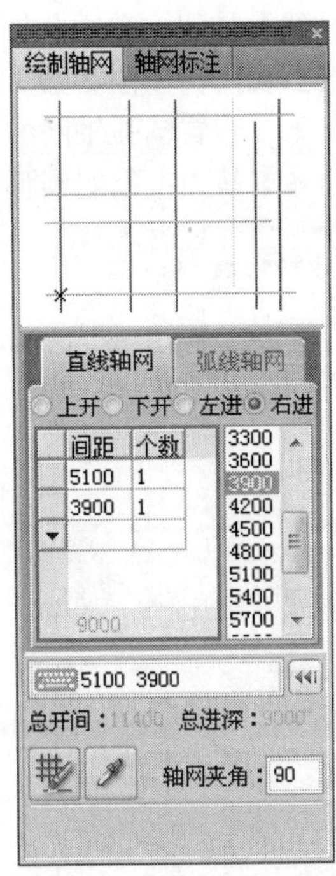

图 2-12　设置右进深参数

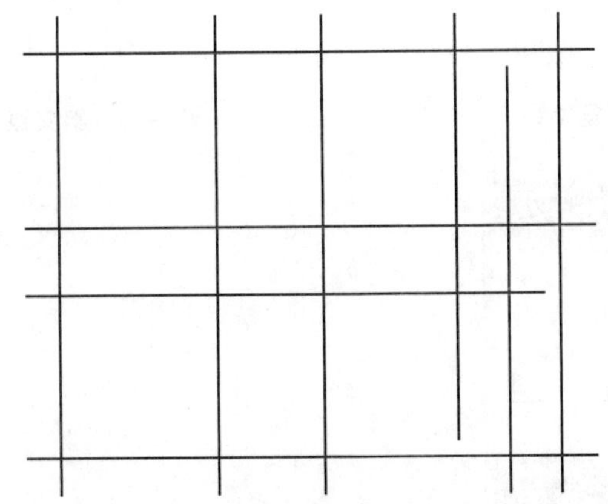

图 2-13　正交直线轴网(夹角为 90°)

2. 绘制圆弧轴网

圆弧轴网由一组同心圆弧线和不经过圆心的径向直线组成，主要是为绘制弧墙提供参考和依据。

调用【绘制轴网】命令，在弹出的【绘制轴网】对话框中切换到【弧线轴网】选项卡，如图 2-16 所示，设置圆心夹角、进深等参数，然后单击放置，即可创建圆弧轴网。

【弧线轴网】选项卡中各选项的功能如下。

- 【夹角】：由起始角起算，按旋转方向排列的轴线开间序列，单位为度。
- 【进深】：在轴网径向，由圆心起算到外圆的轴线尺寸序列。
- 【逆时针】 /【顺时针】 ：径向轴线的旋转方向。

- 【共用轴线】按钮：单击此按钮后，在绘图区中选取已绘制完成的轴线，即可以该轴线为边界插入圆弧轴网。如图 2-17 所示为共用轴线的效果。
- 【起始角】：设置圆弧轴网的起始角度。
- 【内弧半径】按钮：指定圆弧轴网的圆心与距离圆心最近的圆弧的半径值。

图 2-14　设置夹角参数

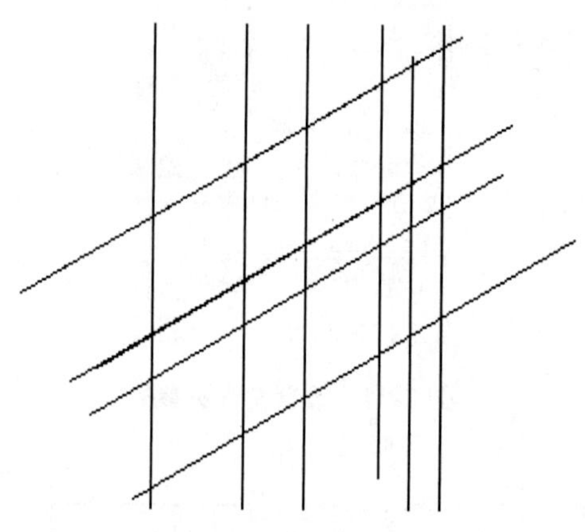

图 2-15　斜交直线轴网(夹角为 60°)

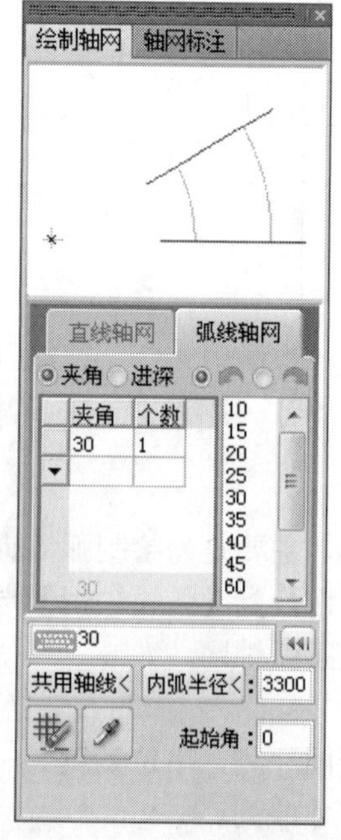

图 2-16　【弧线轴网】选项卡

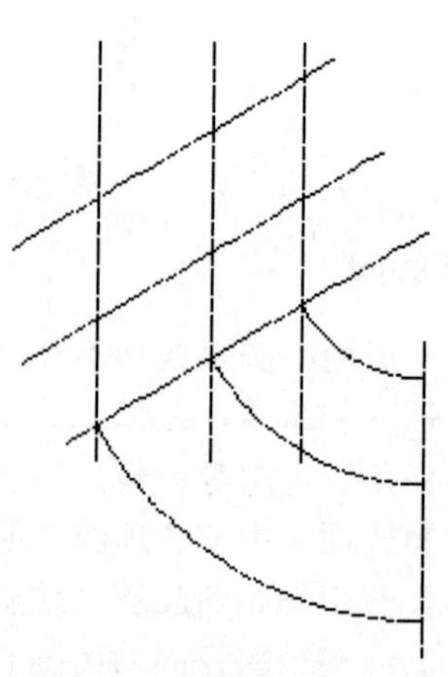

图 2-17　共用轴线效果

下面具体讲解圆弧轴网的绘制方法。

(1) 选择【轴网柱子】|【绘制轴网】菜单命令，打开【绘制轴网】对话框，切换到【弧线轴网】选项卡。

(2) 选中【夹角】单选按钮，设置圆心角参数，如图 2-18 所示。

(3) 选中【进深】单选按钮，设置进深参数，如图 2-19 所示。

(4) 在绘图窗口中选取插入点，创建的圆弧轴网结果如图 2-20 所示。

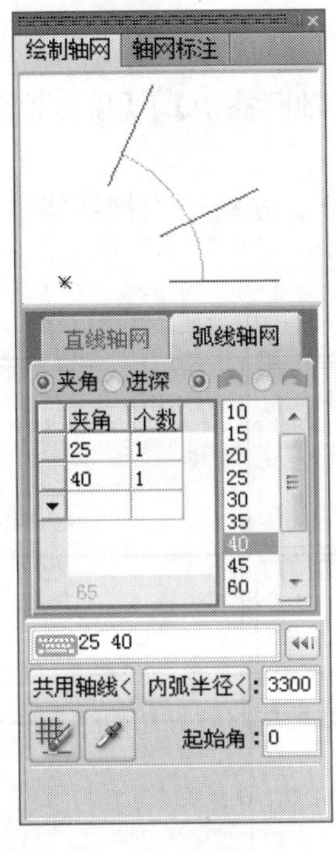

图 2-18　设置夹角参数

图 2-19　设置进深参数

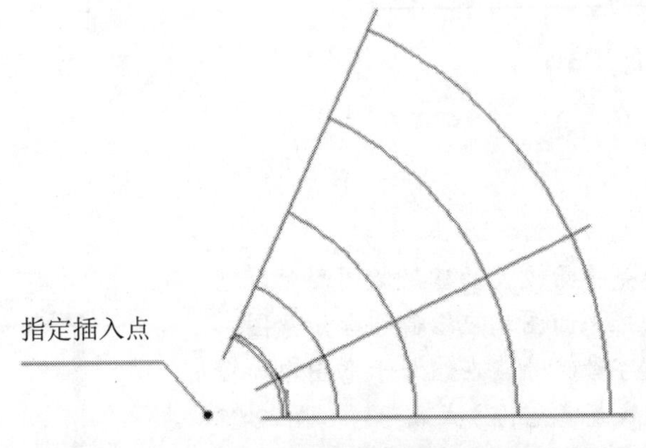

图 2-20　创建圆弧轴网

3. 墙生轴网

【墙生轴网】命令可以在已有的墙体中按墙基线生成定位轴线。在方案设计中，建筑需反复修改平面图，如加、删墙体，改开间、进深等。用轴线定位有时并不方便，为此天正提供根据墙体生成轴网的功能，建筑师可以在参考栅格点上直接设计墙体，待平面方案确定后，再用本命令生成轴网。

调用【墙生轴网】命令的方法如下。

- 菜单栏：选择【轴网柱子】|【墙生轴网】菜单命令。
- 命令行：在命令行中输入 QSZW 命令并按 Enter 键。

调用【墙生轴网】命令后，在绘图区中框选需要生成轴网的墙体，即可创建轴网。

下面具体讲解墙生轴网的绘制方法。

(1) 在如图 2-21 所示的墙体中生成墙体。

(2) 在命令行中输入 QSZW 命令并按 Enter 键，或选择【轴网柱子】|【墙生轴网】菜单命令，命令行提示选择生成轴网的墙体。

(3) 使用框选的方法，选择所有墙体，按 Enter 键结束操作，系统即根据墙体生成如图 2-22 所示的轴网。

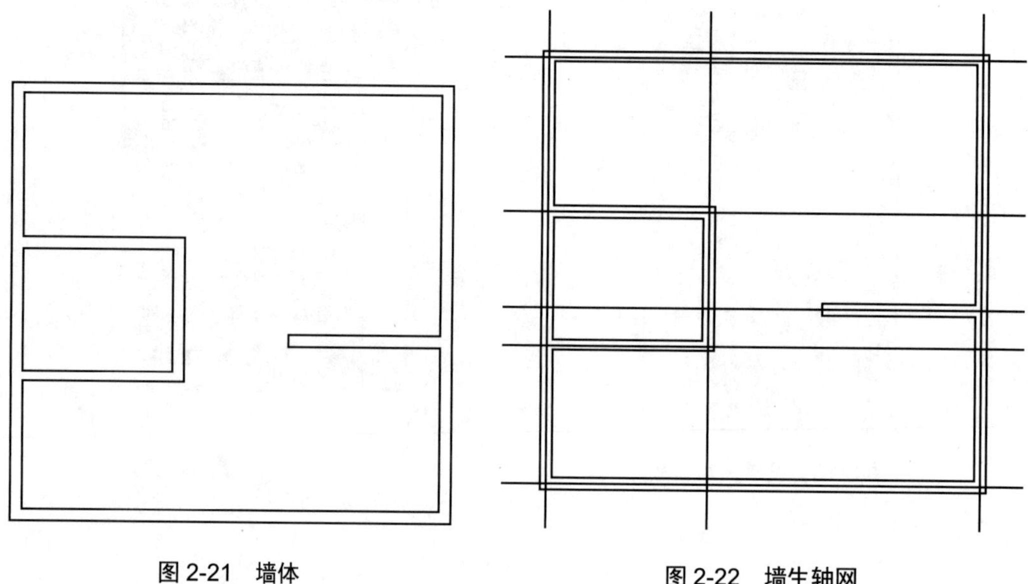

图 2-21　墙体　　图 2-22　墙生轴网

2.2.2　轴网标注

行业知识链接：绘制平面较大的建筑物图形时，可分区绘制平面图，但每张平面图均应绘制组合示意图。各区应分别用大写拉丁字母编号。在组合示意图中要提示的分区，应采用阴影线或填充的方式表示。如图 2-23 所示是一个建筑平面图的标注。

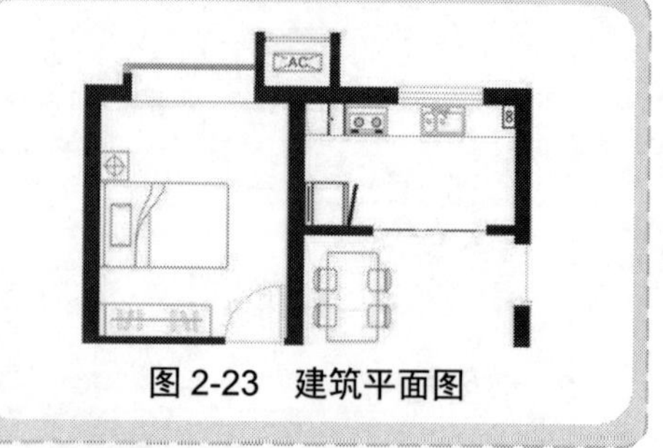

图 2-23　建筑平面图

轴网绘制完后，就需要对轴网进行标注和编辑，天正建筑软件提供了专业的轴网标注和编辑功能，绘图者可以快速地对轴网进行轴号和尺寸的标注与编辑。

1. 轴网的标注

轴网标注包括轴号标注与尺寸标注两个方面，轴号应按照《房屋建筑制图统一标准》的规范要求使用数字、大写字母等标注。字母 I、O、Z 被规定不能用于轴号，在排序时将自动跳过这些字母。使用数字、大写字母方式标注可适应各种复杂分区轴网的编号规则。

调用【轴网标注】命令的方法如下。

- 菜单栏：选择【轴网柱子】|【轴网标注】菜单命令。
- 命令行：在命令行中输入 ZWBZ 命令并按 Enter 键。

调用【轴网标注】命令后，系统弹出【轴网标注】对话框，如图 2-24 所示，依次选择起始轴和结束轴，按 Enter 键即可完成轴网标注的操作。

图 2-24　【单轴标注】对话框

【轴网标注】对话框中各选项的功能如下。

- 【轴号排列规则】：系统默认起始轴号为 1 或 A，用户也可以在此处选择轴号规则。
- 【单侧标注】：表示在当前选择一侧的开间或进深标注轴号和尺寸。
- 【双侧标注】：表示在两侧的开间、进深均标注轴号和尺寸。
- 【对侧标注】：表示轴号和尺寸在两侧的开间、进深对应标注。

下面具体讲解轴网标注的方法。

(1) 标注图 2-25 所示的轴网。

(2) 在命令行中输入 ZHBZ 命令并按 Enter 键，分别选择开间两侧的竖直轴线作为起始轴线和终止轴线，开间轴网标注如图 2-26 所示。

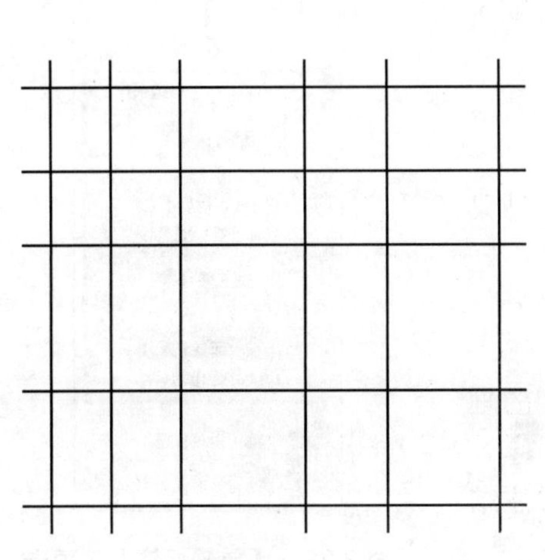

图 2-25　轴网

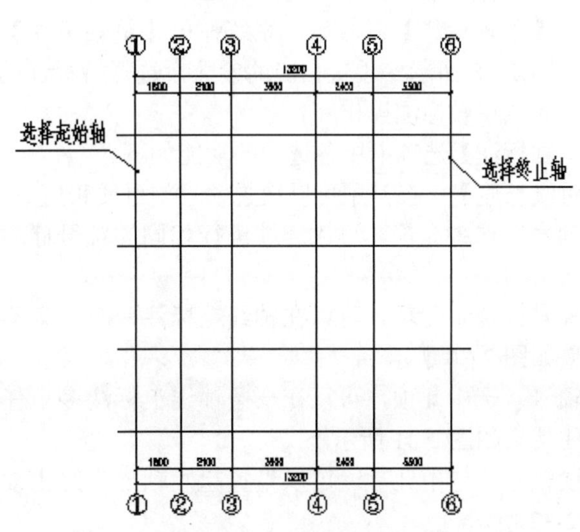

图 2-26　开间轴网标注

(3) 继续选择进深两端的水平轴线作为起始轴线和终止轴线，进深轴网标注如图 2-27 所示。

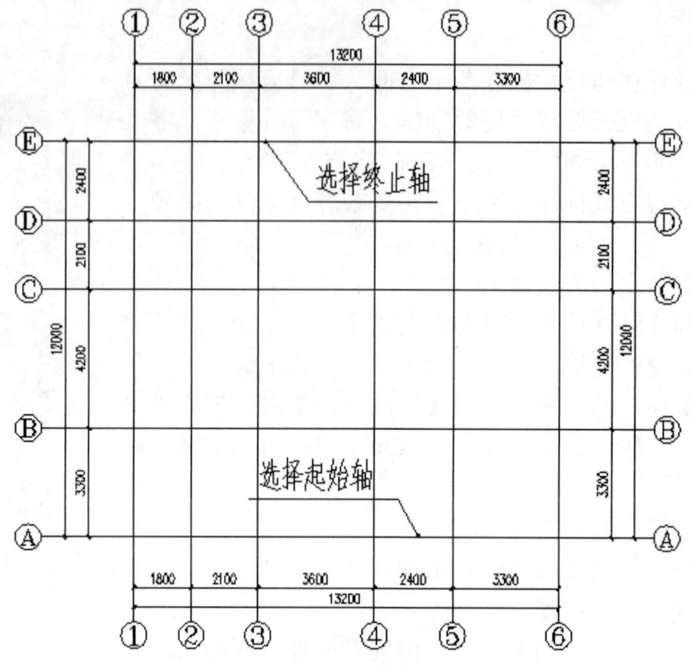

图 2-27　进深轴网标注

2. 单轴标注

对于立面、剖面与详图等单独的轴号标注，可以使用【单轴标注】命令。单轴标注的轴号独立生成，与已经存在的轴号系统和尺寸系统不会发生关联。

调用【单轴标注】命令的方法如下。

- 菜单栏：选择【轴网柱子】|【单轴标注】菜单命令。
- 命令行：在命令行中输入 DZBZ 命令并按 Enter 键。调用【单轴标注】命令后，系统弹出【单轴标注】选项卡，如图 2-28 所示。设置相应的参数，选择待标注的轴线，即可完成单轴标注操作。

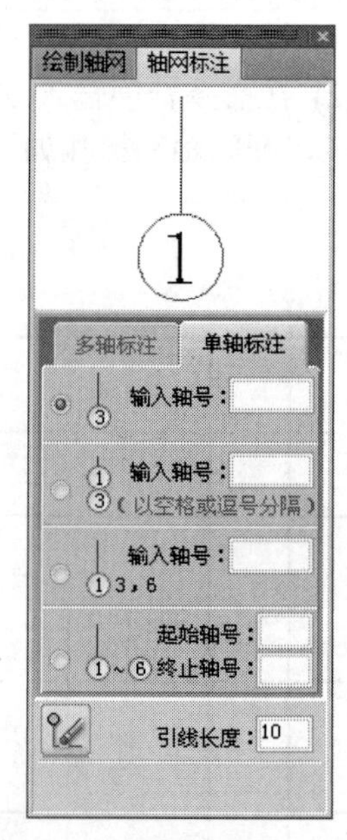

图 2-28　【单轴标注】选项卡

【单轴标注】选项卡中各选项的功能如下。

【引线长度】：在其中可以设置轴号的引线长度。

单轴号：选中此项，可以连续进行相同的轴号标注，标注结果如图 2-29 所示。

双轴号：选中此项，可以在轴线上标注两个任意不同的轴号，标注结果如图 2-30 所示。

多轴号：选中此项，可以在一条轴线上标注多个任意不同的轴号，标注结果如图 2-31 所示。

连续轴号：选中此项，可以设置起始轴号和终止轴号，标注结果如图 2-32 所示。

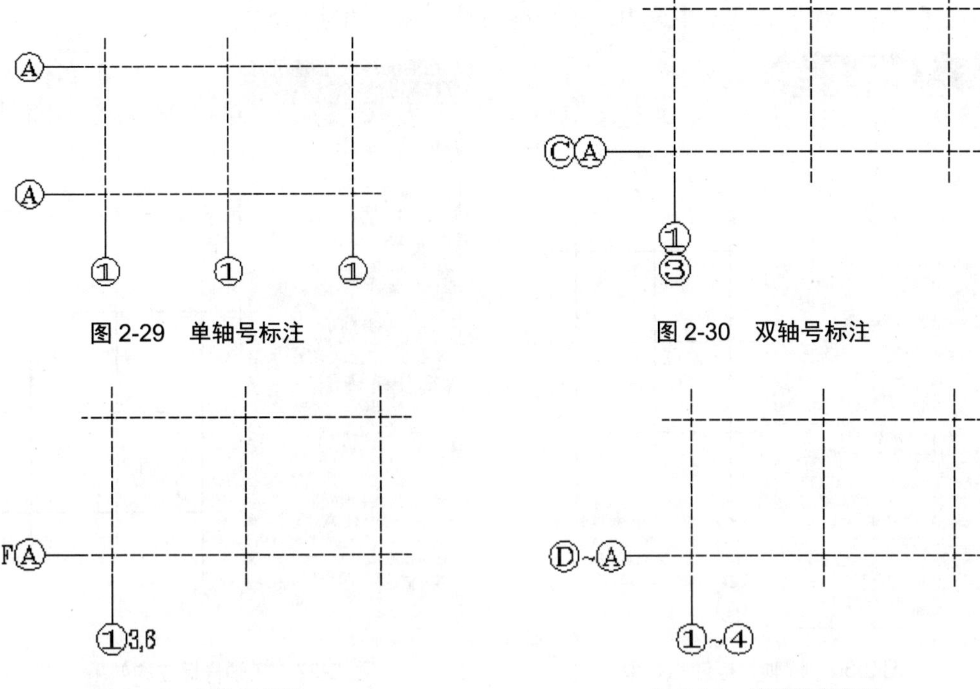

图 2-29　单轴号标注　　　图 2-30　双轴号标注

图 2-31　多轴号标注　　　图 2-32　连续轴号标注

下面具体讲解单轴标注的方法。

(1) 使用单轴标注的方法，标注图 2-33 所示的轴网。

(2) 在命令行中输入 DZBZ 命令并按 Enter 键，设置轴号为 1，如图 2-34 所示。选取待标注的轴线，标注结果如图 2-35 所示。

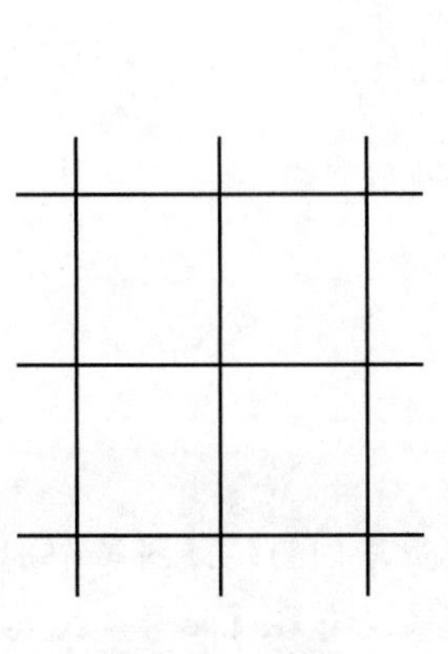

图 2-33　轴网

图 2-34　输入轴号

图 2-35　单轴标注

(3) 当在【单轴标注】选项卡中选中双轴号选项时，标注的轴号如图 2-36 所示。

(4) 当在【单轴标注】选项卡中选中多轴号选项时，标注的轴号如图 2-37 所示。

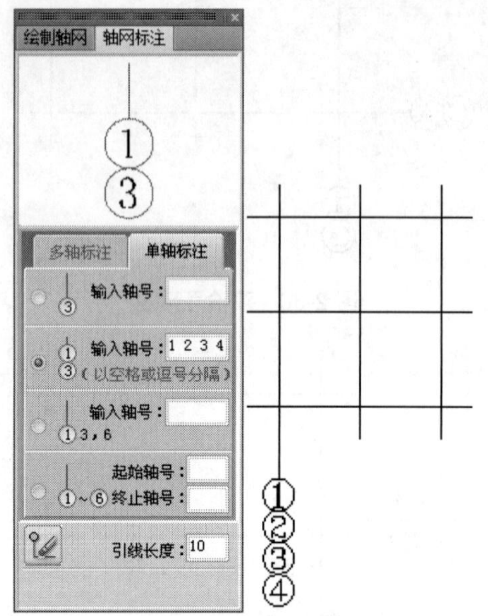

图 2-36　双轴号标注的效果

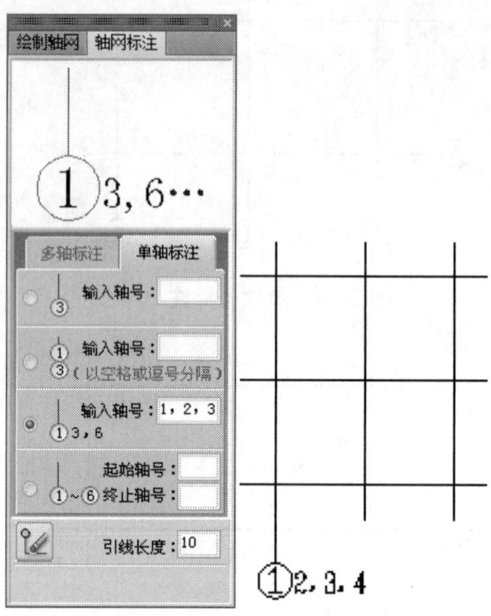

图 2-37　多轴号标注的效果

(5) 当在【单轴标注】选项卡中选中连续轴号选项时，标注的轴号如图 2-38 所示。

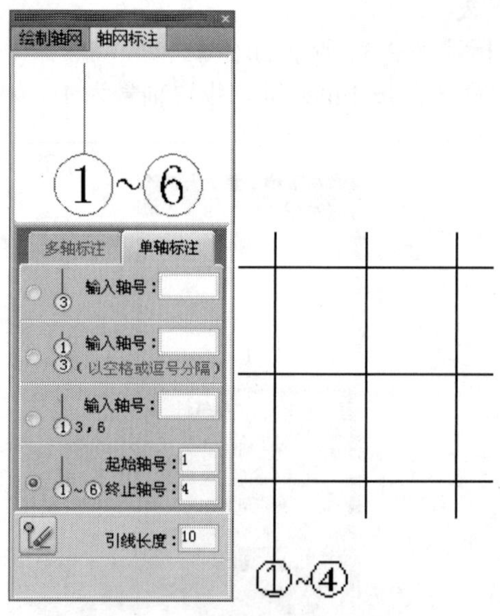

图 2-38　连续轴号标注的效果

> **提示：**【单轴标注】命令不适用于一般平面图轴网，常用于立面与剖面、详图等个别单独的轴线标注。按照制图规范的要求，可以选择几种图例进行表示，如果没有在【轴号】文本框内输入轴号，则可创建空轴号。

2.2.3　编辑轴网

行业知识链接：为表示室内立面在平面图上的位置，应在平面图上用内视符号注明视点位置、方向及立面编号。符号中的圆圈应用细实线绘制，根据图面比例圆圈直径可选择8～12mm。立面编号宜用拉丁字母或阿拉伯数字。如图2-39所示是一个编辑后的不规则布局的室内布局图。

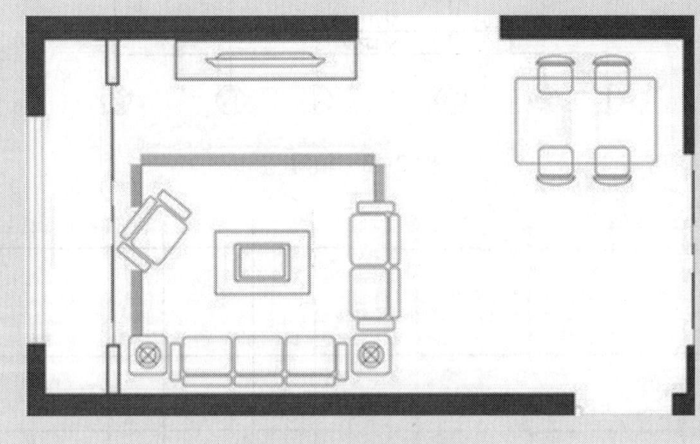

图2-39　室内布局图

1. 添加轴线

【添加轴线】命令是在【轴网标注】命令执行之后进行的操作，它是参考某一根已经存在的轴线，在其任意一侧添加一根新的轴线，同时根据用户的选择赋予新的轴号，把新的轴线和轴号一起融入存在的参考轴号系统中。

调用【添加轴线】命令的方法如下。

- 菜单栏：选择【轴网柱子】|【添加轴线】菜单命令。
- 命令行：在命令行中输入TJZX命令并按Enter键。

调用【添加轴线】命令后，在绘图区中选择参考轴线，并指定距参考轴线的距离，按Enter键即可完成添加轴线的操作。

下面具体讲解添加轴线的方法。

(1) 在图2-40所示的轴网中添加轴线。

(2) 选择【轴网柱子】|【添加轴线】菜单命令，选择③号轴线作为参考轴线。

(3) 命令行提示“新增轴线是否为附加轴线?(N\Y)【N】：”，输入N并按Enter键。

(4) 命令行提示“是否重排轴号? (N\Y)【N】：”输入Y并按Enter键。

(5) 命令行提示“据参考轴线距离：”，输入1600并按Enter键，生成新轴线如图2-41所示。

(6) 若在步骤(3)中输入Y并按Enter键，其他步骤不变，则新添轴线为附加轴线，其他轴线序号不重排，如图2-42所示。

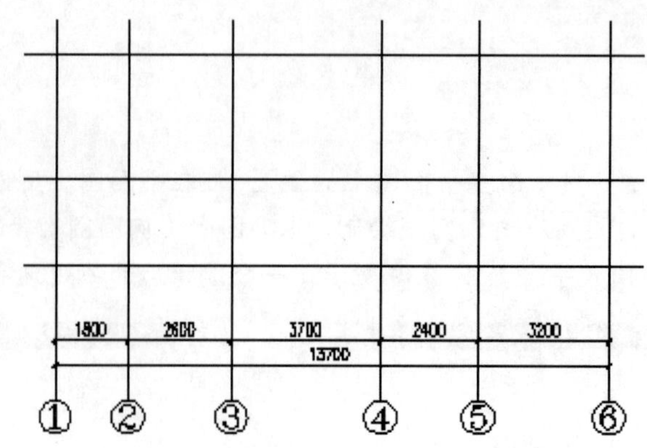

图 2-40 轴网

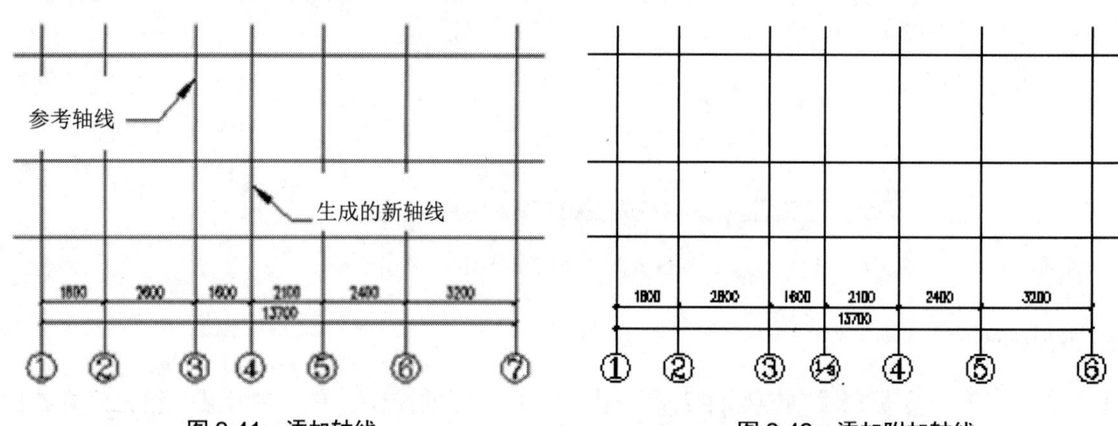

图 2-41 添加轴线

图 2-42 添加附加轴线

2. 轴线裁剪

当用户创建好轴线后，可能部分轴线较长，此时就需要将超长的部分轴线裁剪掉，【轴线裁剪】命令可以很方便地对过长的轴线进行修剪。

调用【轴线裁剪】命令的方法如下。

- 菜单栏：选择【轴网柱子】|【轴线裁剪】菜单命令。
- 命令行：在命令行中输入 ZXCJ 命令并按 Enter 键。

调用【轴线裁剪】命令后，根据命令行的提示选择矩形裁剪或多边形裁剪方式，然后指定裁剪区域，即可完成轴线裁剪的操作。

下面具体讲解轴线裁剪的方法。

(1) 裁剪如图 2-43 所示的轴网。

(2) 选择【轴网柱子】|【轴线裁剪】菜单命令，分别指定矩形裁剪的两个角点，矩形裁剪轴线结果如图 2-44 所示。

(3) 按 Enter 键，再次调用【轴线裁剪】命令。根据命令行提示输入 F 命令，选择【轴线取齐】裁剪方式。

(4) 选择一条垂直轴线作为裁剪线，然后再指定其左侧一点确定裁剪方向。垂直裁剪轴线左侧的水平轴线即被裁剪，如图 2-45 所示。

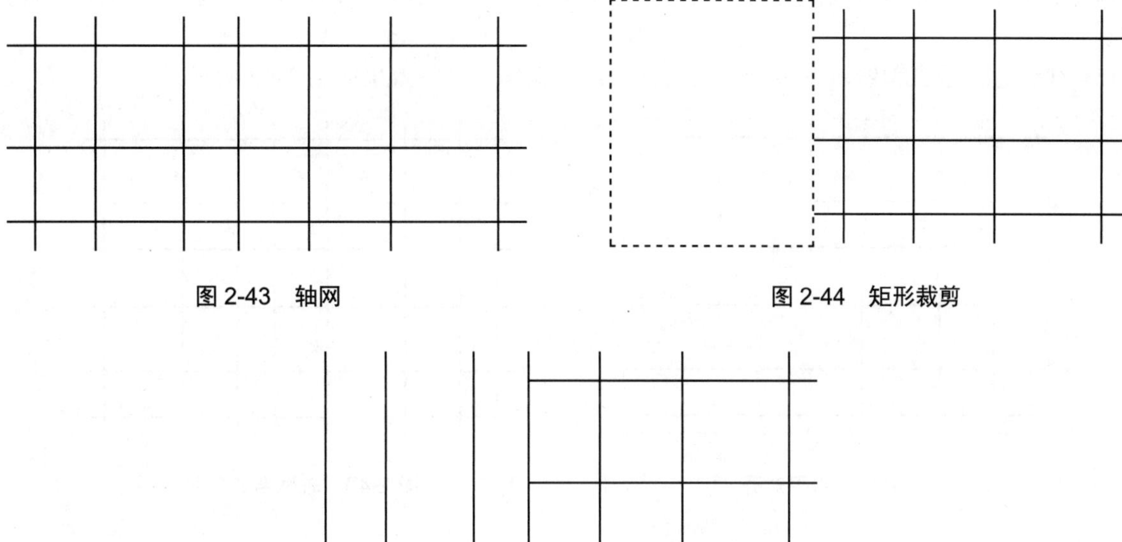

图 2-43 轴网　　图 2-44 矩形裁剪

图 2-45 轴线取齐裁剪

3. 轴网合并

【轴网合并】命令用于将多组轴网的轴线延伸到指定的对齐边界，从而组成新的轴网，同时清理其中重合的轴线。该命令不能合并非正交的轴网。

调用【轴网合并】命令的方法如下。

- 菜单栏：选择【轴网柱子】|【轴网合并】菜单命令。
- 命令行：在命令行中输入 ZWHB 命令并按 Enter 键。调用【轴网合并】命令后，根据命令行的提示选择需合并的轴网，并单击指定延伸边界，即可完成轴网合并的操作。

下面具体讲解轴网合并的方法。

(1) 对图 2-46 所示的轴网进行轴网合并。

(2) 选择【轴网柱子】|【轴网合并】菜单命令，根据命令行提示，选择需要合并对齐的轴线，即框选两组轴网的轴线。

(3) 按 Enter 键，系统显示出轴网的四条边界，如图 2-47 所示。

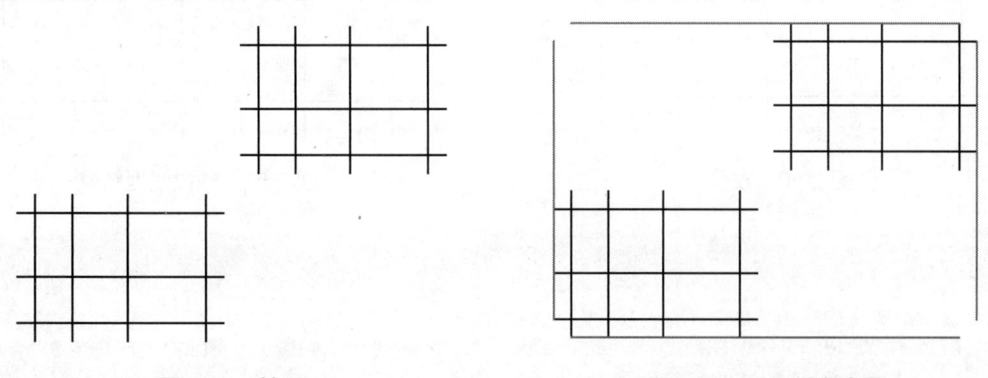

图 2-46 轴网　　图 2-47 显示对齐边界

(4) 根据命令行提示分别选择轴网各侧的对齐边界，图 2-48 所示为选择左右边界水平对齐的效果。

(5) 继续选择垂直轴线对齐边界，完成轴网合并操作，最终效果如图 2-49 所示。

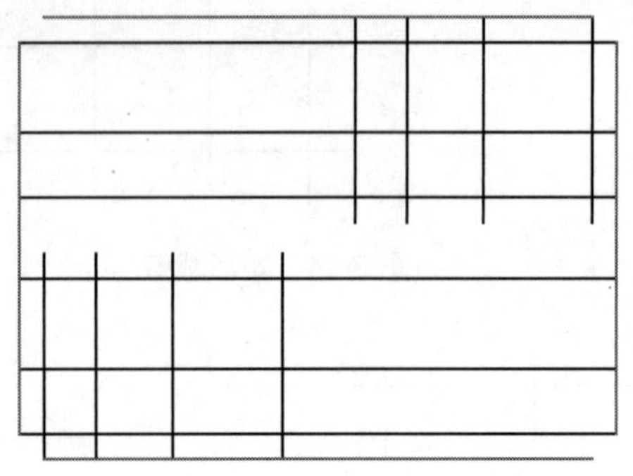

图 2-48　水平对齐

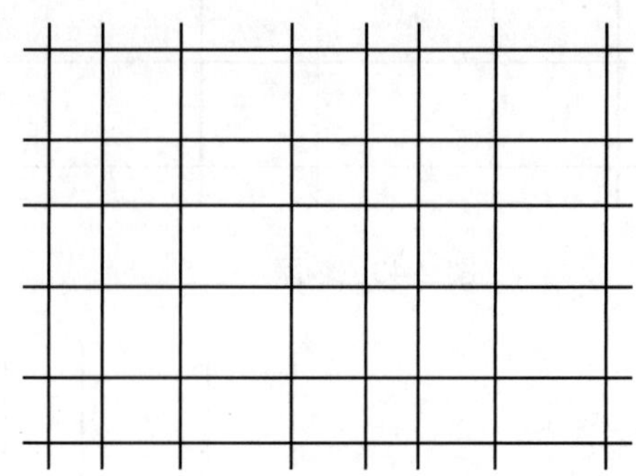

图 2-49　轴网合并效果

4. 轴改线型

【轴改线型】命令可实现点划线和实线两种轴网线型的转换。由于点划线不便于对象捕捉，在绘图过程中常用实线线型，在打印输出时再修改为点划线线型。

调用【轴改线型】命令的方法如下。

- 菜单栏：选择【轴网柱子】|【轴改线型】菜单命令。
- 命令行：在命令行中输入 ZGXX 命令并按 Enter 键。

下面具体讲解轴改线型的方法。

(1) 改变图 2-50 所示轴网的线型，当前轴线线型为实线。

(2) 选择【轴网柱子】|【轴改线型】菜单命令，轴线即更改为点划线线型，如图 2-51 所示。

(3) 按 Enter 键，再次执行【轴改线型】命令，又可恢复轴网线型为原来的实线线型。

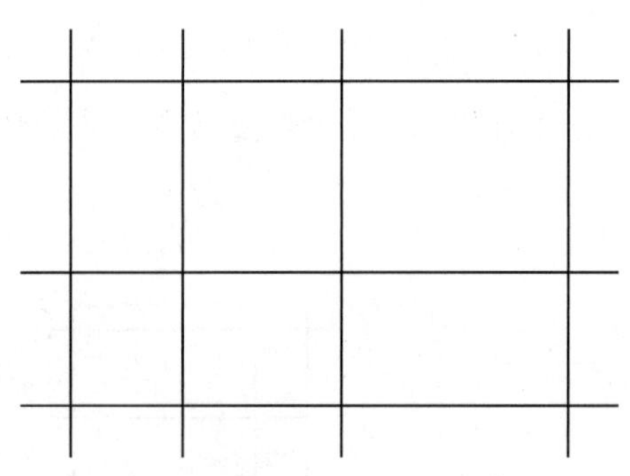

图 2-50　轴网

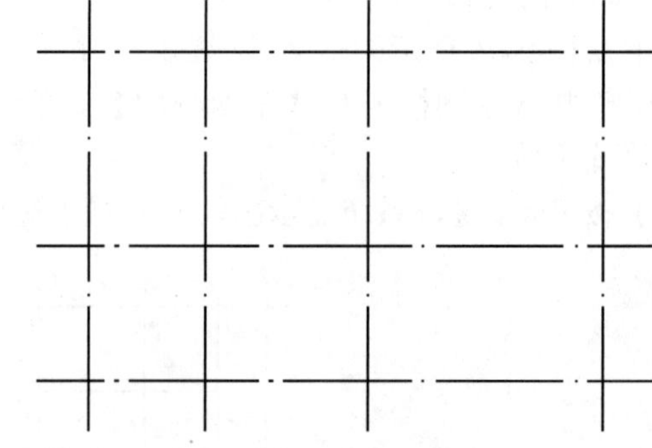

图 2-51　轴改线型结果

课后练习

案例文件：ywj\02\01.dwg

视频文件：光盘→视频课堂→第 2 教学日→2.2

本节课后练习的是办公楼首层平面图的绘制，平面图由两组对称的房间组成，包括楼梯、门窗等附属，比例为 1∶100，如图 2-52 所示是创建完成的办公楼首层平面图。

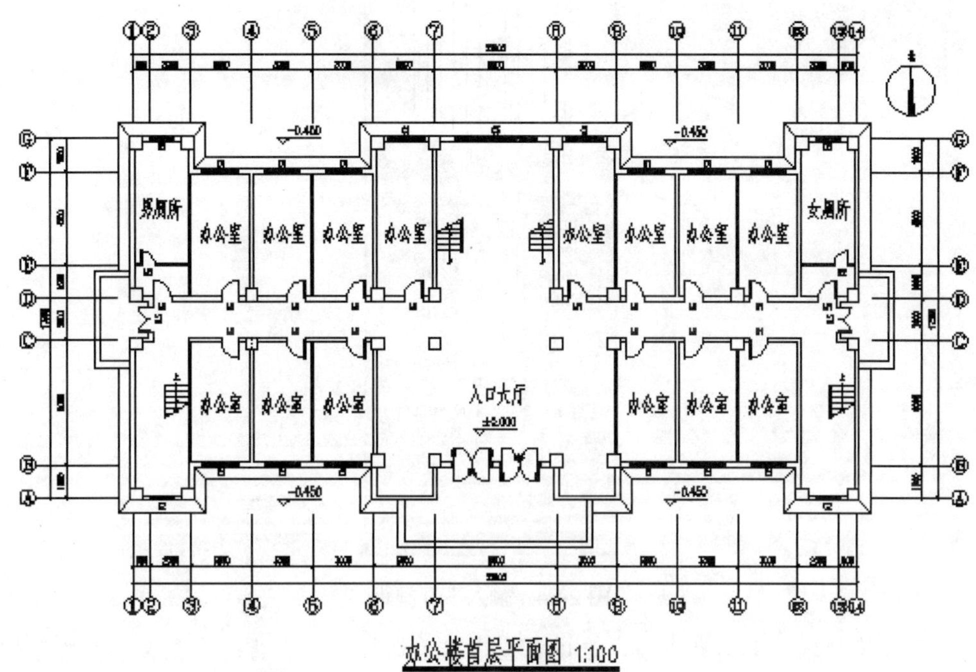

图 2-52　办公楼首层平面图

本节案例主要练习了办公楼首层平面图的绘制过程，首先绘制轴网，之后绘制墙体，再添加门窗、楼梯等附属特征，接着创建文字特征，最后添加标注和标高，办公楼首层平面图的创建思路和步骤如图 2-53 所示。

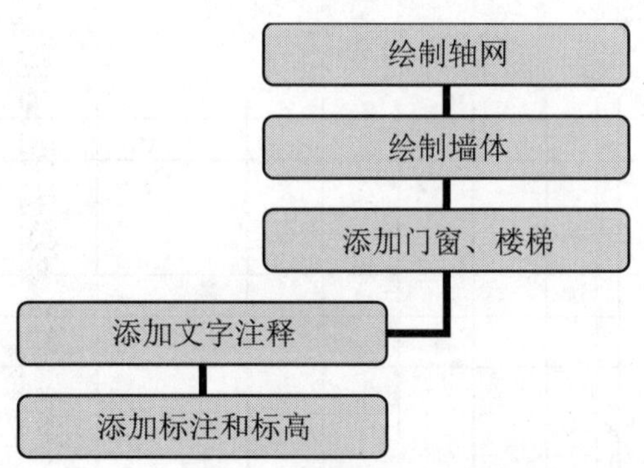

图 2-53　办公楼首层平面图的创建思路和步骤

练习案例操作步骤如下。

step 01 首先绘制轴网。选择【轴网柱子】|【绘制轴网】菜单命令，弹出【绘制轴网】对话框，选中【下开】单选按钮，在【间距】文本框内分别输入间距值 900、2000、3000、3000、3000、3000、6000、3000、3000、3000、3000、2000 和 900，如图 2-54 所示。

图 2-54 输入下开间距

step 02 在【绘制轴网】对话框中，选中【左进】单选按钮，在【间距】文本框中分别输入间距值 1600、6000、2000、1600、4500 和 1600，并单击绘图区放置轴网，如图 2-55 所示。

图 2-55 创建轴网

step 03 选择【轴网柱子】|【轴网标注】菜单命令，弹出【轴网标注】对话框，选中【双侧标注】单选按钮，选择起始轴线和结束轴线来标注水平轴线，如图 2-56 所示。

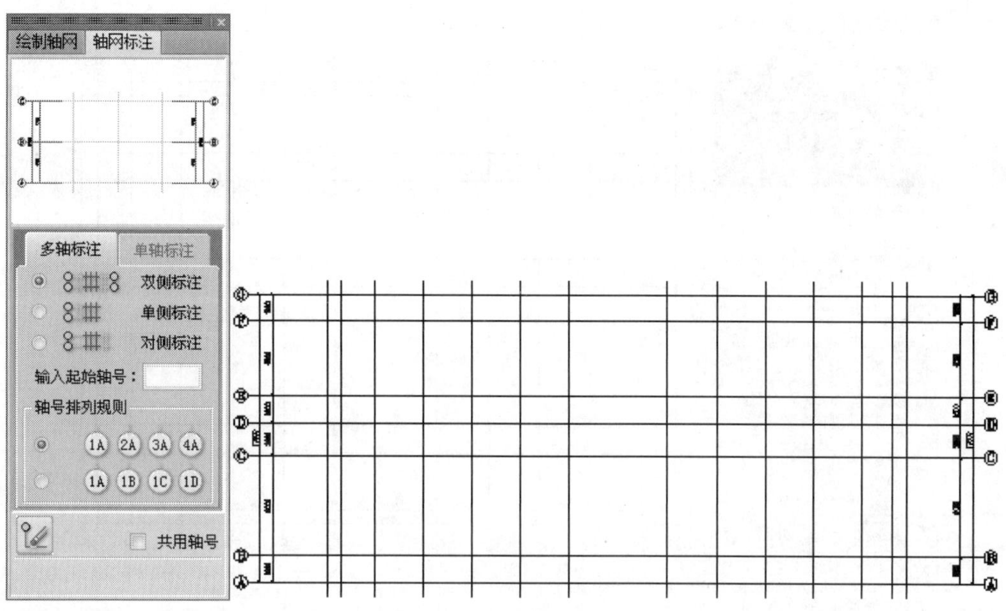

图 2-56　标注水平轴网

step 04 选择【轴网柱子】|【轴网标注】菜单命令，同样选择垂直轴网进行标注，完成轴网的绘制，如图 2-57 所示。

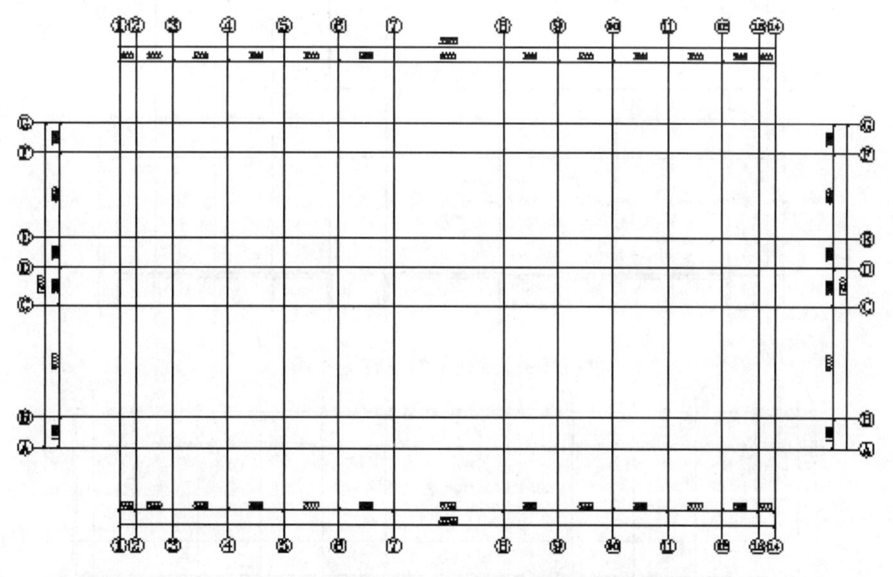

图 2-57　标注垂直轴网

step 05 接着创建墙体。选择【墙体】|【绘制墙体】菜单命令，弹出【墙体】对话框，在【墙宽】微调框中输入 240，在【用途】下拉列表框中选择【外墙】选项，并在绘图区域绘制平面图下侧外墙，如图 2-58 所示。

step 06 墙体参数不变，绘制平面图右侧外墙，如图 2-59 所示。

step 07 墙体参数不变，绘制平面图上侧外墙，如图 2-60 所示。

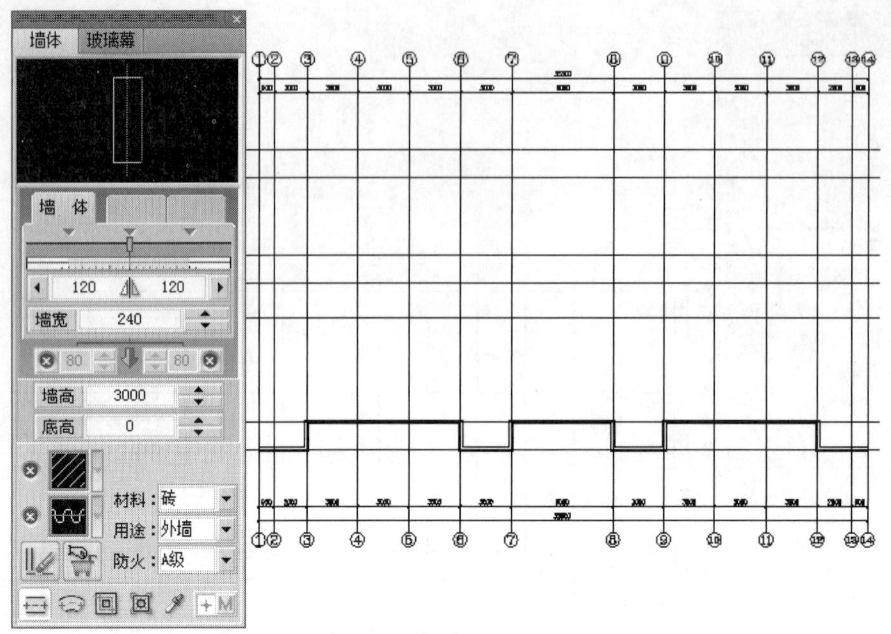

图 2-58　绘制平面图下侧外墙

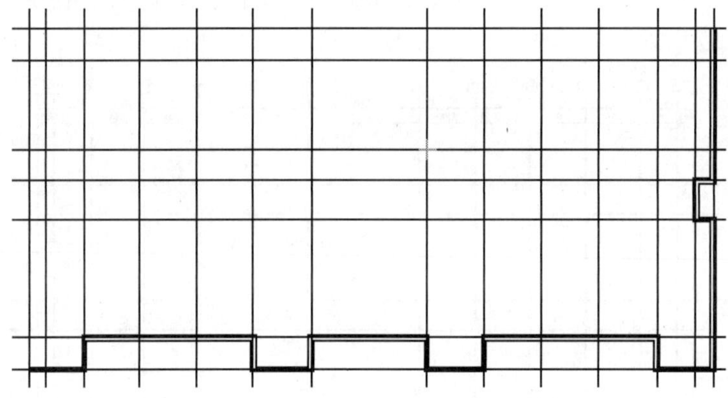

图 2-59　绘制平面图右侧外墙

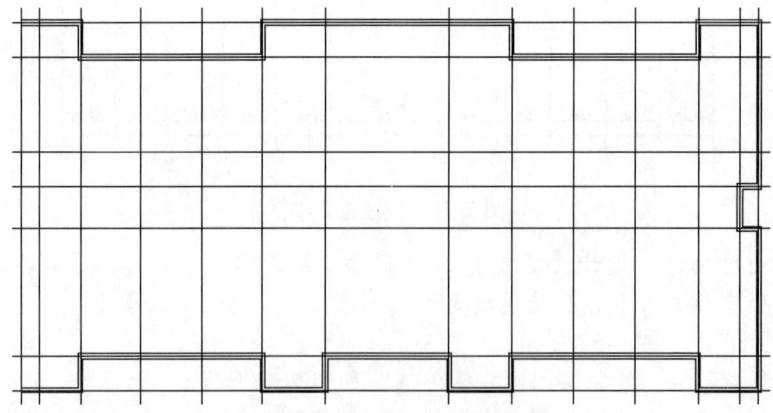

图 2-60　绘制平面图上侧外墙

step 08 墙体参数不变，绘制平面图左侧外墙，如图 2-61 所示。

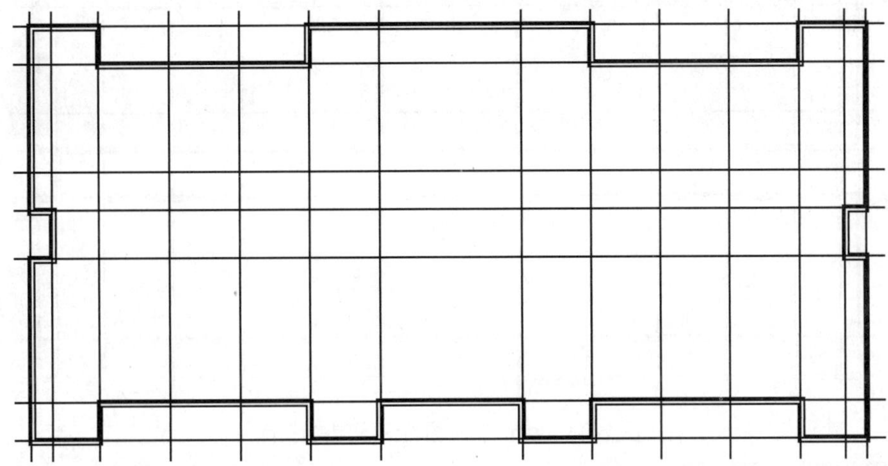

图 2-61　绘制平面图左侧外墙

step 09 在【墙体】对话框的【用途】下拉列表框中选择【内墙】选项，绘制平面图左侧区域的内墙，如图 2-62 所示。

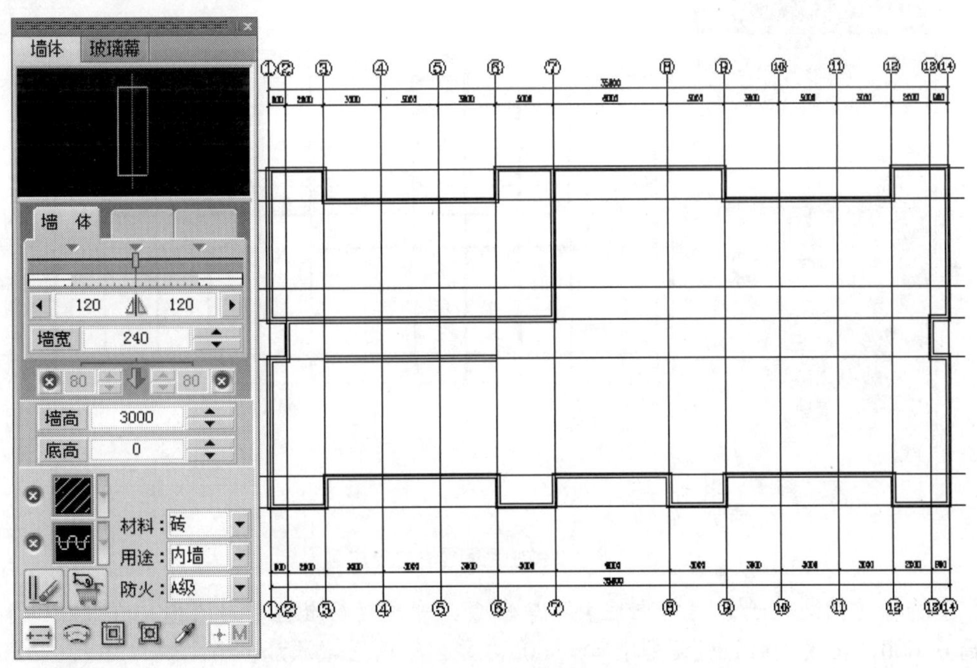

图 2-62　绘制平面图左侧区域的内墙

step 10 墙体参数不变，绘制平面图右侧区域的内墙，如图 2-63 所示。

step 11 在【墙体】对话框的【墙宽】微调框中输入 120，在【用途】下拉列表框中选择【分户】选项，绘制平面图中的分户墙，如图 2-64 所示。

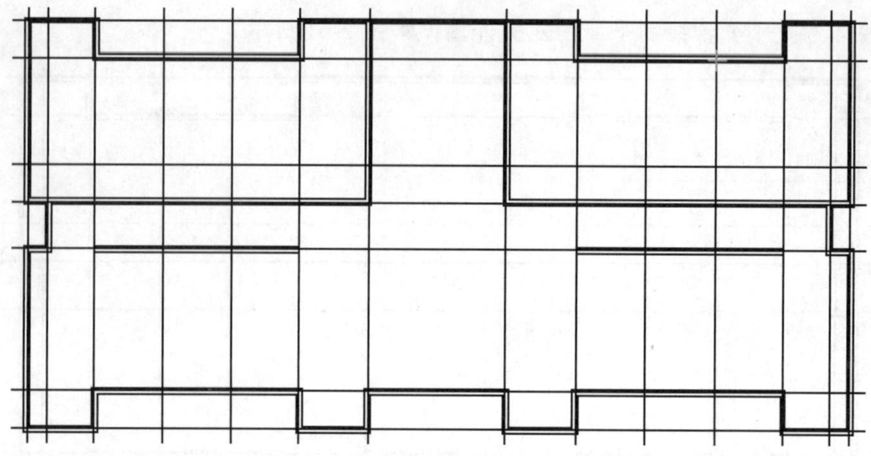

图 2-63　绘制平面图右侧区域的内墙

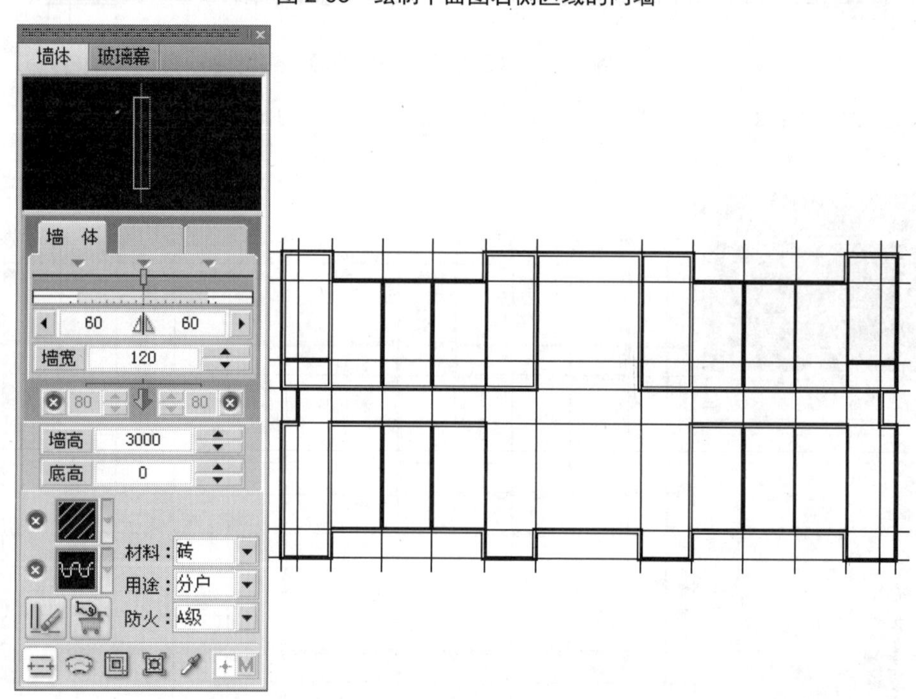

图 2-64　绘制平面图中的分户墙

step 12 选择【轴网柱子】|【标准柱】菜单命令，弹出【标准柱】对话框，在【横向】微调框中输入 600，在【纵向】微调框中输入 600，并在绘图区域添加多个立柱，如图 2-65 所示。

step 13 选择【轴网柱子】|【柱齐墙边】菜单命令，调整柱子位置，使柱边与墙边对齐，完成墙体的创建，如图 2-66 所示。

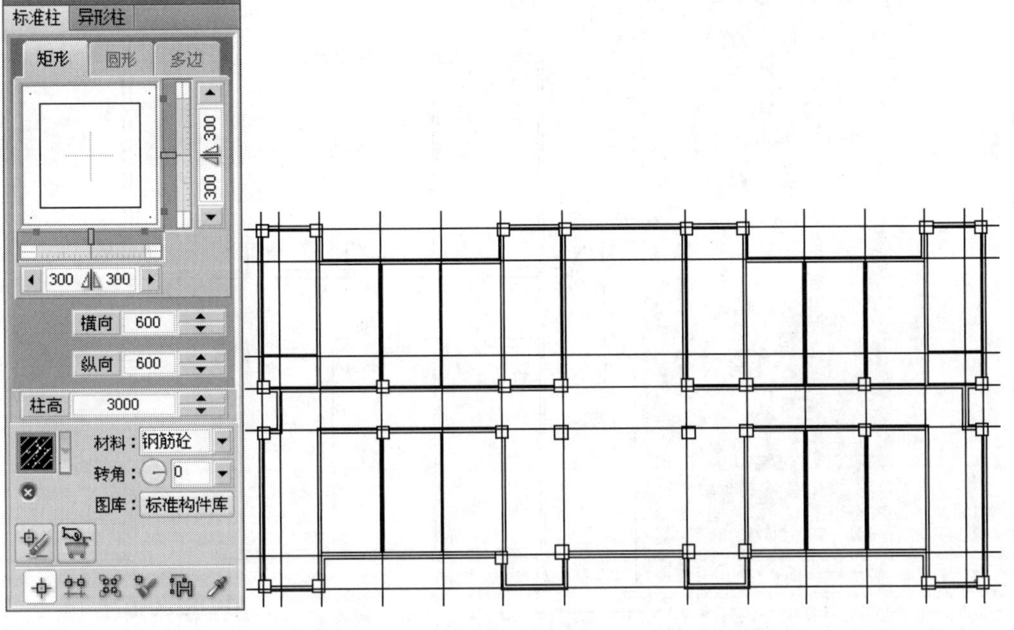

图 2-65　设置参数添加多个立柱

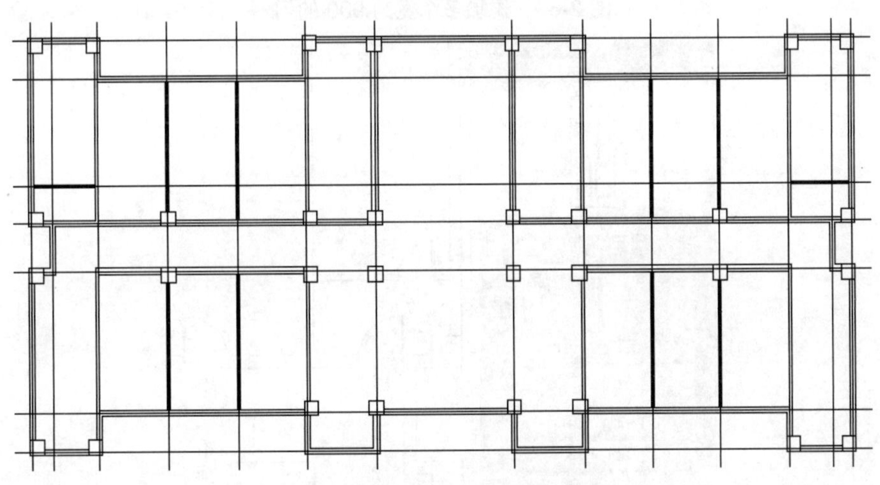

图 2-66　使柱边与墙边对齐

step 14 继续创建门窗、台阶等附属。选择【门窗】|【新门】菜单命令，弹出【门】对话框，在【门宽】微调框中输入 900，【编号】微调框中输入 M1，在【类型】下拉列表框中选择【普通门】选项，在【材料】下拉列表框中选择【木复合】选项，在绘图区域添加多个门，如图 2-67 所示。

step 15 在【门】对话框的【门宽】微调框中输入 700，在【编号】下拉列表框中输入 M2，并在绘图区域添加一个宽为 700 的门，如图 2-68 所示。

step 16 在【门】对话框中，单击门样式平面图，弹出【天正图库管理系统】窗口，选择【双扇平开门(全开表示门厚)】选项，如图 2-69 所示。

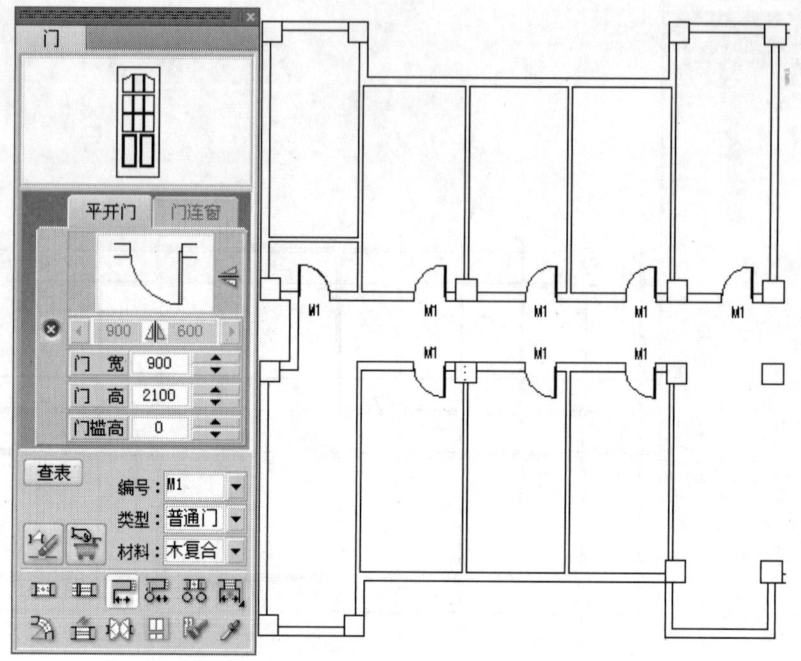

图 2-67　添加多个宽为 900 的门

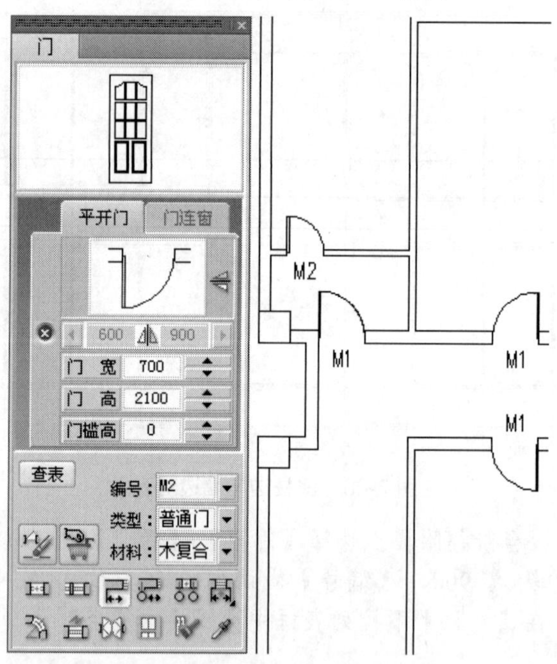

图 2-68　添加一个宽为 700 的门

step 17 在【门】对话框的【门宽】微调框中输入 1200，【编号】下拉列表框中输入 M3，并在绘图区域添加一个宽为 1200 的双扇门，如图 2-70 所示。

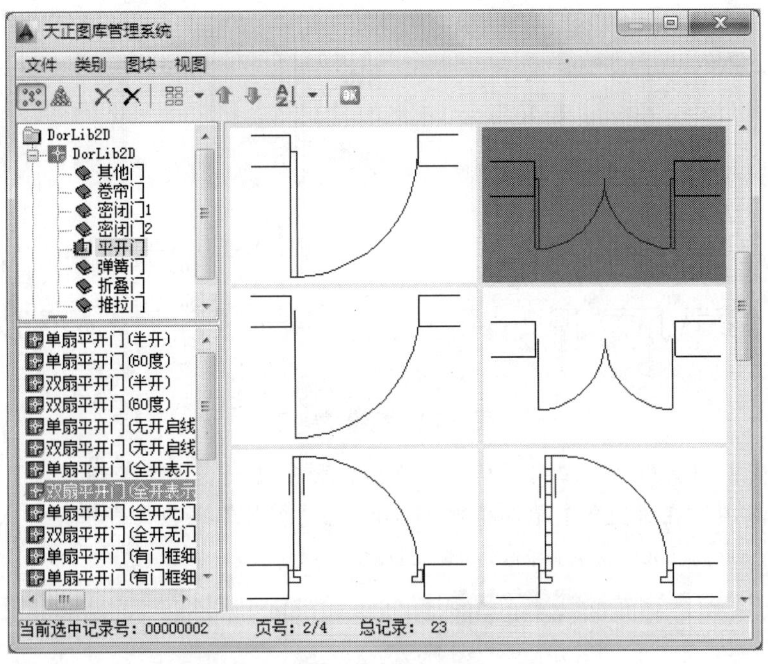

图 2-69　选择门的平面样式

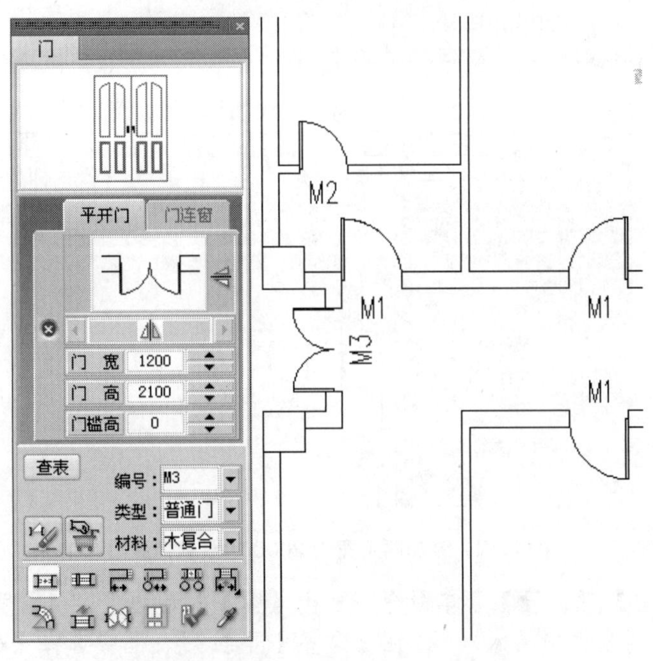

图 2-70　添加一个宽 1200 的双扇门

step 18 单击修改工具栏中的【镜像】按钮，镜像复制平面图左侧的门至右侧，如图 2-71 所示。

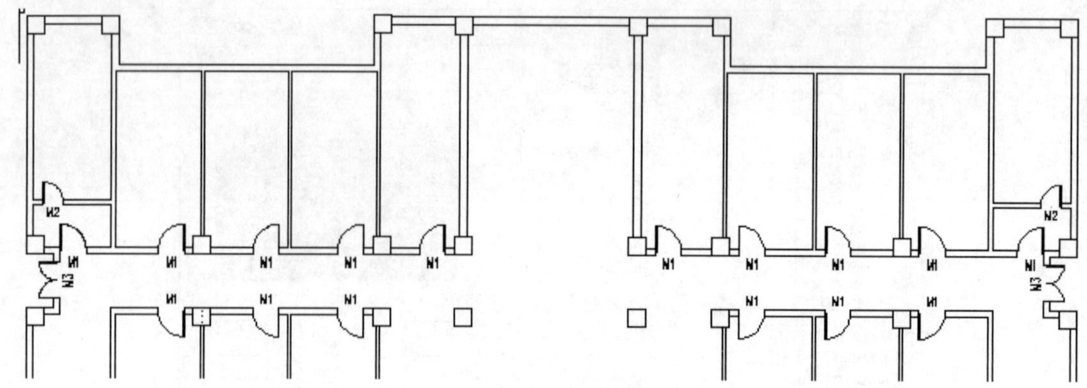

图 2-71　镜像复制门

step 19 在【门】对话框中，单击门样式平面图，弹出【天正图库管理系统】窗口，选择【双扇弹簧门】选项，在【门宽】微调框输入 2000，【编号】下拉列表框中输入 M4，并在绘图区域添加两个宽为 2000 的双扇门，如图 2-72 所示。

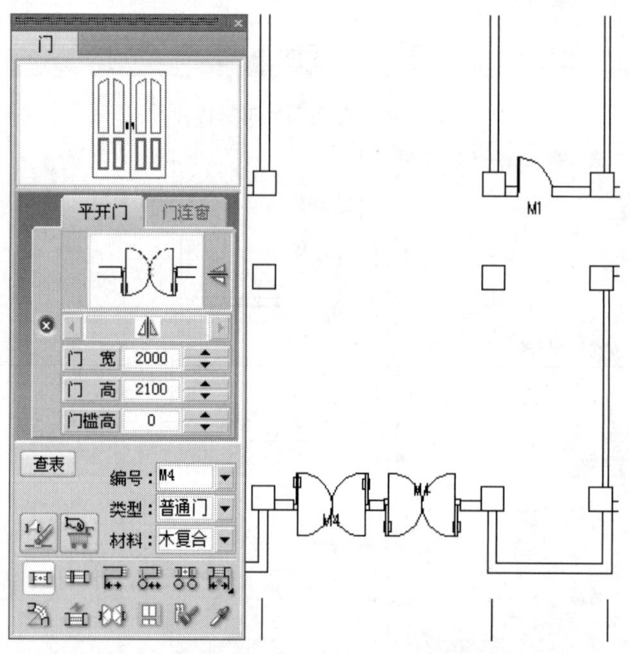

图 2-72　添加两个宽为 2000 的双扇弹簧门

step 20 选择【门窗】|【新窗】菜单命令，弹出【窗】对话框，在【窗宽】微调框输入 1800，【编号】下拉列表框中输入 C1，在【类型】下拉列表框中选择【普通窗】选项，在【材料】下拉列表框中选择【铝合金】选项，并在绘图区域添加多个宽为 1800 的窗户，如图 2-73 所示。

step 21 在【窗】对话框中的【窗宽】微调框内输入 1200，在【编号】下拉列表框中输入 C2，并在绘图区域添加多个宽为 1200 的窗户，如图 2-74 所示。

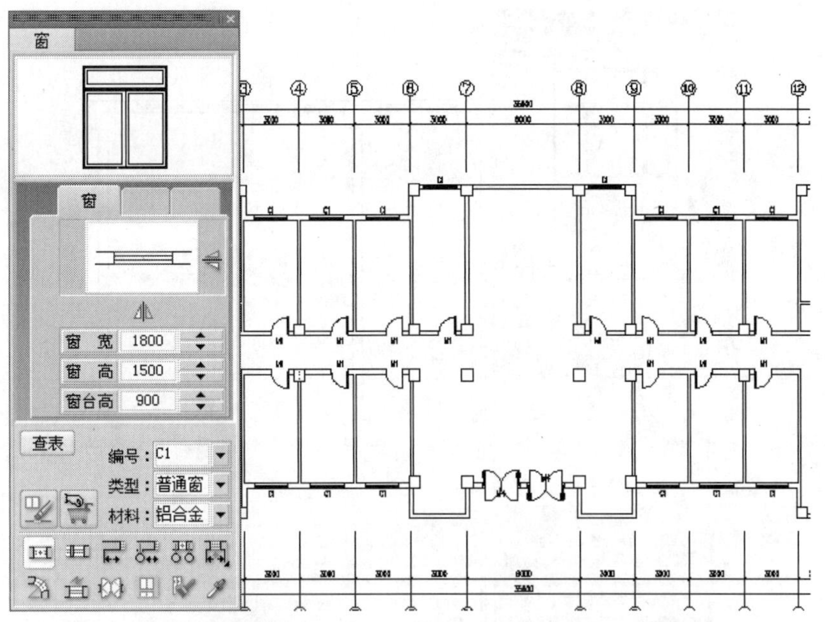

图 2-73 添加多个宽为 1800 的窗户

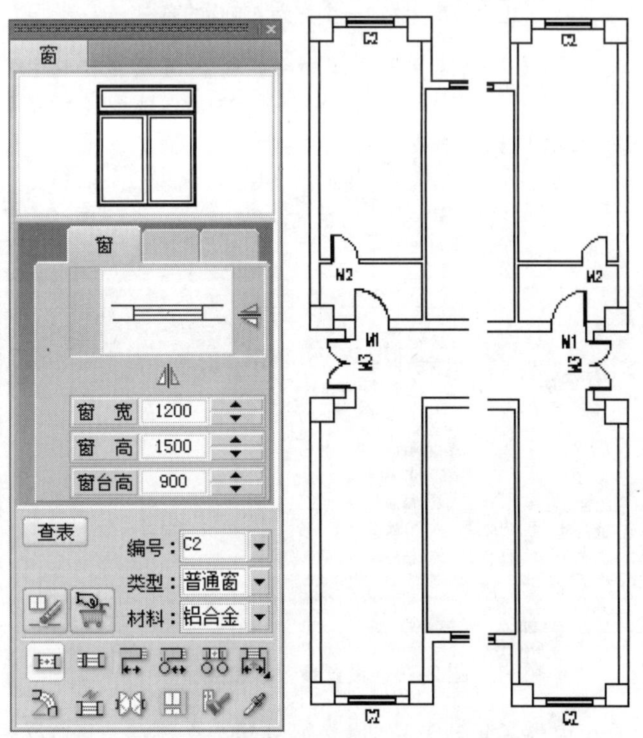

图 2-74 添加多个宽为 1200 的窗户

step 22 在【窗】对话框中的【窗宽】微调框内输入 4000，在【编号】下拉列表框中输入 C2，并在绘图区域添加一个宽为 4000 的窗户，如图 2-75 所示。

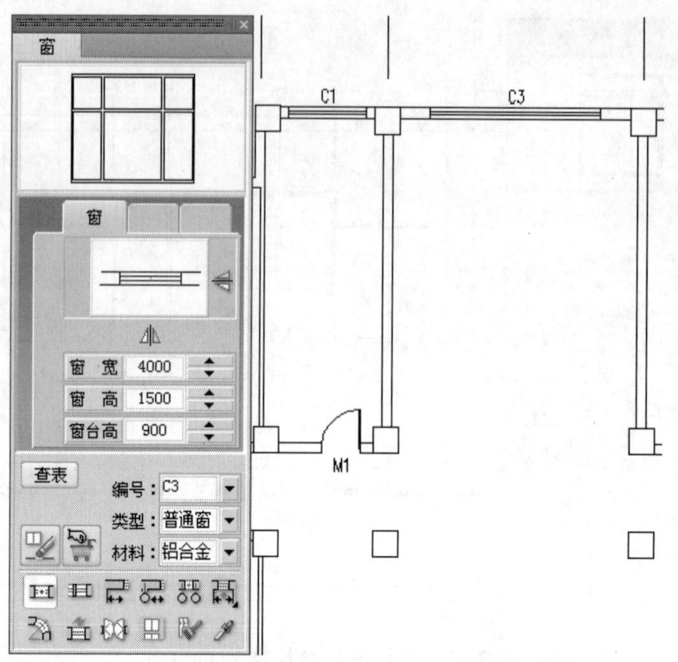

图 2-75　添加一个宽为 4000 的窗户

step 23 选择【楼梯其他】|【双跑楼梯】菜单命令，弹出【双跑楼梯】对话框，在【梯间宽】文本框中输入 2660，【平台宽度】文本框中输入 2500，选中【首层】单选按钮，并在绘图区域添加楼梯，如图 2-76 所示。

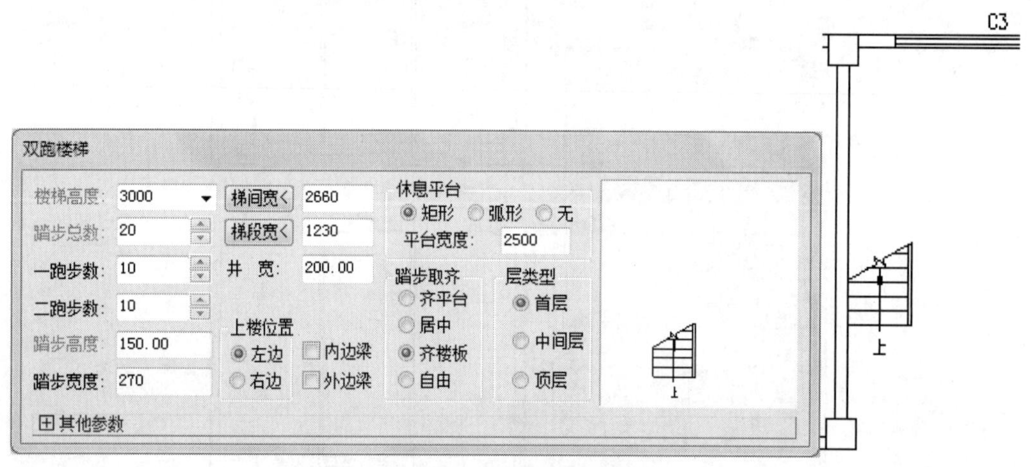

图 2-76　设置参数添加楼梯

step 24 单击修改工具栏中的【复制】按钮，复制多个楼梯至图 2-77 所示的位置。

step 25 选择【楼梯其他】|【台阶】菜单命令，弹出【台阶】对话框，选择【矩形三面台阶】类型，在【踏步数目】微调框中输入 2，在【平台宽度】文本框中输入 2000，并在绘图区域添加台阶，如图 2-78 所示。

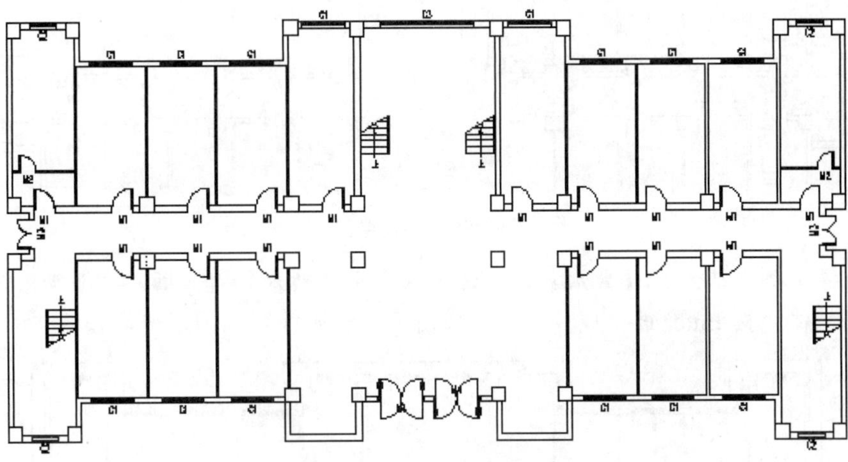

图 2-77　复制楼梯

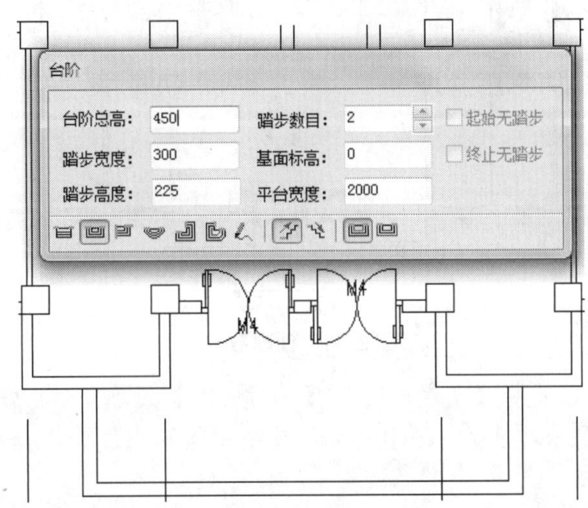

图 2-78　设置台阶参数

step 26 在【台阶】对话框的【平台宽度】文本框中输入 1500，绘制长为 4080 的台阶，如图 2-79 所示。

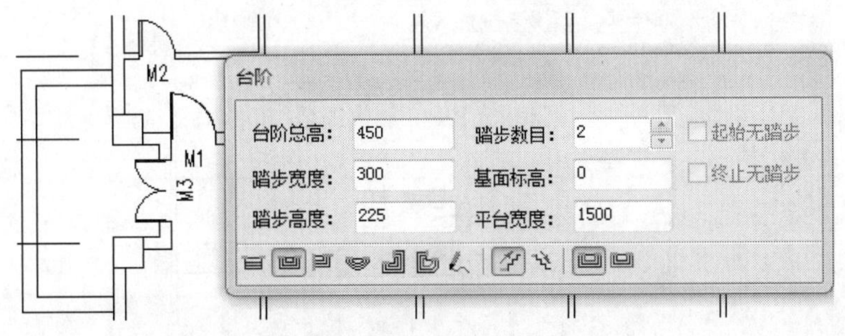

图 2-79　添加台阶

step 27 单击修改工具栏中的【镜像】按钮，镜像复制平面图左侧的台阶至右侧，如图 2-80 所示。

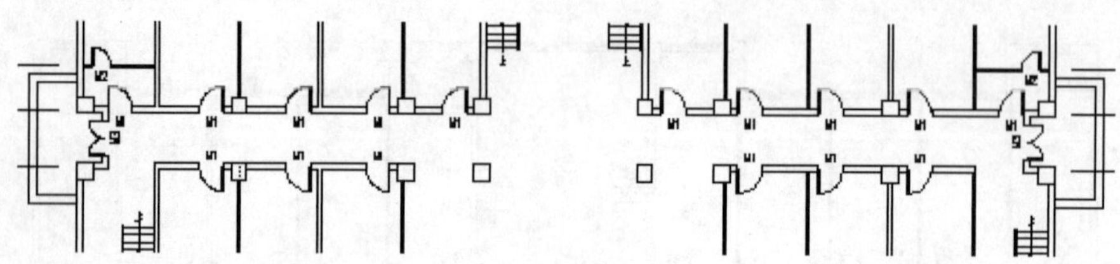

图 2-80　镜像台阶

step 28 选择【楼梯其他】|【散水】菜单命令，弹出【散水】对话框，选择【搜索自动生成】，选择外墙体，按 Enter 键生成散水，完成门窗、台阶等附属的创建，如图 2-81 所示。

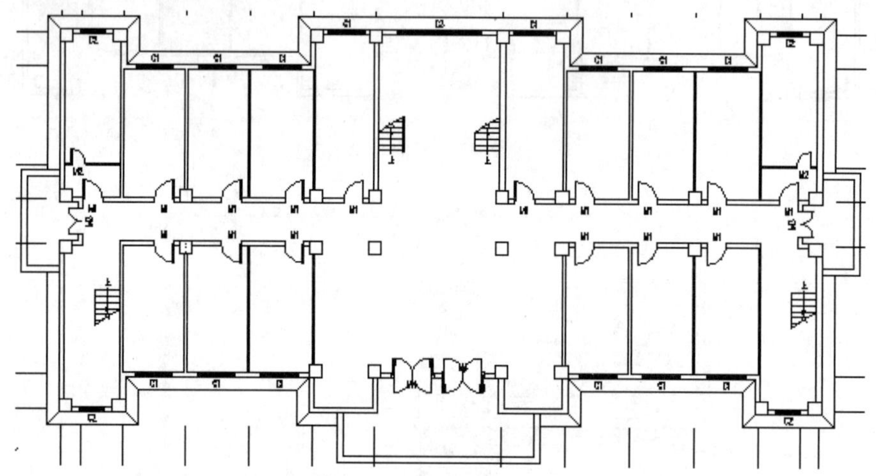

图 2-81　创建散水

step 29 接着创建文字。选择【文字表格】|【单行文字】菜单命令，弹出【单行文字】对话框，在【字高】下拉列表框中输入 10，输入文字“入口大厅”，并在绘图区域单击，放置文字，如图 2-82 所示。

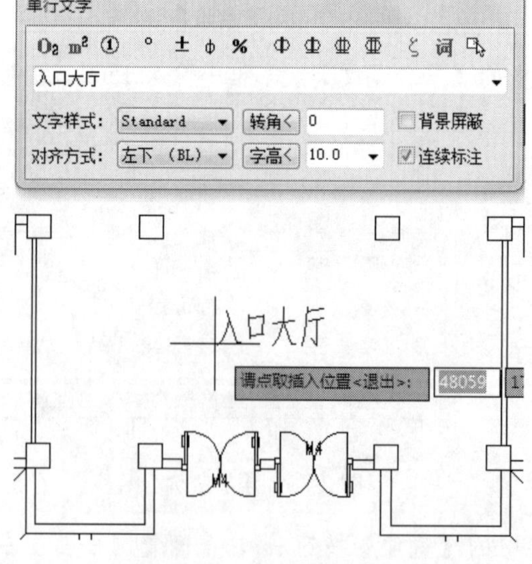

图 2-82　添加文字注释

step 30 按照同样的方法添加完成所有的文字注释，结果如图 2-83 所示。

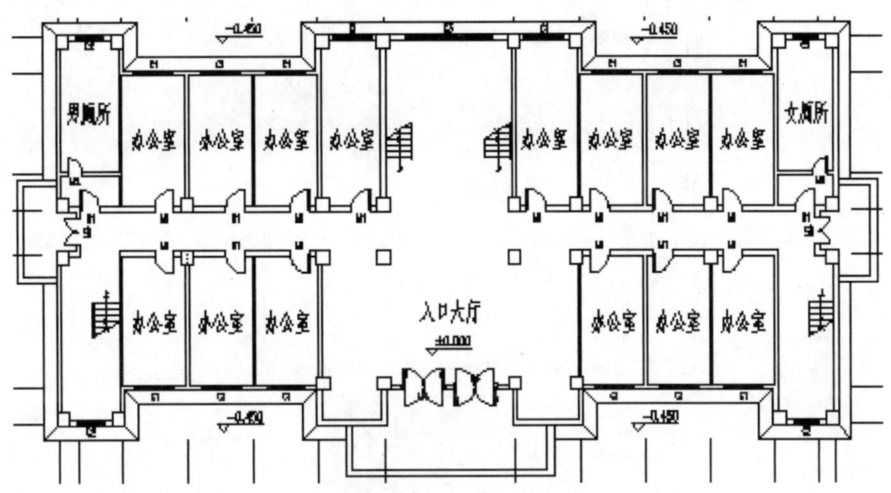

图 2-83　添加文字注释

step 31 选择【符号标注】|【画指北针】菜单命令，在绘图区域单击放置指北针，完成文字等特征的创建，如图 2-84 所示。

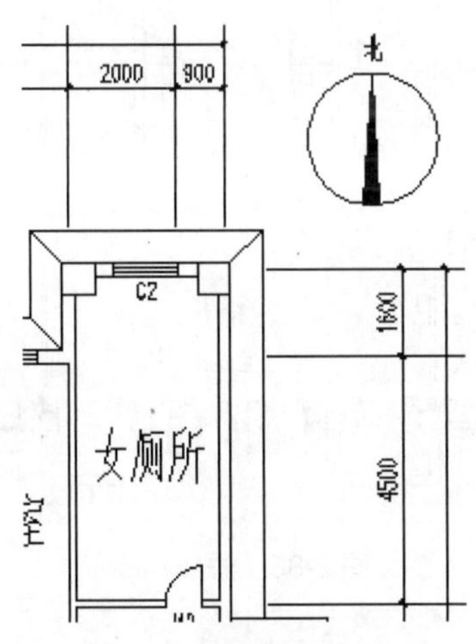

图 2-84　添加指北针

step 32 最后创建标注。选择【符号标注】|【标高标注】菜单命令，弹出【标高标注】对话框，选中【手工输入】复选框，在【楼层标高】列表栏中输入-0.450，并单击绘图区域放置标高，如图 2-85 所示。

step 33 按照同样的方法，添加所有标高，结果如图 2-86 所示。

step 34 选择【符号标注】|【图名标注】菜单命令，弹出【图名标注】对话框，输入“办公楼首层平面图”，比例为 1：100，两个【字高】下拉列表框中分别输入 14.0、10.0，选中【传统】单选按钮，并单击绘图区放置图名，完成标注的创建，如图 2-87 所示。

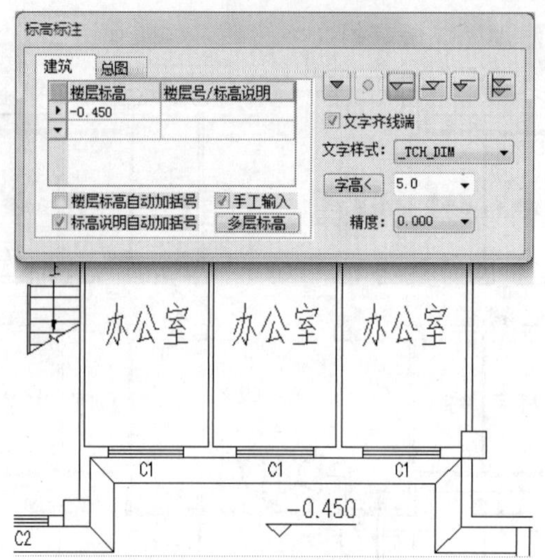

图 2-85　添加标高

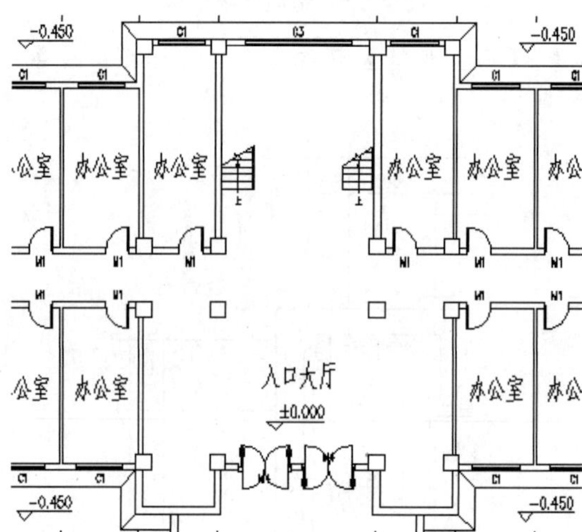

图 2-86　添加标高

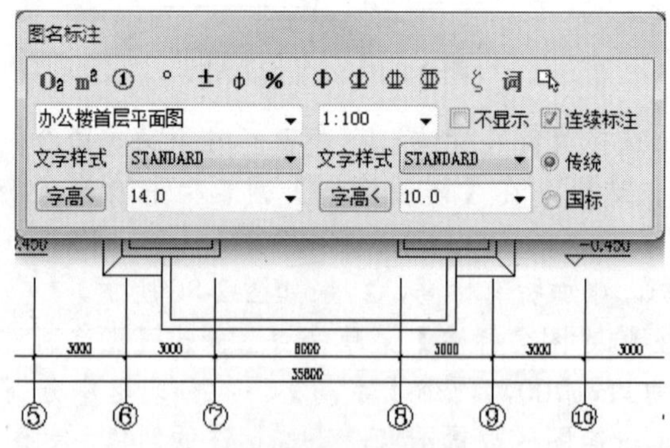

图 2-87　添加图名

step 35 完成的办公楼首层平面图如图 2-88 所示。

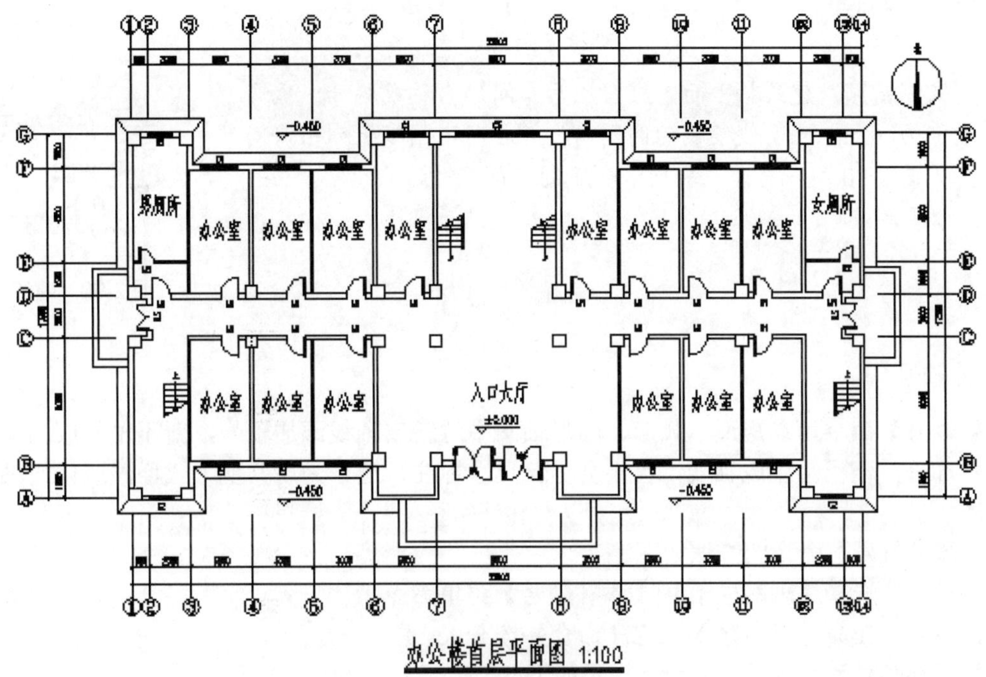

图 2-88 完成的办公楼首层平面图

建筑设计实践：建筑物平面图应在建筑物的门窗洞口处水平剖切俯视(屋顶平面图应在屋面以上俯视)，图内应包括剖切面及投影方向可见的建筑构造以及必要的尺寸、标高等，如需表示高窗、洞口、通气孔、槽、地沟及起重机等不可见部分，则应以虚线绘制。学习绘制如图 2-89 所示的建筑图中的多边形门窗。

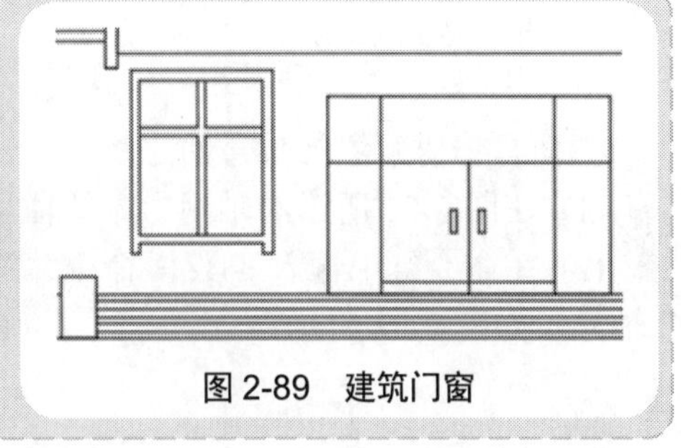

图 2-89 建筑门窗

第3课 3课时 编辑轴号

轴号对象是一组专门为建筑轴网定义的标注符号，通常就是轴网的开间或进深方向上的一排轴号。天正建筑设计软件提供了【添补轴号】、【删除轴号】、【一轴多号】、【轴号隐藏】以及【主附转换】等相关命令，以对轴号进行相关编辑。

2.3.1 轴号编辑

行业知识链接：建筑物平面图应当注写房间的名称或编号。编号注写在直径为 6mm 细实线绘制的圆圈内，并在同张图纸上列出房间名称表。如图 2-90 所示是建筑轴网限制下的房间尺寸。

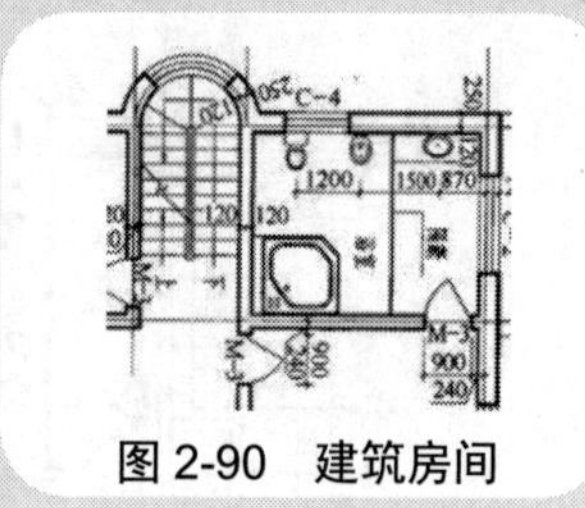

图 2-90 建筑房间

1. 添补轴号

【添补轴号】命令可在矩形、弧形、圆形轴网中对新增轴线添加轴号，新添轴号成为原有轴网轴号对象的一部分，但不会生成轴线，也不会更新尺寸标注，适合为以其他方式增添或修改轴线后进行的轴号标注。

调用【添补轴号】命令的方法如下。

- 菜单栏：选择【轴网柱子】|【添补轴号】菜单命令。
- 命令行：在命令行中输入 TBZH 命令并按 Enter 键。

调用【添补轴号】命令后，命令行提示如下：

```
请选择轴号对象：        //点取与新轴号相邻的已有的轴号对象
请点取新轴号的位置或【参考点(R)】：        //指定添加新轴号的位置
新增轴号是否双侧标注?(Y/N)【Y】: /        //设置是否双侧标注
新增轴号是否为附加轴号?(Y/N)【N】: /        //设置是否为附加轴号
```

下面具体讲解添补轴号的方法。

(1) 在图 2-91 所示的轴网中添补轴号。

(2) 在命令行中输入 TBZH 命令并按 Enter 键，选择已标注的轴号对象，这里可以选择 B 轴号或 C 轴号，如图 2-92 所示。

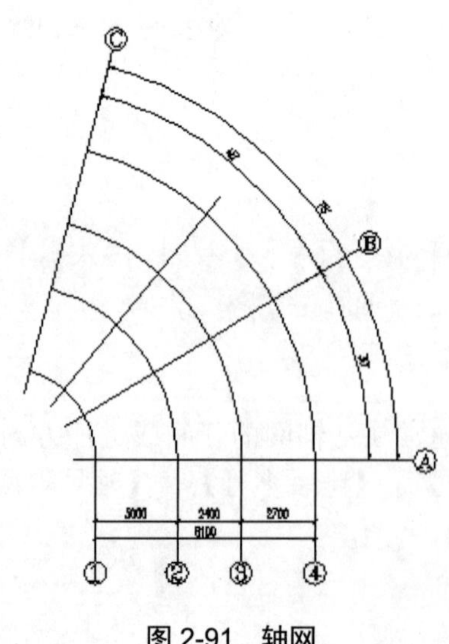

图 2-91 轴网

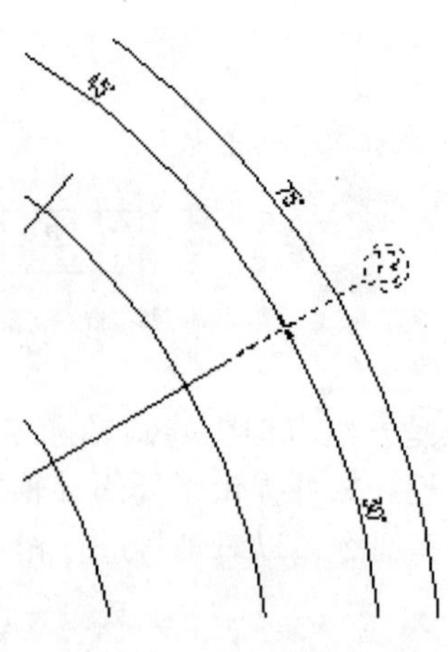

图 2-92 选择轴号对象

(3) 在需要添加轴号的轴线上单击，指定添补轴号的位置，如图 2-93 所示。

(4) 命令行提示“新增轴号是否双侧标注”时，输入“N”并按 Enter 键。

(5) 命令行提示“新增轴号是否为附加轴号”时，输入“N”并按 Enter 键。

(6) 命令行提示“是否重排轴号”时，输入“N”并按 Enter 键，不重排添加轴号，如图 2-94 所示。若输入“Y”并按 Enter 键，则重排新添轴号，结果如图 2-95 所示。

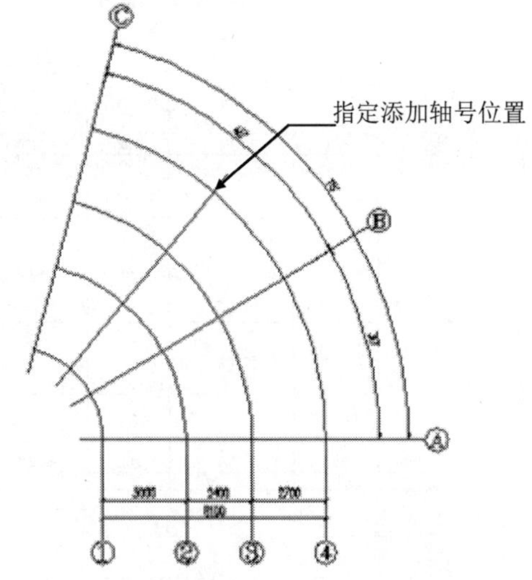

图 2-93　选取指定位置

2. 删除轴号

【删除轴号】命令用于删除不需要的轴号，且可一次选择多个轴号进行删除，用户可根据实际情况选择是否需要重排轴号。

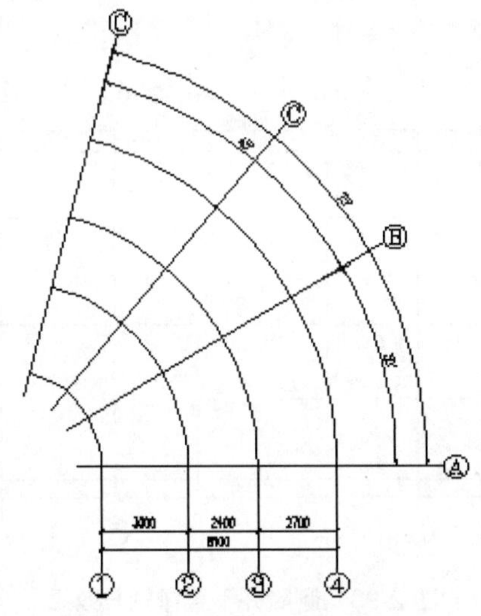

图 2-94　不重排添加轴号

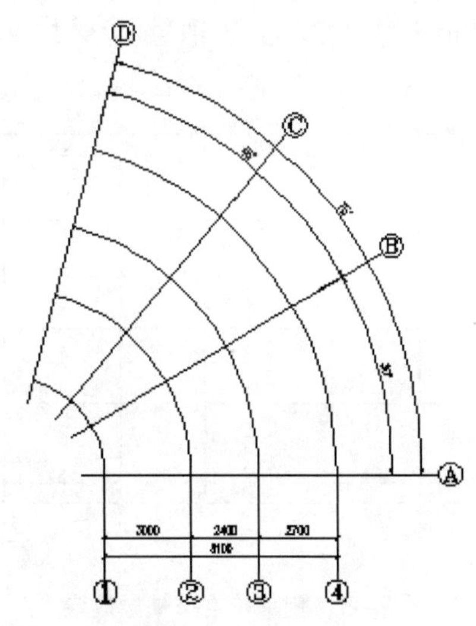

图 2-95　重排添加轴号

调用【删除轴号】命令的方法如下。

- 菜单栏：选择【轴网柱子】|【删除轴号】菜单命令。
- 命令行：在命令行中输入 SCZH 命令并按 Enter 键。

调用【删除轴号】命令后，命令行提示如下：

```
请框选轴号对象：        //使用框选方式选取 1 个或多个需要删除的轴号
请框选轴号对象：↙       //按 Enter 键结束选择
是否重排轴号？(Y/N)【Y】：↙        //设置是否重排轴号
```

下面具体讲解删除轴号的方法。

(1) 删除图 2-96 所示已标注的轴网的轴号。

(2) 在命令行中输入 SCZH 命令并按 Enter 键，调用【删除轴号】命令，框选需要删除的轴号，这里选择轴号③和④，如图 2-97 所示。

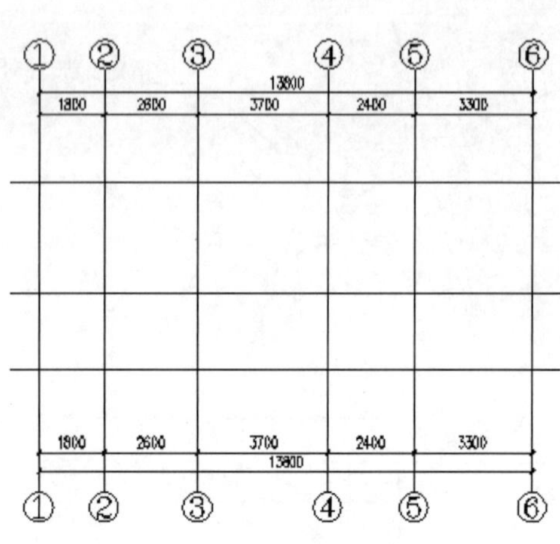

图 2-96　标注的轴网

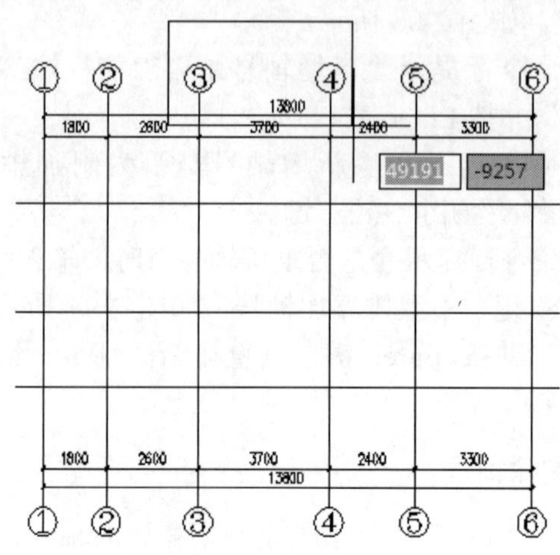

图 2-97　框选要删除的轴号

(3) 命令行提示“是否重排轴号”时，输入“Y”并按 Enter 键，结果如图 2-98 所示，若输入“N”并按 Enter 键，则不重排轴号，结果如图 2-99 所示。

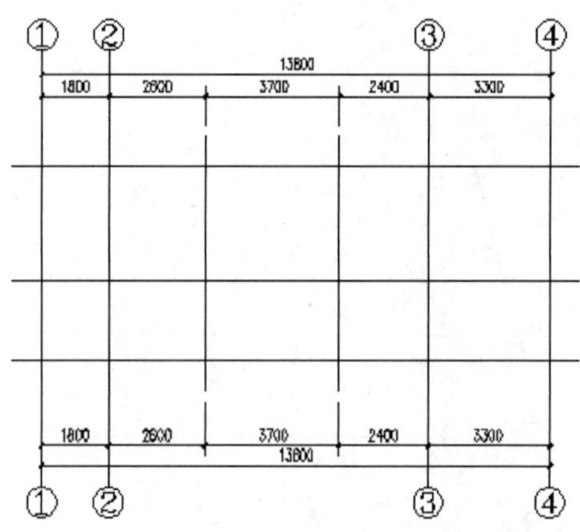

图 2-98　删除并重排轴号效果

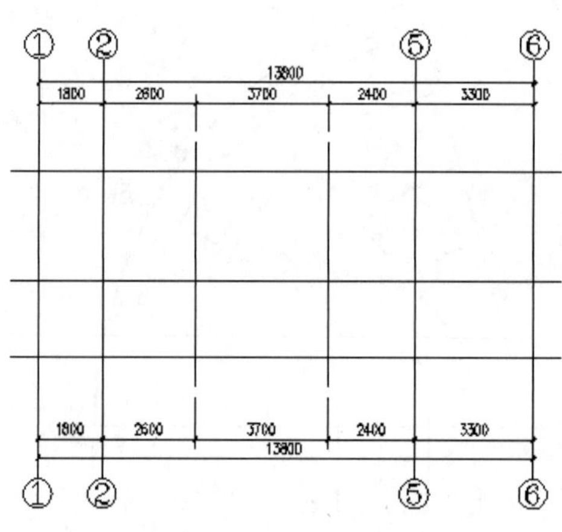

图 2-99　删除并不重排轴号效果

3. 一轴多号

【一轴多号】命令用于平面图中同一部分由多个分区共用的情况，利用多个轴号共用一根轴线可以节省图面和工作量。本命令将已有轴号作为源轴号进行多排复制，用户可进一步对各轴号编号获得新轴号系列。

调用【一轴多号】命令的方法如下。

- 菜单栏：选择【轴网柱子】|【一轴多号】菜单命令。
- 命令行：在命令行中输入 YZDH 命令并按 Enter 键。

调用【一轴多号】命令后，命令行提示如下：

```
当前：忽略附加轴号。状态可在高级选项中修改。
请选择已有轴号或【框选轴圈局部操作(F)\双侧创建多号(Q)】：
//通过两点框定一个轴号，即可全选该分区或方向的整排轴号对象
```

```
请选择已有轴号：        //继续选择其他分区或方向已有的轴号，或者按 Enter 键结束选择
请输入复制排数<1>，：       //输入轴号复制排数
```

下面具体讲解一轴多号的方法。

(1) 在图 2-100 所示的轴网中创建一轴多号。

(2) 在命令行中输入 YZDH 命令并按 Enter 键，根据命令行提示输入“F”，选择已有轴号，按 Enter 键结束选择。

(3) 设置轴号复制排数为 1，创建一轴多号效果，如图 2-101 所示。

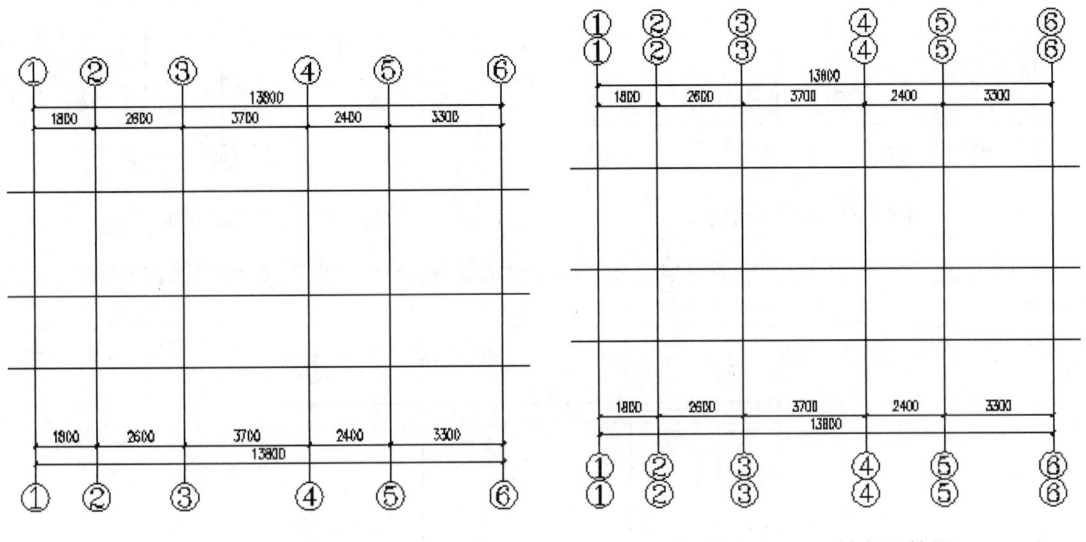

图 2-100　标注的轴网　　　　图 2-101　一轴多号效果

4. 轴号隐现

【轴号隐现】命令用于在平面轴网中控制单个或多个轴号的隐藏与显示，功能相当于轴号的对象编辑操作中的“变标注侧”和“单轴变标注侧”，为了方便用户使用而改为独立命令。

调用【轴号隐现】命令的方法如下。

- 菜单栏：选择【轴网柱子】|【轴号隐现】菜单命令。
- 命令行：在命令行中输入 ZHYX 命令并按 Enter 键。

调用【轴号隐现】命令后，命令行提示如下：

```
请选择需要隐藏的轴号或【显示轴号(F)\设为双侧操作(Q)，当前：单侧隐藏】<退出>:
```

下面具体讲解轴号隐现的方法。

(1) 隐藏图 2-102 所示已标注轴网的轴号。

(2) 在命令行中输入 ZHYX 命令并按 Enter 键，此时的命令行提示“请选择需要隐藏的轴号或【显示轴号(F)\设为双侧操作(Q)，当前：单侧隐藏】<退出>：”，这里选择需要隐藏的轴号②和轴号③。

(3) 按 Enter 键结束选择，单侧隐藏选择的轴号，结果如图 2-103 所示。

(4) 若要重新显示隐藏的轴号，在命令行提示为“请选择需要隐藏的轴号或【显示轴号(F)\设为双侧操作(Q)，当前：单侧隐藏】<退出>：”时，输入“F”并按 Enter 键，启用显示轴号功能。

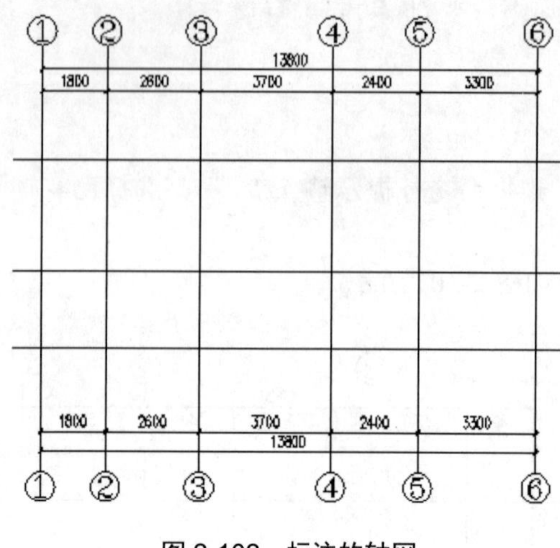

图 2-102　标注的轴网

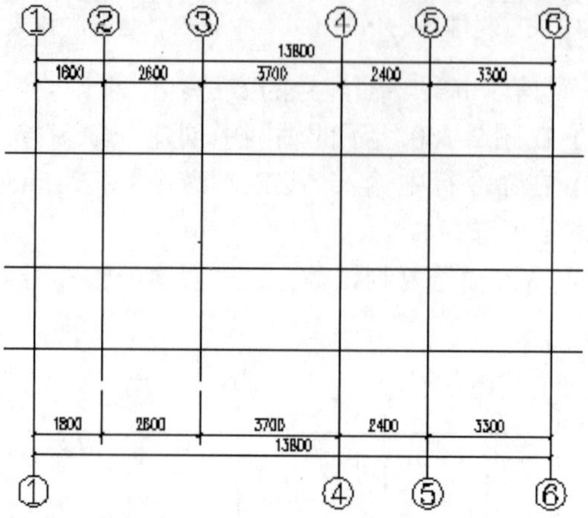

图 2-103　单侧隐藏轴号

(5) 框选需要显示的轴号②和轴号③，按 Enter 键结束选择，重新显示出隐藏的轴号，结果如图 2-104 所示。

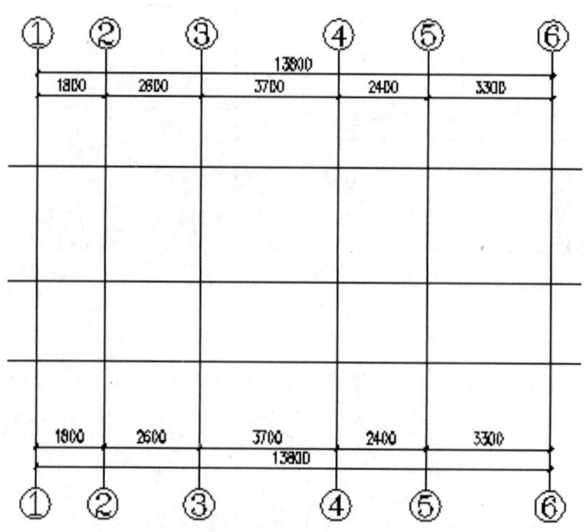

图 2-104　重新显示隐藏轴号

2.3.2　轴号对象编辑

行业知识链接： 图纸上，横轴都是用大写字母表示的，纵轴都是用数字表示的，要表示一个柱子的具体位置，都写成某层数字 X 轴交字母 Y 轴。如图 2-105 所示是建筑轴网限制下的柱子。

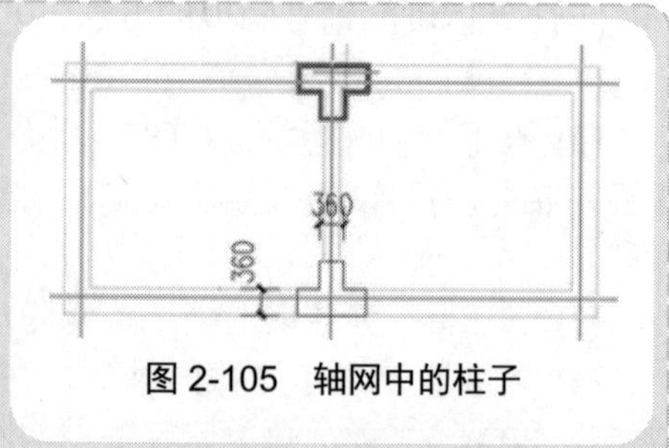

图 2-105　轴网中的柱子

1. 主附转换

【主附转换】命令用于在平面图中将主轴号转换为附加轴号或附加轴号转换为主轴号，在选择重排模式时，可以对轴号编排方向的所有轴号进行重排。

调用【主附转换】命令的方法如下。

- 菜单栏：选择【轴网柱子】|【主附转换】菜单命令。
- 命令行：在命令行中输入 ZFZH 命令并按 Enter 键。

调用【主附转换】命令后，命令行提示如下：

请选择主号变附的轴号或【附号变主(F)、设为不重排(Q)，当前：重排】<退出>:

下面具体讲解主附转换的方法。

(1) 改变图 2-106 所示已标注轴网的主轴号为附加轴号。

(2) 在命令行中输入 ZFZH 命令并按 Enter 键，命令行提示“请选择主号变附的轴号或【附号变主(F)、设为不重排(Q)，当前：重排】<退出>：”时，选择要变为附加轴号的主轴号③。

(3) 按 Enter 键结束选择，主轴号③转换为附加轴号，如图 2-107 所示。

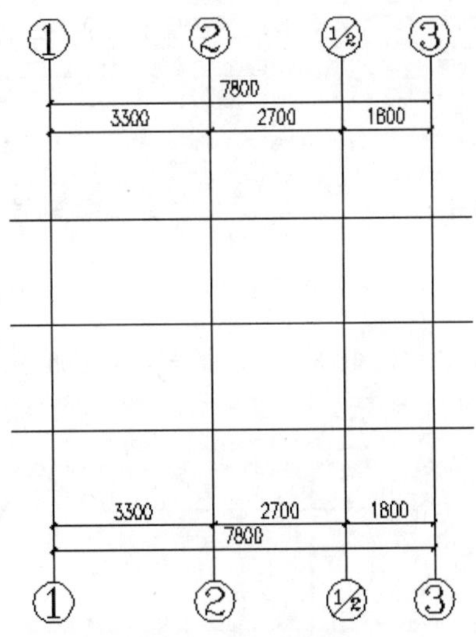

图 2-106　标注轴网

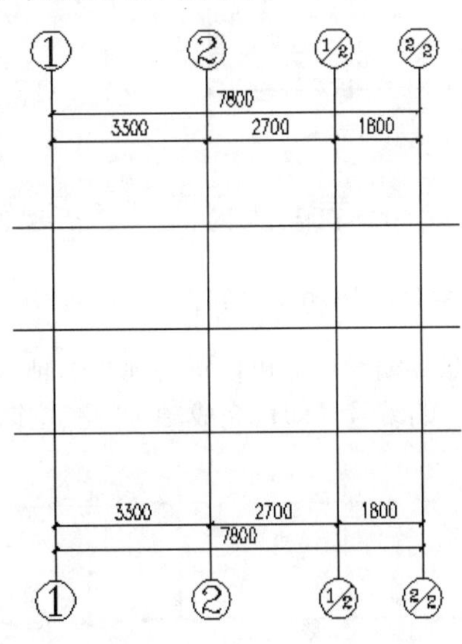

图 2-107　主轴号变附加轴号

2. 轴号对象编辑

【对象编辑】是天正建筑软件提供给用户的一个集成的轴号编辑命令，可以进行添加与删除轴号、重排轴号以及单轴变标注侧、单轴变号等多种编辑操作。

在轴号对象上右击，在弹出快捷菜单中选择【对象编辑】命令，即启用轴号对象编辑功能，此时命令行提示如下。

变标注侧【M】/单轴变标注侧【S】/添补轴号【A】/删除轴号【D】/单轴变号【N】/重排轴号【R】/轴圈半径【Z】/<退出>:

该命令行中有几个命令选项的功能与同名命令一致，这里只介绍几个不同的命令选项。

- 变标注侧：用于控制轴号显示状态，在本侧标轴号(关闭另一侧轴号)、对侧标轴号(关闭本侧轴号)和双侧标轴号(打开轴号)之间切换。

- 单轴变标注侧：用于控制单轴号的显示状态，操作方法与【变标注侧】选项相同。

下面具体讲解轴号对象编辑的方法。

(1) 编辑图 2-108 所示的已标注轴网的轴号②。

(2) 将光标移动到轴号上方并右击，在弹出的快捷菜单中选择【对象编辑】命令，如图 2-109 所示。

(3) 根据命令行提示输入 S，选择单轴变标注侧功能。

(4) 在需要改变标注侧的轴号②附近选取一点，按 Enter 键结束，隐藏轴号结果如图 2-110 所示。

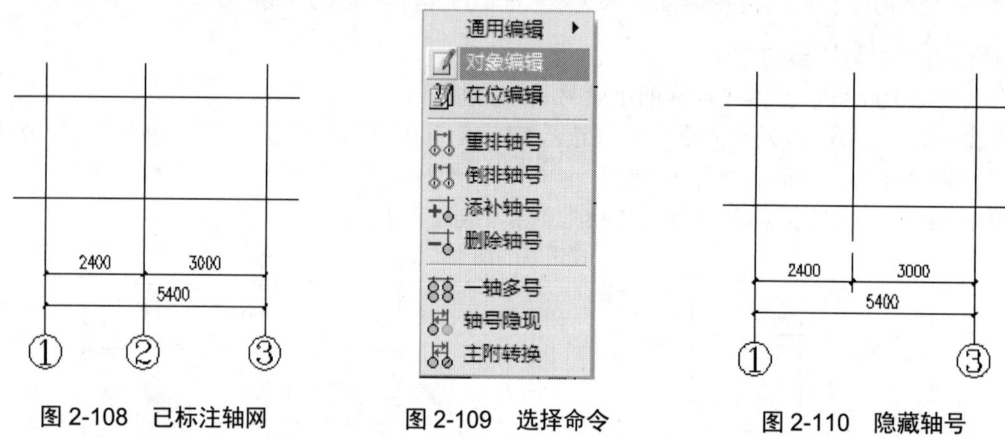

图 2-108　已标注轴网　　图 2-109　选择命令　　图 2-110　隐藏轴号

3. 轴号在位编辑和夹点编辑

轴号的在位编辑功能可以实时地修改轴号。双击轴号文字，此时进入轴号在位编辑系统，在编辑框中输入轴号的编号，即可完成轴号的在位编辑，如图 2-111 所示。

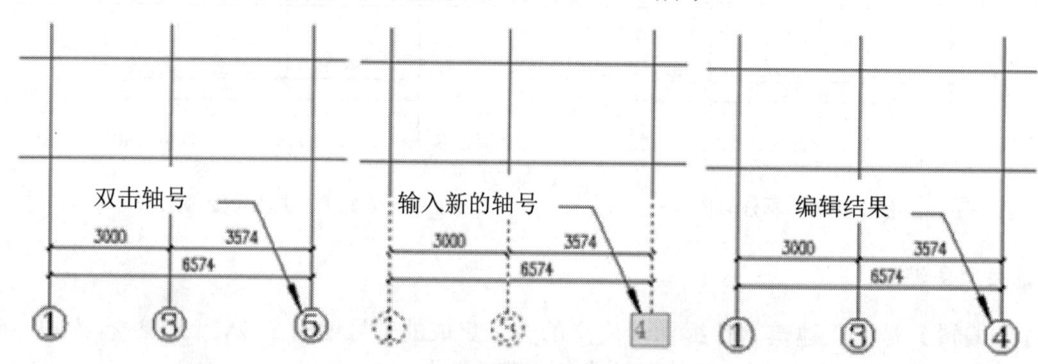

图 2-111　轴号在位编辑

有时候由于轴网比较密集，导致所标注的轴号紧靠在一起而不能使视图清晰。使用轴号夹点编辑功能，可改变轴号的位置及轴号引线的长度，从而使图形变得清晰美观，如图 2-112 所示。

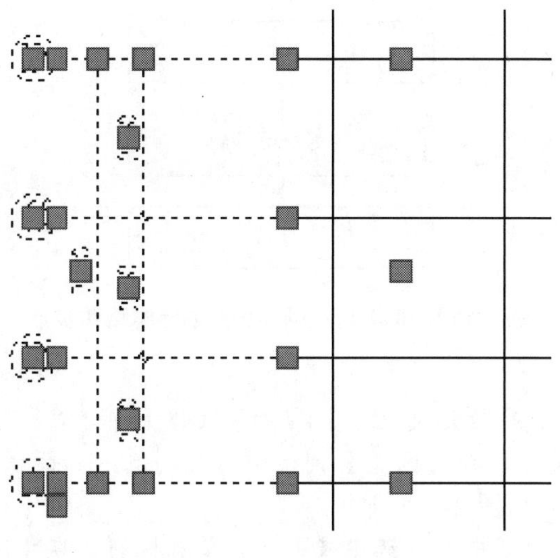

图 2-112　轴号夹点

课后练习

案例文件：　ywj\02\02.dwg
视频文件：　光盘→视频课堂→第 2 教学日→2.3

本节课后练习的是标准层轴网和墙壁的绘制，平面图由多个房间组成，绘制之前需要创建轴网，如图 2-113 所示是创建完成的标准层轴网和墙壁。

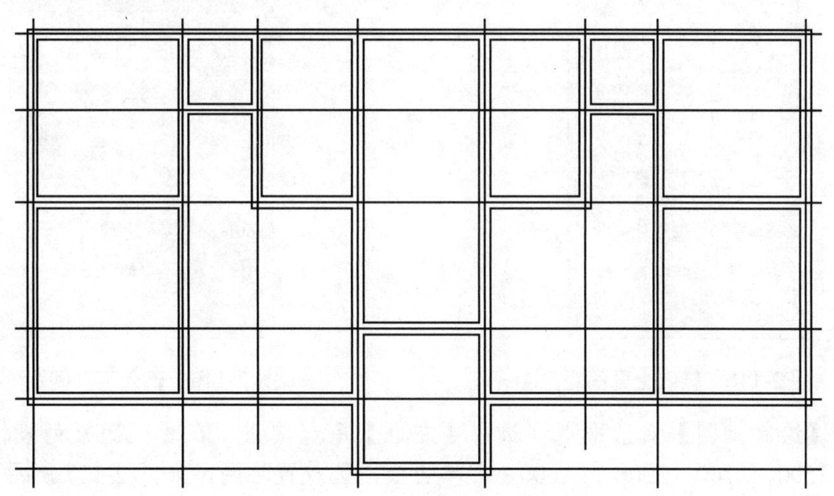

图 2-113　标准层轴网和墙壁

本节案例主要练习了轴网和墙壁的绘制命令，首先绘制轴网，之后按照尺寸绘制各部分墙体，标准层轴网和墙壁的创建思路和步骤如图 2-114 所示。

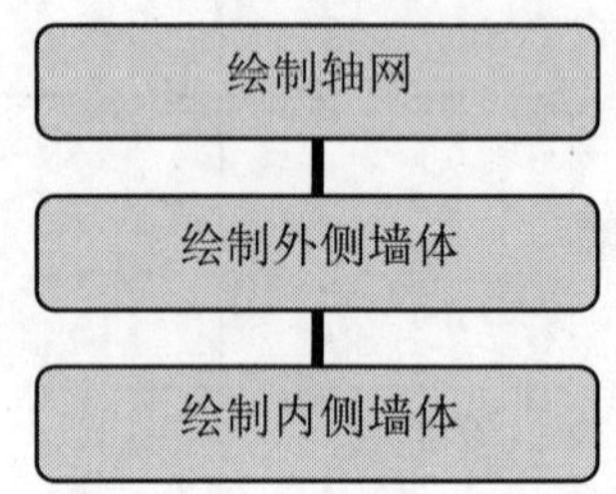

图 2-114 标准层轴网和墙壁创建思路和步骤

练习案例操作步骤如下。

step 01 首先绘制轴网。选择【轴网柱子】|【绘制轴网】菜单命令，弹出【绘制轴网】对话框，选中【上开】单选按钮，在【间距】列表框内分别输入间距值 3300、1600、2200、2800、2200、1600 和 3300，如图 2-115 所示。

step 02 在【绘制轴网】对话框中，选中【下开】单选按钮，在【间距】列表框中分别输入间距值 3300、3800、2800、3800 和 3300，如图 2-116 所示。

图 2-115 输入上开间距

图 2-116 输入下开间距

step 03 在【绘制轴网】对话框中，选中【左进】单选按钮，在【间距】列表框中输入间距值 1500、1500、2700、2000 和 1600，并单击绘图区放置轴网，如图 2-117 所示。

step 04 选择【轴网柱子】|【轴网标注】菜单命令，弹出【轴网标注】对话框，选中【单侧标注】单选按钮，选择起始轴线和结束轴线来标注水平轴线，如图 2-118 所示。

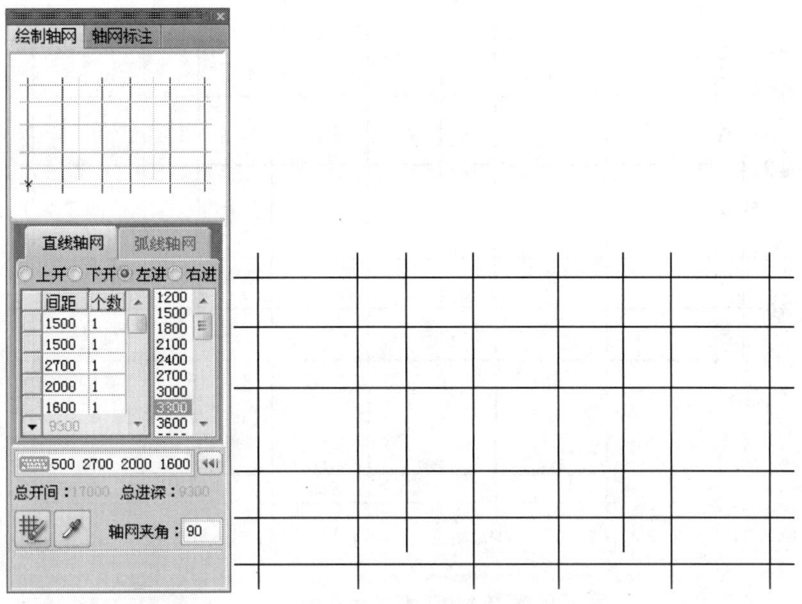

图 2-117 创建轴网

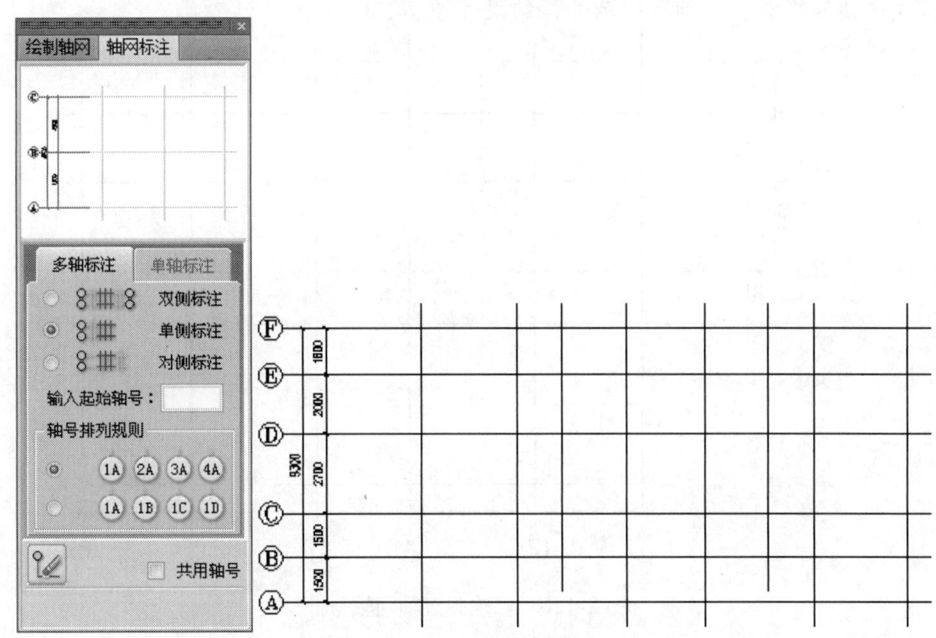

图 2-118 标注水平轴网

step 05 同样选择起始轴线和结束轴线来标注垂直轴线，标注结果如图 2-119 所示。

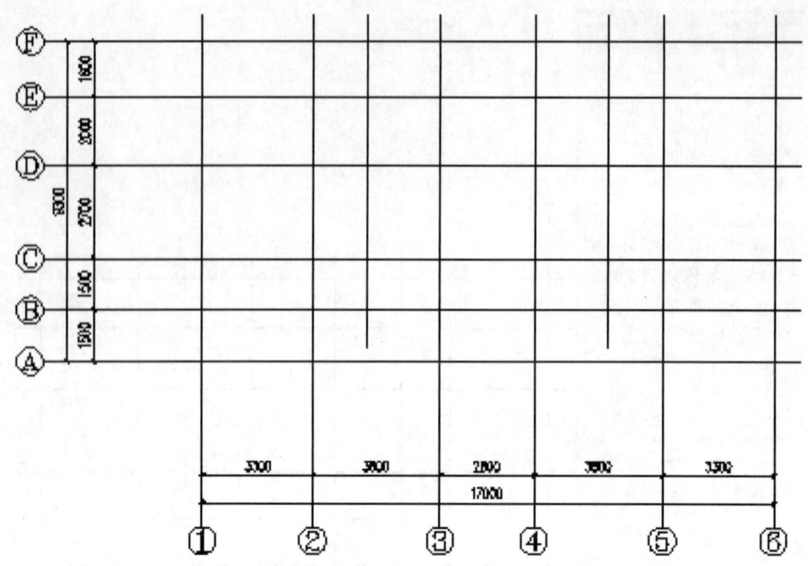

图 2-119　标注垂直轴网

step 06 双击轴号修改垂直轴网的轴号，结果如图 2-120 所示。

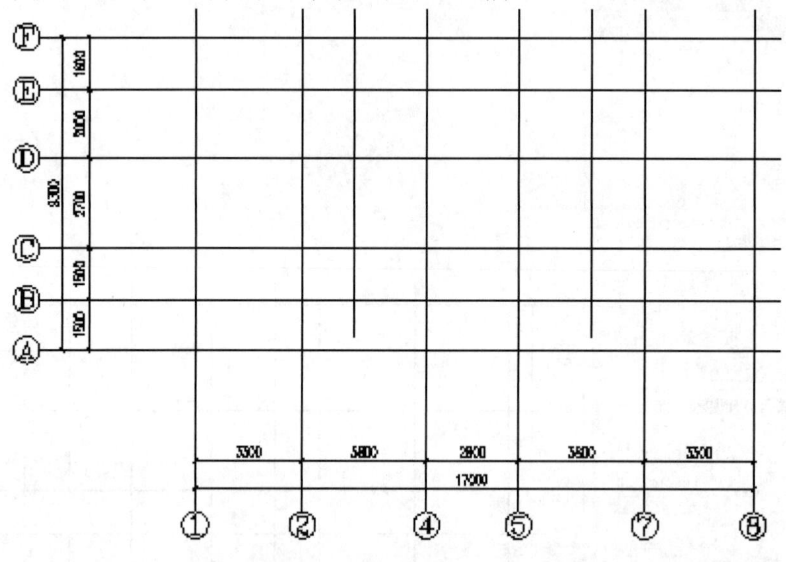

图 2-120　修改垂直轴网轴号

step 07 再次标注垂直轴网。此时轴号自动生成于轴网上方，完成轴网的绘制，如图 2-121 所示。

step 08 接着创建外侧墙体。选择【墙体】|【绘制墙体】菜单命令，弹出【墙体】对话框，在【墙宽】微调框中输入 240，在【用途】下拉列表框中选择【外墙】选项，并在绘图区域绘制平面图下侧外墙，如图 2-122 所示。

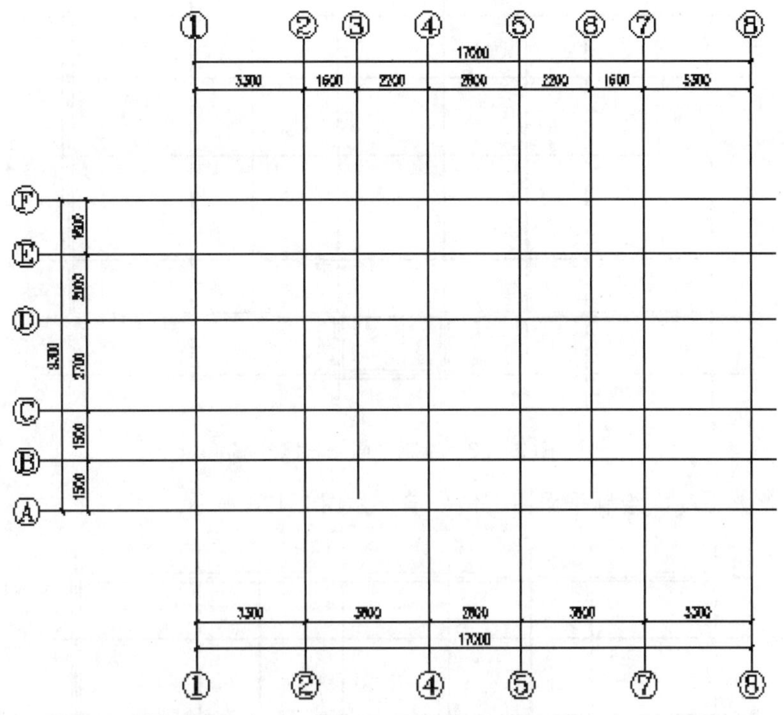

图 2-121　标注垂直轴网

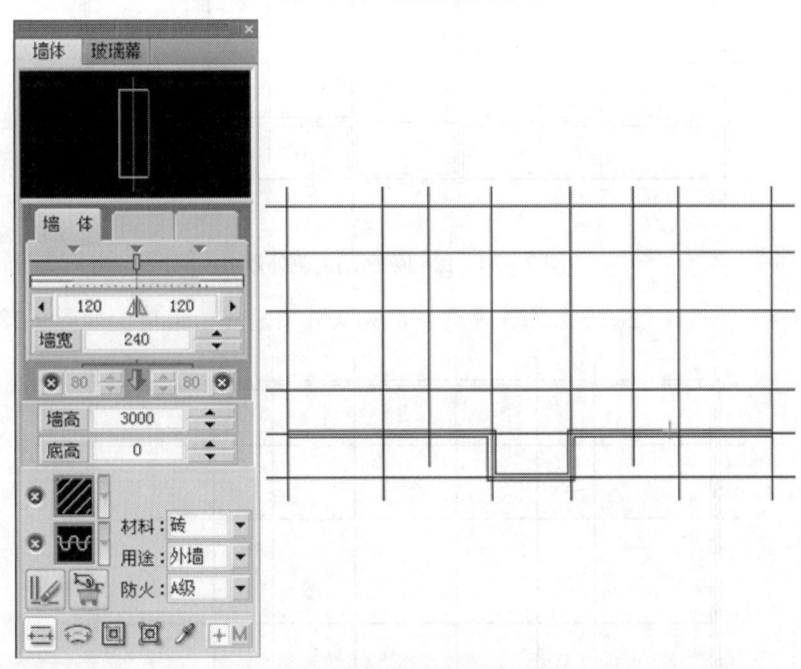

图 2-122　绘制平面图下侧外墙

step 09 墙体参数不变，绘制平面图右侧外墙，如图 2-123 所示。

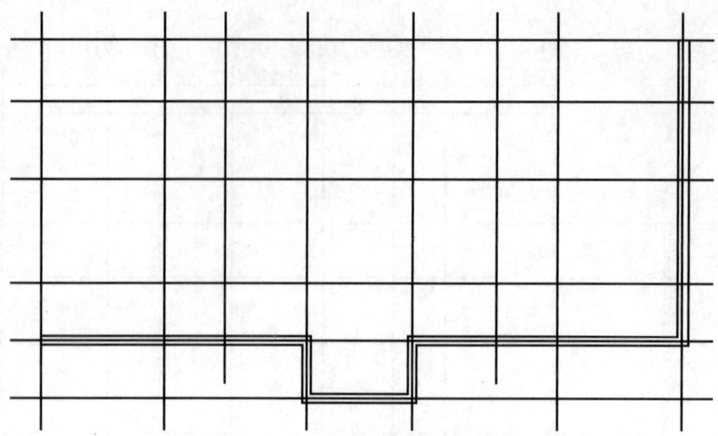

图 2-123　绘制平面图右侧外墙

step 10 墙体参数不变，绘制平面图上侧外墙，如图 2-124 所示。

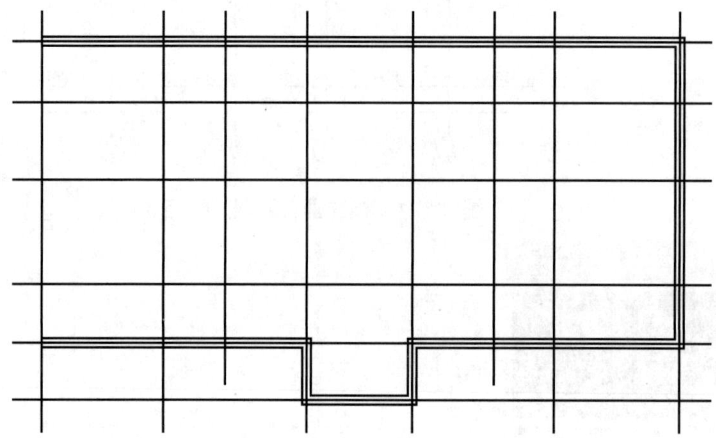

图 2-124　绘制平面图上侧外墙

step 11 墙体参数不变，绘制平面图左侧外墙，完成外侧墙体的创建，如图 2-125 所示。

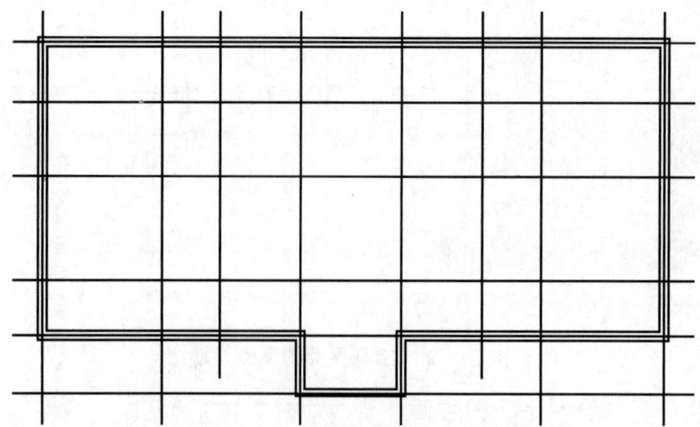

图 2-125　绘制平面图左侧外墙

step 12 最后绘制内侧墙体。在【墙体】对话框的【用途】下拉列表框中选择【内墙】选项，绘制平面图左侧区域的内墙，如图 2-126 所示。

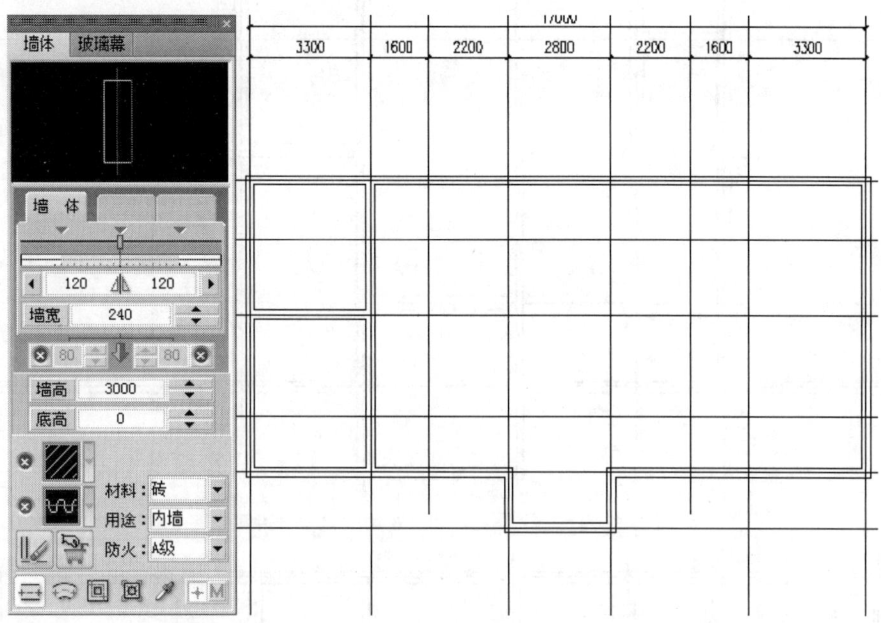

图 2-126　绘制平面图左侧区域的内墙

step 13 墙体参数不变，绘制完成平面图左侧区域的内墙，如图 2-127 所示。

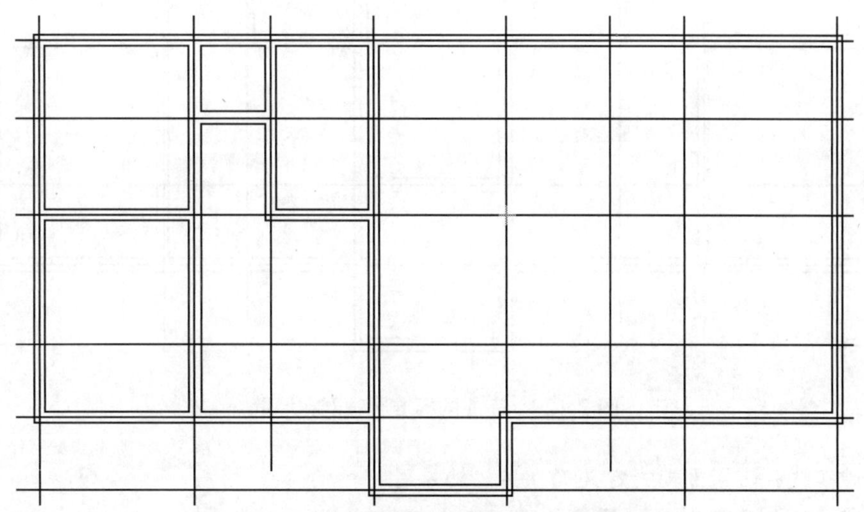

图 2-127　绘制完成平面图左侧区域的内墙

step 14 墙体参数不变，绘制平面图右侧区域的内墙，如图 2-128 所示。

step 15 墙体参数不变，绘制平面图中的其余内墙，完成标准层轴网和墙壁的创建，如图 2-129 所示。

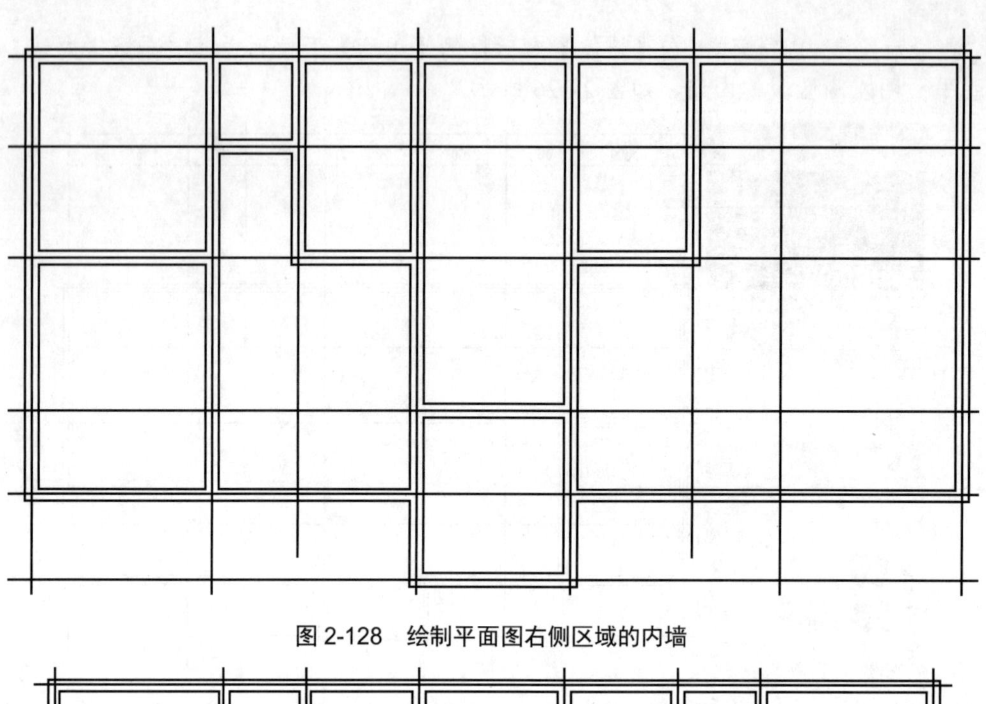

图 2-128　绘制平面图右侧区域的内墙

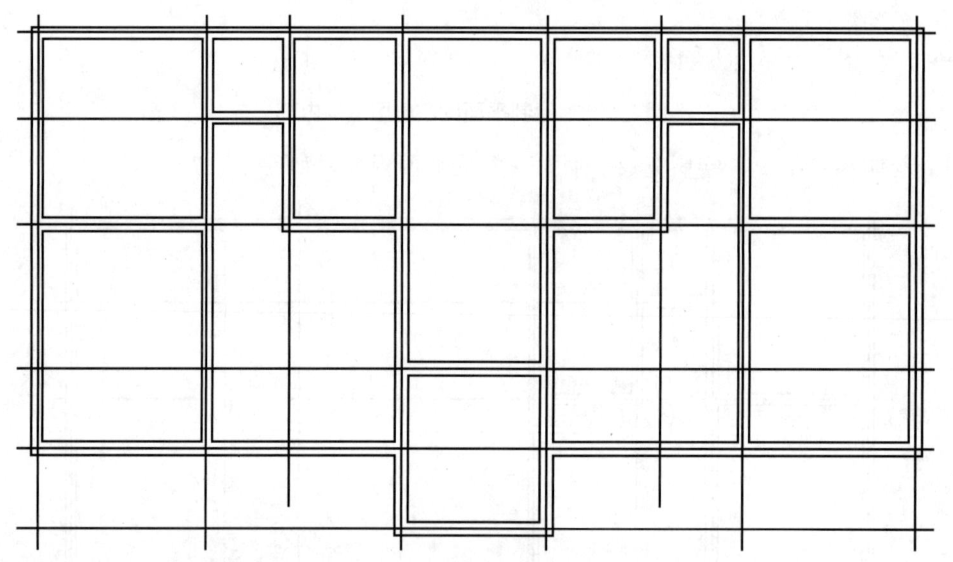

图 2-129　完成的标准层轴网和墙壁

建筑设计实践：轴号为轴线定义的编号，轴号用阿拉伯数字或英文字母外加圆圈表示。轴号直径一般为 8mm，详图中为 10mm。如图 2-130 所示是建筑图中的轴号标注。

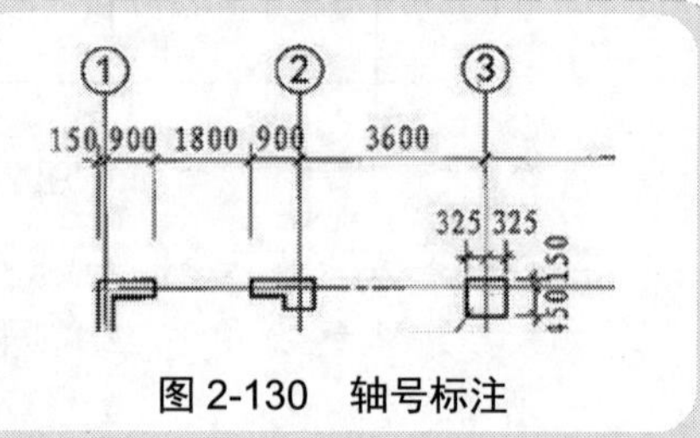

图 2-130　轴号标注

第4课 2课时 绘制编辑柱子

2.4.1 创建柱子

行业知识链接：室内立面图应包括投影方向可见的室内轮廓线和装修构造、门窗、构配件、墙面做法、固定家具、灯具、必要的尺寸和标高及需要表达的非固定家具、灯具、装饰物件等(室内立面图的顶棚轮廓线，可根据具体情况只表达吊平顶或同时表达吊平顶及结构顶棚)。如图 2-131 所示是一个室内立面图。

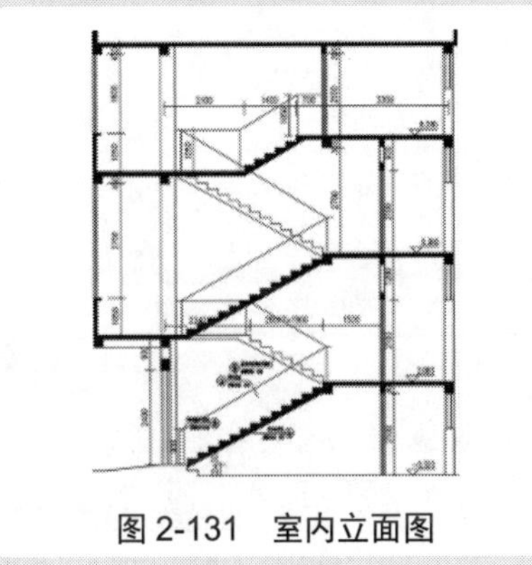

图 2-131 室内立面图

1. 标准柱

标准柱为具有均匀断面形状的竖直构件。使用天正建筑软件的【标准柱】命令可插入矩形柱、圆柱或正多边形柱，后者包括常用的三、五、六、八、十二边形等多种断面。另外，用户还可以创建自定义形状的异型柱。如图 2-132 所示为各种不同断面形状的标准柱。

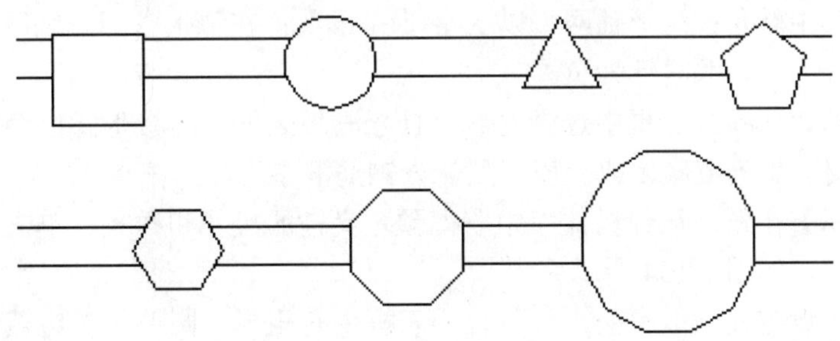

图 2-132 不同断面形状的标准柱

调用【标准柱】命令的方法如下。

- 菜单栏：选择【轴网柱子】|【标准柱】菜单命令。
- 命令行：在命令行中输入 BZZ 命令并按 Enter 键。

调用【标准柱】命令后，弹出【标准柱】对话框，如图 2-133 所示，在其中设置标准柱的材料、形状、尺寸和布置方式，然后在绘图区操作，即可插入标准柱。

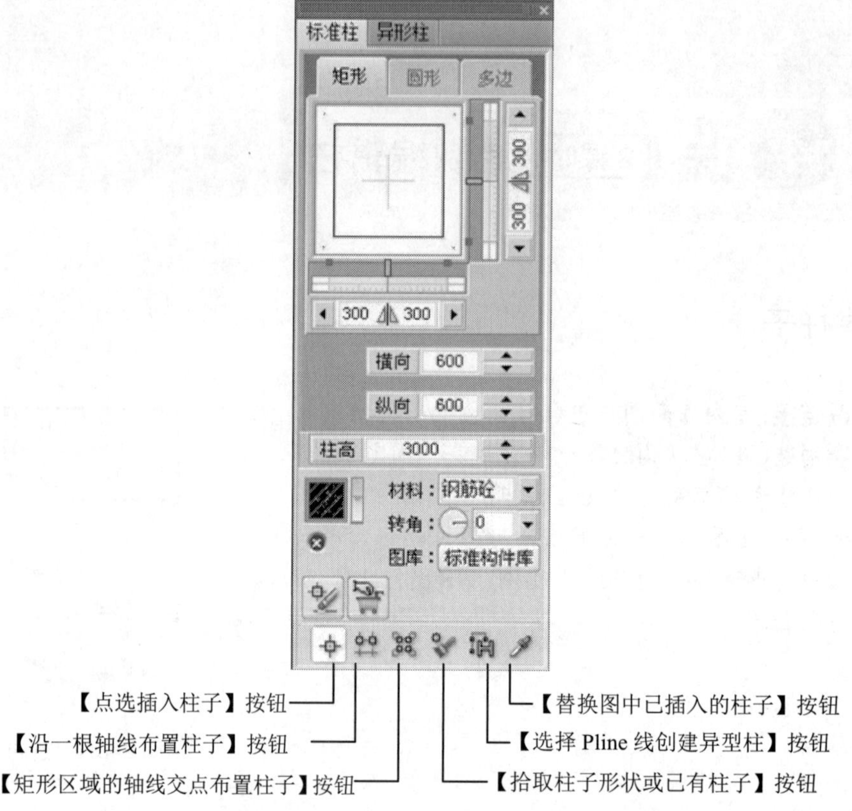

图 2-133 【标准柱】对话框

【标准柱】对话框中各选项的功能如下。

- 【横向】、【纵向】：用于设置柱子的大小，其中的参数因柱子的形状而略有差异。
- 【柱高】：默认取当前层高，也可从下拉列表中选取常用高度。
- 【转角】：其中转角在矩形轴网中以 X 轴为基准线；在弧形、圆形轴网中以环向弧线为基准线，以逆时针为正，顺时针为负。
- 【材料】：从该下拉列表框中选择材料。柱子与墙之间的连接形式以两者的材料决定，目前包括砖、石材、钢筋混凝土或金属，默认为钢筋混凝土。
- 【标准构件库】按钮：从柱构件库中取得预定义柱的尺寸和样式。单击该按钮，弹出【天正构件库】窗口，如图 2-134 所示。
- 选项卡：用于设定柱截面类型，该下拉列表框中有矩形、圆形、多边截面，用户可以选择任意一种类型。

【标准柱】对话框下方的 6 个按钮对应着 6 种创建标准柱的方式。

- 【点选插入柱子】：在轴网交点上单击，即可在拾取点位置创建一根柱子，如图 2-135 所示。

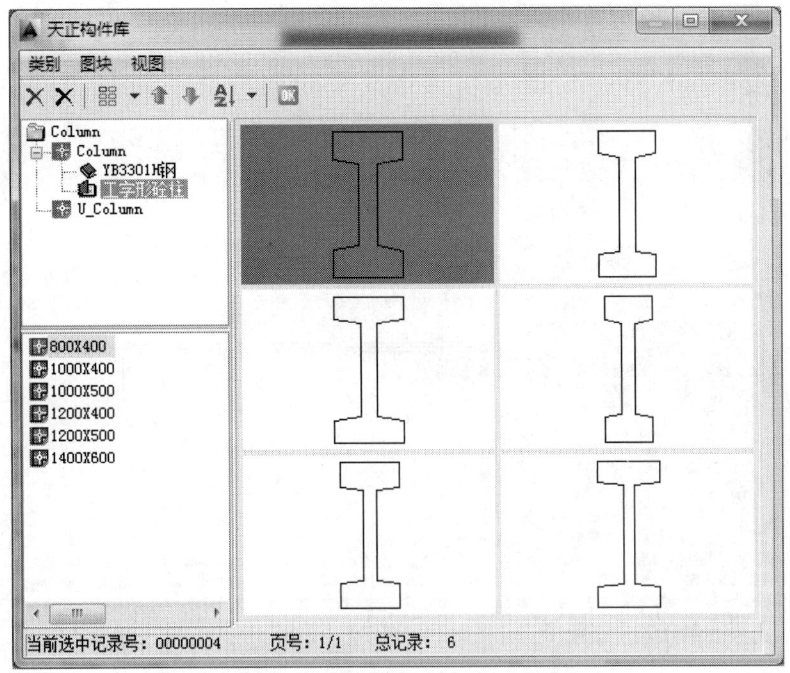

图 2-134 【天正构件库】对话框

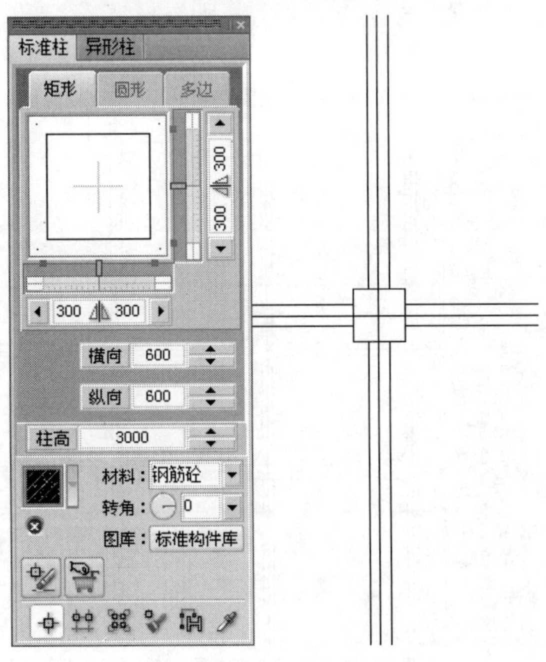

图 2-135 点选插入柱子

- 【沿一根轴线布置柱子】：在轴网中的任意一根轴线上单击，即可在所选轴线的各个节点上各创建一根柱子，如图 2-136 所示。

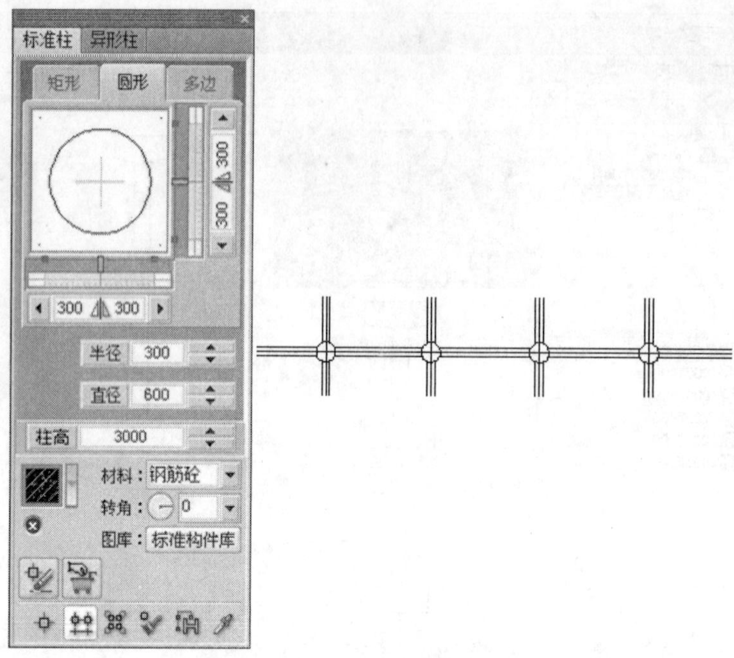

图 2-136 沿一根轴线布置柱子

- 【矩形区域的轴线交点布置柱子】：在指定的矩形区域内所有的轴线交点处插入柱子，如图 2-137 所示。

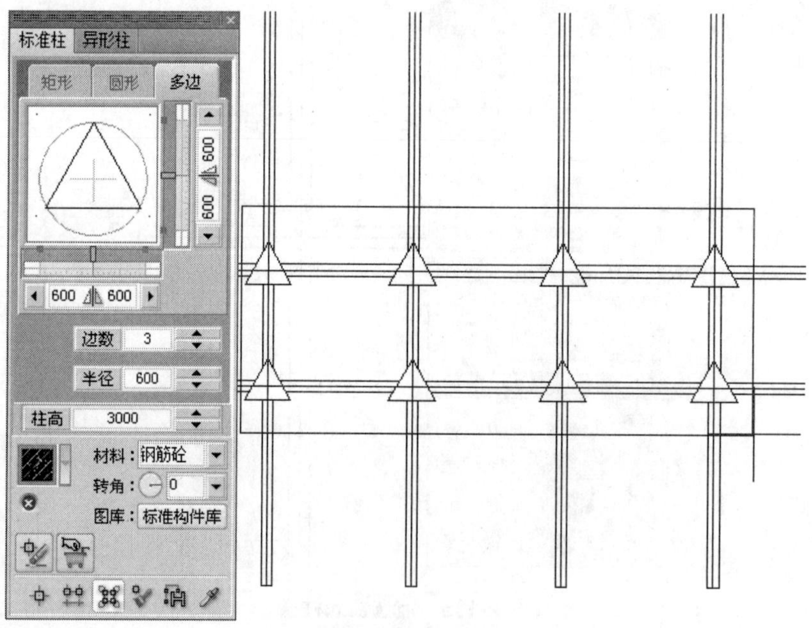

图 2-137 矩形区域布置

- 【替换图中已插入的柱子】：在轴网上已有的柱子上单击，即可将原有的柱子替换为新形状的柱子，如图 2-138 所示。

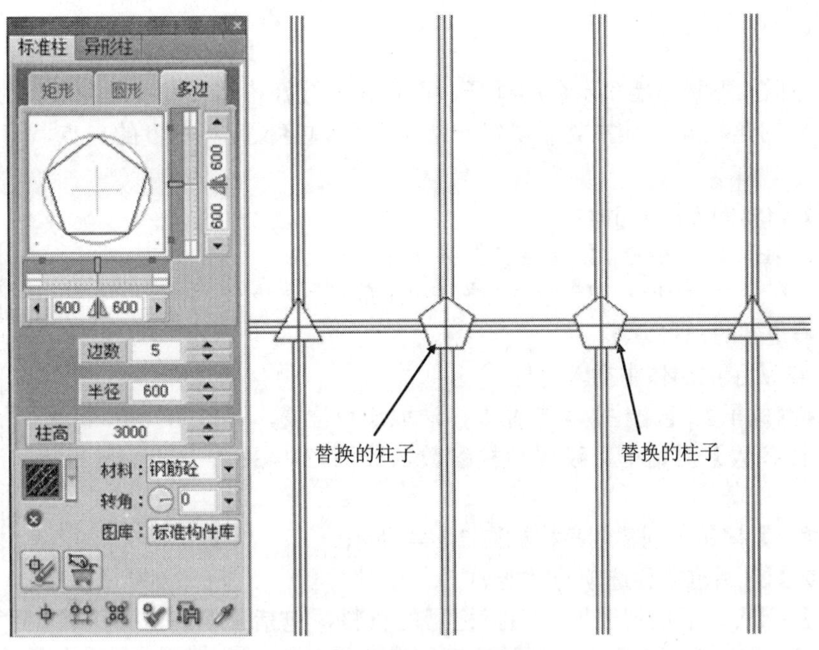

图 2-138　替换已插入的柱子

- 【选择 Pline 线创建异型柱】：选择绘图窗口中创建的闭合多线段生成异型柱。
- 【拾取柱子形状或已有柱子】：先选择图上已绘制的闭合 Pline 线或者已有柱子作为当前标准柱，接着插入该柱。

下面具体讲解标准柱的创建方法。

(1) 在图 2-139 所示的轴网中添加标准柱。

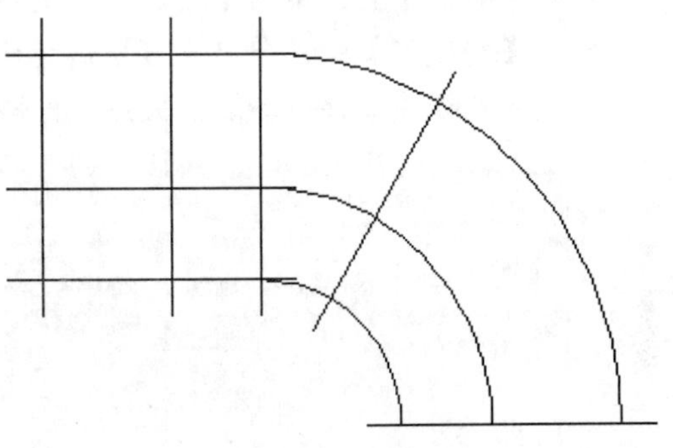

图 2-139　轴网

(2) 选择【轴网柱子】|【标准柱】菜单命令，在弹出的【标准柱】对话框中设置柱子形状为矩形，选择轴网交点，依次插入柱子，结果如图 2-140 所示。

(3) 设置标准柱的形状为圆形，选择轴网交点，依次插入柱子，结果如图 2-141 所示。

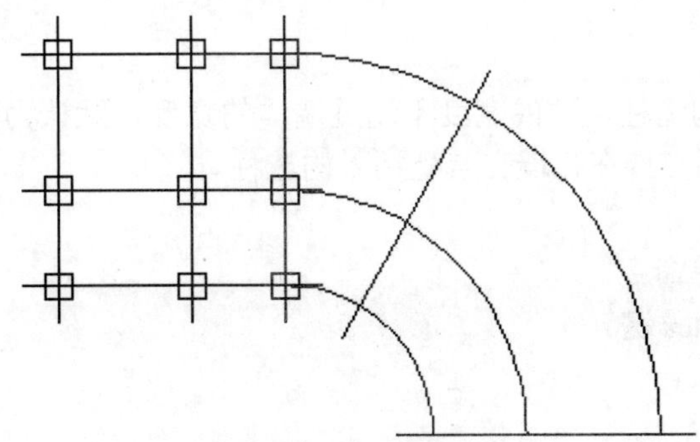

图 2-140　创建矩形标准柱

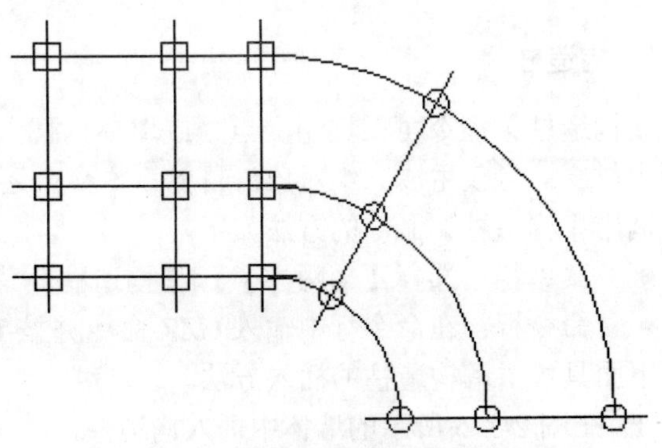

图 2-141　创建圆形标准柱

2. 角柱

角柱是在墙角插入形状与墙角一致的柱子，可预先设置好各肢长度以及各分肢的宽度，高度默认为当前层高。生成的角柱与标准柱类似，每一边都有可调整长度和宽度的夹点，可以方便地按要求修改。

调用【角柱】命令的方法如下。

- 菜单栏：选择【轴网柱子】|【角柱】菜单命令。
- 命令行：在命令行中输入 JZ 命令并按 Enter 键。

下面具体讲解角柱的插入方法。

(1) 在图 2-142 所示的墙体中插入角柱。

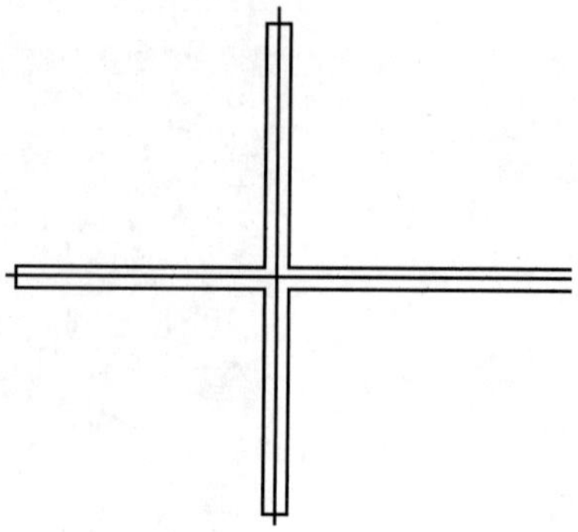

(2) 选择【轴网柱子】|【角柱】菜单命令，选取墙角位置，此时弹出【转角柱参数】对话框，设置角柱参数，如图 2-143 所示。

(3) 单击【确定】按钮，创建的角柱如图 2-144 所示。

图 2-142　墙体

【转角柱参数】对话框中各选项的功能如下。

- 【材料】：从该下拉列表框中选择柱子的材料，包括砖、石材、钢筋混凝土和金属，默认为钢筋混凝土。
- 【长度】：输入角柱各分肢长度，可直接输入，也可在下拉列表框中选择。
- 【取点×】：单击【取点×】按钮，可通过墙上取点得到真实长度确定柱分肢在墙上。
- 【宽度×】：各分肢宽度默认等于墙宽，改变宽度后默认柱宽变化，要求角柱宽度偏心变化需要在完成该命令后以夹点进行修改。

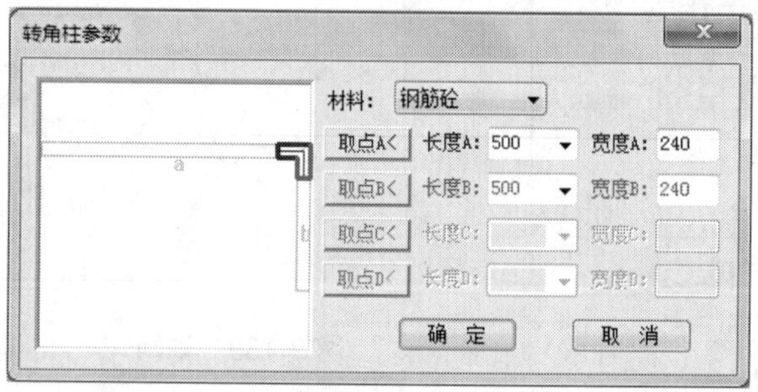

图 2-143　设置角柱参数

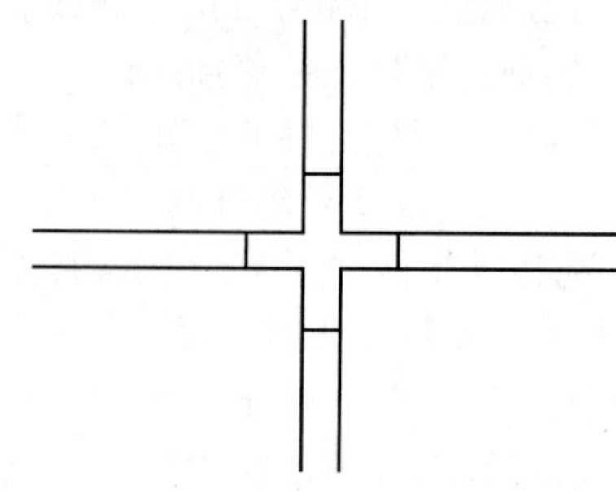

图 2-144　创建角柱结果

3. 构造柱

【构造柱】命令可在墙角交点处或墙体内插入构造柱，柱的宽度不超过墙体的宽度，默认为钢筋混凝土材质，且仅生成二维对象。目前，本命令还不支持在弧墙交点处插入构造柱。

调用【构造柱】命令的方法如下。

- 菜单栏：选择【轴网柱子】|【构造柱】菜单命令。
- 命令行：在命令行中输入 GZZ 命令并按 Enter 键。

下面具体讲解构造柱的插入方法。

(1) 在图 2-145 所示的墙体中插入构造柱。

(2) 选择【轴网柱子】|【构造柱】菜单命令，在左侧墙体中间位置拾取一点。

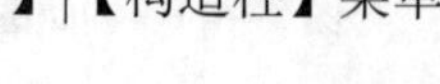

(3) 在弹出的【构造柱参数】对话框中设置构造柱参数，如图 2-146 所示。单击【确定】按钮，创建的构造柱如图 2-147 所示。

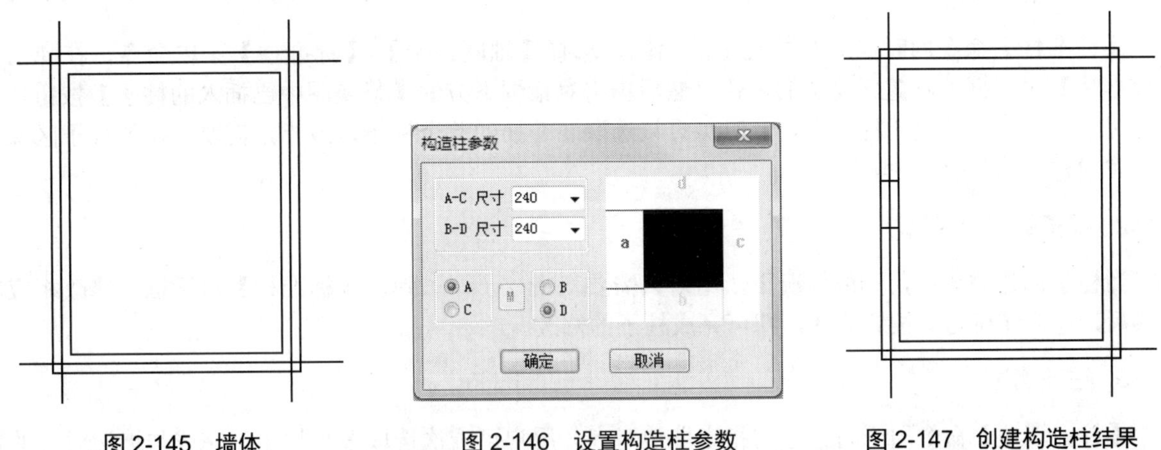

图 2-145　墙体　　图 2-146　设置构造柱参数　　图 2-147　创建构造柱结果

提示：为了方便使用，构造柱的宽度一般取为墙体的厚度，但不得小于 240 mm × 180mm。因为构造柱不承受荷载，只用于提高结构整体性，所以也不用做得过大而造成不必要的浪费。

2.4.2　柱子的编辑

行业知识链接：较简单的对称式建筑物或对称的构配件等，在不影响构造处理和施工的情况下，平面图可绘制一半，并在对称轴线处画对称符号。如图 2-148 所示是一个建筑平面图中的柱子分布。

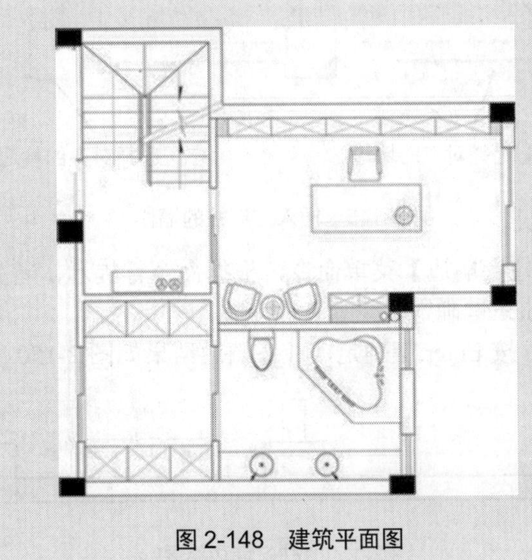

图 2-148　建筑平面图

对于已经插入图中的柱子，用户如需要成批修改，可使用柱子替换功能或者特性编辑功能。当需要个别修改时，应充分利用夹点编辑和对象编辑功能。

1. 柱子的替换

【标准柱】命令同时具有替换柱子的功能，选择【轴网柱子】|【标准柱】菜单命令，在弹出的【标准柱】对话框中设置新柱子的参数，然后单击对话框下方的【替换图中已插入的柱子】按钮，命令行提示“选择被替换的柱子”，此时可直接选取要替换的单个柱子，或指定需要替换的柱子区域，即可完成柱子的替换。

2. 柱子的对象编辑

当柱子创建完成后，一般情况下，用户只需要双击柱子即可弹出【标准柱】对话框，修改相应的参数后，单击【确定】按钮确认，即可完成柱子的修改。

3. 柱齐墙边

【柱齐墙边】命令用于将柱边与指定墙边对齐。用户可一次选取多个柱子来完成与墙边对齐的操作，条件是各柱都在同一墙段，且需对齐墙边的柱子尺寸相同。

调用【柱齐墙边】命令的方法如下。

- 菜单栏：选择【轴网柱子】|【柱齐墙边】菜单命令。
- 命令行：在命令行中输入 ZQQB 命令并按 Enter 键。

在进行柱齐墙边操作时，首先选取墙边作为对齐边界，然后选择需要对齐的柱子，最后指定对齐的柱边，即可完成柱齐墙边的操作。

下面具体讲解【柱齐墙边】命令的使用方法。

(1) 使图 2-149 所示的方形柱，柱齐墙边。

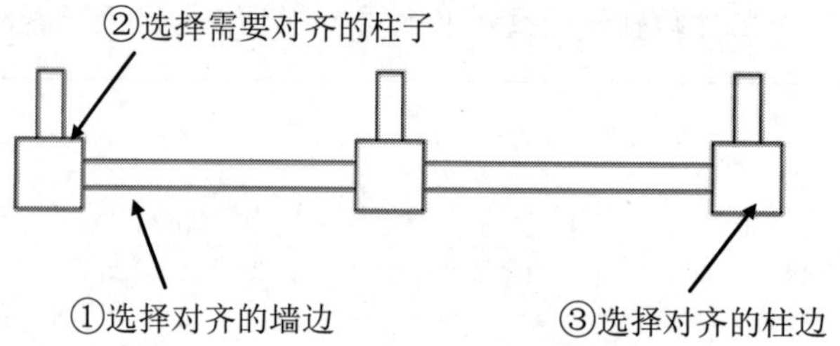

图 2-149 插入方形柱的墙体

(2) 选择【轴网柱子】|【柱齐墙边】菜单命令，根据命令行提示，首先选取对齐的墙边，然后选择需要对齐的 3 根柱子，按 Enter 键确定。

(3) 最后选取对齐的柱边，按 Enter 键确定，柱齐墙边结果如图 2-150 所示。

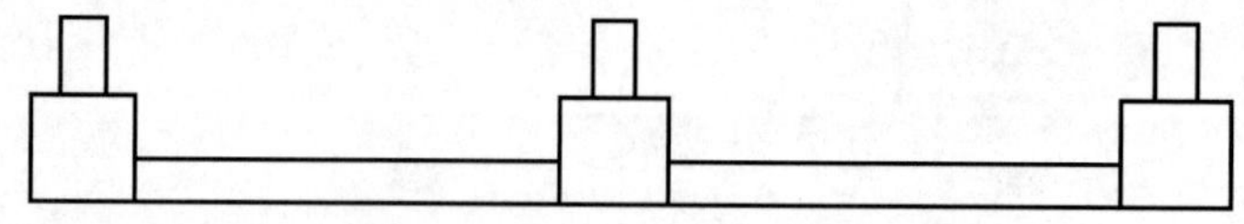

图 2-150 柱齐墙边结果

课后练习

案例文件：ywj\02\03.dwg

视频文件：光盘→视频课堂→第 2 教学日→2.4

本节课后练习的是标准层平面图的绘制，平面图由 4 间对称开间组成，具有立柱特征，以及楼梯、门窗等附属，绘制时可使用镜像命令减少重复步骤，如图 2-151 所示是创建完成的标准层平面图。

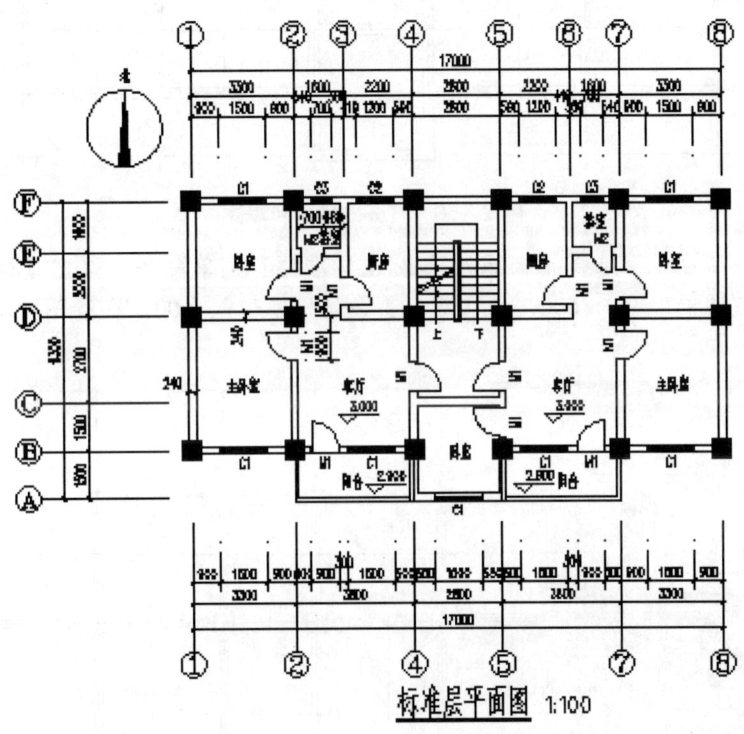

图 2-151　标准层平面图

本节案例主要练习了标准层平面图的绘制知识，首先打开轴网和墙体，再添加门窗、楼梯等附属特征，接着创建文字特征，最后添加标注和标高，标准层平面图的创建思路和步骤如图 2-152 所示。

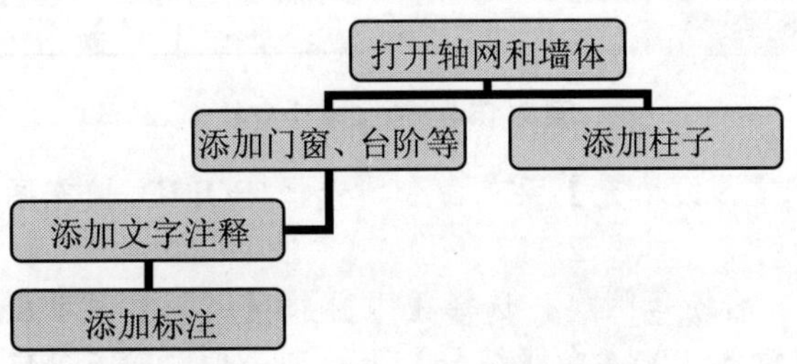

图 2-152　标准层平面图的创建思路和步骤

练习案例操作步骤如下。

step 01 首先打开轴网和墙体。进行平面图其余特征的绘制，如图 2-153 所示。

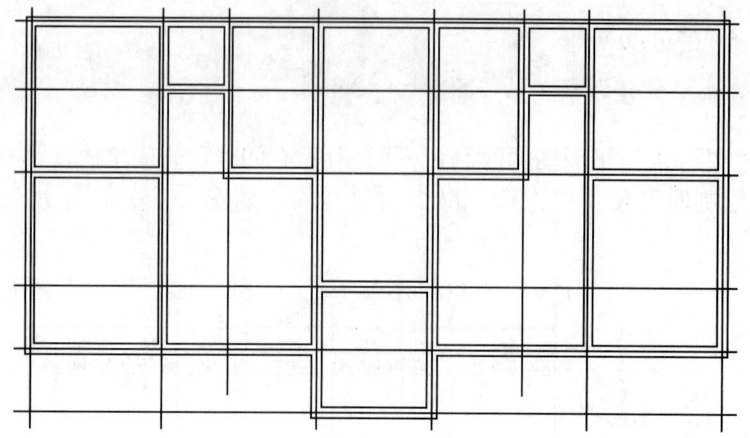

图 2-153　打开的轴网和墙体

step 02 接着创建柱子。选择【轴网柱子】|【标准柱】菜单命令，弹出【标准柱】对话框，在【横向】微调框中输入 600，在【纵向】微调框中输入 600，在绘图区域添加多个立柱，如图 2-154 所示。

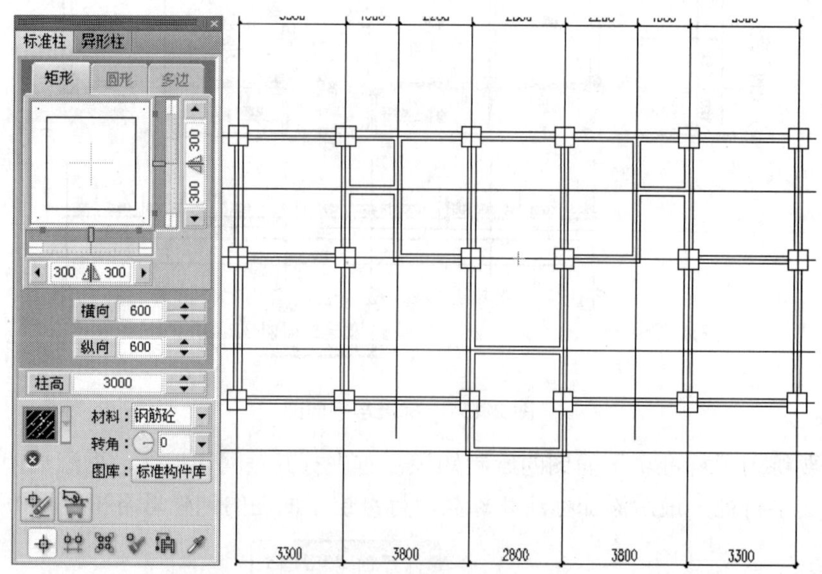

图 2-154　添加多个立柱

step 03 选择【绘图】|【图案填充】菜单命令，选择 SOLID 填充图案，对平面图中的立柱进行填充，完成柱子的创建，如图 2-155 所示。

step 04 继续创建门窗、台阶等附属。选择【门窗】|【新门】菜单命令，弹出【门】对话框，在【门宽】微调框中输入 900，在【编号】下拉列表框中输入 M1，在【类型】下拉列表框中选择【普通门】选项，在【材料】下拉列表框中选择【木复合】选项，并在绘图区域添加多个宽为 900 的门，如图 2-156 所示。

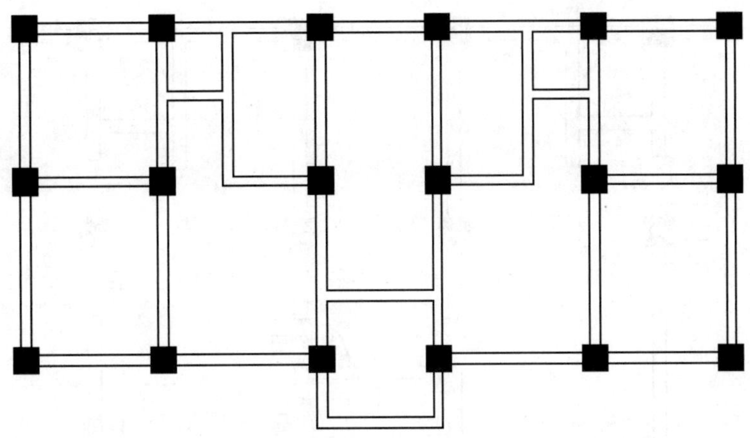

图 2-155　填充立柱

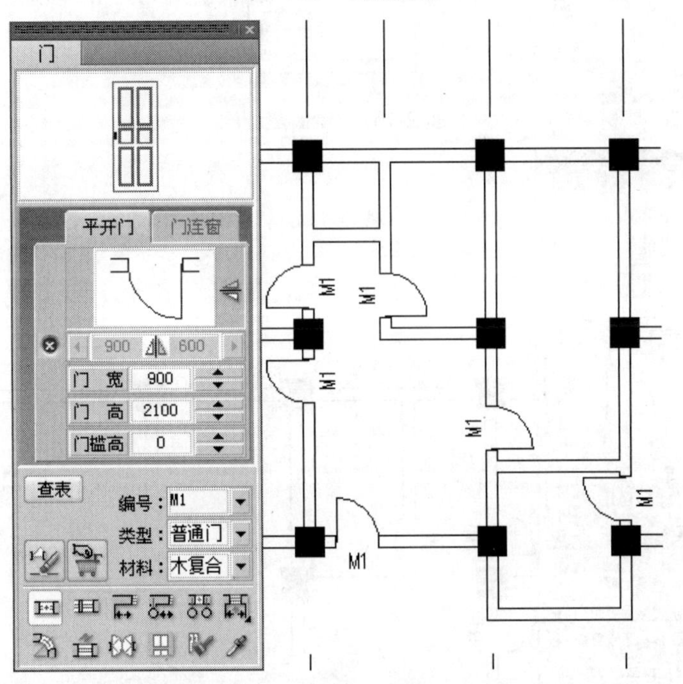

图 2-156　添加多个宽为 900 的门

step 05 单击修改工具栏中的【镜像】按钮，镜像复制平面图左侧的门至右侧，如图 2-157 所示。

step 06 选择【门窗】|【新门】菜单命令，弹出【门】对话框，在【门宽】微调框中输入 700，在【编号】下拉列表框中输入 M2，并在绘图区域添加两个宽为 700 的门，如图 2-158 所示。

step 07 选择【门窗】|【新窗】菜单命令，弹出【窗】对话框，在【窗宽】微调框中输入 1500，在【编号】下拉列表框中输入 C1，在【类型】下拉列表框中选择【普通窗】选项，在【材料】下拉列表框中选择【铝合金】选项，并在平面图下侧墙体中添加多个宽为 1500 的窗户，如图 2-159 所示。

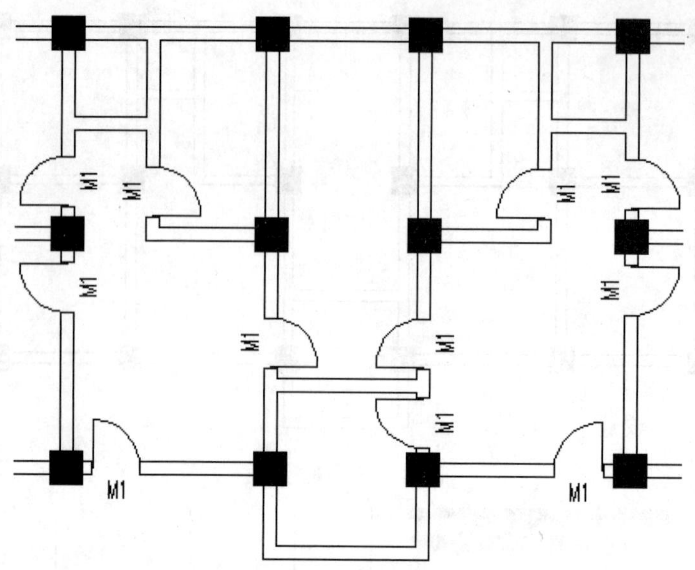

图 2-157 镜像复制门

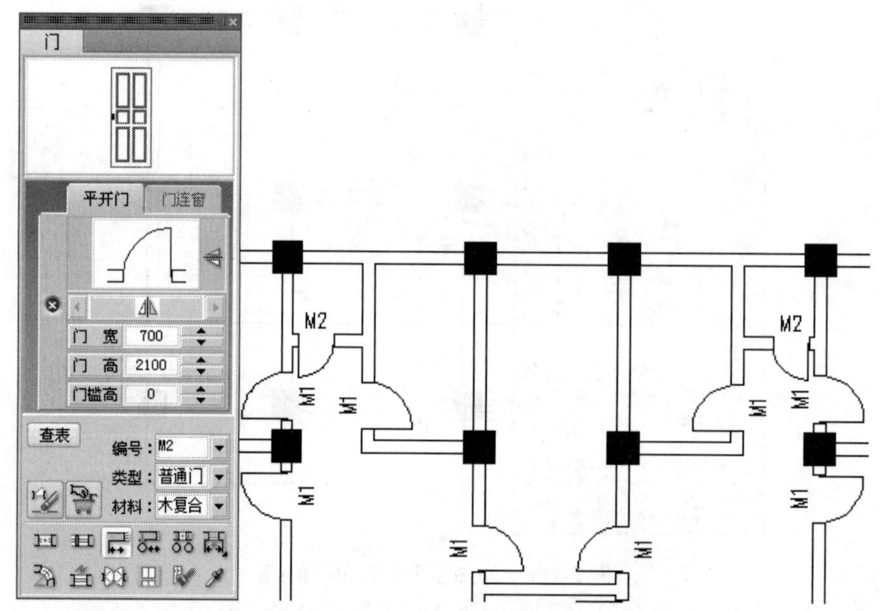

图 2-158 添加两个宽为 700 的门

step 08 同样在平面图上侧墙体中添加两个宽为 1500 的窗，如图 2-160 所示。

step 09 在【窗】对话框中的【窗宽】微调框中输入 1200，在【编号】下拉列表框中输入 C2，并在绘图区域添加两个宽为 1200 的窗户，如图 2-161 所示。

step 10 在【窗】对话框中的【窗宽】微调框内输入 700，在【编号】下拉列表框中输入 C3，并在绘图区域添加两个宽为 700 的窗户，如图 2-162 所示。

step 11 选择【门窗】|【门窗工具】|【门口线】菜单命令，弹出【门口线】对话框，选中【单侧】单选按钮，添加门口线，如图 2-163 所示。

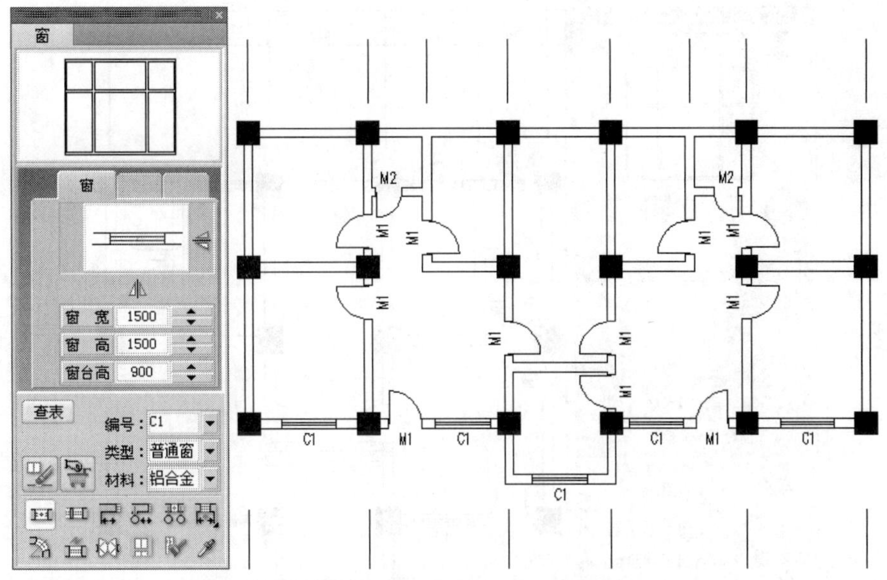

图 2-159　添加多个宽为 1500 的窗

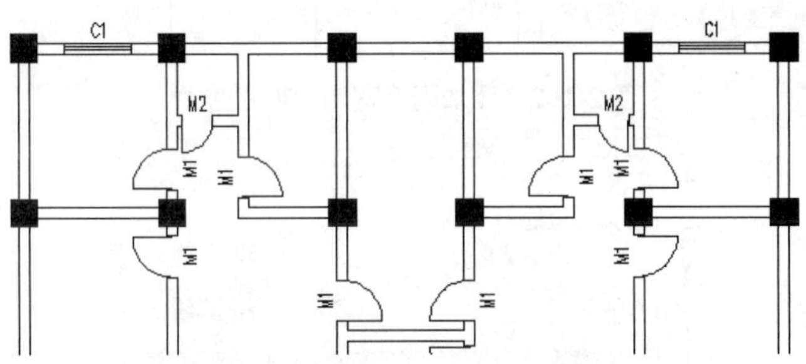

图 2-160　添加两个宽为 1500 的窗

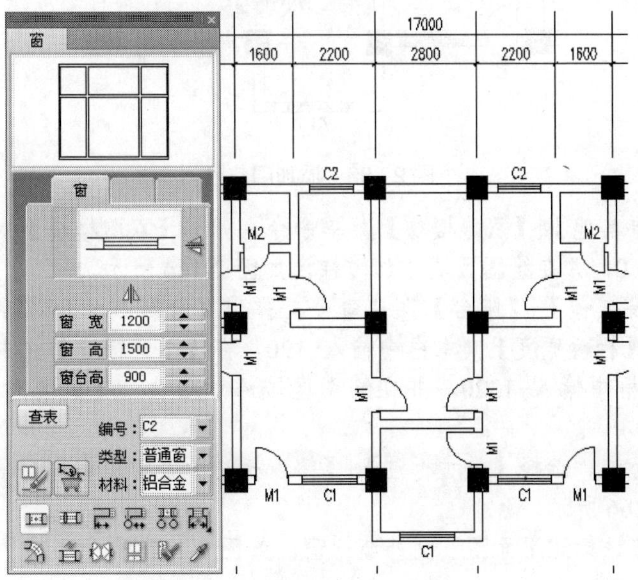

图 2-161　添加两个宽为 1200 的窗户

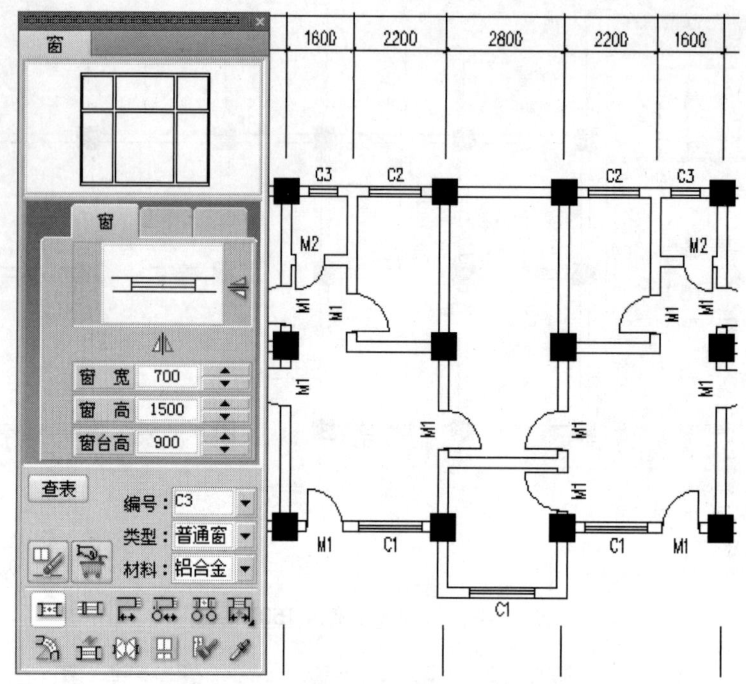

图 2-162　添加两个宽为 700 的窗户

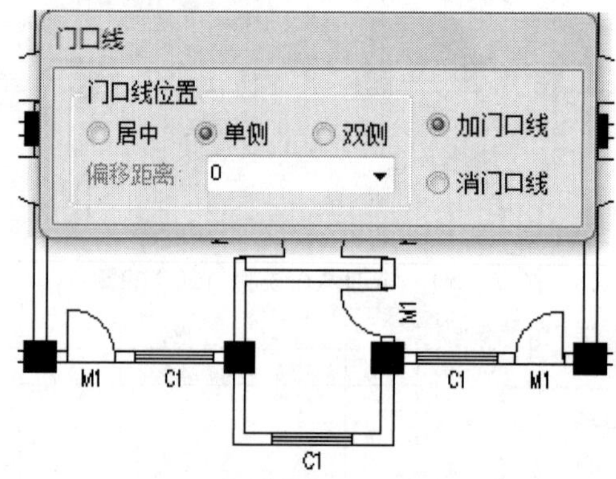

图 2-163　添加门口线

step 12 选择【楼梯其他】|【双跑楼梯】菜单命令，弹出【双跑楼梯】对话框，在【梯间宽】文本框中输入 2560，并在绘图区域添加楼梯，如图 2-164 所示。

step 13 选择【楼梯其他】|【阳台】菜单命令，弹出【绘制阳台】对话框，选择【矩形三面阳台】类型，在【栏板宽度】文本框中输入 120，在【阳台板厚】文本框中输入 120，在【伸出距离】文本框中输入 1320，并在绘图区域添加阳台，完成创建门窗、台阶等附属，如图 2-165 所示。

step 14 最后进行标注。选择【尺寸标注】|【门窗标注】菜单命令，对平面图上侧外墙窗户进行标注，如图 2-166 所示。

step 15 以同样的方法标注平面图下侧外墙门窗，如图 2-167 所示。

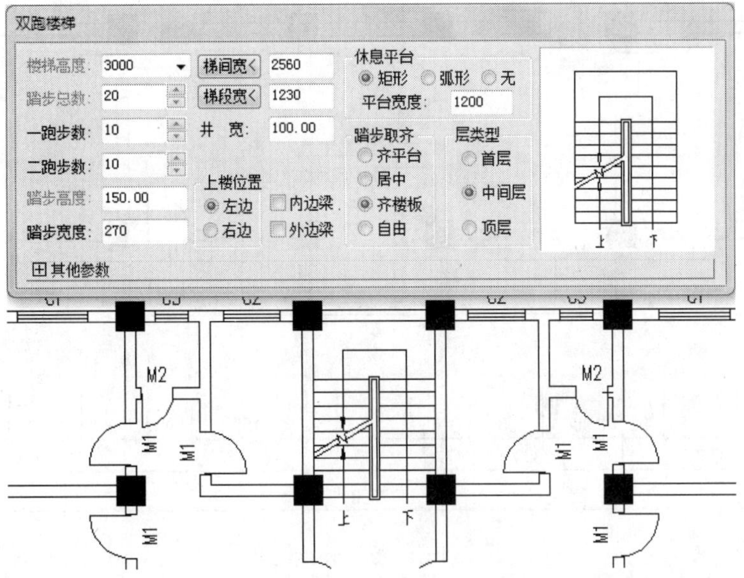

图 2-164 添加双跑楼梯

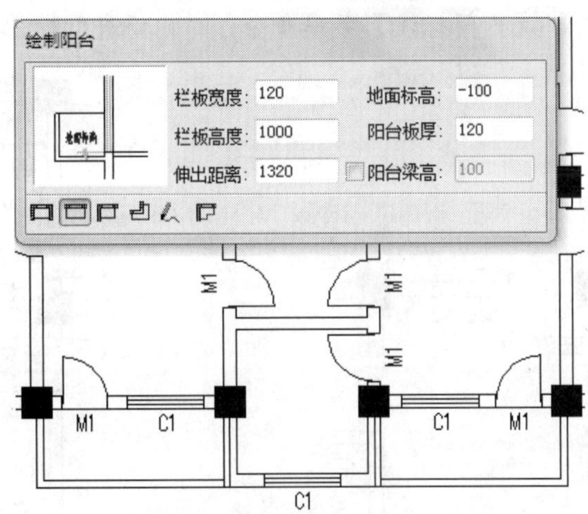

图 2-165 添加阳台

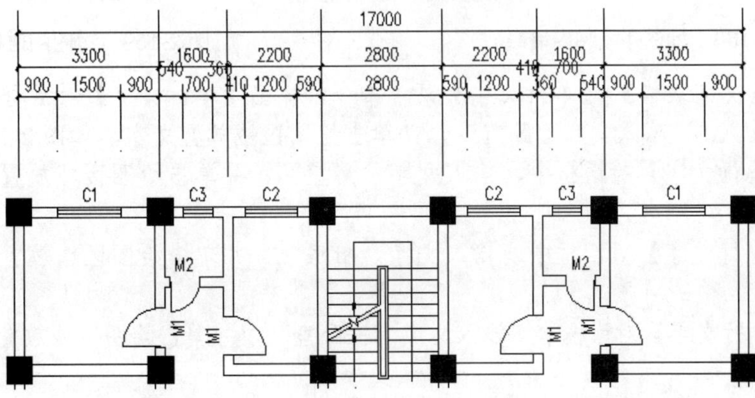

图 2-166 标注外墙窗户

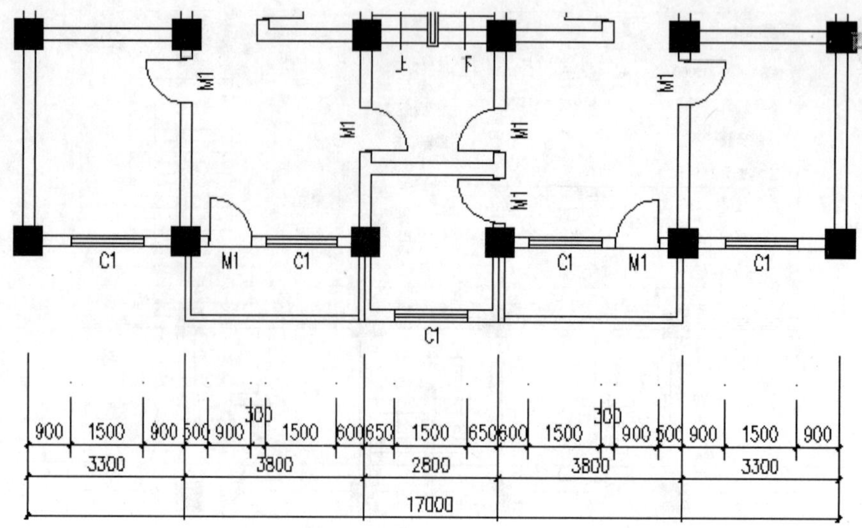

图 2-167　标注外墙门窗

step 16 选择【尺寸标注】|【墙厚标注】菜单命令，标注外墙和内墙厚，如图 2-168 所示。

step 17 选择【尺寸标注】|【内门标注】菜单命令，对内门进行标注，如图 2-169 所示。

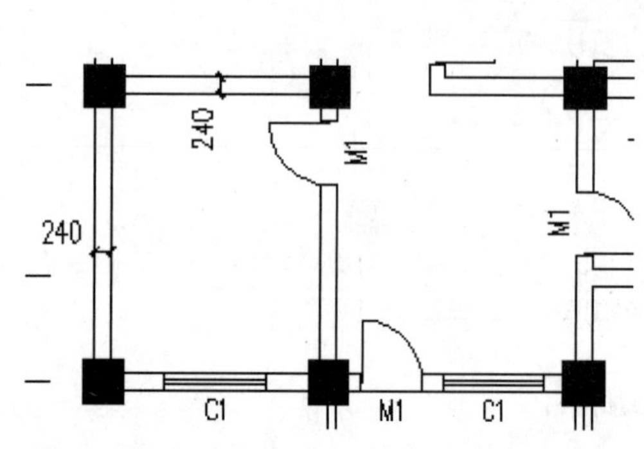

图 2-168　标注外墙和内墙厚

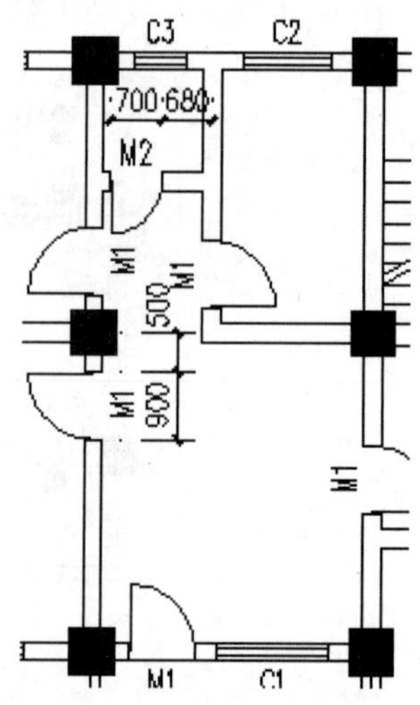

图 2-169　对内门进行标注

step 18 选择【文字表格】|【单行文字】菜单命令，弹出【单行文字】对话框，在【字高】下拉列表框中输入 5，输入文字“卧室”，并单击绘图区域放置文字，如图 2-170 所示。

step 19 在【单行文字】对话框中，输入文字“浴室”，并单击绘图区域放置文字，如图 2-171 所示。

step 20 在【单行文字】对话框中，输入文字“厨房”，并单击绘图区域放置文字，如图 2-172 所示。

step 21 在【单行文字】对话框中，输入文字“主卧室”，并单击绘图区域放置文字，如图 2-173 所示。

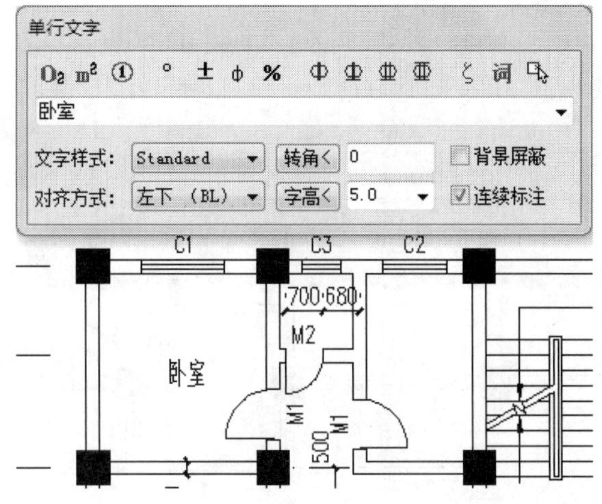

图 2-170 添加文字注释“卧室”

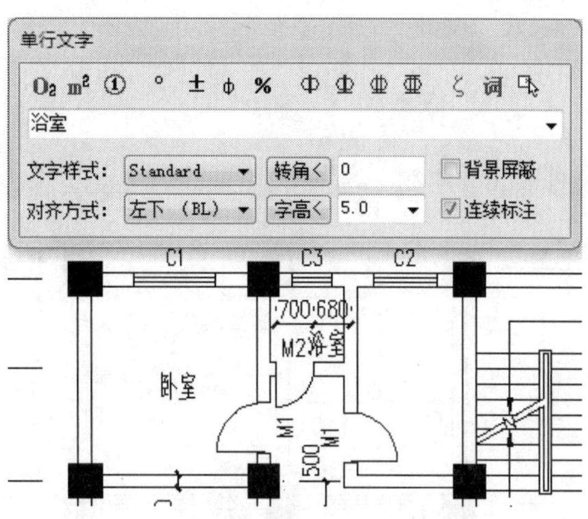

图 2-171 添加文字注释“浴室”

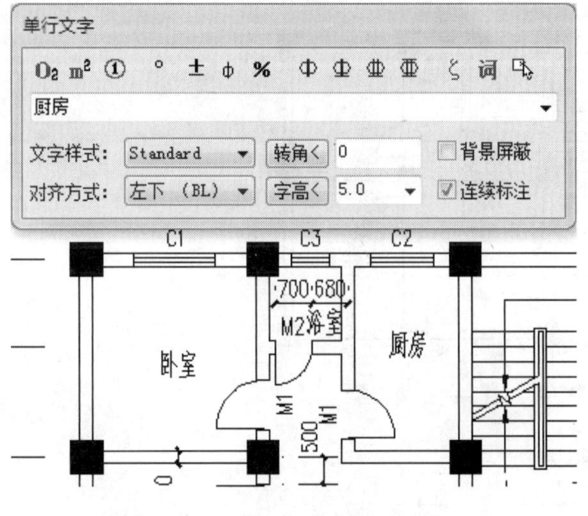

图 2-172 添加文字注释“厨房”

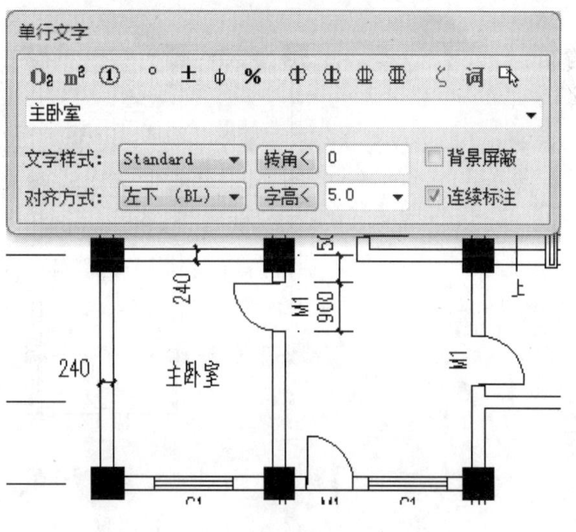

图 2-173 添加文字注释“主卧室”

step 22 在【单行文字】对话框中，输入文字“客厅”，并单击绘图区域放置文字，如图 2-174 所示。

step 23 在【单行文字】对话框中，输入文字“阳台”，并单击绘图区域放置文字，如图 2-175 所示。

step 24 单击修改工具栏中的【复制】按钮，复制文字注释至图 2-176 所示位置。

step 25 选择【符号标注】|【画指北针】菜单命令，单击绘图区域放置指北针，如图 2-177 所示。

step 26 选择【符号标注】|【标高标注】菜单命令，弹出【标高标注】对话框，选中【手工输入】复选框，在【楼层标高】栏中输入 3.000，并单击绘图区域放置标高，如图 2-178 所示。

step 27 在【标高标注】对话框的【楼层标高】列表框中输入 2.900，并单击绘图区域放置标高，如图 2-179 所示。

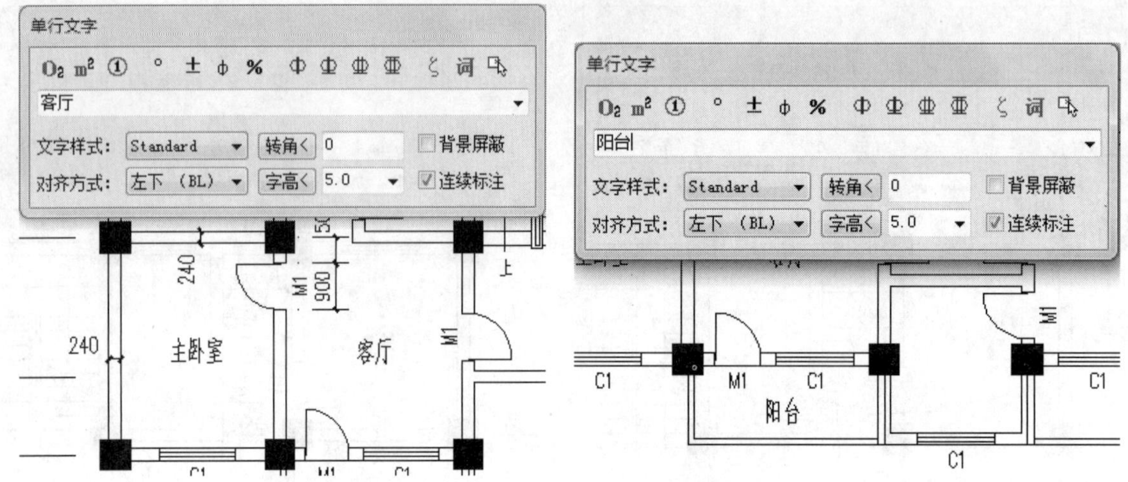

图 2-174 添加文字注释“客厅”　　图 2-175 添加文字注释“阳台”

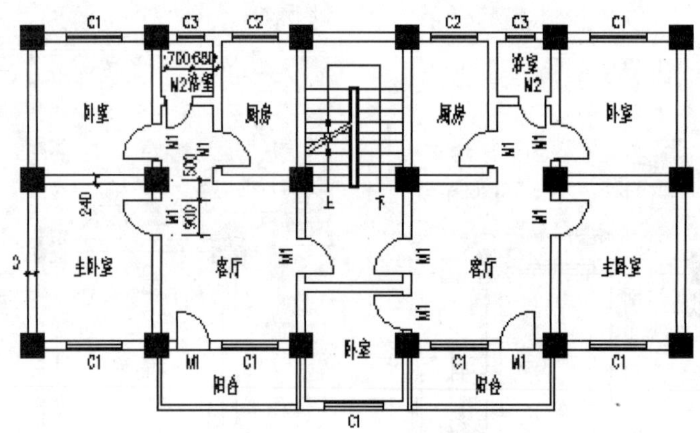

图 2-176 复制文字注释

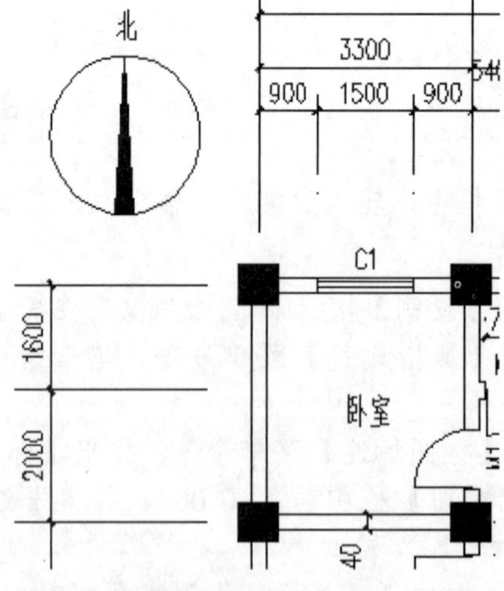

图 2-177 添加指北针

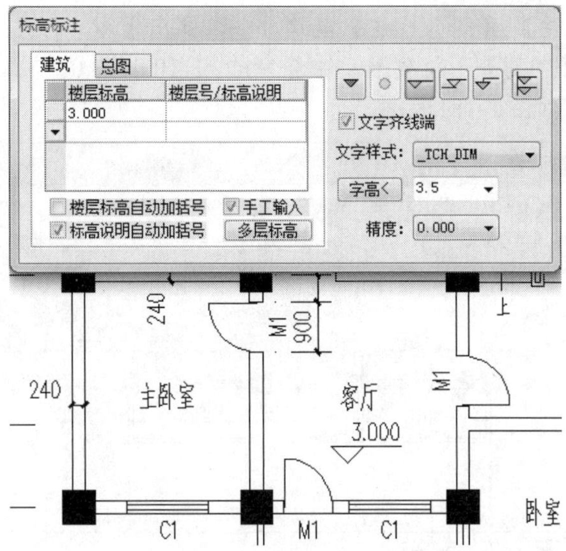

图 2-178　添加标高(1)

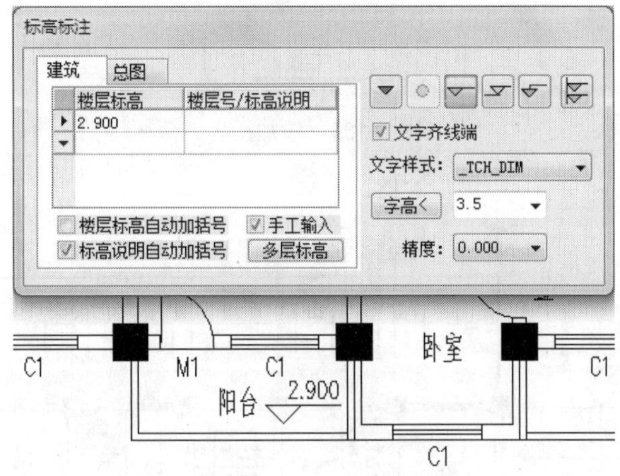

图 2-179　添加标高(2)

step 28 单击修改工具栏中的【复制】按钮，复制标高至图 2-180 所示位置。

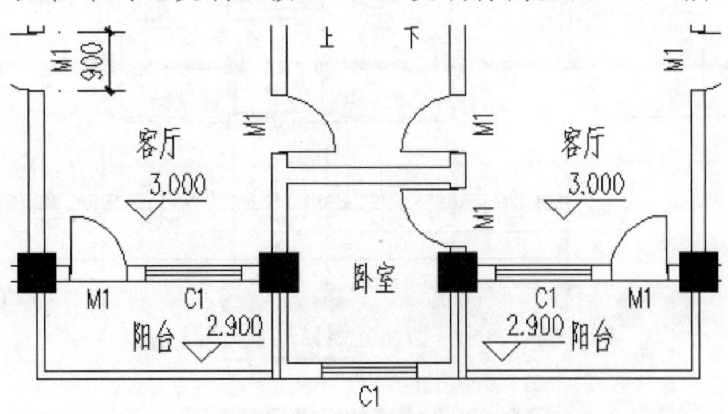

图 2-180　复制标高

step 29 选择【符号标注】|【图名标注】菜单命令，弹出【图名标注】对话框，输入“标准层平面图”，在两个【字高】下拉列表框中分别输入 10.0、7.0，并单击绘图区放置图名，完成尺寸和文字标注，如图 2-181 所示。

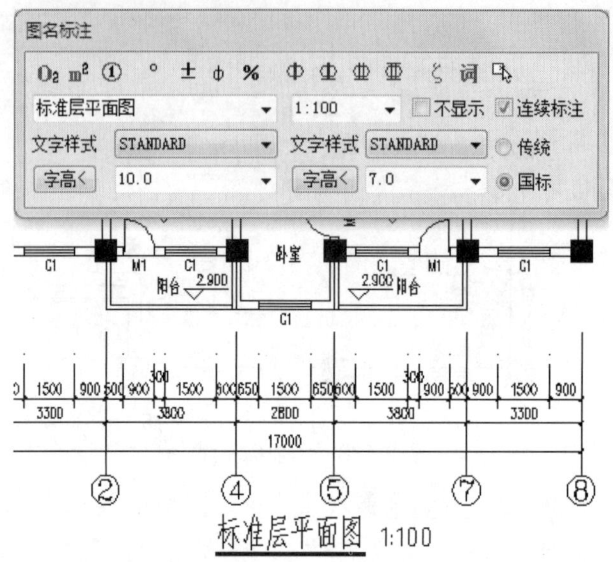

图 2-181 添加图名

step 30 完成的标准层平面图，如图 2-182 所示。

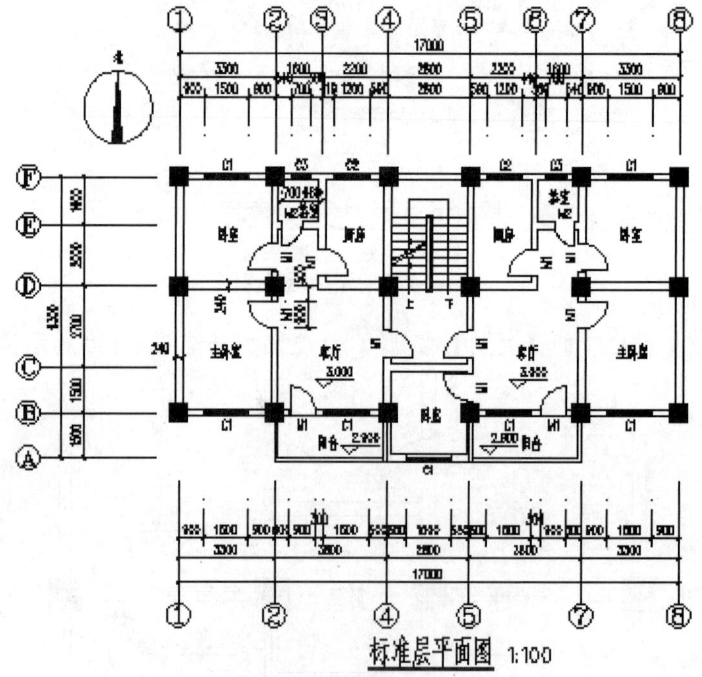

图 2-182 完成的标准层平面图

建筑设计实践：在绘制初步设计图的同时还常常要制作建筑模型，以弥补图纸的不足。这个阶段的设计图应能清晰、明确地表现出整个设计方案的意图。除顶棚平面图外，各种平面图应按正投影法绘制。如图2-183所示是建筑顶部视图。

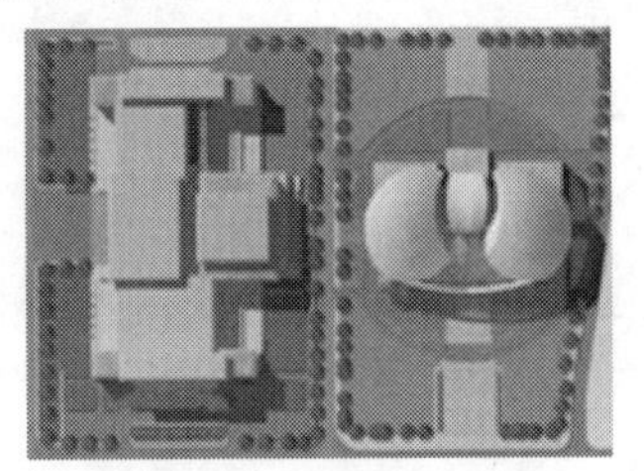

图 2-183　建筑顶部视图

阶段进阶练习

本教学日主要熟悉与了解轴网的概念、学习了轴网的创建方法、轴网的标注与编辑方法，以及轴号的编辑修改方法，最后了解与熟悉柱子的概念与分类、各种类型柱子的绘制方法和柱子的编辑替换方法，轴网和柱子是建筑制图的基础。

如图 2-184 所示，使用本教学日学过的各种命令来创建建筑平面布局。

一般创建步骤和方法如下。

(1) 绘制墙体框架。

(2) 绘制室内布局。

(3) 添加室内物品。

(4) 简单标注。

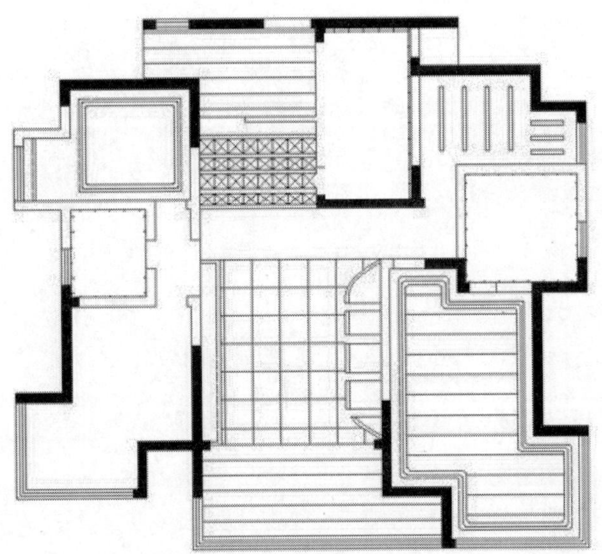

图 2-184　建筑平面布局

设计师职业培训教程

第3教学日

墙体是建筑物的重要组成部分，它的作用是承重、围护或分隔空间。天正的墙体对象不仅包含位置、高度和厚度信息，同时还包括了墙类型、材料和内外墙等内在属性，因此在绘制墙体时必须进行正确设置。门和窗是建筑物围护结构系统中重要的组成部分，按不同的设计要求分别具有保温、隔热、隔声、防水、防火等功能。同时门和窗又是建筑造型的重要组成部分，它们的形状、尺寸、比例、排列、色彩等对建筑的整体造型都有很大的影响。

本教学日主要介绍墙体的创建和编辑方法，使读者熟悉与掌握墙体的绘制方法，能够更灵活、快捷地根据需求绘出多种类型的墙体。最后介绍创建门窗、编辑门窗、创建门窗表命令的调用方法以及图形的绘制技巧等知识。

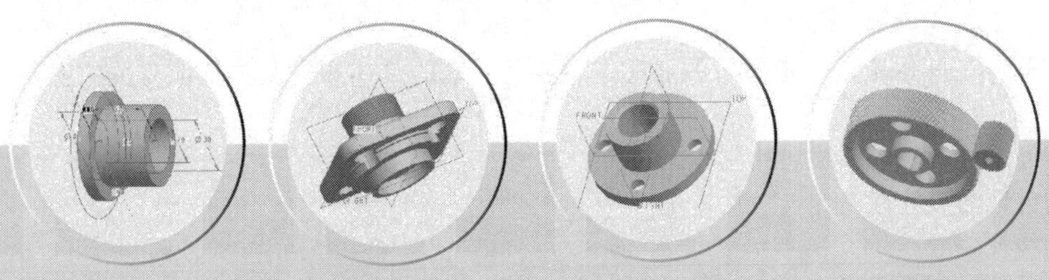

第1课 1课时 设计师职业知识——建筑图的形成

1. 建筑平面图的形成

建筑平面图是假想用一水平剖切平面从建筑窗台上一点剖切建筑，移去上面的部分，向下所作的正投影图，简称平面图，如图3-1所示。

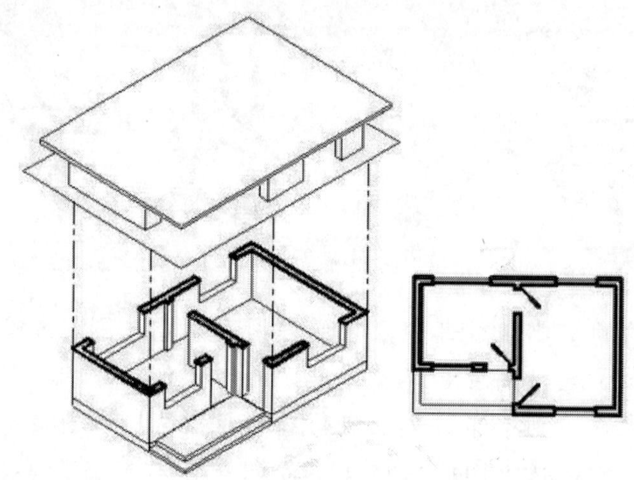

图3-1 平面图的形成

建筑平面图反映建筑物的平面形状和大小，内部布置，墙的位置、厚度和材料，门窗的位置和类型，以及交通等情况，可作为建筑施工定位、放线、砌墙、安装门窗、室内装修、编制预算的依据。

建筑平面图的图示主要包含以下内容。

(1) 标明承重和非承重墙、柱(壁柱)、轴线和轴线编号。

(2) 标明墙、柱、内外门窗、天窗、楼梯、电梯、雨篷、平台、台阶、坡道、水池、卫生器具等。

(3) 注明各房间、车间、工段、走道等的名称，主要厅、室的具体布置及与土地有关的主要工艺设备的布置示意。

(4) 标明轴线间尺寸、外包轴线尺寸总和。

(5) 标明室内外地面设计标高。

(6) 标明剖切线及编号。

(7) 标明指北针(画在底层平面)。

(8) 多层或高层建筑的标准层、标准单元或标准间，需要明确绘制放大平面图。

(9) 单元式住宅平面图中需标注技术经济指标和标准层套型。如图 3-2 所示为绘制完成的某住宅的建筑平面图。

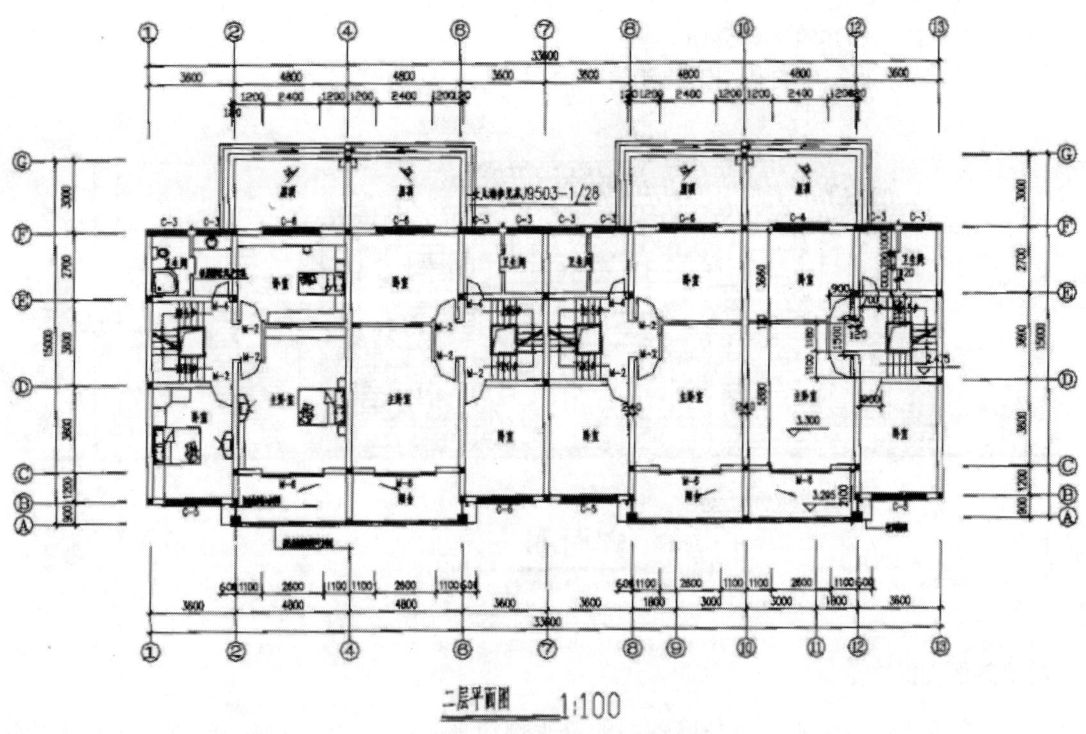

图 3-2 某住宅的建筑平面图

2. 建筑立面图的形成

在与建筑立面平行的铅垂投影面上所作的正投影图称为建筑立面图，简称立面图，如图 3-3 所示。

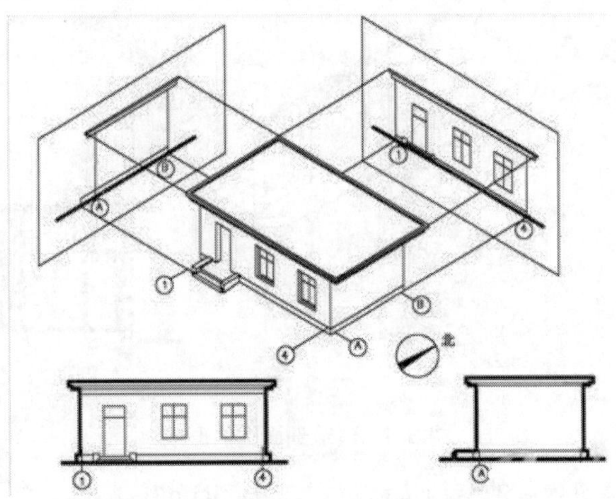

图 3-3 建筑立面图的形成

建筑立面图反映建筑各部分的高度、外观、外墙面装修要求，是建筑外装修和工程概预算的依据。建筑立面图的图示主要包含以下内容。

建筑两端部的轴线、轴线编号。立面外轮廓、门窗、雨篷、女儿墙顶、屋顶、平台、栏杆、台阶、变形缝和主要装饰，以及平、剖面未能表示的屋顶、檐口、女儿墙、窗台等标高或高度。关系密切、相互间有影响的相邻建筑部分立面。

如图 3-4 所示为绘制完成的某别墅的建筑立面图。

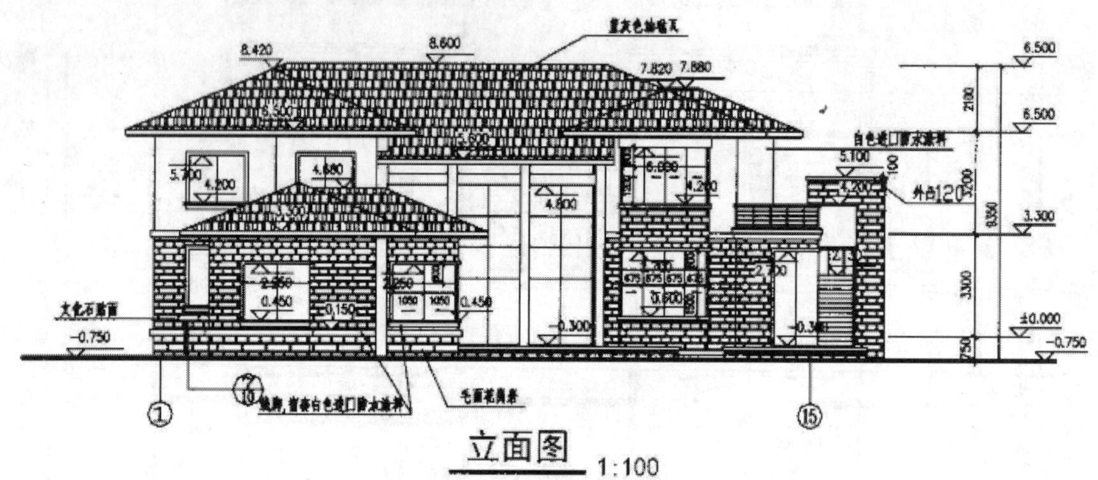

图 3-4　某别墅的建筑立面图

3. 建筑剖面图的形成

假想用一个或一个以上垂直于外墙轴线的铅垂剖切平面剖切建筑，得到的剖面图称为建筑剖面图，简称剖面图，如图 3-5 所示。

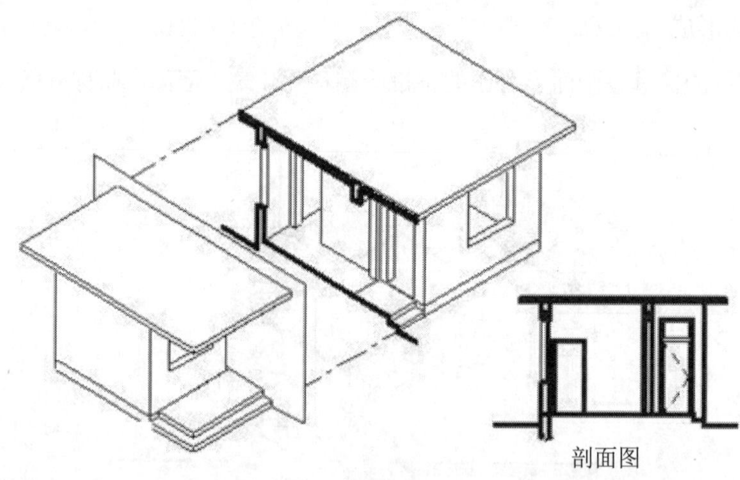

图 3-5　建筑剖面图的形成

建筑剖面图用以表示建筑内部的结构构造、垂直方向的分层情况、各层楼地面、屋顶的构造及相关尺寸、标高等。

建筑剖面图的图示主要包含以下内容。

(1) 表示被剖切到的墙、梁及其定位轴线。

(2) 表示室内底层地面、各层楼面、屋顶、门窗、楼梯、阳台、雨篷、防潮层、踢脚板、室外地面、散水、明沟及室内外装修等剖切到和可见的内容。

(3) 标注尺寸和标高。剖面图中应标注相应的标高与尺寸。

(4) 表示楼地面、屋顶各层的构造。一般用引出线说明楼地面、屋顶的构造做法。如图 3-6 所示为绘制完成的某住宅的建筑剖面图。

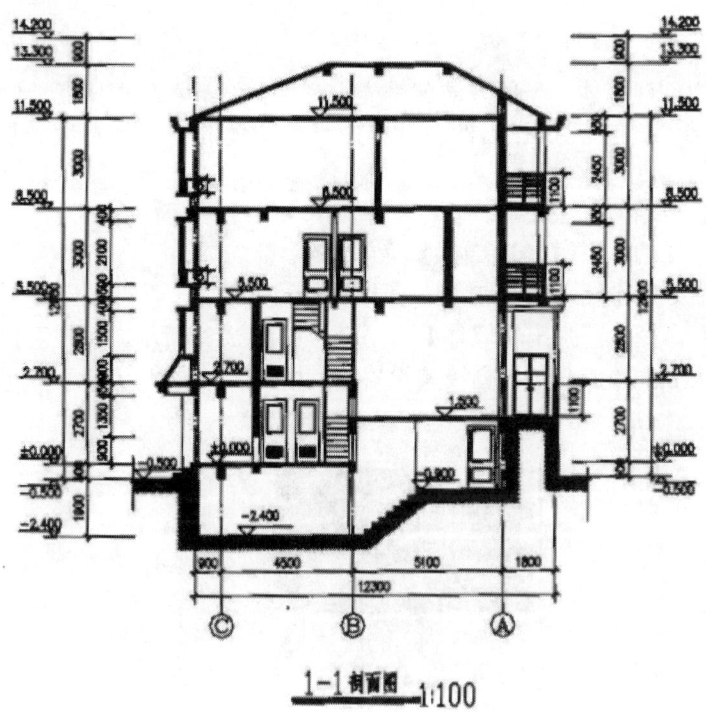

图 3-6　某住宅的建筑剖面图

第2课　3课时　创建编辑墙体

3.2.1　墙体的创建

行业知识链接：墙体是建筑物的重要组成部分。它的作用是承重、围护或分隔空间。墙体按其受力情况和材料分为承重墙和非承重墙，按其构造方式分为实心墙、烧结空心砖墙、空斗墙、复合墙。如图 3-7 所示是墙体结构。

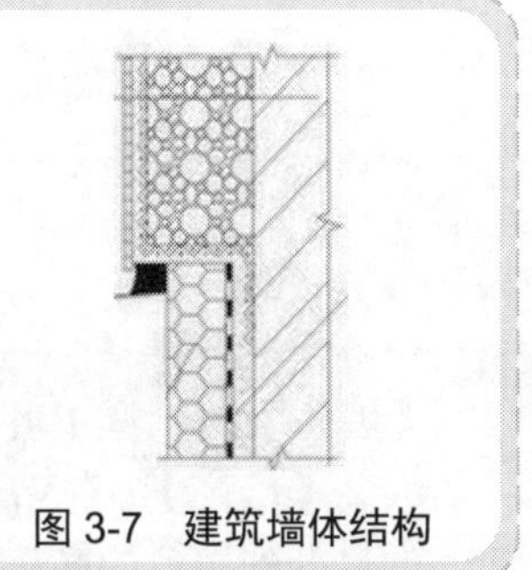

图 3-7　建筑墙体结构

墙体是建筑物中最重要的组成部分，绘制时可使用【绘制墙体】命令直接创建或由【单线变墙】

命令从直线、圆弧或轴网转换。墙体的底标高为当前标高，墙高默认为楼层层高。当墙体的高度为 0 时，在三维视图状态下将观测不到三维墙体。

1. 绘制墙体

在天正建筑软件中创建墙体，一般方法就是先绘制好轴网，然后调用【绘制墙体】命令，根据命令行的提示输入相应参数，或者在弹出的对话框中设置墙体的高度、宽度、属性等参数，按 Enter 键，即可完成墙体的创建。

调用【绘制墙体】命令的方法如下。

- 菜单栏：选择【墙体】|【绘制墙体】菜单命令。
- 命令行：在命令行中输入 HZQT 命令并按 Enter 键。

调用【绘制墙体】命令后，弹出【墙体】对话框，如图 3-8 所示，用户可以设置墙体的高度、底高、材料、用途和宽度等参数，并可根据需要设置绘制墙体的类型和方法。

图 3-8 【墙体】对话框

【墙体】对话框中各选项的功能如下。

- 【墙高】/【底高】：墙高是指从墙底到墙顶计算的高度；底高是墙底标高，指从本图零标高到墙底的高度。
- 【材料】：包括轻质隔墙、玻璃幕墙、填充墙、钢筋混凝土等 10 种材质，按材质的密度预设了不同材质之间的遮挡关系。

- 【用途】：包括外墙、内墙、分户、虚墙、卫生隔断和矮墙 5 种类型，其中矮墙、卫生隔断是新添的类型，具有不加粗、不填充、墙端不与其他墙融合的特性。
- 【防火】：选择防火级别。

下面具体讲解墙体的绘制方法。

(1) 在如图 3-9 所示的轴网中绘制墙体。

(2) 选择【墙体】|【绘制墙体】菜单命令，在弹出的【墙体】对话框中设置【左宽】为 120，【右宽】为 120。

(3) 设置【墙高】为 1000，在【材料】下拉列表框中选择【砖墙】选项，在【用途】下拉列表框中选择【一般墙】选项。

(4) 在绘图区，选取点 A 为起点，绘制直墙 AB 段，如图 3-10 所示。

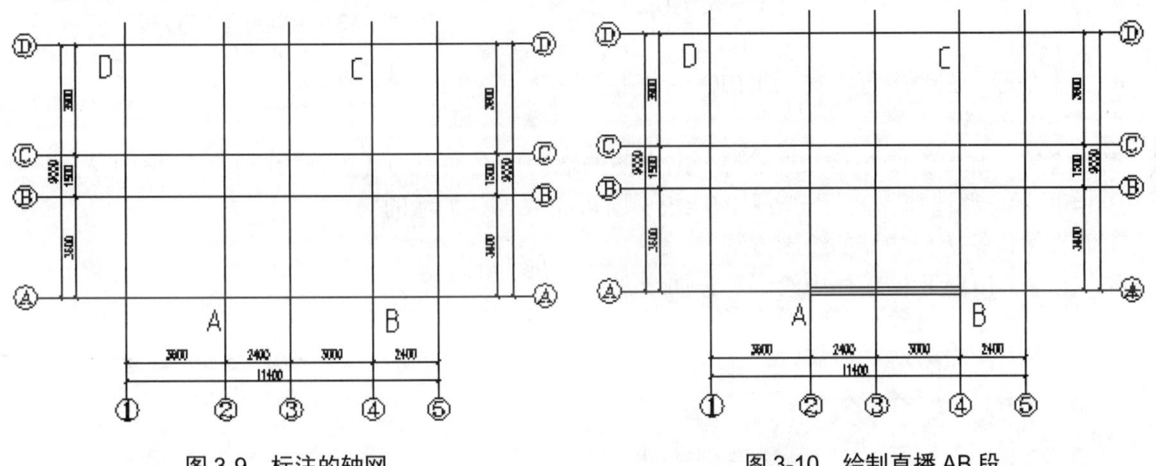

图 3-9　标注的轴网　　　图 3-10　绘制直播 AB 段

(5) 重复操作，选取点 C 为起点，绘制直墙 CD 段，如图 3-11 所示。

(6) 选择【绘制弧墙】命令，选取点 A 和点 D，然后再选取弧上的任意点 E，绘制弧墙 AED，如图 3-12 所示。

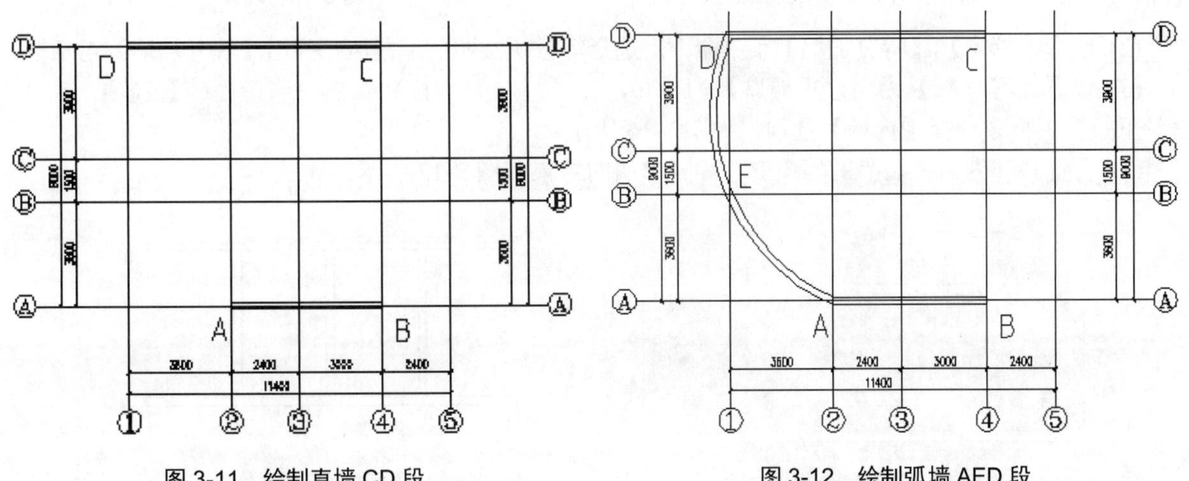

图 3-11　绘制直墙 CD 段　　　图 3-12　绘制弧墙 AED 段

(7) 重复操作，选取点 B 和点 C，再选取弧上任意点 F，绘制弧墙 BFC，如图 3-13 所示。至此，墙体绘制完成。

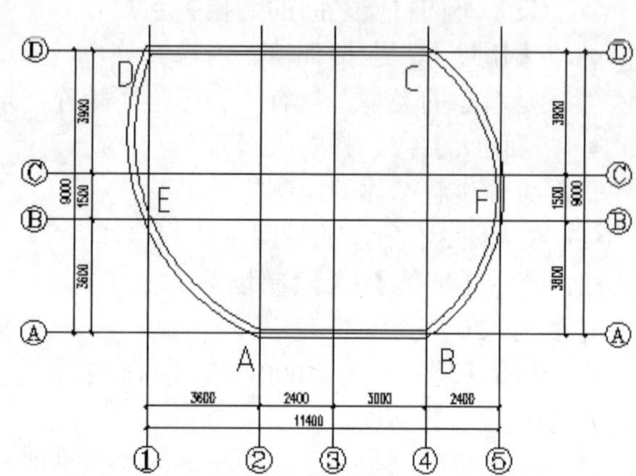

图 3-13　绘制弧墙 BFC 段

2. 等分加墙

在绘制住宅楼或者办公楼施工图的时候，经常要绘制一些开间或进深皆相等的房间，此时就可以调用【等分加墙】命令来绘制。【等分加墙】命令将一段墙按轴线间距等分，垂直方向加墙延伸至给定的边界。

调用【等分加墙】命令的方法如下。

- 菜单栏：选择【墙体】|【等分加墙】菜单命令。
- 命令行：在命令行中输入 DFJQ 命令并按 Enter 键。

调用【等分加墙】命令后，选择等分所参照的墙段，在弹出的【等分加墙】对话框中设置参数，如图 3-14 所示，并选择作为另一边界的墙段，即可完成等分加墙的操作。

下面具体讲解等分加墙的绘制方法。

(1) 在图 3-15 所示的墙体中绘制等分加墙。

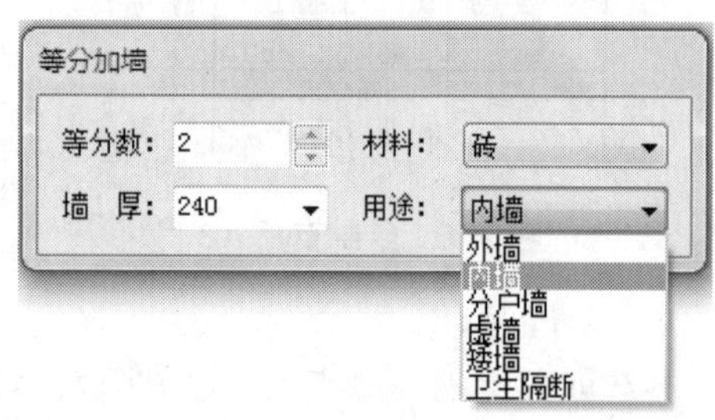

图 3-14　【等分加墙】对话框

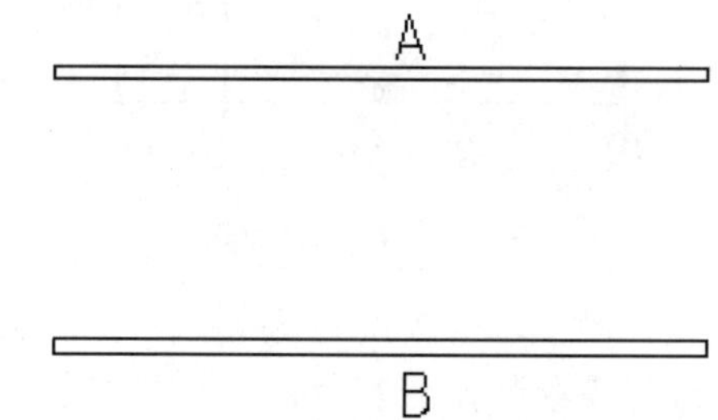

图 3-15　墙体

(2) 选择【墙体】|【等分加墙】菜单命令，选择等分所参照的墙段 A，弹出【等分加墙】对话框。

(3) 设置【等分数】为 4，【墙厚】为 240，在【材料】下拉列表框中选择【砖】选项，在【用途】下拉列表框中选择【内墙】选项，如图 3-16 所示。

(4) 再选择作为另一边界的墙段 B，等分加墙的结果如图 3-17 所示。

图 3-16　设置等分加墙参数

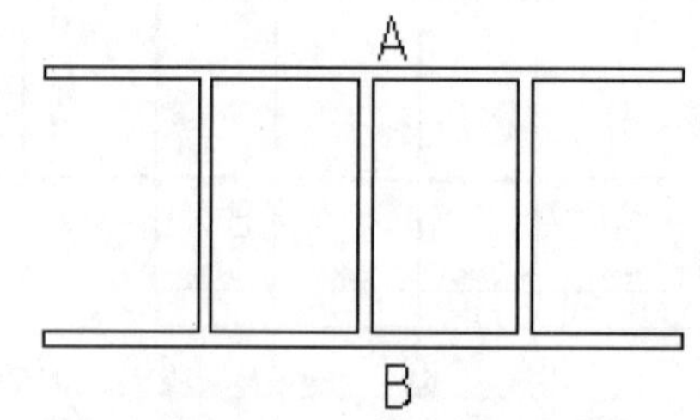

图 3-17　等分加墙结果

3. 单线变墙

【单线变墙】命令有两个功能，一是将 LINE、ARC、PLINE 绘制的单线转为墙体对象，其中墙体的基线与单线相重合；二是在基于设计好的轴网中创建墙体，然后再对墙体进行编辑，创建墙体后仍保留轴线，软件可以智能判断清除轴线的伸出部分，也可以自动识别新旧两种多段线，便于生成弧墙。

调用【单线变墙】命令的方法如下。

- 菜单栏：选择【墙体】|【单线变墙】菜单命令。
- 命令行：在命令行中输入 DXBQ 命令并按 Enter 键。

调用【单线变墙】命令后，弹出【单线变墙】对话框，如图 3-18 所示。设置相应墙的参数，然后选择轴网或者单线，即可完成单线变墙的操作。

下面具体讲解单线变墙的绘制方法。

(1) 使用如图 3-19 所示的直线网生成墙体。

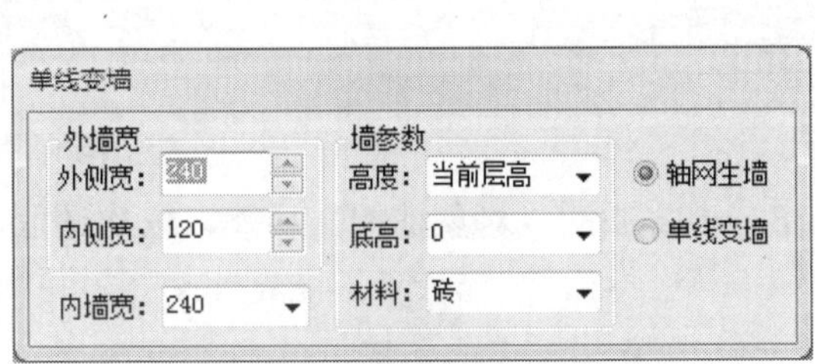

图 3-18 【单线变墙】对话框

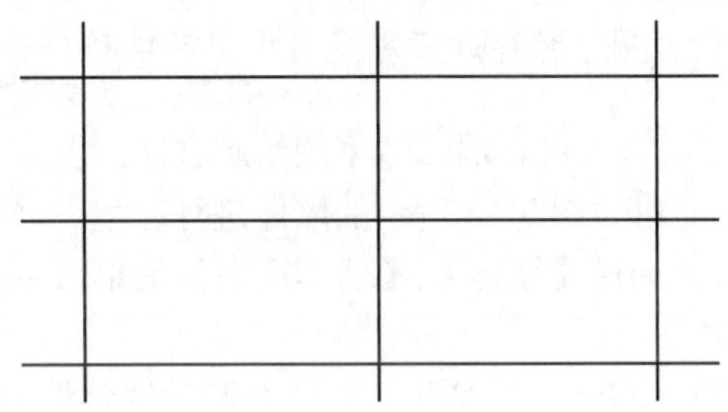

图 3-19 直线网

(2) 选择【墙体】|【单线变墙】菜单命令，弹出【单线变墙】对话框。

(3) 选中【单线变墙】单选按钮，再选中随后出现的【保留基线】复选框。设置外墙的【外侧宽】和【内侧宽】都为 120，【内墙宽】也为 120，如图 3-20 所示。

(4) 选择要变成墙体的直线、圆弧或多线段，按 Enter 键结束选择。单线变墙的结果如图 3-21 所示。

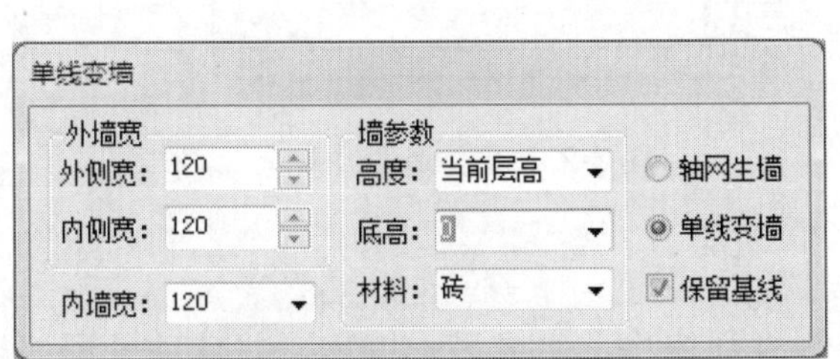

图 3-20 设置单线变墙参数

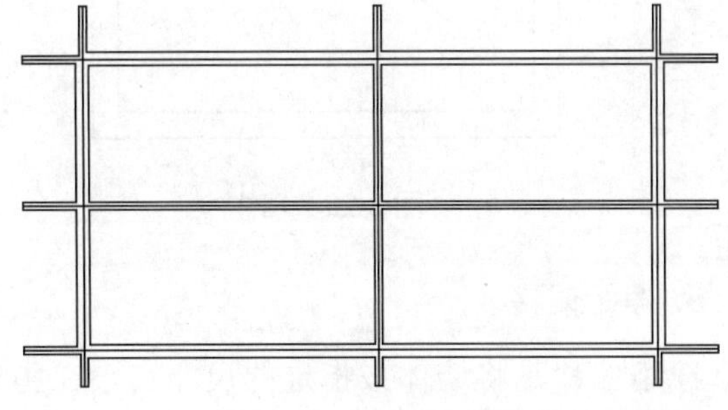

图 3-21 单线变墙结果

4. 墙体造型

【墙体造型】命令可在平面墙体上绘制凸出的墙体，并与原来的墙体附加在一起形成一体，墙体造型高度与其关联墙高保持一致，但是可以双击加以修改。此命令也可由多段线外框生成与墙体关联的造型，常见的墙体造型有墙垛、壁炉、烟道等。

调用【墙体造型】命令的方法如下。

- 菜单栏：选择【墙体】|【墙体造型】菜单命令。
- 命令行：在命令行中输入 QTZX 命令并按 Enter 键。

执行【墙体造型】命令后，命令行提示如下：

```
选择 【外凸造型(T)/内凹造型(A)】<外凸造型>: ↙      //按 Enter 键默认采用外凸造型墙体造型轮廓起点
或【单击选取图中曲线(P)/单击选取参考点(R)】<退出>:
//绘制墙体造型的轮廓线第一点或点选已有的闭合多段线作轮廓线
直段下一点或【弧段(A)/回退(u)】<结束>:      //指定造型轮廓线的第二点
直段下一点或【弧段(A)/回退(u)】<结束>:      //指定造型轮廓线的第三点
直段下一点或【弧段(A)/回退(u)) <结束>:      //指定造型轮廓线的第四点
直段下一点或【弧段(A)/回退(u)) <结束>:↙//按 Enter 键结束命令，绘制出矩形的墙体造型。
```

> **提示**：内凹的墙体造型还可用于不规则断面门窗洞口的设计(目前仅用于二维)，外凸的墙体造型可用于墙体改变厚度后出现缺口的补齐。

下面具体讲解墙体造型的绘制方法。

(1) 对如图 3-22 所示的墙体进行造型。

(2) 选择【墙体】|【墙体造型】菜单命令，按 F3 键，激活“对象捕捉”功能，依次选取墙体造型轮廓点。

(3) 按 Enter 键结束选择，绘制的墙体造型如图 3-23 所示。

图 3-22　墙体

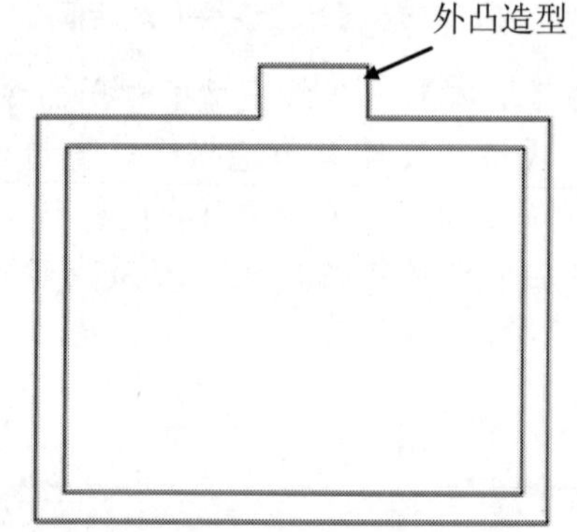

图 3-23　墙体造型效果

5. 净距偏移

净距偏移是将墙体按指定的尺寸大小在指定一侧进行偏移，生成另一墙体，并自动处理墙端接头。

调用【净距偏移】命令的方法如下。

- 菜单栏：选择【墙体】|【净距偏移】菜单命令。
- 命令行：在命令行中输入 JJPY 命令并按 Enter 键。

净距偏移墙体时，首先输入偏移距离，然后选取墙体的一侧，即可完成净距偏移的操作。

下面具体讲解净距偏移的绘制方法。

(1) 在如图 3-24 所示的墙体中生成净距偏移墙体。

(2) 选择【墙体】|【净距偏移】菜单命令，根据命令行提示输入偏移距离 2000。

(3) 点选墙体的一侧，按 Enter 键结束操作。净距偏移的结果如图 3-25 所示。

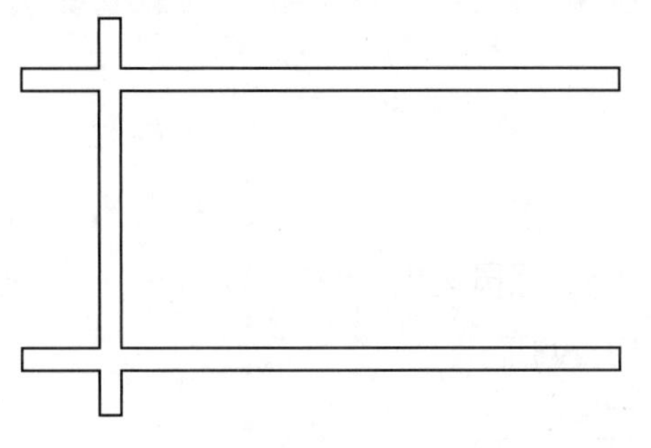

图 3-24　墙体

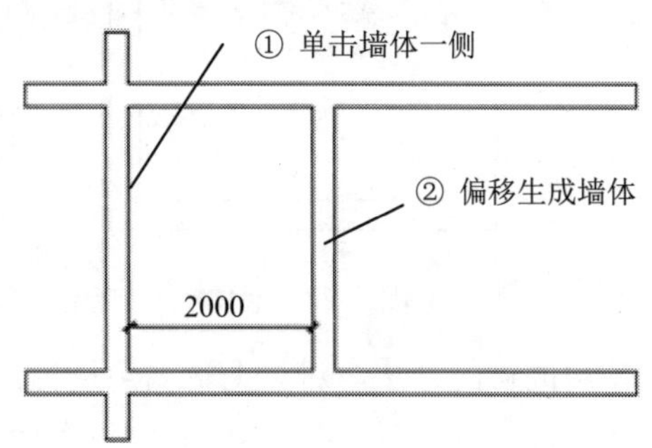

图 3-25　净距偏移结果

3.2.2　墙体的编辑

行业知识链接：墙体编辑包括颜色、线型、线宽、样式及状态等的编辑。通过不同的设置得到不同的墙体效果。如图 3-26 所示是一个室内布局的墙体样式。

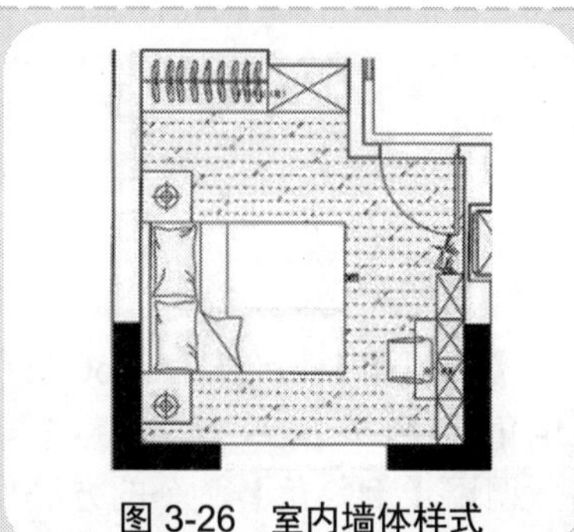

图 3-26　室内墙体样式

创建完成的墙体，需要根据实际的使用情况来对其进行编辑修改。墙体对象支持 AutoCAD 的通用编辑命令，可使用 Offset(偏移)、Trim(修剪)、Extend(延伸)等命令进行修改，也可使用天正建筑软件专用的一些墙体编辑命令，如倒墙角、修墙角、边线对齐等。

1. 倒墙角

【倒墙角】命令与 AutoCAD 中的 Fillet(圆角)命令类似，倒墙角是对两段不平行的墙体进行处理，使两段墙以指定的倒角半径进行连接，生成圆墙角，圆角半径按墙中线计算。

调用【倒墙角】命令的方法如下。

- 菜单栏：选择【墙体】|【倒墙角】菜单命令。
- 命令行：在命令行中输入 DQJ 命令并按 Enter 键。

下面具体讲解倒墙角的绘制方法。

(1) 为如图 3-27 所示的墙体设置倒墙角。

(2) 选择【墙体】|【倒墙角】菜单命令，根据命令行提示输入命令 R，设置倒角半径为 400，按 Enter 键确认设置。

(3) 分别选择上侧和右侧墙体，倒墙角的结果如图 3-28 所示。

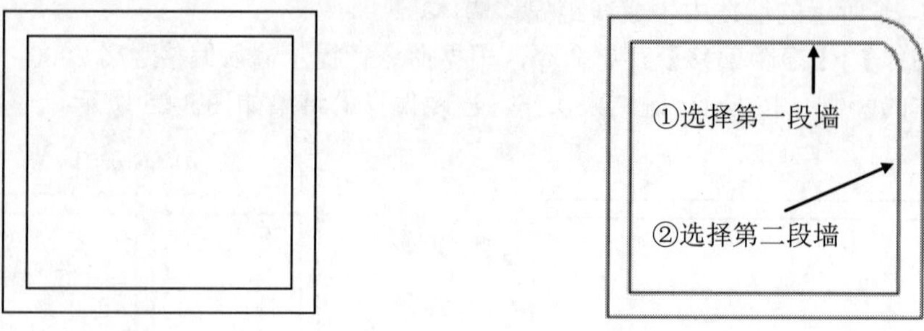

图 3-27　墙体　　　　图 3-28　倒右上墙角

(4) 使用同样的方法，对左上端墙角进行倒角，如图 3-29 所示。

图 3-29　倒另一墙角

2. 倒斜角

【倒斜角】命令与 AutoCAD 中的 Chamfer(倒角)命令类似，可以按给定墙角中线两边长度对墙进行倒角。

调用【倒斜角】命令的方法如下。

- 菜单栏：选择【墙体】|【倒斜角】菜单命令。
- 命令行：在命令行中输入 DXJ 命令并按 Enter 键。

调用【倒斜角】命令后，输入 DXJ 命令并按 Enter 键，根据命令行的提示分别设置第一个和第二个倒角距离，然后选择倒角的墙体，即可完成倒斜角操作，如图 3-30 所示。

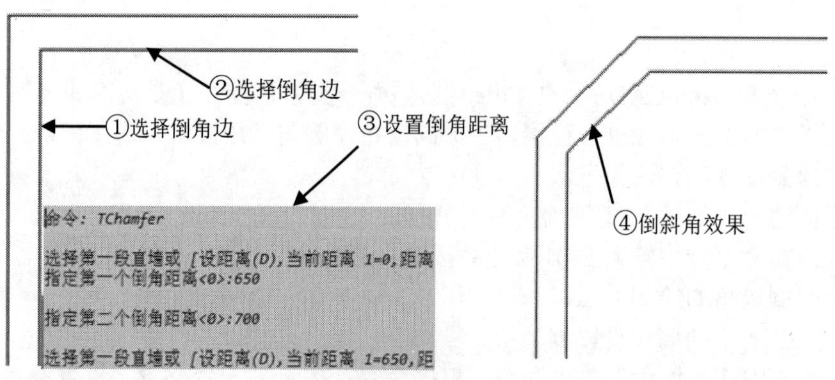

图 3-30　倒斜角

3. 修墙角

在用【绘制墙体】命令创建墙体时，若两个墙体相交，系统会自动对其修剪，但当对墙体进行移动后，墙体交叉时墙角就不会自动修剪了，这时就需要用【修墙角】命令来进行修剪。

调用【修墙角】命令的方法如下。

- 菜单栏：选择【墙体】|【修墙角】菜单命令。
- 命令行：在命令行中输入 XQJ 命令并按 Enter 键。

下面具体讲解修墙角的绘制方法。

(1) 对相交墙体进行修剪，如图 3-31 所示。

(2) 选择【墙体】|【修墙角】菜单命令，按命令行提示选取墙角的第一个角点和第二个角点，拉出一个矩形选择修剪区域，如图 3-32 所示。

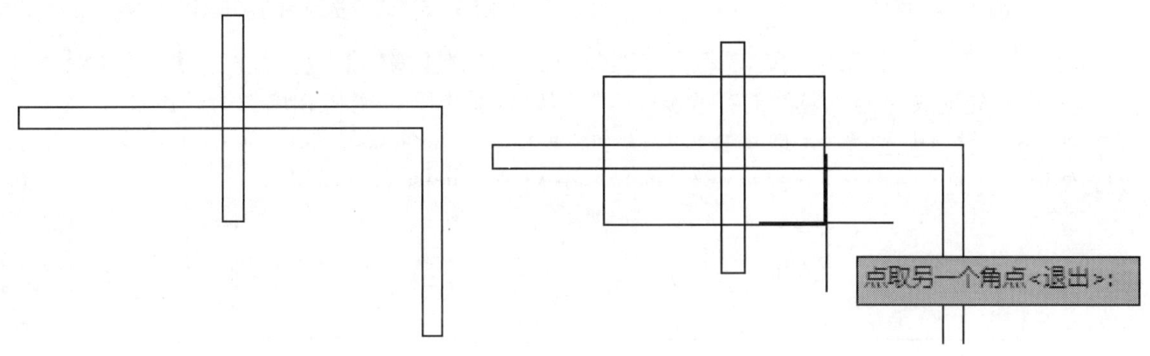

图 3-31　相交墙体　　　　图 3-32　选择修剪区域

(3) 按 Enter 键结束选择，墙角修剪结果如图 3-33 所示。

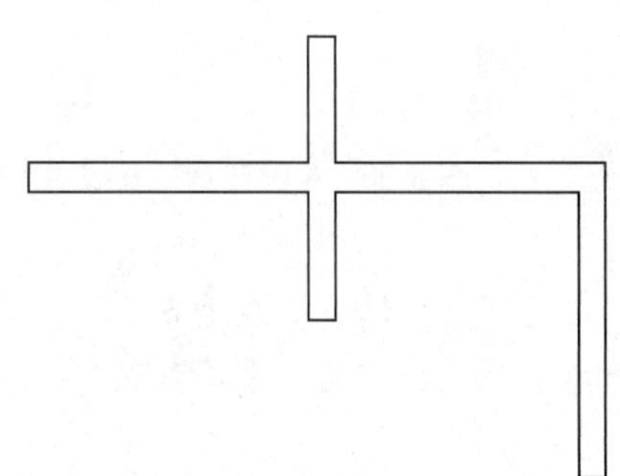

图 3-33　墙角修剪的结果

4. 基线对齐

基线若不对齐或不精确将会导致墙体显示或搜索房间出错，【基线对齐】命令可用来纠正墙线编辑过程中造成的基线对齐错误，同时还可纠正因短墙存在而造成墙体显示不正确的情况。

调用【基线对齐】命令的方法如下。

- 菜单栏：选择【墙体】|【基线对齐】菜单命令。
- 命令行：在命令行中输入 JXDQ 命令并按 Enter 键。

调用【基线对齐】命令后，命令行提示如下：

```
请单击选取墙基线的新端点或新连接点或【参考点(R)】<退出>:
//单击选取作为对齐点的一个基线端点，不应选取端点外的位置
请选择墙体(注意：相连墙体的基线会自动联动！) <退出>:        //选择要对齐该基线端点的墙体对象
请选择墙体(注意：相连墙体的基线会自动联动！) <退出>:     //继续选择后按 Enter 键退出
请单击选取墙基线的新端点或新连接点或【参考点(R)】<退出>: //单击选取其他基线交点作为对齐点
```

下面具体讲解基线对齐的方法。

(1) 使如图 3-34 所示的墙体基线对齐。

(2) 在视口工具栏中单击【显示基线】按钮，在绘图窗口中显示出基线，如图 3-35 所示。从中

可以发现B墙与A墙体，以及C墙和D墙基线都未对齐。

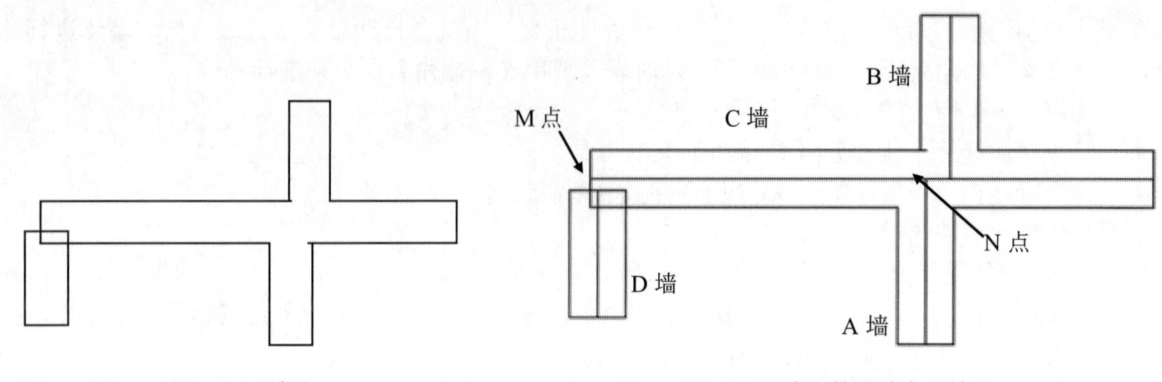

图 3-34 墙体

图 3-35 选取基线端点和墙体

(3) 对齐A墙与B墙基线。按F3键开启对象捕捉，选择【墙体】|【基线对齐】菜单命令，根据命令行提示，首先选取N点为基线对齐的新端点，然后分别选择A墙和B墙作为对齐墙体。

(4) 按Enter键结束选择，A墙与B墙基线对齐于N点，如图3-36所示。

(5) 使用同样的方法，将C墙和D墙基线对齐于M点，如图3-37所示。

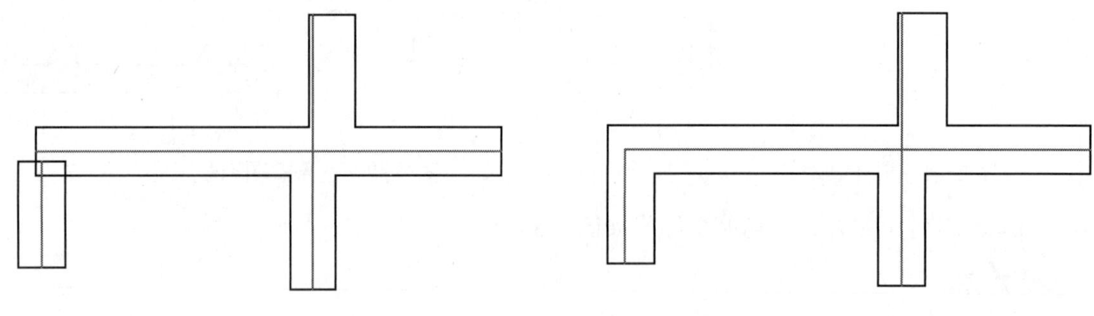

图 3-36 A墙与B墙基线对齐的结果

图 3-37 C墙与D墙基线对齐的结果

提示：墙体基线对齐后，其墙体的位置和墙总宽都没变，但由于基线的位置发生了变化，所以墙体的左右宽发生了改变。

5. 墙柱保温

在严寒的北方地区，通常会为墙体增设保温层，用来抵御风雪的侵袭，以确保室内的温度。【墙柱保温】命令可在墙线、柱子或墙体造型指定的一侧加入或删除保温层线，遇到门该线自动打断，遇到窗自动增加窗厚度。

调用【墙柱保温】命令的方法如下。

- 菜单栏：选择【墙体】|【墙柱保温】菜单命令。
- 命令行：在命令行中输入QZBW命令并按Enter键。

下面具体讲解【墙柱保温】命令的操作方法。

(1) 在如图3-38所示的平面图中添加保温层。

(2) 选择【墙体】|【墙柱保温】菜单命令，根据命令行提示输入T命令并按Enter键，设置保温

层厚度为100。

(3) 分别在需要添加保温层的墙体一侧单击，创建保温层的结果如图3-39所示。

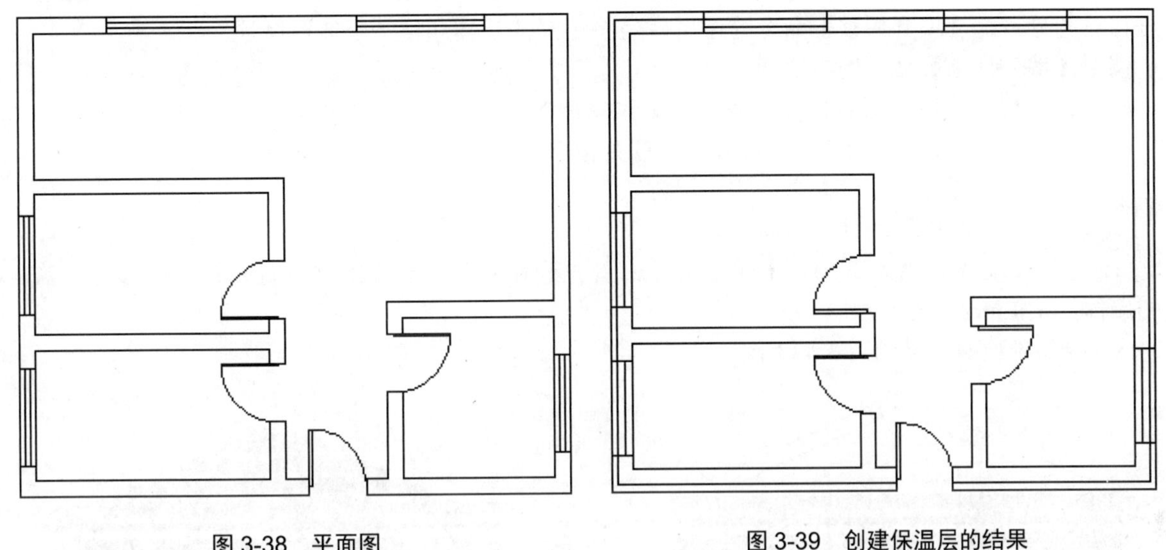

图3-38 平面图　　图3-39 创建保温层的结果

6. 边线对齐

【边线对齐】命令用来对齐墙边，并维持基线不变。换句话说，就是维持基线位置和总宽不变，通过修改左右宽度达到边线与给定位置对齐的目的。本命令通常用于处理墙体与某些特定位置的对齐，特别是和柱子的边线对齐。

调用【边线对齐】命令的方法如下。

- 菜单栏：选择【墙体】|【边线对齐】菜单命令。
- 命令行：在命令行中输入BXDQ命令并按Enter键。

下面具体讲解【边线对齐】命令的使用方法。

(1) 在如图3-40所示的墙体中使墙边线与柱边线对齐。

(2) 选择【墙体】|【边线对齐】菜单命令，根据命令行提示，首先选择墙体的对齐点，再选择需要对齐的墙体，最后按Enter键结束选择。

(3) 墙体边线对齐的结果如图3-41所示。

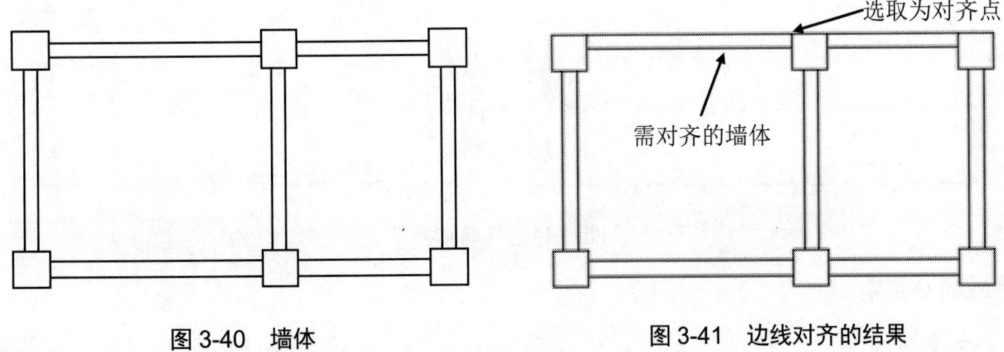

图3-40 墙体　　图3-41 边线对齐的结果

7. 墙齐屋顶

在绘制建筑施工图时，经常会遇到建筑物的屋顶为坡屋顶的情况，此时就需要将墙体轮廓与坡屋顶进行对齐处理。【墙齐屋顶】命令的作用就是将选择的墙体和柱子延伸至屋顶。

调用【墙齐屋顶】命令的方法如下。

- 菜单栏：选择【墙体】|【墙齐屋顶】菜单命令。
- 命令行：在菜单栏中输入 QQWD 命令并按 Enter 键。

下面具体讲解【墙齐屋顶】命令的使用方法。

(1) 使如图 3-42 所示的外墙与屋顶取齐。

(2) 选择【墙体】|【墙齐屋顶】菜单命令，首先选择屋顶决定墙体对齐的边界，然后选择需要对齐的墙体，按 Enter 键结束操作。

(3) 墙齐屋顶的结果如图 3-43 所示。

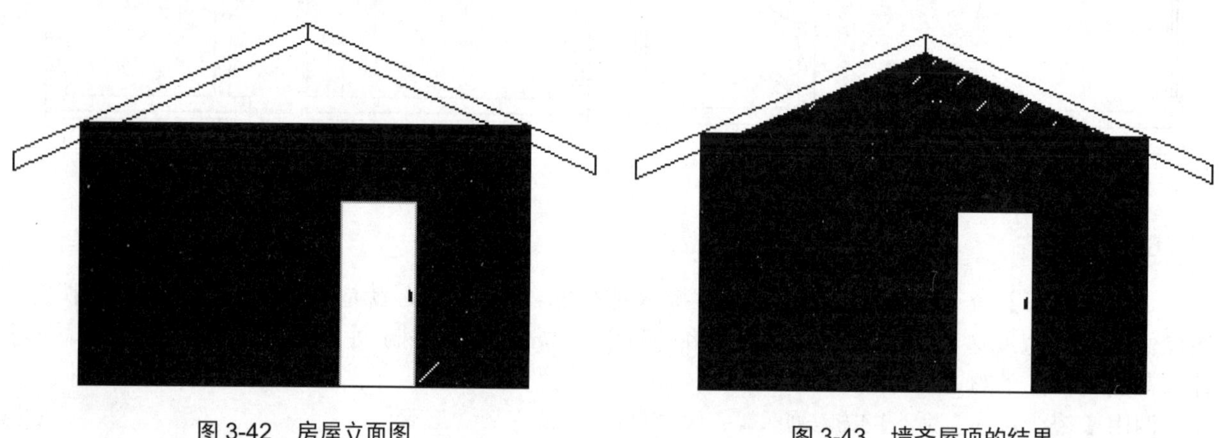

图 3-42　房屋立面图　　图 3-43　墙齐屋顶的结果

8. 幕墙转换

目前很多高大的建筑物都设计并制作了玻璃幕墙，以增强大厦的采光和通风效果。【幕墙转换】命令可以快速地将绘制完成的墙体转换为幕墙，也可以将幕墙转换为普通的墙体。

调用【幕墙转换】命令的方法：选择【墙体】|【幕墙转换】菜单命令。

调用【幕墙转换】命令后，根据命令行提示选择需要转换的墙体，按 Enter 键结束选择，即可完成幕墙的转换，如图 3-44 所示。

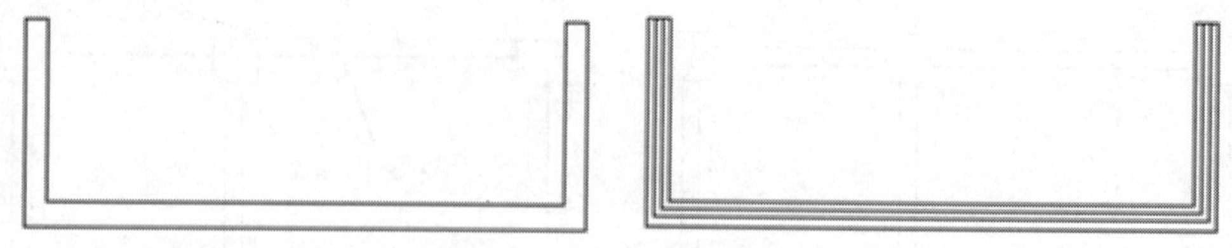

图 3-44　幕墙转换

9. 普通墙对象编辑

当墙体创建完成后，一般情况下，用户只需双击墙体即可弹出【墙体】对话框，如图 3-45 所示。通过对话框可以直接对墙体的墙高、底高、材料、用途、宽度等参数进行修改。

打开【墙体】对话框的方法有如下两种：①双击墙体，弹出【墙体】对话框；②选择墙体并单击鼠标右键，在弹出的快捷菜单中选择【对象编辑】命令，弹出【墙体】对话框。

10. 墙的反向

【反向】编辑命令可将墙对象的起点和终点反向，也就是翻转墙的生成方向，同时相应调整了墙的左右宽，因此边界不会发生变化。

选择要反向的墙体，单击鼠标右键，在弹出的快捷菜单中选择【曲线编辑】|【反向】命令，如图 3-46 所示，即可完成墙体的反向操作。

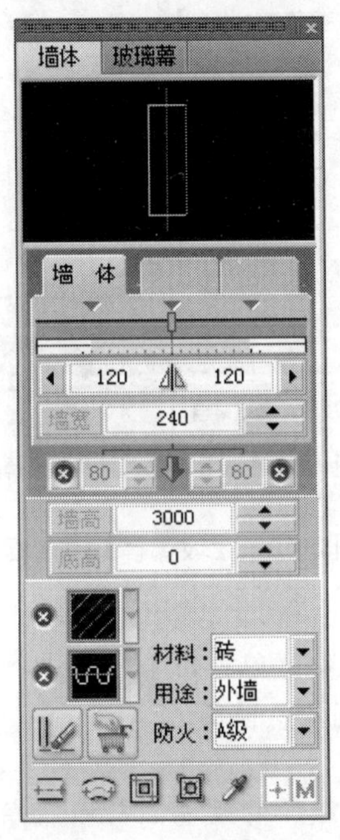

图 3-45 【墙体】对话框

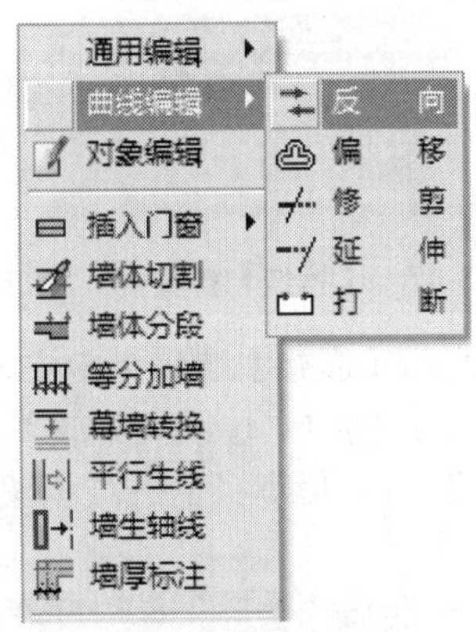

图 3-46 反向编辑

11. 玻璃幕墙的编辑

天正建筑软件为了适应建筑设计师的幕墙绘图习惯，取消了【玻璃幕墙】命令，而将玻璃幕墙看作是墙体的一种类型。打开【玻璃幕】对话框，即可轻松绘制出玻璃幕墙。

玻璃幕墙默认三维模式下按“详细”构造显示，平面下按“示意”构造显示。选择玻璃幕墙后，按 Ctrl+1 组合键，打开【特性】面板，可对其外观和竖梃、横框等参数进行查看和编辑，如图 3-47 所示。

天正建筑软件提供了玻璃幕墙编辑功能，在此用户可对玻璃幕墙的各个参数进行详细的编辑和设置。

双击玻璃幕墙图形，或者在其上方单击鼠标右键，在弹出的快捷菜单中选择【对象编辑】命令，即可打开【玻璃幕】对话框，如图 3-48 所示。

该对话框共包含【玻璃幕】、【立柱】和【横梁】3 个选项卡。

(1) 【玻璃幕】选项卡中主要选项的功能如下。

- 【图层】：确定玻璃放置的图层，如果准备渲染可单独置于一层中，以便附给材质。

- 【墙高】：高度方向分格设计，默认的高度为创建墙体时的原高度，可以输入新高度。
- 【基线】：在下拉列表框中选择预定义的墙基线位置，默认为竖梃中心。

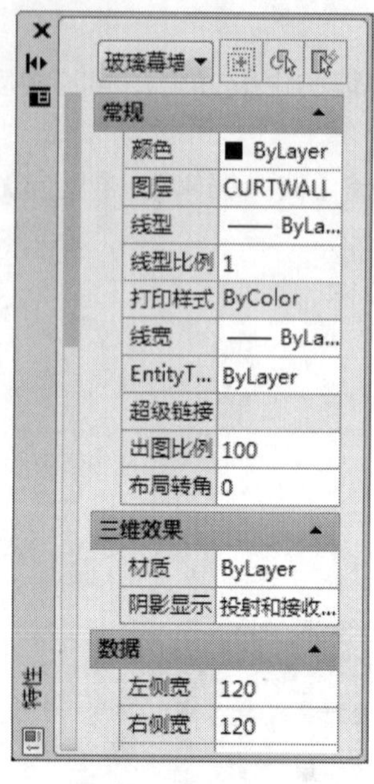

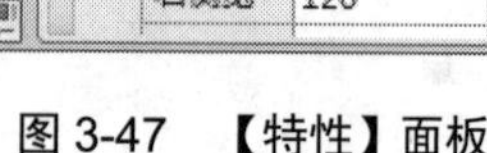

图 3-47 【特性】面板

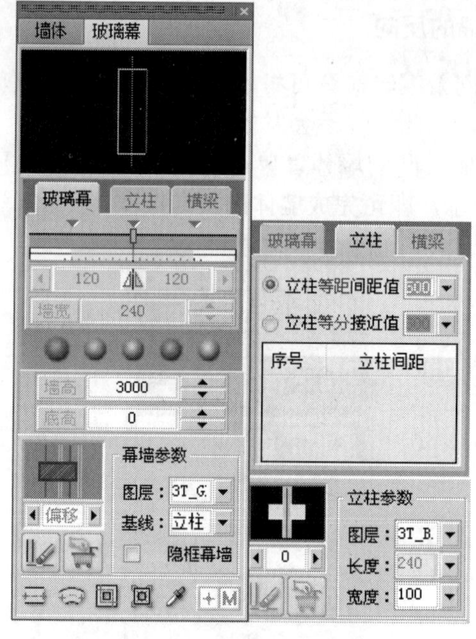

图 3-48 【玻璃幕】对话框

(2) 【立柱】和【横梁】选项卡中主要选项的功能如下。

- 【图层】：确定立柱或横梁放置的图层，如果进行渲染请单独置于一层中，以方便附材质。
- 【宽度】/【长度】：立柱或横梁的截面尺寸，见右侧示意窗口。

提示：幕墙和墙重叠时，幕墙可在墙内绘制，通过对象编辑修改墙高与墙底高，表达幕墙不落地或不通高的情况。幕墙与普通墙类似，可以在其中插入门窗，幕墙中常常要求插入上悬窗用于通风。

如图 3-49 所示是通过对象编辑调整玻璃幕墙分格的示例。

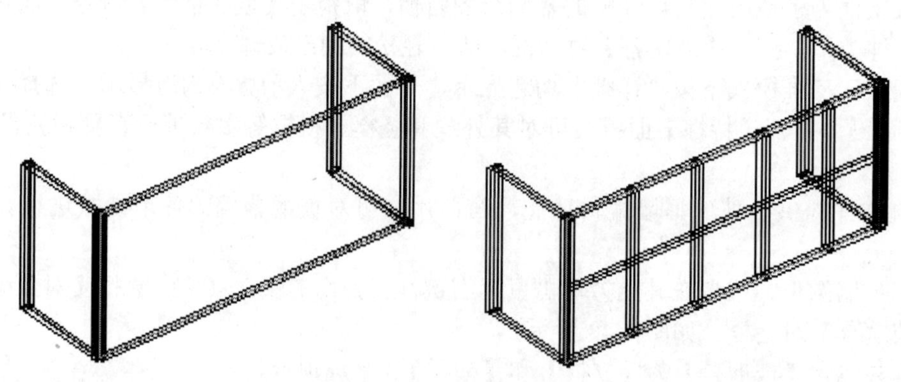

图 3-49 玻璃幕墙分格

3.2.3 墙体编辑工具

行业知识链接：对于单个墙体，可以双击进行本墙段的对象编辑修改，但如果需要同时修改多个墙体对象，则必须使用墙体编辑工具来实现。如图 3-50 所示是别墅的墙体编辑结果。

图 3-50 别墅的墙体

墙体编辑工具包括【改墙厚】、【改外墙厚】、【改高度】、【改外墙高】、【平行生线】和【墙端封口】等命令。

1. 改墙厚

【改墙厚】命令可以批量地修改墙厚，墙基线保持不变，墙线一律改为居中。调用【改墙厚】命令的方法如下。

- 菜单栏：选择【墙体】|【墙体工具】|【改墙厚】菜单命令。
- 命令行：在命令行中输入 GQH 命令并按 Enter 键。更改墙厚时，首先选择墙体，然后输入新的墙体厚度参数，即可完成改墙厚的操作。

下面具体讲解【改墙厚】命令的使用方法。

(1) 修改如图 3-51 所示的平面图的内墙厚，此图为某一住宅楼的户型平面图。

(2) 选择【墙体】|【墙体工具】|【改墙厚】菜单命令，根据命令行的提示选择墙体，按 Enter 键完成。

(3) 设置新的墙体宽度为 120，按 Enter 键结束，改墙厚的结果如图 3-52 所示。

2. 改外墙厚

【改外墙厚】命令可以修改整个外墙厚度，但执行此命令前应识别外墙，否则无法进行修改。调用【改外墙厚】命令的方法如下。

- 菜单栏：选择【墙体】|【墙体工具】|【改外墙厚】菜单命令。
- 命令行：在命令行中输入 GWQH 命令并按 Enter 键。

进行改外墙厚操作时，首先选择已被指定为外墙的墙体，然后输入新的厚度参数，即可完成改外墙厚的操作。

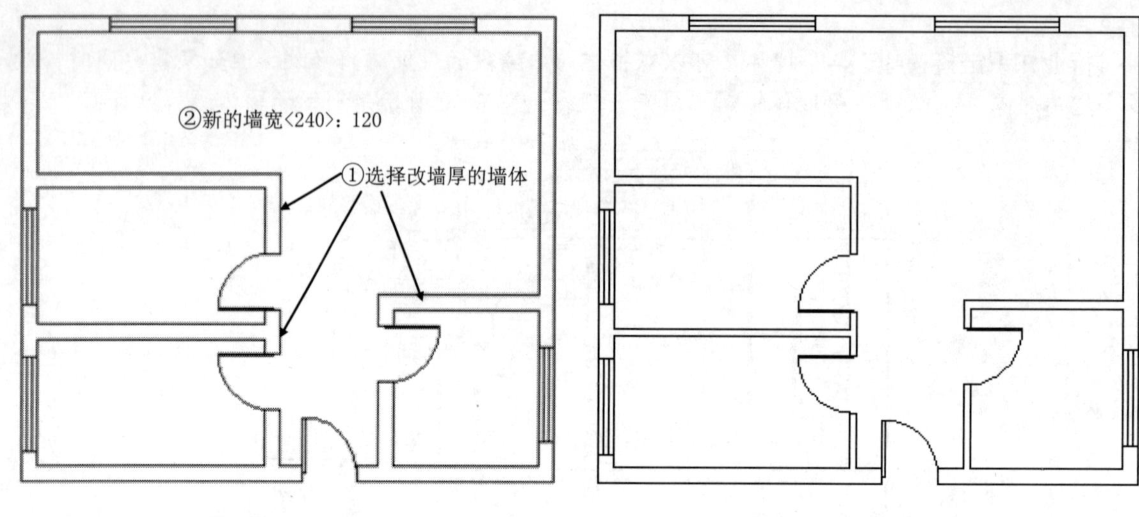

图 3-51　平面图　　图 3-52　改墙厚的结果

下面具体讲解【改外墙厚】命令的使用方法。

(1) 修改如图 3-53 所示的平面图的外墙厚。

(2) 选择【墙体】|【墙体工具】|【改外墙厚】菜单命令，选择外墙，按 Enter 键完成，如图 3-54 所示。

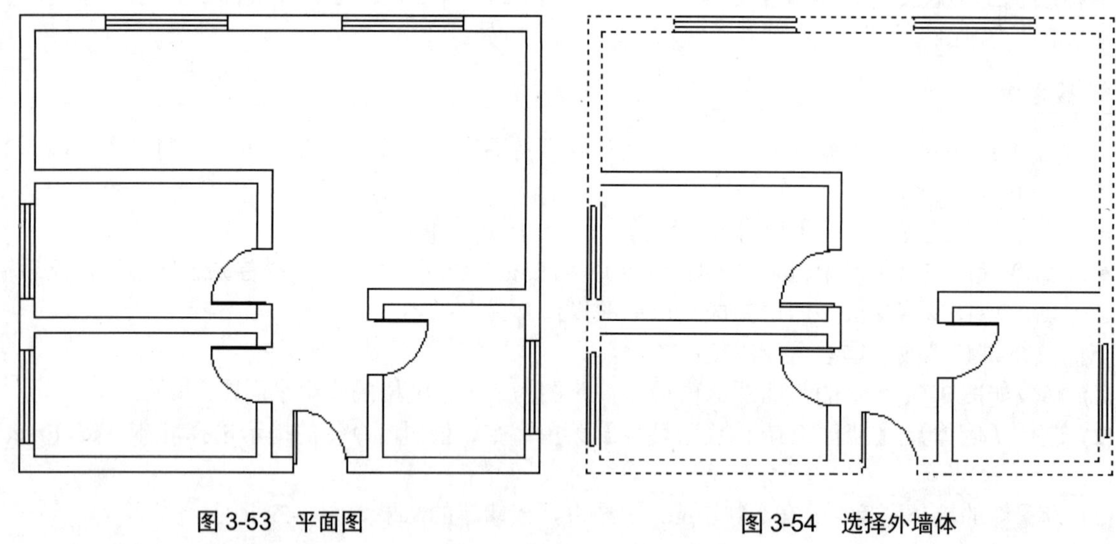

图 3-53　平面图　　图 3-54　选择外墙体

(3) 根据提示，设置内侧宽为 120，外侧宽为 240。

(4) 按 Enter 键结束操作，改外墙厚的结果如图 3-55 所示。

3. 改高度

【改高度】命令可对选中的柱、墙体及造型的高度和底标高成批进行修改。修改底标高时，门窗底的标高可以和柱、墙联动修改。

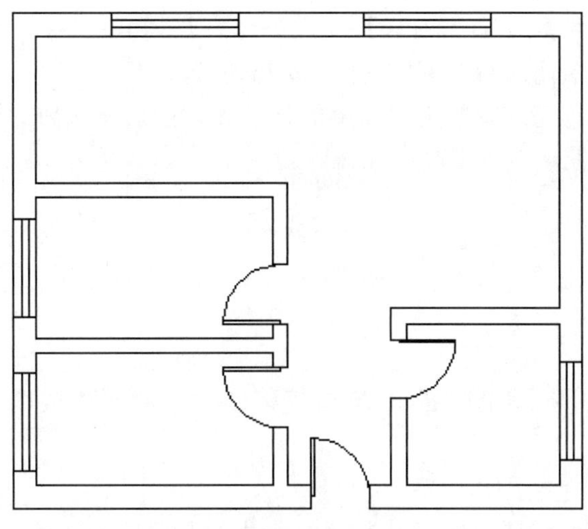

图 3-55 改外墙厚的结果

调用【改高度】命令的方法如下。

- 菜单栏：选择【墙体】|【墙体工具】|【改高度】菜单命令。
- 命令行：在命令行中输入 GGD 命令并按 Enter 键。

下面具体讲解【改高度】命令的使用方法。

(1) 修改如图 3-56 所示的墙体高度。

(2) 单击【墙体】|【墙体工具】|【改高度】菜单命令，根据命令行提示选择所有门、窗和墙体图形，按 Enter 键结束选择。

(3) 设置选择对象的新高度为 3000，底面标高为-200，按 Enter 键确认。

(4) 在命令行提示“是否维持窗墙底部间距不变”时，输入 N 并按 Enter 键。

(5) 改高度的结果如图 3-57 所示。

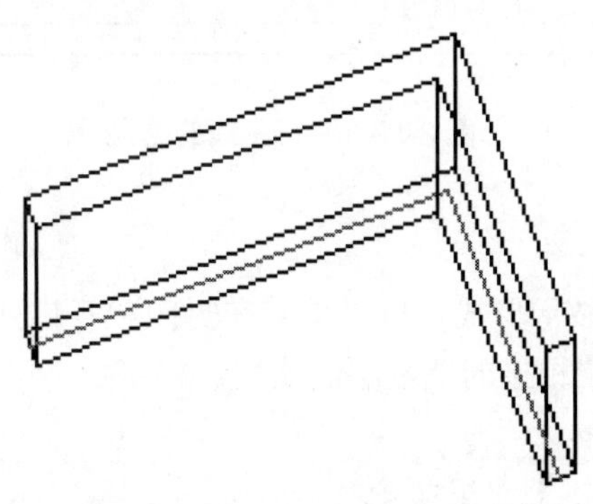

图 3-56 修改墙体高度

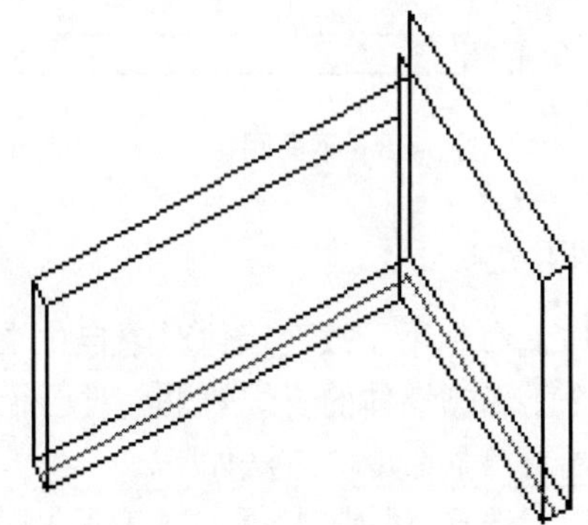

图 3-57 修改的墙体高度

4. 改外墙高

【改外墙高】命令与【改高度】命令类似，只是仅对外墙有效。执行本命令前，应已做过内外墙的识别操作。

调用【改外墙高】命令的方法如下。

- 菜单栏：选择【墙体】|【墙体工具】|【改外墙高】菜单命令。
- 命令行：在命令行中输入 GWQG 命令并按 Enter 键。

进行改外墙高操作时，首先选择要更改高度的外墙体，然后输入新的厚度参数，再根据命令行的提示进行一系列设置，即可完成改外墙高的操作。

提示：【改外墙高】命令通常用在无地下室的首层平面，把外墙从室内标高延伸到室外标高。

5. 平行生线

【平行生线】命令类似 AutoCAD 的 Offset(偏移)命令，用于生成以墙体和柱子边定位的辅助平行线。

调用【平行生线】命令的方法如下。

- 菜单栏：单击【墙体】|【墙体工具】|【平行生线】菜单命令。
- 命令行：在命令行中输入 PXSX 命令并按 Enter 键。

进行平行生线操作时，首先选取墙边或柱子，然后输入偏移参数，即可完成平行生线的操作。

下面具体讲解【平行生线】命令的使用方法。

(1) 在如图 3-58 所示的平面图中生成平行线。

(2) 选择【墙体】|【墙体工具】|【平行生线】菜单命令，选取墙边或柱子。

(3) 根据提示输入偏移距离 200，按 Enter 键结束操作，平行生线的结果如图 3-59 所示。

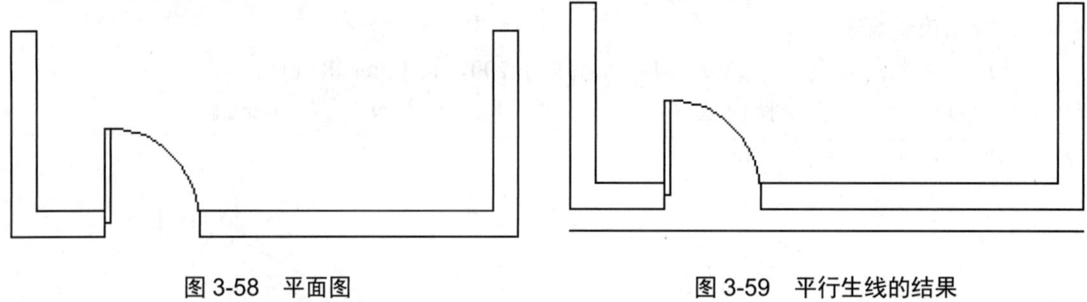

图 3-58　平面图　　　　图 3-59　平行生线的结果

6. 墙端封口

【墙端封口】命令用于改变墙体对象自由端的二维显示形式，可以使其在封闭和开口两种形式之间转换。本命令不影响墙体的三维效果，对已经与其他墙相接的墙端不起作用。

调用【墙端封口】命令的方法如下。

- 菜单栏：选择【墙体】|【墙体工具】|【墙端封口】菜单命令。
- 命令行：在命令行中输入 QDFK 命令并按 Enter 键。

下面具体讲解【墙端封口】命令的使用方法。

(1) 对如图 3-60 所示的墙体进行封口。

(2) 在命令行中输入 QDFK 命令并按 Enter 键，选择需要封闭的墙体图形，按 Enter 键确认，墙端封口的结果如图 3-61 所示。

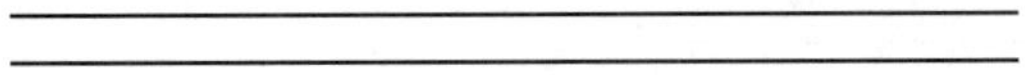

图 3-60　未封口的墙体 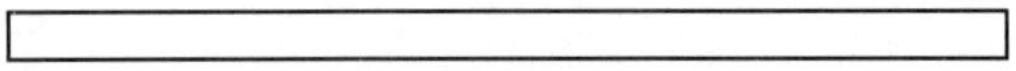　　　　图 3-61　墙端封口的结果

课后练习

案例文件：ywj\03\01.dwg

视频文件：光盘→视频课堂→第 3 教学日→3.2

本节课后练习的是建筑顶层平面图的绘制，平面图由多个独立房间和楼梯组成，包括屋顶和阳台等建筑特征，比例为 1∶100，如图 3-62 所示是创建完成的建筑顶层平面图。

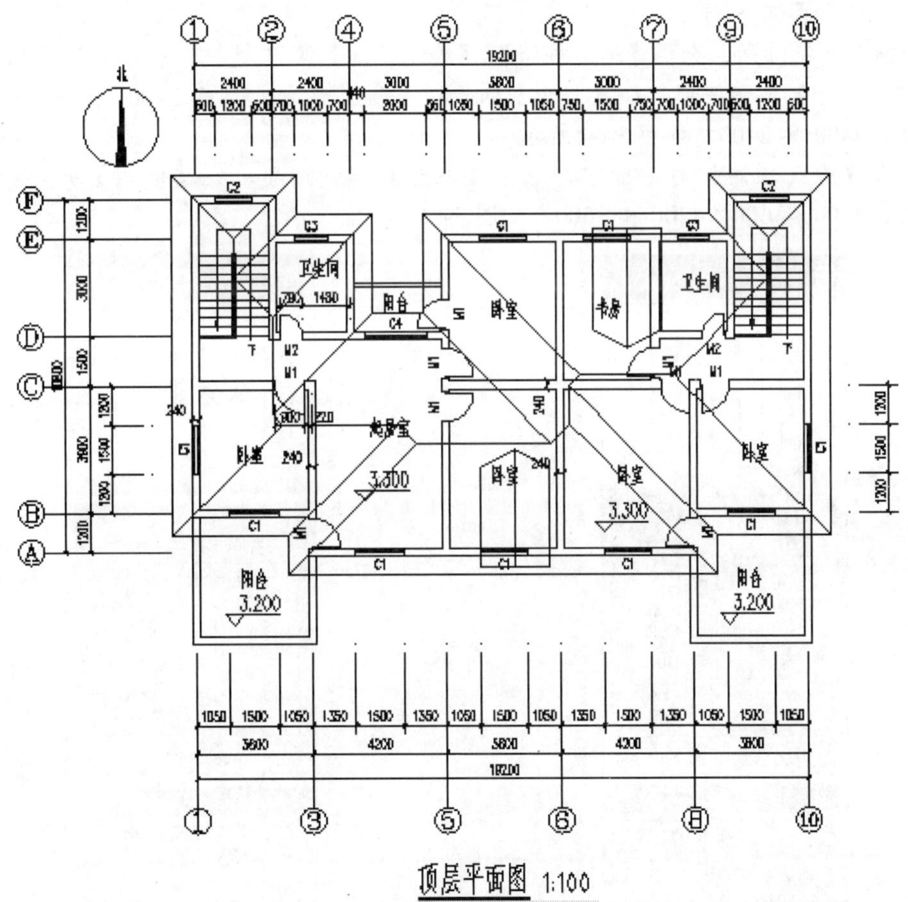

图 3-62　建筑顶层平面图

本节案例主要练习了建筑顶层平面图的绘制过程，首先绘制轴网，之后绘制墙体，再添加门窗、楼梯等附属特征，接着创建文字和屋顶特征，最后添加标注和标高，建筑顶层平面图的创建思路和步骤如图 3-63 所示。

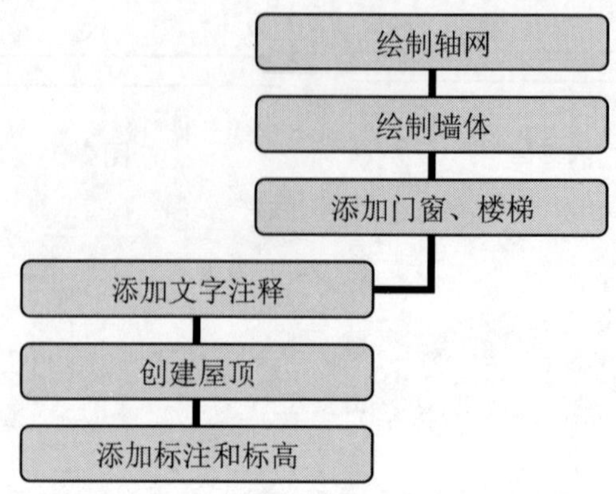

图 3-63　建筑顶层平面图的创建思路和步骤

练习案例操作步骤如下。

step 01 首先绘制轴网。选择【轴网柱子】|【绘制轴网】菜单命令，弹出【绘制轴网】对话框，选中【上开】单选按钮，在【间距】列表框内分别输入间距值 2400、2400、3000、3600、3000、2400 和 2400，如图 3-64 所示。

step 02 在【绘制轴网】对话框中，选中【下开】单选按钮，在【间距】列表框输入间距值 3600、4200、3600、4200 和 3600，如图 3-65 所示。

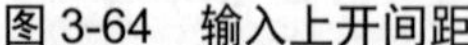

图 3-64　输入上开间距

图 3-65　输入下开间距

step 03 在【绘制轴网】对话框中，选中【左进】单选按钮，在列表框的【间距】列中输入间距值 1200、3900、1500、3000 和 1200，并单击绘图区放置轴网，如图 3-66 所示。

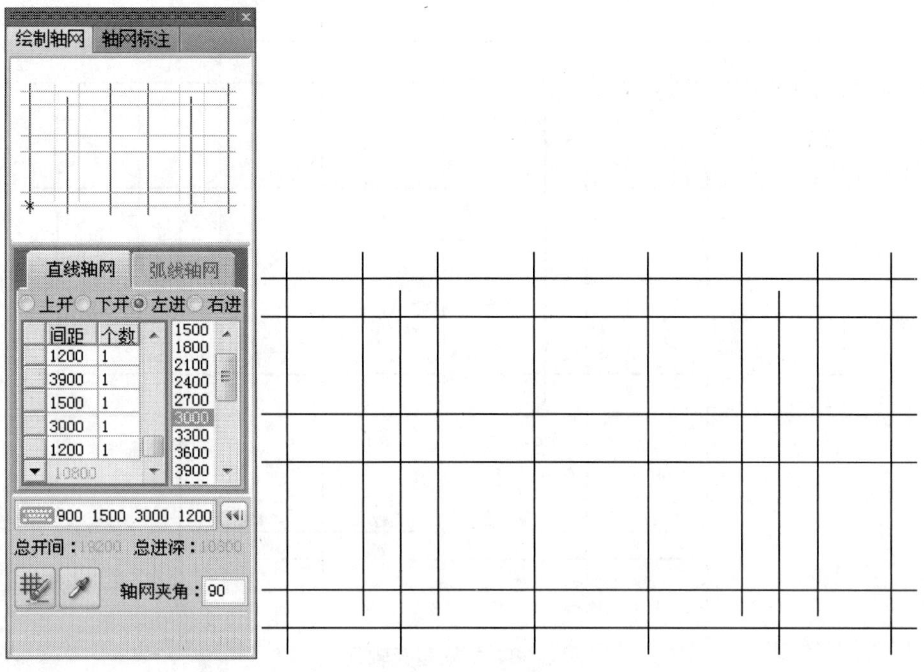

图 3-66　放置轴网

step 04 选择【轴网柱子】|【轴网标注】菜单命令，弹出【轴网标注】对话框，选中【单侧标注】单选按钮，选择起始轴线和结束轴线来标注水平轴线，如图 3-67 所示。

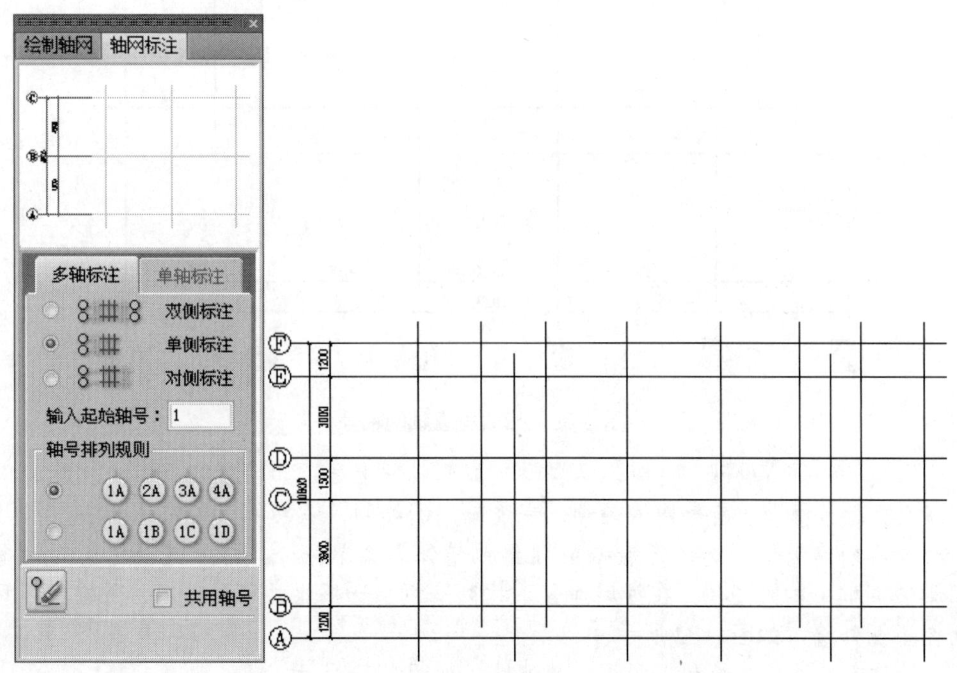

图 3-67　标注水平轴网

step 05 同样选择起始轴线和结束轴线来标注垂直轴线，标注结果如图 3-68 所示。

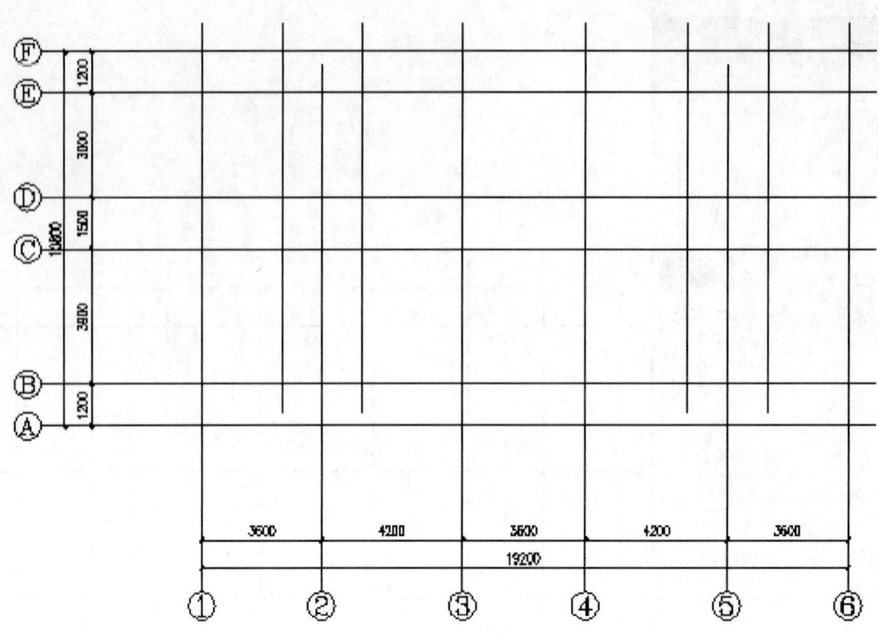

图 3-68　标注垂直轴网

step 06 双击轴号修改垂直轴网的轴号，结果如图 3-69 所示。

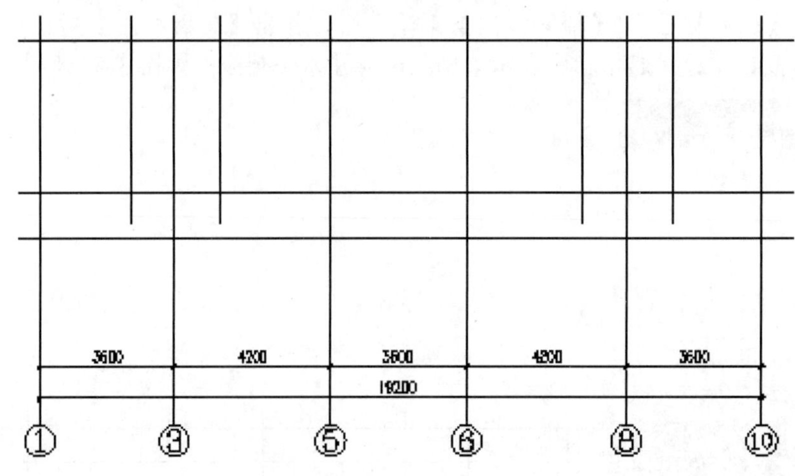

图 3-69　修改垂直轴网轴号

step 07 再次标注垂直轴网。此时轴号自动生成于轴网上方，如图 3-70 所示。

step 08 双击轴号修改垂直轴网的轴号，完成轴网的绘制，结果如图 3-71 所示。

step 09 之后创建墙体。选择【墙体】|【绘制墙体】菜单命令，弹出【墙体】对话框，在【墙宽】微调框中输入 240，在【用途】下拉列表框中选择【外墙】选项，并在绘图区域绘制平面图下侧外墙，如图 3-72 所示。

step 10 墙体参数不变，绘制平面图右侧外墙，如图 3-73 所示。

step 11 墙体参数不变，绘制平面图上侧外墙，如图 3-74 所示。

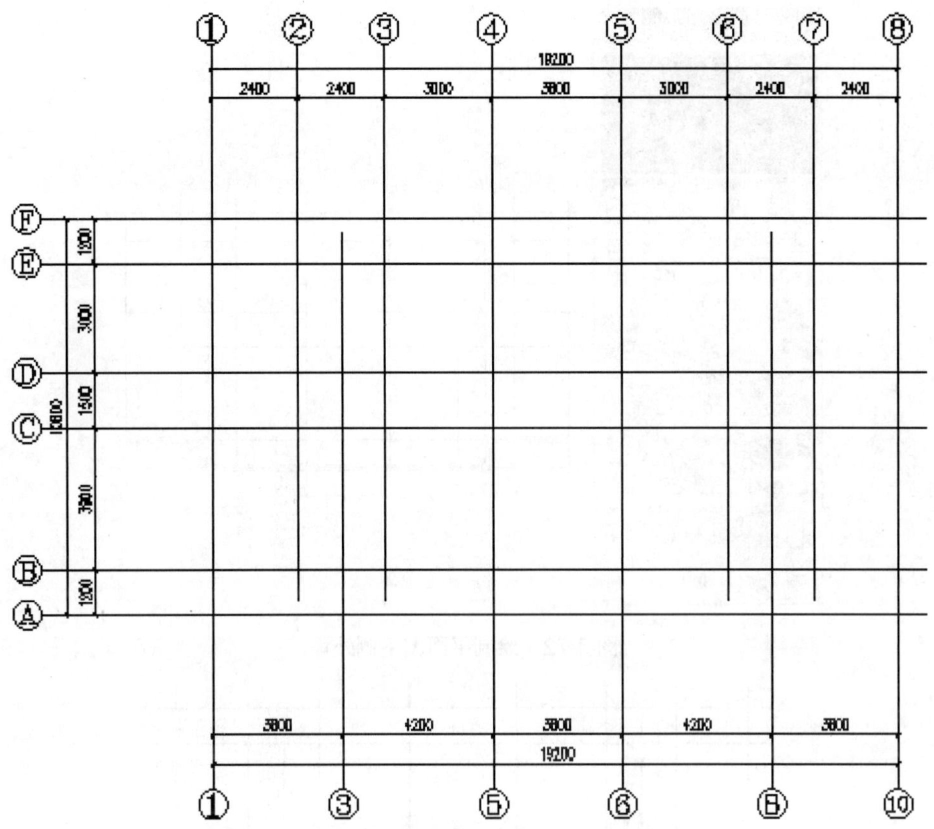

图 3-70　再次标注垂直轴网

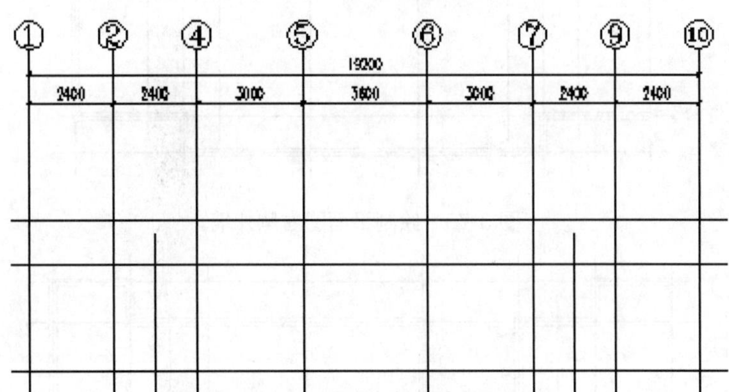

图 3-71　修改垂直轴网轴号

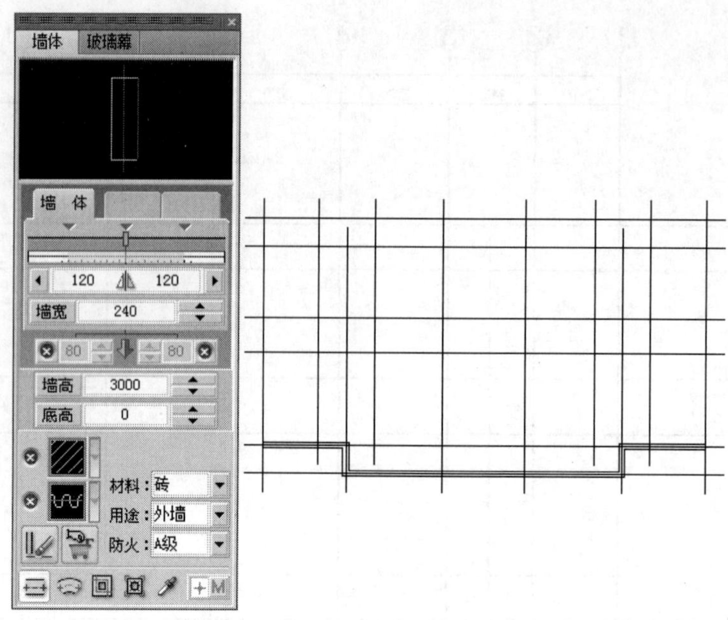

图 3-72　绘制平面图下侧外墙

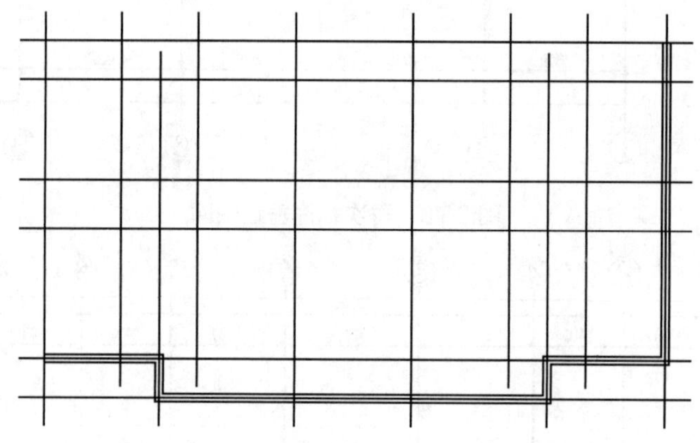

图 3-73　绘制平面图右侧外墙

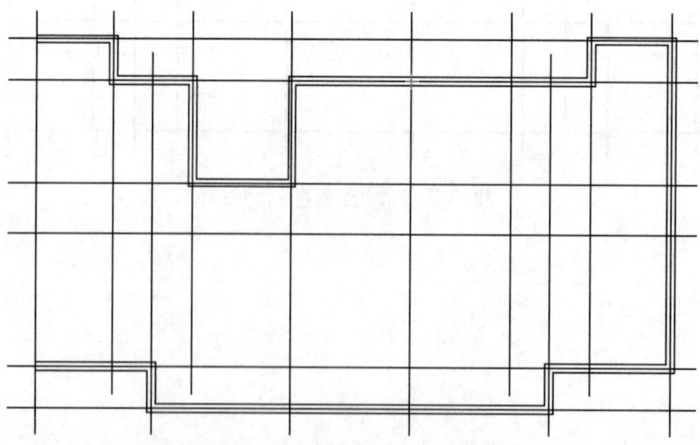

图 3-74　绘制平面图上侧外墙

step 12 墙体参数不变，绘制平面图左侧外墙，如图 3-75 所示。

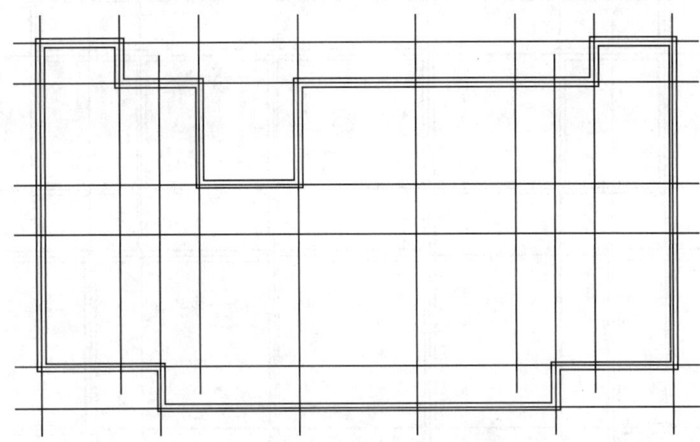

图 3-75 绘制平面图左侧外墙

step 13 在【墙体】对话框的【用途】下拉列表框中选择【内墙】选项，绘制平面图左侧区域的内墙，如图 3-76 所示。

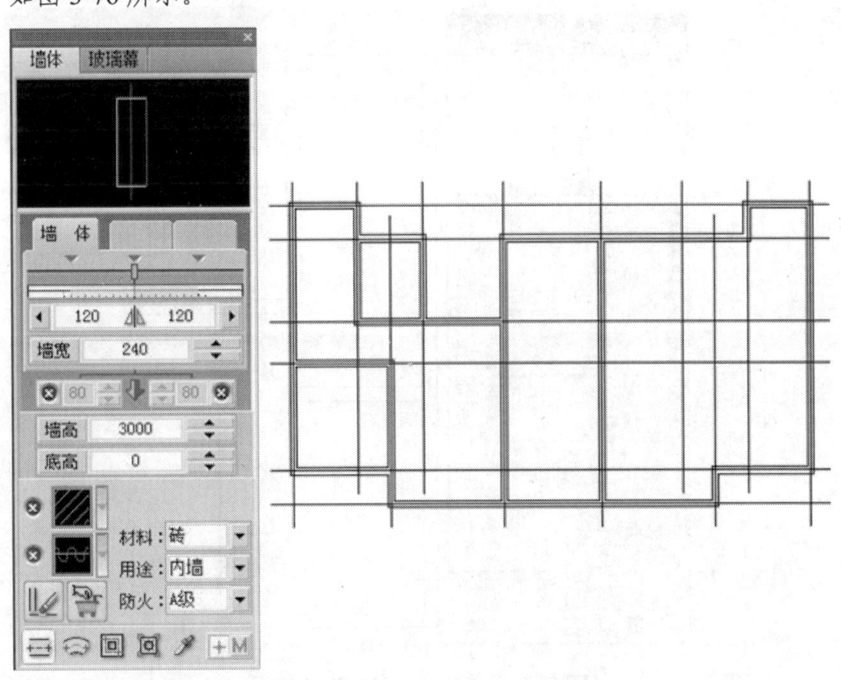

图 3-76 绘制平面图左侧区域的内墙

step 14 墙体参数不变，绘制平面图右侧区域的内墙，完成墙体的创建，如图 3-77 所示。

step 15 接着创建门窗、楼梯等附属。选择【门窗】|【新门】菜单命令，弹出【门】对话框，在【门宽】微调框输入 900，在【编号】下拉列表框中输入 M1，在【类型】下拉列表框中选择【普通门】选项，在【材料】下拉列表框中选择【木复合】选项，并在绘图区域添加一个宽度为 900 的门，如图 3-78 所示。

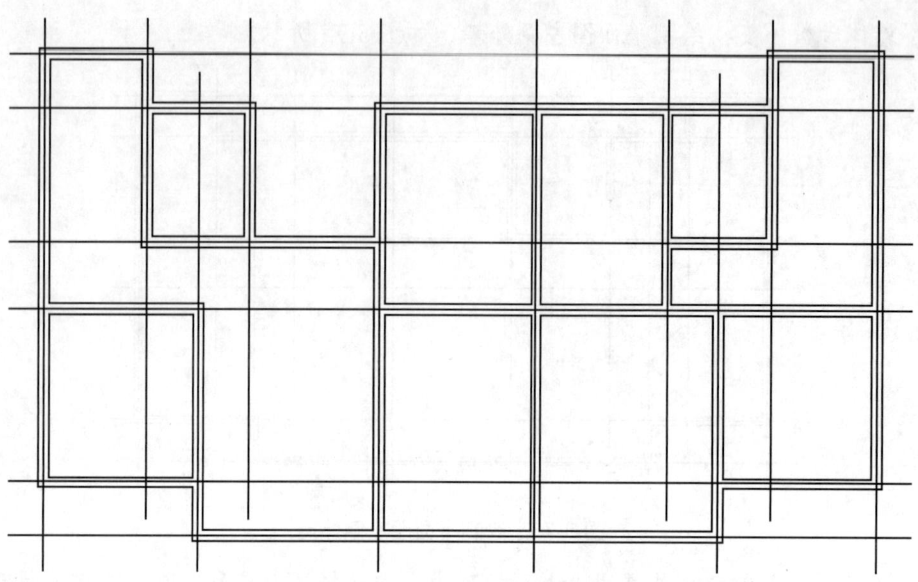

图 3-77　绘制平面图右侧区域的内墙

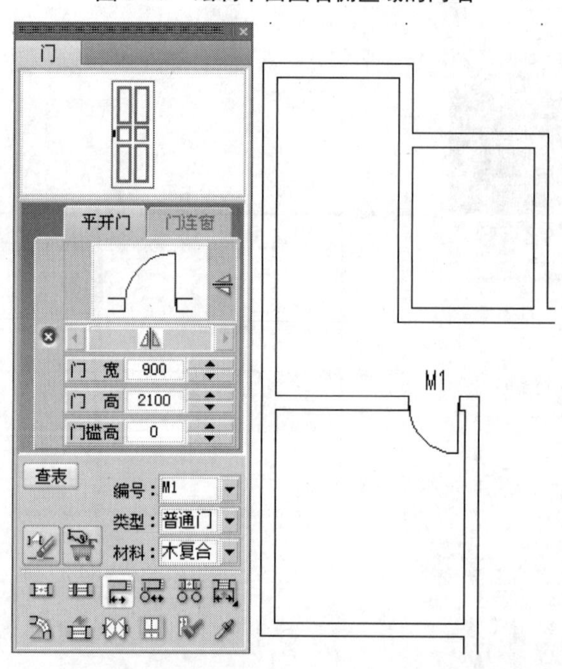

图 3-78　添加一个宽为 900 的门

step 16 按照同样的方法，添加多个其他的编号为 M1、宽为 900 的门，如图 3-79 所示。

step 17 选择【门窗】|【新门】菜单命令，弹出【门】对话框，在【门宽】微调框输入 700，在【编号】下拉列表框中输入 M2，并在绘图区域添加一个宽为 700 的门，如图 3-80 所示。

step 18 按照同样方法，添加编号为 M2 宽为 700 的门，如图 3-81 所示。

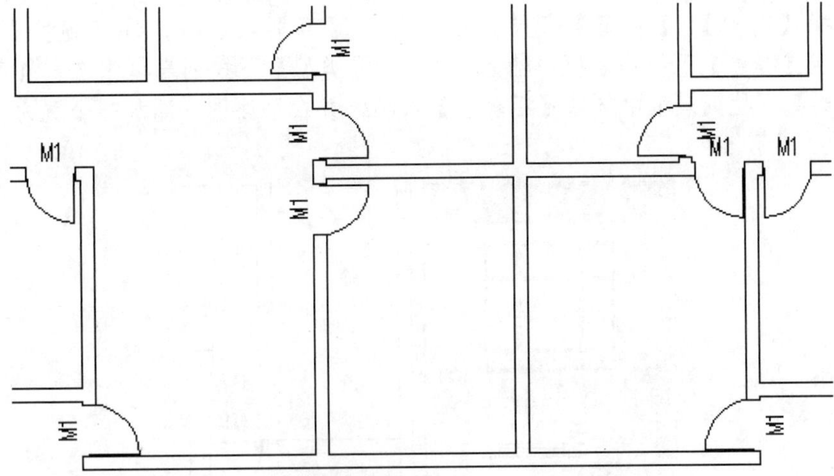

图 3-79　添加多个宽为 900 的门

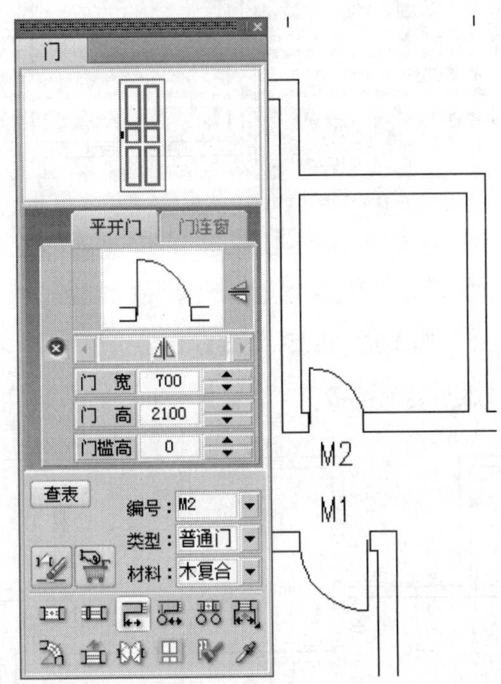

图 3-80　添加一个宽为 700 的门

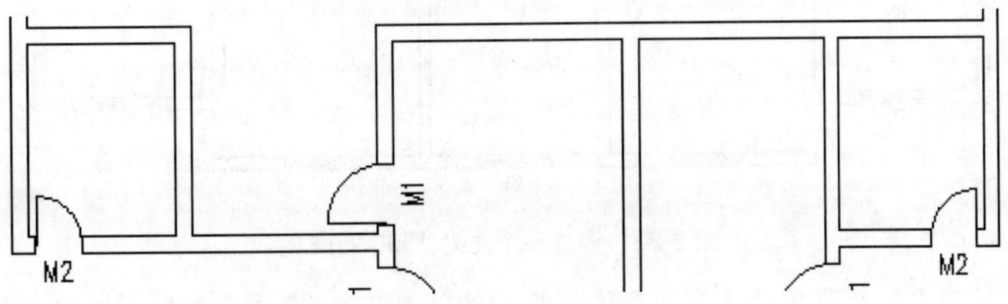

图 3-81　添加另一个编号为 M2 的门

step 19 选择【门窗】|【新窗】菜单命令，弹出【窗】对话框，在【窗宽】微调框中输入 1500，在【编号】下拉列表框中输入 C1，在【类型】下拉列表框中选择【普通窗】选项，在【材料】下拉列表框中选择【铝合金】选项，并在平面图中添加一个宽为 1500 的窗户，如图 3-82 所示。

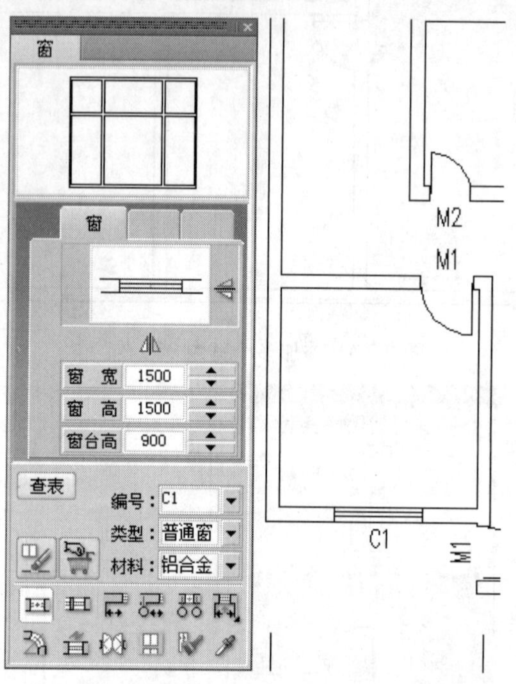

图 3-82 添加一个宽为 1500 的窗

step 20 按照同样的方法，添加其他编号为 C1 宽为 1500 的窗，如图 3-83 所示。

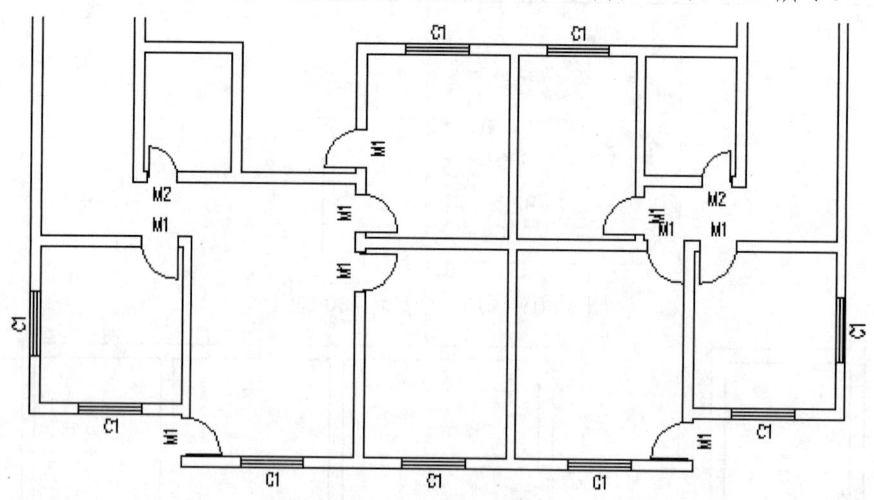

图 3-83 添加多个宽为 1500 的窗

step 21 在【窗】对话框中的【窗宽】微调框内输入 1200，在【编号】下拉列表框中输入 C2，并在绘图区域添加一个宽为 1200 的窗户，如图 3-84 所示。

step 22 按照同样的方法，添加另一个编号 C2 宽为 1200 的窗户，如图 3-85 所示。

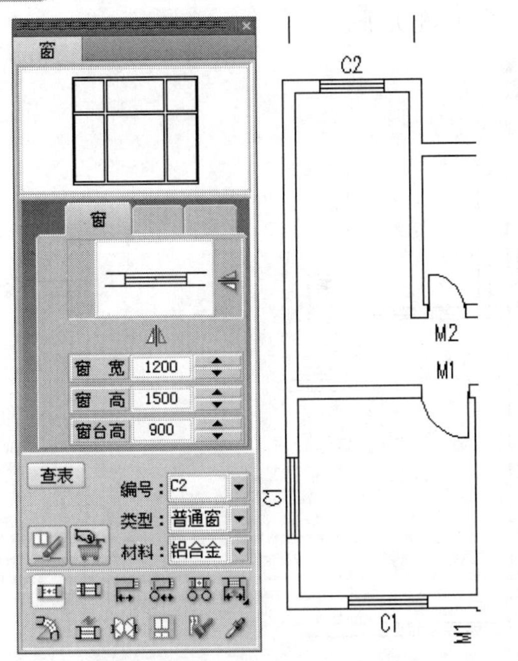

图 3-84　添加一个宽为 1200 的窗户

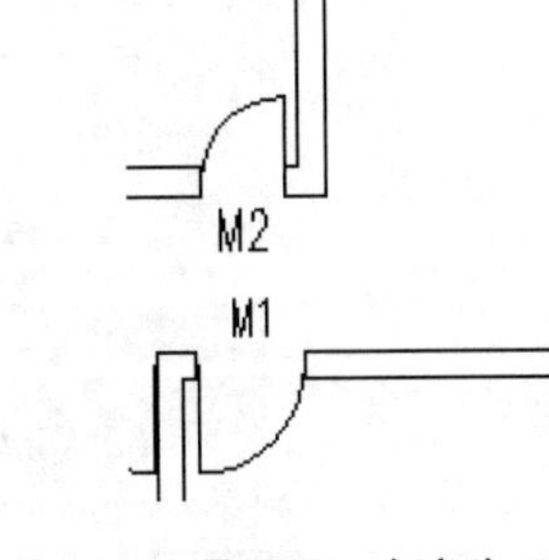

图 3-85　添加另一个宽为 1200 的窗户

step 23 在【窗】对话框的【窗宽】微调框中输入 1000，在【编号】下拉列表框中输入 C3，并在绘图区域添加一个宽为 1000 的窗户，如图 3-86 所示。

step 24 按照同样的方法，添加另一个编号为 C3、宽为 1000 的窗户，如图 3-87 所示。

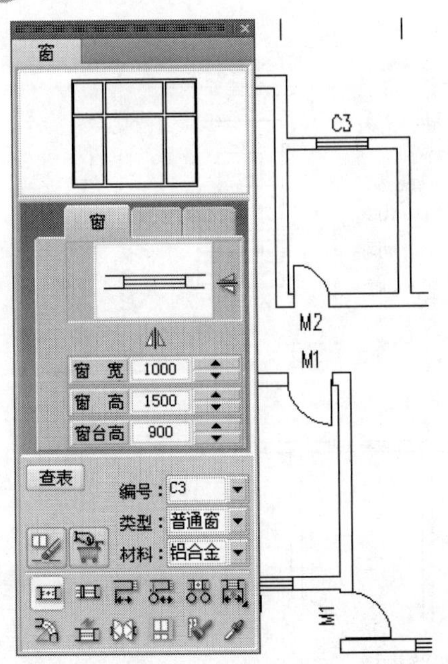

图 3-86　添加一个宽为 1000 的窗户

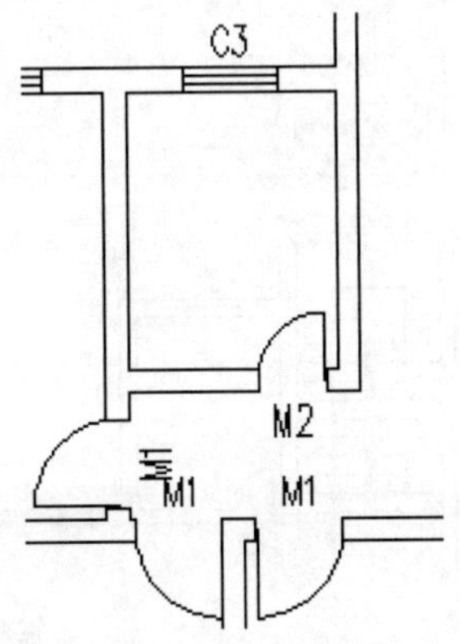

图 3-87　添加另一个宽为 1000 的窗户

step 25 在【窗】对话框的【窗宽】微调框中输入 2000，在【编号】下拉列表框中输入 C4，并在绘图区域添加一个宽为 2000 的窗户，如图 3-88 所示。

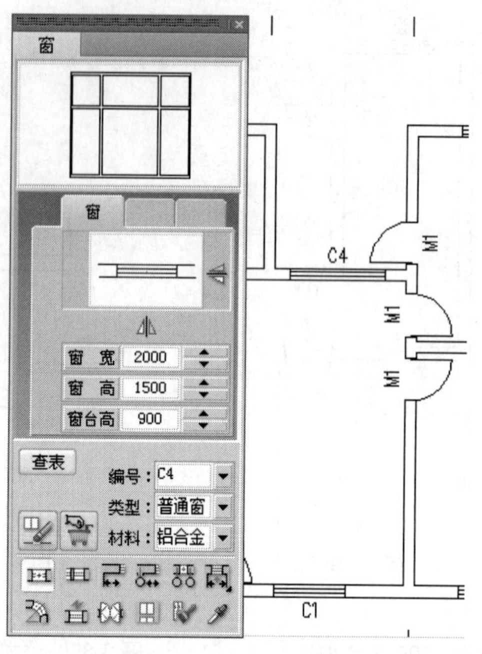

图 3-88 添加一个宽为 2000 的窗户

step 26 选择【楼梯其他】|【双跑楼梯】菜单命令，弹出【双跑楼梯】对话框，在【梯间宽】文本框中输入 2160，在【平台宽度】文本框中输入 1600，并在绘图区域添加两个双跑楼梯，如图 3-89 所示。

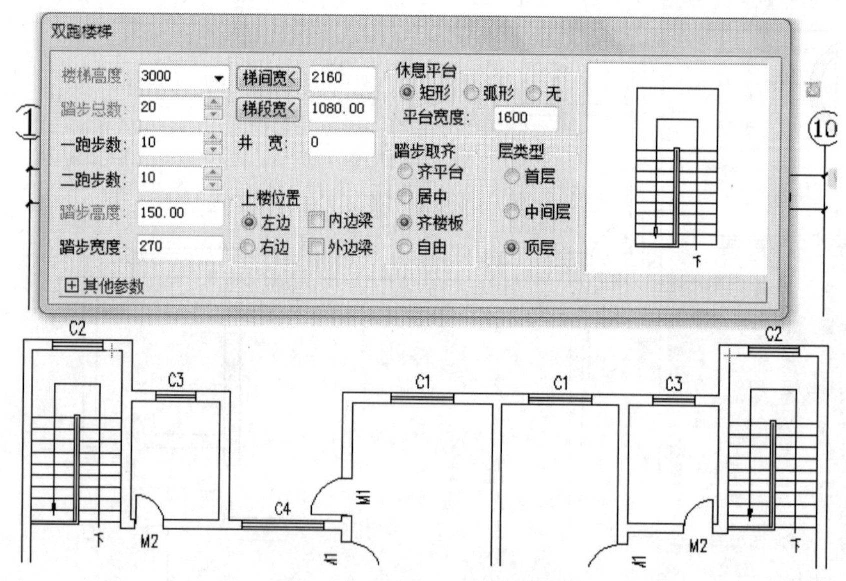

图 3-89 添加两个双跑楼梯

step 27 选择【楼梯其他】|【阳台】菜单命令，弹出【绘制阳台】对话框，选择【凹阳台】类

型，在绘图区域添加凹阳台，如图 3-90 所示。

step 28 单击绘图工具栏中的【多段线】按钮，绘制多段线，长分别为 3900、3840、2700，如图 3-91 所示。

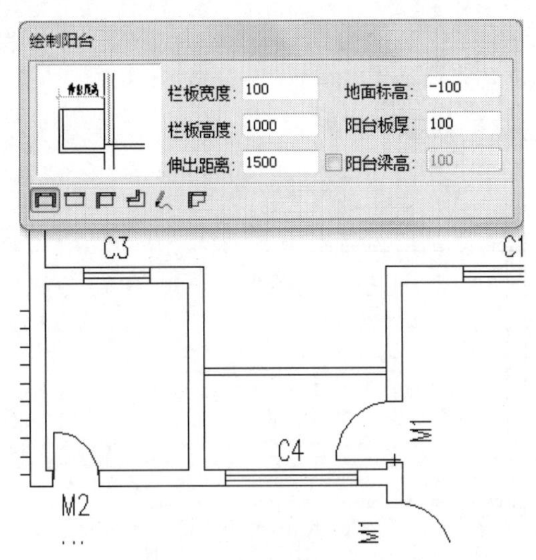

图 3-90 添加凹阳台

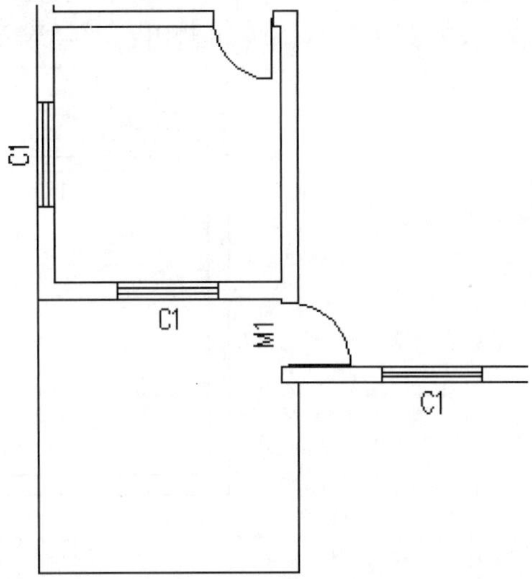

图 3-91 绘制多段线

step 29 选择【楼梯其他】|【阳台】菜单命令，在弹出的【绘制阳台】对话框中，选择【选择已有路径生成】类型，在【栏板宽度】文本框中输入 240，【阳台板厚】文本框中输入 240，并在绘图区域选择邻接的墙、门和窗，如图 3-92 所示。

step 30 按 Enter 键后，单击选取接墙的边，如图 3-93 所示。

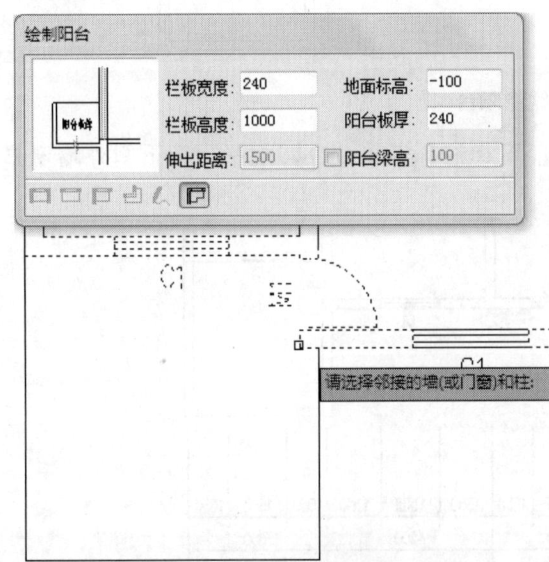

图 3-92 选择邻接的墙、门和窗

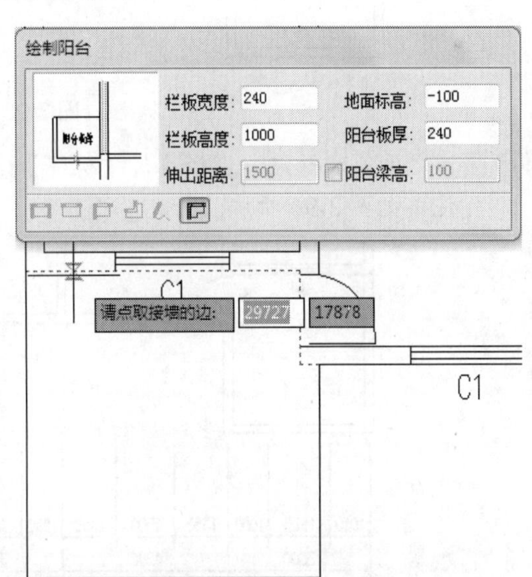

图 3-93 单击选取阳台接墙的边

step 31 再次按 Enter 键，生成阳台，结果如图 3-94 所示。

step 32 单击修改工具栏中的【镜像】按钮，镜像复制阳台，完成门窗、楼梯等附属的创建，如图 3-95 所示。

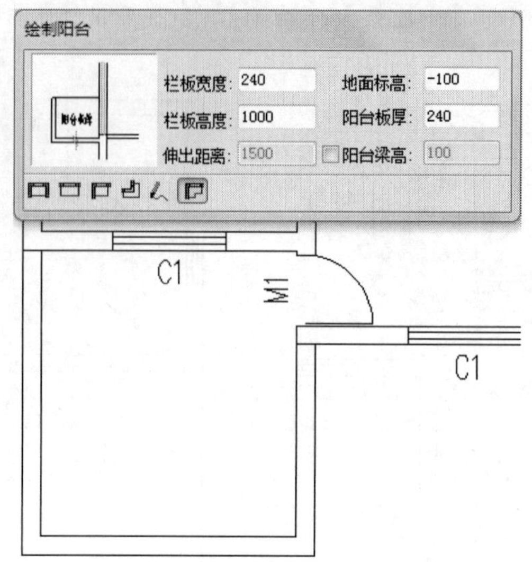

图 3-94　生成阳台

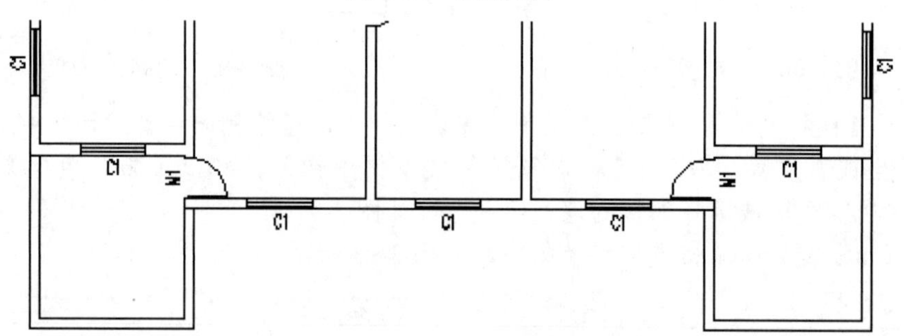

图 3-95　镜像阳台

step 33 之后创建标注。选择【尺寸标注】|【门窗标注】菜单命令，对平面图下侧外墙窗户进行标注，如图 3-96 所示。

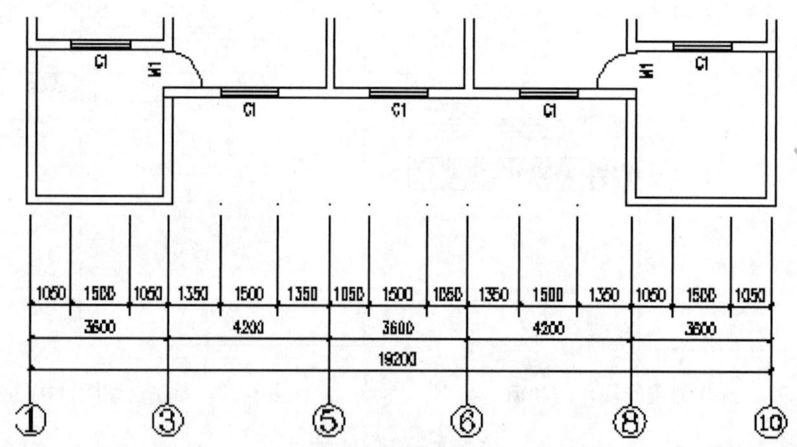

图 3-96　标注外墙窗户

step 34 以同样的方法标注平面图左侧外墙窗户，如图 3-97 所示。

step 35 以同样的方法标注平面图上侧外墙窗户，如图 3-98 所示。

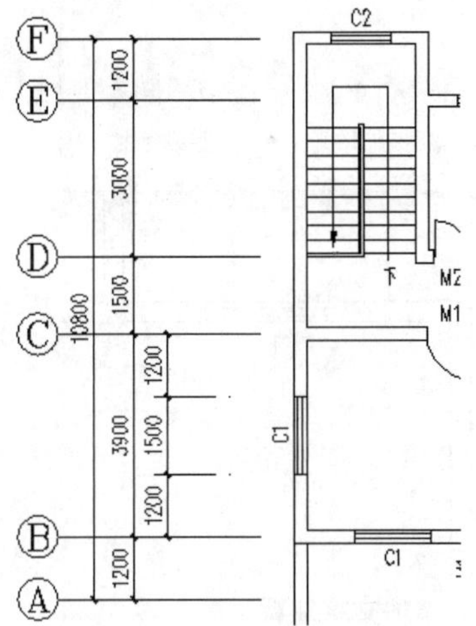

图 3-97　标注左侧外墙窗户

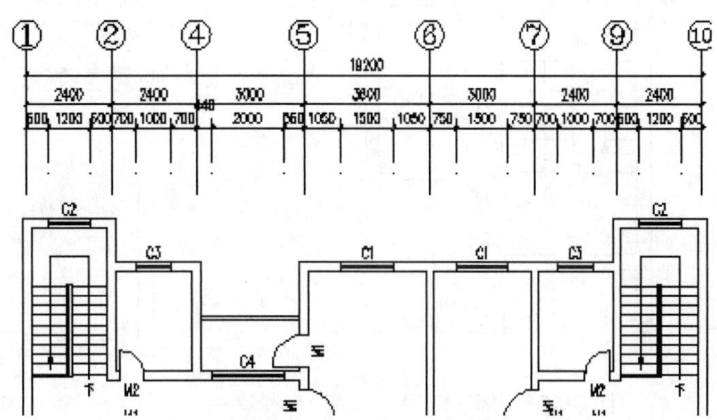

图 3-98　标注上侧外墙窗户

step 36 以同样的方法标注平面图右侧外墙窗户，如图 3-99 所示。

step 37 选择【尺寸标注】|【墙厚标注】菜单命令，标注外墙和内墙厚，如图 3-100 所示。

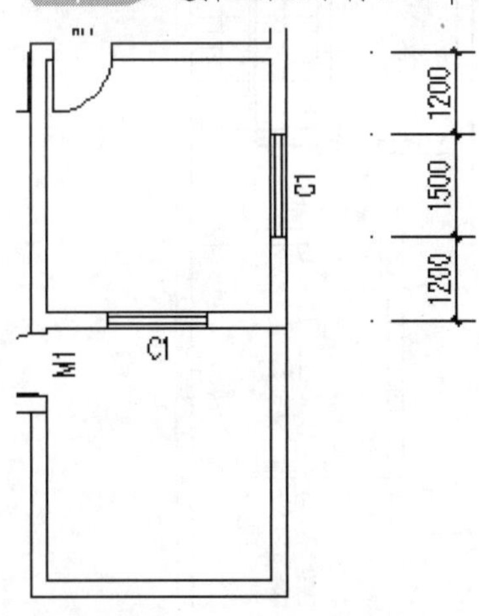

图 3-99　标注右侧外墙窗户

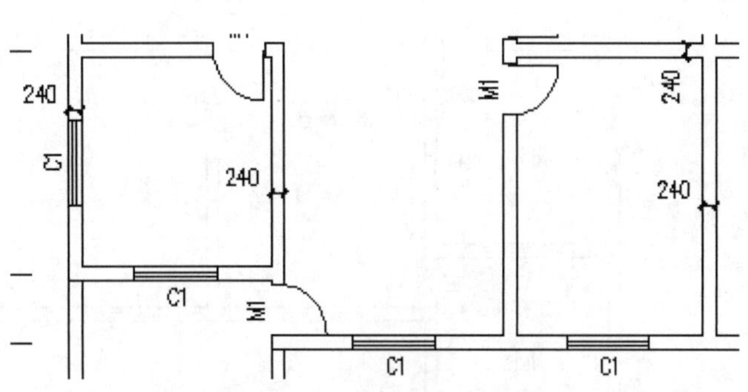

图 3-100　标注外墙和内墙厚

step 38 选择【尺寸标注】|【内门标注】菜单命令，对内门进行标注，如图 3-101 所示。

step 39 选择【文字表格】|【单行文字】菜单命令，弹出【单行文字】对话框，在【字高】下拉列表框输入 6，输入文字“阳台”，并在绘图区域单击放置文字，如图 3-102 所示。

step 40 单击修改工具栏中的【复制】按钮，复制多个文字至如图 3-103 所示位置。

step 41 双击文字修改文字内容，如图 3-104 所示。

step 42 选择【符号标注】|【标高标注】菜单命令，弹出【标高标注】对话框，选中【手工输入】复选框，在【楼层标高】栏中输入 3.300，在【字高】下拉列表框中输入 5.0，并单击绘图区域放置标高，如图 3-105 所示。

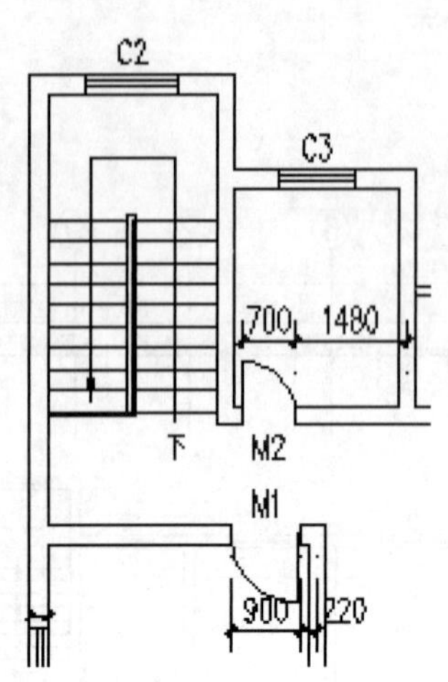

图 3-101　标注内门

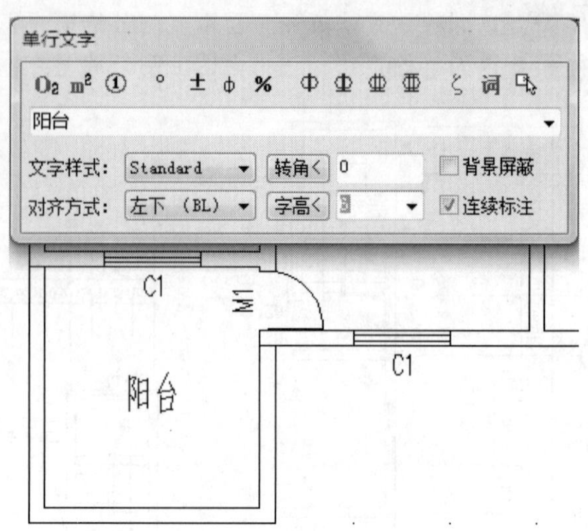

图 3-102　添加文字注释

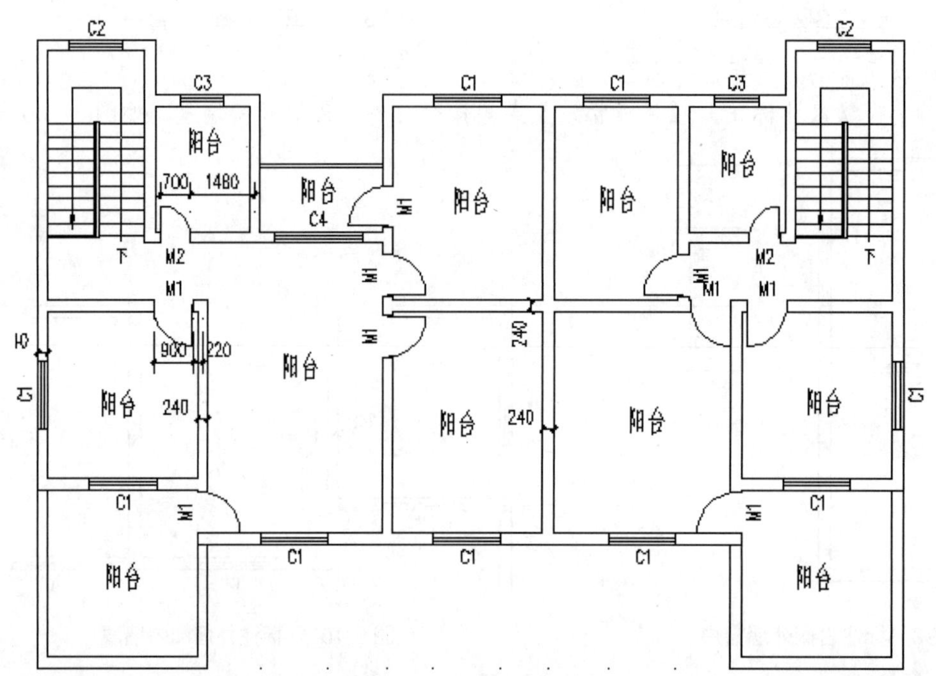

图 3-103　复制多个文字

step 43 在【标高标注】对话框的【楼层标高】栏中输入 3.200，并单击绘图区域放置其他标高，完成标注的创建，如图 3-106 所示。

step 44 最后创建屋顶。选择【房间屋顶】|【搜屋顶线】菜单命令，框选平面图，设置【偏移外皮距离】为 600，自动生成屋顶线，如图 3-107 所示。

step 45 单击修改工具栏中的【移动】按钮，移动屋顶线至屋顶，如图 3-108 所示。

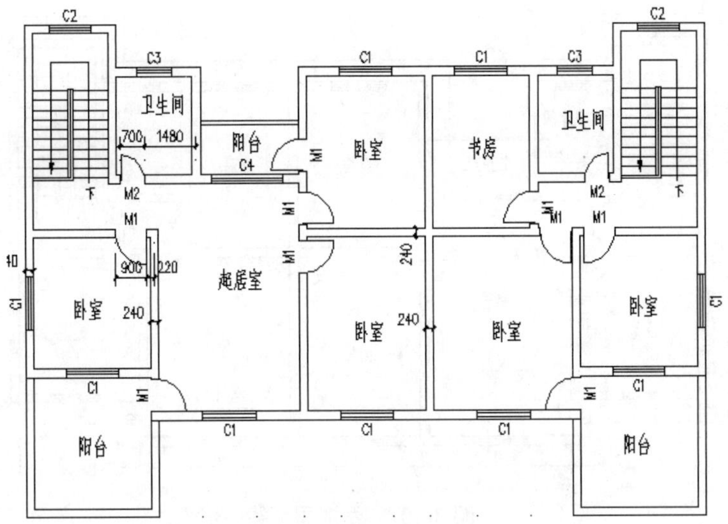

图 3-104　修改文字内容

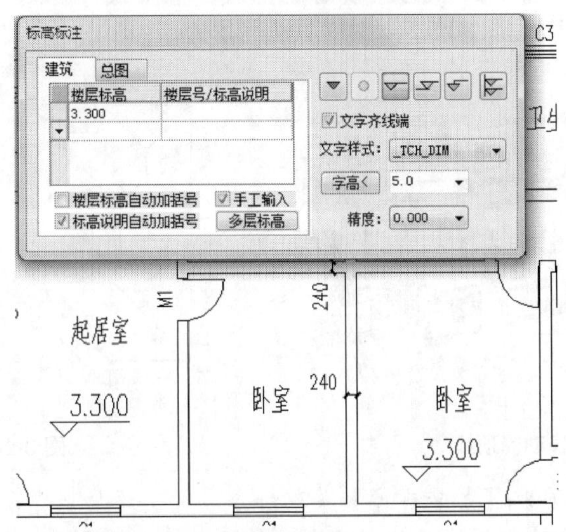

图 3-105　添加标高

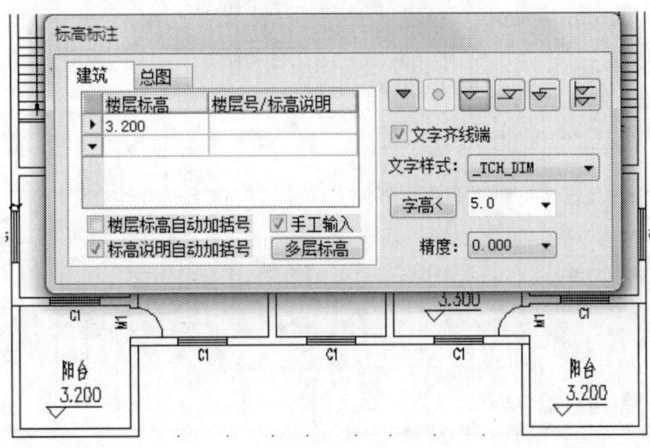

图 3-106　添加其他标高

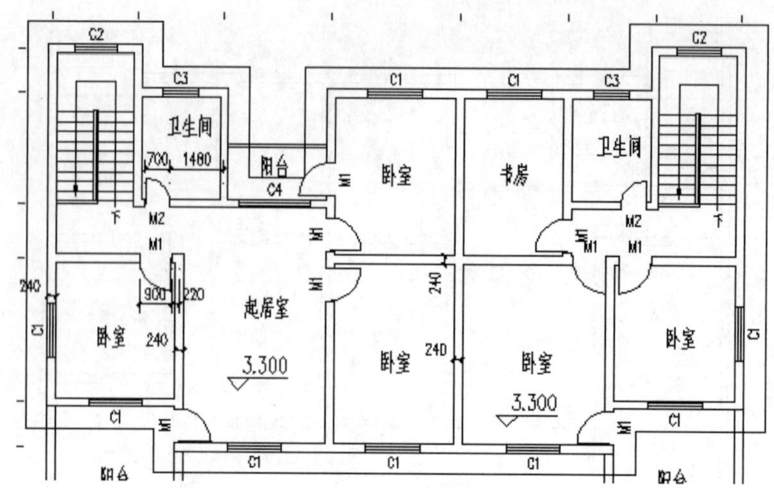

图 3-107 生成屋顶线

step 46 选择【房间屋顶】|【任意坡顶】菜单命令，选择屋顶线，设置【坡度角】为 30，【出檐长】为 600，自动生成屋顶，如图 3-109 所示。

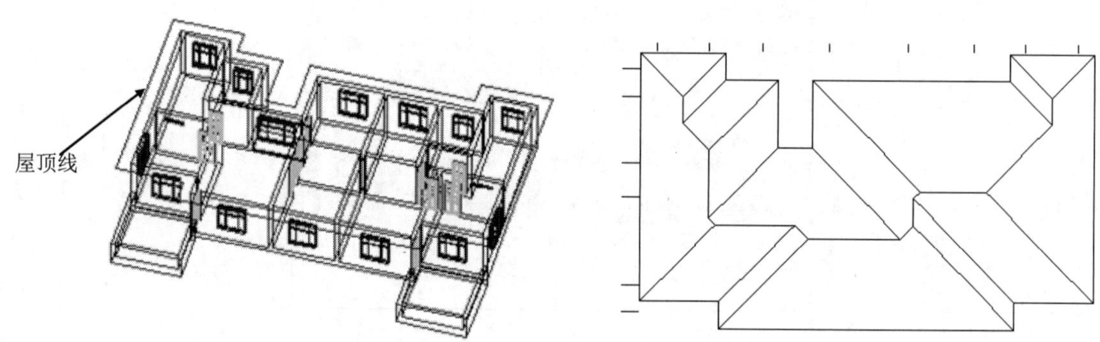

图 3-108 移动屋顶线

图 3-109 生成屋顶

step 47 选择【房间屋顶】|【加老虎窗】菜单命令，弹出【加老虎窗】对话框，在【坡度】文本框中输入 0.3，并在绘图区域添加老虎窗，如图 3-110 所示。

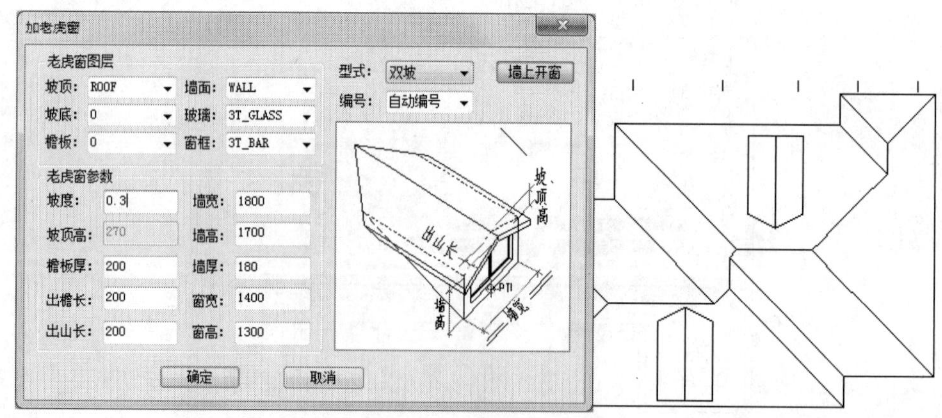

图 3-110 添加老虎窗

step 48 选择【符号标注】|【画指北针】菜单命令，在绘图区域单击放置指北针，如图 3-111 所示。

step 49 选择【符号标注】|【图名标注】菜单命令，弹出【图名标注】对话框，输入“顶层平面图”，在两个【字高】下拉列表框中分别输入 10.0、7.0，并单击绘图区放置图名，完成屋顶的创建，如图 3-112 所示。

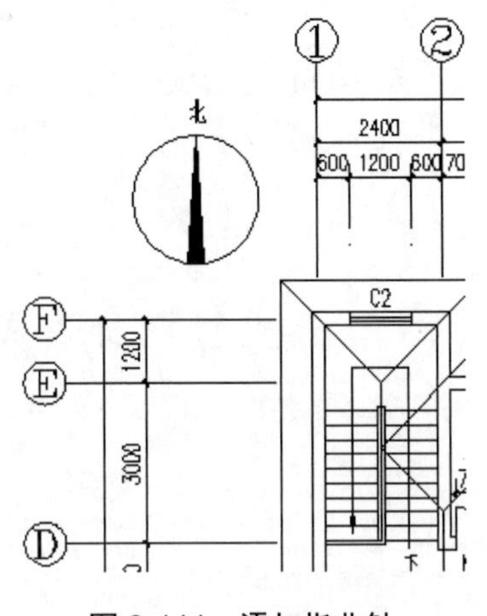

图 3-111　添加指北针

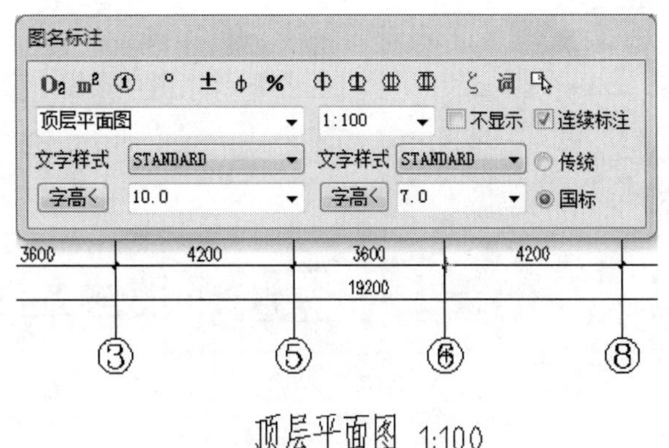

图 3-112　添加图名

step 50 完成建筑顶层平面图的绘制，如图 3-113 所示。

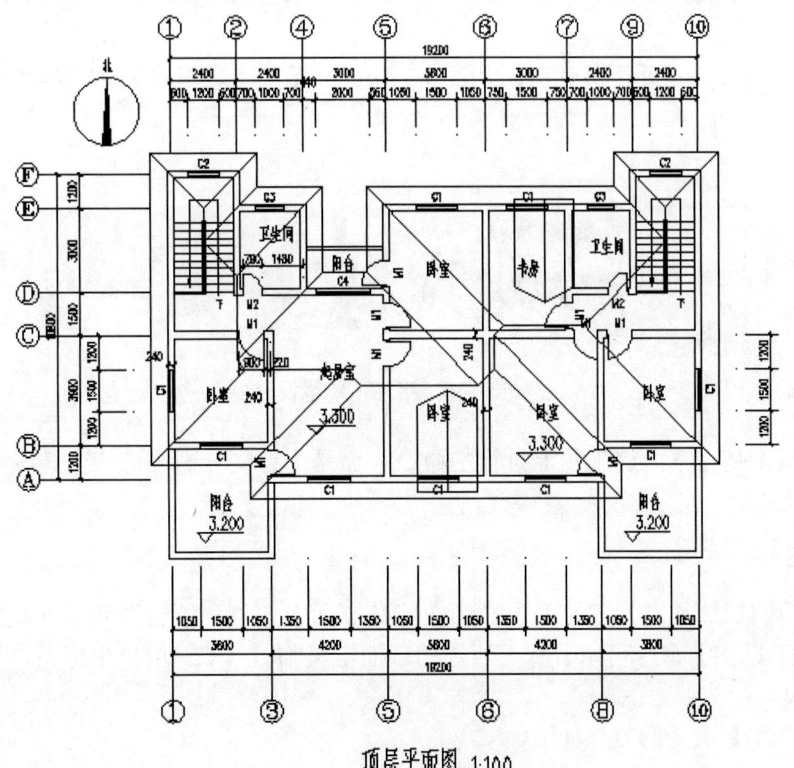

图 3-113　完成的顶层平面图

建筑设计实践：如图 3-114 所示，整体式建筑设计应做到基本单元、连接构造、构件、配件及设备管线的标准化与系列化，采用少规格、多组合的原则，组合多样化的建筑形式。

图 3-114　整体式建筑设计

第 3 课　1 课时　墙体立面工具

3.3.1　墙体立面工具

行业知识链接：建筑物平面、立面、剖面图，宜标注室内外地坪、楼地面、地下层地面、阳台、平台、檐口、屋脊、女儿墙、雨棚、门、窗、台阶等处的标高。平屋面等不易标明建筑标高的部位可标注结构标高，并予以说明。如图 3-115 所示是某半地下建筑设计的墙体立面。

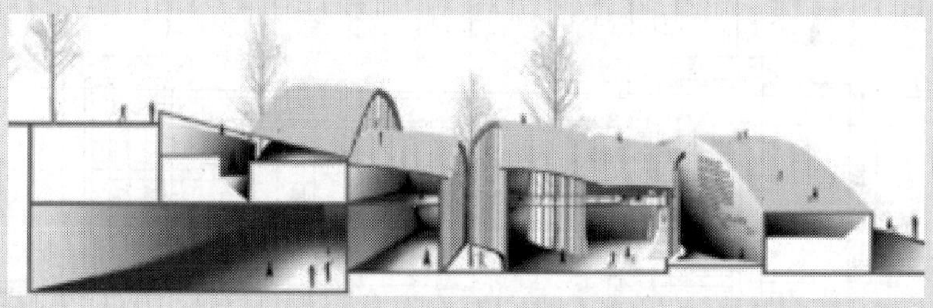

图 3-115　半地下建筑设计

墙体立面工具不是在平面施工图上执行的命令，而是为绘制立面图或三维建模作准备而编制的几个墙体立面设计工具。

1. 墙面 UCS

为了构造异型洞口或构造异型墙面，必须在墙体立面上定位和绘制图元，这就需要把 UCS 设置到墙面上。【墙面 UCS】命令可用于基于所选的墙面定义临时 UCS 用户坐标系，再将指定视口转化为立面显示。

调用【墙面 UCS】命令的方法如下。

- 菜单栏：选择【墙体】|【墙体立面】|【墙面 UCS】菜单命令。
- 命令行：在命令行中输入 QMUCS 命令并按 Enter 键。

下面具体讲解【墙面 UCS】命令的使用方法。

(1) 在如图 3-116 所示的平面图中使用【墙面 UCS】命令。

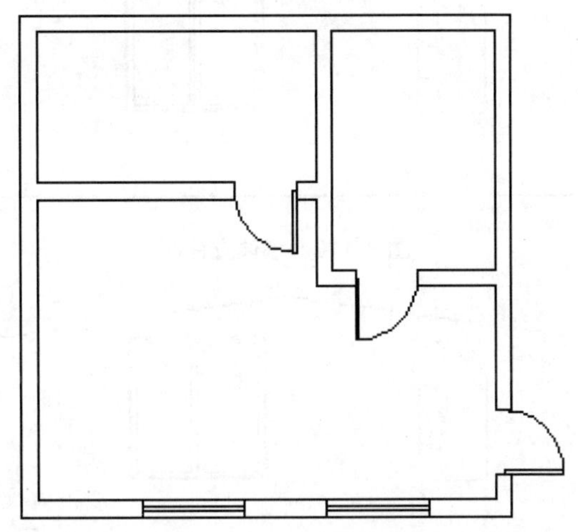

图 3-116　室内平面图

(2) 选择【墙体】|【墙体立面】|【墙面 UCS】菜单命令，单击墙体一侧，该墙面即以立面的形式显示，Y 轴方向已经设置为墙面高度的方向，如图 3-117 所示。

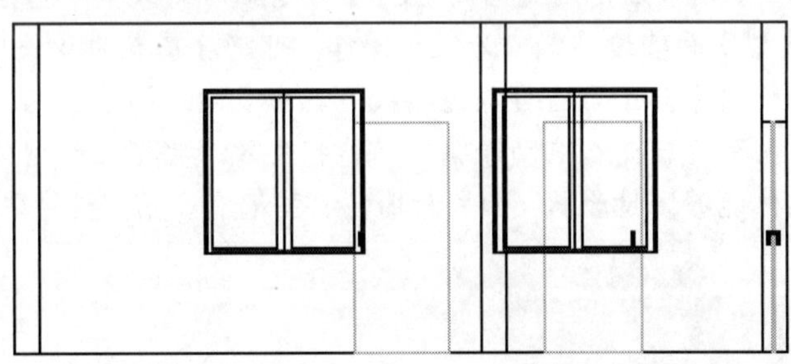

图 3-117　墙面 UCS 结果

2. 异型立面

【异型立面】命令可以在立面显示状态下，将墙按事先用【多段线】命令绘制而成的轮廓线进行剪裁，生成非矩形的不规则立面墙体，如创建双坡或单坡山墙与坡屋顶底面相交等。

调用【异型立面】命令的方法如下。

- 菜单栏：选择【墙体】|【墙体立面】|【异型立面】菜单命令。
- 命令行：在命令行中输入 YXLM 命令并按 Enter 键。

下面具体讲解异形立面的创建方法。

(1) 用如图 3-118 所示的墙立面图创建异型立面墙。

(2) 选择【墙体】|【墙体立面】|【异型立面】菜单命令，根据命令行提示，首先选择多线段作为定制墙造型的裁剪线，然后选择需要裁剪的墙体。

(3) 按 Enter 键结束选择，创建的异型立面墙体如图 3-119 所示。

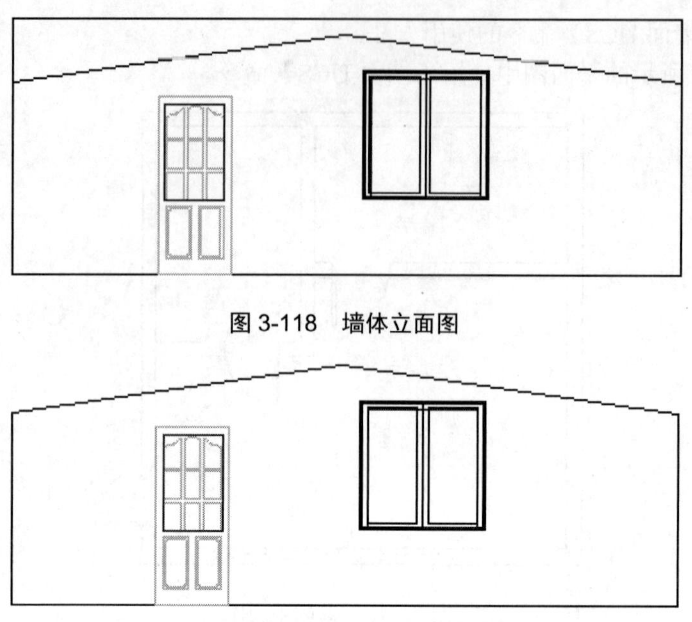

图 3-118　墙体立面图

图 3-119　异型立面墙体

注意：(1) 运行本命令前，应先用【墙面 UCS】命令临时定义一个基于所选墙面的 UCS，以便在墙体立面上绘制异型立面墙边界线。为便于操作，可将屏幕置为多视口配置，立面视口中用【多段线】(Pline)命令绘制异型立面墙剪裁边界线，其中多段线的首段和末段不能是弧段。

(2) 墙体变为异型立面后，夹点拖动等编辑功能将失效。异型立面墙体生成后，如果接续墙端延续画新墙，异型墙体能够保持原状，如果新墙与异型墙有交角，则异型墙体恢复原来的形状。

3. 矩形立面

【矩形立面】命令是【异型立面】命令的逆命令，可将异型立面墙恢复为标准的矩形立面墙。调用【矩形立面】命令有如下两种方法。

- 菜单栏：选择【墙体】|【墙体立面】|【矩形立面】菜单命令。
- 命令行：在命令行中输入 JXLM 命令并按 Enter 键。

下面具体讲解矩形立面的创建方法。

(1) 将如图 3-120 所示的异型墙立面图，创建为矩形立面图。

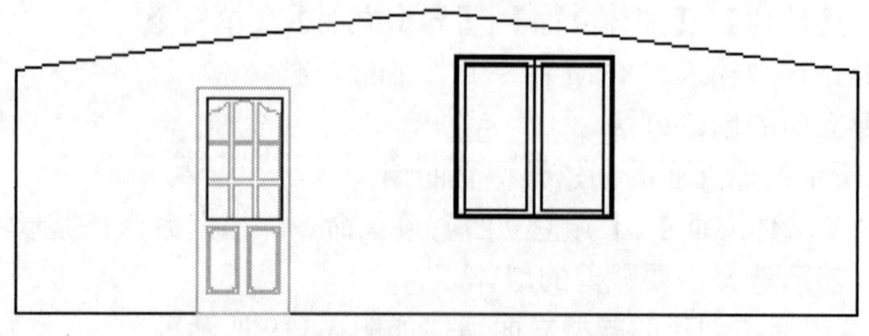

图 3-120　异型墙立面图

(2) 选择【墙体】|【墙体立面】|【矩形立面】菜单命令，选择不规则的立面墙体。
(3) 按 Enter 键结束选择，异形立面墙体即恢复为规则的矩形立面墙体，如图 3-121 所示。

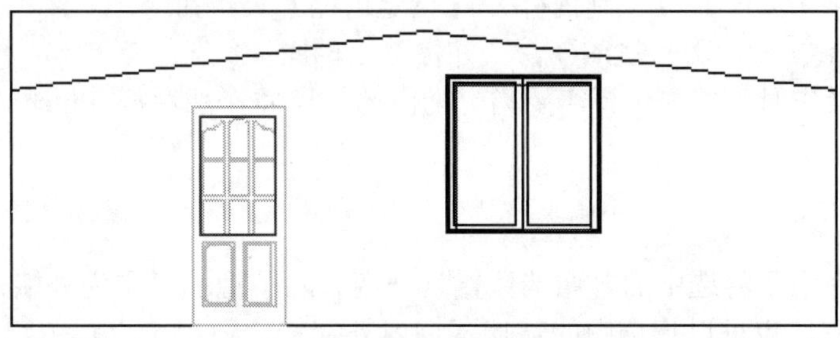

图 3-121　矩形立面墙体

3.3.2　内外识别工具

行业知识链接： 画室内立面时，相应部位的墙体、楼地面的剖切面宜有所表示。必要时，占空间较大的设备管线、灯具等的剖切面，应在图纸上绘出。如图 3-122 所示是某仓库的剖面图。

图 3-122　某仓库的剖面图

本节主要讲解墙体内外识别工具，该系列工具可以自动识别内、外墙，同时可设置墙体的内外特征，在施工图中可以更好地定义墙体类型。

1. 识别内外

【识别内外】命令的功能是自动识别内、外墙并同时设置墙体的内外特征。调用【识别内外】命令的方法如下。

- 菜单栏：选择【墙体】|【识别内外】|【识别内外】菜单命令。
- 命令行：在命令行中输入 SBNW 命令并按 Enter 键。

调用【识别内外】命令后，命令行提示如下：

请选择一栋建筑物的所有墙体(或门窗)：　　//框选整个建筑物的墙体

识别出的外墙用红色的虚线示意进行墙体内外识别时，系统自动判断所选墙体的内、外墙特性，并用红色虚线亮显外墙外边线，用【重画】(Redraw)命令可消除亮显虚线。如果存在天井或庭院时，外墙的包线是多个封闭区域，要结合【指定外墙】命令进行处理。

2. 指定内墙

【指定内墙】命令用手工选取方式将选中的墙体置为内墙，内墙在三维组合时不参与建模，可以减少三维渲染模型的资源占用。

调用【指定内墙】命令的方法如下。

- 菜单栏：选择【墙体】|【识别内外】|【指定内墙】菜单命令。
- 命令行：在命令行中输入 ZDNQ 命令并按 Enter 键。

在执行指定内墙操作时，首先选择需要指定为内墙的墙体，然后按 Enter 键结束选择，即可完成指定内墙的操作。

3. 指定外墙

【指定外墙】命令用于将选中的普通墙体置为外墙。除了把墙指定为外墙外，它还能指定墙体的内外特性用于节能计算，也可以把选中的玻璃幕墙内外翻转，适用于设置了隐框(或框料尺寸不对称)的幕墙。

调用【指定外墙】命令的方法如下。

- 菜单栏：选择【墙体】|【识别内外】|【指定外墙】菜单命令。
- 命令行：在命令行中输入 ZDWQ 命令并按 Enter 键。

4. 加亮外墙

【加亮外墙】命令可将指定的外墙体外边线用红色虚线加亮，便于用户识别，用【重画】(Redraw)命令可消除亮显虚线。

调用【加亮外墙】命令的方法如下。

- 菜单栏：选择【墙体】|【识别内外】【加亮外墙】菜单命令。
- 命令行：在命令行中输入 JLWQ 命令并按 Enter 键。

第4课 5课时 创建门窗

3.4.1 门窗的创建

行业知识链接：使用天正建筑软件的辅助工具可以快速绘制门窗特征，也可以实现不同门窗的编辑，如图 3-123 所示是使用门窗命令添加的窗户图块。

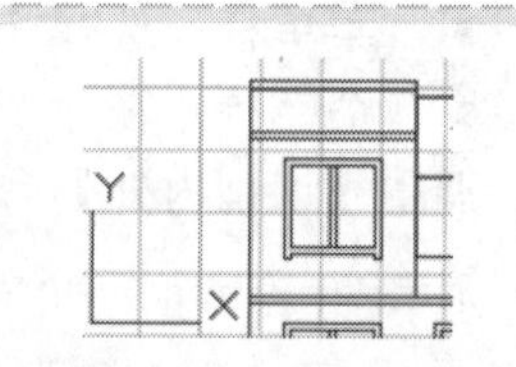

图 3-123 添加的窗户

天正建筑软件的门窗是自定义对象，用户可以在门窗对话框中设置所有的相关参数，包括几何尺寸、三维样式、编号和定位参考距离等，然后在墙体指定插入位置即可。门窗和墙体建立了智能联动关系，门窗插入墙体后，墙体的外观几何尺寸不变，但墙体对象的粉刷面积、开洞面积已立刻更新以备查询。

1. 新门、新窗

建筑的门窗类型多种多样，使用【新门】和【新窗】命令可以创建普通门、普通窗、弧窗和凸窗等。可利用如图 3-124 所示的【门】和【窗】对话框进行设置。

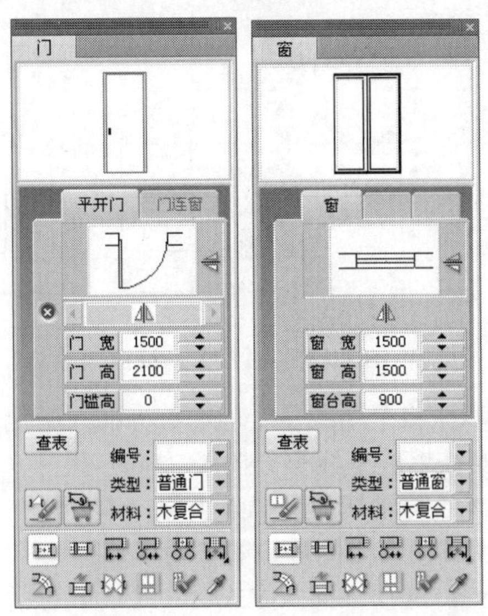

图 3-124 【门】、【窗】对话框

这两个对话框比较类似，包括以下内容。

- 门、窗的样式：包括了平开门、推拉门、折叠门、弹簧门等门样式和窗台外挑、凸窗、百叶窗等窗样式。
- 门、窗的参数：包括了门窗的宽和高等。
- 【编号】：在相应的下拉列表框中可以输入编号或自动编号。
- 【类型】：在相应的下拉列表框中可以选择门窗的类型，包括各种防火类型和普通类型。
- 【材料】：在相应的下拉列表框中包括了木复合、铝合金、断桥铝和钢塑等材料类型。

2. 旧门窗

调用【旧门窗】命令有如下两种方法。

- 菜单栏：选择【门窗】|【旧门窗】菜单命令。
- 命令行：在命令行中输入 MC 命令并按 Enter 键。

调用【旧门窗】命令后，弹出【门】对话框，如图 3-125 所示。该对话框可分为两部分，对话框上方的参数用于设置门窗的编号、类型、样式和尺寸，下面的工具按钮用于设置插入门窗的种类和插入方式。

这里重点讲解对话框下方的插入方式按钮。

- 【自由插入】按钮：用鼠标指定的方式在墙段任意位置插入门窗。该方式虽然速度快但不易精确定位，通常用于方案设计阶段，以墙中线为分界内外移动鼠标指针，可控制内外开启方向。单击墙体后，门窗的位置和开启方向就完全确定了，这也是插入门窗的默认方法。
- 【沿墙顺序插入】按钮：以距离选取位置较近的墙边端点或基线墙为起点，按给定距离插入选定的门窗，此后顺着前进方向连续插入，插入过程中可以改变门窗类型和参数。弧形墙插入门窗时，门窗按照墙基线弧长进行定位。

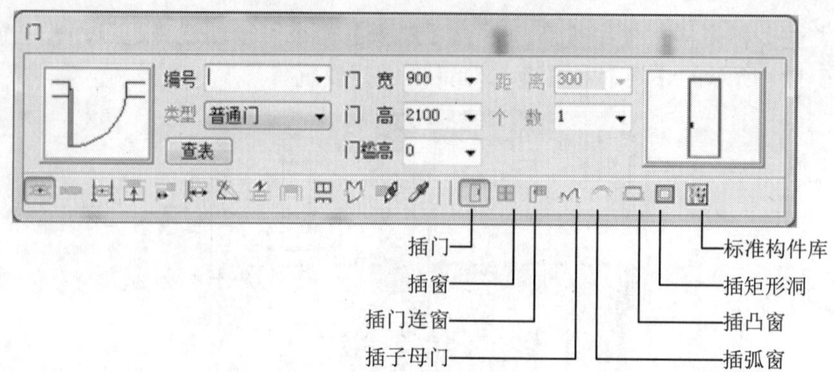

图 3-125 【门】对话框

- 【轴线等分插入】按钮：将一个或多个门窗等分插入两根轴线间的墙段等分线中间，如果墙段内没有轴线，则该侧按墙段基线等分插入。
- 【墙段等分插入】按钮：与轴线等分插入类似，本方式在一个墙段上按墙体较短的一侧边线，插入若干个门窗，使各门窗之间墙垛的长度相等。
- 【垛宽定距插入】按钮：选择该插入方式后，【门】对话框中会出现【距离】文本框，在该文本框中输入墙垛到门窗的距离值，然后再在墙体上单击即可插入门窗。
- 【轴线定距插入】按钮：以最近的轴线交点为基准点，指定距离插入门窗。
- 【按角度插入弧墙上的门窗】按钮：在弧墙上按指定的角度插入门窗。
- 【满墙插入】按钮：充满整个墙段插入门窗。
- 【插入上层门窗】按钮：在已有门窗的墙段上方插入宽度相同、高度不同的窗。
- 【在已有洞口插入门窗】按钮：在已有门窗的墙段上插入门窗。
- 【门窗替换】按钮：用于批量转换修改门窗。
- 【拾取参数】按钮：拾取已插入在墙段上的门窗参数。

下面具体讲解门窗的插入方法。

(1) 在如图 3-126 所示的平面图中插入门窗。

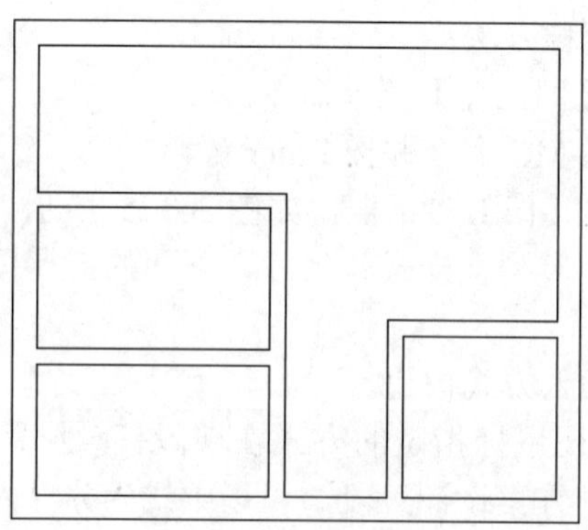

图 3-126 平面图

(2) 选择【门窗】|【旧门窗】菜单命令，打开【门】对话框，设置门 M1 的相关参数，并单击

【轴线定距插入】按钮，设置【距离】下拉列表框的参数为200，如图3-127所示。

图3-127 设置M1的参数

(3) 在绘图窗口中选取M1门的大概插入位置，系统自动进行定位，创建门的效果如图3-128所示。

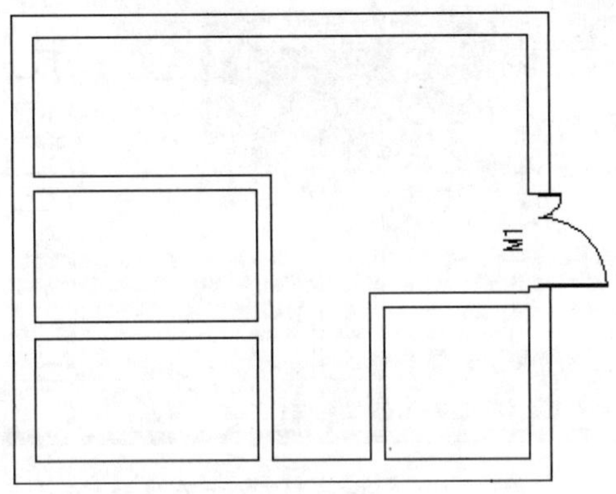

图3-128 插入M1

(4) 继续插入门 M2。单击【门】对话框左侧的二维图形图标，打开【天正图库管理系统】窗口，在图库中选择M2的平面类型，如图3-129所示。

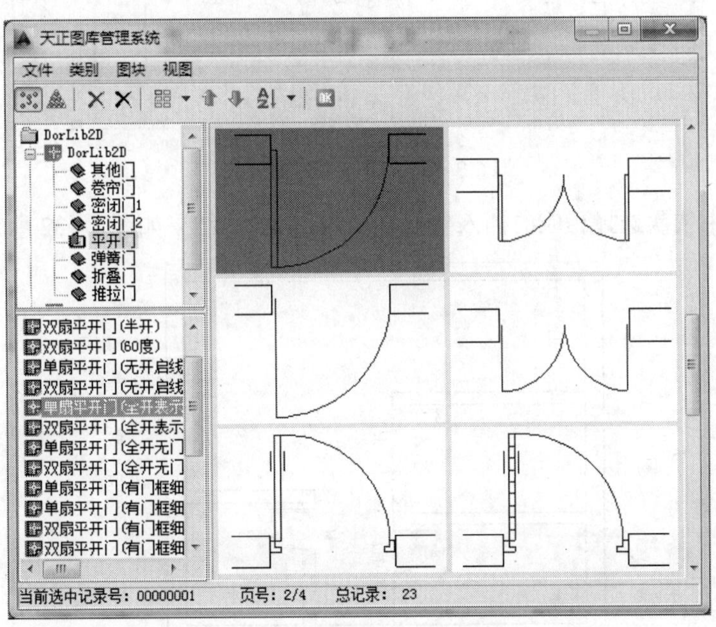

图3-129 选择M2的平面类型

(5) 选择门 M2 的立面样式。单击【门】对话框右侧的立面样式图标，打开【天正图库管理系统】窗口，在图库中选择门 M2 的立面样式并双击，如图 3-130 所示。

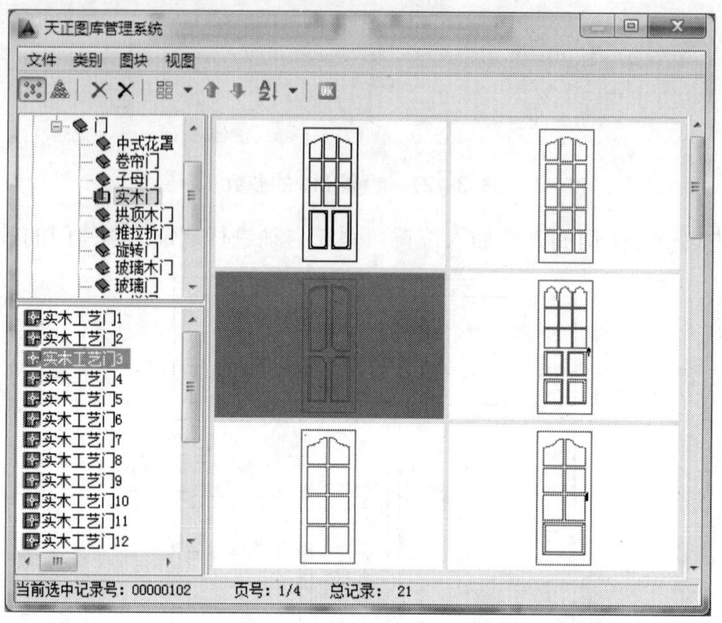

图 3-130 选择 M2 的立面类型

(6) 设置门 M2 的其他参数，如图 3-131 所示。

图 3-131 设置 M2 的参数

(7) 在绘图窗口中依次选择相应的插入位置，插入门 M2，结果如图 3-132 所示。

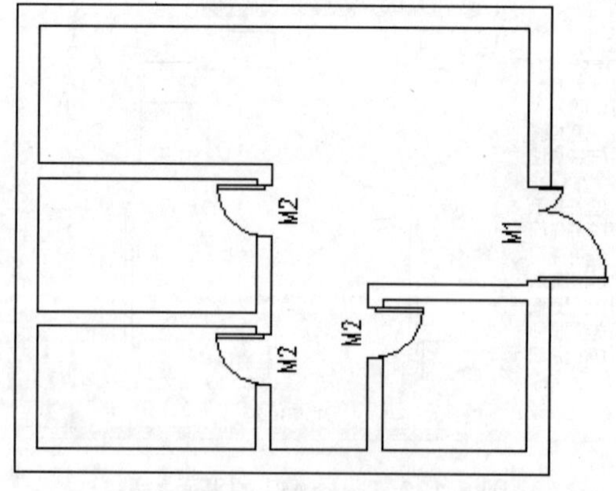

图 3-132 插入 M2

(8) 插入窗户，首先插入平开窗。单击【门】对话框中的【插窗】按钮，弹出【窗】对话框，设置窗 C1 的参数，如图 3-133 所示。

图 3-133　设置 C1 的参数

(9) 在绘图窗口中选取 C1 的插入位置，插入窗 C1，如图 3-134 所示。

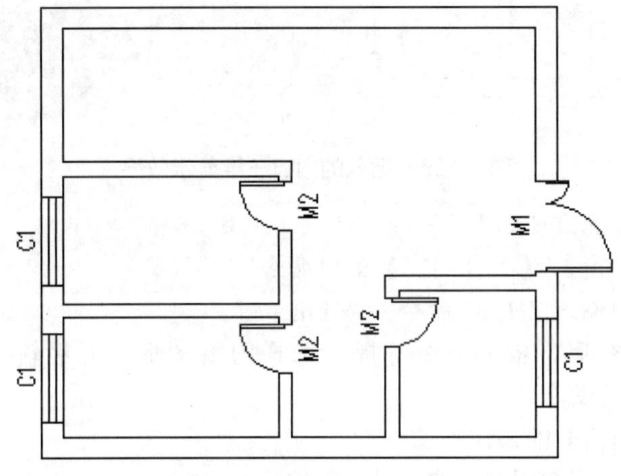

图 3-134　插入窗 C1

(10) 插入 C2 飘窗。在【窗】对话框中设置【编号】为 C2，单击左侧的窗二维图标，打开【天正图库管理系统】对话框，在图库中双击选择 C2 的平面显示图形。

(11) 单击【窗】对话框右侧的三维样式图标，打开【天正图库管理系统】对话框，在图库中选择 C2 的立面样式并双击。

(12) 设置窗 C2 的其他参数如图 3-135 所示。

图 3-135　设置 C2 的参数

(13) 在户型图下侧墙体位置单击，插入窗 C2，效果如图 3-136 所示。

3. 组合门窗

组合门窗是将插入的多个门窗组合为一个对象，作为单个门窗对象统计。优点是组合门窗各个成员的平面立面都可以由用户单独控制，在三维显示时子门窗不再有多余的面片，还可以使用【构件入库】命令把创建好的常用组合门窗存入构件库，当需要使用时再从构件库中直接调用即可。

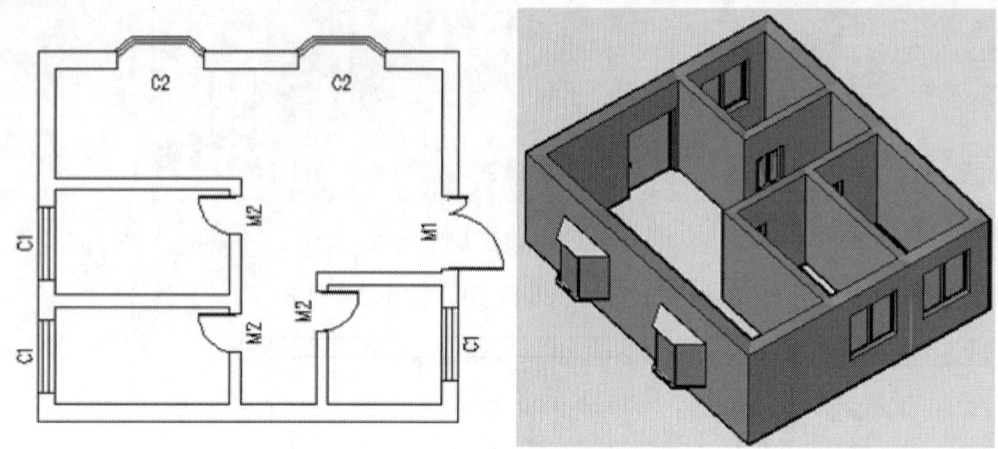

图 3-136 插入的门窗三维显示效果

调用【组合门窗】命令的方法如下。

- 菜单栏：选择【门窗】|【组合门窗】菜单命令。
- 命令行：命令行中输入 ZHMC 命令并按 Enter 键。

调用【组合门窗】命令后，根据命令行提示选择门窗图形，然后输入新的门窗组合编号，按 Enter 键即可完成组合门窗的操作。

下面具体讲解【组合门窗】的操作方法。

(1) 把如图 3-137 所示的门窗组合起来。

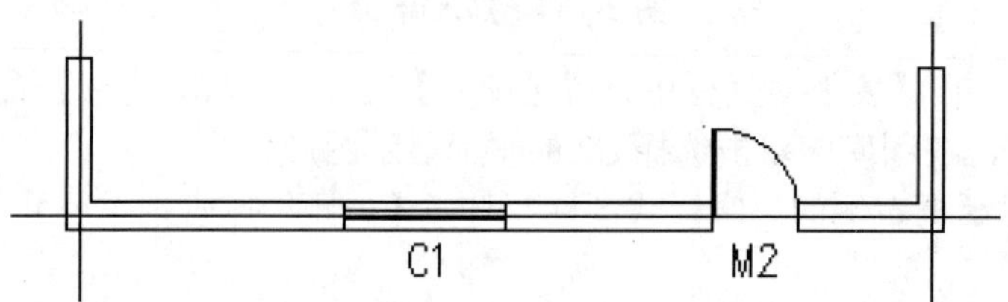

图 3-137 墙中插入的门窗

(2) 选择【门窗】|【组合门窗】菜单命令，选择需要组合的门窗及编号文字 C1、M2，按 Enter 键确定。

(3) 输入组合窗编号 MC1，按 Enter 键确定，结果如图 3-138 所示。

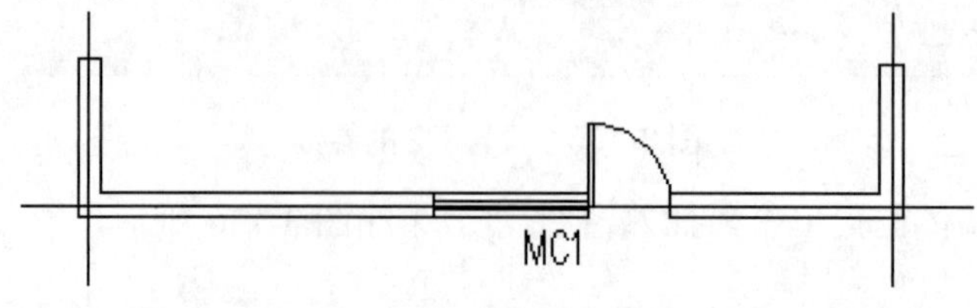

图 3-138 组合门窗

4. 带形窗

带形窗是跨越多段墙体的多扇普通窗的组合，各扇窗共用一个编号。带形窗没有凸窗特性，窗的宽度与墙体宽度一致。

调用【带形窗】命令的方法如下。

- 菜单栏：选择【门窗】|【带形窗】菜单命令。
- 命令行：在命令行中输入 DXC 命令并按 Enter 键。

调用【带形窗】命令后，弹出【带形窗】对话框，设置带形窗的编号、窗户高和窗台高参数，如图 3-139 所示。接着在绘图窗口中指定带形窗的起点和终点，然后选择带形窗所经过的墙体，并按 Enter 键，即可完成带形窗的创建。

下面具体地讲解【带形窗】的插入方法。

(1) 在如图 3-140 所示的墙体中插入带形窗。

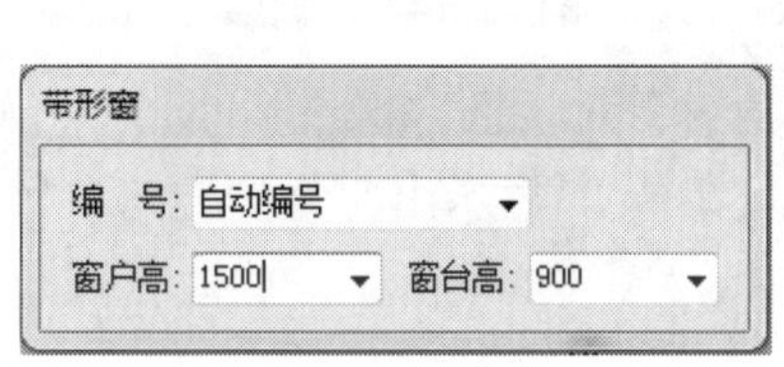

图 3-139 【带形窗】对话框

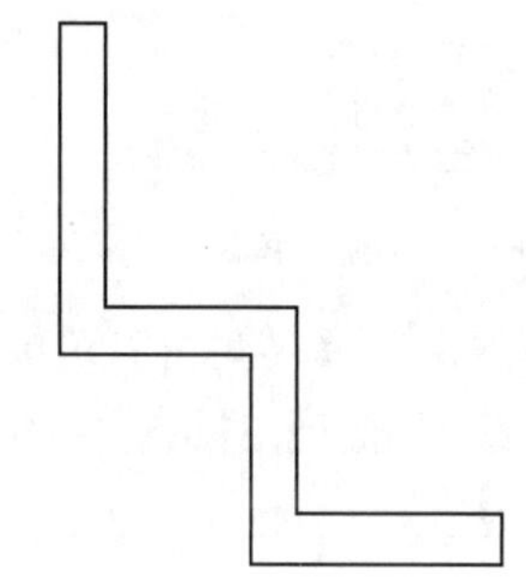

图 3-140 墙体

(2) 选择【门窗】|【带形窗】菜单命令，在弹出的【带形窗】对话框中设置参数，如图 3-141 所示。

(3) 分别指定 A 点和 B 点为带形窗的起点和终点，再选择带形窗所经过的墙体。

(4) 按 Enter 键结束选择，最终创建完成的带形窗如图 3-142 所示。

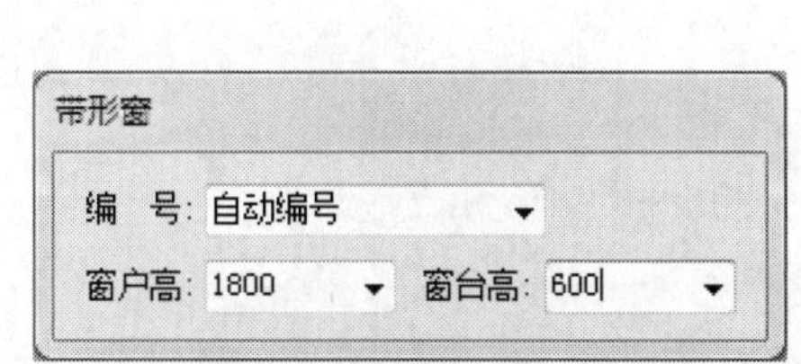

图 3-141 设置带形窗参数

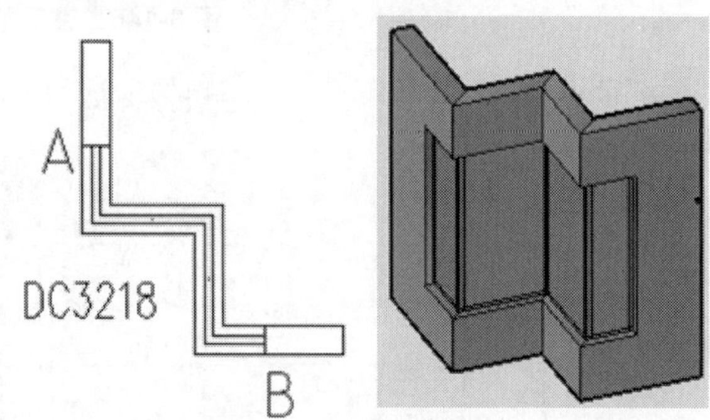

图 3-142 创建完成的带形窗

5. 转角窗

跨越两段相邻转角墙体的平窗或凸窗，称为转角窗。转角窗在二维视图中用三线或四线表示，三维视图有窗框和玻璃，可在特性栏设置为转角洞口。角凸窗还有窗楣和窗台板，侧面碰墙时自动裁剪，以获得正确的平面图效果。

调用【转角窗】命令的方法如下。

- 菜单栏：选择【门窗】|【转角窗】菜单命令，弹出【绘制角窗】对话框。
- 命令行：在命令行中输入 ZJC 命令并按 Enter 键，弹出【绘制角窗】对话框。

在绘制转角窗时，系统将首先弹出【绘制角窗】对话框，如图 3-143 所示。先设置编号、窗高、窗台高等参数，接着单击要插入转角窗的墙内角，并输入两侧转角距离，即可完成转角窗的绘制。

下面具体讲解【绘制角窗】的插入方法。

(1) 在如图 3-144 所示的平面图中插入角窗。

图 3-143 【绘制角窗】对话框

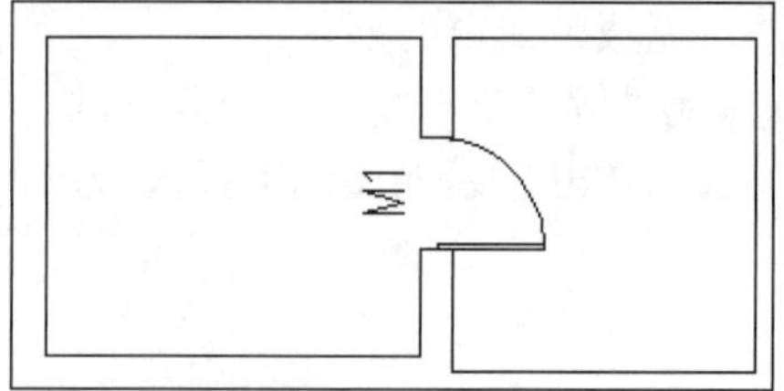

图 3-144 平面图

(2) 选择【门窗】|【转角窗】菜单命令，弹出【绘制角窗】对话框。

(3) 单击【绘制角窗】对话框中的【切换显示模式】按钮，显示出完整的转角参数，设置角窗参数如图 3-145 所示。

图 3-145 设置角窗参数

(4) 选取插入角窗的墙角，设置转角距离分别为 1000 和 800，按 Enter 键确定，创建的转角窗的结果如图 3-146 所示。

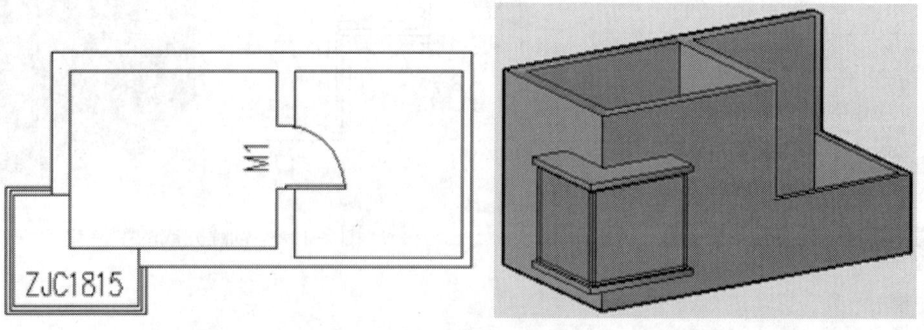

图 3-146 绘制转角窗结果

3.4.2 门窗的编辑

行业知识链接：建筑设计中的楼地面、地下层地面、阳台、平台、檐口、屋脊、女儿墙、台阶等都可以创建块，并进行编辑。如图 3-147 所示是一个建筑立面图，其中的窗户由块创建。

图 3-147 建筑立面图

对于已经插入图中的门窗，既可以使用 AutoCAD 软件中通用的夹点编辑与特性编辑功能，也可以使用内外翻转和左右翻转等门窗编辑命令，来批量地进行修改。

1. 门窗夹点编辑

普通门、普通窗都有若干个预设好的夹点，拖动夹点时门窗对象会按预设的行为做出动作，从而对门窗进行位置、大小和开启方向的调整。夹点编辑的缺点是一次只能对一个对象操作。

如图 3-148 所示为普通门窗的夹点编辑功能示意图。

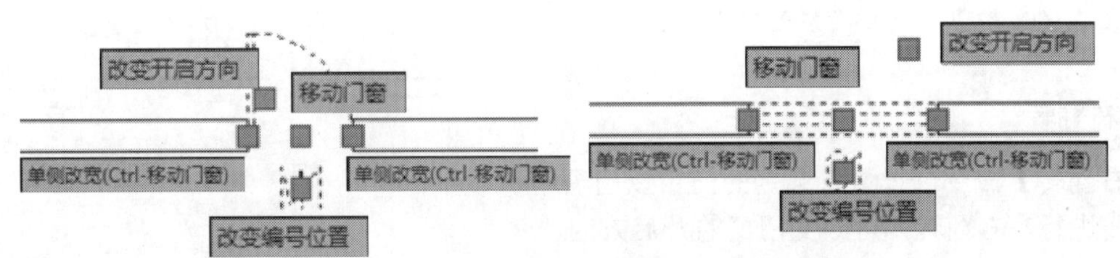

图 3-148 门窗夹点功能示意图

2. 对象编辑与特性编辑

当门窗插入后，一般情况下，用户只需双击门窗对象，或单击鼠标右键，在弹出的快捷菜单中选择【对象编辑】命令，即可启动【对象编辑】命令，系统弹出【门】对话框，供用户对门窗参数进行详细修改，如图 3-149 所示。

使用 AutoCAD 软件中的【特性】面板，也可以对门窗图形进行修改。并且特性编辑不仅可以批量修改门窗的参数，还可以控制一些其他途径无法修改的细节，如：入门口线、编号的文字样式和内部图层等。

在选择门窗后，按 Ctrl+1 组合键，即可打开【特性】面板，如图 3-150 所示。

3. 内外翻转

使用夹点编辑功能也可以进行门窗内外翻转，但一次只能编辑单个对象。【内外翻转】命令可对选择的门窗统一以墙基线为轴线进行翻转，一次可处理多个门窗，如图 3-151 所示。

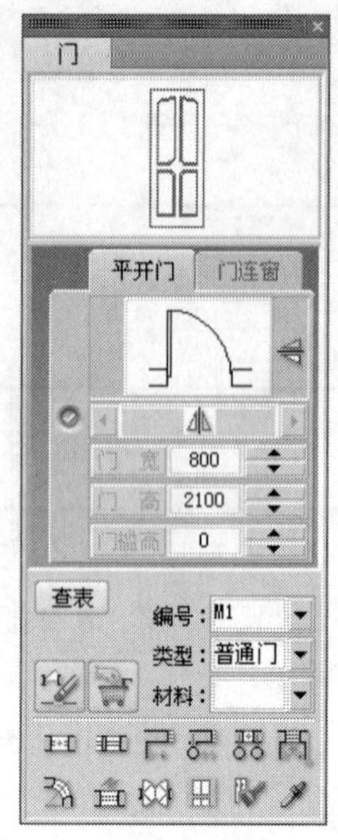

图 3-149 【门】对话框

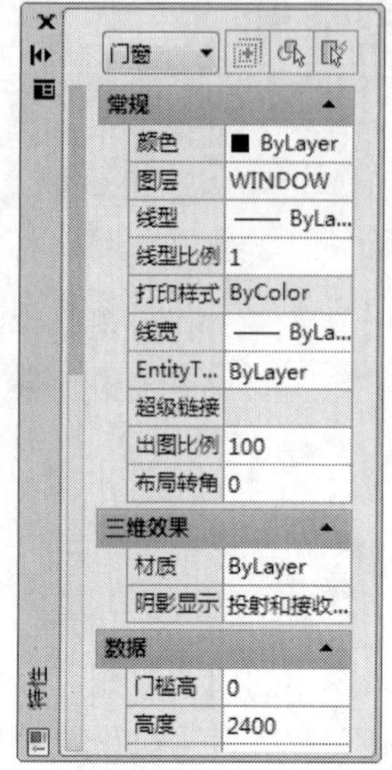

图 3-150 【特性】面板

调用【内外翻转】命令有如下两种方法。

- 菜单栏：选择【门窗】|【内外翻转】菜单命令。
- 命令行：在命令行中输入 NWFZ 命令并按 Enter 键。

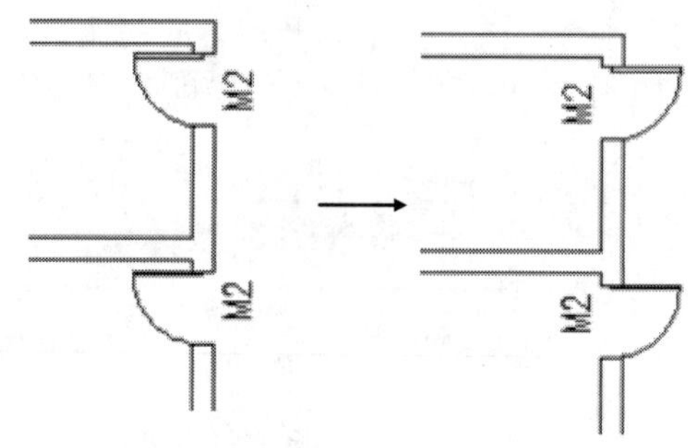

图 3-151 内外翻转

4. 左右翻转

【左右翻转】命令可批量将选定的门窗以门窗中垂线为轴线进行左右翻转，可改变门窗的开启方向。

调用【左右翻转】命令的方法如下。

- 菜单栏：选择【门窗】|【左右翻转】菜单命令。
- 命令行：在命令行中输入 ZYFZ 命令并按 Enter 键。

下面具体讲解【左右翻转】命令的使用方法。

(1) 在如图 3-152 所示的平面图中翻转门窗。

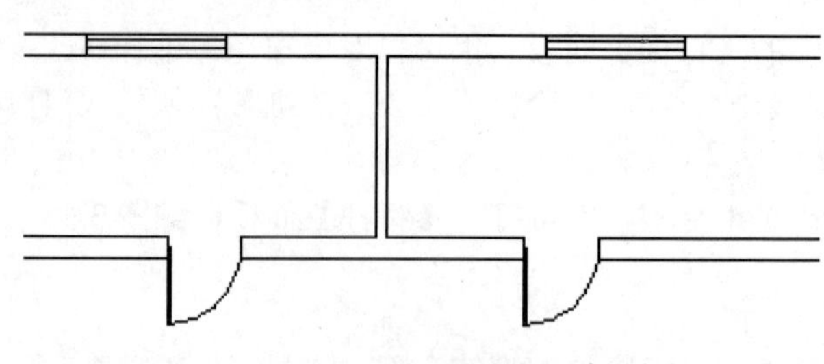

图 3-152 平面图门窗

(2) 选择【门窗】|【左右翻转】菜单命令，选择待翻转的门或窗，按 Enter 键结束选择，左右翻

转的结果如图 3-153 所示。

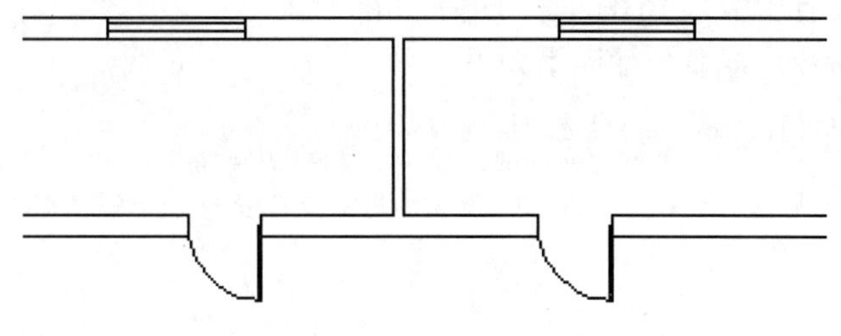

图 3-153　左右翻转的结果

3.4.3　门窗工具

行业知识链接：建筑设计所选用的各类预制构配件的规格与类型、室内装修系统与设备管线系统等，应符合建造标准和建造功能的需求，并适应建筑主要功能空间的灵活可变性。如图 3-154 所示是一个固定铰支座的草图，使用门窗工具也可以创建。

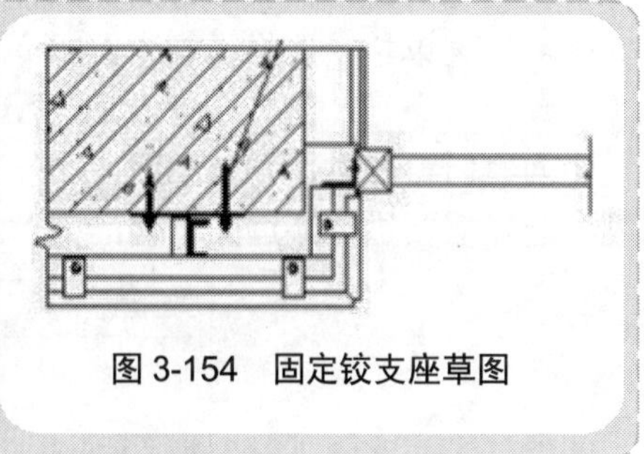

图 3-154　固定铰支座草图

天正建筑软件提供的门窗工具主要包括编号复位、编号后缀、门窗套、门口线、窗棂展开、窗棂映射等，本节将介绍这些门窗工具的使用方法和用途。

1. 编号复位

【编号复位】命令用于将门窗编号恢复到默认位置，特别适用于解决门窗改变编号位置夹点与其他夹点重合，而使两者无法分开的问题，如图 3-155 所示。

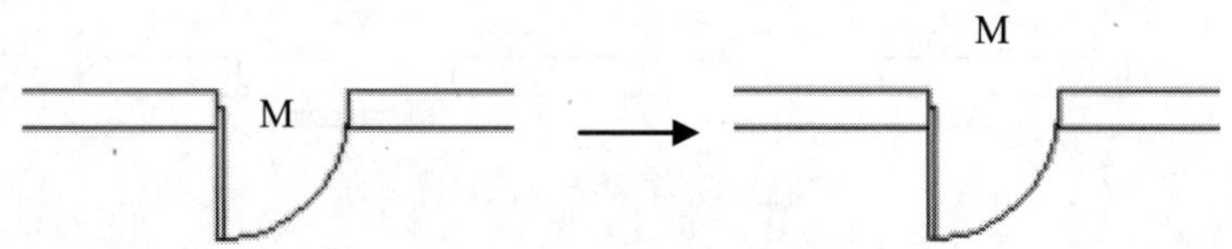

图 3-155　编号复位前后

调用【编号复位】命令有如下几种方法。

- 菜单栏：选择【门窗】|【门窗工具】|【编号复位】菜单命令。
- 命令行：在命令行中输入 BHFW 命令并按 Enter 键。

2. 编号后缀

【编号后缀】命令用于为门窗编号添加指定的后缀，适用于对称的门窗在编号后增加 “反”缀号的情况，添加后缀的门窗与原门窗独立编号。

调用【编号后缀】命令有如下两种方法。

- 菜单栏：选择【门窗】|【门窗工具】|【编号后缀】菜单命令。
- 命令行：在命令行中输入 BHHZ 命令并按 Enter 键。

调用【编号后缀】命令后，命令行提示如下。

```
选择需要在编号后加缀的门窗：      //点选或框选门窗
选择需要在编号后加缀的窗：      //继续选取或按 Enter 键结束选择
请输入需要加的门窗编号后缀<反>：      //输入新编号后缀或者按 Enter 键增加“反”后缀
```

3. 门窗套

在门窗上制作门窗套主要用于保护门窗，同时也具有一定的装饰和美化作用。【门窗套】命令可在选择的门窗口上创建门窗套，也可为多个门窗添加门窗套造型，并对门套的尺寸进行设置，添加的门窗套将出现在门窗洞的四周。

调用【门窗套】命令有如下两种方法。

- 菜单栏：选择【门窗】|【门窗工具】|【门窗套】菜单命令。
- 命令行：在命令行中输入 MCT 命令并按 Enter 键，弹出【门窗套】对话框。

创建门窗套时，弹出如图 3-156 所示的【门窗套】对话框，设置门窗套的材料、长宽、宽度等参数，选择需要进行添加门窗套的门窗，指定窗套所在的一侧，即可完成添加门窗套的操作。

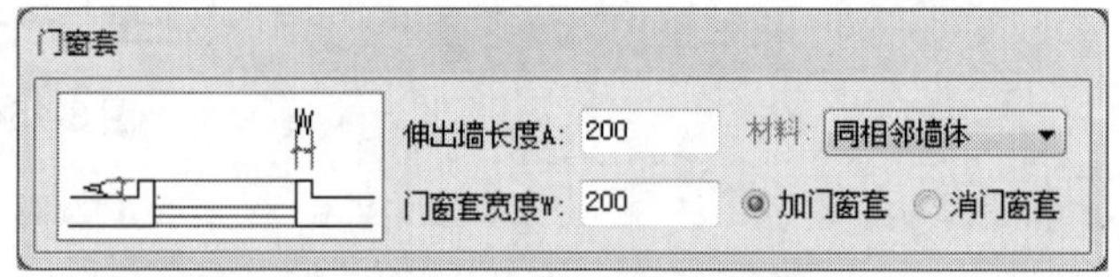

图 3-156 【门窗套】对话框

下面具体讲解门窗套添加的方法。

(1) 给如图 3-157 所示的墙体中的门窗添加门窗套。

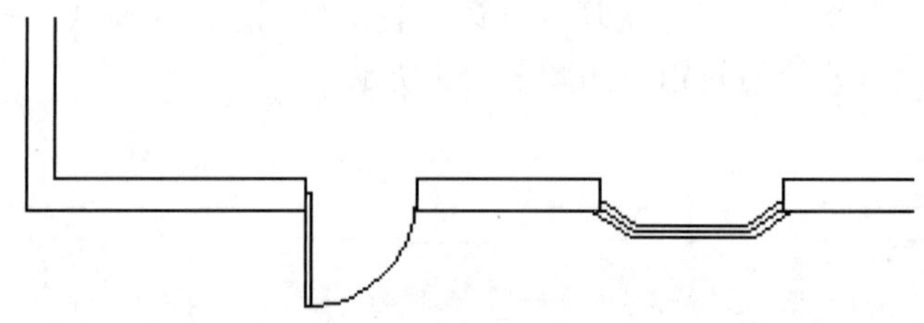

图 3-157 墙体中的门、窗

(2) 选择【门窗】|【门窗工具】|【门窗套】菜单命令，在弹出的【门窗套】对话框中设置相关参数，如图 3-158 所示。

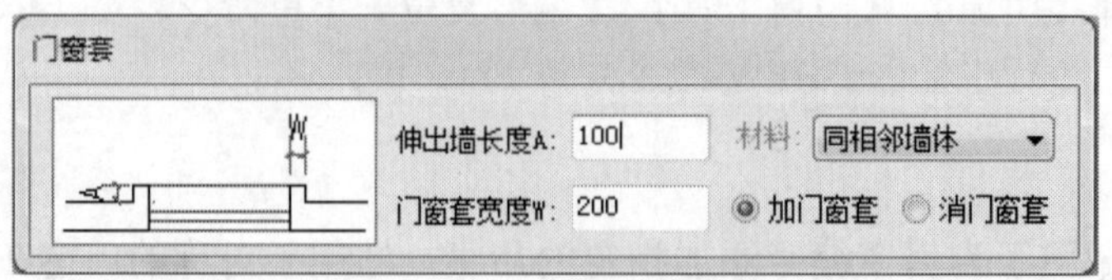

图 3-158 设置门窗套参数

(3) 选择外墙上的门 M1 和窗 C1，按 Enter 键结束选择。

(4) 选取门窗套所在的一侧，创建门窗套如图 3-159 所示。

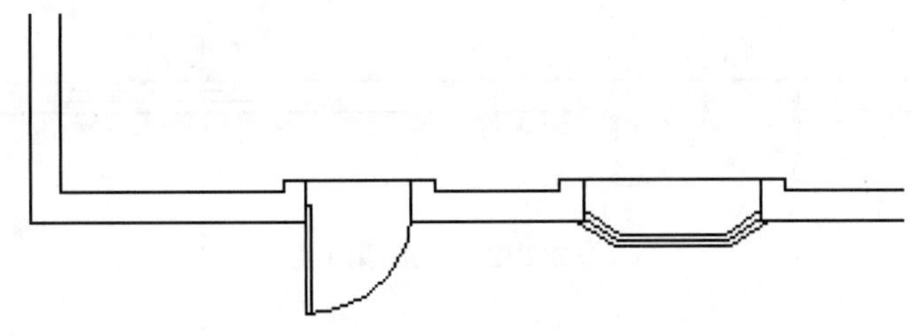

图 3-159　添加门窗套的效果

(5) 图 3-160 所示为添加门窗套前后的效果。

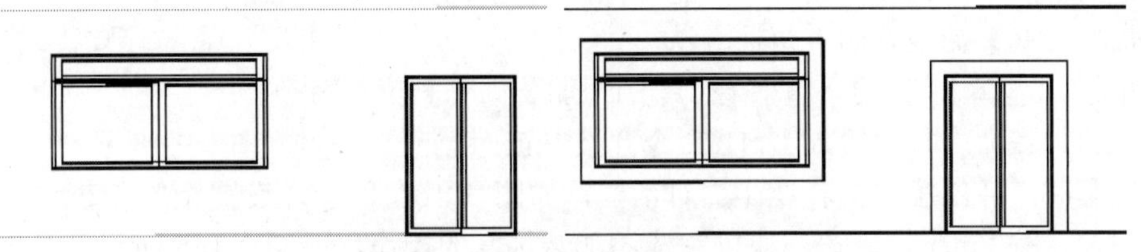

图 3-160　添加门窗套前后的效果

4. 门口线

【门口线】命令用于在平面图上指定的一个或多个门的某一侧添加门口线，表示门槛或者门两侧地面标高不同。门口线是门的对象属性之一，因此门口线会自动随门移动。

调用【门口线】命令有如下两种方法。

- 菜单栏：选择【门窗】|【门窗工具】|【门口线】菜单命令。
- 命令行：在命令行中输入 MKX 命令并按 Enter 键。

调用【门口线】命令，弹出【门口线】对话框，设置参数如图 3-161 所示，在绘图区选择需要添加门口线的门，并指定门口线所在的一侧，即可完成添加门口线的操作。在【门口线】对话框中选中【消门口线】单选按钮，可以去除已经创建的门口线。

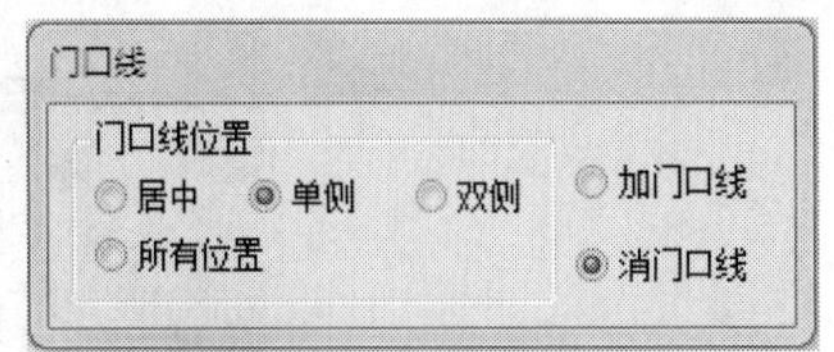

图 3-161　【门口线】对话框

下面具体讲解【门口线】创建的方法。

(1) 在如图 3-162 所示的平面图中添加门口线。

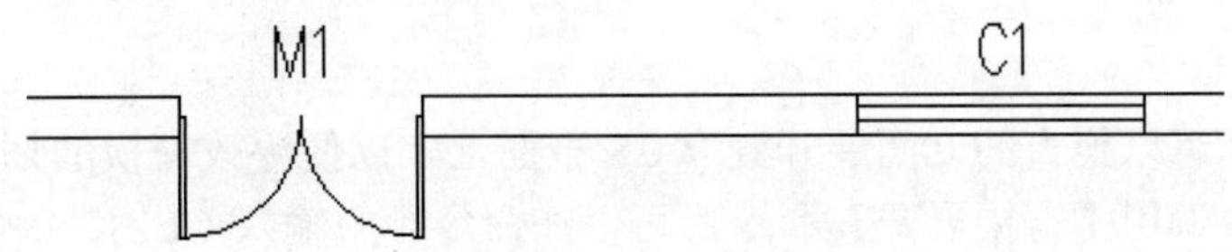

图 3-162　平面图中的门窗

(2) 选择【门口线】菜单命令，在弹出的【门口线】对话框中设置门口线参数。

(3) 选取需要加门口线的门，按 Enter 键结束选择。

(4) 选取门口线所在的一侧，这里选择门内侧，添加门口线如图 3-163 所示。

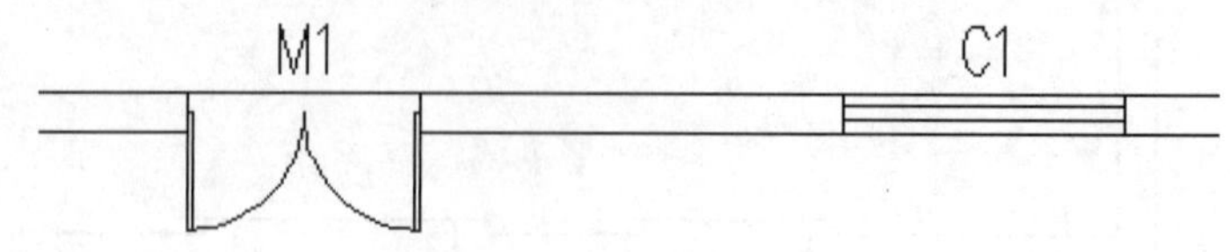

图 3-163　添加门口线

5. 加装饰套

【加装饰套】命令可为选定的门窗添加各种装饰风格和参数的三维门窗套。装饰套细致地描述了门窗附属的三维特征，包括各种门套线与筒子板、檐口板与窗台板的组合，主要用于室内设计的三维建模以及通过立面和剖面模块生成立剖面施工图的相应部分。

调用【加装饰套】命令有如下两种方法。

- 菜单栏：选择【门窗】|【门窗工具】|【加装饰套】菜单命令。
- 命令行：在命令行中输入 JZST 命令并按 Enter 键。

添加装饰套时，弹出【门窗套设计】对话框，如图 3-164 所示，设置相关参数，然后选择需要添加装饰套的门窗，按 Enter 键确认，即可完成添加装饰套的操作，如图 3-165 所示。

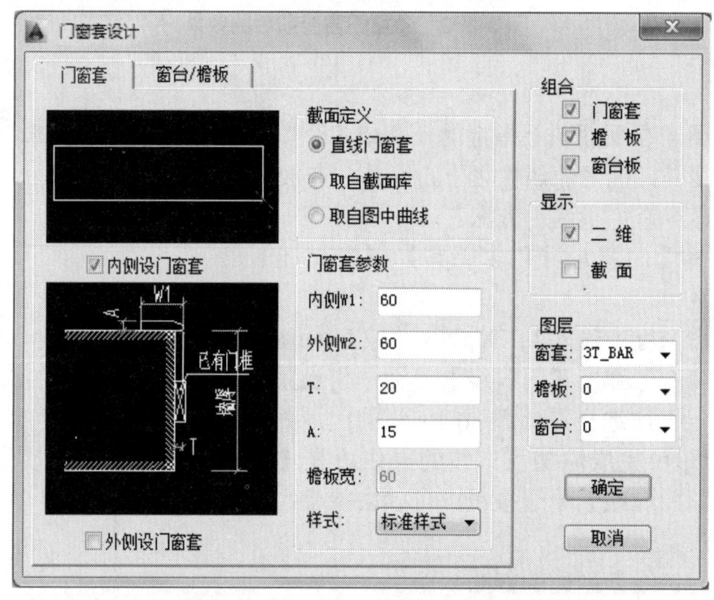

图 3-164　【门窗套设计】对话框

6. 窗棂展开

【窗棂展开】命令可以把窗的立面展开到 WCS 平面上，以便更改窗棂的划分。

在天正建筑软件中调用【窗棂展开】命令，可以在命令行中输入 CLZK 命令，然后选择需要进行展开的窗，单击展开位置，即可完成窗棂展开的操作。

调用【窗棂展开】命令有如下两种方法。

- 菜单栏：选择【门窗】|【门窗工具】|【窗棂展开】菜单命令。

● 命令行：在命令行中输入 CLZK 命令并按 Enter 键。

如图 3-166 所示为窗棂展开的示例。

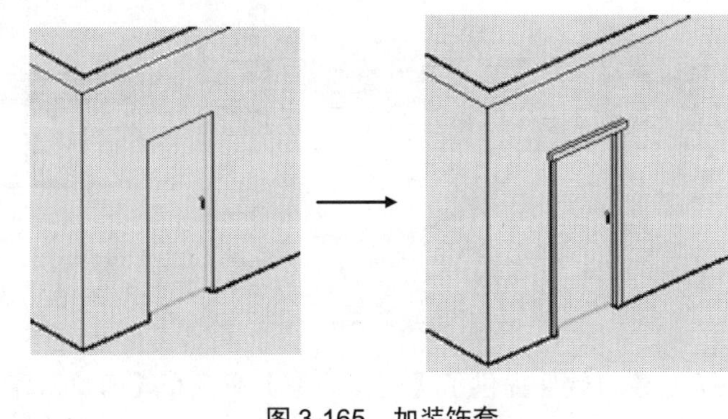

图 3-165 加装饰套

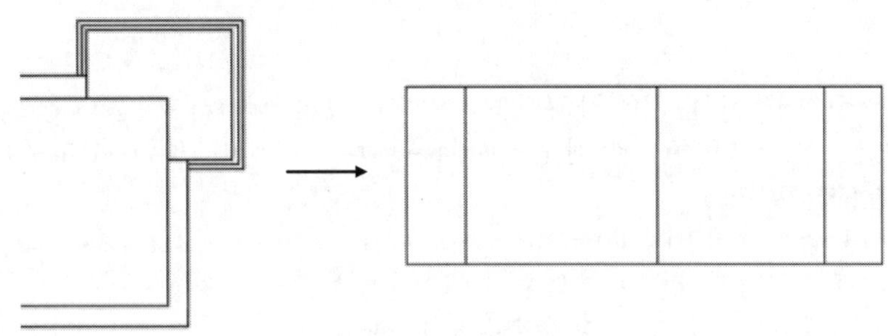

图 3-166 窗棂展开

7. 窗棂映射

【窗棂映射】命令可以自定义在展开的门窗立面图上添加窗棂分格线，然后在目标窗上按默认尺寸映射，此时目标窗上即更新为所定义的三维窗棂分格效果。

调用【窗棂映射】命令有如下两种方法。

● 菜单栏：选择【门窗】|【门窗工具】|【窗棂映射】菜单命令。
● 命令行：在命令行中输入 CLYS 命令并按 Enter 键。

如图 3-167 所示为窗棂映射前后的效果对比。

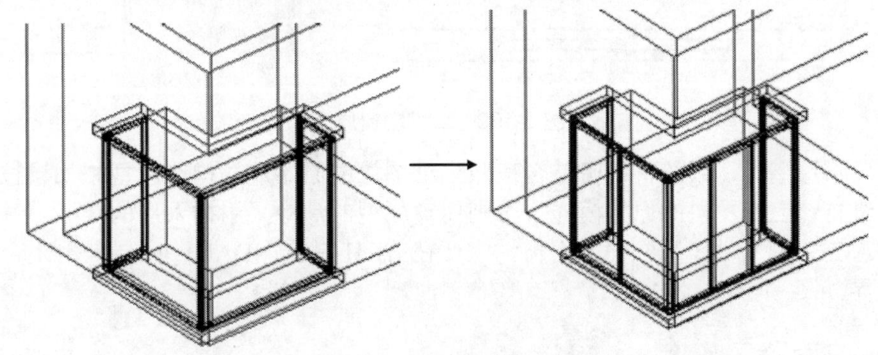

图 3-167 窗棂映射前后的效果对比

3.4.4 门窗库

行业知识链接：建筑门窗有多种形式，使用不同的门窗命令可以创建不同的形式。如图 3-168 所示是两种不同的窗户形式。

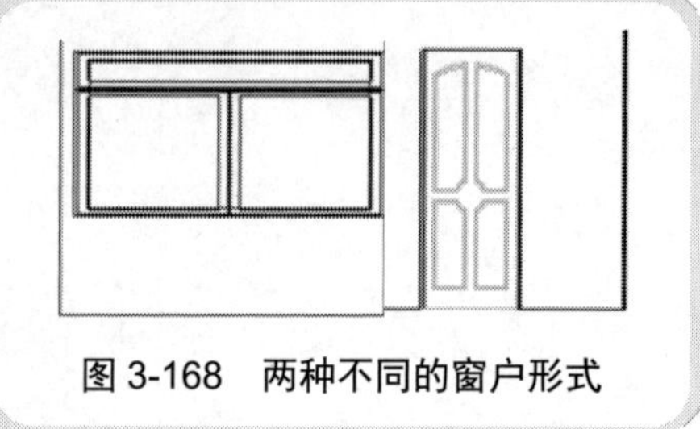

图 3-168 两种不同的窗户形式

为方便门窗的绘制，天正建筑软件提供了【门窗原型】命令和【门窗入库】命令，以方便用户构建自己的门窗图库。

1. 门窗原型

【门窗原型】命令用于绘制自己的门窗原型。用户可根据当前视图状态，构造门窗制作的环境，等轴测视图构建的是三维门窗环境，否则是平面门窗环境，在其中把用户指定的门窗分解为基本对象，作为新门窗改绘的样板图。

调用【门窗原型】命令有如下两种方法。

- 菜单栏：选择【门窗】|【门窗工具】|【门窗原型】菜单命令。
- 命令行：在命令行中输入 MCYX 命令并按 Enter 键。

单击【门窗原型】菜单命令后，命令行提示如下：

选择图中的门窗： //选取图上打算作为门窗图块样板的门窗(不要选加门窗套的门窗)，如果单击选取的视图是二维，则进入二维门窗原型，单击选取的视图是三维，则进入三维门窗原型

二维门窗原型如图 3-169 所示，选中的门(或窗)被水平地放置在一个墙洞中，还有一个用红色 X 表示的基点。门窗尺寸与样式完全与用户所选择的一致，但此时门(窗)不再是图块，而是由 LINE(直线)、ARC(弧线)、CIRCLE(圆)、PLINE(多段线)等容易编辑的图元组成，用户可以用上述图元在墙洞之间绘制自己的门窗样式。

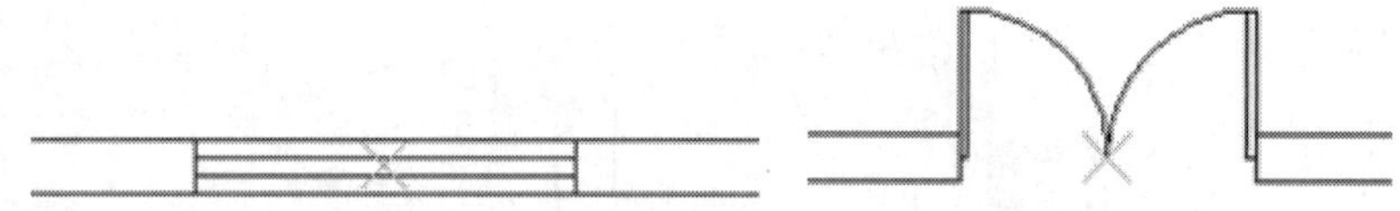

图 3-169 二维门窗原型

创建三维门窗原型时，系统将询问是否按照三维图块的原始尺寸构造原型。如果按照原始尺寸构造原型，能够维持该三维图块的原始模样。否则门窗原型的尺寸采用插入后的尺寸，并且门窗图块全部分解为 3DFACE；对于非矩形立面的门窗，需要在 TCH BOUNDARY 图层上用闭合 Pline(多段线)描述出立面边界。

提示：门窗原型放置在单独的临时文档窗口中，直到门窗入库或放弃制作门窗，此期间用户不可以切换文档，放弃入库时关闭原型的文档窗口即可。

2. 门窗入库

【门窗入库】命令用于将制作好的平面及三维门窗加入用户门窗库中，新加入的图块处于未命名状态，应打开图库管理系统，从二维或三维门窗库中找到该图块，并及时对图块命名。系统能自动识别当前用户的门窗原型环境，平面门入库是加入 U-DORLIB2D 目录中，平面窗入库是加入 U-WINLIB2D 目录中，三维门窗入库是加入 U-WDLIB3D 目录中，以此类推。

调用【门窗入库】命令有如下两种方法。

- 菜单栏：选择【门窗】|【门窗工具】|【门窗入库】菜单命令。
- 命令行：在命令行中输入 MCRK 命令并按 Enter 键。

下面具体讲解【门窗入库】的操作方法。

(1) 以如图 3-170 所示的平面窗为原型，绘制新的窗户，并入库。

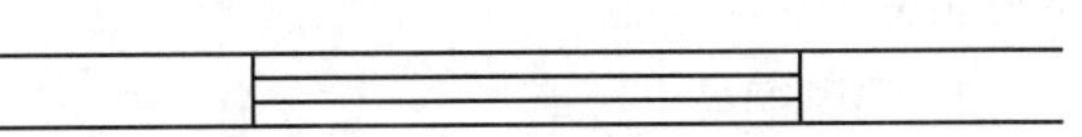

图 3-170　平面窗

(2) 选择【门窗】|【门窗工具】|【门窗原型】菜单命令，选择窗 C1，弹出临时绘图窗口，显示如图 3-171 所示的二维窗原型。

(3) 在临时绘图窗口中用户可绘制所需的窗样式，如图 3-172 所示。

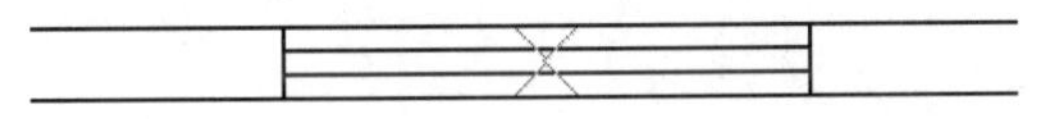

图 3-171　窗原型

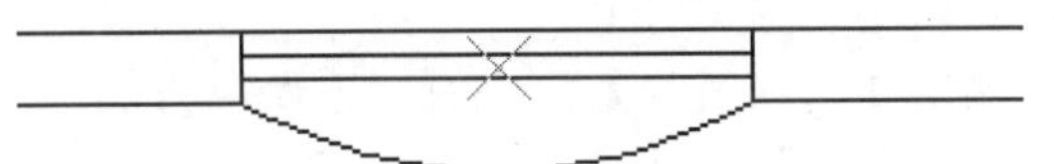

图 3-172　绘制二维窗

(4) 选择【门窗入库】菜单命令，创建的门窗图块显示在 U-WINLIB2D 目录下，如图 3-173 所示。

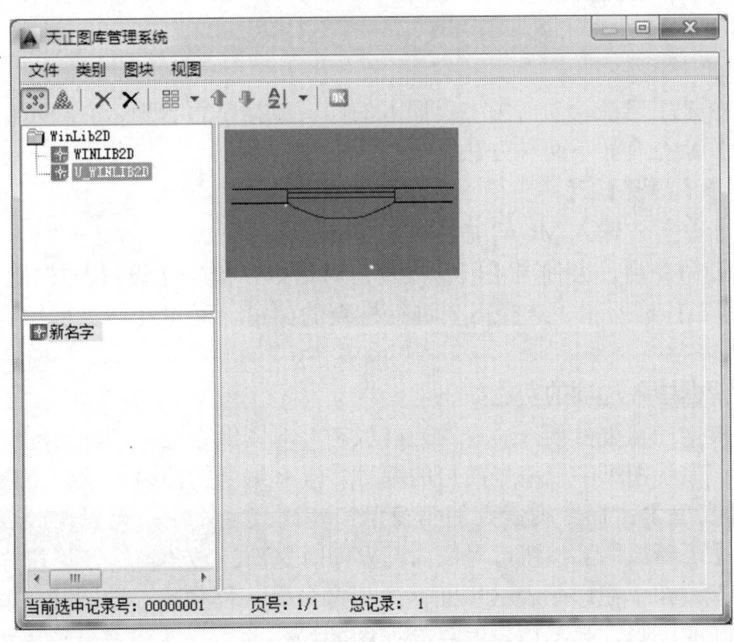

图 3-173　新门窗入库

> **提示：**①平开门的二维开启方向和三维开启方向是由门窗图块制作入库时的方向决定的，为了保证开启方向的一致性，入库时门的开启方向(开启线与门拉手)要全部统一为左边；②用户入库的门窗图块被临时命名为“新名字”，可双击对该图块进行重命名，并拖动该图块到合适的门窗类别中。

3.4.5 门窗编号与门窗表

在默认情况下，创建门窗时，在【门】或【窗】对话框中会要求用户输入门窗编号或选择自动编号。利用门窗编号可以方便地对门窗进行统计、检查和修改等操作。本节介绍门窗编号的编辑方法和门窗表的创建方法。

1. 门窗编号

【门窗编号】命令可以输入或修改所选门窗的编号。

在对门窗编号时，如果选择的门窗还没有编号，会出现“选择要修改编号的样板门窗”的提示。本命令每一次执行只能对同一种门窗进行编号，因此只能选择一个门窗作为样板，多选后会要求逐个确认，对与这个门窗参数相同的编号同一个号。如果以前这些门窗有过编号，即使删除了编号，也会提供默认的门窗编号值。

调用【门窗编号】命令有如下两种方法。

- 菜单栏：选择【门窗】|【门窗编号】菜单命令。
- 命令行：在命令行中输入 MCBH 命令并按 Enter 键。

调用【门窗编号】命令后，首先选择需要进行编号的门窗，然后根据命令行提示输入新编号，按 Enter 键即可完成门窗编号的操作。

2. 门窗检查

【门窗检查】命令是用来检查当前图中已插入的门窗数据是否合理，并显示门窗参数电子表格。

调用【门窗检查】命令有如下两种方法。

- 菜单栏：选择【门窗】|【门窗检查】菜单命令。
- 命令行：在命令行中输入 MCJC 命令并按 Enter 键。

调用【门窗检查】命令后，会弹出【门窗检查】对话框，单击【设置】按钮，弹出【设置】对话框，如图 3-174 和图 3-175 所示，选择需要进行检查的门窗，即可在对话框中详细查看所选门窗的数据。

【门窗检查】对话框中各选项的功能如下。

- 【编号】：根据门窗编号设置命令的当前状态，对图纸中已有门窗自动编号。
- 【新编号】：显示图纸中已编号门窗的编号，没有编号的门窗此项为空白。
- 【宽度】/【高度】：命令搜索到的门窗洞口宽高尺寸，用户可以修改表格中的宽度和高度尺寸，单击【更新原图】按钮可对图内门窗即时更新，转角窗、带形窗等特殊门窗除外。
- 【更新原图】按钮：在电子表格里面修改门窗参数、样式后，单击【更新原图】按钮，可以更新当前打开的图形，包括门窗。更新原图的操作并不修改门窗参数表中各项的相对位置，也不修改【编号】一列的数值。但目前还不能对外部参照的门窗进行更新。

- 【提取图纸】按钮：单击【提取图纸】按钮后，树状结构图和门窗参数表中的数据按当前图中或当前工程中现有门窗的信息重新提取，最后调入【门窗检查】对话框中的门窗数据受【设置】对话框的【检查内容】选项组中四项参数的控制。更新原图后，表格中与原图中不一致的以品红色显示的新参数值在单击【提取图纸】按钮后变为黑色。

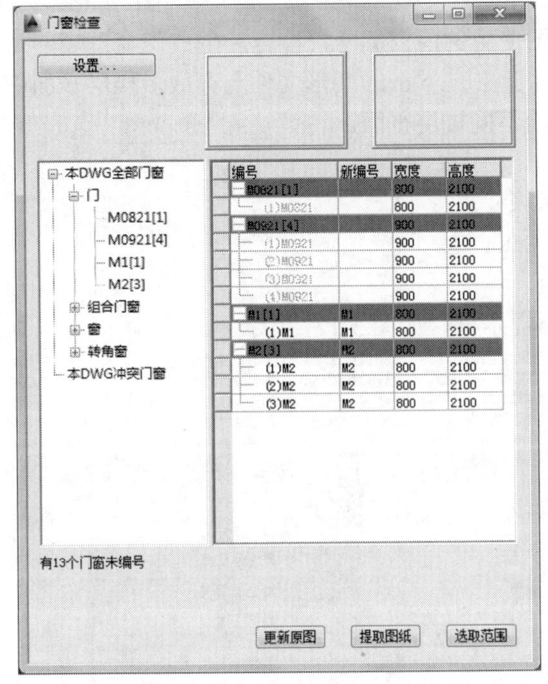

图 3-174　【门窗检查】对话框

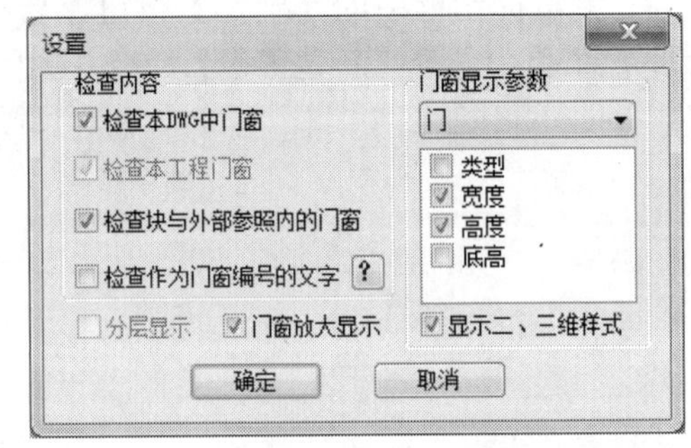

图 3-175　【设置】对话框

3. 门窗表

【门窗表】命令用于统计本图中使用的门窗参数，检查后生成传统样式门窗表或者符合国标《建筑工程设计文件编制深度规定》样式的标准门窗表，如图 3-176 所示。天正建筑软件从 TArch 8 版开始提供用户定制门窗表的方法，各设计单位可以根据需要定制自己的门窗表格入库，定制本单位的门窗表格样式。

门窗表

类型	设计编号	洞口尺寸(mm)	数量	图集名称	页次	选用型号	备注
普通门		800X2100	1				
		900X2100	4				
	M1	800X2100	1				
	M2	800X2100	3				
普通窗		1500X1500	4				
		2000X1500	2				
	C1	1500X1500	3				
	C2	1800X1500	2				
转角窗	ZJC1815	(1000+800)X1500	1				
组合门窗	MC1	2300X2400	1				

图 3-176　门窗表

调用【门窗表】命令的方法如下。

- 菜单栏：选择【门窗】|【门窗表】菜单命令。
- 命令行：在命令行中输入 MCB 命令并按 Enter 键。

4. 门窗总表

【门窗总表】命令用于统计本工程中多个平面图使用的门窗编号，检查后生成门窗总表，可由用户在当前图上指定各楼层平面所属门窗。该命令适用于在一个 dwg 图形文件上存放多楼层平面图的情况，也可指定分别保存在多个不同 dwg 图形文件上的不同楼层平面。

调用【门窗总表】命令有如下两种方法。

- 菜单栏：选择【门窗】|【门窗总表】菜单命令。
- 命令行：在命令行中输入 MCZB 命令并按 Enter 键。

下面具体讲解门窗总表的创建方法。

(1) 选择【门窗】|【门窗总表】菜单命令，弹出提示框，如图 3-177 所示。

(2) 单击提示框中的【确定】按钮，新建一个工程项目，弹出【工程管理】面板，在【工程管理】下拉菜单中选择【新建工程】命令，如图 3-178 所示。

图 3-177　提示框

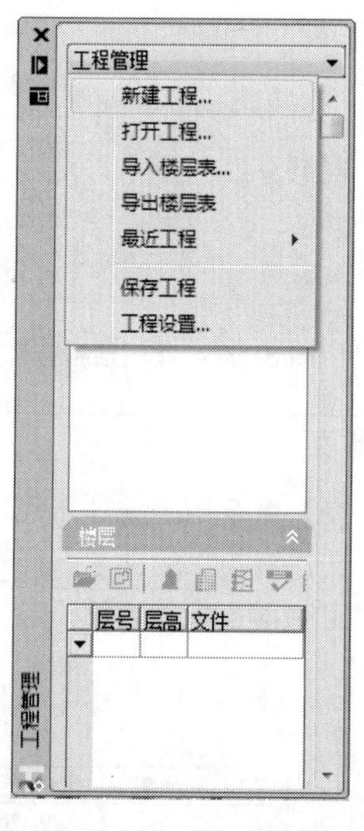

图 3-178　【工程管理】面板

(3) 在弹出的【另存为】对话框中输入新工程项目文件名称，然后单击【保存】按钮，如图 3-179 所示。

(4) 在【新工程】列表框中，在【平面图】选项上单击鼠标右键，从弹出的快捷菜单中选择【添加图纸】命令，如图 3-180 所示。在弹出的【选择图纸】对话框中选择图纸文件，单击【打开】按钮将其打开。

(5) 选择【门窗】|【门窗总表】菜单命令，在绘图窗口中选取插入门窗表的位置，即可创建门窗总表，如图 3-181 所示。

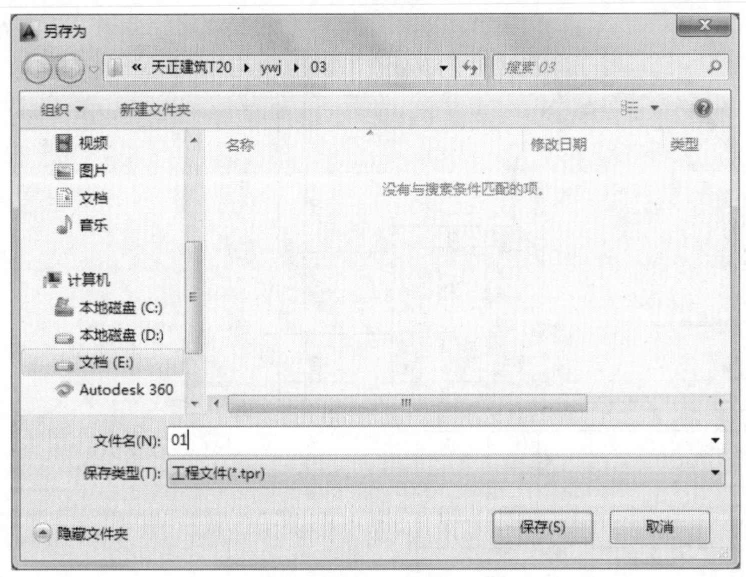

图 3-179 【另存为】对话框

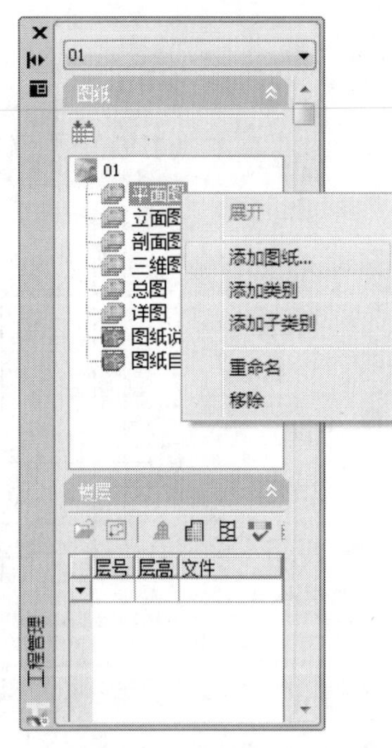

图 3-180 选择【添加图纸】命令

门窗表

数量			图集选用		
(楼层名)		合计	图集名称	页次	选用型号

图 3-181 创建的门窗总表

课后练习

案例文件：ywj\03\02.dwg

视频文件：光盘→视频课堂→第 3 教学日→3.4

本节课后练习的是工人房平面图的绘制，平面图由几个小房间和圆弧房间组成，包括门窗特征，比例为 1∶100，如图 3-182 所示是创建完成的工人房平面图。

本节案例主要练习工人房平面图的绘制过程，首先绘制轴网，之后绘制墙体，再添加门窗附属特征，接着创建文字，最后添加标注和标高，工人房平面图的创建思路和步骤如图 3-183 所示。

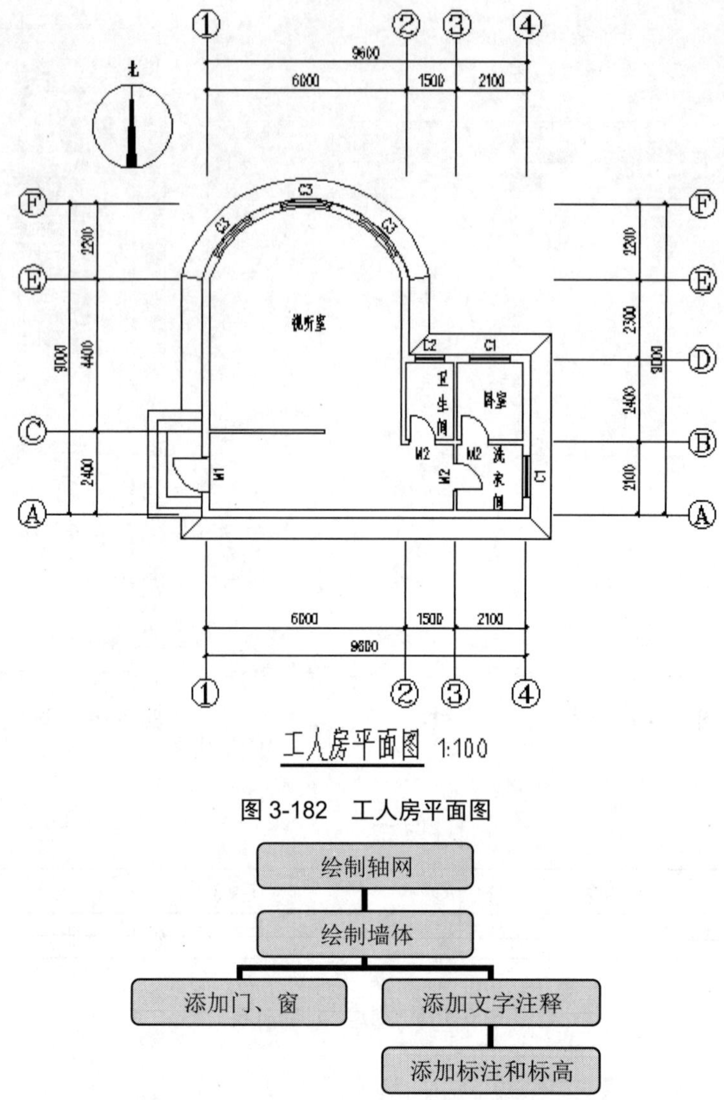

图 3-182　工人房平面图

图 3-183　工人房平面图的创建思路和步骤

练习案例操作步骤如下。

step 01 首先绘制轴网。选择【轴网柱子】|【绘制轴网】菜单命令，弹出【绘制轴网】对话框，选中【上开】单选按钮，在【间距】列表框中分别输入间距值 6000、1500 和 2100，如图 3-184 所示。

step 02 在【绘制轴网】对话框中，选中【左进】单选按钮，在列表框的【间距】列中分别输入间距值 2400、4400 和 2200，如图 3-185 所示。

step 03 在【绘制轴网】对话框中，选中【右进】单选按钮，在列表框的【间距】列中分别输入间距值 2100、2400、2300 和 2200，并单击绘图区放置轴网，如图 3-186 所示。

step 04 选择【轴网柱子】|【轴网标注】菜单命令，弹出【轴网标注】对话框，选中【双侧标注】单选按钮，选择起始轴线和结束轴线来标注垂直轴线，如图 3-187 所示。

图 3-184　输入上开间距

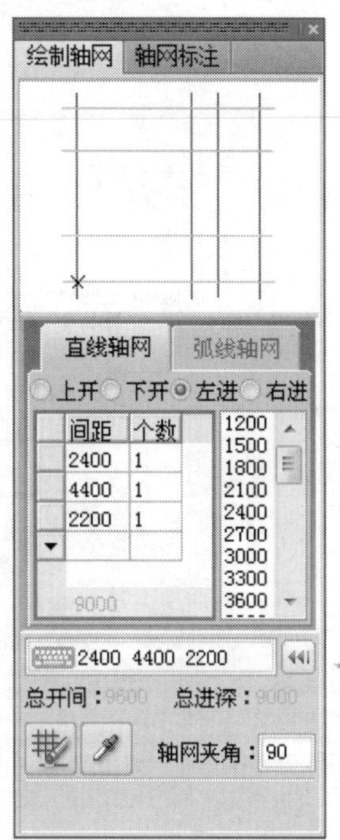

图 3-185　输入左进间距

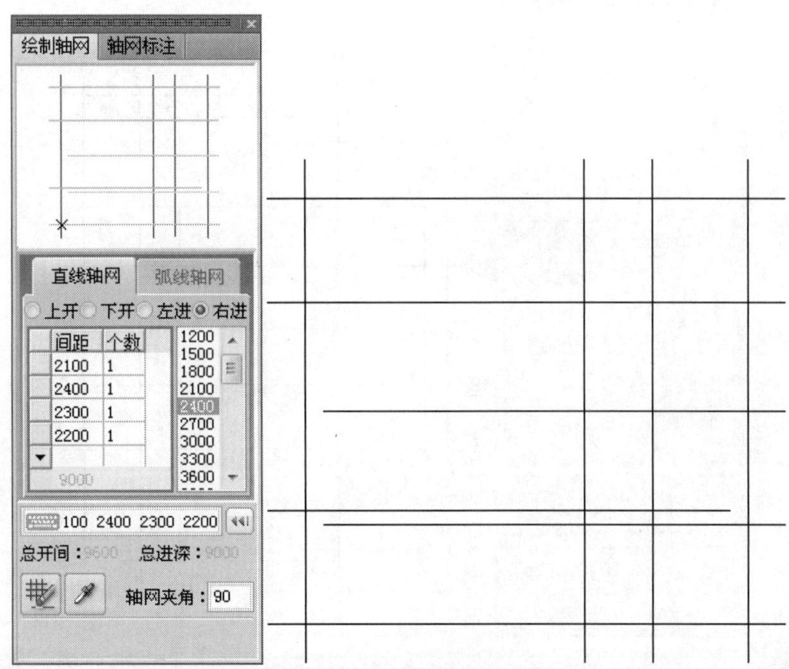

图 3-186　放置轴网

step 05 在【轴网标注】对话框中，选中【单侧标注】单选按钮，选择起始轴线和结束轴线来标注水平轴线，如图 3-188 所示。

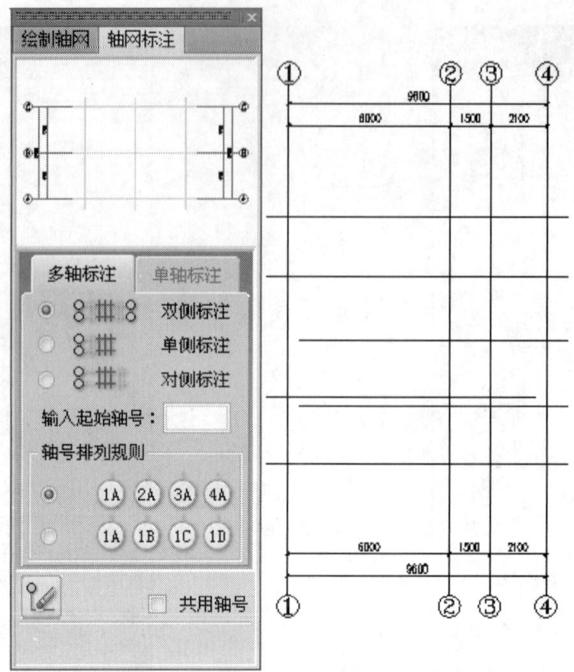

图 3-187　标注垂直轴网结果

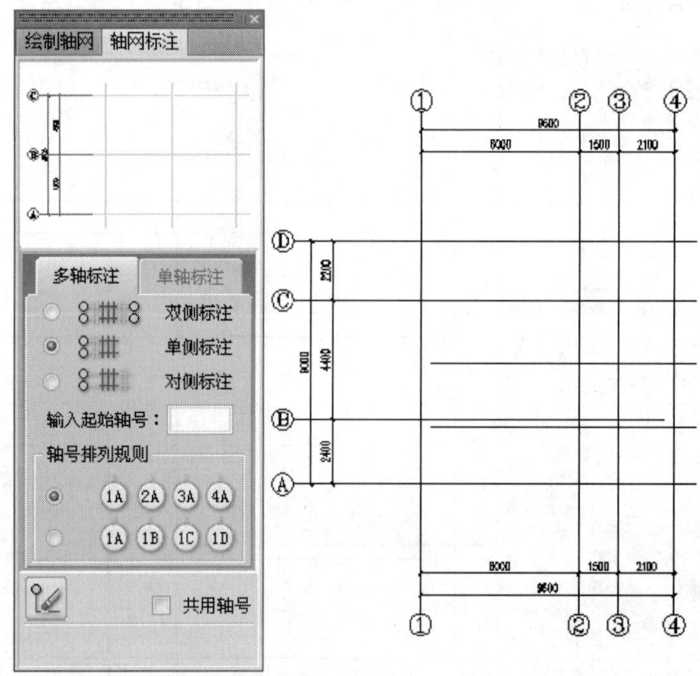

图 3-188　标注水平轴网结果

step 06 双击轴号修改平行轴网的轴号，结果如图 3-189 所示。

step 07 再次标注平行轴网，此时轴号自动生成于轴网右侧，如图 3-190 所示。

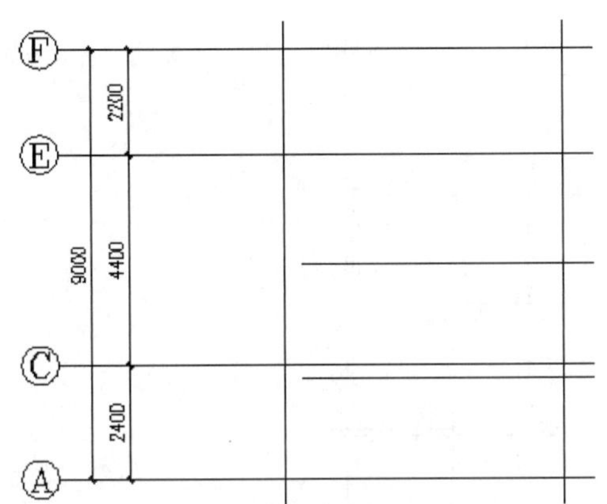

图 3-189　修改平行轴网轴号

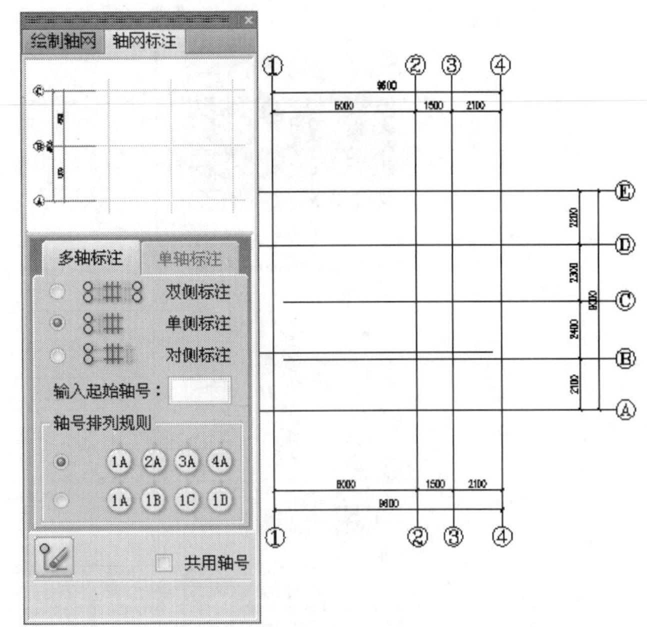

图 3-190　标注平行轴网

step 08 双击轴号修改平行轴网的轴号，完成轴网的绘制，结果如图 3-191 所示。

step 09 接着创建墙体。选择【墙体】|【绘制墙体】菜单命令，弹出【墙体】对话框，在【墙宽】微调框中输入 240，在【用途】下拉列表框中选择【外墙】选项，并在绘图区域绘制平面图的外墙，如图 3-192 所示。

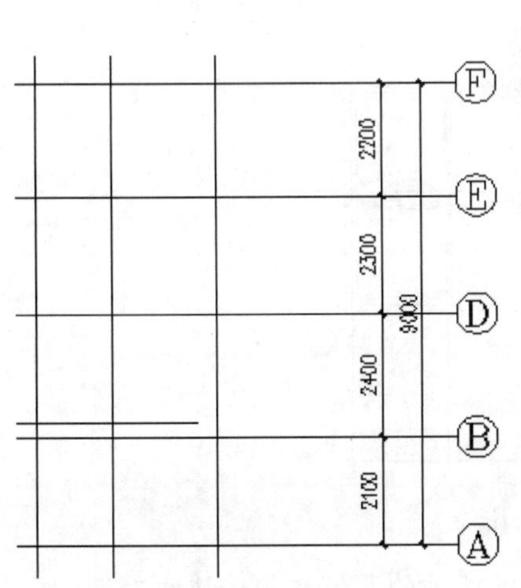

图 3-191　修改平行轴网轴号

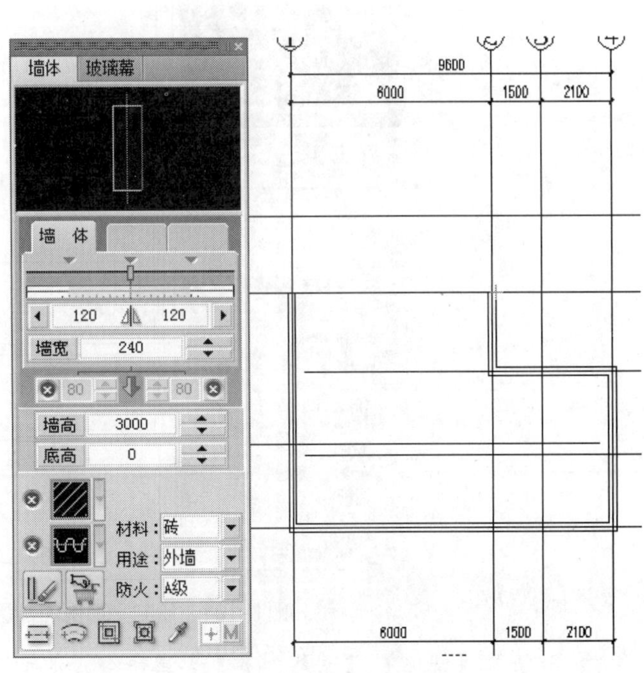

图 3-192　绘制平面图外墙

step 10 在【墙体】对话框中，选择【弧墙】类型，绘制平面图上侧的弧墙，如图 3-193 所示。

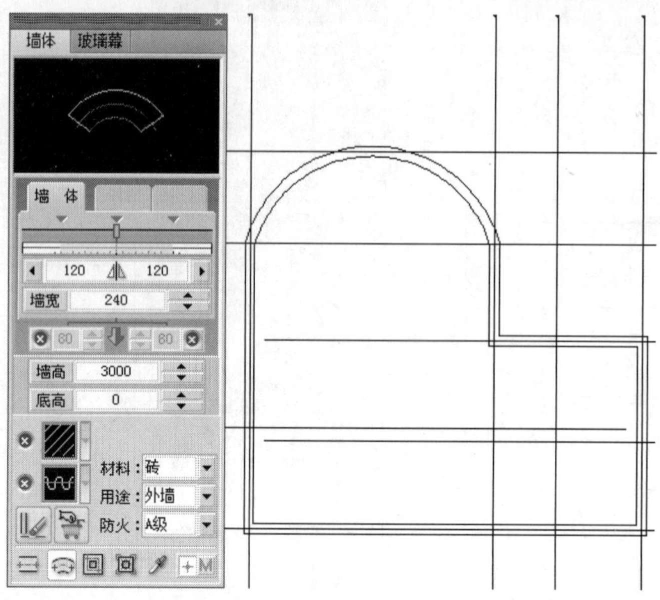

图 3-193　绘制平面图上侧的弧墙

step 11 在【墙体】对话框的【用途】下拉列表框中选择【内墙】选项，在【墙宽】微调框中输入 120，选择【直墙】类型，绘制平面图右侧区域的内墙，如图 3-194 所示。

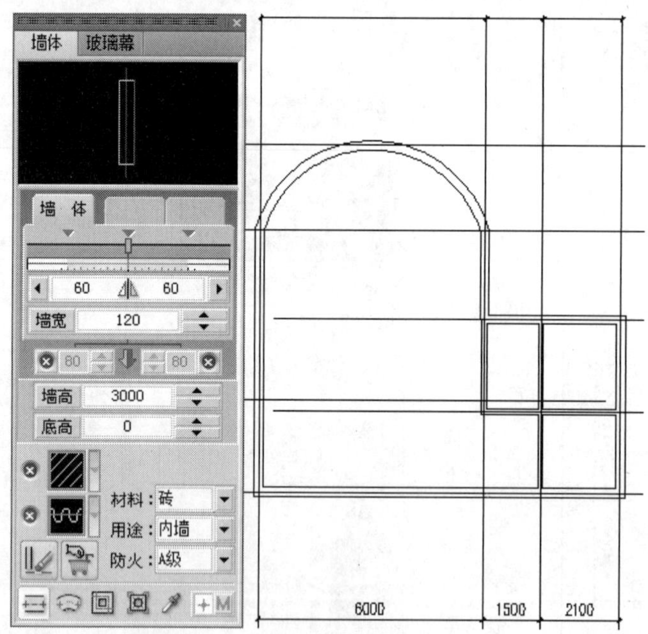

图 3-194　绘制平面图右侧区域的内墙

step 12 选择【墙体】|【边线对齐】菜单命令，使如图 3-195 所示的两墙体的墙边线对齐。

step 13 墙体参数不变，绘制一段内墙，长为 3600，完成墙体的创建，如图 3-196 所示。

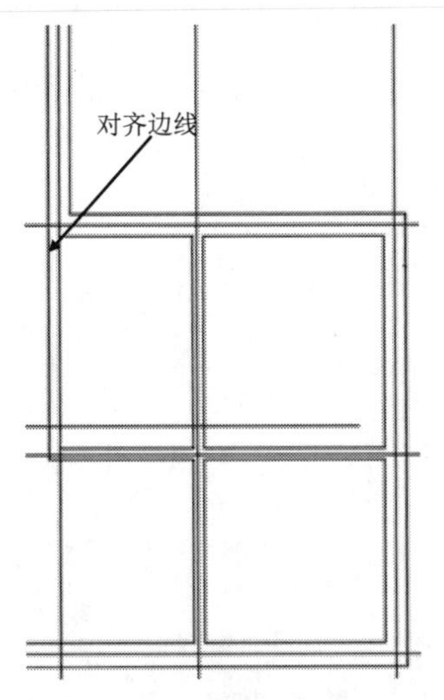

图 3-195　使两墙的边线对齐

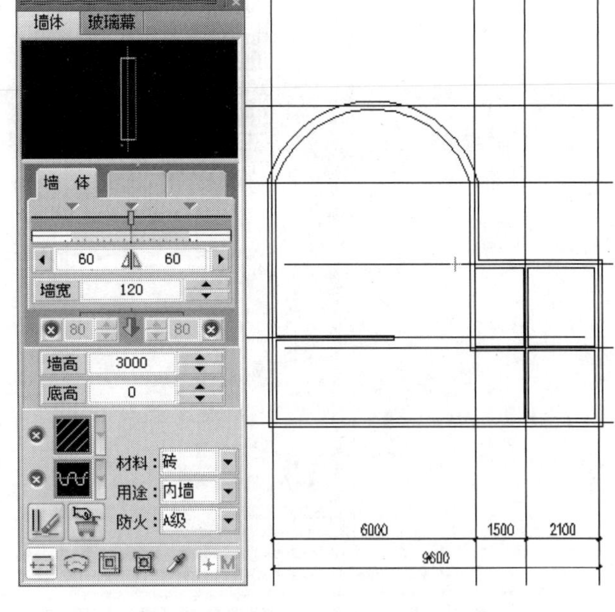

图 3-196　绘制一段内墙长为 3600

step 14 继续创建门窗。选择【门窗】|【新门】菜单命令，弹出【门】对话框，单击门样式立面图，弹出【天正图库管理系统】窗口，选择【单扇格栅门】选项，如图 3-197 所示。

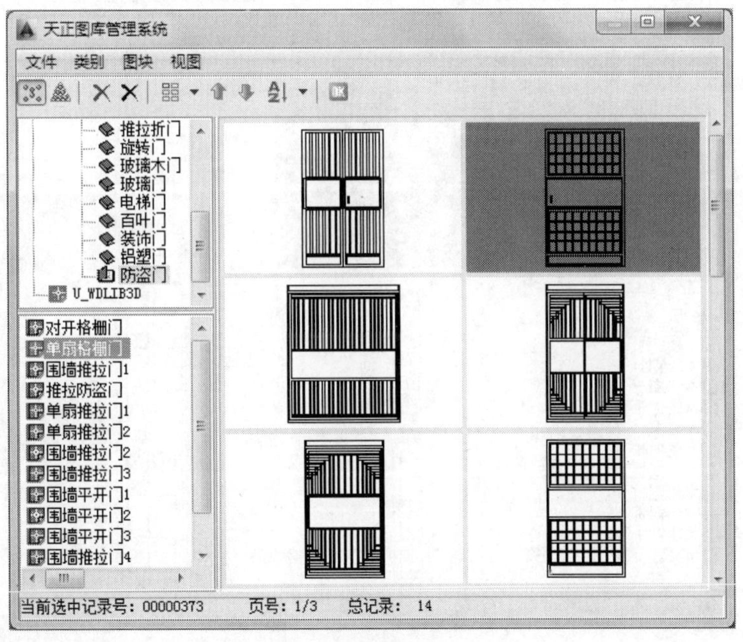

图 3-197　选择门立面样式

step 15 在【门】对话框的【门宽】微调框中输入 1000，在【编号】下拉列表框中输入 M1，并在绘图区域添加一个宽为 1000 的门，如图 3-198 所示。

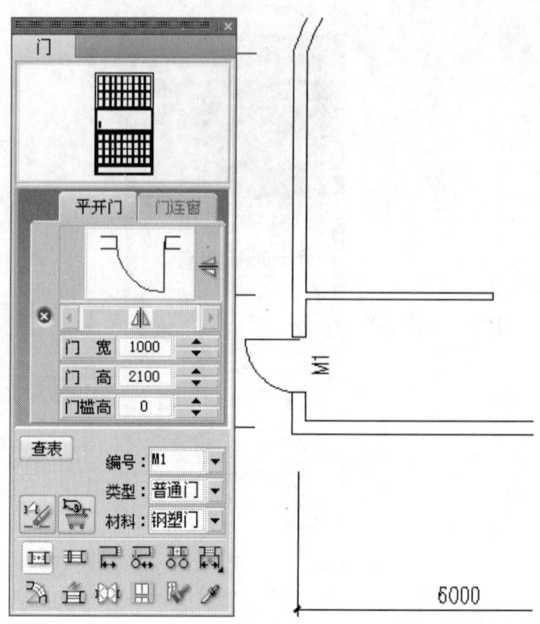

图 3-198 添加一个宽为 1000 的门

step 16 在【门】对话框中，单击门样式立面图，弹出【天正图库管理系统】窗口，选择【木线装饰门 2】选项，如图 3-199 所示。

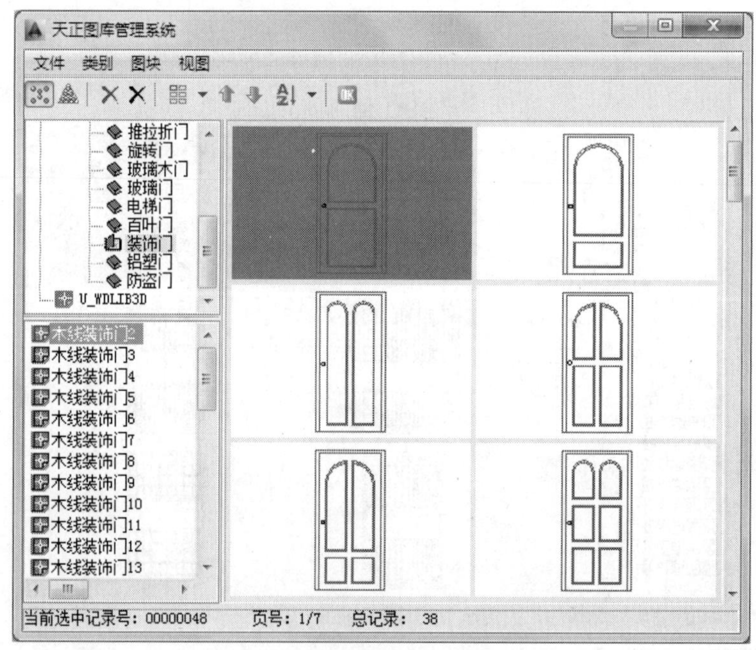

图 3-199 选择门的立面样式

step 17 在【门】对话框的【门宽】微调框中输入 800，在【编号】下拉列表框中输入 M2，并在绘图区域添加多个宽为 800 的门，如图 3-200 所示。

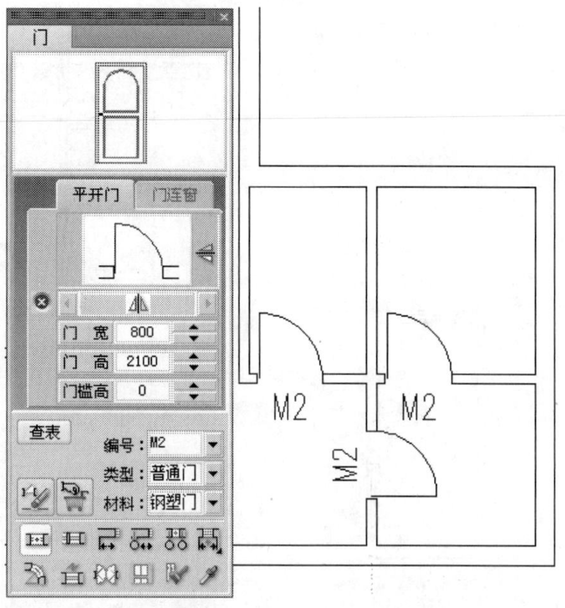

图 3-200 添加多个宽为 800 的门

step 18 选择【门窗】|【新窗】菜单命令，弹出【窗】对话框，单击窗样式立面图，弹出【天正图库管理系统】窗口，选择【上下推拉窗】选项，如图 3-201 所示。

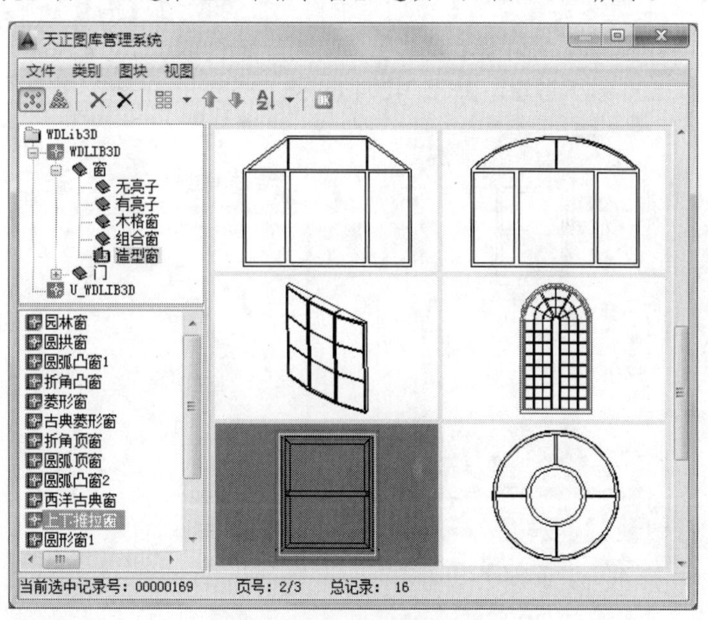

图 3-201 选择窗户立面样式

step 19 在【窗】对话框的【窗宽】微调框中输入 1200，在【编号】下拉列表框中输入 C1，在【类型】下拉列表框中选择【普通窗】选项，在【材料】下拉列表框中选择【铝合金】选项，并在绘图区域添加两个宽为 1200 的窗户，如图 3-202 所示。

step 20 在【窗】对话框的【窗宽】微调框内输入 900，在【编号】下拉列表框中输入 C2，并在绘图区域添加一个宽为 900 的窗户，如图 3-203 所示。

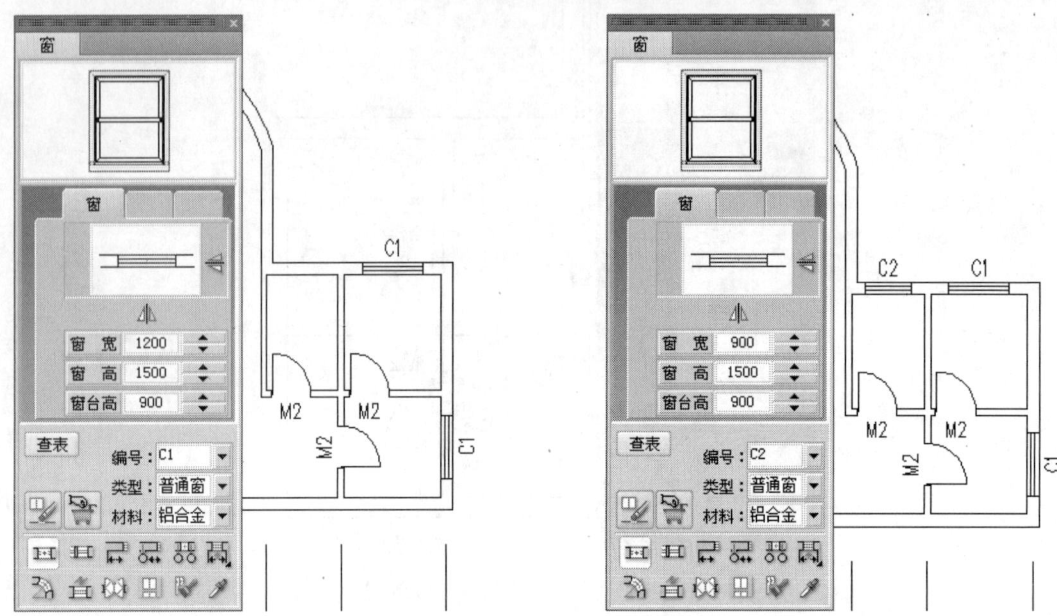

图 3-202 添加两个宽为 1200 的窗户

图 3-203 添加一个宽为 900 的窗户

step 21 在【窗】对话框中的【窗宽】微调框中输入 1500，在【编号】下拉列表框中输入 C3，单击【按角度插入弧墙上的门窗】按钮，设置门窗中心的角度分别为 45°，90° 和 135°，添加三个宽为 1500 的弧形窗，如图 3-204 所示。

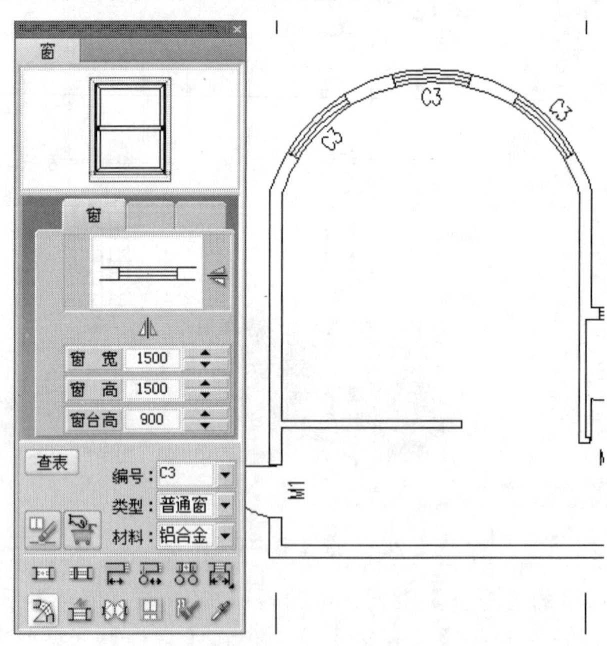

图 3-204 添加三个宽为 1500 的弧形窗

step 22 选择【门窗】|【内外翻转】菜单命令，选择两个弧形窗进行内外翻转，如图 3-205 所示。

step 23 选择【门窗】|【门窗工具】|【门口线】菜单命令，弹出【门口线】对话框，选中【单侧】单选按钮，并在绘图区域添加门口线，如图 3-206 所示。

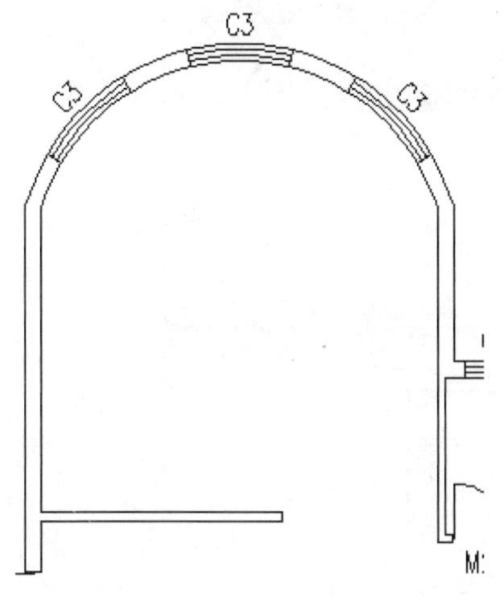

图 3-205　翻转两个弧形窗

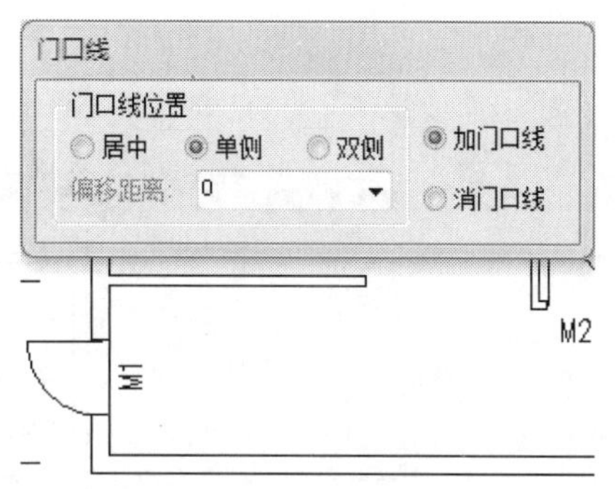

图 3-206　添加门口线

step 24 选择【楼梯其他】|【台阶】菜单命令，修改【平台宽度】为 1000，绘制台阶长为 1920，如图 3-207 所示。

step 25 选择【楼梯其他】|【散水】菜单命令，弹出【散水】对话框，选择【搜索自动生成】选项，选择外墙体，按下 Enter 键生成散水，完成门窗等附属的创建，如图 3-208 所示。

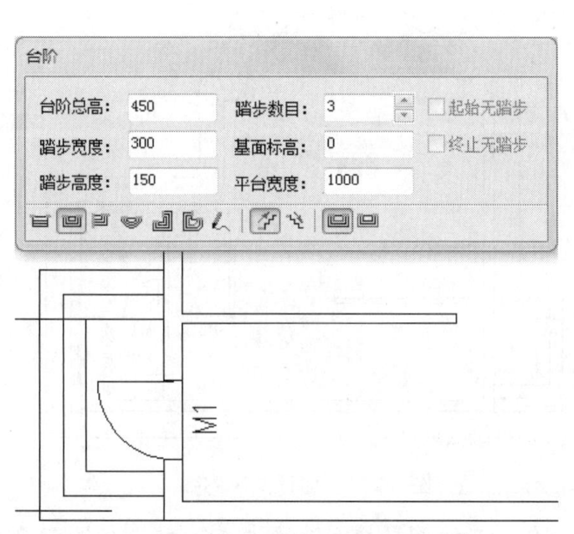

图 3-207　绘制台阶

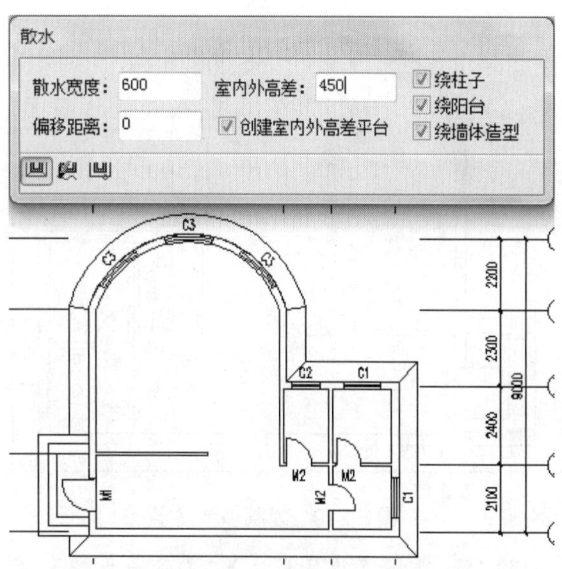

图 3-208　生成散水

step 26 最后添加文字和标注。选择【文字表格】|【多行文字】菜单命令，弹出【多行文字】对话框，在【字高】下拉列表框中输入 5.0，输入文字“卫生间”，单击【确定】按钮，在平面图中添加文字，如图 3-209 所示。

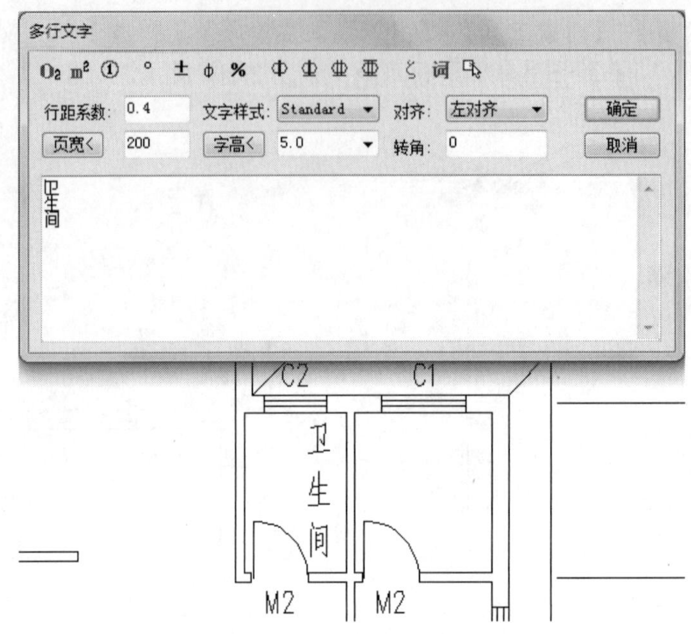

图 3-209　添加文字注释

step 27 单击修改工具栏中的【复制】按钮，复制多个文字至如图 3-210 所示的位置。

step 28 双击文字修改文字内容，结果如图 3-211 所示。

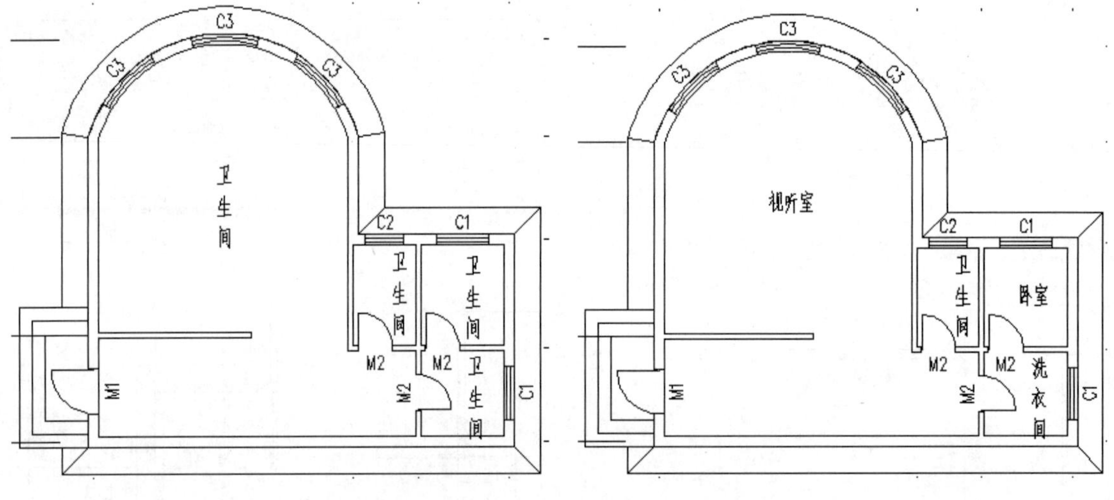

图 3-210　复制多个文字　　　　图 3-211　修改文字内容

step 29 选择【符号标注】|【画指北针】菜单命令，在绘图区域单击添加指北针，如图 3-212 所示。

step 30 选择【符号标注】|【图名标注】菜单命令，弹出【图名标注】对话框，输入“工人房平面图”，在两个【字高】下拉列表框中分别输入 10.0、7.0，并单击绘图区放置图名，完成文字和标注的添加，如图 3-213 所示。

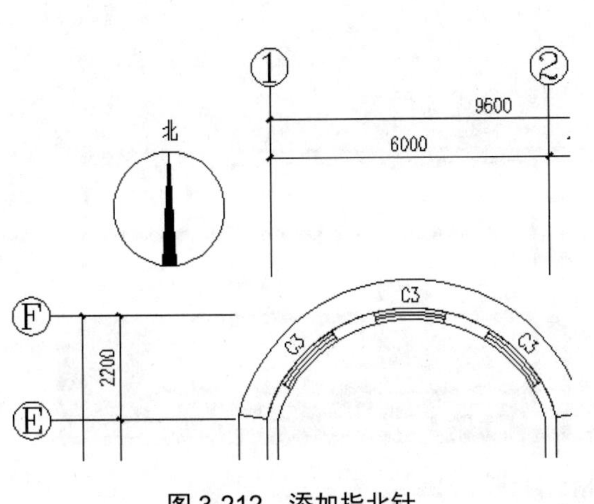

图 3-212　添加指北针

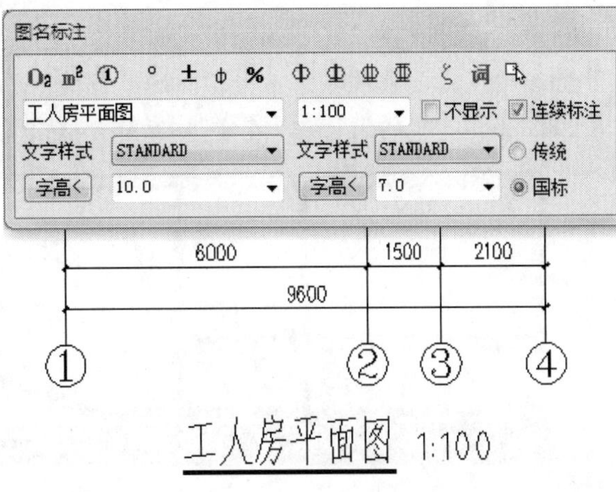

图 3-213　添加图名

step 31 完成的工人房平面图如图 3-214 所示。

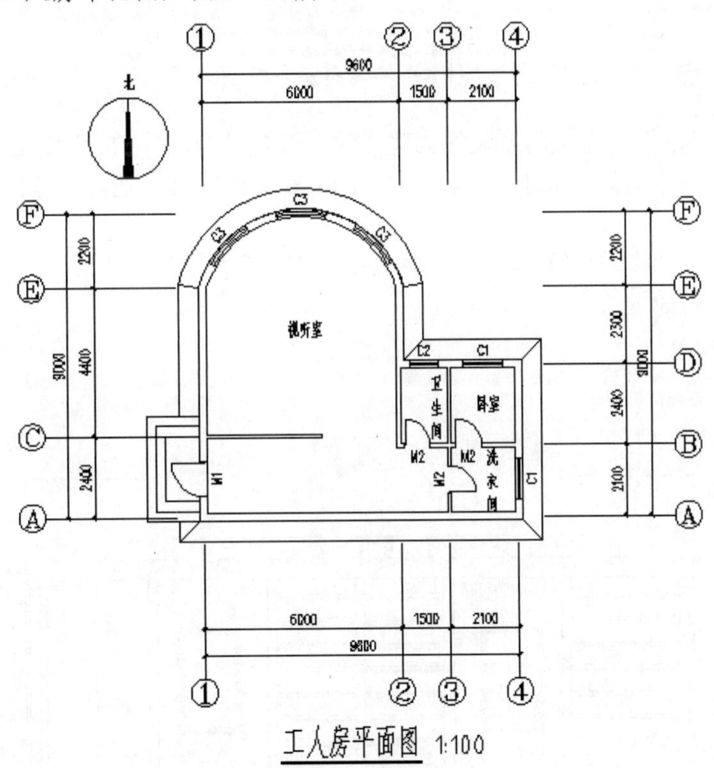

图 3-214　完成的工人房平面图

建筑设计实践：某博物馆设计如图 3-215 所示，整体式建筑设计应符合国家现行各类建筑设计标准规范的要求及相关防火、防水、节能、隔声、抗震和安全防范等标准规范的要求，满足适用、经济、美观的设计原则。同时应符合建筑工业化及绿色建筑的要求。

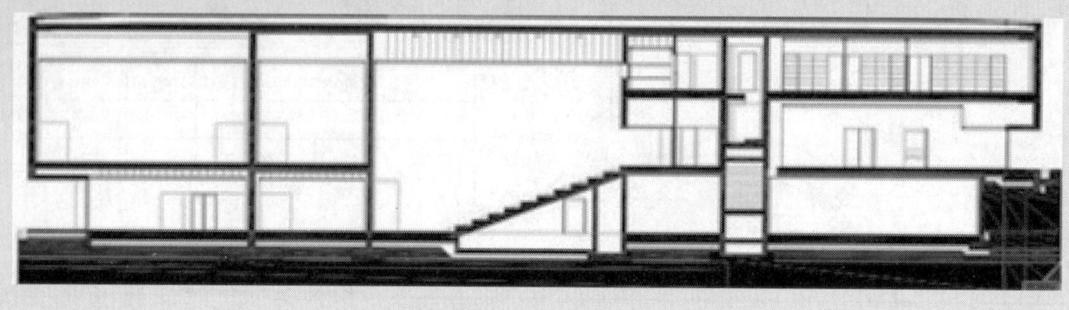

图 3-215　某博物馆设计

阶段进阶练习

本教学日主要学习掌握门窗及门窗表的创建方法，以及异型墙体的绘制方法。同时还要掌握多种类型门窗的绘制方法。在本教学日的最后学习门窗的编辑修改方法。通过这些门窗命令的学习，深入理解了建筑图的制图原则和方法，为下一步房间布局打下基础。

如图 3-216 所示，使用本教学日学过的各种命令来创建商场立面图。

一般创建步骤和方法如下。

(1) 绘制墙体框架。

(2) 填充墙面。

(3) 添加标注。

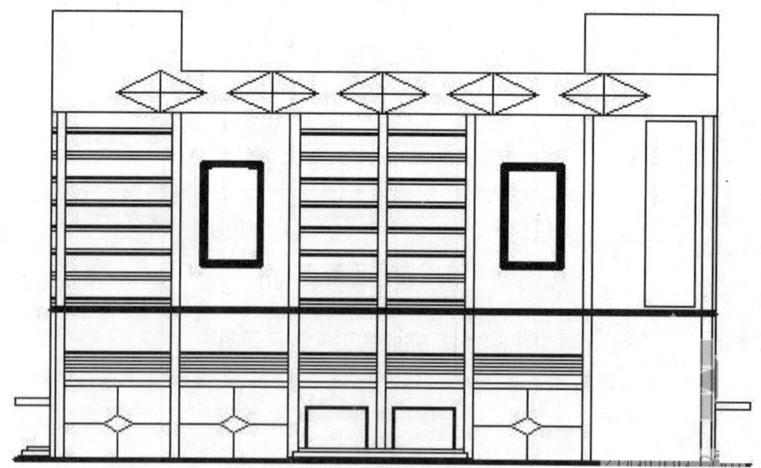

图 3-216　商场立面图

设计师职业培训教程

第 4 教学日

一栋建筑物除了主体结构之外，还必须建造楼梯、屋顶等室内外附属设施。楼梯是联系建筑上、下层的垂直交通构件，也是火灾等灾害发生时的紧急疏散要道。屋顶可以遮风挡雨。阳台是居住者接受光照，吸收新鲜空气，进行户外锻炼、观赏、纳凉、晾晒衣物的场所。

本教学日将重点讲解楼梯、扶手、电梯、阳台、台阶、坡道、散水等室内外设施的创建方法。

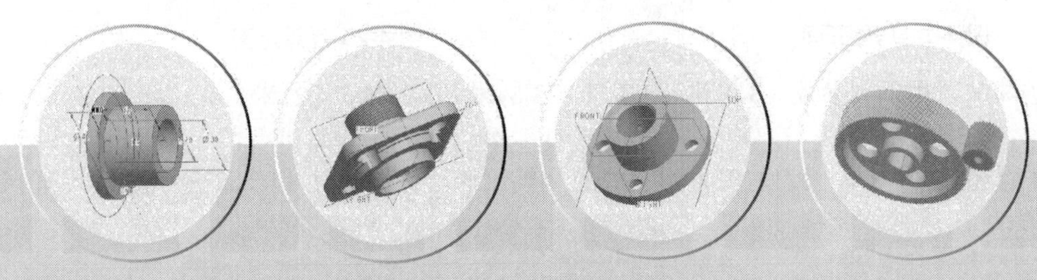

第1课 1课时 设计师职业知识——建筑房间参数

1. 开间

在住宅设计中，住宅的宽度是指一间房间内一面墙皮到另一面墙皮之间的实际距离。因为是就一自然间的宽度而言，故又称开间，如图 4-1 所示。

住宅建筑的开间常采用下列参数：2.1 米、2.4 米、2.7 米、3.0 米、3.3 米、3.6 米、3.9 米、4.2 米。较小的开间尺度可缩短楼板的空间跨度，增强住宅结构整体性、稳定性和抗震性。

开间 5 米以上、进深 7 米以上的大开间住宅可为住户提供一个 40～50 平方米甚至更大的居住空间，与同样建筑面积的小开间住宅相比，承重墙减少一半，使用面积增加 2%，便于灵活隔断、装修改造。

2. 进深

在住宅设计中，进深是指一间独立的房屋或一幢居住建筑，从前墙皮到后墙皮之间的实际长度，如图 4-2 所示。

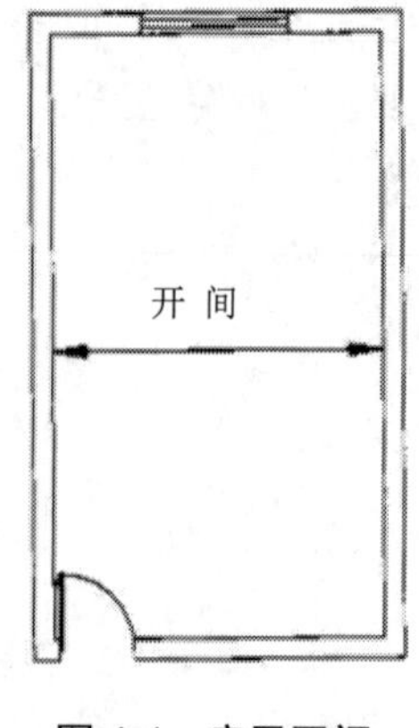

图 4-1 房屋开间

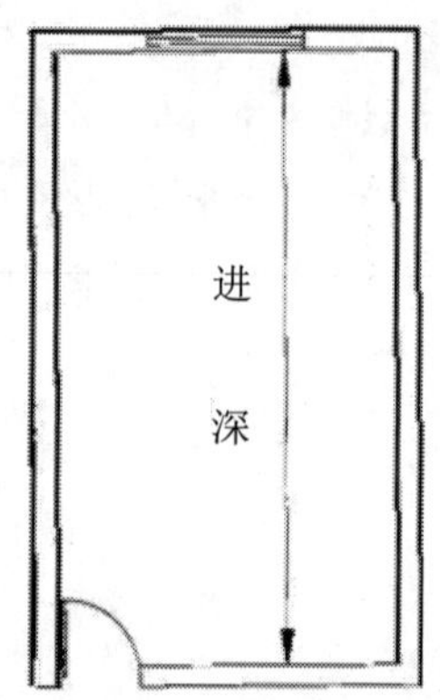

图 4-2 房屋进深

住宅建筑的进深常采用下列参数：3.0 米、3.3 米、3.6 米、3.9 米、4.2 米、4.5 米、4.8 米、5.1 米、5.4 米、5.7 米、6.0 米。

住宅的进深不宜超过 14 米，因为这关系到室内的空气流通，进深超过 14 米，不利于自然通风和采光。

3. 标高

标高表示建筑物各部分的高度，分为绝对标高、相对标高、结构标高和建筑标高。

(1) 绝对标高和相对标高。

绝对标高：以一个国家或地区统一规定的基准面作为零点的标高，我国规定以青岛附近黄海的平均海平面作为标高的零点，所计算的标高称为绝对标高。

相对标高：以建筑物室内首层主要地面高度作为标高的起点，所计算的标高称为相对标高。

(2) 结构标高。

在相对标高中，凡是不包括装饰层厚度的标高，称为结构标高。结构标高注写在构件的底部，是构件的安装或施工高度。一般情况下，只有在施工图中才会出现结构标高。

建筑物图样上的标高以细实线绘制的三角形加引出线表示，总图上的标高以涂黑的三角形表示。标高符号的尖端指至被标注高度，箭头可向上或向下。标高数字以 m(米)为单位，精确到小数点后三位，但都不标注在图纸上。

(3) 建筑标高。

相对标高中，凡是包括装饰层厚度的标高，称为建筑标高，注写在构件的装饰层面上，也叫面层标高，也即是装饰装修完成后的标高，如“地面工程一层建筑地面标高为正负 0.000”。

房间在建筑设计中是一个非常重要的概念，下面讲解生成和布置房间的方法。

4.2.1 生成房间

墙体、门窗、柱构造完毕后，建筑的基本轮廓就可以显示出来。房间对象可以使用房间标识，并可以选择和编辑。房间名称和编号就是房间的标识，主要用于描述房间的功能和区别房间。

1. 搜索房间

【搜索房间】命令可用来批量搜索建立或更新已有的普通房间和建筑面积，建立房间信息并标注室内使用面积，标注位置自动置于房间的中心，同时还可生成室内地面。

调用【搜索房间】命令有如下两种方法。

- 菜单栏：选择【房间屋顶】|【搜索房间】菜单命令。
- 命令行：在命令行中输入 SSFJ 命令并按 Enter 键。

在进行房间搜索时，弹出【搜索房间】对话框，如图 4-3 所示。

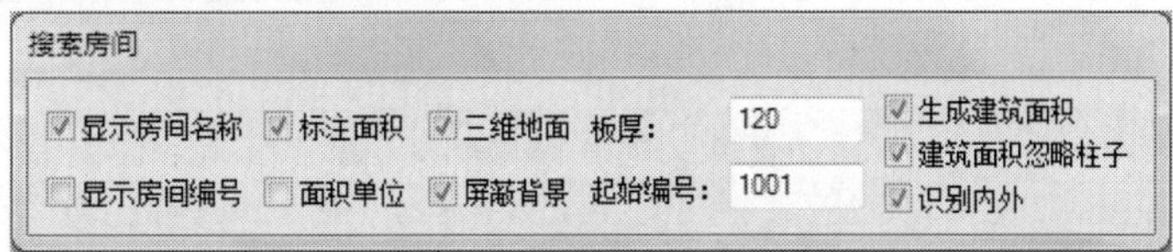

图 4-3 【搜索房间】对话框

【搜索房间】对话框中各选项的功能说明如下。

- 【显示房间名称】/【显示房间编号】：房间的标识类型，建筑平面图标识房间名称，其他专业标识房间编号，也可以同时标识。

- 【标注面积】：用于设置是否自动标注房间面积。
- 【面积单位】：用于设置是否标注面积单位，默认以平方米(m^2)单位标注。
- 【三维地面】：启用该复选框，表示同时沿着房间对象边界生成三维地面。
- 【屏蔽背景】：是否屏蔽房间标注下面的填充图案。
- 【板厚】：生成三维地面时，给出地面的厚度。
- 【生成建筑面积】：在搜索生成房间的同时，计算建筑面积。
- 【建筑面积忽略柱子】：根据建筑面积测量规范，建筑面积包括凸出的结构柱与墙垛，也可以选择忽略凸出的装饰柱与墙垛。
- 【识别内外】：启用该复选框后同时执行识别内外墙功能，用于建筑节能。

提示：如果用户编辑墙体改变了房间边界，房间信息不会自动更新，可以通过再次执行【搜索房间】命令更新房间或拖动边界夹点，和当前边界保持一致。

下面具体讲解【搜索房间】命令的使用方法。

(1) 搜索图 4-4 所示平面图的房间面积。

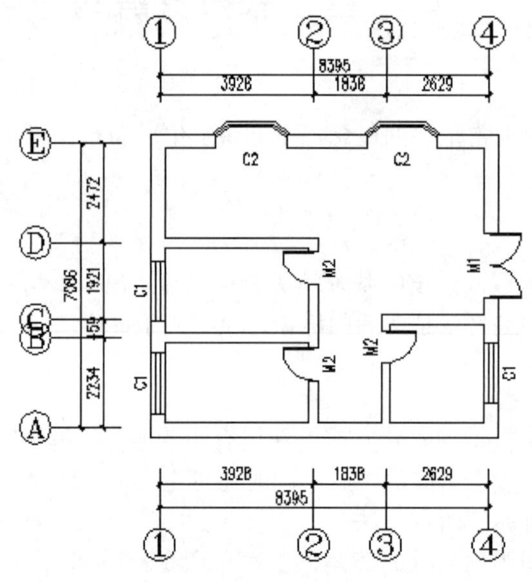

图 4-4　室内平面图

(2) 选择【房间屋顶】|【搜索房间】菜单命令，在弹出的【搜索房间】对话框中设置参数，如图 4-5 所示。

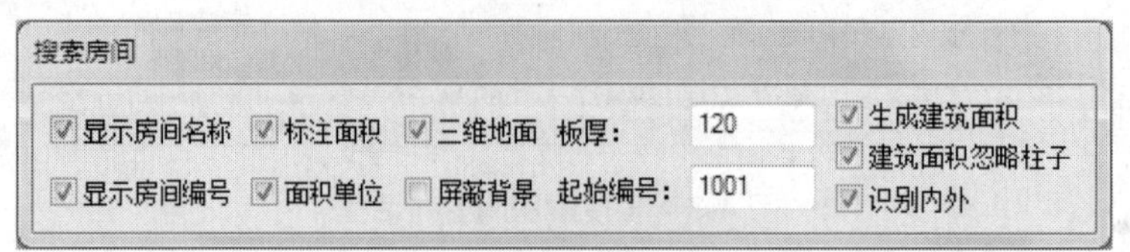

图 4-5　设置搜索房间参数

(3) 选择构成一完整建筑物的所有墙体，按 Enter 键确定。

(4) 命令行提示选取建筑面积的标注位置，在这里单击建筑外的空白处一点，创建标注如图 4-6 所示。

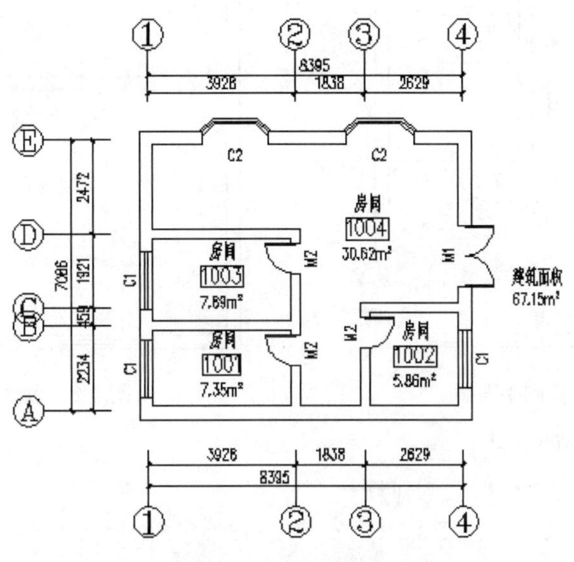

图 4-6　搜索房间效果

提示：在使用【房间搜索】命令生成房间对象时，所有的房间名称皆为“房间”，若要修改房间名称，可双击房间名称，进入在位编辑状态。

2. 房间轮廓

【房间轮廓】命令用于在房间内部创建封闭 Pline 线，轮廓线可用作其他用途，如把它转为地面或用来作为生成踢脚线等装饰线脚的边界。

调用【房间轮廓】命令有如下两种方法。

- 菜单栏：选择【房间屋顶】|【房间轮廓】菜单命令。
- 命令行：在命令行中输入 FJLK 命令并按 Enter 键。

下面具体讲解创建房间轮廓的方法。

(1) 创建如图 4-7 所示平面图的房间轮廓。

(2) 选择【房间屋顶】|【房间轮廓】菜单命令，指定房间内的一点。

(3) 命令行提示“是否生成封闭的多段线?”，输入 Y 并按 Enter 键，创建房间轮廓，如图 4-8 所示。

3. 房间排序

【房间排序】命令用于按照指定的规则对房间编号进行重新排序。参加排序的除了普通房间外，还包括公摊面积、洞口面积等对象，这些对象参与排序主要是用于节能和暖通设计。

调用【房间排序】命令有如下两种方法。

- 菜单栏：选择【房间屋顶】|【房间排序】菜单命令。
- 命令行：在命令行中输入 FJPX 命令并按 Enter 键。

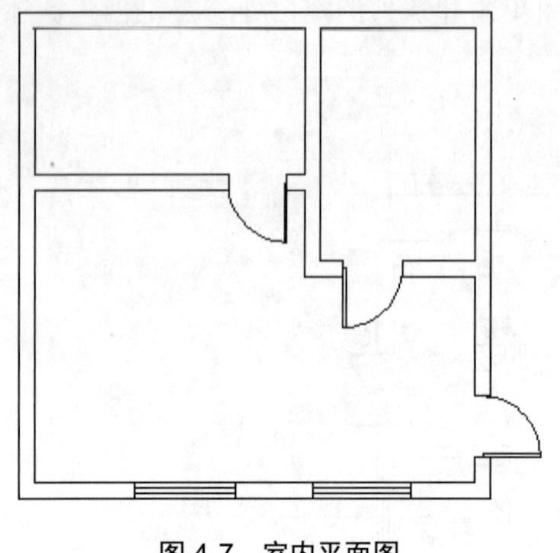

图 4-7　室内平面图

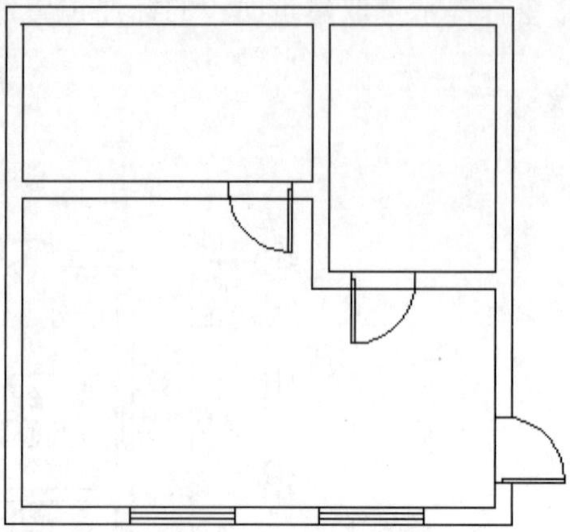

图 4-8　创建房间轮廓

下面具体讲解房间排序的方法。

(1) 为图 4-9 所示的平面图中的房间排序。

(2) 选择【房间屋顶】|【房间排序】菜单命令，选择排序的房间范围，如图 4-10 所示，按 Enter 键确认。

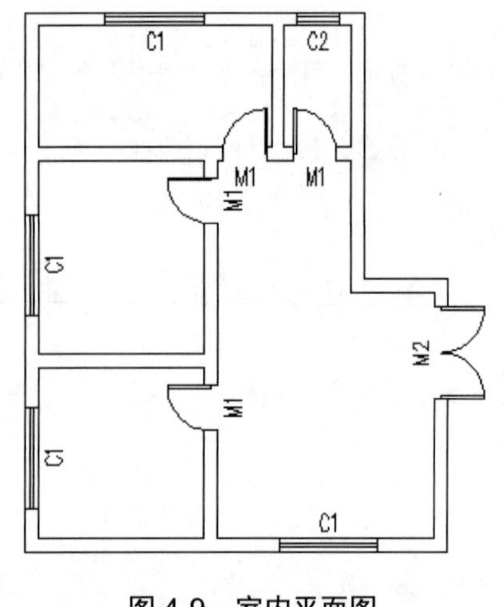

图 4-9　室内平面图

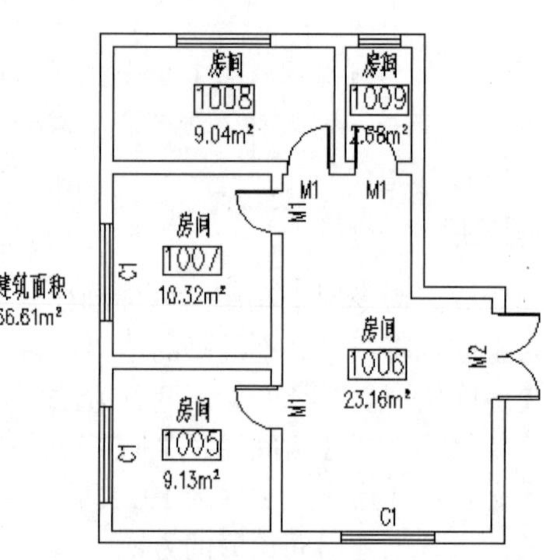

图 4-10　选择排序房间

(3) 命令行提示“指定 UCS 原点<使用当前坐标系>：”时，按 Enter 键默认使用当前坐标系。

(4) 命令行提示“起始编号<10(1)>：”，输入 1 并按 Enter 键。

(5) 房间排序的结果如图 4-11 所示。

4. 查询面积

【查询面积】命令可查询由天正墙体组成的房间面积、阳台面积和封闭曲线面积，还可以绘制任意多边形面积查询。

调用【查询面积】命令有如下几种方法。

- 菜单栏：选择【房间屋顶】|【查询面积】菜单命令。
- 命令行：在命令行中输入 CXMJ 命令并按 Enter 键。

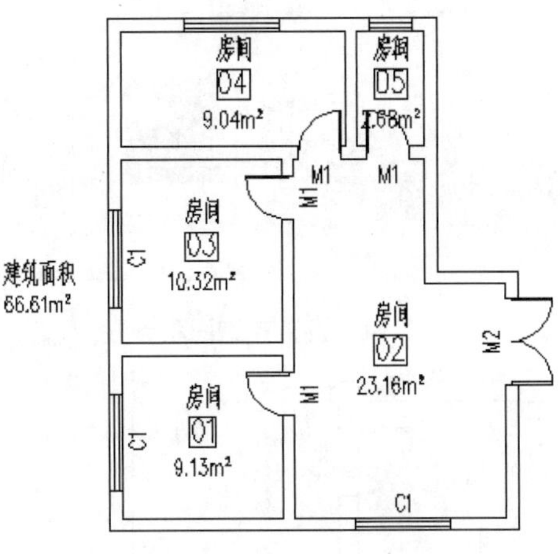

图 4-11　房间排序

查询房间面积时，弹出【查询面积】对话框，如图 4-12 所示。

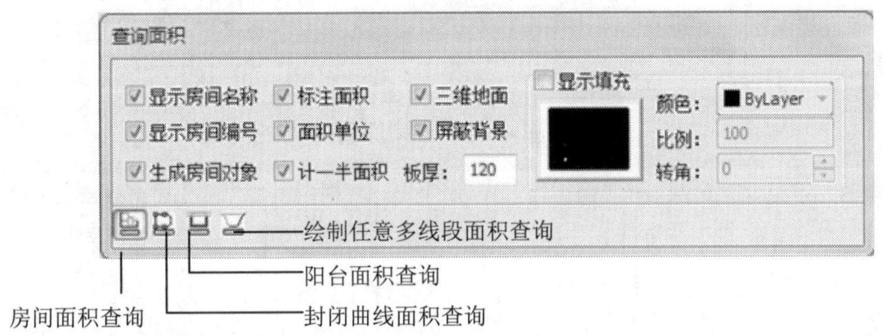

图 4-12　【查询面积】对话框

下面具体讲解查询面积的方法。

(1) 查询图 4-13 所示的室内平面图的房间面积和阳台面积。

(2) 选择【房间屋顶】|【查询面积】菜单命令，在弹出的【查询面积】对话框中设置参数，如图 4-14 所示。

(3) 单击【查询面积】对话框下方的【房间面积查询】按钮，框选需要查询的房间，按 Enter 键结束选择。

(4) 移动光标到房间内一点，即可显示该房间面积，如图 4-15 所示。

(5) 依次单击每个房间内一点，查询其他房间的面积，如图 4-16 所示。

(6) 单击【查询面积】对话框下方的【阳台面积查询】按钮，选择阳台，然后选取阳台面积标注位置，创建阳台面积查询，如图 4-17 所示。

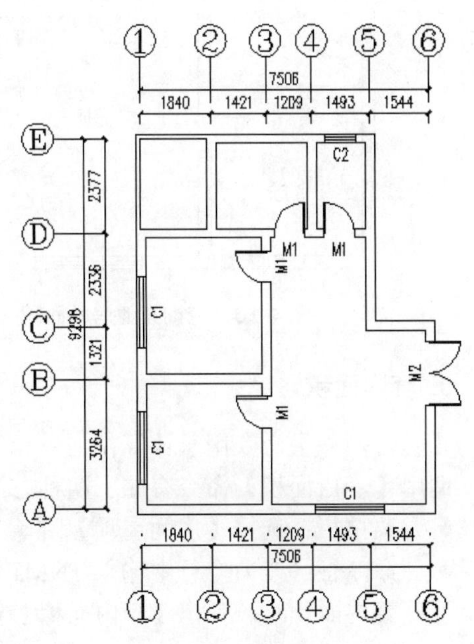

图 4-13　室内平面图

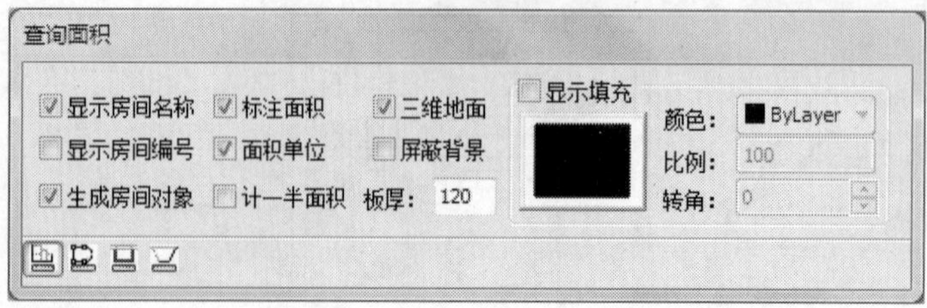

图 4-14　设置查询面积参数

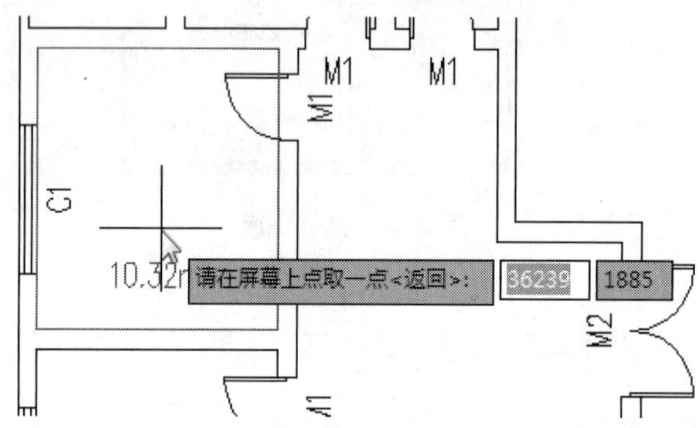

图 4-15　查询房间

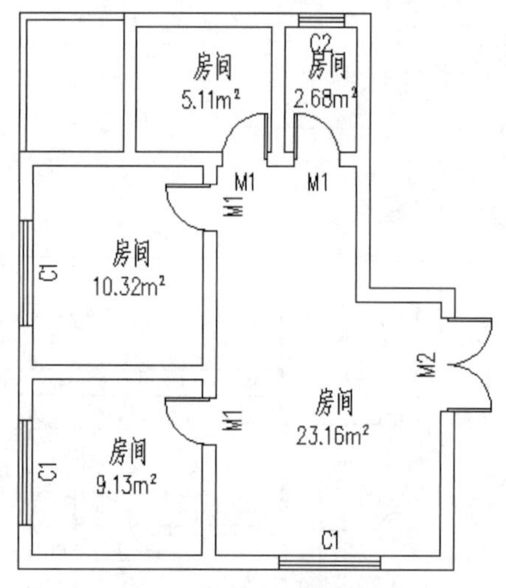

图 4-16　查询其他房间面积

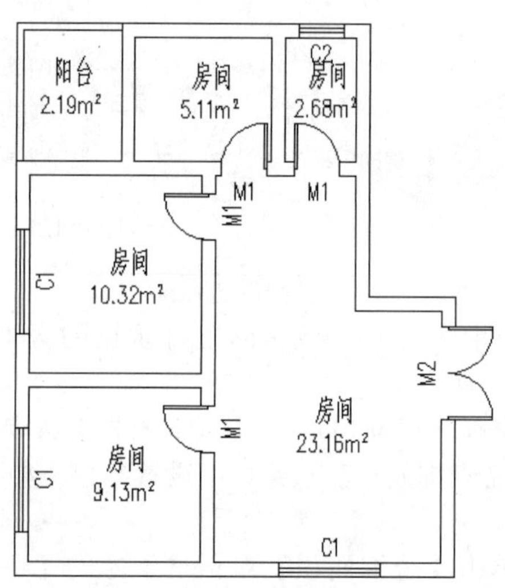

图 4-17　查询阳台面积

5. 套内面积

【套内面积】命令用于计算住宅单元的套内面积，并创建套内面积的房间对象。

调用【套内面积】命令有如下两种方法。

- 菜单栏：选择【房间屋顶】|【套内面积】菜单命令。
- 命令行：在命令行中输入 TNMJ 命令并按 Enter 键。

计算套内面积时，弹出【套内面积】对话框，如图 4-18 所示。

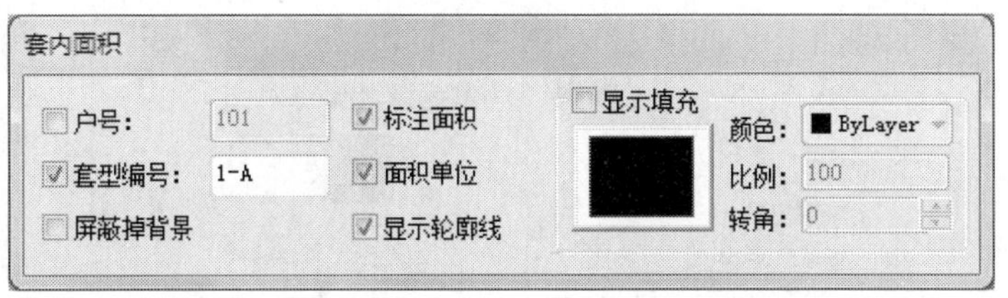

图 4-18 【套内面积】对话框

下面具体讲解标注套内面积的方法。

(1) 在图 4-19 所示的室内平面图中标注套内面积。

(2) 选择【房间屋顶】|【套内面积】菜单命令，在弹出的【套内面积】对话框中设置参数。

(3) 框选同属于一套住宅的所有房间面积对象与阳台面积对象，按 Enter 键确定。

(4) 在视图中选取面积标注位置，结果如图 4-20 所示。

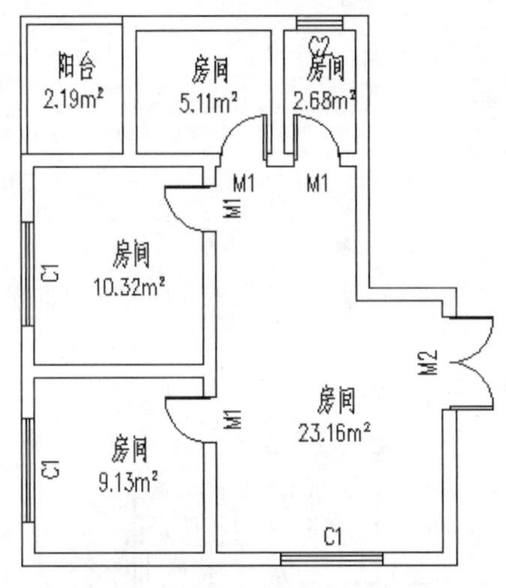

图 4-19 室内平面图

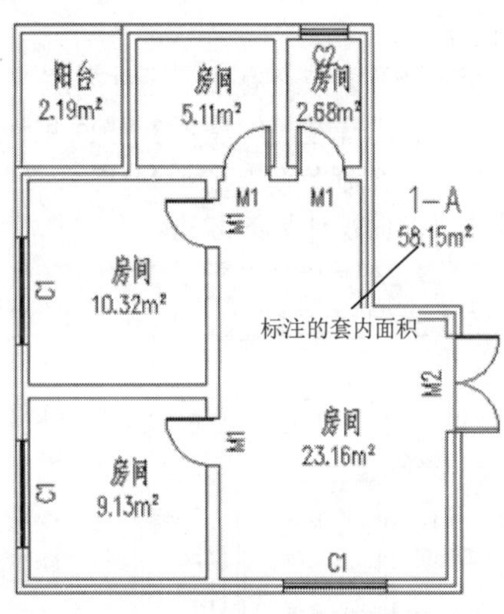

图 4-20 标注套内面积效果

6. 公摊面积

【公摊面积】命令用于创建按本层或全幢进行公摊的房间面积对象。

调用【公摊面积】命令有如下两种方法。

- 菜单栏：选择【房间屋顶】|【公摊面积】菜单命令。
- 命令行：在命令行中输入 GTMJ 命令并按 Enter 键。

下面具体讲解公摊面积的定义方法。

(1) 把图 4-21 所示的电梯井平面图定义为公摊面积。

(2) 选择【房间屋顶】|【公摊面积】菜单命令，在绘图窗口中选择需要定义为公摊面积的房间对象，按 Enter 键确定。

(3) 双击面积对象，在打开的【编辑房间】对话框中，即可查看到该房间面积【类型】已归为【公摊面积】，如图 4-22 所示。

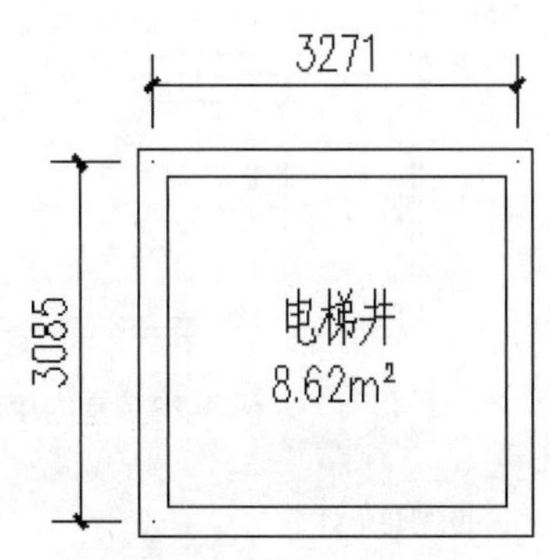

图 4-21 电梯井平面图

图 4-22　公摊面积

7. 面积计算

【面积计算】命令用于将【查询面积】或【套内面积】等命令获得的面积进行加减计算，并将结果标注在图上。

调用【面积计算】命令有如下两种方法。

- 菜单栏：选择【房间屋顶】|【面积计算】菜单命令。
- 命令行：在命令行中输入 MJJS 命令并按 Enter 键。

下面具体讲解面积计算的方法。

(1) 计算图 4-23 所示室内平面图的卧室总面积。

(2) 选择【房间屋顶】|【面积计算】菜单命令，选取三个卧室作为求和的房间面积对象，按 Enter 键确定。

(3) 选取面积标注位置，这里选择客厅区域，标注的面积计算结果如图 4-24 所示。

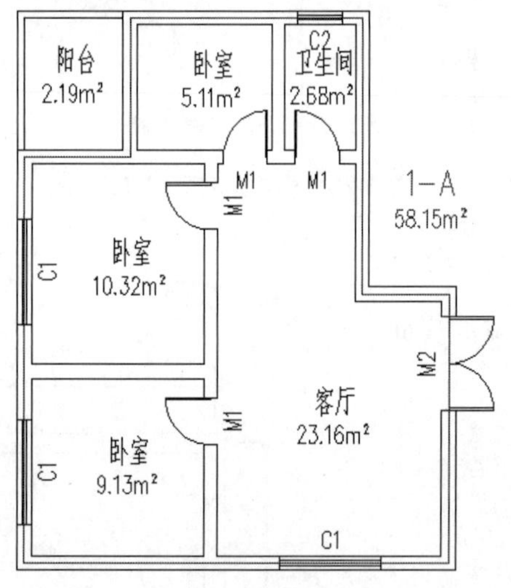

图 4-23　室内平面图

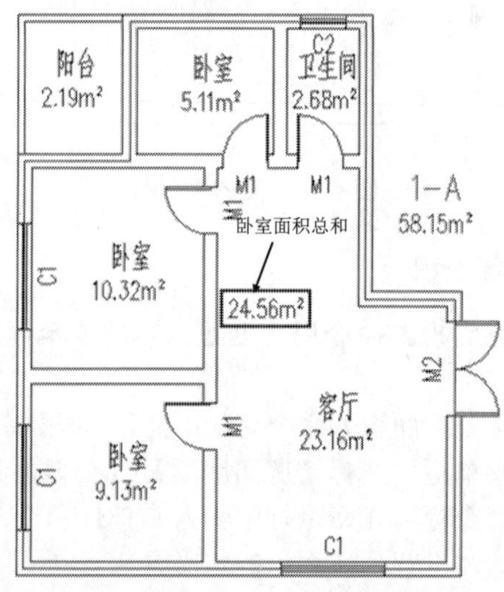

图 4-24　卧室总面积计算

8. 面积统计

【面积统计】命令按《房产测量规范》和《住宅设计规范》以及建设部限制大套型比例的有关文件，统计住宅的各项面积指标，为管理部门进行设计审批提供参考依据。

调用【面积统计】命令有如下两种方法。

- 菜单栏：选择【房间屋顶】|【面积统计】菜单命令。
- 命令行：在命令行中输入 MJTJ 命令并按 Enter 键。

在进行面积统计时，会弹出【面积统计】对话框，如图 4-25 所示。

下面具体讲解面积统计的方法。

(1) 统计图 4-26 所示的室内平面图面积。

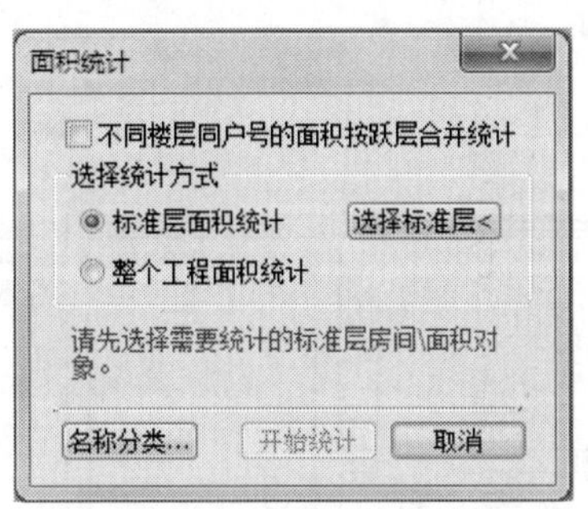

图 4-25　【面积统计】对话框

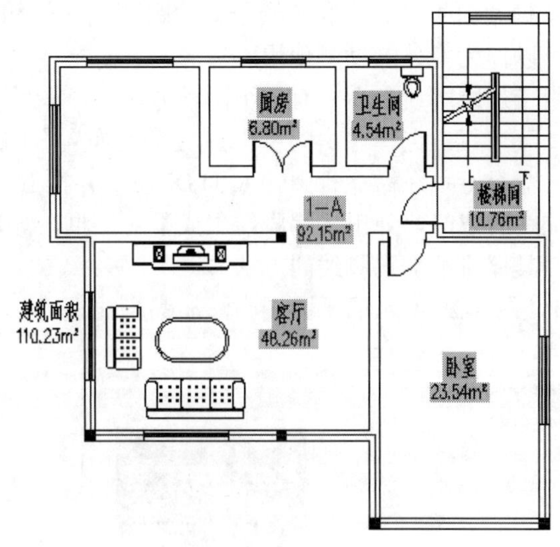

图 4-26　室内平面图

(2) 选择【房间屋顶】|【面积统计】菜单命令，弹出【面积统计】对话框，单击【选择标准层】按钮。

(3) 框选需要统计的标准层房间，按 Enter 键确定，然后单击【开始统计】按钮，弹出如图 4-27 所示的【统计结果】对话框。

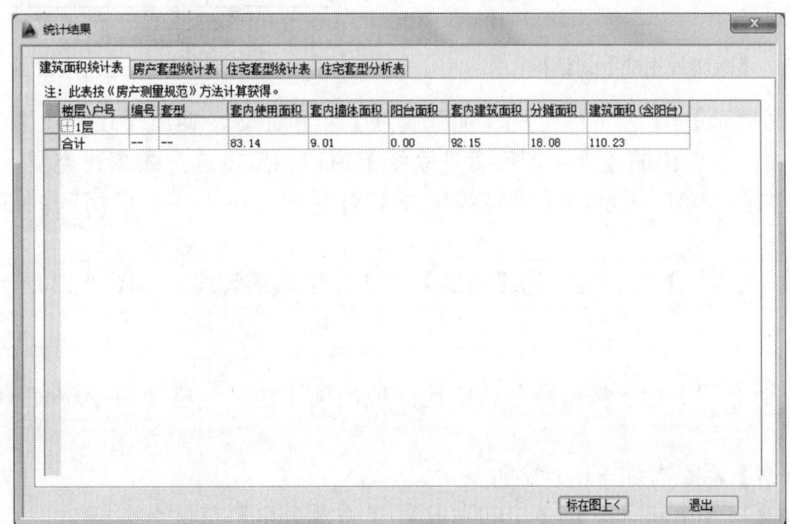

图 4-27　面积统计结果

4.2.2 布置房间

房间布置主要包括添加踢脚线、地面或天花面分格、洁具布置等装饰装修建模。

1. 加踢脚线

踢脚线在家庭装修中主要用于装饰和保护墙角。【加踢脚线】命令可自动搜索房间轮廓，按用户选择的踢脚截面生成二维和三维一体的踢脚线，门和洞口处自动断开。该命令可用于室内装饰设计建模，也可以作为室外的勒脚使用。

调用【加踢脚线】命令有如下两种方法。

- 菜单栏：选择【房间屋顶】|【房间布置】|【加踢脚线】菜单命令。
- 命令行：在命令行中输入 JTJX 命令并按 Enter 键。

添加踢脚线时，弹出【踢脚线生成】对话框，如图 4-28 所示。

下面具体讲解加踢脚线的方法。

(1) 在图 4-29 所示的平面图中添加踢脚线。

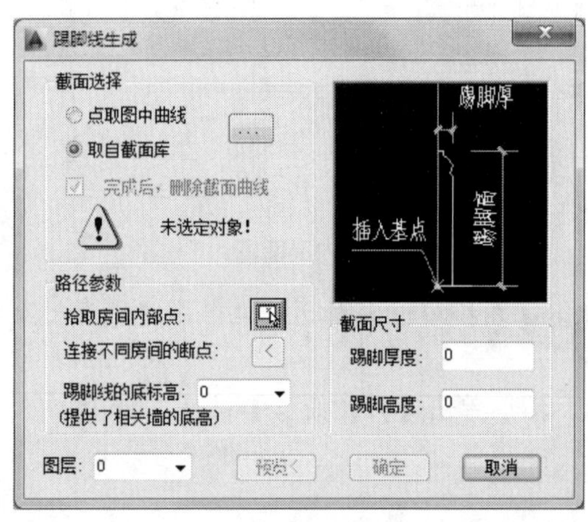

图 4-28 【踢脚线生成】对话框

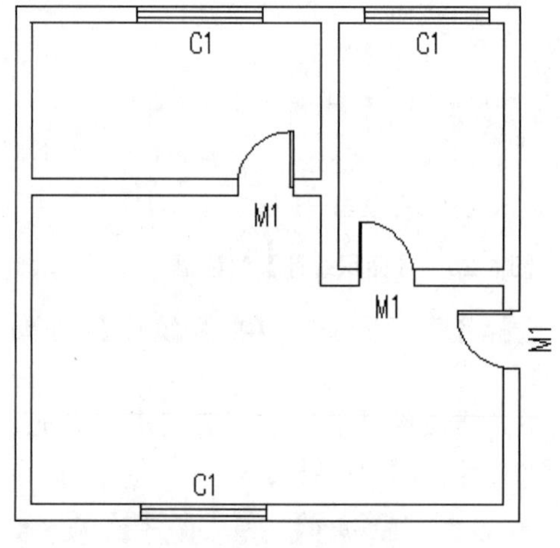

图 4-29 室内平面图

(2) 选择【房间屋顶】|【房间布置】|【加踢脚线】菜单命令，弹出【踢脚线生成】对话框，单击对话框中的按钮[...]，在弹出的【天正图库管理系统】窗口中双击选择踢脚线类型，如图 4-30 所示。

(3) 此时弹出如图 4-31 所示的【踢脚线生成】对话框，单击【拾取房间内部点】按钮，按 Enter 键结束。

(4) 单击【踢脚线生成】对话框中的【确定】按钮，生成踢脚线，如图 4-32 所示。

2. 奇数分格

【奇数分格】命令用于绘制按奇数分格的地面或吊顶平面，分格使用 AutoCAD 直线(Line)命令绘制。

调用【奇数分格】命令有如下两种方法。

- 菜单栏：选择【房间屋顶】|【房间布置】|【奇数分格】菜单命令。
- 命令行：在命令行中输入 JSFG 命令并按 Enter 键。

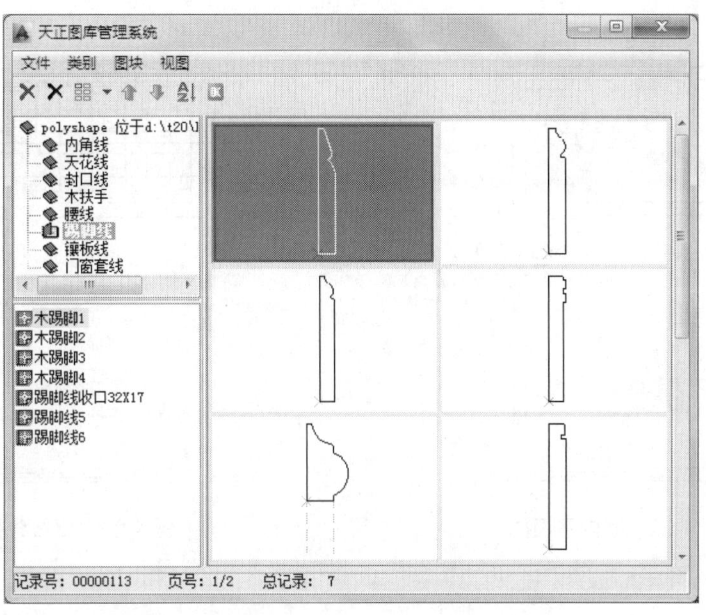

图 4-30　选择踢脚线类型

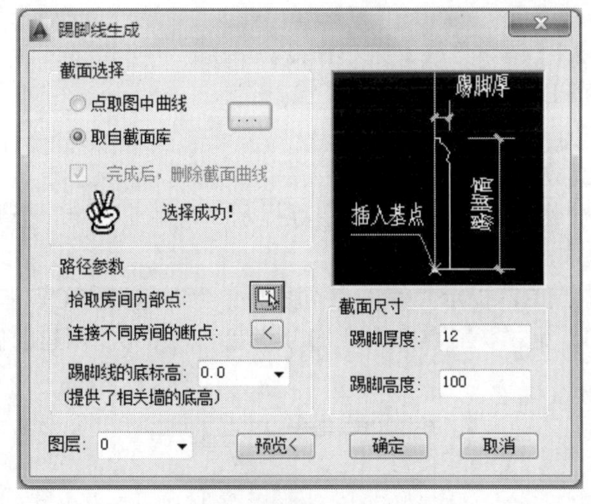

图 4-31　【踢脚线生成】对话框

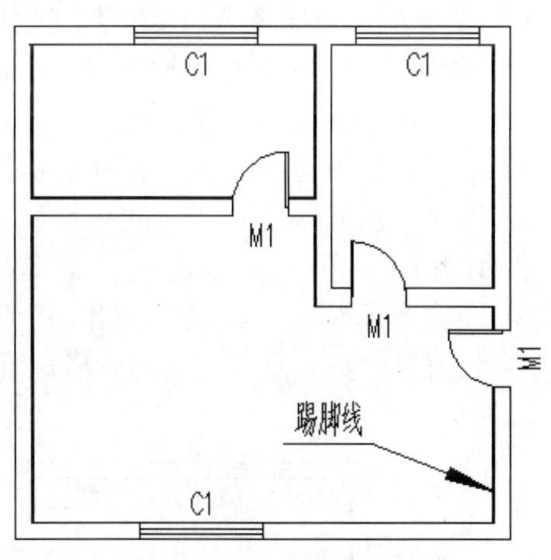

图 4-32　生成踢脚线

下面具体讲解奇数分格的方法。

(1) 给图 4-33 所示的室内平面图的房间进行奇数分格。

(2) 选择【房间屋顶】|【房间布置】|【奇数分格】菜单命令，命令行提示“请用三点定一个要奇数分格的四边形，第一点<退出>：”，在绘图窗口中选取墙角点 A。

(3) 在命令行提示“第二点<退出>：”时选取点 B，在提示“第三点<退出>：”时选取点 C。

(4) 设置第一、二点方向上的分格宽度为 400，第二、三点方向上的分格宽度为 400，创建奇数分格结果如图 4-34 所示。

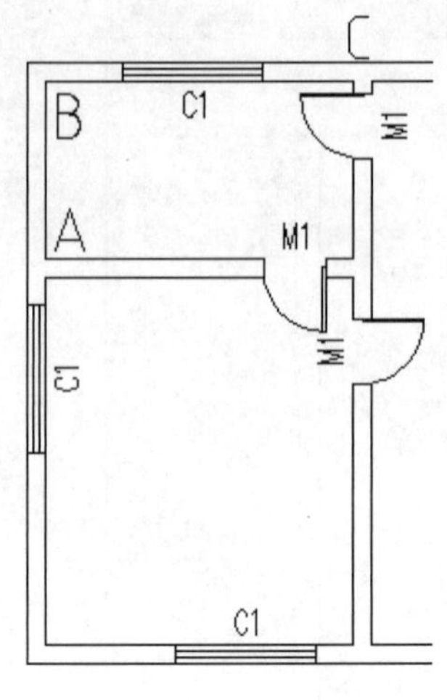

图 4-33 室内平面图

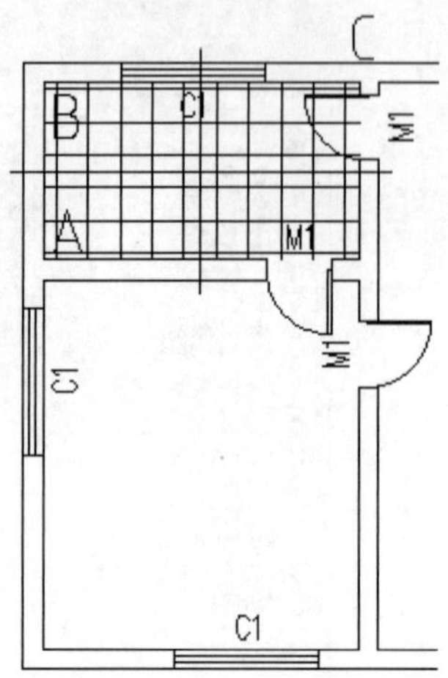

图 4-34 奇数分格

3. 偶数分格

【偶数分格】命令用于绘制按偶数分格的地面或天花，分格使用 AutoCAD 对象直线(Line)绘制。调用【偶数分格】命令有如下两种方法。

- 菜单栏：选择【房间屋顶】|【房间布置】|【偶数分格】菜单命令。
- 命令行：在命令行中输入 OSFG 命令并按 Enter 键。

下面具体讲解偶数分格的方法。

(1) 给图 4-35 所示的室内平面图的房间进行偶数分格。

(2) 选择【房间屋顶】|【房间布置】|【偶数分格】菜单命令，命令行提示“请用三点定一个要偶数分格的四边形，第一点<退出>：”，选取点 A。

(3) 在命令行提示“第二点<退出>：”时选取点 B，提示“第三点<退出>：”时选取点 C。

(4) 设置第一、二点方向上的分格宽度为 600，第二、三点方向上的分格宽度为 600，创建的偶数分格如图 4-36 所示。

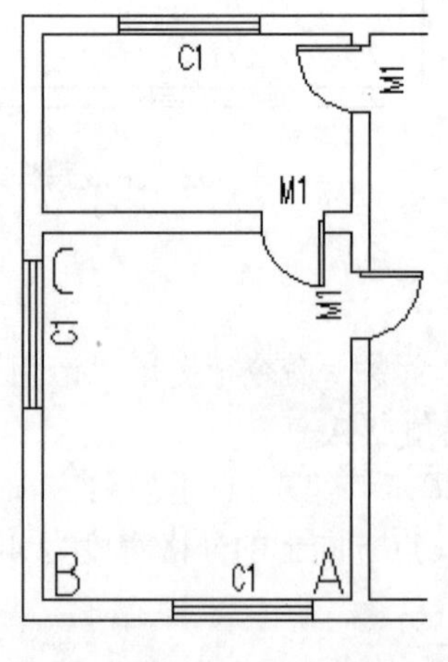

图 4-35 室内平面图

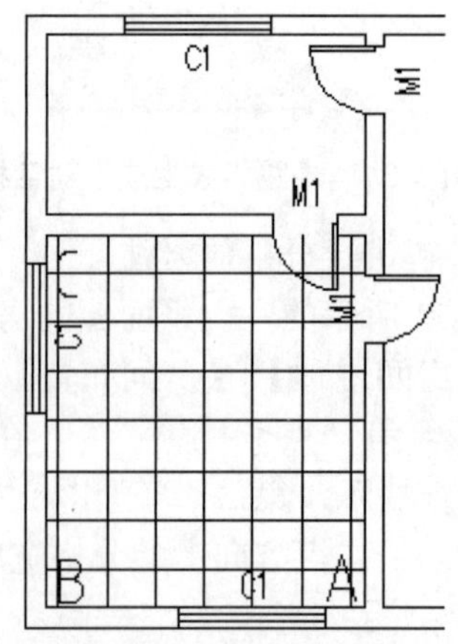

图 4-36 偶数分格

4. 布置洁具

洁具是浴室和厕所的专用设施。【布置洁具】命令用于从洁具图库中调用二维天正图块，以快速绘制相关图形。

调用【布置洁具】命令有如下两种方法。

- 菜单栏：选择【房间屋顶】|【房间布置】|【布置洁具】菜单命令。
- 命令行：在命令行中输入 BZJJ 命令按 Enter 键。

布置卫生间洁具时，弹出【天正洁具】对话框，如图 4-37 所示。在左窗格中选择洁具的类型，在右窗格中选择洁具的型号，然后双击需要的洁具图标，在弹出的布置洁具对话框中设置相应的参数，在绘图区中选择洁具的插入点，即可完成布置洁具的操作。

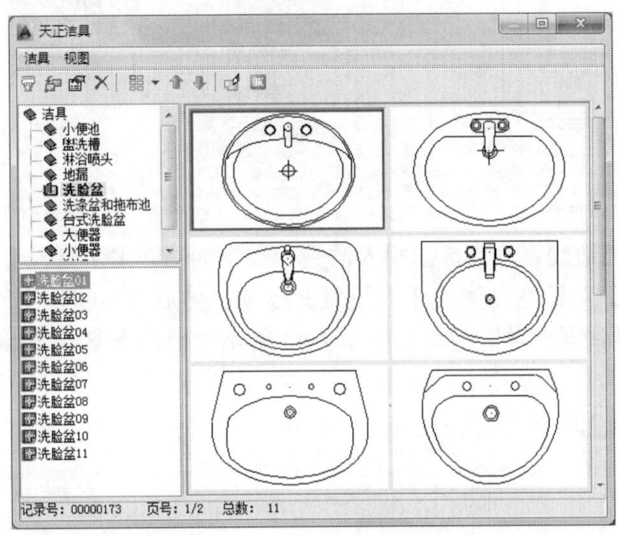

图 4-37 【天正洁具】对话框

下面具体讲解布置洁具的方法。

(1) 在图 4-38 所示的房间内布置洁具。

(2) 选择【房间屋顶】|【房间布置】|【布置洁具】菜单命令，弹出【天正洁具】对话框。

(3) 双击选择洗脸盆，在弹出的【布置洗脸盆 01】对话框中设置参数，如图 4-39 所示，单击【沿墙内侧边线】按钮。

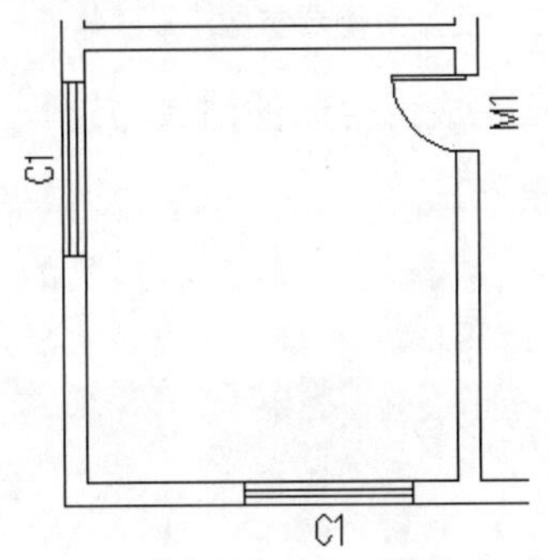

图 4-38 室内平面图

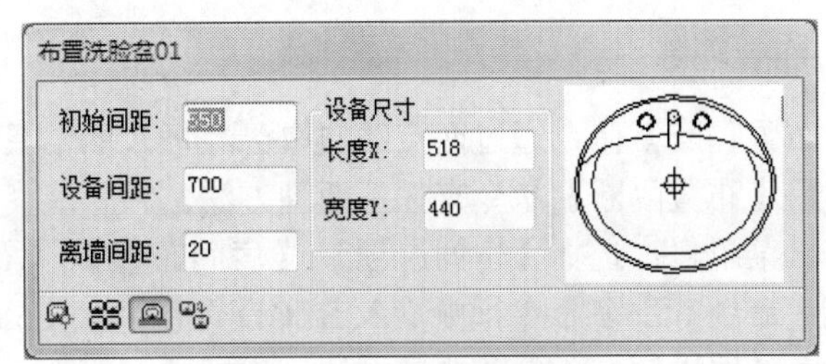

图 4-39 设置洗脸盆参数

(4) 选择沿墙布置的墙边线，然后单击插入洁具，结果如图 4-40 所示。

(5) 选择【天正洁具】对话框左侧的【淋浴喷头】选项，在右窗格中双击选定淋浴间，在弹出的【布置淋浴间 1】对话框中设置参数，如图 4-41 所示，然后单击下方的【沿墙内侧边线布置】按钮。

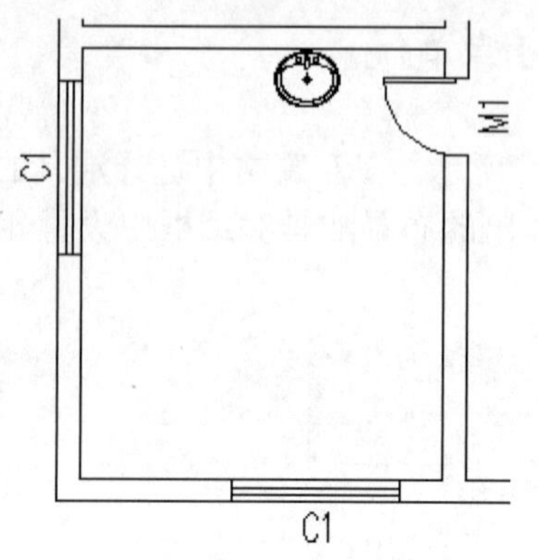

图 4-40 布置洗脸盆

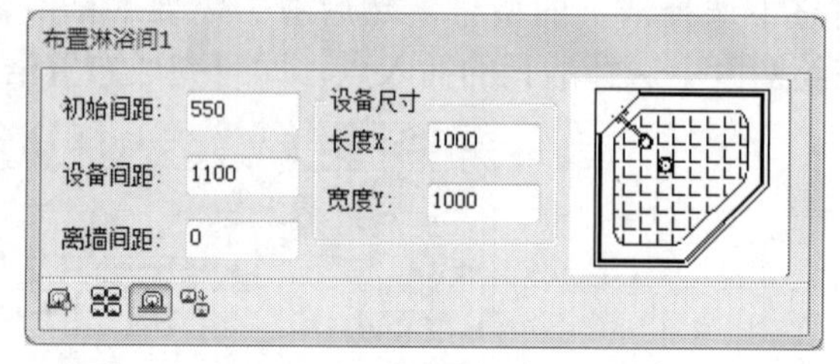

图 4-41 设置淋浴间参数

(6) 选择沿墙布置的墙边线，然后单击插入洁具，结果如图 4-42 所示。

(7) 选择【天正洁具】对话框左侧的【大便器】选项，然后在右窗格中双击选定的坐便器。在弹出的【布置坐便器 05】对话框中设置参数，如图 4-43 所示，单击下方的【自由插入】按钮。

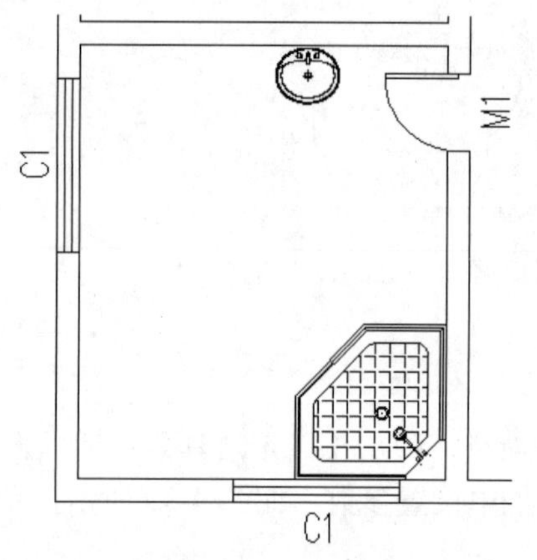

图 4-42 布置淋浴间

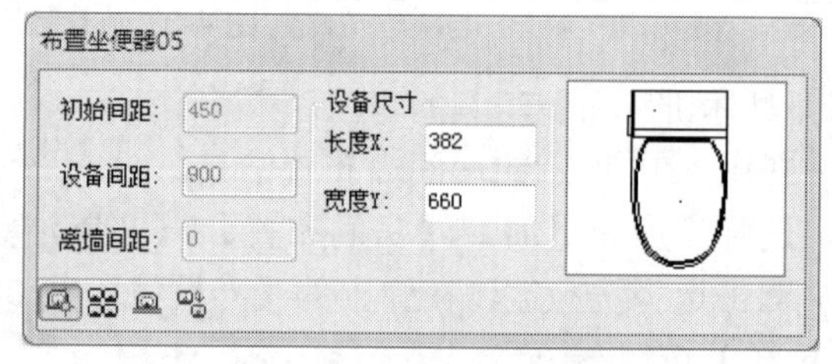

图 4-43 设置坐便器参数

(8) 在淋浴间一侧单击插入坐便器，结果如图 4-44 所示。至此，完成卫生间的洁具布置。

5. 布置隔断

【布置隔断】命令通过两点线选取已经插入的洁具，布置隔断。

调用【布置隔断】命令有如下两种方法。

- 菜单栏：选择【房间屋顶】|【房间布置】|【布置隔断】菜单命令。
- 命令行：在命令行中输入 BZGD 命令并按 Enter 键。

下面具体讲解布置隔断的方法。

(1) 在图 4-45 所示的平面图中添加隔断。

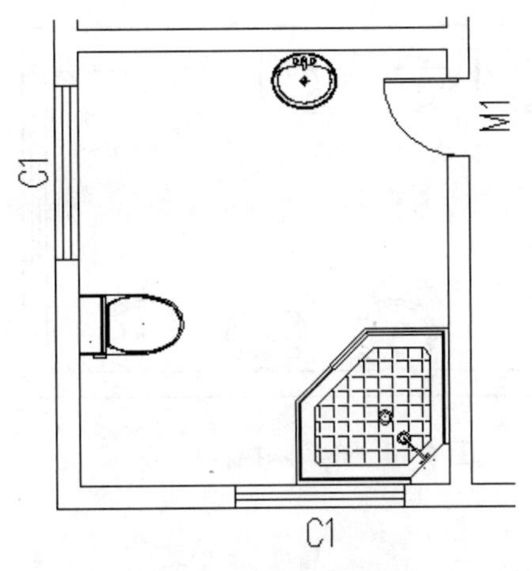

图 4-44　布置坐便器

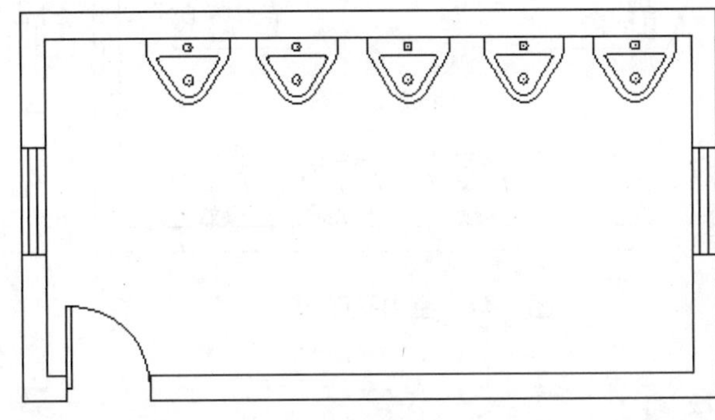

图 4-45　室内平面图

(2) 选择【房间屋顶】|【房间布置】|【布置隔断】菜单命令，命令行提示“输入一条直线来选洁具”，单击直线的起点和终点。

(3) 设置隔板长度为 1200，隔断门宽为 600，布置隔断结果如图 4-46 所示。

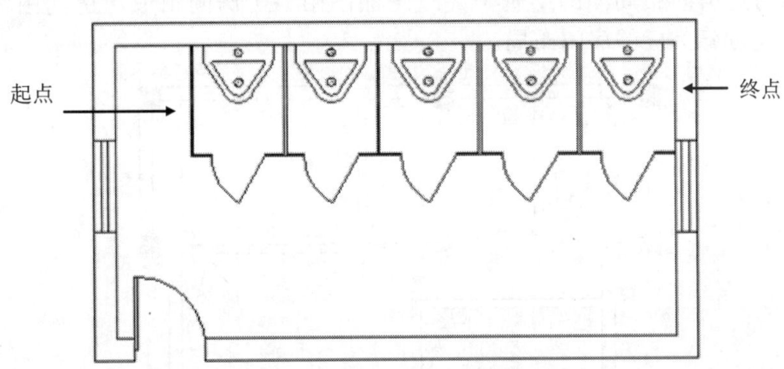

图 4-46　布置隔断

6. 布置隔板

【布置隔板】命令通过两点选取插入的洁具，布置卫生洁具，主要用于创建小便器之间的隔板。调用【布置隔板】命令有如下两种方法。

- 菜单栏：选择【房间屋顶】|【房间布置】|【布置隔板】菜单命令。
- 命令行：在命令行中输入 BZGB 命令并按 Enter 键。

下面具体讲解布置隔板的方法。

(1) 在图 4-47 所示的平面图中添加隔断。

(2) 选择【房间屋顶】|【房间布置】|【布置隔板】菜单命令，命令行提示“输入一条直线来选洁具”，单击直线的起点和终点。

(3) 设置隔板长度为 400，结果如图 4-48 所示。

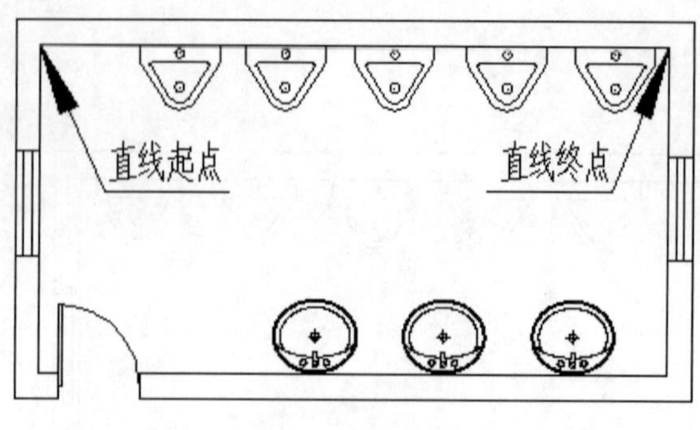

图 4-47　室内平面图

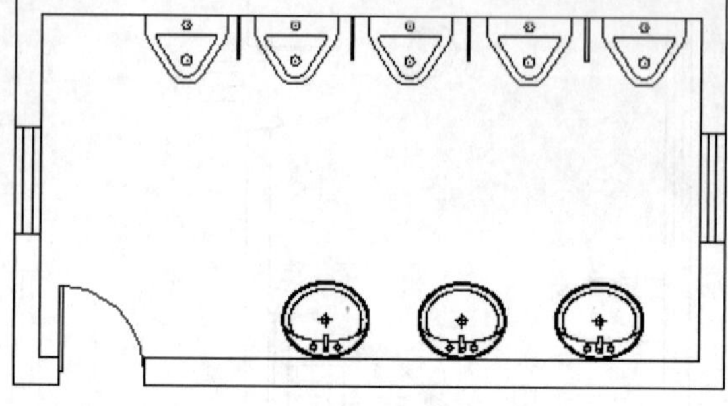

图 4-48　布置隔板

课后练习

案例文件：ywj\04\01.dwg

视频文件：光盘→视频课堂→第 4 教学日→4.2

本节课后练习的是房间布局图的绘制，建筑平面图由多个房间组成，房间由墙壁和柱子构建而成，如图 4-49 所示是创建完成的房间布局。

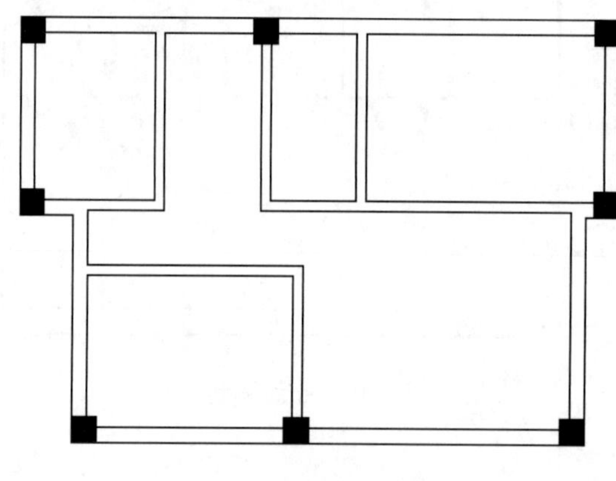

图 4-49　房间布局

本节案例主要练习了房间布局的创建过程，首先绘制轴网，之后创建墙体的标注，再添加墙体，最后创建柱子，房间布局的思路和步骤如图 4-50 所示。

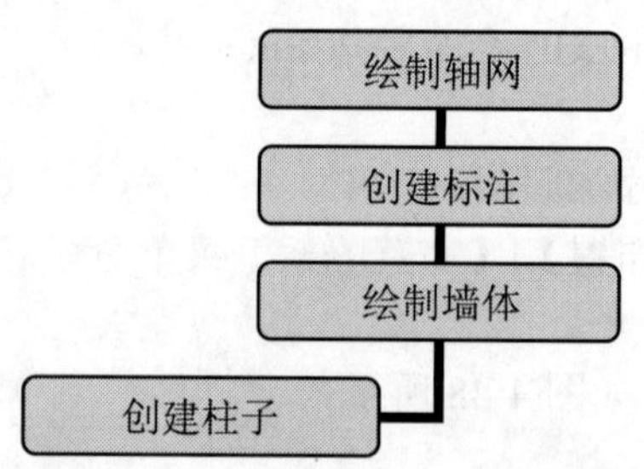

图 4-50　房间布局的创建思路和步骤

练习案例操作步骤如下。

step 01 首先绘制轴网。选择【轴网柱子】|【绘制轴网】菜单命令，弹出【绘制轴网】对话框，选中【上开】单选按钮，在【间距】列表框内分别输入间距值 3300、2600、2300 和 6100，如图 4-51 所示。

step 02 在【绘制轴网】对话框中，选中【下开】单选按钮，在【间距】列表框中分别输入间距值 1300、5400 和 6800，如图 4-52 所示。

step 03 在【绘制轴网】对话框中，选中【左进】单选按钮，在【间距】列表框中分别输入间距值 3900、1400 和 4400，如图 4-53 所示。

图 4-51　输入上开间距

图 4-52　输入下开间距

图 4-53　输入左进间距

step 04 在【绘制轴网】对话框中，选中【右进】单选按钮，在【间距】列表框中分别输入间距值 5300 和 4400，并单击绘图区放置轴网，完成轴网的绘制，如图 4-54 所示。

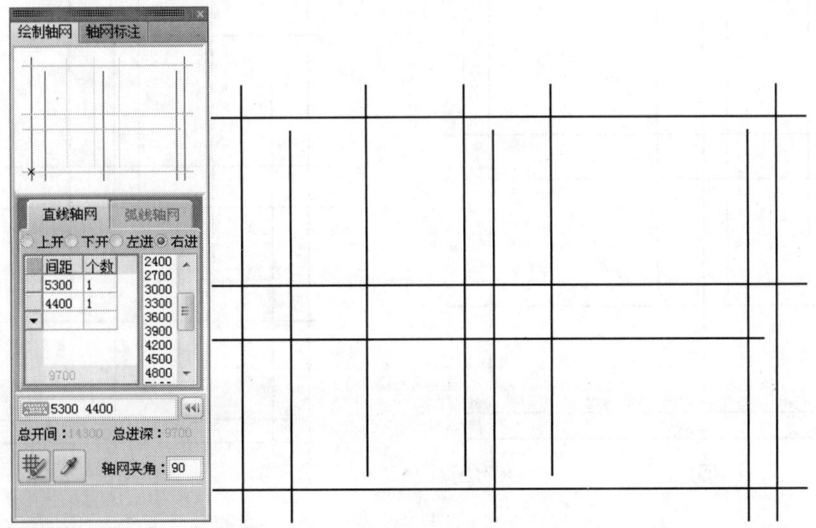

图 4-54　输入右进间距并添加轴网

step 05 接着创建轴网标注。选择【轴网柱子】|【轴网标注】菜单命令，弹出【轴网标注】对话框，选中【单侧标注】单选按钮，选择起始轴线和结束轴线来标注垂直轴线，如图 4-55 所示。

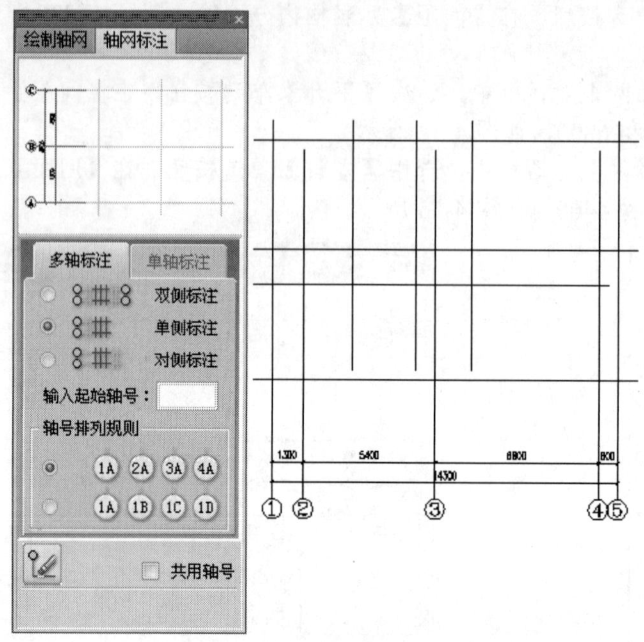

图 4-55 标注垂直轴网结果

step 06 双击轴号对轴号进行修改，如图 4-56 所示。

step 07 以同样的方法标注出另一侧的垂直轴号，如图 4-57 所示。

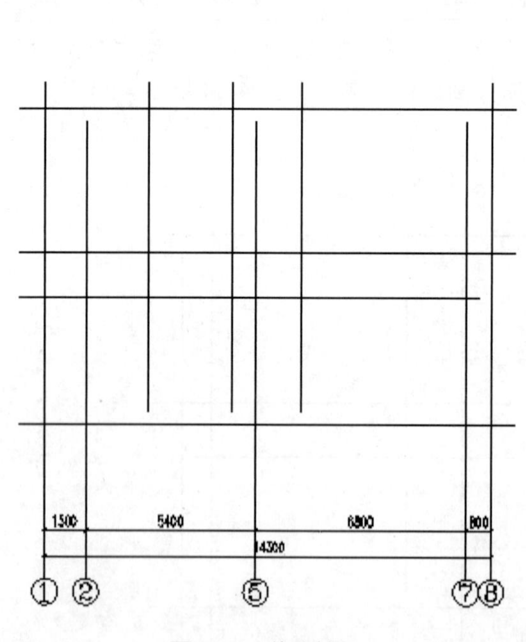

图 4-56 修改轴号

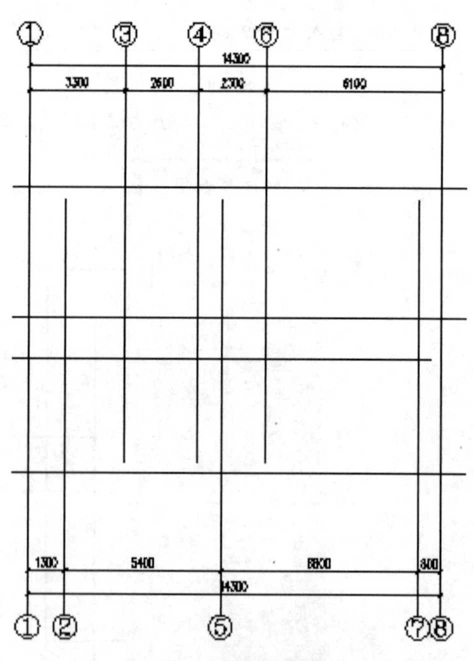

图 4-57 标注另一侧的垂直轴号

step 08 以同样的方法标注出一侧的水平轴号，如图 4-58 所示。

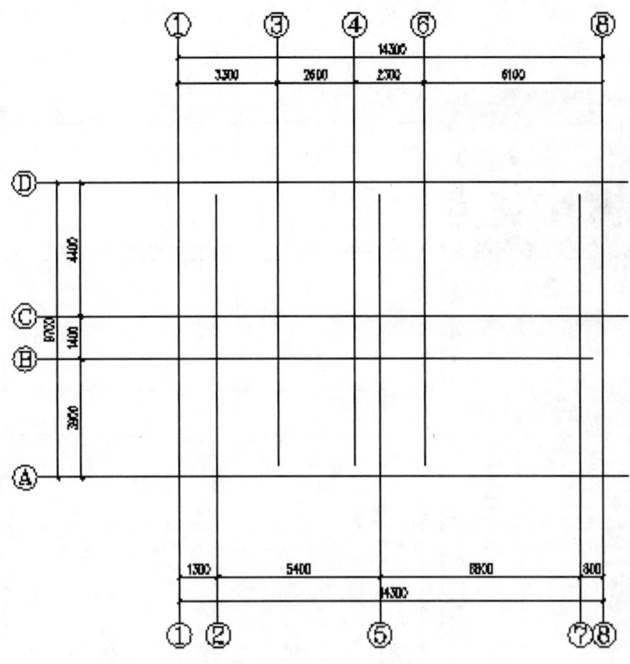

图 4-58 标注出水平轴号

step 09 以同样的方法标注出另一侧的水平轴号，完成轴网的标注，如图 4-59 所示。

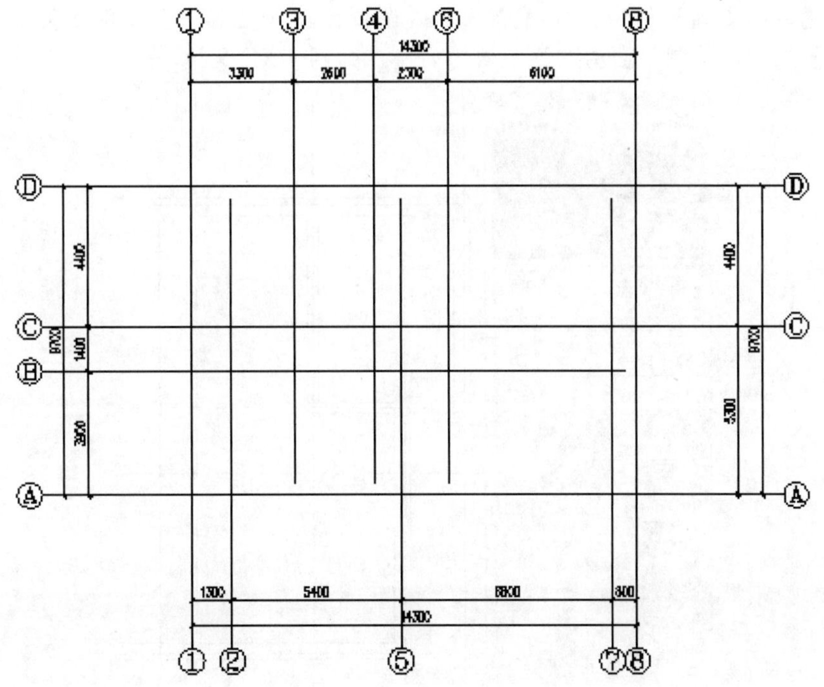

图 4-59 标注另一侧水平轴号

step 10 接着创建墙体。选择【墙体】|【绘制墙体】菜单命令，弹出【墙体】对话框，在【墙宽】微调框内输入 360，并设置内侧墙宽为 240，在【用途】下拉列表框中选择【外墙】选项，并在绘图区域绘制平面图的外墙，如图 4-60 所示。

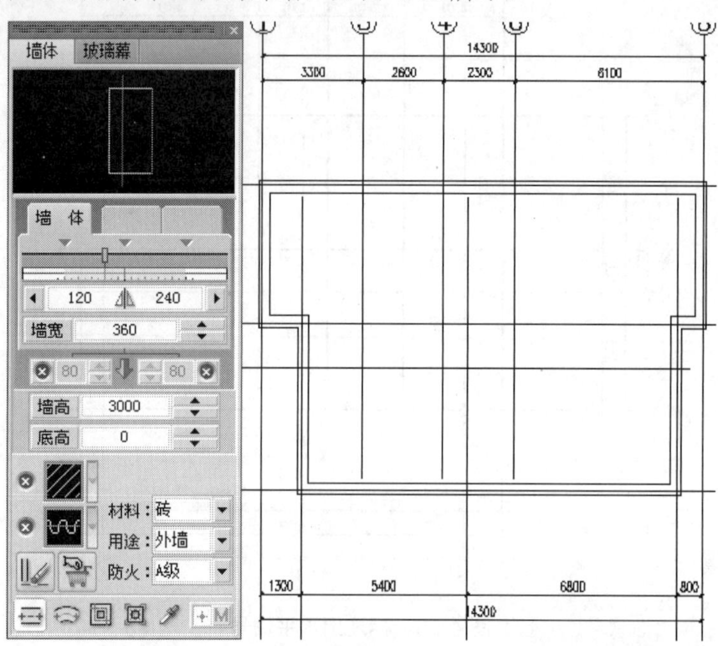

图 4-60 绘制平面图的外墙

step 11 在【墙体】对话框中，在【墙宽】微调框内输入 240，在【用途】下拉列表框中选择【内墙】选项，绘制平面图左侧区域的内墙，如图 4-61 所示。

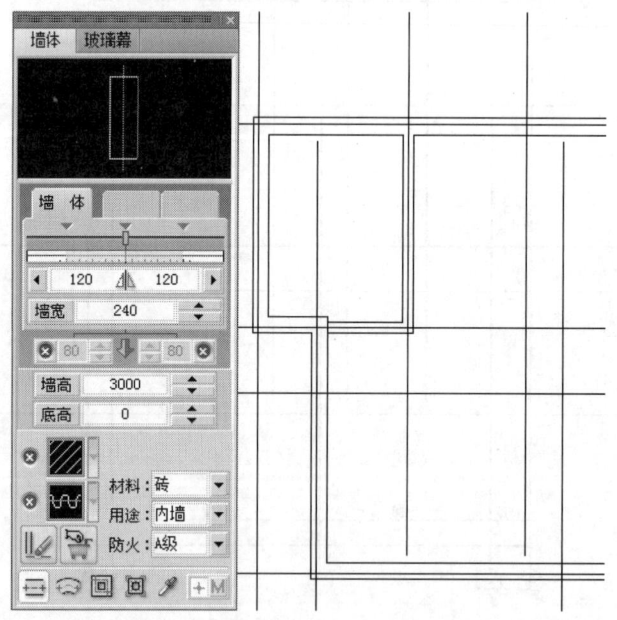

图 4-61 绘制平面图左侧区域的内墙

step 12 选择【墙体】|【边线对齐】菜单命令，使内外墙边线对齐，如图 4-62 所示。

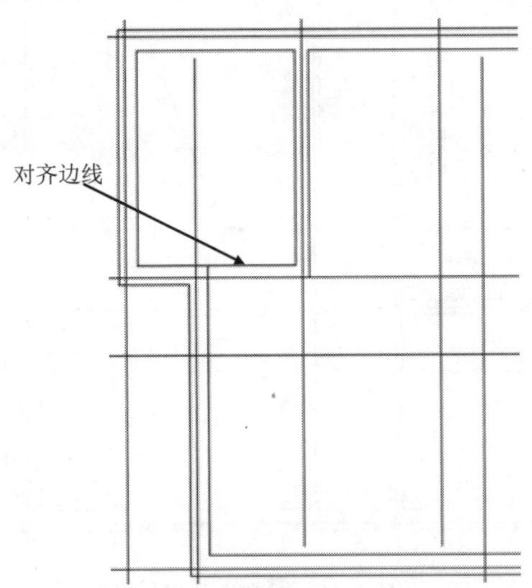

图 4-62　对齐内外墙边线

step 13 以同样的方法绘制出其他内墙，如图 4-63 所示。

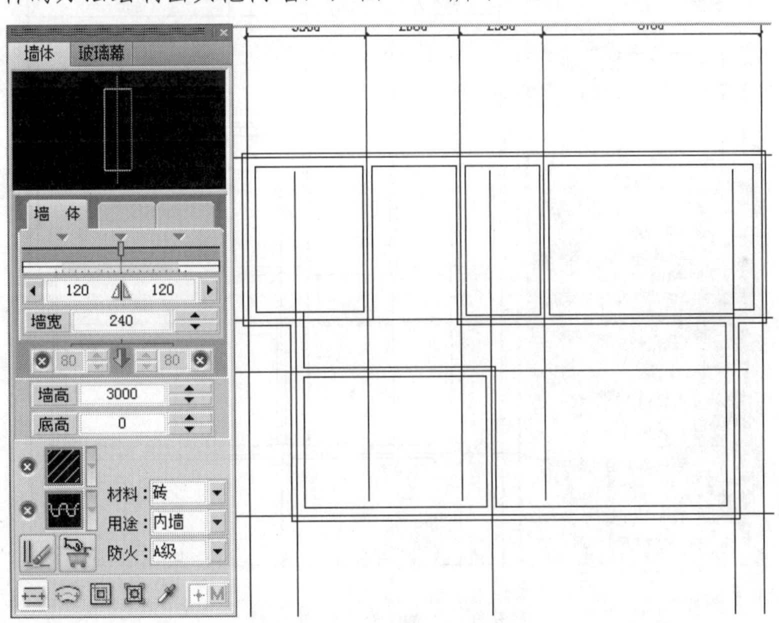

图 4-63　绘制出其他内墙

step 14 选择【墙体】|【边线对齐】菜单命令，使内外墙边线对齐，完成墙壁的创建，如图 4-64 所示。

step 15 最后创建柱子。选择【轴网柱子】|【标准柱】菜单命令，弹出【标准柱】对话框，在【横向】微调框内输入 600，在【纵向】微调框内输入 600，并在绘图区域添加多个立柱，如图 4-65 所示。

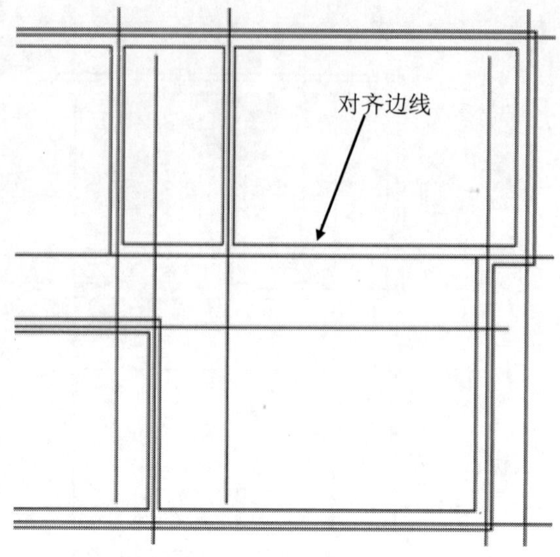

图 4-64　对齐内外墙边线

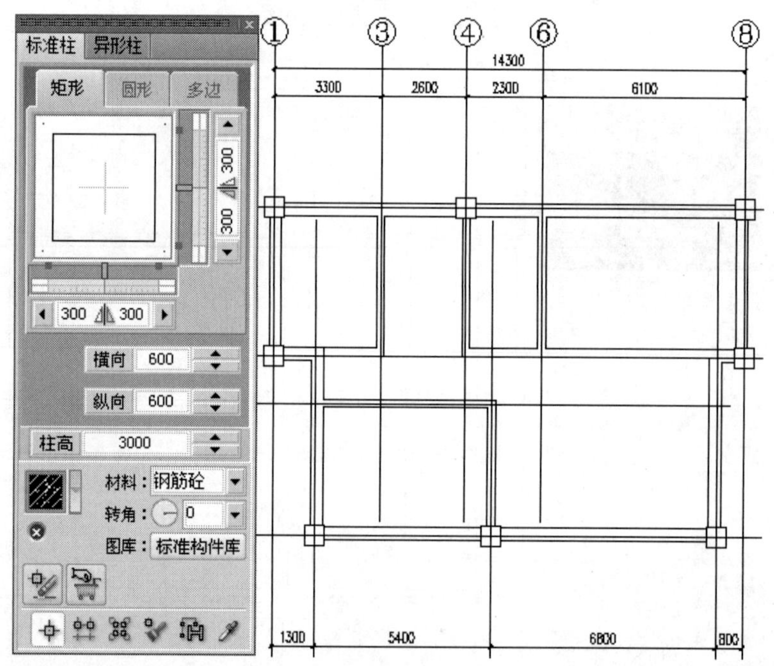

图 4-65　添加多个标准立柱

step 16 选择【轴网柱子】|【柱齐墙边】菜单命令，调整柱子位置，使柱边与墙边对齐，如图 4-66 所示。

step 17 选择【绘图】|【图案填充】菜单命令，选择 SOLID 填充图案，对平面图中的立柱进行填充，完成柱子的创建，完成的房间布局如图 4-67 所示。

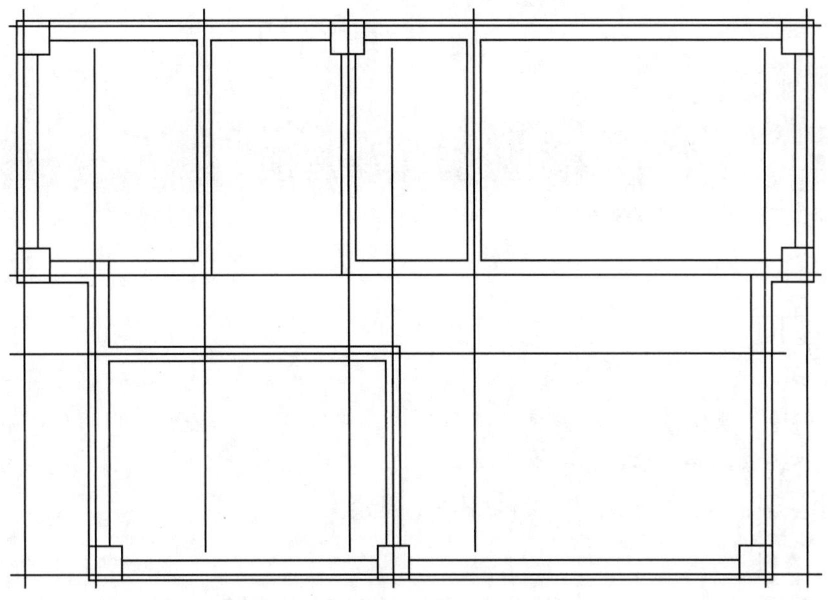

图 4-66　使柱边与墙边对齐

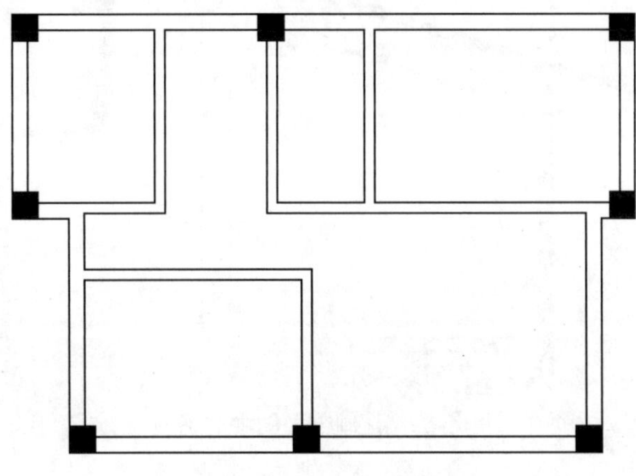

图 4-67　房间布局

建筑设计实践：房间中阳台的栏杆高度在多层建筑中不应低于 1m，在高层建筑中，则不应低于 1.1m。一般高层建筑尽量不设阳台或将阳台封闭，这涉及大风、大雨以及坠物伤人等诸多问题。如图 4-68 所示是平面图中的阳台部分。

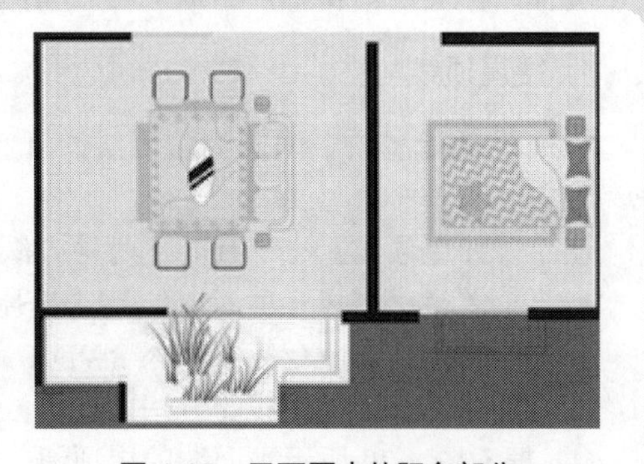

图 4-68　平面图中的阳台部分

第3课 2课时 创建编辑房顶

4.3.1 创建屋顶

行业知识链接：建筑屋顶具有遮风挡雨的作用，同样具有美观的作用，建筑剖面图是假想用一个剖切平面将物体剖开，移去介于观察者和剖切平面之间的部分，对于剩余的部分向投影面所做的正投影图。如图 4-69 所示是建筑剖面图中的屋顶。

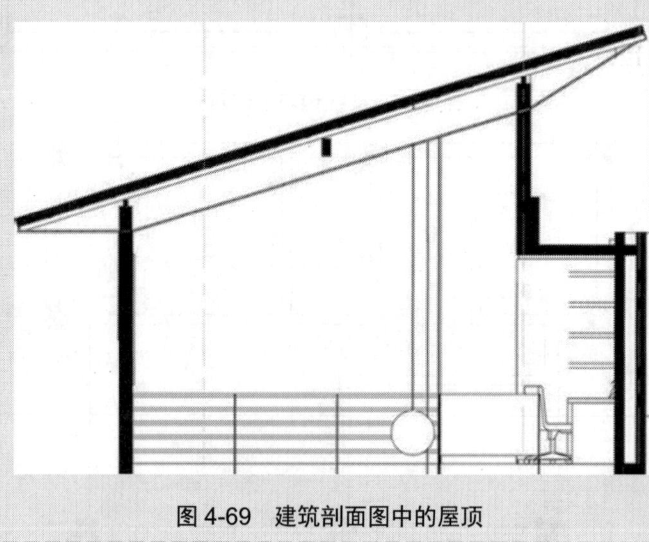

图 4-69 建筑剖面图中的屋顶

屋顶是房屋建筑的重要组成部分，天正建筑软件 T20 提供了多种屋顶造型功能，包括任意坡顶、人字坡顶、攒尖屋顶和矩形屋顶 4 种。当然，用户还可以利用三维造型工具自建其他形式的屋顶。

1. 搜屋顶线

屋顶线是指屋顶平面图的边界线，【搜屋顶线】命令可以自动跨越门窗洞口搜索墙线的封闭区域，生成屋顶平面轮廓线。

调用【搜屋顶线】命令有如下两种方法。

- 菜单栏：选择【房间屋顶】|【搜屋顶线】菜单命令。
- 命令行：在命令行中输入 SWDX 命令并按 Enter 键。

下面具体讲解搜屋顶线的方法。

(1) 搜索图 4-70 所示平面图的屋顶线。

(2) 选择【房间屋顶】|【搜屋顶线】菜单命令，框选建筑物的所有墙体和门窗，按 Enter 键确定。

(3) 设置屋顶偏移外墙距离为600，创建屋顶线如图4-71所示。

2. 任意坡顶

【任意坡顶】命令可由封闭的多线段或屋顶线生成指定形状和坡度角的屋顶。使用对象编辑可分别修改各边屋顶的坡度。

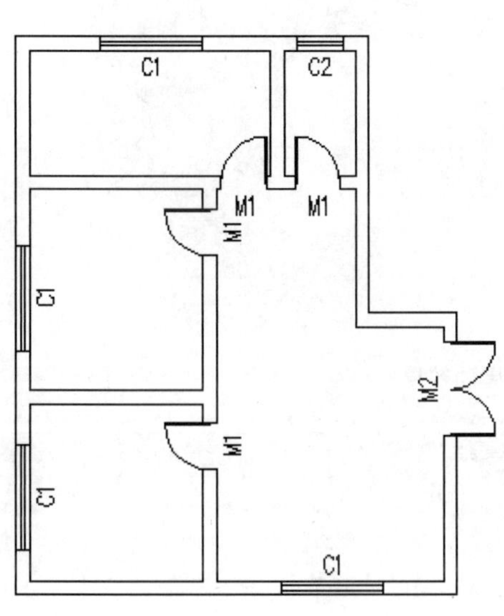

图4-70　室内平面图

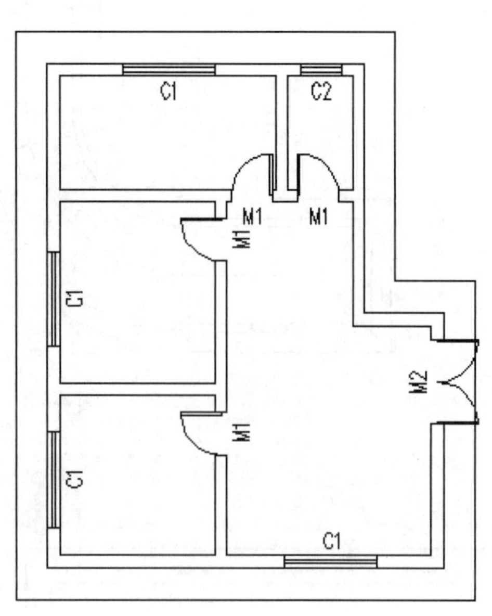

图4-71　搜屋顶线

调用【任意坡顶】命令有如下两种方法。

- 菜单栏：选择【房间屋顶】|【任意坡顶】菜单命令。
- 命令行：在命令行中输入RYPD命令并按Enter键。

下面具体讲解绘制任意坡顶的方法。

(1) 为图4-72所示的平面图绘制任意坡顶。

(2) 选择【房间屋顶】|【任意坡顶】菜单命令，选择封闭的多线段。

(3) 设置坡顶的坡度角为30°，出檐长为600，创建的坡屋顶效果如图4-73所示。

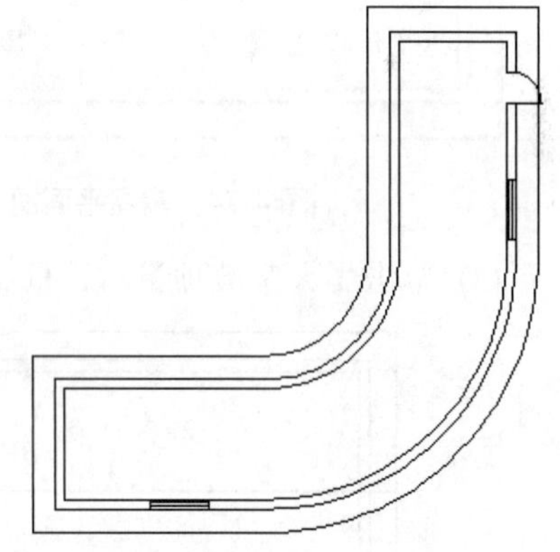

图4-72　建筑平面图

3. 人字坡顶

【人字坡顶】命令可将封闭的多线段作为屋顶边界线，生成指定坡度角的单坡或双坡屋面对象。

调用【人字坡顶】命令有如下两种方法。

- 菜单栏：选择【房间屋顶】|【人字坡顶】菜单命令。
- 命令行：在命令行中输入RZPD命令并按Enter键。

下面具体讲解绘制人字坡顶的方法。

(1) 为图4-74所示的平面图绘制人字坡顶。

(2) 选择【房间屋顶】|【人字坡顶】菜单命令，选择多线段，然后单击屋脊线的起点和终点，弹

出【人字坡顶】对话框，设置参数如图 4-75 所示。

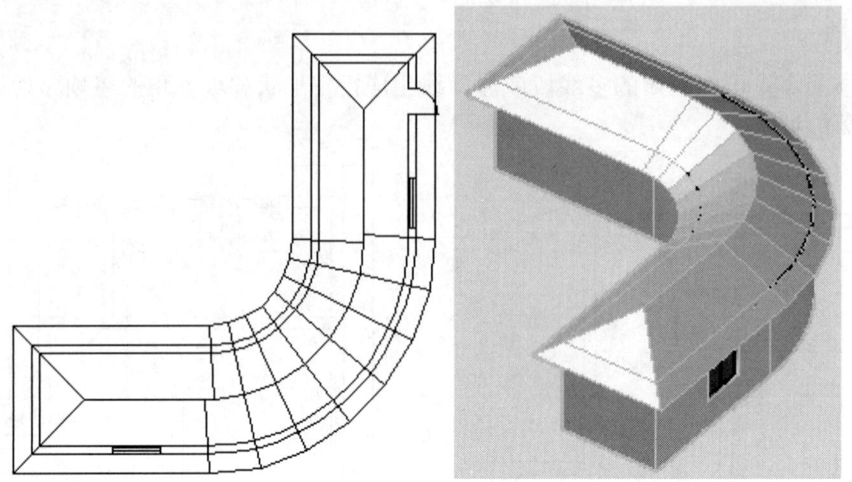

图 4-73　任意坡屋顶效果

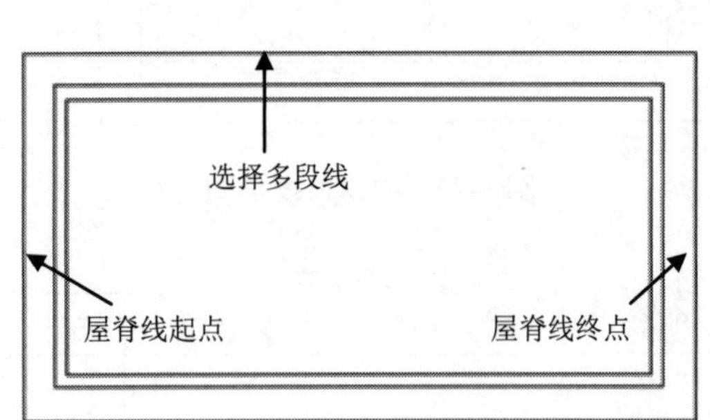

图 4-74　房屋平面图

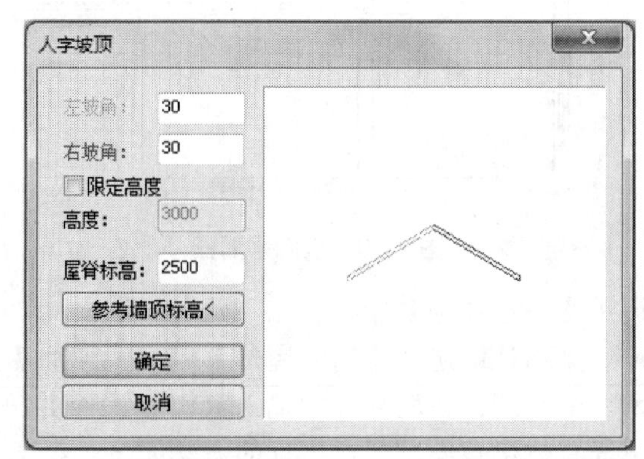

图 4-75　设置人字坡顶参数

(3) 单击【人字坡顶】对话框中的【确定】按钮，生成人字坡顶，结果如图 4-76 所示。

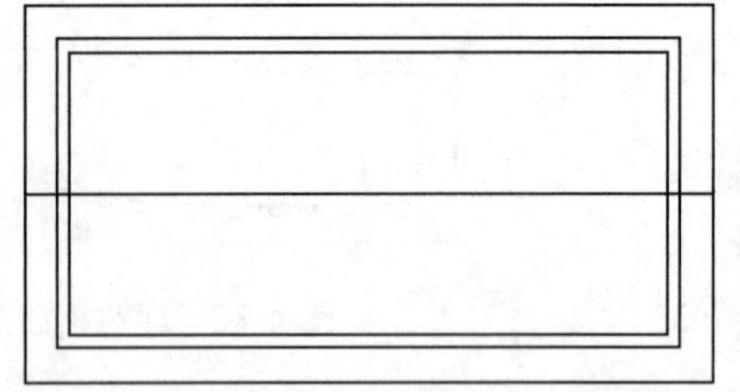

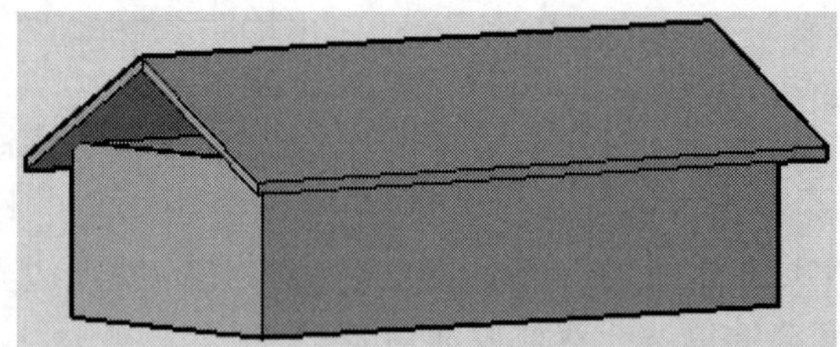

图 4-76　人字坡顶效果

4. 攒尖屋顶

【攒尖屋顶】命令可以构造对称的正多边形攒尖屋顶三维模型，考虑出挑与檐长，生成对象不能被其他闭合对象裁剪。

调用【攒尖屋顶】命令有如下两种方法。

- 菜单栏：选择【房间屋顶】|【攒尖屋顶】菜单命令。
- 命令行：在命令行中输入 ZJWD 命令并按 Enter 键。

下面具体讲解绘制攒尖屋顶的方法。

(1) 为图 4-77 所示的房间平面图添加攒尖屋顶。

(2) 选择【房间屋顶】|【攒尖屋顶】菜单命令，在弹出的【攒尖屋顶】对话框中设置参数，如图 4-78 所示。

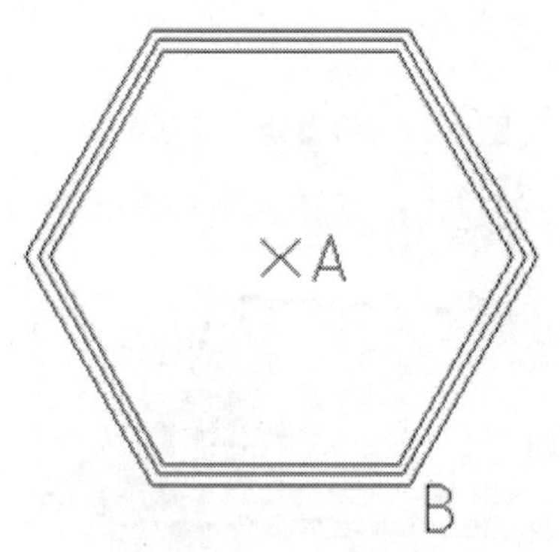

图 4-77　房间平面图

图 4-78　设置攒尖屋顶参数

(3) 选择屋顶中心位置点 A 及点 B，创建攒尖屋顶效果如图 4-79 所示。

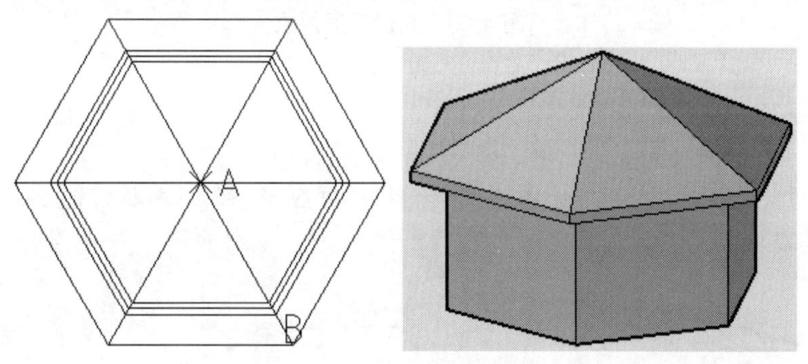

图 4-79　攒尖屋顶效果

5. 矩形屋顶

【矩形屋顶】命令可以由三点定义矩形，生成指定坡度角和屋顶高的歇山屋顶等矩形屋顶。

调用【矩形屋顶】命令有如下两种方法。

- 菜单栏：选择【房间屋顶】|【矩形屋顶】菜单命令。
- 命令行：在命令行中输入 JXWD 命令并按 Enter 键。

创建矩形屋顶时，弹出【矩形屋顶】对话框，如图 4-80 所示。

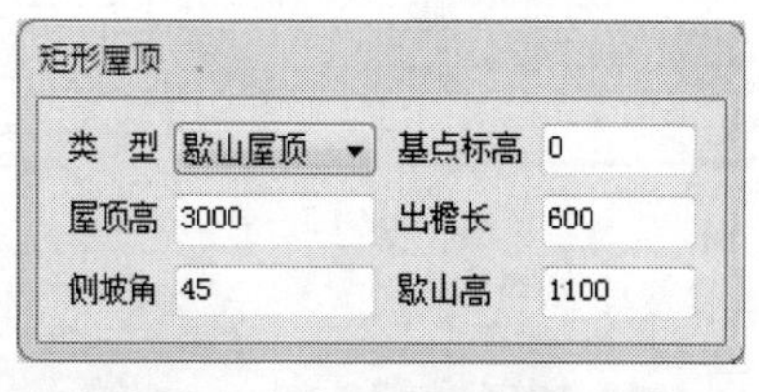

图 4-80　【矩形屋顶】对话框

下面具体讲解绘制矩形屋顶的方法。

(1) 为如图 4-81 所示的房间平面图绘制矩形屋顶。

(2) 选择【房间屋顶】|【矩形屋顶】菜单命令，在弹出的【矩形屋顶】对话框中设置参数如图 4-82 所示。

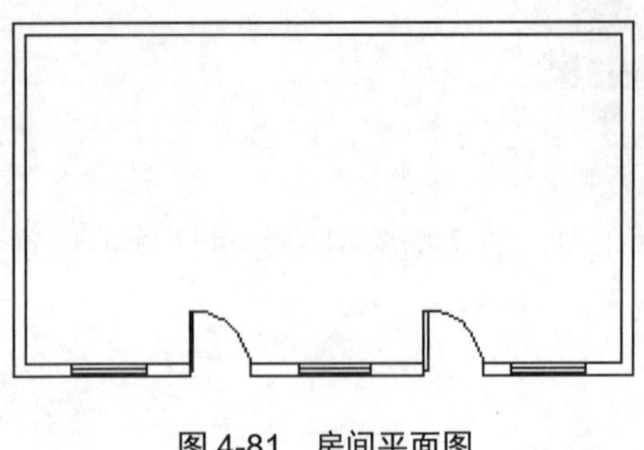

图 4-81　房间平面图

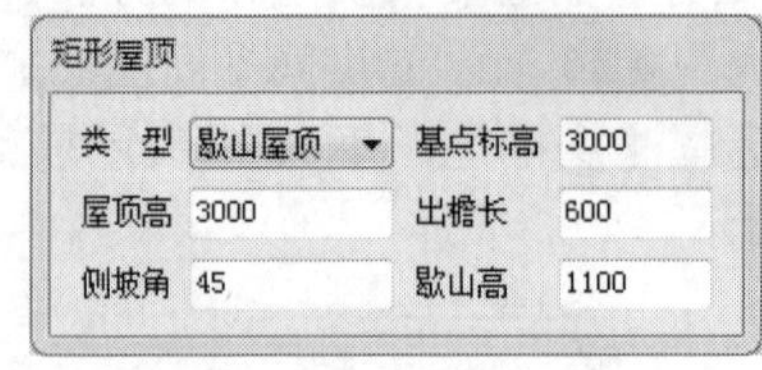

图 4-82　设置矩形屋顶参数

(3) 依次选取矩形外墙的左下角点、右下角点和右上角点，创建矩形屋顶效果如图 4-83 所示。

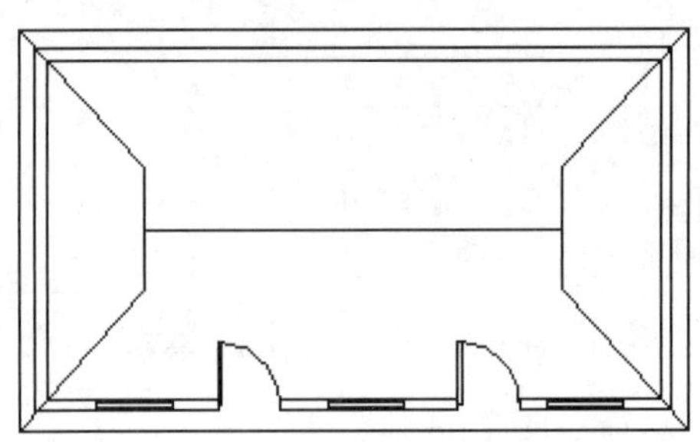

图 4-83　矩形屋顶效果

4.3.2　编辑屋顶

行业知识链接：装配整体式建筑的施工图设计文件应完整，预制构件的加工图纸应全面准确反映预制构件的规格、类型、加工尺寸、连接形式。如图 4-84 所示是一个屋顶预制构件。

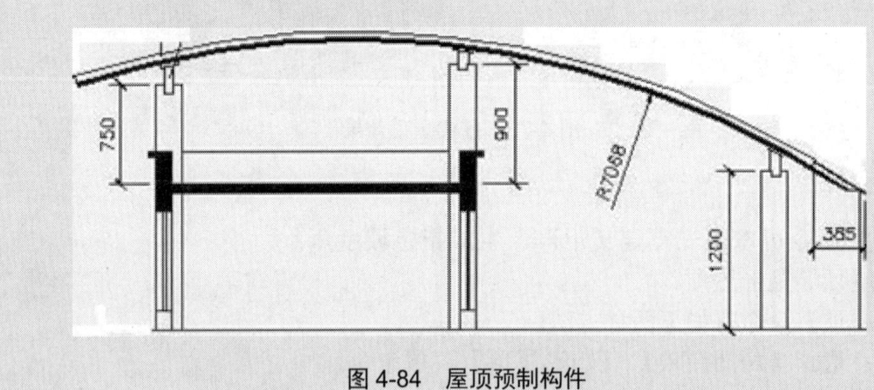

图 4-84　屋顶预制构件

1. 加老虎窗

老虎窗是设在屋顶上的天窗，其主要作用是采光和通风。【加老虎窗】命令用于添加多种形式的老虎窗。

调用【加老虎窗】命令有如下两种方法。

- 菜单栏：选择【房间屋顶】|【加老虎窗】菜单命令。
- 命令行：在命令行中输入 JLHC 命令并按 Enter 键。

下面具体讲解加老虎窗的方法。

(1) 为图 4-85 所示的房间平面图添加老虎窗。

(2) 选择【房间屋顶】|【加老虎窗】菜单命令，选择屋顶，按 Enter 键确定，在弹出的【加老虎窗】对话框中设置参数，如图 4-86 所示。

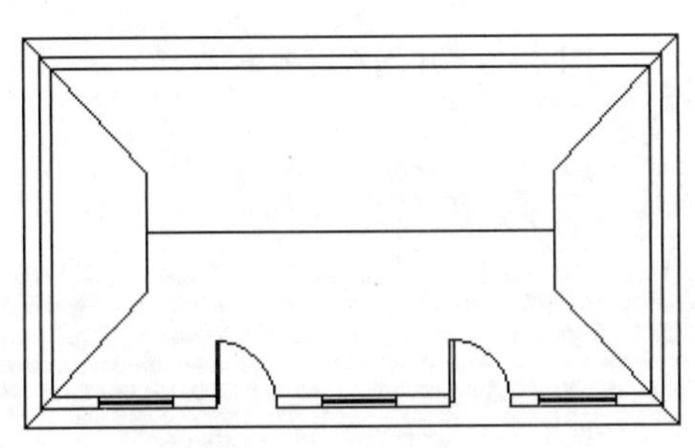

图 4-85　房间平面图

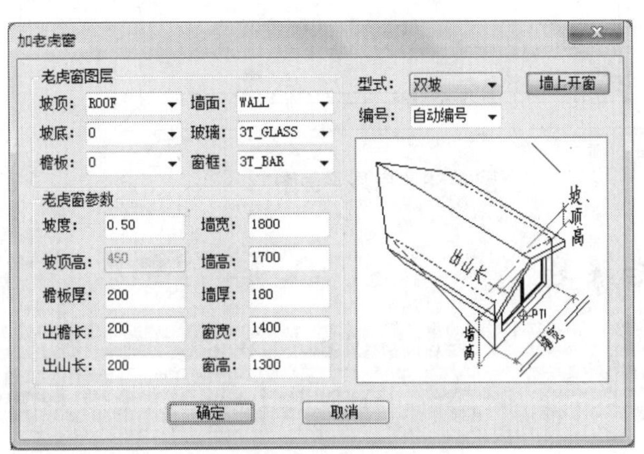

图 4-86　设置老虎窗参数

(3) 单击【加老虎窗】对话框中的【确定】按钮，在屋顶上指定插入老虎窗的位置，结果如图 4-87 所示。

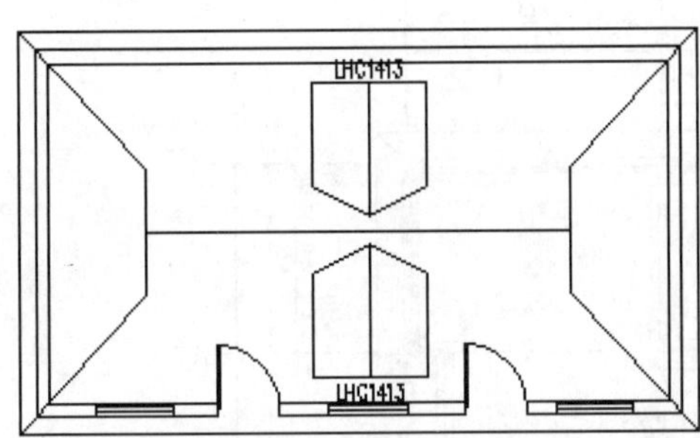

图 4-87　加老虎窗结果图

2. 加雨水管

【加雨水管】命令用于在屋顶平面图中绘制雨水管穿过女儿墙或檐板的图例，可设置洞口宽和雨水管的管径大小。需要注意的是，雨水管不具有三维特性。

调用【加雨水管】命令有如下两种方法。

- 菜单栏：选择【房间屋顶】|【加雨水管】菜单命令。
- 命令行：在命令行中输入 JYSG 命令并按 Enter 键。

下面具体讲解加雨水管的方法。

(1) 在图 4-88 所示的房屋平面图中添加雨水管。

(2) 选择【房间屋顶】|【加雨水管】菜单命令，选取雨水管入水洞口的起始点以及出水口结束点，绘制的雨水管如图 4-89 所示。

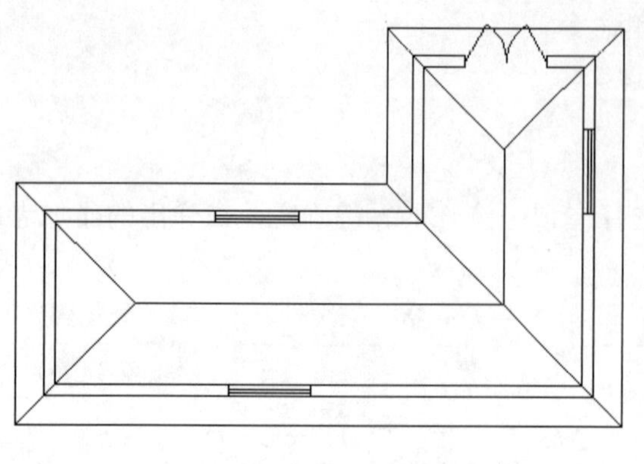

图 4-88　房屋平面图

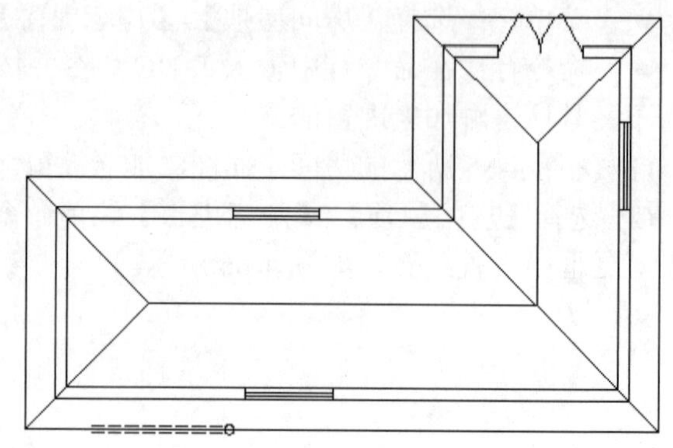

图 4-89　加雨水管效果

课后练习

案例文件：ywj\04\01.dwg、02.dwg

视频文件：光盘→视频课堂→第 4 教学日→4.3

本节课后练习的是顶层平面图的绘制，平面图由多个独立房间和楼梯组成，包括建筑屋顶等建筑特征单独创建，最后标注有尺寸和文字，比例为 1∶100，如图 4-90 所示是创建完成的顶层建筑平面图。

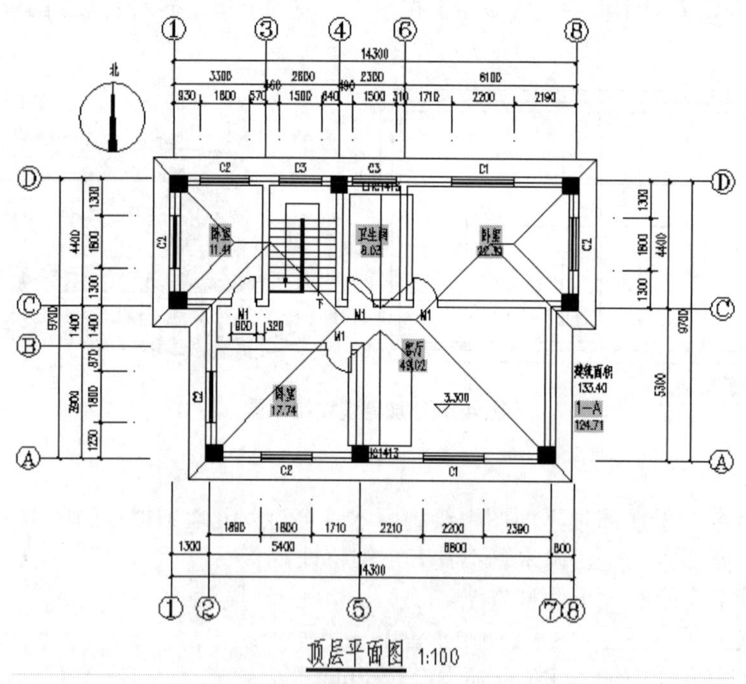

图 4-90　顶层建筑平面图

本节案例主要练习顶层平面图的绘制过程，首先打开房间布局，之后绘制门窗，再添加楼梯等附属特征，接着创建屋顶和标注，顶层平面图的思路和步骤如图 4-91 所示。

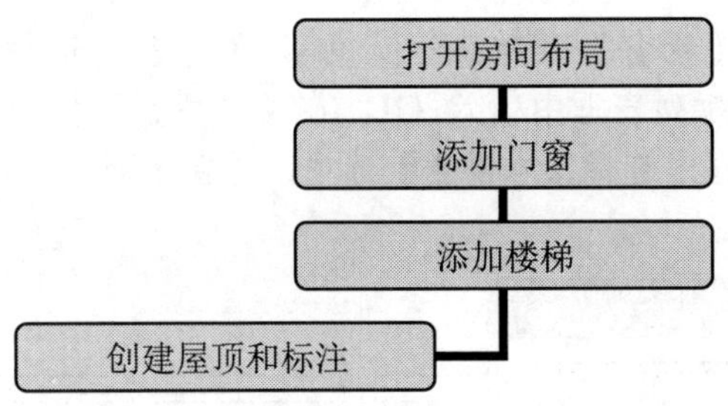

图 4-91　顶层平面图的绘制思路和步骤

练习案例操作步骤如下。

step 01 选择【文件】|【打开】菜单命令，打开房间布局，如图 4-92 所示。

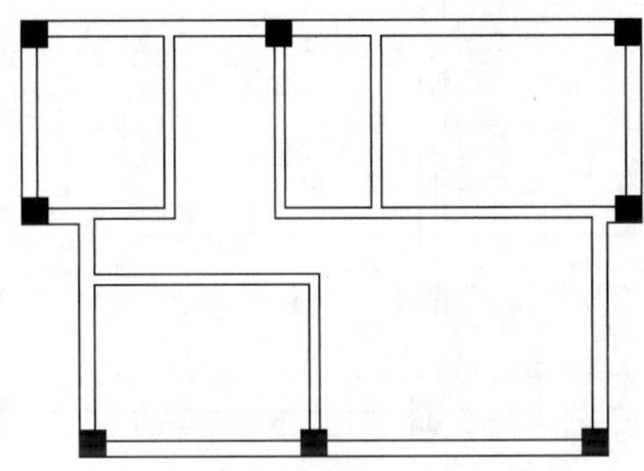

图 4-92　打开房间布局平面图

step 02 继续添加门窗特征。选择【门窗】|【新门】菜单命令，弹出【门】对话框，在【门宽】微调框中输入 900，在【编号】下拉列表框中输入 M1，在【类型】下拉列表框中选择【普通门】选项，在【材料】下拉列表框中选择【木复合】选项，并在绘图区域添加多个宽为 900 的门，如图 4-93 所示。

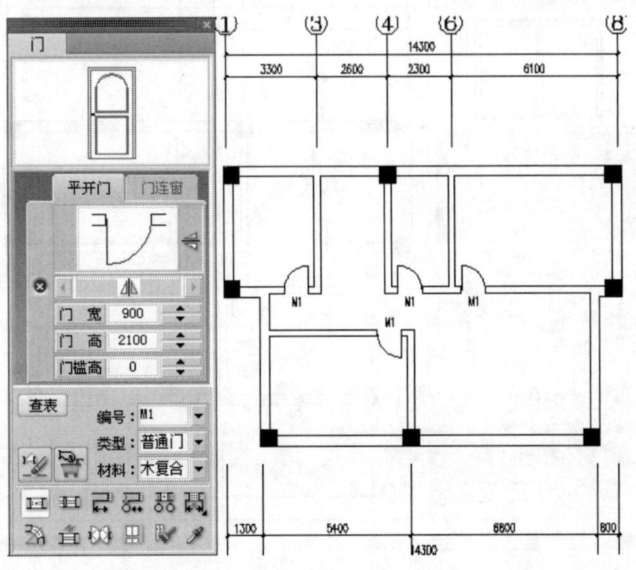

图 4-93　添加多个宽为 900 的门

step 03 选择【门窗】|【新窗】菜单命令，弹出【窗】对话框，在【窗宽】微调框中输入2200，在【编号】下拉列表框中输入 C1，在【类型】下拉列表框中选择【普通窗】选项，在【材料】下拉列表框中选择【木复合】选项，并在平面图中添加两个宽为 2200 的窗户，如图 4-94 所示。

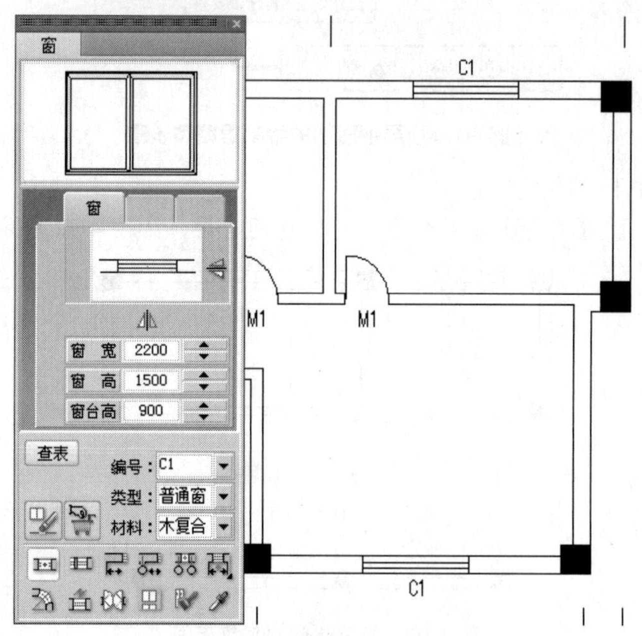

图 4-94　添加两个宽为 2200 的窗户

step 04 在【窗】对话框的【窗宽】微调框内输入 1800，在【编号】下拉列表框中输入 C2，并在绘图区域添加多个宽为 1800 的窗户，如图 4-95 所示。

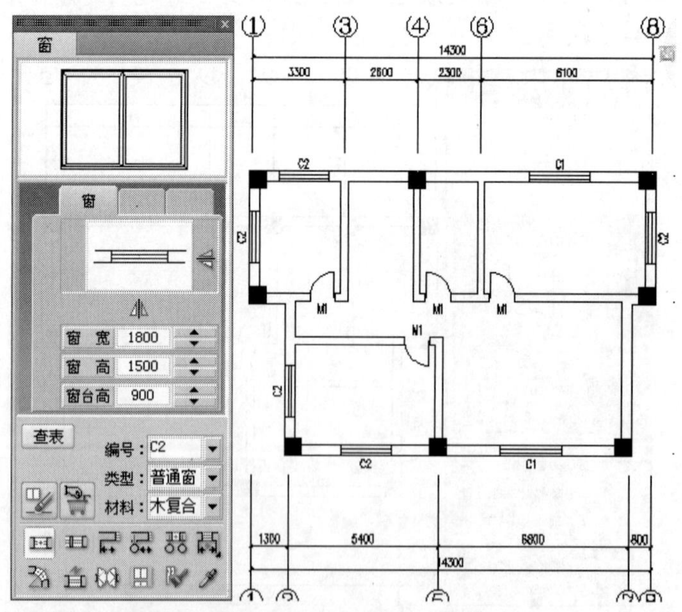

图 4-95　添加多个宽为 1800 的窗户

step 05 在【窗】对话框的【窗宽】微调框内输入 1500，在【编号】下拉列表框中输入 C3，并在绘图区域添加两个宽为 1500 的窗户，完成窗户的创建，如图 4-96 所示。

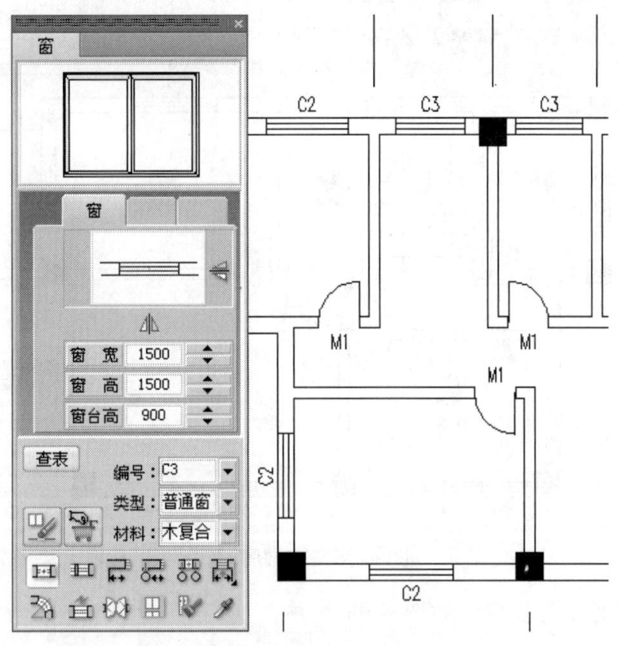

图 4-96　添加两个宽为 1500 的窗户

step 06 继续创建楼梯等特征。选择【楼梯其他】|【双跑楼梯】菜单命令，弹出【双跑楼梯】对话框，在【梯间宽】文本框中输入 2360，并在绘图区域添加楼梯，如图 4-97 所示。

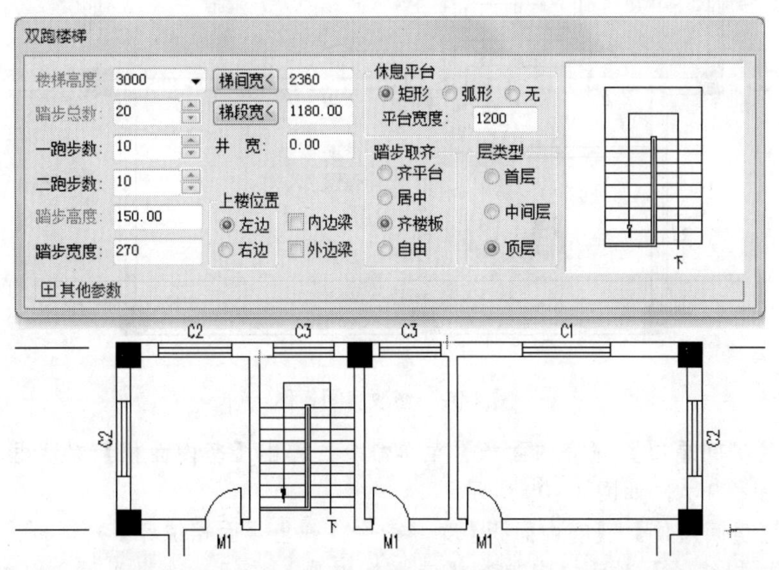

图 4-97　添加双跑楼梯

step 07 选择【房间屋顶】|【搜索房间】菜单命令，弹出【搜索房间】对话框，框选平面图，按 Enter 键，自动完成房间搜索，并在平面图旁单击放置建筑面积，如图 4-98 所示。

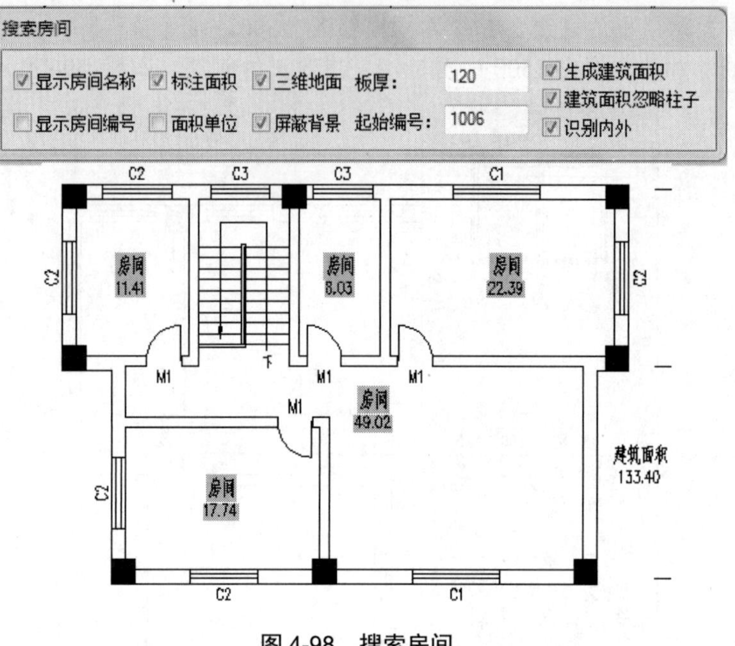

图 4-98 搜索房间

step 08 双击文字修改房间名称，如图 4-99 所示。

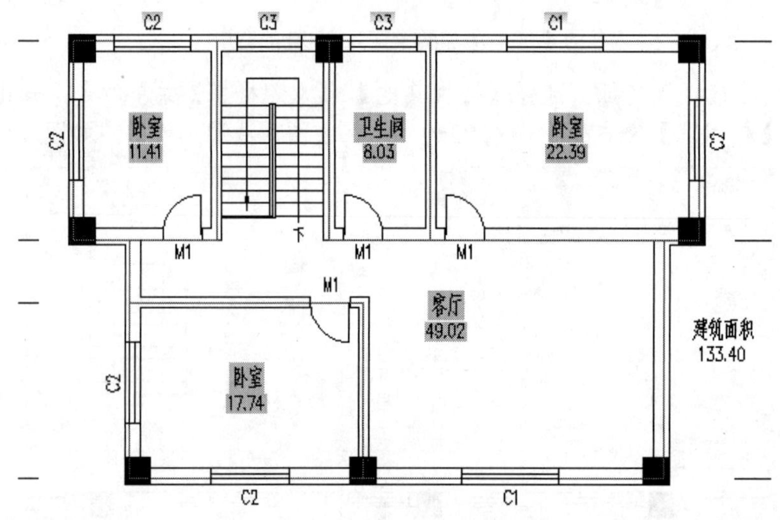

图 4-99 修改房间名称

step 09 选择【房间屋顶】|【套内面积】菜单命令，弹出【套内面积】对话框，选择所有房间，生成套内面积 1-A，如图 4-100 所示。

step 10 选择【房间屋顶】|【套内面积】菜单命令，弹出【面积统计】对话框，如图 4-101 所示。

step 11 在【面积统计】对话框中单击【选择标准层】按钮，选择平面图，按 Enter 键，弹出【统计结果】对话框，展示统计结果，完成楼梯等特征的创建，如图 4-102 所示。

step 12 最后添加屋顶和标注。选择【房间屋顶】|【搜屋顶线】菜单命令，框选平面图，设置【偏移外皮距离】为 600，自动生成屋顶线，如图 4-103 所示。

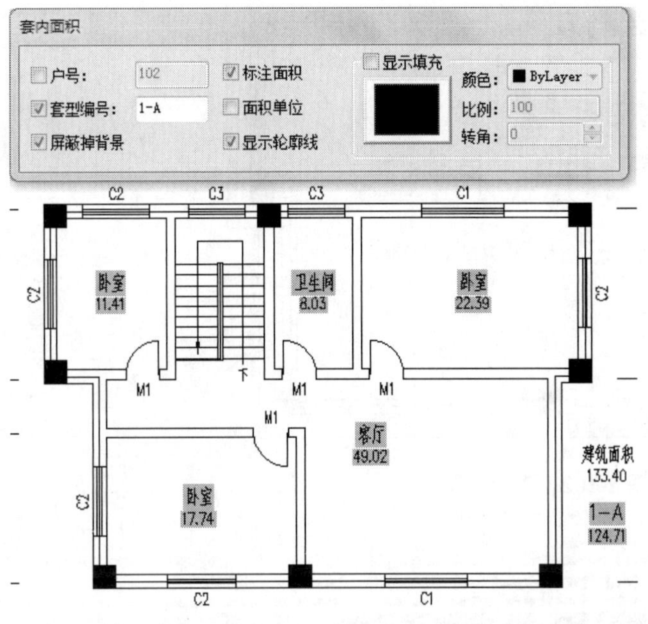

图 4-100 生成套内面积

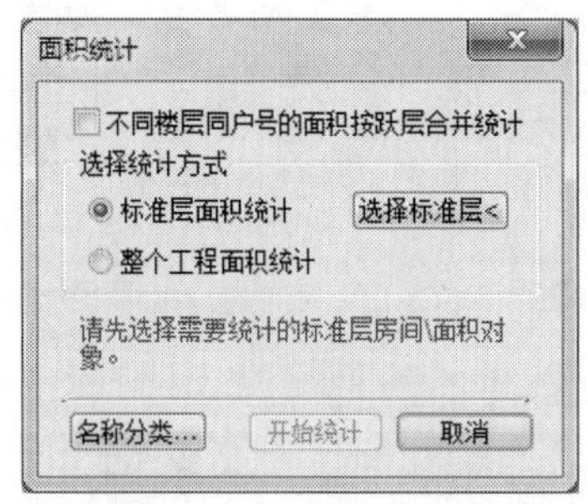

图 4-101 【面积统计】对话框

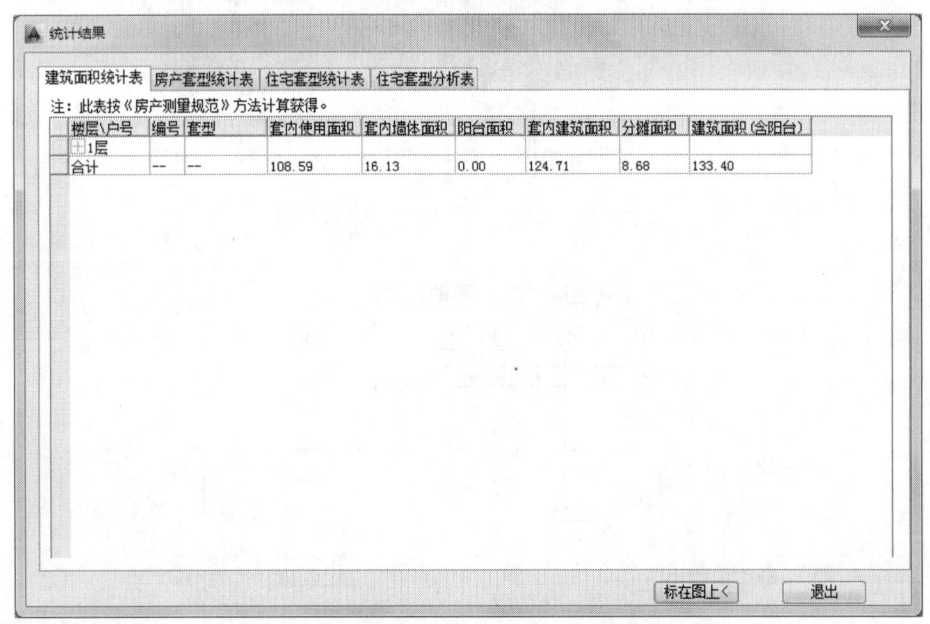

楼层\户号	编号	套型	套内使用面积	套内墙体面积	阳台面积	套内建筑面积	分摊面积	建筑面积(含阳台)
1层								
合计	--	--	108.59	16.13	0.00	124.71	8.68	133.40

图 4-102 【统计结果】对话框中展示的统计结果

step 13 单击修改工具栏中的【移动】按钮，移动屋顶线至屋顶，如图 4-104 所示。

step 14 选择【房间屋顶】|【任意坡顶】菜单命令，选择屋顶线，设置【坡度角】为 30，【出檐长】为 600，自动生成屋顶，如图 4-105 所示。

step 15 选择【房间屋顶】|【加老虎窗】菜单命令，弹出【加老虎窗】对话框，参数不变，并在绘图区域添加老虎窗，如图 4-106 所示。

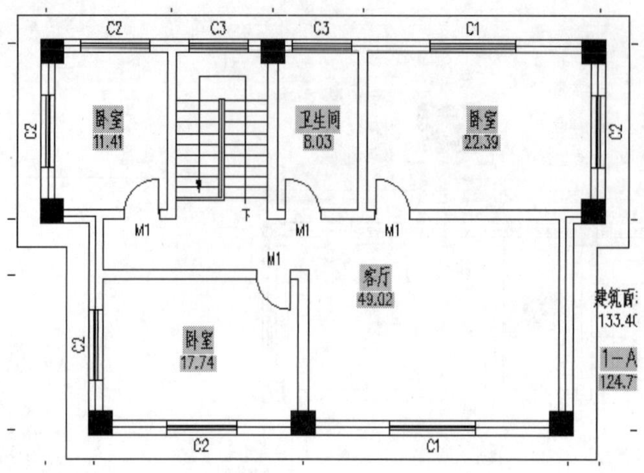

图 4-103　生成屋顶线

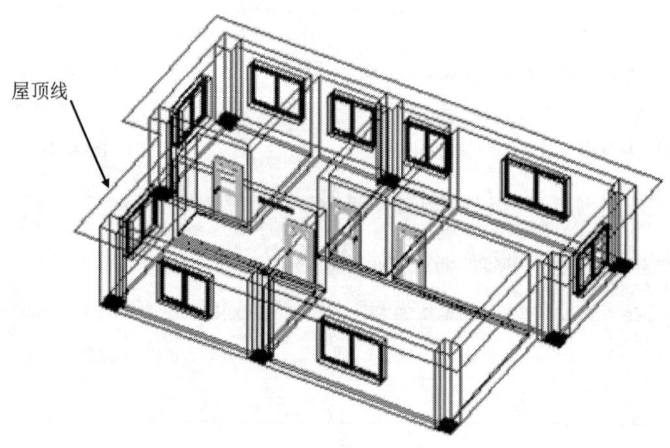

图 4-104　移动屋顶线

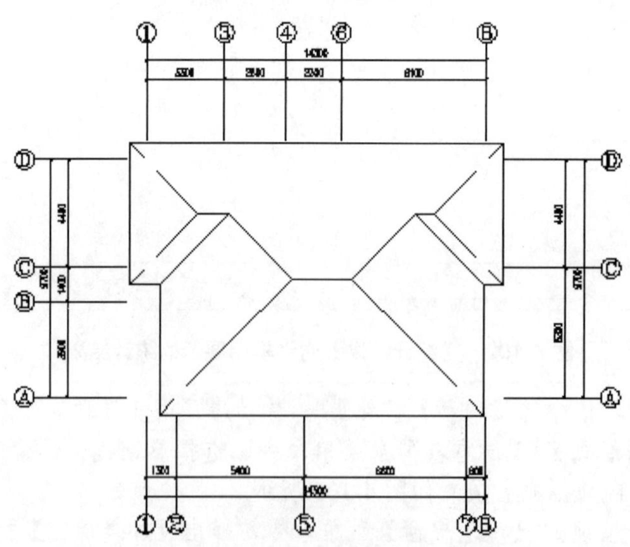

图 4-105　生成屋顶

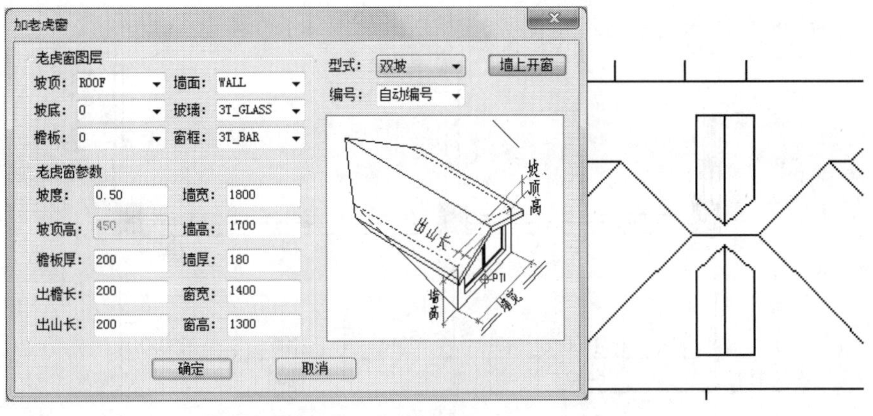

图 4-106 使用默认参数添加老虎窗

step 16 选择【尺寸标注】|【门窗标注】菜单命令，对平面图上侧外墙窗户进行标注，如图 4-107 所示。

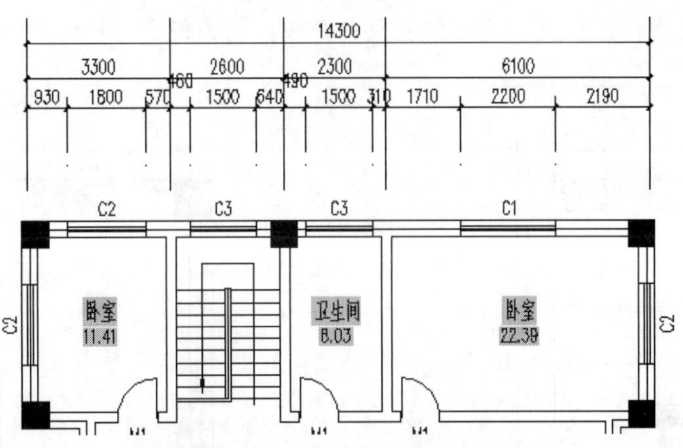

图 4-107 标注上侧外墙窗户

step 17 以同样的方法标注平面图左侧外墙窗户，如图 4-108 所示。

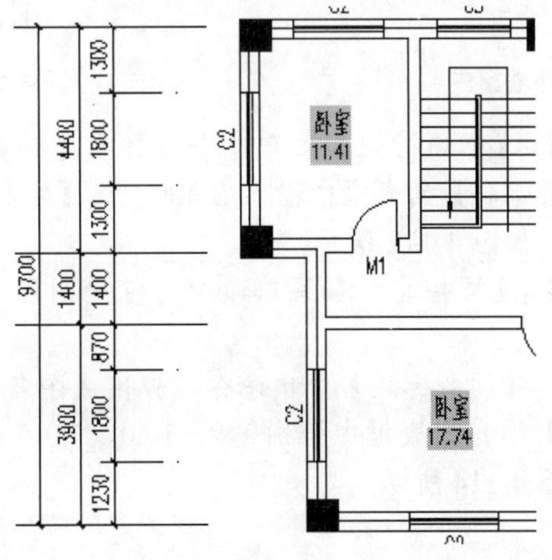

图 4-108 标注左侧外墙窗户

step 18 以同样的方法标注平面图下侧外墙窗户，如图 4-109 所示。

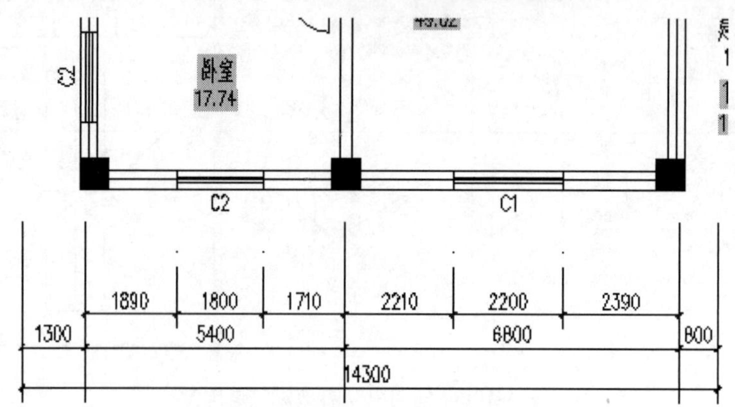

图 4-109　标注下侧外墙窗户

step 19 以同样的方法标注平面图右侧外墙窗户，如图 4-110 所示。

step 20 选择【尺寸标注】|【内门标注】菜单命令，对内门进行标注，如图 4-111 所示。

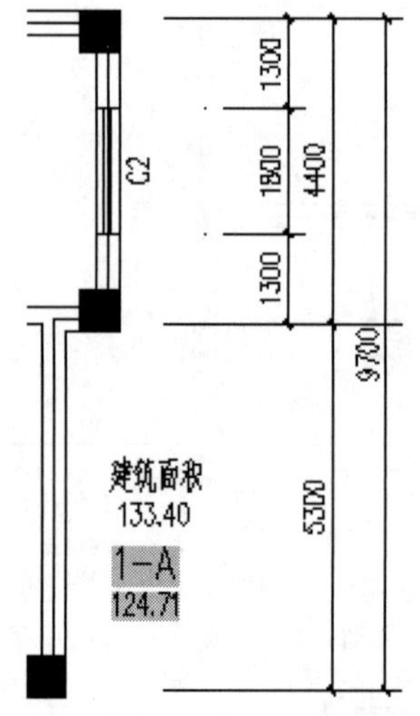

图 4-110　标注右侧外墙窗户

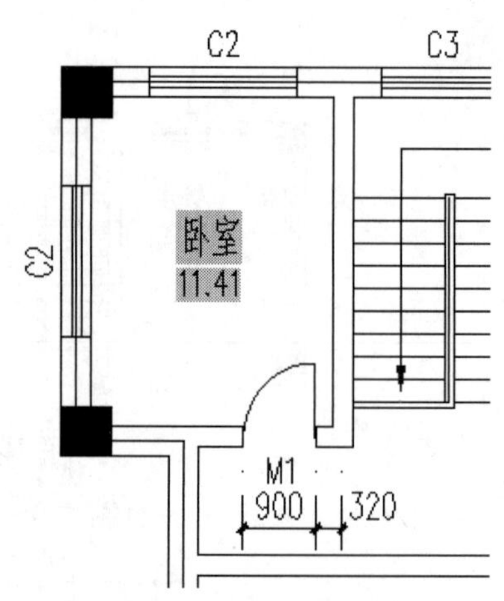

图 4-111　标注内门

step 21 选择【符号标注】|【标高标注】菜单命令，弹出【标高标注】对话框，选中【手工输入】复选框，在【楼层标高】列表框中输入 3.300，在【字高】下拉列表框中输入 3.5，并单击绘图区域放置标高，如图 4-112 所示。

step 22 选择【符号标注】|【画指北针】菜单命令，在绘图区域单击添加指北针，如图 4-113 所示。

step 23 选择【符号标注】|【图名标注】菜单命令，弹出【图名标注】对话框，输入“顶层平面图”，在两个【字高】下拉列表框中分别输入 10.0、7.0，并单击绘图区放置图名，完成屋顶和标注的添加，如图 4-114 所示。

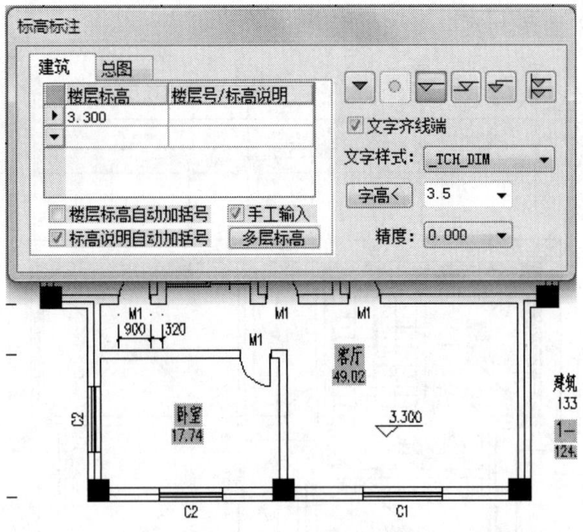

图 4-112　添加标高

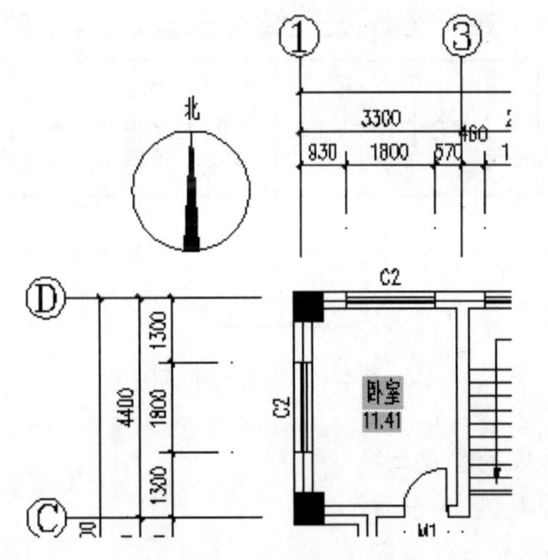

图 4-113　添加指北针

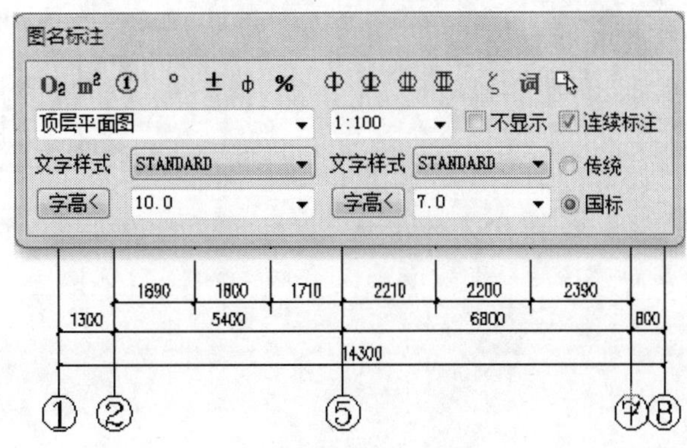

图 4-114　添加图名

step 24 完成的顶层平面图如图 4-115 所示。

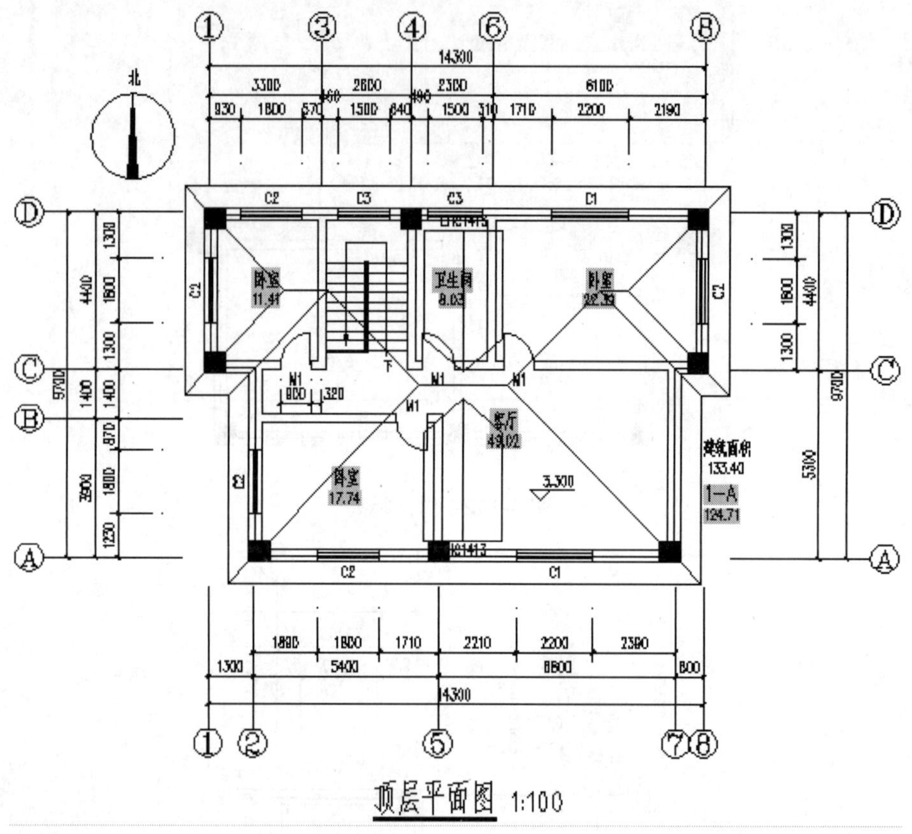

图 4-115　顶层平面图

建筑设计实践：结构找坡的平屋面，屋面标高可标注在结构板面最低点，并注明找坡坡度。有屋架的屋面，应标注屋架下弦搁置点或柱顶标高。有起重机的厂房剖面图应标注轨顶标高、屋架下弦杆件下边缘或屋面梁底、板底标高。如图 4-116 所示是某古建筑立面图。

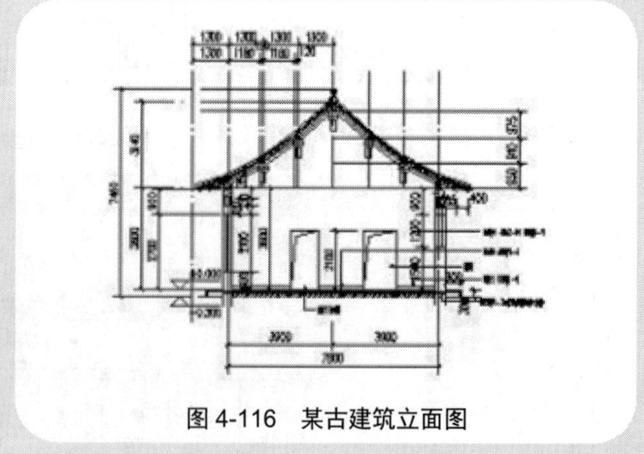

图 4-116　某古建筑立面图

第4课 4课时 绘制楼梯和电梯

4.4.1 创建普通楼梯

行业知识链接：楼梯在建筑中的表现形式多种多样，使用天正建筑软件创建时，可在库中直接选择合适的类型。如图 4-117 所示是多层建筑剖面图中的楼梯。

图 4-117 多层建筑剖面图中的楼梯

楼梯作为建筑物垂直交通设施之一，首要的作用是联系上下交通通行；其次，楼梯作为建筑物主体结构还起着承重的作用；除此之外，楼梯还有安全疏散、美观装饰等功能。

1. 楼梯的组成

楼梯一般由楼梯段、楼梯平台、栏杆(或栏板)扶手3 部分组成，如图 4-118 所示。

(1) 楼梯段。设有踏步供楼层间上下行走的通道构件称为楼梯段，踏步由踏面(供行走时踏脚的水平部分)和踢面组成(形成踏步高度的垂直部分)。楼梯段是楼梯的主要使用和承重部分，它由若干个踏步组成。为减少人们上下楼梯时的疲劳和适应人行的习惯，一个楼梯段的踏步数要求最少不少于 3 级且最多不超过 18 级。

(2) 楼梯平台。连接两个楼梯段之间的水平板称为楼梯平台。楼梯平台可用来连接楼层、转换梯段方向和行人中间休息。楼梯平台有楼层平台、中间平台之分。介于两个楼层中间供人们在连续上楼时稍加休息的平台称为中间平台，中间平台又称休息平台。在楼层上下楼梯的起始部位与楼层标高相一致的平台称为楼层平台。

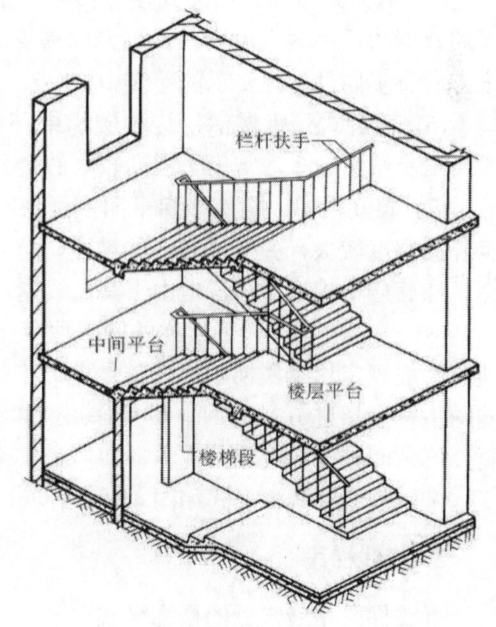

图 4-118 楼梯的组成

(3) 栏杆扶手。栏杆是楼梯段的安全设施，一般设置在梯段的边缘和平台临空的一边，要求它必须坚固可靠，并保证有足够的安全高度。扶手是栏杆或栏板顶部供行人依扶用的连续构件。当梯段宽度>1400mm 时，还需要加设靠墙扶手；当梯段宽>2200mm 时，还应设中间扶手。扶手高度一般为自踏面中心线以上 900mm，儿童使用的楼梯应在 500～600mm 左右高度再加设一道扶手；楼梯水平段栏杆长度>500mm 时，扶手高度应≥1050mm；栏杆垂直杆件之间的水平净空应≤110mm。

2. 楼梯的分类

按楼梯的平面的形式不同，可将楼梯分为以下几种类型。

(1) 单跑楼梯：单跑楼梯是指连接上下层楼梯并且中途不改变方向的楼梯。单跑楼梯不设中间平台，由于其梯段踏步数不能超过 18 步，所以一般用于层高较少的建筑内。单跑楼梯又可分为直线梯段、圆弧梯段和任意梯段 3 种。

(2) 交叉式楼梯：由两个直行单跑梯段交叉并列布置而成。这种楼梯通行的人流量较大，且为上下楼层的人流提供了两个方向，对于空间开敞，楼层人流多方向进入有利，但仅适合于层高小的建筑。

(3) 双跑楼梯：双跑楼梯由两个梯段组成，中间设休息平台。这种楼梯可通过平台改变人流方向，导向较自由。折角可改变，当折角≥90° 时，由于其行进方向似直行双跑楼梯，故常用于仅上二层楼的门厅、大厅等处；当折角<90° 成锐角时，往往用于不规则楼梯间中。

(4) 双分双合式平行楼梯：这种形式是在双跑平行楼梯基础上演变而来的。第一跑位置居中且较宽，到达中间平台后分开两边上，第二跑一般是第一跑的二分之一宽，两边加在一起与第一跑等宽，这种楼梯通常用在人流多，需要梯段宽度较大的场合。由于其造型严谨对称，经常被用作办公建筑门厅中的主楼梯。

(5) 剪刀式楼梯：剪刀式楼梯实际上是由两个双跑直楼梯交叉并列布置而形成的。它既增大了人流通行能力，又为人流变换行进方向提供了方便。这种楼梯适用于商场、多层食堂等人流量大，且行进方向有多向性选择要求的建筑中。

(6) 转折式三跑楼梯：这种楼梯中部形成较大的梯井，有时可用作电梯井位置。由于有三跑梯段，踏步数量较多，常用于层高较大的公共建筑中。

(7) 螺旋楼梯：螺旋楼梯平面呈圆形，通常中间设一根圆柱，用来悬挑支承扇形踏步板。由于踏步外侧宽度较大，并形成较陡的坡度，行走时不安全，所以这种楼梯不能用作主要人流交通和疏散楼梯。螺旋楼梯构造复杂，但由于其流线型造型比较优美，故常作为观赏楼梯。

(8) 弧形楼梯：弧形楼梯的圆弧曲率半径较大，其扇形踏步的内侧宽度也较大，使坡度不至于过陡。一般规定这类楼梯的扇形踏步上、下级所形成的平面角不超过 10° ，且每级离内扶手 0.25m 处的踏步宽度超过 0.22m 时，可用作疏散楼梯。弧形楼梯常布置在大空间公共建筑门厅里，用来通行一至二层之间较多的人流，也丰富和活跃了空间处理。但其结构和施工难度较大，成本较高。

常用的几种楼梯形式如图 4-119 所示。

3. 直线梯段

直线梯段是最常见的楼梯样式之一，也是天正建筑中最基本的楼梯样式，属于单跑楼梯类型。直线梯段通常用于进入楼层不高的室内空间，如地下室和阁楼等。

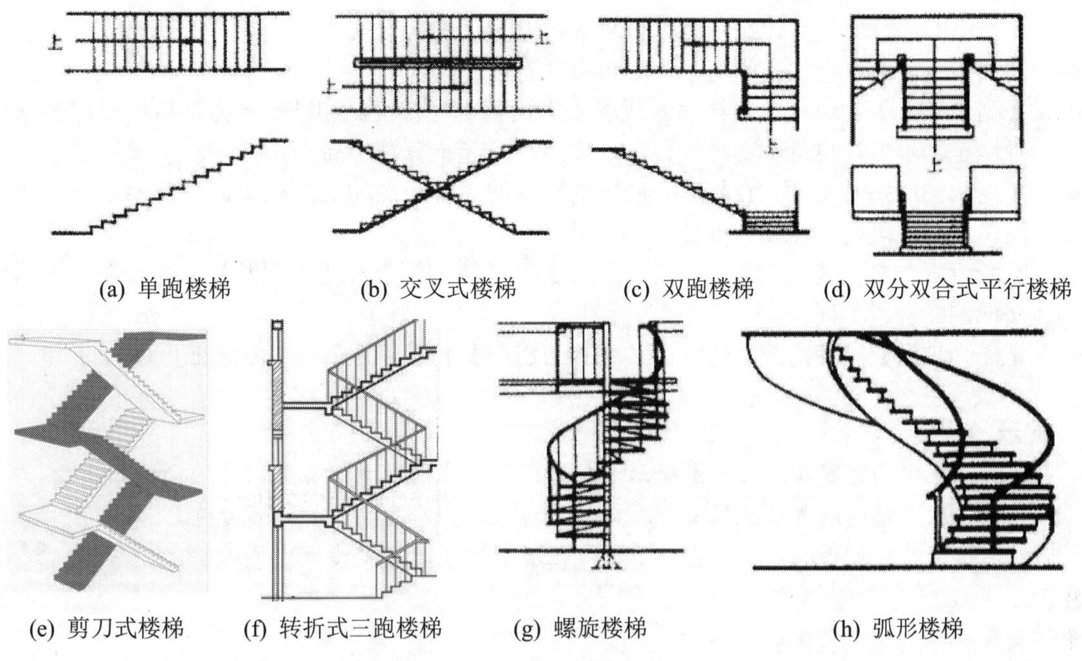

(a) 单跑楼梯　(b) 交叉式楼梯　(c) 双跑楼梯　(d) 双分双合式平行楼梯

(e) 剪刀式楼梯　(f) 转折式三跑楼梯　(g) 螺旋楼梯　(h) 弧形楼梯

图 4-119　常见的楼梯类型

调用【直线梯段】命令有如下两种方法。

- 菜单栏：选择【楼梯其他】|【直线梯段】菜单命令。
- 命令行：在命令行中输入 ZXTD 命令并按 Enter 键。

创建直线梯段时，弹出【直线梯段】对话框，如图 4-120 所示，输入梯段参数，在绘图窗口中指定插入位置，即可绘制直线梯段。

图 4-120　【直线梯段】对话框

【直线梯段】对话框中各选项的功能说明如下。

- 【起始高度】：相对于本楼层地面起计算的楼梯起始高度，梯段高以此算起。
- 【梯段高度】：直段楼梯的总高，始终等于踏步高度的总和。如果梯段高度被改变，自动按当前踏步高调整踏步数，最后根据新的踏步数重新计算踏步高。
- 【梯段宽】：梯段宽度，该项为按钮项，可在图中选取两点获得梯段宽。
- 【梯段长度】：计算方法为直段楼梯的踏步宽度乘以踏步数目。
- 【踏步高度】：输入一个概略的踏步高设计初值，由楼梯高度推算出最接近初值的设计值。由于踏步数目是整数，梯段高度是一个给定的整数，因此踏步高度并非总是整数。用户给定一个概略的目标值后，系统经过计算确定踏步高的精确值。

- 【踏步宽度】：楼梯段的每一个踏步板的宽度。
- 【踏步数目】：该项可直接输入或者步进调整，由梯段高和踏步高概略值推算取整获得，同时修正踏步高，也可改变踏步数，与梯段高一起推算踏步高。
- 【需要 3D】/【需要 2D】：用来控制梯段的二维视图和三维视图，某些梯段只需要二维视图，某些梯段则只需要三维视图。
- 剖断设置：包括【无剖断】、【下剖断】、【双剖断】和【上剖断】4 种设置。不同楼层的楼梯剖断位置不同。
- 【作为坡道】：启用此复选框后，【加防滑条】和【落地】两个复选框可选。

> 提示：
> (1) 对话框中的蓝字表示有弹出提示，光标滑过蓝字即可弹出有关该项的提示。
> (2) 作为坡道时，防滑条的稀密是用楼梯踏步表示，事先要选好踏步数量。
> (3) 坡道的长度可由梯段长度直接给出，但会被踏步数与踏步宽少量调整。

下面具体讲解直线梯段的创建方法。

(1) 在图 4-121 所示的梯间平面图中添加直线梯段。

(2) 选择【楼梯其他】|【直线梯段】菜单命令，在弹出的【直线梯段】对话框中设置参数，如图 4-122 所示。

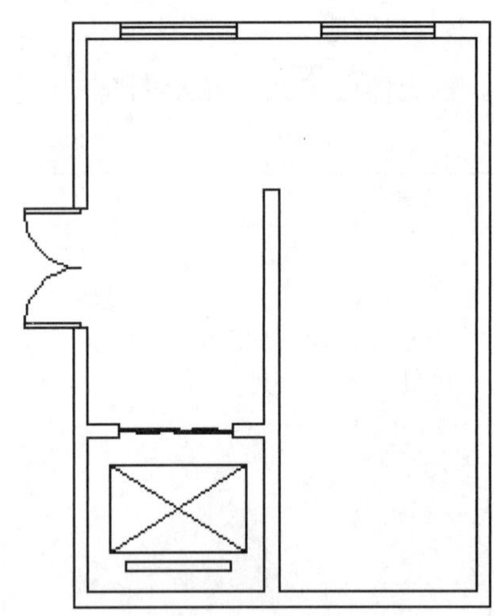

图 4-121　梯间平面图

图 4-122　设置直线梯段的参数

(3) 选取点 A 为梯段放置点，插入直线梯段，如图 4-123 所示。

4. 圆弧梯段

【圆弧梯段】命令用来创建单段弧线型梯段，既适合单独的圆弧楼梯，也可与直线梯段组合创建复杂楼梯和坡道，如大堂的螺旋楼梯与入口的坡道。圆弧楼梯由于形式较为美观，在居住建筑中多用于别墅，而在公共建筑中，则多用于商场、酒店、咖啡店等。

调用【圆弧梯段】命令有如下两种方法。

- 菜单栏：选择【楼梯其他】|【圆弧梯段】菜单命令。
- 命令行：在命令行中输入 YHTD 命令并按 Enter 键。

创建圆弧梯段时，弹出【圆弧梯段】对话框，如图 4-124 所示，用于设置圆弧梯段的半径、宽度、圆角心、剖断位置等参数。

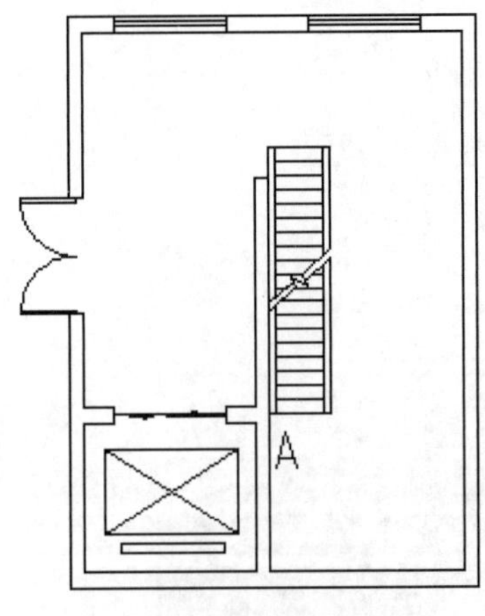

图 4-123　创建的直线梯段

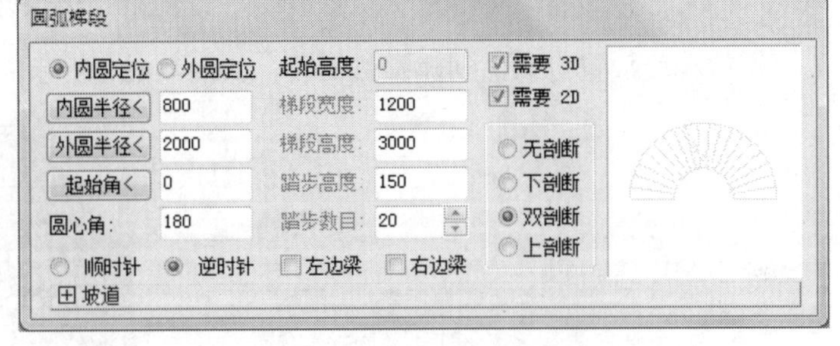

图 4-124　【圆弧梯段】对话框

【圆弧梯段】对话框中各选项的功能如下。

- 【内圆半径】：圆弧梯段的内圆半径。
- 【外圆半径】：圆弧梯段的外圆半径。
- 【起始角】：定位圆弧梯段的起始角位置。
- 【圆心角】：圆弧梯段的角度，值越大，梯段弧线也越长。
- 【起始高度】：圆弧梯段的高度，等于踏步高度的总和。
- 【梯段宽度】：圆弧梯段的宽度。
- 【踏步高度】：输入踏步高度数值。
- 【踏步数目】：输入需要的踏步数值，也可通过右侧的微调按钮进行数值的调整。

在绘图窗口创建圆弧梯段后，可以通过夹点编辑，调整楼梯的位置和大小。

下面具体讲解创建圆弧梯段的方法。

(1) 在图 4-125 所示的平面图中添加圆弧梯段。

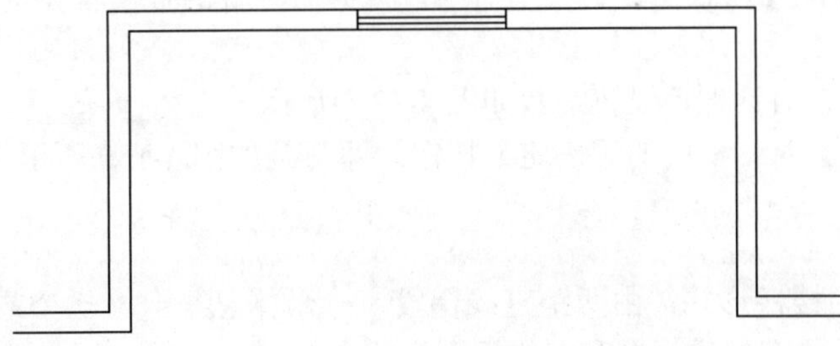

图 4-125　室内平面图

(2) 选择【楼梯其他】|【圆弧梯段】菜单命令，在弹出的【圆弧梯段】对话框中设置参数，如

图 4-126 所示。

圆弧梯段

◉ 内圆定位 ○ 外圆定位 起始高度: 0 ☑ 需要 3D
内圆半径< 1500 梯段宽度: 1700 ☑ 需要 2D
外圆半径< 3200 梯段高度: 3000 ○ 无剖断
起始角< 0 踏步高度: 150 ○ 下剖断
圆心角: 180 踏步数目: 20 ◉ 双剖断
○ 顺时针 ◉ 逆时针 ☑ 左边梁 ☑ 右边梁 ○ 上剖断
⊞ 坡道

图 4-126 设置圆弧梯段参数

(3) 选取梯段放置点 A，创建圆弧梯段，如图 4-127 所示。

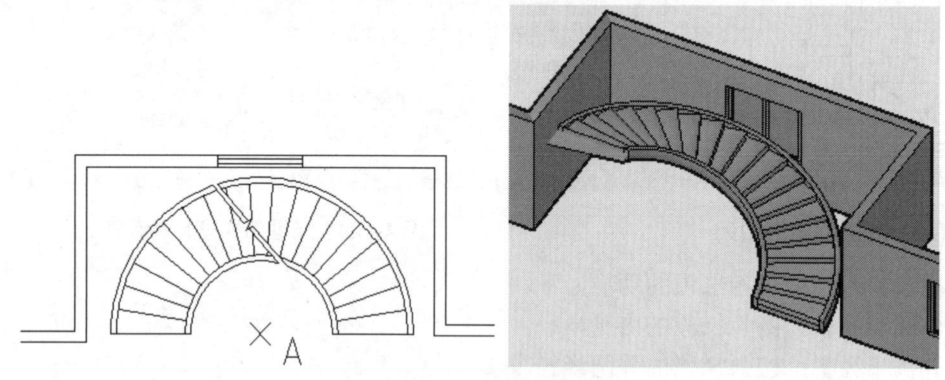

图 4-127 创建圆弧梯段

5. 任意梯段

【任意梯段】命令以用户预先绘制的直线或弧线作为梯段两侧边界，创建形状多变的梯段。

调用【任意梯段】命令有如下两种方法。

- 菜单栏：选择【楼梯其他】|【任意梯段】菜单命令。
- 命令行：在命令行中输入 RYTD 命令并按 Enter 键。

下面具体讲解任意梯段的创建方法。

(1) 在图 4-128 所示的平面图中创建任意梯段，该文件已经绘制好了 A、B 两条边线。

(2) 选择【楼梯其他】|【任意梯段】菜单命令，根据命令行的提示首先选取梯段左、右侧边线 A 和 B。

(3) 弹出【任意梯段】对话框，设置参数如图 4-129 所示。

(4) 单击【任意梯段】对话框中的【确定】按钮，即得到如图 4-130 所示的任意梯段效果。

6. 双跑楼梯

双跑楼梯是最常见的楼梯形式，由两跑直线梯段、一个休息平台、一个或两个扶手和一组或两组栏杆构成的自定义对象，具有二维视图和三维视图样式。

双跑楼梯对象内包括常见的构件组合形式变化，如是否设置两侧扶手、中间扶手在平台是否连接、设置扶手伸出长度、有无梯段边梁(尺寸需要在特性栏中调整)、休息平台是半圆形或矩形等，可以满足建筑设计的个性化要求。

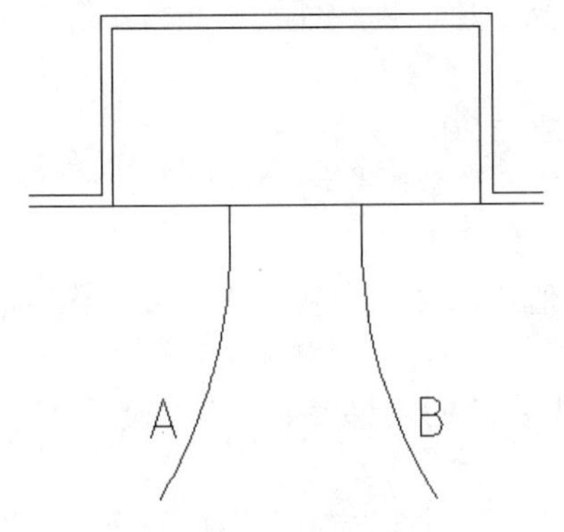

图 4-128　室内平面图

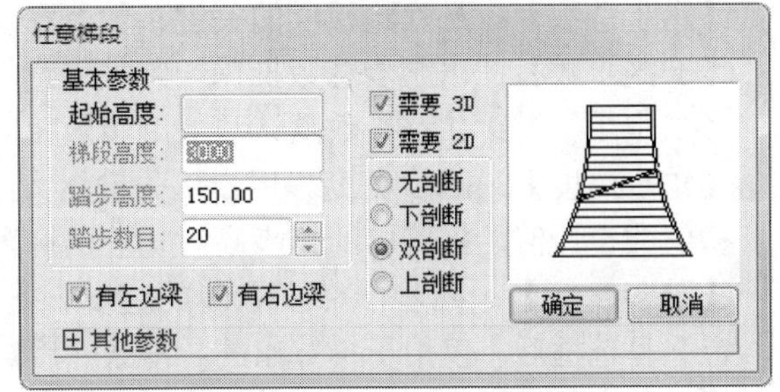

图 4-129　设置任意梯段参数

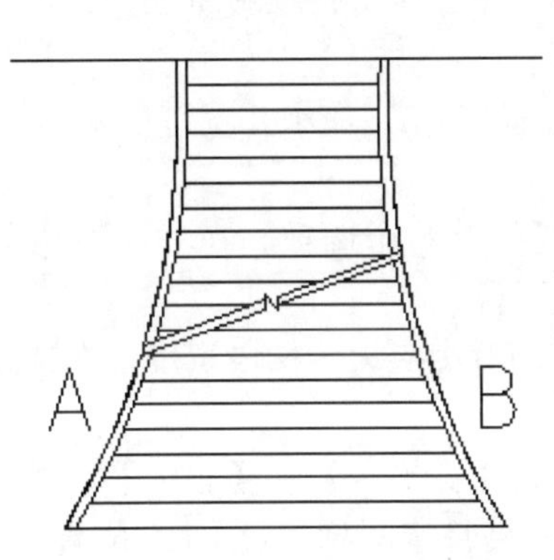

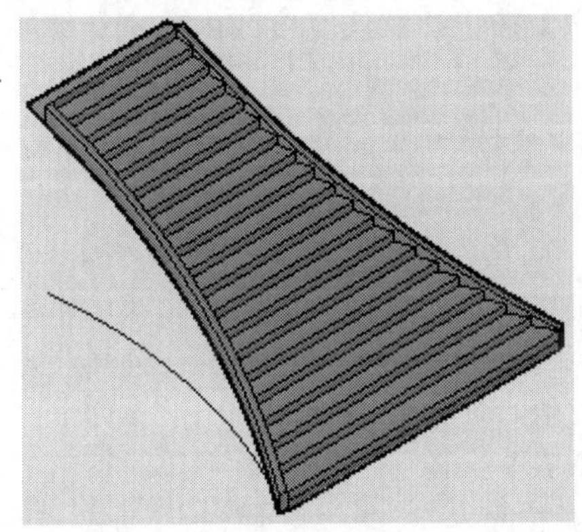

图 4-130　创建的任意梯段

调用【双跑楼梯】命令有如下两种方法。

- 菜单栏：选择【楼梯其他】|【双跑楼梯】菜单命令。
- 命令行：在命令行中输入 SPLT 命令并按 Enter 键。

创建双跑楼梯时，弹出【双跑楼梯】对话框，如图 4-131 所示。

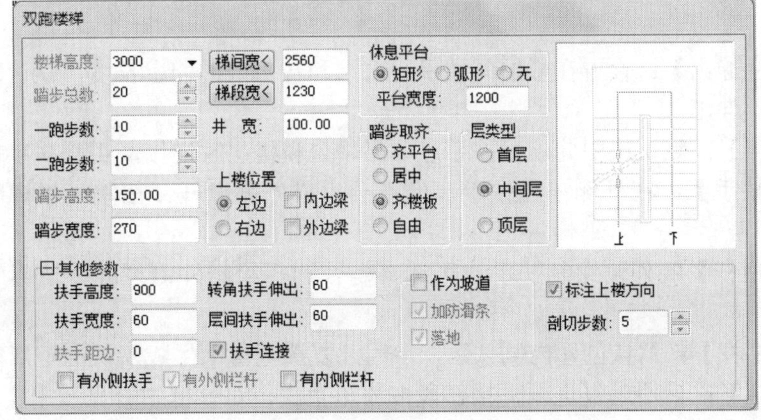

图 4-131　【双跑楼梯】对话框

该对话框中各选项参数的功能如下。

- 【楼梯高度】：双跑楼梯的总高，默认自动取当前层高的值，当相邻楼层高度不等时应按实际情况调整。
- 【踏步总数】：是双跑楼梯的关键参数，默认踏步总数为20。
- 【一跑步数】：以踏步总数推算一跑与二跑步数，总数为奇数时先增二跑步数。
- 【二跑步数】：二跑步数默认与一跑步数相同，两者都允许用户修改。
- 【踏步高度】：踏步高度。用户可先输入大约的初始值，由楼梯高度与踏步数推算出最接近初值的设计值，推算出的踏步高有均分的舍入误差。
- 【踏步宽度】：踏步沿梯段方向的宽度，是用户优先决定的楼梯参数，但在选用【作为坡道】复选框后，仅用于推算出的防滑条宽度。
- 【梯间宽】按钮：双跑楼梯的总宽。单击该按钮可从平面图中直接量取楼梯间净宽作为双跑楼梯总宽。
- 【梯段宽】按钮：默认宽度或由总宽计算，余下二等分作梯段宽初值，单击该按钮可从平面图中直接量取。
- 【井宽】：设置井宽参数，井宽=梯间宽-(2×梯段宽)，最小井宽可以是 0，这 3 个数值互相关联。
- 【休息平台】：有【矩形】、【弧形】、【无】3 个选项。在非矩形休息平台时，可以选【无】平台，以便自己用平板功能设计休息平台。
- 【平台宽度】：按建筑设计规范，休息平台的宽度应大于梯段宽度，在选弧形休息平台时应修改宽度值，最小值不能为零。
- 【踏步取齐】：除了两跑步数不等时可直接在【齐平台】、【居中】、【齐楼板】中选择两梯段相对位置外，也可以通过拖动夹点任意调整两梯段之间的位置，此时踏步取齐为【自由】。
- 【层类型】：在平面图中按楼层分为 3 种类型绘制。【首层】只给出一跑的下剖断；【中间层】的一跑是双剖断；【顶层】的一跑无剖断。
- 【扶手高度】/【扶手宽度】：默认值分别为高 900，宽 60 的扶手断面尺寸。
- 【扶手距边】：在比例为 1∶100 图上一般取 0，在比例为 1∶50 详图上应标以实际值。
- 【转角扶手伸出】：设置在休息平台扶手转角处的伸出长度，默认为 60，为 0 或者负值时扶手不伸出。
- 【层间扶手伸出】：设置在楼层间扶手起末端和转角处的伸出长度，默认为 60，为 0 或者负值时扶手不伸出。
- 【扶手连接】：默认选中此项，扶手过休息平台和楼层时连接，否则扶手在该处断开。
- 【有外侧扶手】：在外侧添加扶手，但不会生成外侧栏杆，在室外楼梯时需要选择以下项添加。
- 【有外侧栏杆】：外侧绘制扶手也可选择是否选择绘制外侧栏杆，边界为墙时常不用绘制栏杆。
- 【有内侧栏杆】：默认创建内侧扶手，启用此复选框自动生成默认的矩形截面竖栏杆。
- 【作为坡道】：启用此复选框，楼梯段按坡道生成，对话框中会显示出【单坡长度】文本框用以输入长度。

双跑楼梯夹点的功能说明如图 4-132 所示。

下面具体讲解双跑楼梯的创建方法。

(1) 在图 4-133 所示的平面图中添加双跑楼梯。

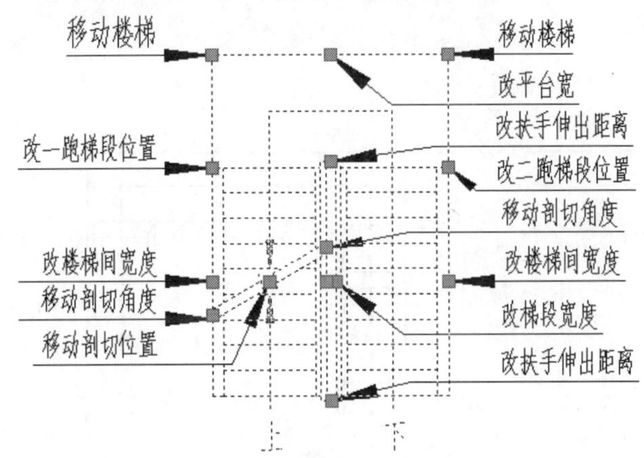

图 4-132　双跑楼梯夹点功能

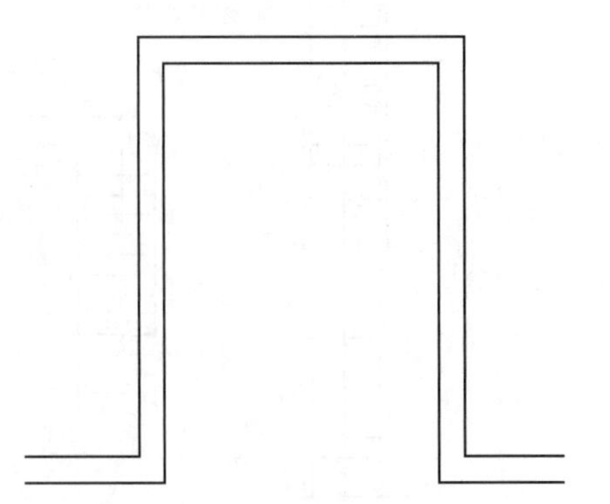

图 4-133　平面图素材

(2) 选择【双跑楼梯】菜单命令，在弹出的【双跑楼梯】对话框中设置参数，如图 4-134 所示。

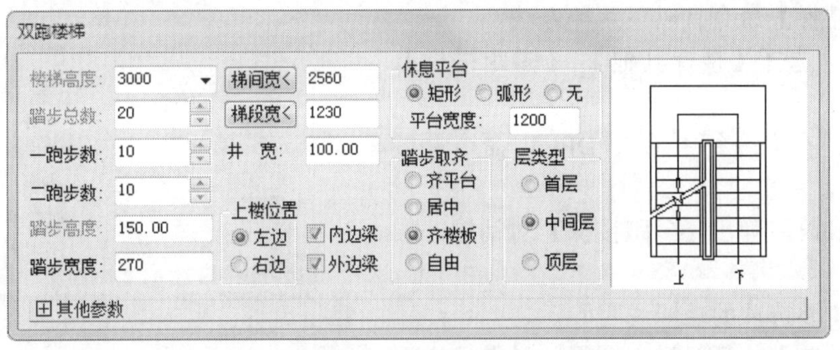

图 4-134　设置双跑楼梯参数

(3) 选取房间端点插入楼梯，创建的双跑楼梯如图 4-135 所示。

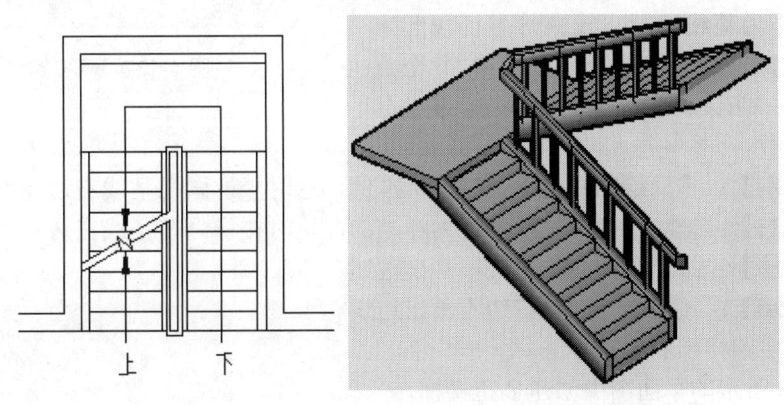

图 4-135　创建的双跑楼梯效果

7. 多跑楼梯

多跑楼梯是指以梯段开始且以梯段结束、梯段和休息平台交替布置的不规则楼梯。【多跑楼梯】命令可以通过输入关键点来建立多跑楼梯。如图 4-136 所示为创建的各类多跑楼梯平面效果。

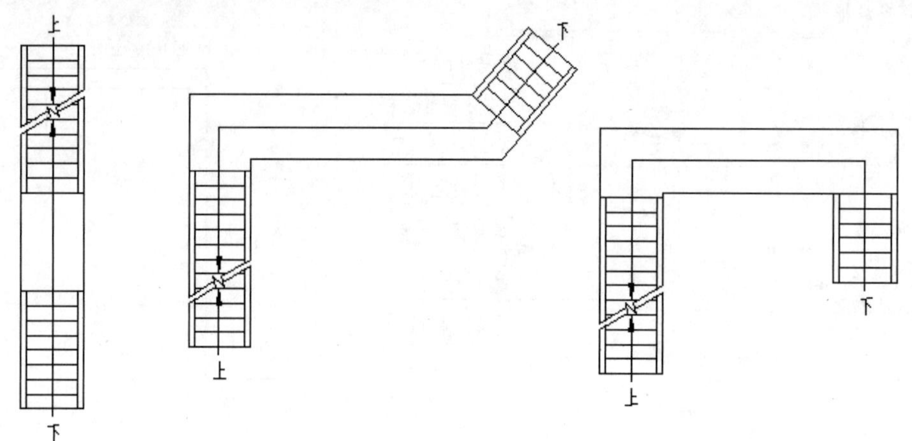

图 4-136 多跑楼梯

调用【多跑楼梯】命令有以下两种方法。

- 菜单栏：选择【楼梯其他】|【多跑楼梯】菜单命令。
- 命令行：在命令行中输入 DPLT 命令并按 Enter 键。

创建多跑楼梯时，弹出【多跑楼梯】对话框，如图 4-137 所示。

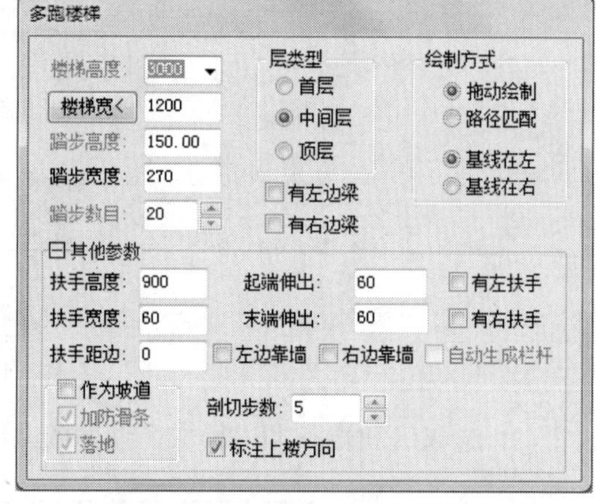

图 4-137 【多跑楼梯】对话框

该对话框中主要选项的功能说明如下。

- 【拖动绘制】：暂时进入图形中量取楼梯间净宽作为双跑楼梯总宽。
- 【路径匹配】：楼梯按已有多段线路径(红色虚线)作为基线绘制，线中给出梯段起末点不可省略或重合，如直角楼梯给 4 个点(三段)，三跑楼梯是 6 个点(五段)，路径分段数是奇数。
- 【基线在左】：拖动绘制时是以基线为标准的，这时楼梯画在基线右边。
- 【基线在右】：拖动绘制时是以基线为标准的，这时楼梯画在基线左边。
- 【左边靠墙】：按上楼方向，左边不画出边线。
- 【右边靠墙】：按上楼方向，右边不画出边线。

下面具体讲解多跑楼梯的创建方法。

(1) 在图 4-138 所示的平面图中创建多跑楼梯。

(2) 选择【楼梯其他】|【多跑楼梯】菜单命令，在弹出的【多跑楼梯】对话框中设置参数，如图 4-139 所示。

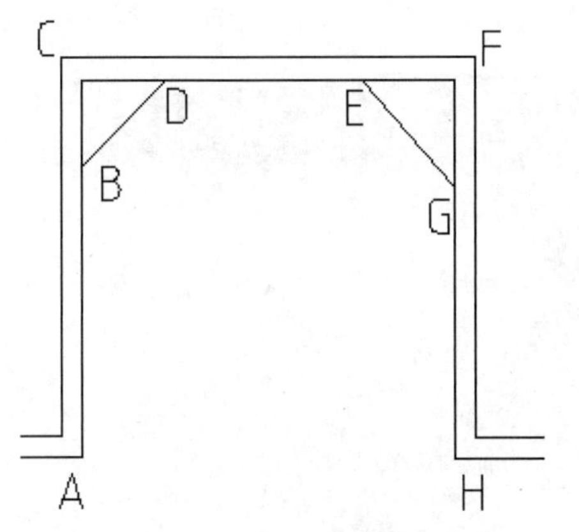

图 4-138　平面图素材

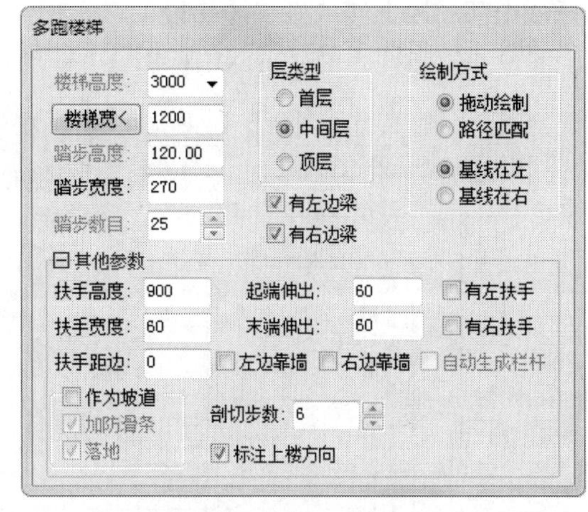

图 4-139　设置多跑楼梯参数

(3) 选取点 A 作为楼梯的起始点，向上移动鼠标，当梯段上显示 10/25 时单击，如图 4-140 所示。

(4) 依次选取点 B 和点 D，根据命令行提示输入选项字母 T 继续绘制梯段。

(5) 向右移动鼠标指针，当梯段上显示 15/25 时单击，如图 4-141 所示。

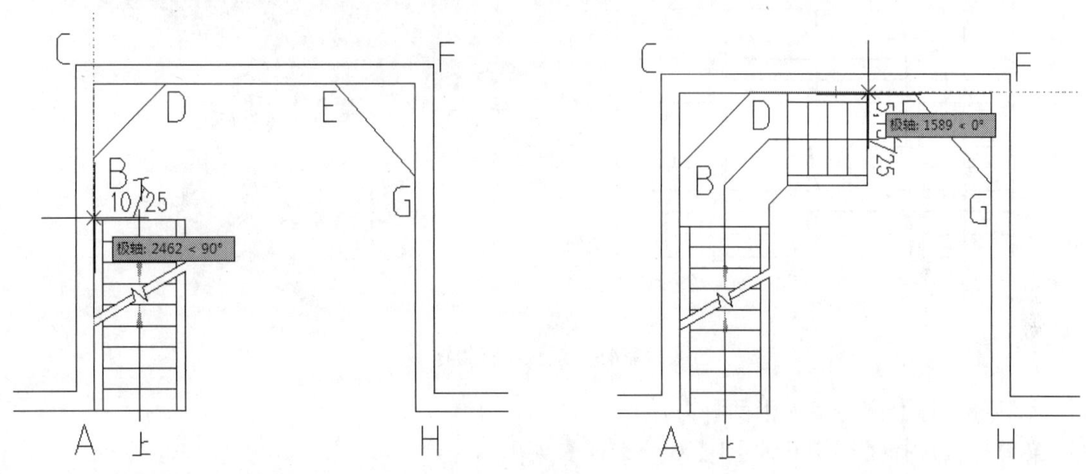

图 4-140　绘制梯段 1　　　图 4-141　绘制梯段 2

(6) 再一次选取点 E 和点 G，然后根据命令行提示输入选项字母 T 继续绘制梯段。

(7) 向下移动鼠标指针，当梯段上显示 25/25 时单击。

(8) 最终绘制完成的多跑楼梯效果如图 4-142 所示。

8. 其他楼梯的创建

除了前面讲解的常用楼梯外，还有一些楼梯形式在日常生活中也会见到，如双分平行楼梯、双分转角楼梯、双分三跑楼梯、交叉楼梯、剪刀楼梯、三角楼梯和矩形转角楼梯等，由于创建方法基本相同，因此这里只作简单介绍。

(1) 双分平行楼梯。

【双分平行】命令是在【双分平行楼梯】对话框中输入梯段参数来绘制双分平行楼梯。用户可以自由选择从中间梯段上楼或者从边梯段上楼，通过设置平台宽度可以解决复杂的梯段关系。双分平行楼梯的平面显示效果和三维显示效果如图 4-143 所示。

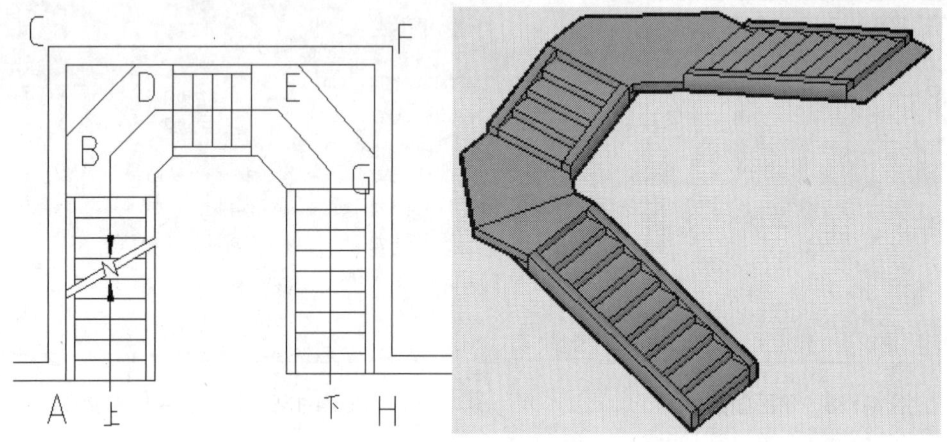

图 4-142　创建多跑楼梯的效果

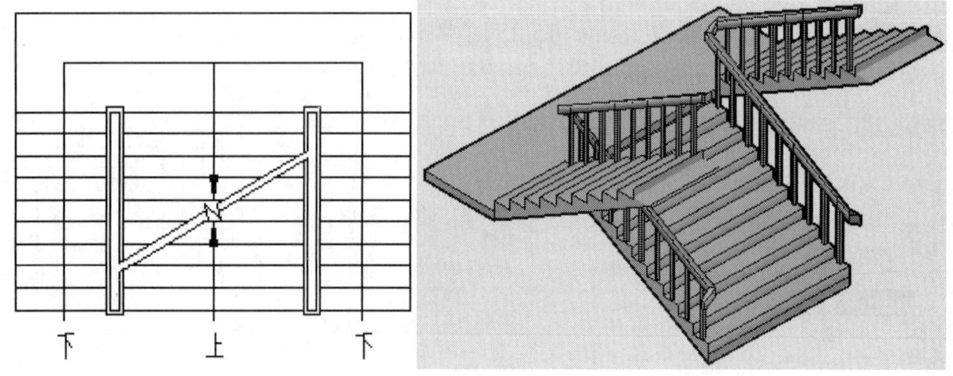

图 4-143　双分平行楼梯

调用【双分平行】命令有如下两种方法。

- 菜单栏：选择【楼梯其他】|【双分平行】菜单命令。
- 命令行：在命令行中输入 SFPX 命令并按 Enter 键。

创建双分平行楼梯时，弹出【双分平行楼梯】对话框，如图 4-144 所示。

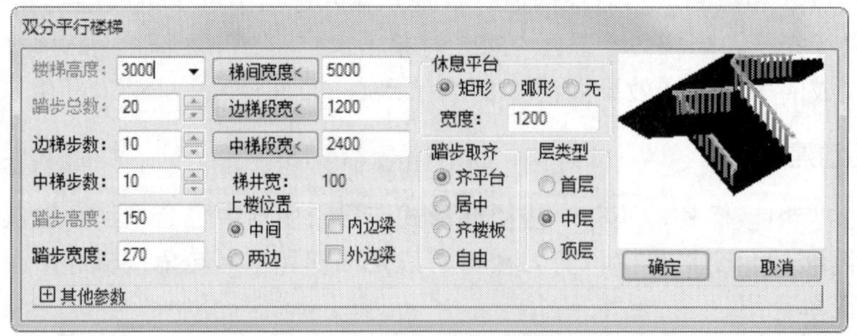

图 4-144　【双分平行楼梯】对话框

(2) 双分转角楼梯。

【双分转角】命令通过【双分转角楼梯】对话框设置梯段参数来创建双分转角楼梯。双分转角楼梯的平面显示效果和三维显示效果如图 4-145 所示。

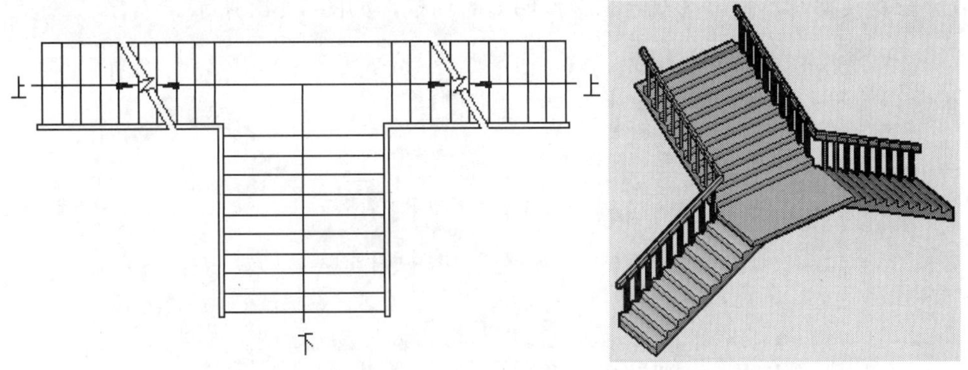

图 4-145　双分转角楼梯

调用【双分转角】命令有如下两种方法。

- 菜单栏：选择【楼梯其他】|【双分转角】菜单命令。
- 命令行：在命令行中输入 SFZJ 命令并按 Enter 键。

创建双分转角楼梯时，弹出【双分转角楼梯】对话框，如图 4-146 所示。

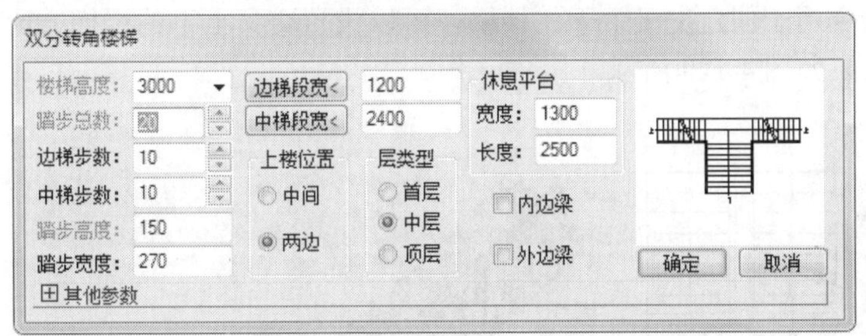

图 4-146　【双分转角楼梯】对话框

(3) 双分三跑楼梯。

【双分三跑】命令通过在【双分三跑楼梯】对话框中设置梯段参数来创建双分三跑楼梯。双分三跑楼梯的平面显示效果和三维显示效果如图 4-147 所示。

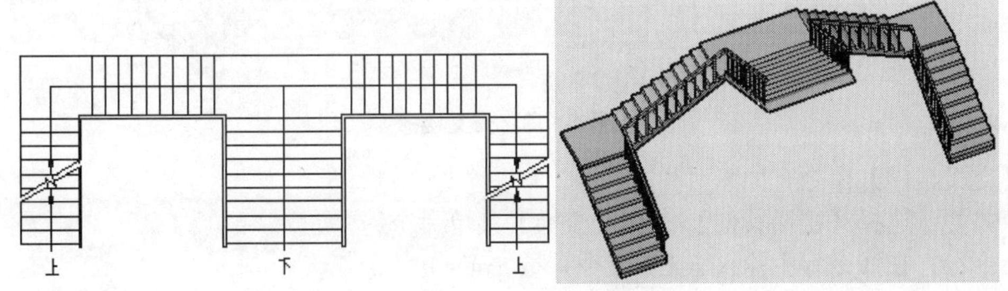

图 4-147　双分三跑楼梯

调用【双分三跑】命令有如下两种方法。

- 菜单栏：选择【楼梯其他】|【双分三跑】菜单命令。
- 命令行：在命令行中输入 SFSP 命令并按 Enter 键。

创建双分三跑楼梯时，弹出【双分三跑楼梯】对话框，如图 4-148 所示。

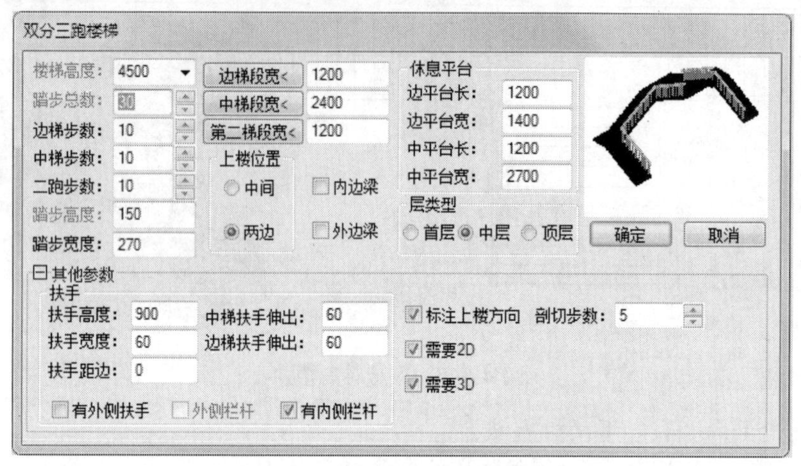

图 4-148　【双分三跑楼梯】对话框

(4) 交叉楼梯。

【交叉楼梯】命令用于创建交叉上下的楼梯，可以设置交叉上下的楼梯方向。交叉楼梯的平面显示效果和三维显示效果如图 4-149 所示。

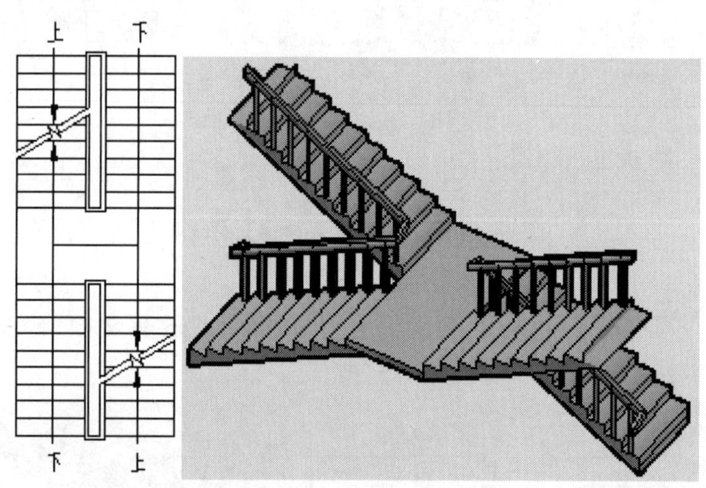

图 4-149　交叉楼梯

调用【交叉楼梯】命令有如下两种方法。

- 菜单栏：选择【楼梯其他】|【交叉楼梯】菜单命令。
- 命令行：在命令行中输入 JCLT 命令并按 Enter 键。

【交叉楼梯】对话框如图 4-150 所示。

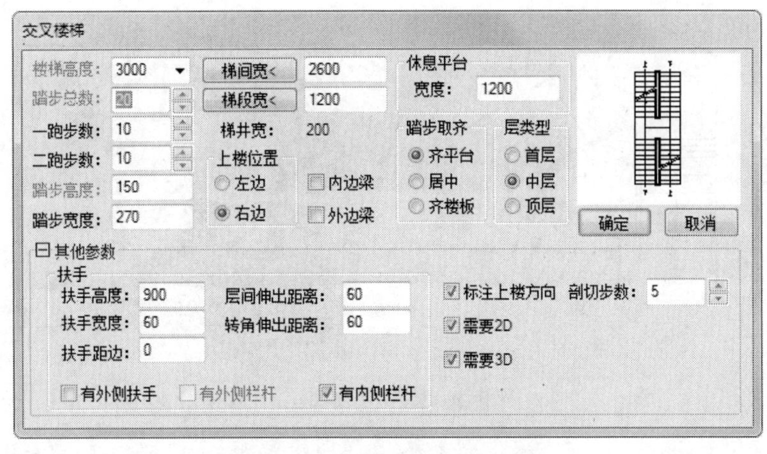

图 4-150　【交叉楼梯】对话框

(5) 剪刀楼梯。

【剪刀楼梯】命令用于绘制剪刀楼梯，考虑作为交通内的防火楼梯使用，两跑之间需要绘制防火墙，因此本楼梯扶手和梯段各自独立，在首层和顶层楼梯有多种梯段排列可供选择。

调用【剪刀楼梯】命令有如下两种方法。

- 菜单栏：选择【楼梯其他】|【剪刀楼梯】菜单命令。
- 命令行：在命令行中输入 JDLT 命令并按 Enter 键。

【剪刀楼梯】对话框如图 4-151 所示。

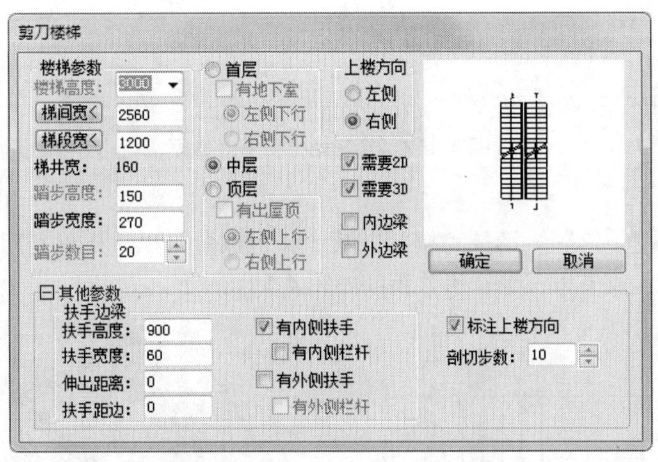

图 4-151　【剪刀楼梯】对话框

(6) 三角楼梯。

【三角楼梯】命令用于绘制三角形楼梯，可以设置不同的上楼方向。三角楼梯的平面显示效果和三维显示效果如图 4-152 所示。

调用【三角楼梯】命令有如下两种方法。

- 菜单栏：选择【楼梯其他】|【三角楼梯】菜单命令。
- 命令行：在命令行中输入 SJLT 命令并按 Enter 键。

【三角楼梯】对话框如图 4-153 所示。

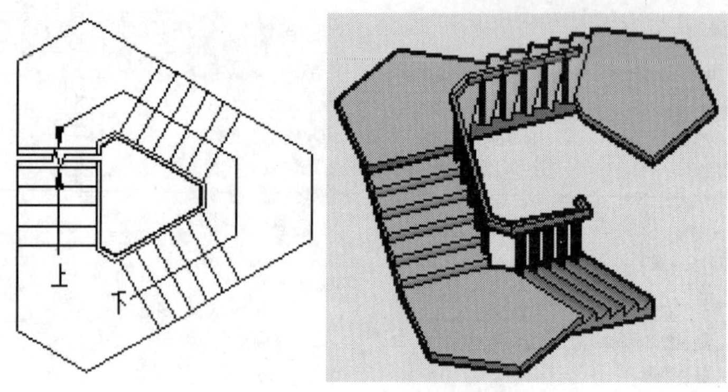

图 4-152　三角楼梯

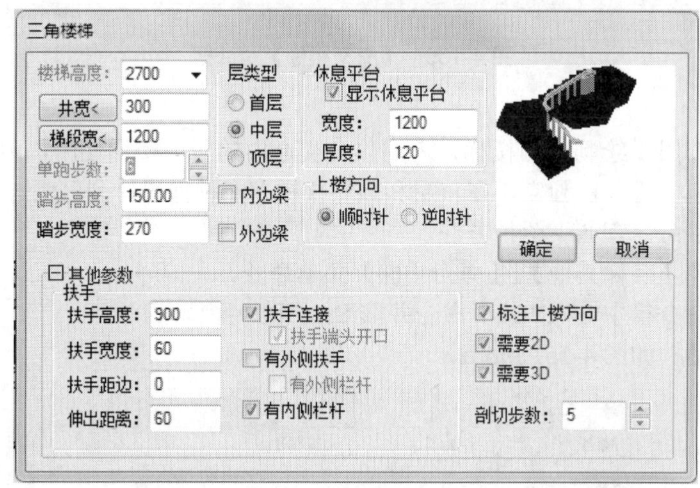

图 4-153　【三角楼梯】对话框

(7) 矩形转角楼梯。

【矩形转角】命令用于绘制矩形转角楼梯，其中梯跑数量可以从两跑到四跑，可选择两种上楼方向：矩形转角的平面显示效果和三维显示效果，如图 4-154 所示。

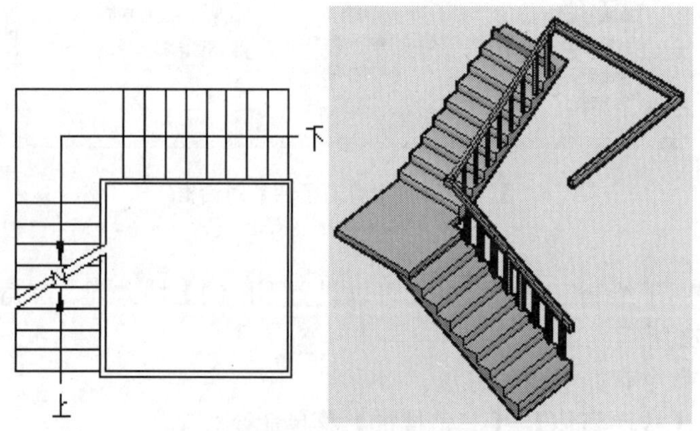

图 4-154　矩形转角楼梯

调用【矩形转角】命令有如下两种方法。

- 菜单栏：选择【楼梯其他】|【矩形转角】菜单命令。
- 命令行：在命令行中输入 JXZJ 命令并按 Enter 键。

【矩形转角楼梯】对话框如图 4-155 所示。

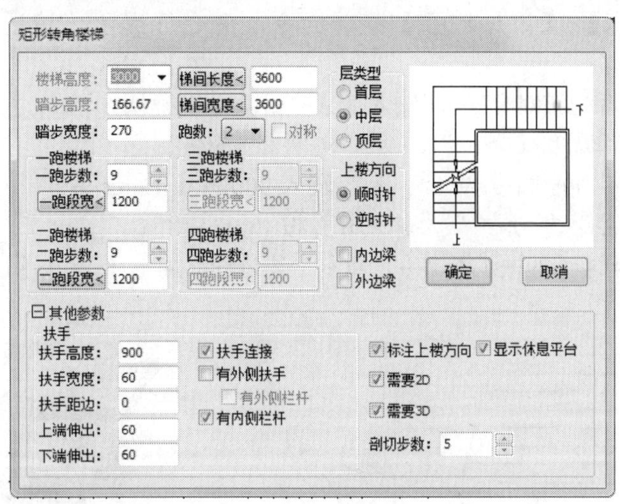

图 4-155 【矩形转角楼梯】对话框

4.4.2 楼梯扶手和栏杆

行业知识链接：建筑楼梯同样有附属结构，如扶手和栏杆，使用扶手或者栏杆命令可以方便地进行创建。如图 4-156 所示是某仓库剖面图的楼梯及扶手。

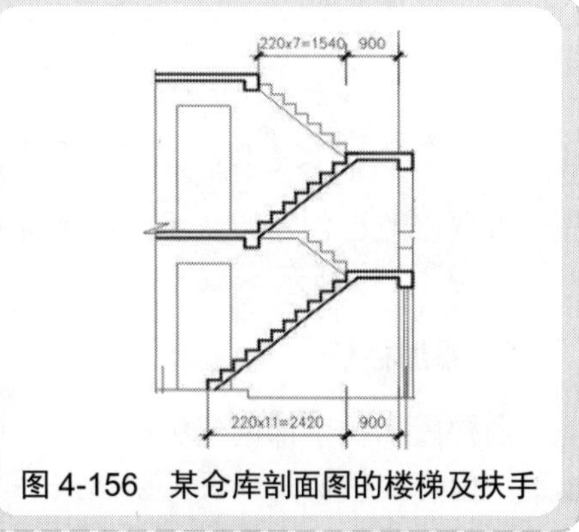

图 4-156 某仓库剖面图的楼梯及扶手

大多数的楼梯至少有一侧临空，为保证上下通行安全，通常添加楼梯扶手构件与梯段配合，且扶手的添加与梯段和台阶相关联。放置在梯段上的扶手，可以遮挡梯段，也可以被梯段的剖切线剖断，通过【连接扶手】命令把不同分段的扶手连接起来。

1. 添加扶手

一般来说，在绘制楼梯时，一般都有【有外侧扶手】、【有内侧扶手】和【自动生成栏杆】等选项。但在实际绘图过程中，并不是每一种楼梯都那么规则，例如【圆弧梯段】命令和【任意梯段】命令生成的梯段都没有自动添加扶手的选项，此时就需要用户手动添加扶手。

调用【添加扶手】命令有如下两种方法。

- 菜单栏：选择【楼梯其他】|【添加扶手】菜单命令。
- 命令行：在命令行中输入 TJFS 命令并按 Enter 键。

下面具体讲解添加扶手的方法。

(1) 在图 4-157 所示的楼梯中添加扶手。

(2) 选择【楼梯其他】|【添加扶手】菜单命令，命令行提示“请选择梯段或作为路径的曲线：”，选择 A 梯段。

(3) 命令行提示“是否为该对象?”，输入 Y 并按 Enter 键确认。

(4) 命令行提示“扶手宽度<60>：”，输入 60 并按 Enter 键。

(5) 命令行提示“扶手顶面高度<900>：”，输入 900 并按 Enter 键。

(6) 命令行提示“扶手距边<0>：”，输入 0 并按 Enter 键。

(7) 按空格键重复使用【添加扶手】命令，重复上述过程添加 B 梯段扶手，添加扶手结果如图 4-158 所示。

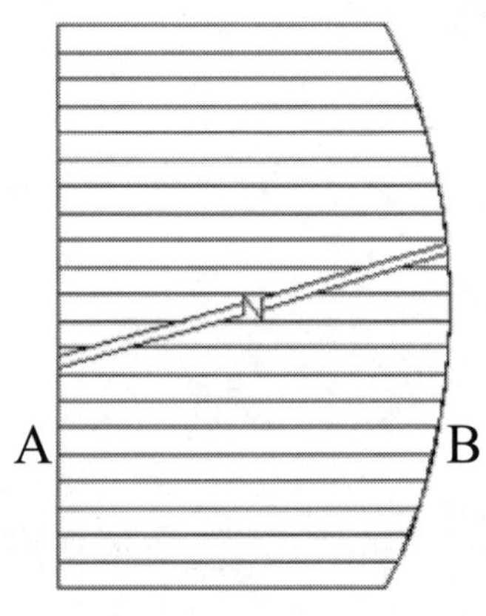

图 4-157　楼梯平面图

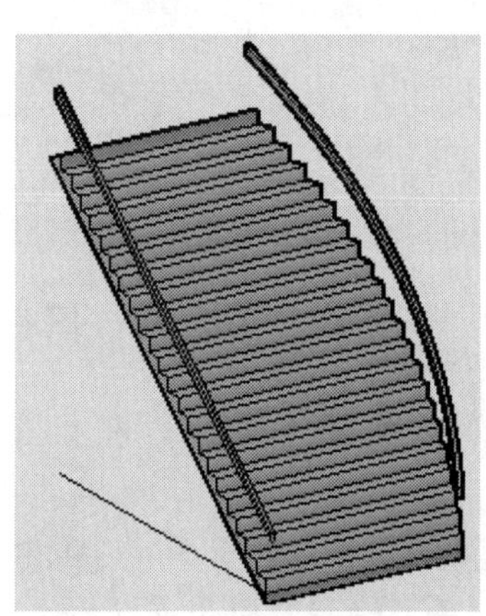

图 4-158　添加扶手效果

若要修改已创建的扶手，用鼠标双击该扶手，即可在弹出的【扶手】对话框中对扶手参数进行调整，如图 4-159 所示。

2. 添加栏杆

当梯段和扶手都创建完后，用户可根据需要创建栏杆，【双跑楼梯】对话框有自动添加竖栏杆的设置，但有些楼梯命令仅可创建扶手，或者栏杆与扶手都没有。

创建栏杆时，首先选择【三维建模】|【造型对象】|【栏杆库】菜单命令，在弹出的【天正图库管理系统】窗口中选择相应的栏杆样式，接着在弹出的【图块编辑】对话框中设置栏杆的尺寸大小和角度，在视图中指定插入点即可完成一个栏杆的创建。然后选择【三维建模】|【造型对象】|【路径排列】菜单命令，根据命令行提示选择扶手和栏杆，并在弹出的【路径排列】对话框中设置参数后单击【确定】按钮，即可完成栏杆的创建。

下面具体讲解添加栏杆的方法。

(1) 在图 4-160 所示的楼梯平面图中添加栏杆。

(2) 选择【三维建模】|【造型对象】|【栏杆库】菜单命令，弹出【天正图库管理系统】窗口，如图 4-161 所示。

图 4-159 【扶手】对话框

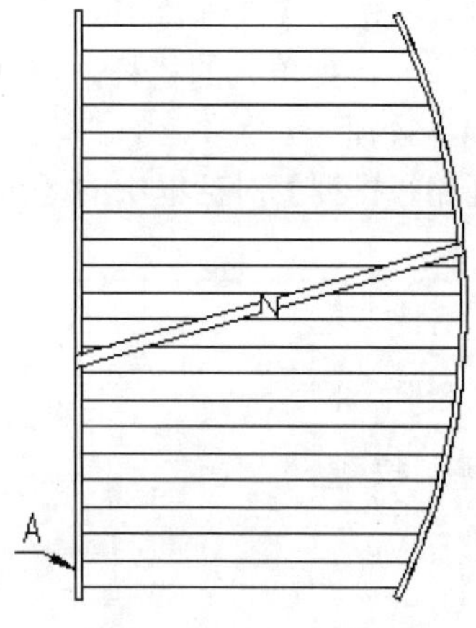

图 4-160 楼梯平面图

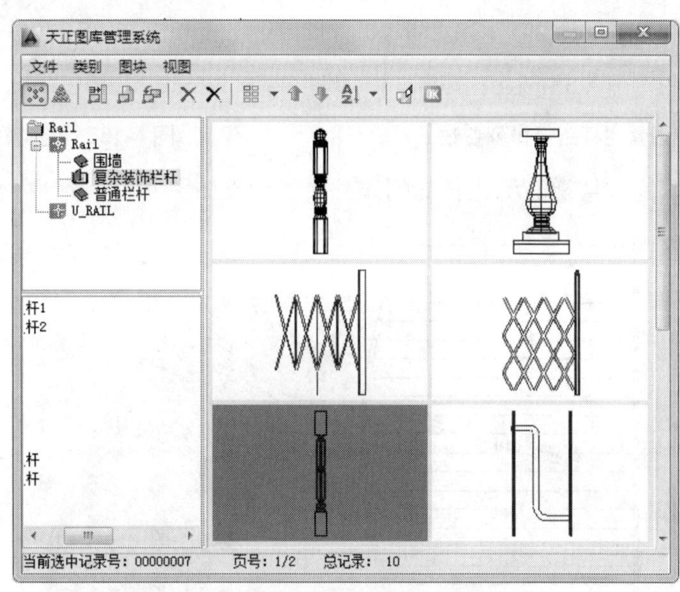

图 4-161 【天正图库管理系统】窗口

(3) 双击选择相应的栏杆样式，接着在弹出的【图块编辑】对话框中设置栏杆的尺寸、大小和角度，如图 4-162 所示。

(4) 创建栏杆。在视图中选取点 A 插入栏杆，如图 4-163 所示。

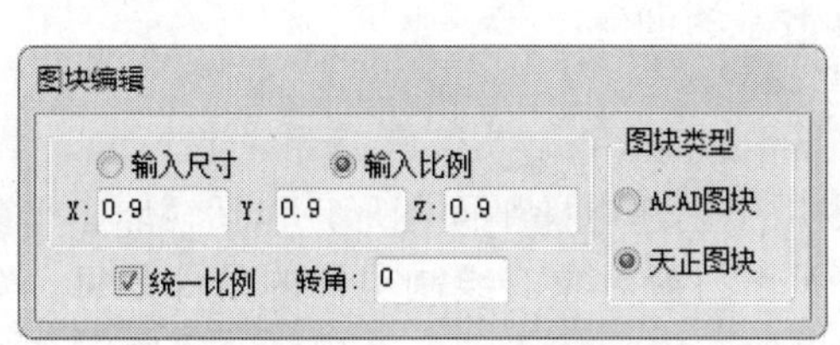

图 4-162 设置栏杆参数

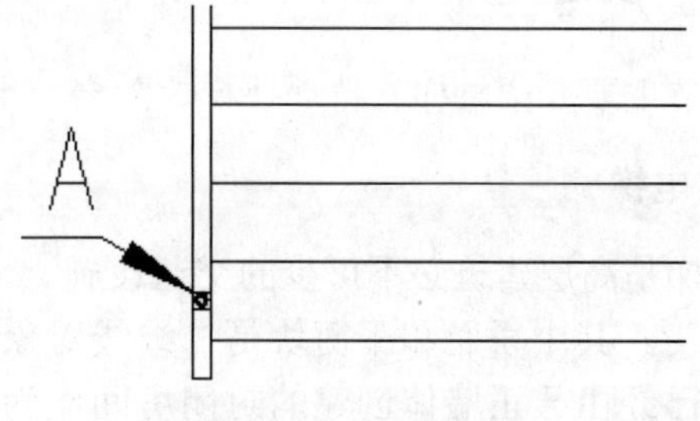

图 4-163 创建栏杆

(5) 栏杆排列。选择【三维建模】|【造型对象】|【路径排列】菜单命令，选择作为路径的曲线。

(6) 再选择作为排列单元的栏杆，按 Enter 键确定，接着在弹出的【路径排列】对话框中进行参数设置，如图 4-164 所示。

(7) 单击【路径排列】对话框中的【确定】按钮，栏杆路径排列效果如图 4-165 所示。

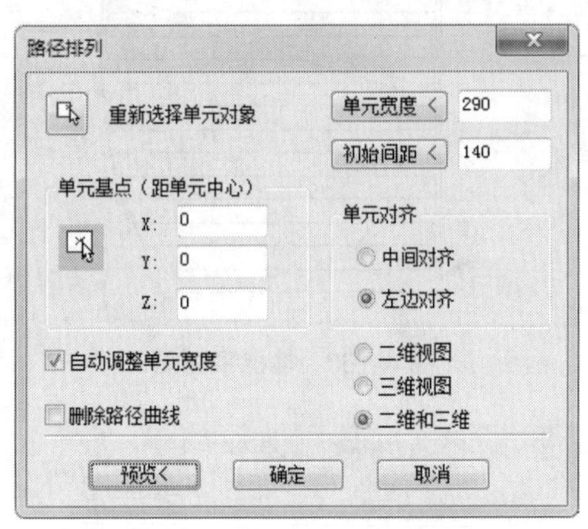

图 4-164 设置栏杆路径排列参数

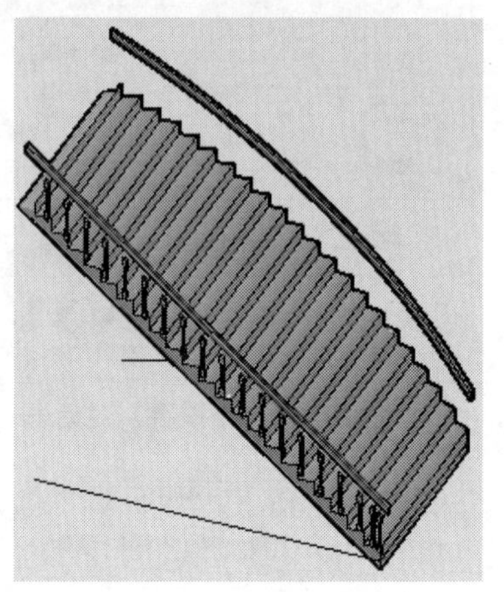

图 4-165 绘制栏杆扶手

(8) 重复上述步骤，完成楼梯右侧栏杆的创建，最终效果如图 4-166 所示。

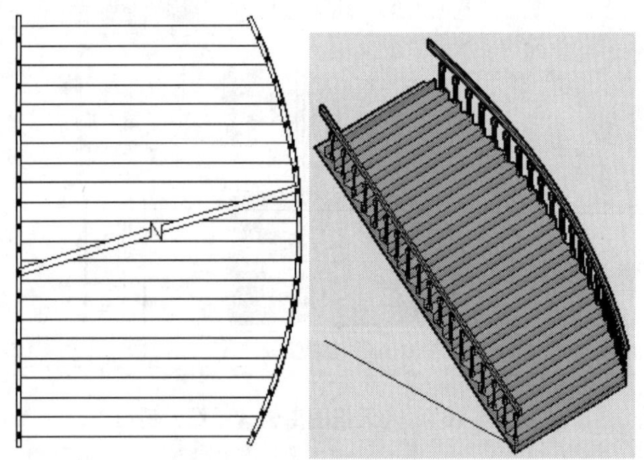

图 4-166 绘制栏杆扶手效果

4.4.3 创建电梯和自动扶梯

本节主要介绍电梯、自动扶梯、阳台、台阶、坡道和散水的创建。

1. 电梯

电梯是高层建筑必不可少的交通设施。【电梯】命令用于创建电梯平面图形，包括轿厢、平衡块和电梯门。其中轿厢和平衡块是二维线对象，电梯门是天正门窗对象。绘制电梯的条件是每一个电梯周围已经由天正墙体创建的封闭房间作为电梯井，如果要求电梯井贯通多个电梯，需临时加虚墙分割。

调用【电梯】命令有如下两种方法。

- 菜单栏：选择【楼梯其他】|【电梯】菜单命令。
- 命令行：在命令行中输入 DT 命令并按 Enter 键。

下面具体讲解绘制电梯的方法。

(1) 在图 4-167 所示的平面图中绘制电梯。

(2) 选择【楼梯其他】|【电梯】菜单命令，在弹出的【电梯参数】对话框中设置电梯参数，如图 4-168 所示。

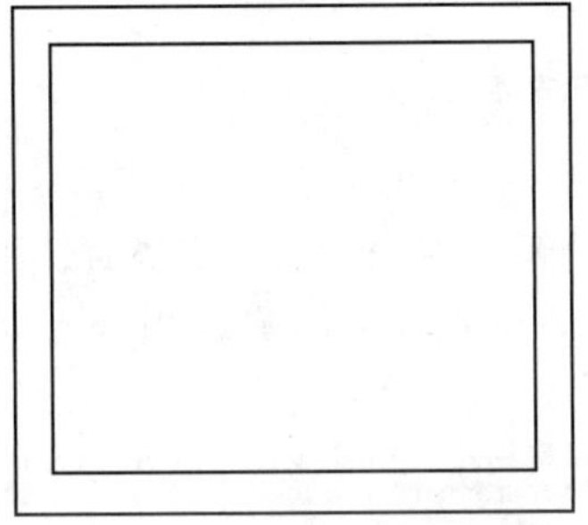

图 4-167　电梯间平面图

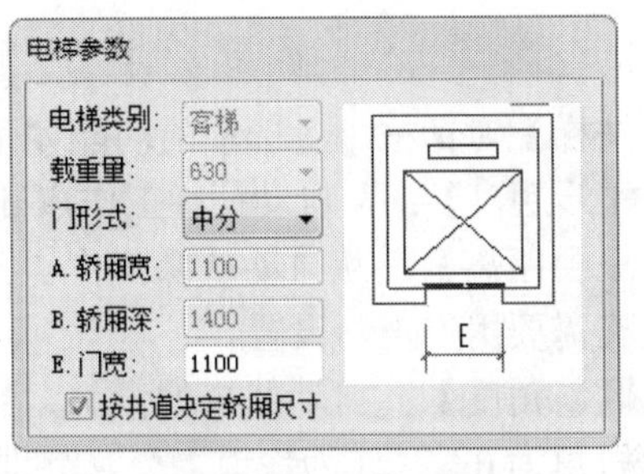

图 4-168　设置电梯参数

(3) 选择电梯井的两个对角点 A 和 B，接着选取开电梯门的墙线及平衡块所在方向，如图 4-169 所示。

(4) 绘制完成的电梯如图 4-170 所示。

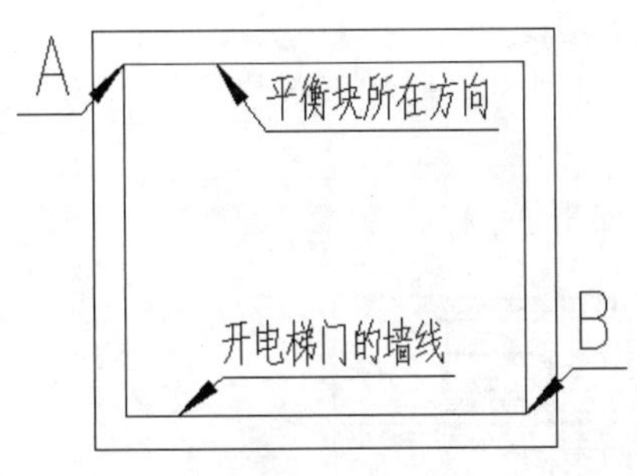

图 4-169　选择插入电梯

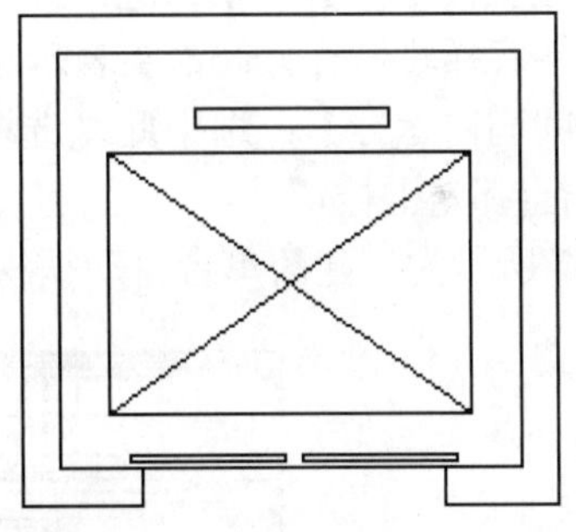

图 4-170　绘制完成的电梯效果

2. 自动扶梯

自动扶梯是一种以运输带方式运送人或物品的运输工具，常见于超市、商场、车站等人流量较多的地方。自动扶梯在两旁设有与踏步同步移动的扶手，供使用者使用。

【自动扶梯】命令可以在【自动扶梯】对话框中设置梯段参数，绘制单台或双台自动扶梯。

调用【自动扶梯】命令有如下两种方法。

- 菜单栏：选择【楼梯其他】|【自动扶梯】菜单命令。
- 命令行：在命令行中输入 ZDFT 命令并按 Enter 键。

创建自动扶梯时，弹出【自动扶梯】对话框，如图 4-171 所示。

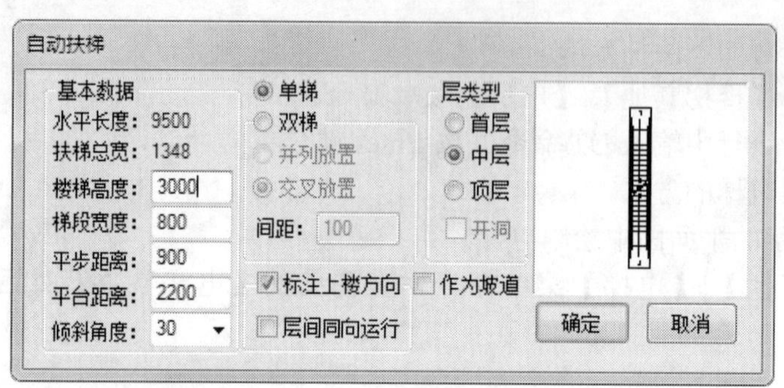

图 4-171 【自动扶梯】对话框

【自动扶梯】对话框中各选项的功能如下。

- 【平步距离】：从自动扶梯工作点开始到踏步端线的距离，当为水平步道时，平步距离为 0。
- 【平台距离】：从自动扶梯工作点开始到扶梯平台安装端线的距离，当为水平步道时，平台距离需要用户重新设置。
- 【倾斜角度】：自动扶梯的倾斜角，商品自动扶梯为 30°、35°，坡道为 10°、12°，当倾斜角为 0°时作为步道，交互界面和参数相应修改。
- 【单梯】/【双梯】：可以一次创建成对的自动扶梯或者单台的自动扶梯。
- 【并列放置】/【交叉放置】：双梯两个梯段的倾斜方向可选方向一致或者方向相反。
- 【间距】：双梯之间相邻裙板之间的净距。
- 【作为坡道】：选中此复选框，扶梯按坡道的默认角度 10°或 12°取值，长度重新计算。
- 【标注上楼方向】：默认选中此复选框，标注自动扶梯上下楼方向，默认中层时剖切到的上行和下行梯段运行方向箭头表示相对运行(上楼/下楼)。
- 【层间同向运行】：选中此复选框后，中层时剖切到的上行和下行梯段运行方向箭头表示同向运行(都是上楼)。

如图 4-172 所示为创建的单台自动扶梯和双台自动扶梯平面图。

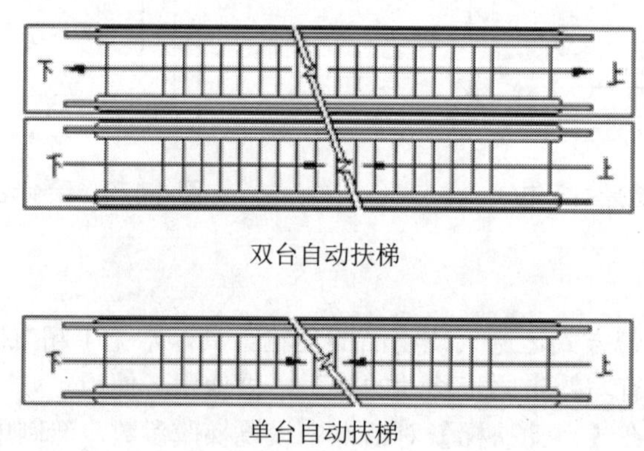

图 4-172 单/双台自动扶梯

3. 阳台

阳台是居住者接受光照，吸收新鲜空气，进行户外锻炼、观赏、纳凉、晾晒衣物的房屋附带设施，一般有悬挑式、嵌入式和转角式 3 类。

【阳台】命令以几种预定样式绘制阳台，或选择预先绘制好的路径转换成阳台，以任意绘制方式创建阳台，一层的阳台可以自动遮挡散水，阳台对象可以被柱子局部遮挡。

调用【阳台】命令有如下两种方法。

- 菜单栏：选择【楼梯其他】|【阳台】菜单命令。
- 命令行：在命令行中输入 YT 命令并按 Enter 键。

下面具体讲解绘制阳台的方法。

(1) 在图 4-173 所示的平面图中绘制阳台。

(2) 选择【楼梯其他】|【阳台】菜单命令，在弹出的【绘制阳台】对话框中设置阳台参数，如图 4-174 所示。

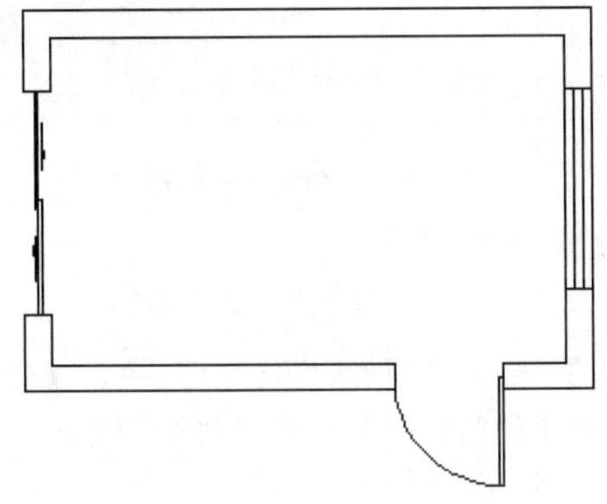

图 4-173 室内平面图

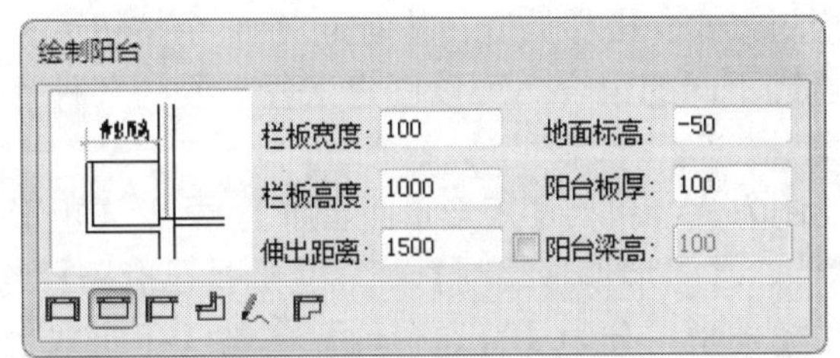

图 4-174 设置阳台参数

(3) 在绘图窗口选取阳台的起点与终点，创建阳台，结果如图 4-175 所示。

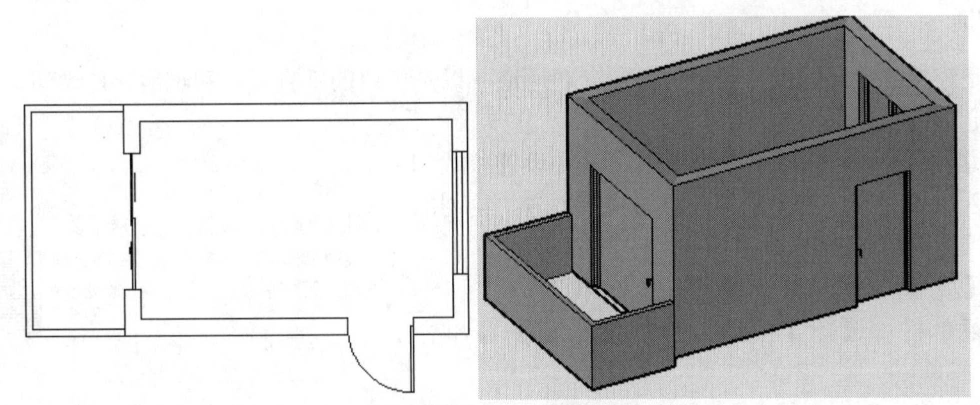

图 4-175 绘制阳台结果

【绘制阳台】对话框中主要选项的功能如下。

- 【伸出距离】：指墙体距阳台的距离，即阳台的宽度。
- 【阴角阳台】按钮：单击此按钮，可以绘制两边靠墙，另外两边有阳台挡板的阳台。
- 【沿墙偏移绘制】按钮：单击此按钮，可以根据所选墙体的轮廓，指定偏移距离生成阳台。
- 【任意绘制】按钮：单击此按钮，可以自定义阳台的外轮廓线，生成向内偏移的阳台。
- 【选择已有路径生成】按钮：单击此按钮，可以根据指定的路径生成阳台。

4. 台阶

当建筑物室内地坪存在高差时，如果这个高差过大，就需要在建筑物入口处设置台阶作为建筑物室内外的过渡。台阶一般是指用砖、石、混凝土等筑成的一级一级供人上下的建筑物，多在大门前或坡道上。

【台阶】命令可以直接绘制台阶或把预先绘制好的多线转成台阶。

调用【台阶】命令有如下两种方法。

- 菜单栏：选择【楼梯其他】|【台阶】菜单命令。
- 命令行：在命令行中输入 TJ 命令并按 Enter 键。

创建台阶时，弹出【台阶】对话框，如图 4-176 所示。在对话框底端有一排工具按钮，从左到右分为绘制方式、楼梯类型、基面定义 3 个按钮区域，通过不同的组合，可以创建工程需要的各种台阶类型。

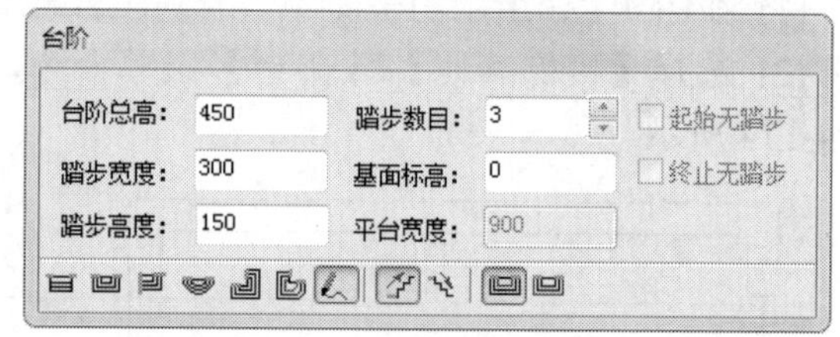

图 4-176 【台阶】对话框

绘制方式：包括【矩形单面台阶】、【矩形三面台阶】、【矩形阴角台阶】、【弧形台阶】、【沿墙偏移绘制】、【选择已有路径绘制】和【任意绘制】共 7 种绘制方式。

楼梯类型：分为【普通台阶】与【下沉式台阶】两种，前者用于门口高于地坪的情况，后者用于门口低于地坪的情况。

基面定义：可以是【平台面】和【外轮廓面】两种，后者多用于下沉式台阶。

5. 坡道

坡道是连接高差地面或者楼面的斜向交通通道，以及门口的垂直交通和疏散措施，可以为车辆和残疾人的通行提供便利。

【坡道】命令可通过在【坡道】对话框中设置参数创建单跑的入口坡道，或者多跑、曲边与圆弧坡道。绘制的坡道可遮挡之前绘制的散水。

调用【坡道】命令有如下两种方法。

- 菜单栏：选择【楼梯其他】|【坡道】菜单命令。
- 命令行：在命令行中输入 PD 命令并按 Enter 键。

创建坡道时会弹出【坡道】对话框，如图 4-177 所示，各选项的含义如图 4-178 所示。

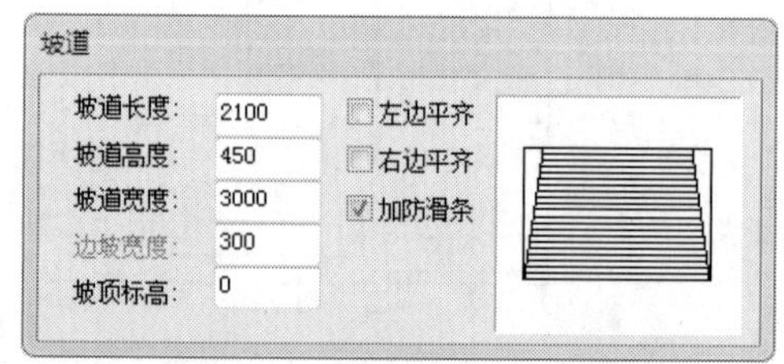

图 4-177 【坡道】对话框

6. 散水

散水是与外墙垂直交接倾斜的室外地面部分，用以排除雨水，保护墙基免受雨水侵蚀。调用【散水】命令可以自动搜索外墙线，以绘制散水。散水可自动被凸窗、柱子等对象裁剪，也可以通过启用复选框或者对象编辑，使散水绕壁柱、绕落地阳台生成。

调用【散水】命令有如下两种方法。

- 菜单栏：选择【楼梯其他】|【散水】菜单命令。
- 命令行：在命令行中输入 SS 命令并按 Enter 键。

绘制散水时，弹出【散水】对话框，如图 4-179 所示。

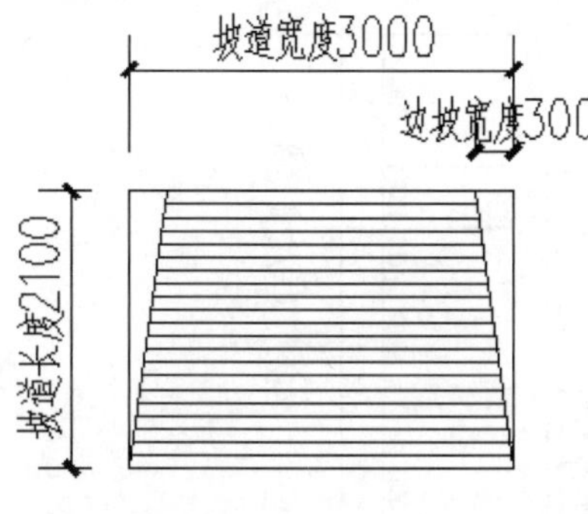

图 4-178　坡道参数含义

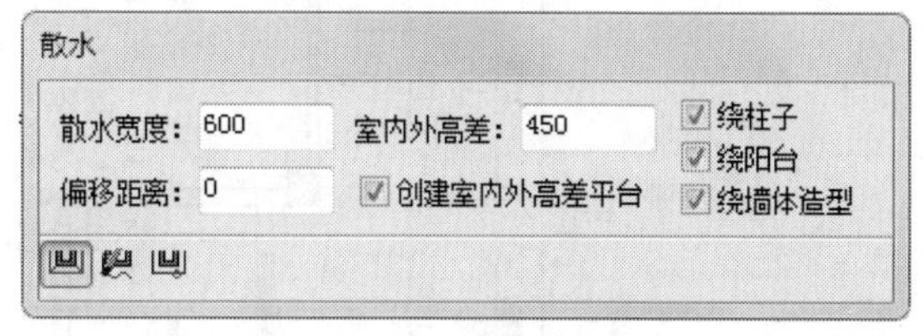

图 4-179　【散水】对话框

下面具体讲解绘制散水的方法。

(1) 在如图 4-180 所示的室内平面图中绘制散水。

(2) 选择【楼梯其他】|【散水】菜单命令，在弹出的【散水】对话框中设置散水参数。

(3) 选择构成一完整建筑物的所有墙体(或门窗、阳台)，按 Enter 键确定。

(4) 绘制完成的散水如图 4-181 所示。

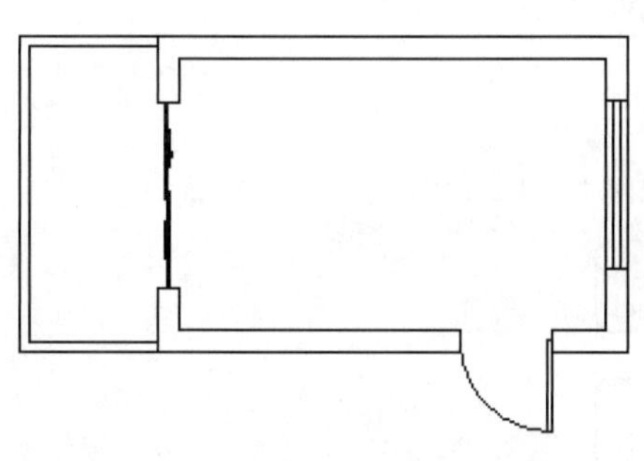

图 4-180　室内平面图

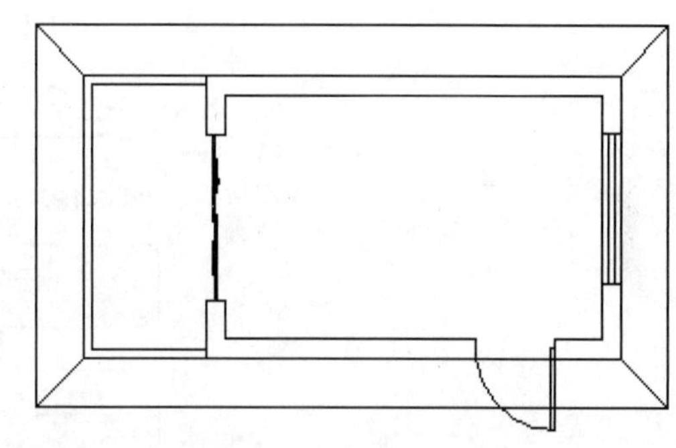

图 4-181　绘制的散水

课后练习

案例文件：ywj\04\03.dwg

视频文件：光盘→视频课堂→第 4 教学日→4.4

本节课后练习的是二层平面图的绘制，平面图由客厅、卧室、卫生间和楼梯等组成，包括屋顶、标注等建筑特征，比例为 1∶100，如图 4-182 所示是创建完成的二层平面图。

本节案例主要练习二层平面图的绘制过程，首先绘制轴网，之后绘制墙体，再添加门、窗、楼梯等附属特征，接着创建文字和标注，二层平面图的思路和步骤如图 4-183 所示。

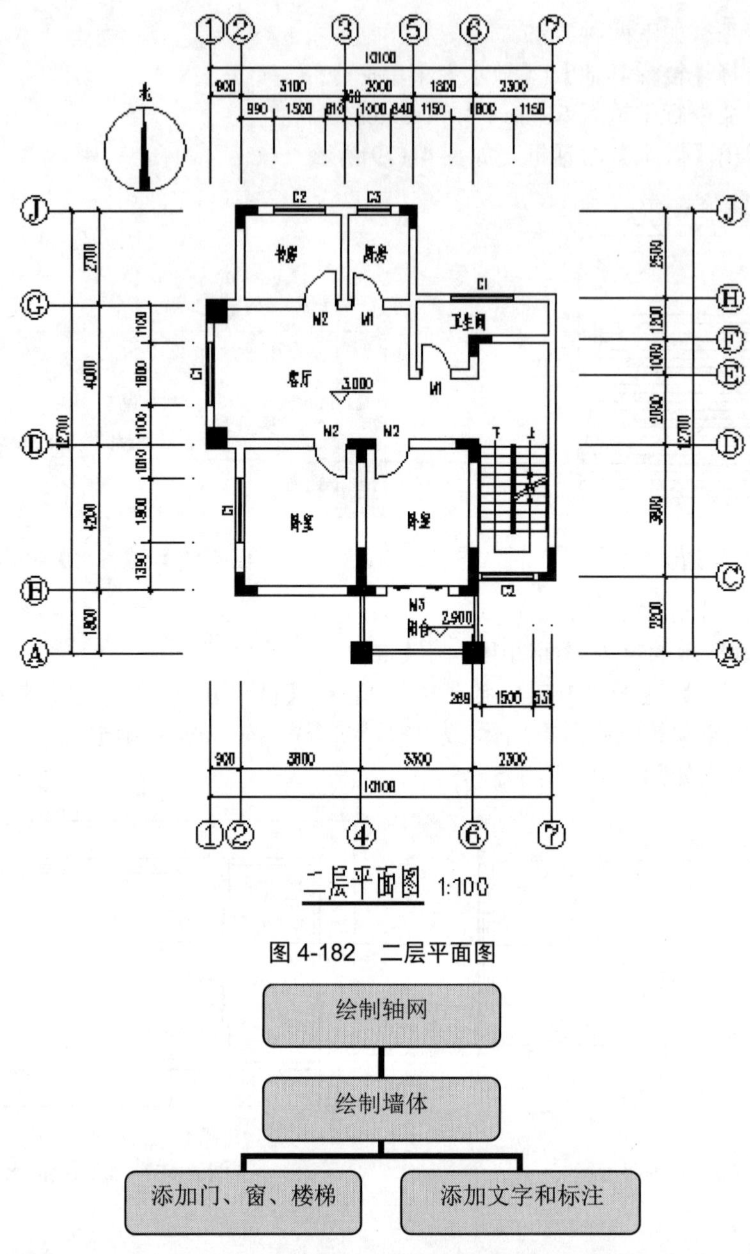

图 4-182　二层平面图

图 4-183　二层平面图的创建思路和步骤

练习案例操作步骤如下。

step 01 首先绘制轴网。选择【轴网柱子】|【绘制轴网】菜单命令，弹出【绘制轴网】对话框，选中【上开】单选按钮，在【间距】列表框内分别输入间距值 900、3100、2000、1800 和 2300，如图 4-184 所示。

step 02 在【绘制轴网】对话框中，选中【下开】单选按钮，在【间距】列表框中分别输入间距值 900、3600、3300 和 2300，如图 4-185 所示。

step 03 在【绘制轴网】对话框中，选中【左进】单选按钮，在【间距】列表框中分别输入间距值 1800、4200、4000 和 2700，如图 4-186 所示。

图 4-184 输入上开间距

图 4-185 输入下开间距

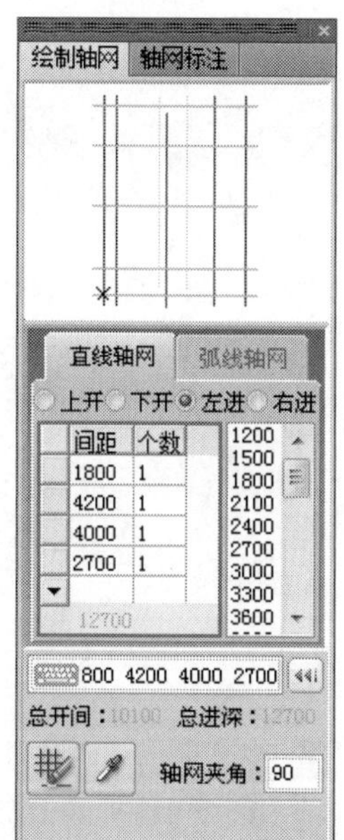

图 4-186 输入左进间距

step 04 在【绘制轴网】对话框中，选中【右进】单选按钮，在【间距】列表框中分别输入间距值 2200、3800、2000、1000 和 1200，并单击绘图区放置轴网，如图 4-187 所示。

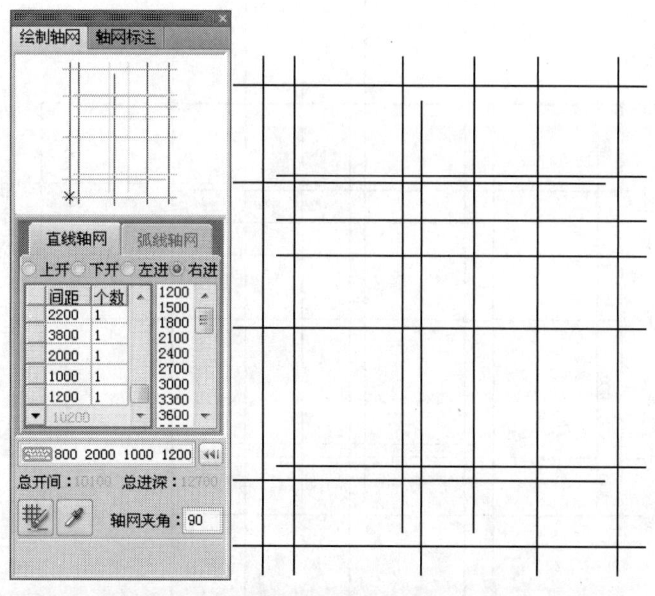

图 4-187 输入右进间距并添加轴网

step 05 选择【轴网柱子】|【轴网标注】菜单命令，弹出【轴网标注】对话框，选中【双侧标注】单选按钮，选择起始轴线和结束轴线来标注垂直轴线，如图 4-188 所示。

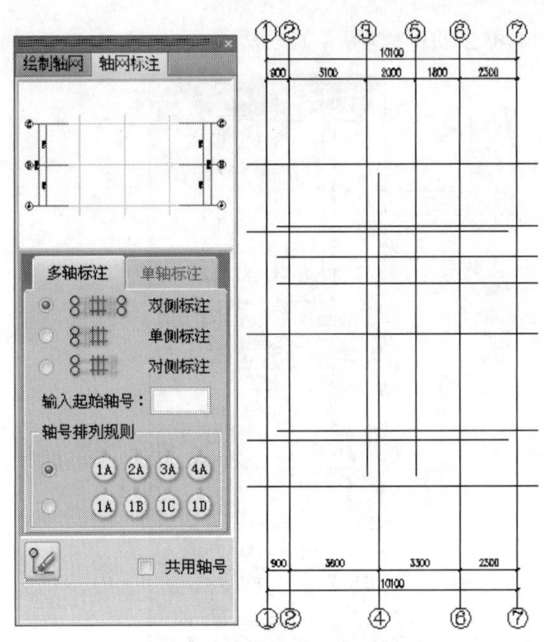

图 4-188　标注垂直轴线结果

step 06 以同样的方法标注水平轴线，完成轴网的绘制，如图 4-189 所示。

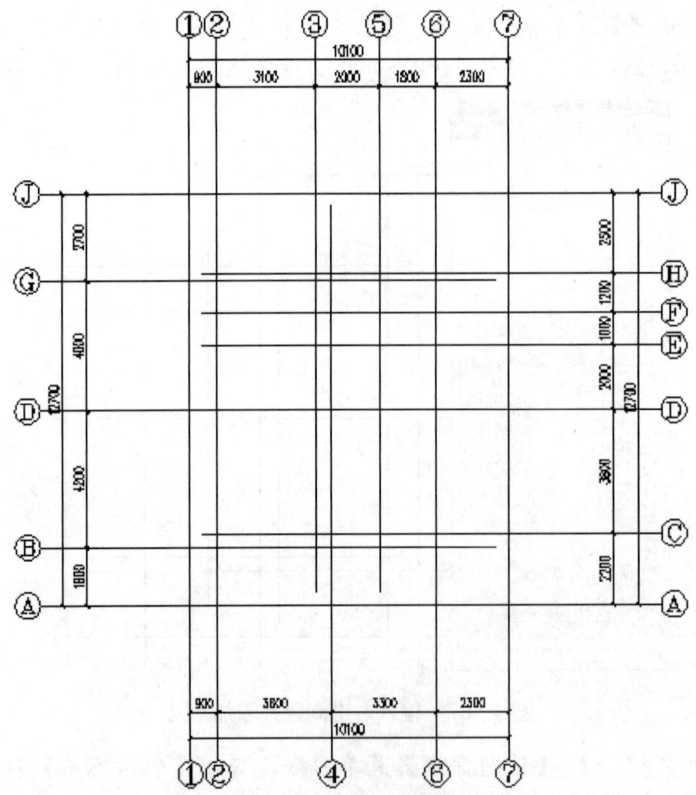

图 4-189　标注水平轴线结果

step 07 接着创建墙体。选择【墙体】|【绘制墙体】菜单命令，弹出【墙体】对话框，在【墙宽】微调框内输入 240，在【用途】下拉列表框中选择【外墙】选项，并在绘图区域绘制平面图外墙，如图 4-190 所示。

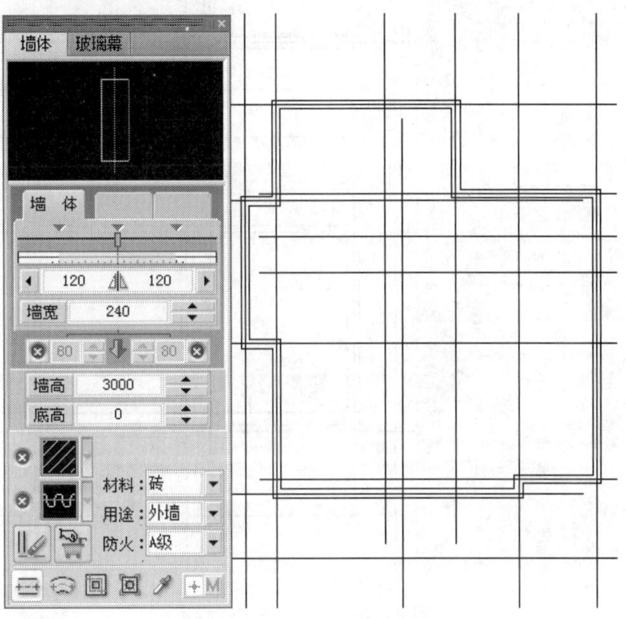

图 4-190　绘制平面图外墙

step 08 在【墙体】对话框的【用途】下拉列表框中选择【内墙】选项，绘制平面图的内墙，如图 4-191 所示。

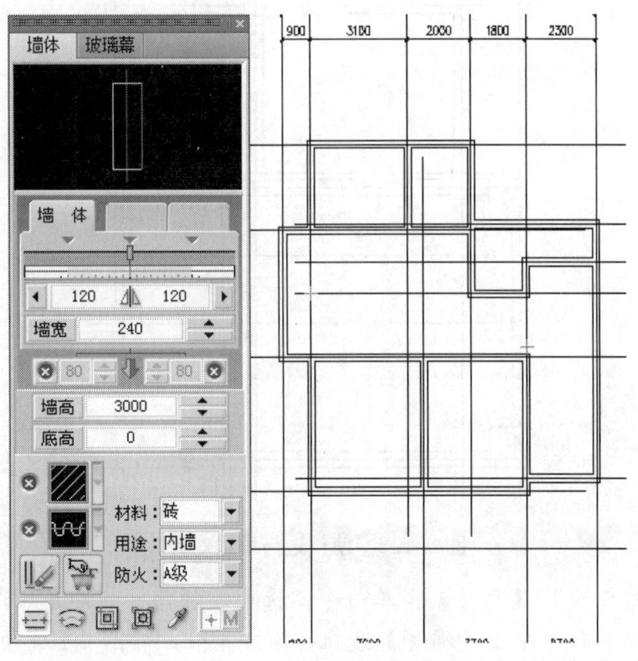

图 4-191　绘制平面图的内墙

step 09 选择【轴网柱子】|【标准柱】菜单命令，弹出【标准柱】对话框，在【横向】微调框内输入600，在【纵向】微调框内输入600，并在绘图区域添加多个立柱，如图4-192所示。

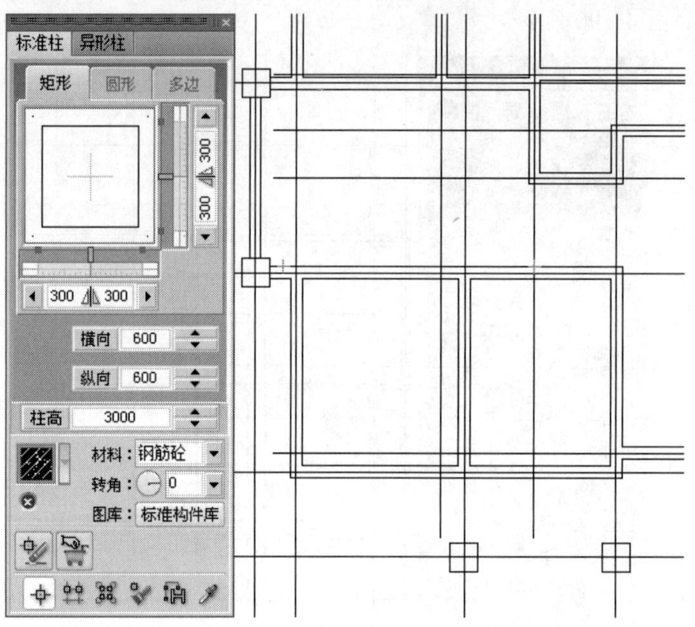

图4-192　添加多个立柱

step 10 选择【轴网柱子】|【柱齐墙边】菜单命令，调整柱子位置，使柱边与墙边对齐，如图4-193所示。

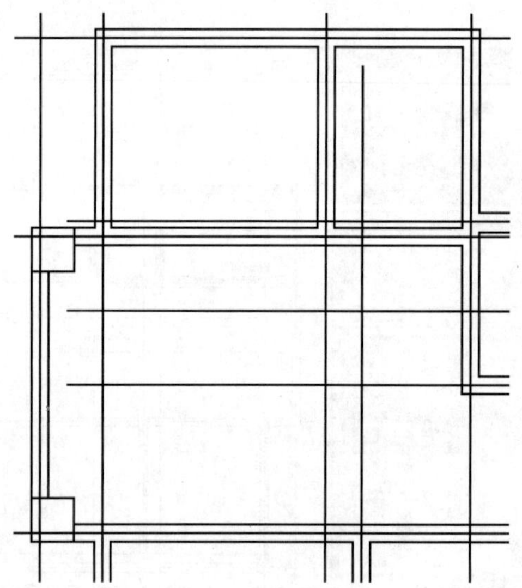

图4-193　使柱边与墙边对齐

step 11 选择【轴网柱子】|【角柱】菜单命令，选取添加角柱的墙角后，弹出【转角柱参数】对话框，使用默认参数，单击【确定】按钮，添加角柱，如图4-194所示。

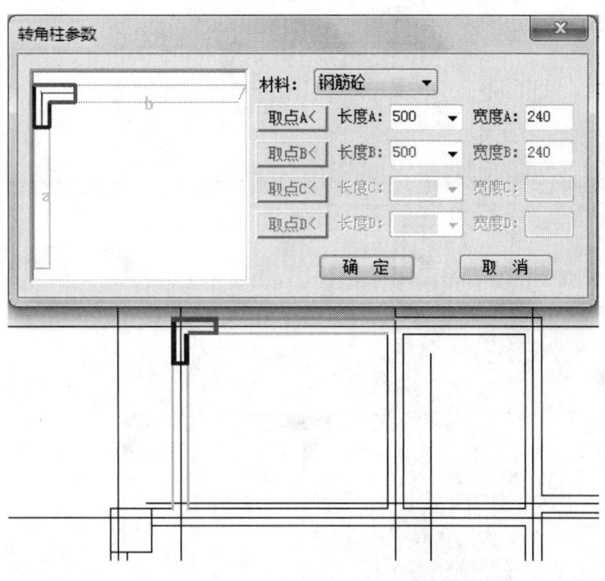

图 4-194 添加角柱

step 12 按照同样的方法添加平面图中其余的角柱，结果如图 4-195 所示。

step 13 选择【绘图】|【图案填充】菜单命令，选择 SOLID 填充图案，对平面图中的立柱进行填充，完成墙体的创建，如图 4-196 所示。

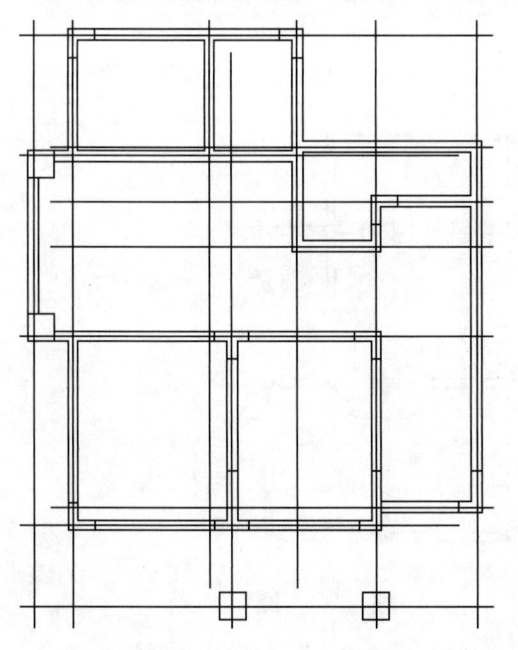

图 4-195 添加其余角柱

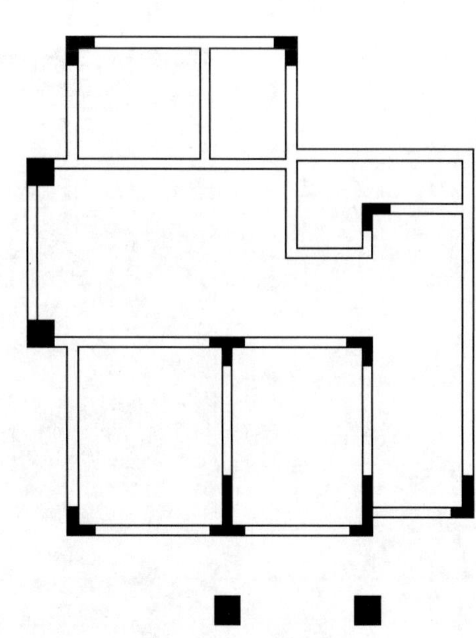

图 4-196 填充立柱

step 14 继续创建门窗、楼梯等特征。选择【门窗】|【新门】菜单命令，弹出【门】对话框，在【门宽】微调框输入 900，在【编号】下拉列表框中输入 M1，在【类型】下拉列表框中选择【普通门】选项，在【材料】下拉列表框中选择【木复合】选项，并在绘图区域添加两个门，如图 4-197 所示。

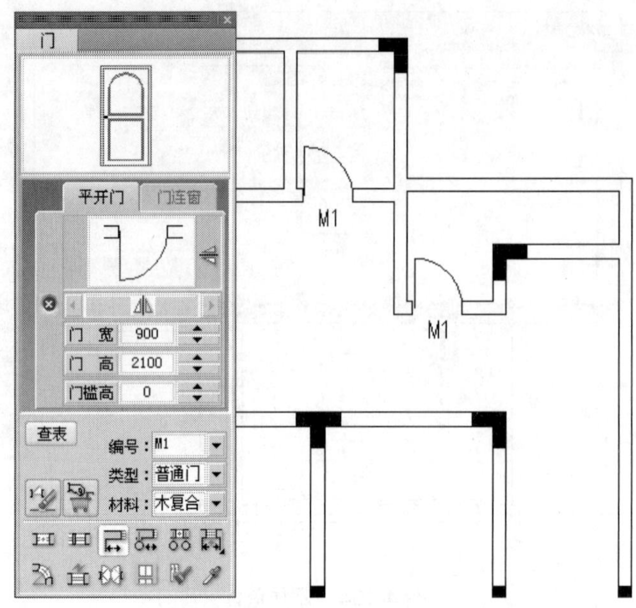

图 4-197　添加两个宽为 900 的门

step 15 选择【门窗】|【新门】菜单命令，弹出【门】对话框，在【门宽】微调框中输入 1000，在【编号】下拉列表框中输入 M2，并在绘图区域添加三个宽为 1000 的门，如图 4-198 所示。

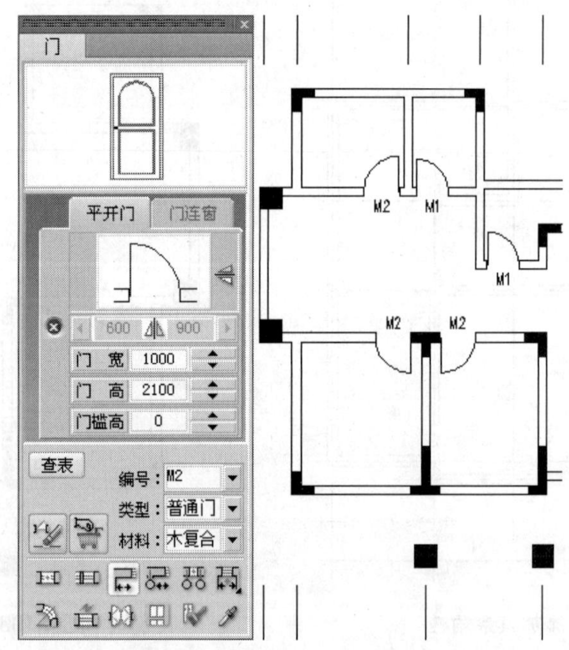

图 4-198　添加三个宽为 1000 的门

step 16 选择【门窗】|【新门】菜单命令，弹出【门】对话框，单击门样式平面图，弹出【天正图库管理系统】窗口，选择【墙外双扇推拉门】选项，如图 4-199 所示。

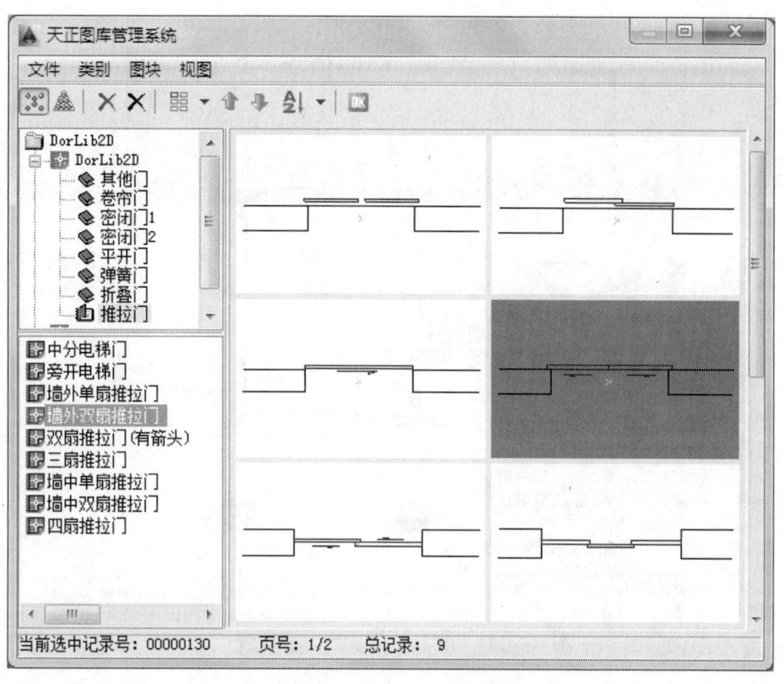

图 4-199　选择门的平面样式

step 17 在【门】对话框中，单击门样式立面图，弹出【天正图库管理系统】窗口，选择【双扇推拉门】选项，如图 4-200 所示。

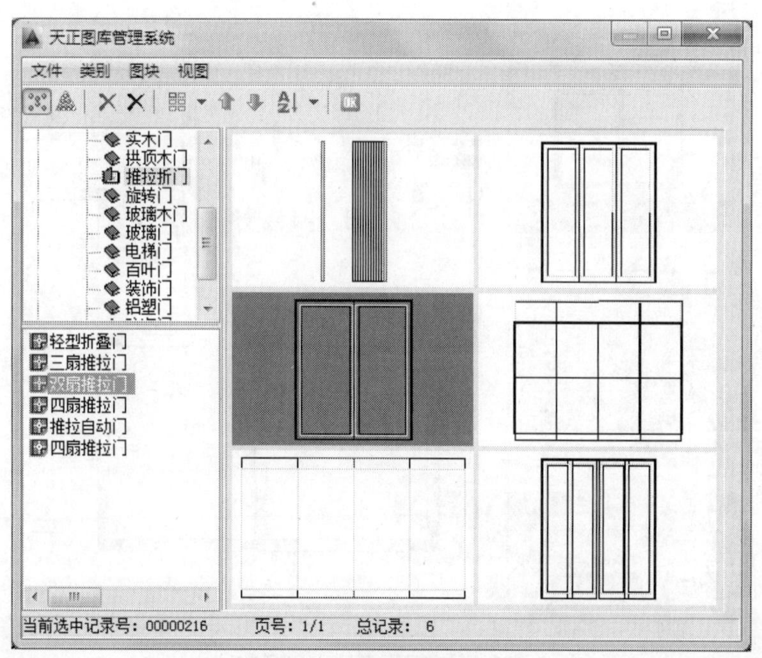

图 4-200　选择门的立面样式

step 18 在【门】对话框的【门宽】微调框中输入 1800，在【编号】下拉列表框中输入 M3，并在绘图区域添加一个宽为 1800 的门，如图 4-201 所示。

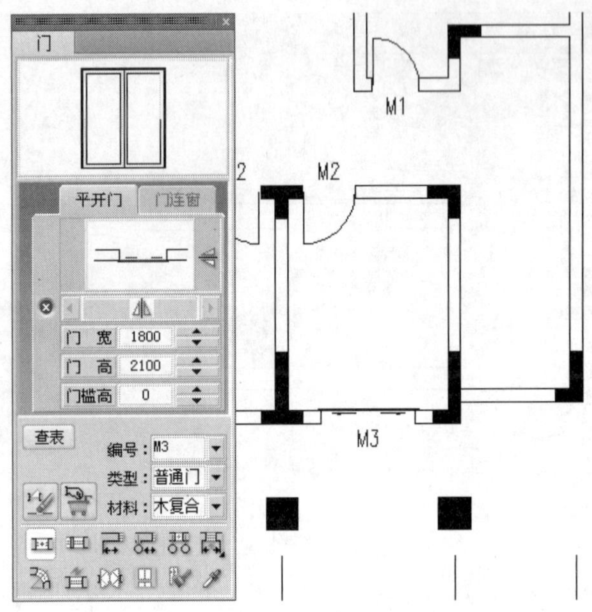

图 4-201　添加一个宽为 1800 的门

step 19 选择【门窗】|【新窗】菜单命令，弹出【窗】对话框，在【窗宽】微调框内输入 1800，在【编号】下拉列表框中输入 C1，在【类型】下拉列表框中选择【普通窗】选项，在【材料】下拉列表框中选择【木复合】选项，并在绘图区域添加三个宽为 1800 的窗户，如图 4-202 所示。

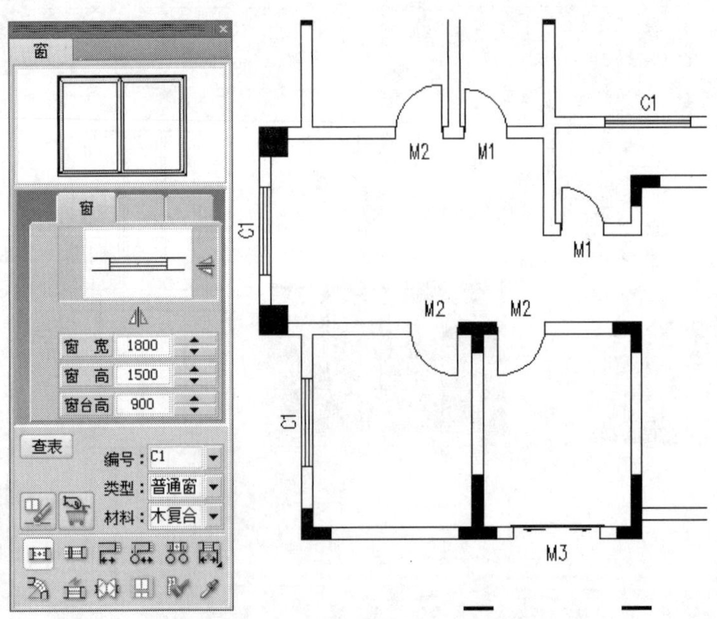

图 4-202　添加三个宽为 1800 的窗户

step 20 在【窗】对话框的【窗宽】微调框中输入 1500，在【编号】下拉列表框中输入 C2，并在绘图区域添加两个宽为 1500 的窗户，如图 4-203 所示。

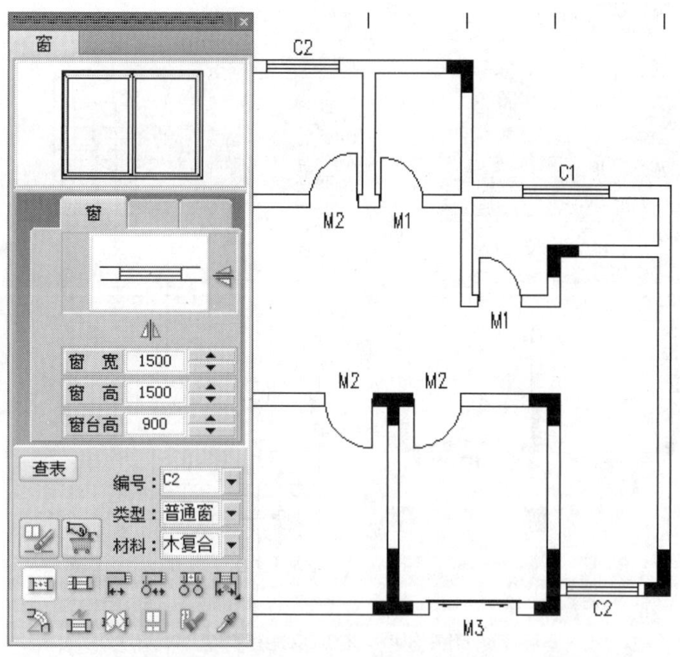

图 4-203　添加两个宽为 1500 的窗户

step 21 在【窗】对话框中的【窗宽】微调框中输入 1000，在【编号】下拉列表框中输入 C3，并在绘图区域添加一个宽为 1000 的窗户，如图 4-204 所示。

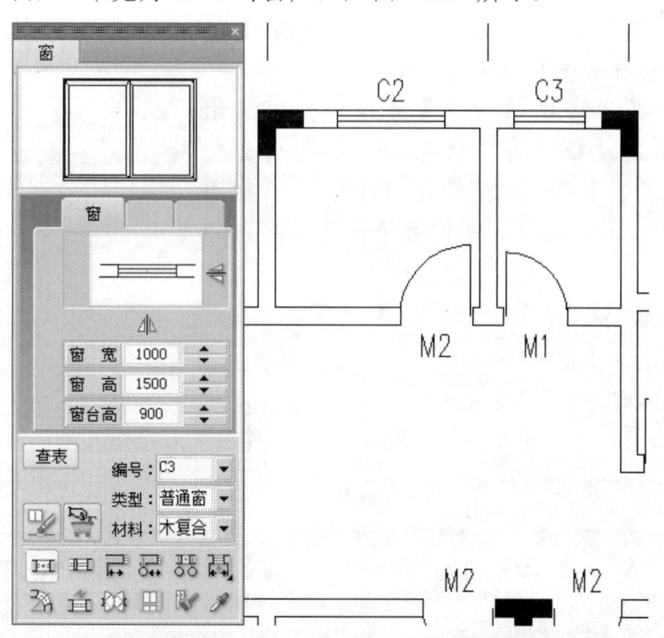

图 4-204　添加一个宽为 1000 的窗户

step 22 选择【楼梯其他】|【双跑楼梯】菜单命令，弹出【双跑楼梯】对话框，在【梯间宽】文本框中输入 2060，并在绘图区域添加双跑楼梯，如图 4-205 所示。

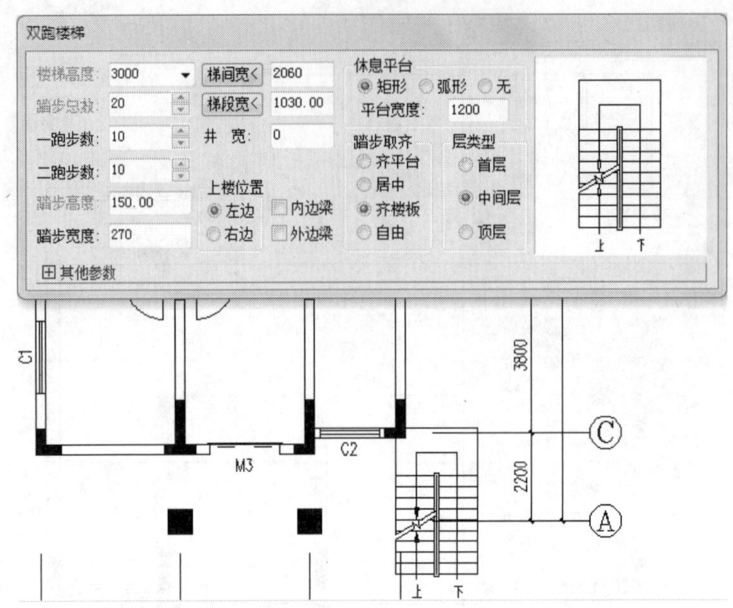

图 4-205 添加双跑楼梯

step 23 单击修改工具栏中的【旋转】按钮，旋转楼梯，如图 4-206 所示。

step 24 双击楼梯，弹出【双跑楼梯】对话框，启用【有外侧扶手】、【有外侧栏杆】、【有内侧栏杆】复选框，楼梯和栏杆扶手如图 4-207 所示。

step 25 选择【楼梯其他】|【阳台】菜单命令，弹出【绘制阳台】对话框，选择【矩形三面阳台】类型，在【伸出距离】文本框中输入 1700，并在绘图区域添加阳台，完成门窗、楼梯等特征的创建，如图 4-208 所示。

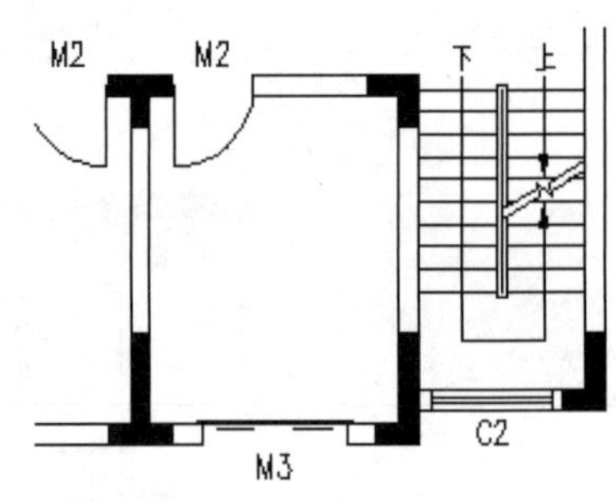

图 4-206 旋转楼梯

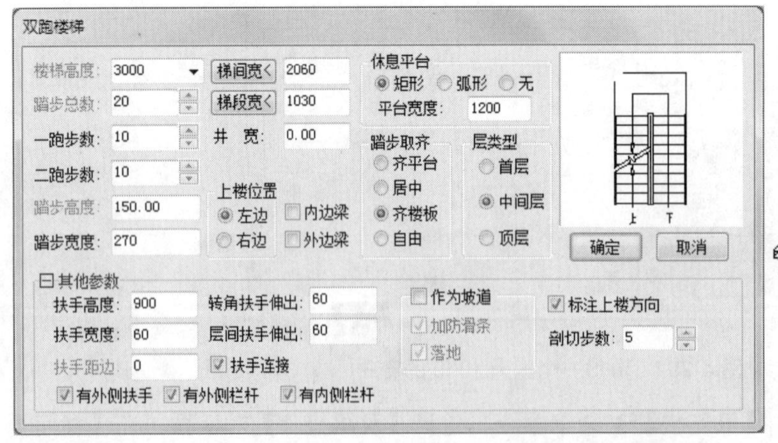

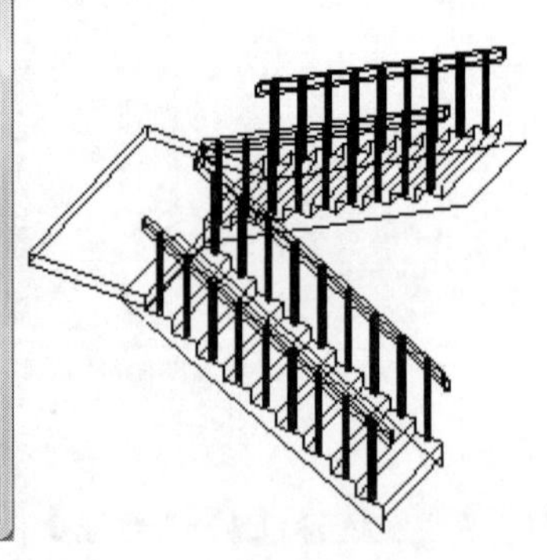

图 4-207 添加栏杆扶手和楼梯

step 26 最后添加文字和标注。选择【文字表格】|【单行文字】菜单命令，弹出【单行文字】对话框，输入文字“阳台”，在【字高】下拉列表框中输入 5，并在绘图区域单击放置文字，如图 4-209 所示。

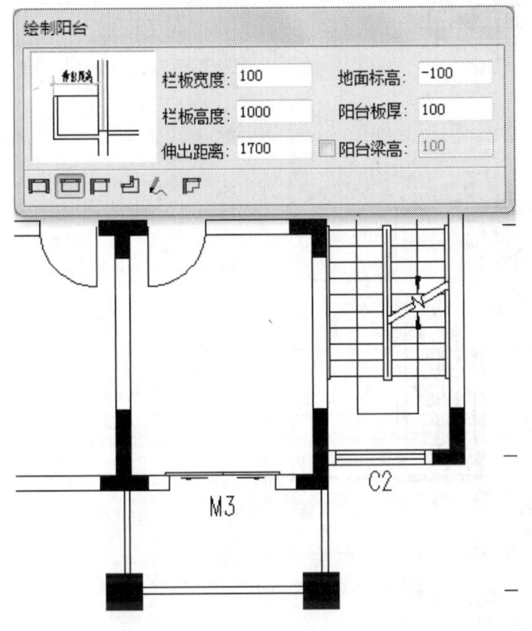

图 4-208　添加阳台

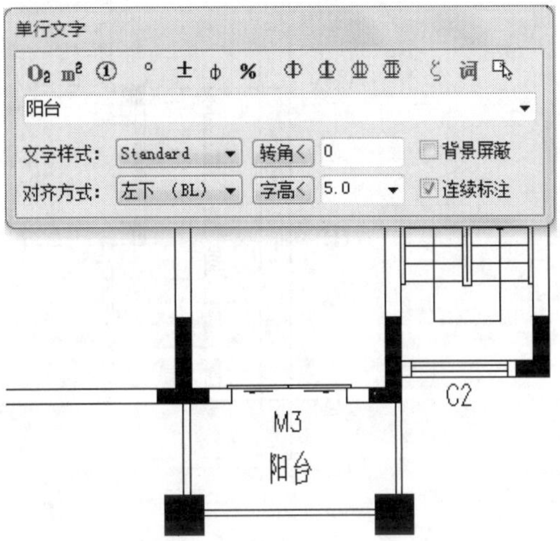

图 4-209　添加文字注释

step 27 单击修改工具栏中的【复制】按钮，复制多个文字至如图 4-210 所示的位置。

step 28 双击文字，修改文字内容，如图 4-211 所示。

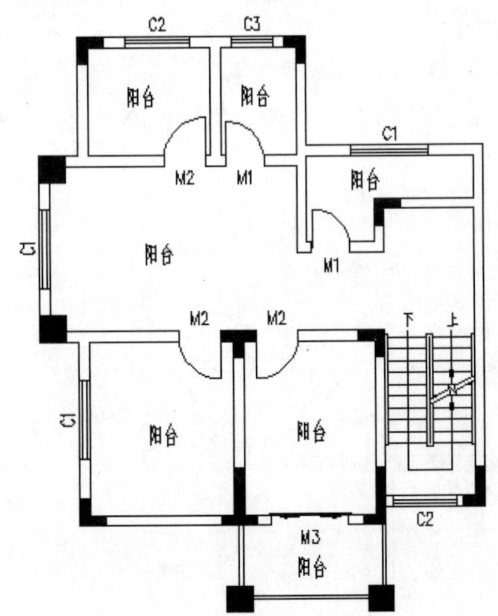

图 4-210　复制多个文字

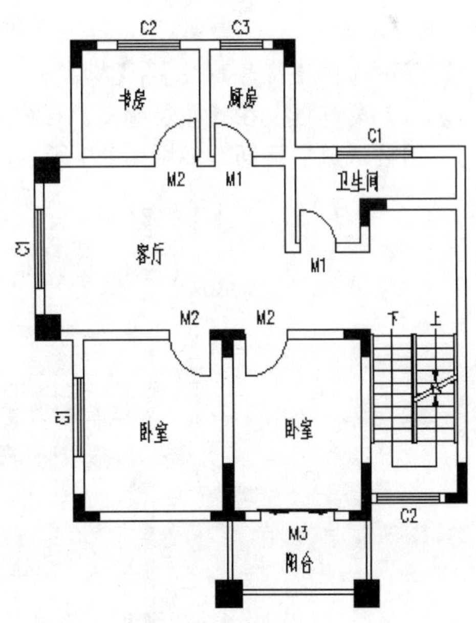

图 4-211　修改文字内容

step 29 选择【尺寸标注】|【门窗标注】菜单命令，对平面图外墙窗户进行标注，如图 4-212 所示。

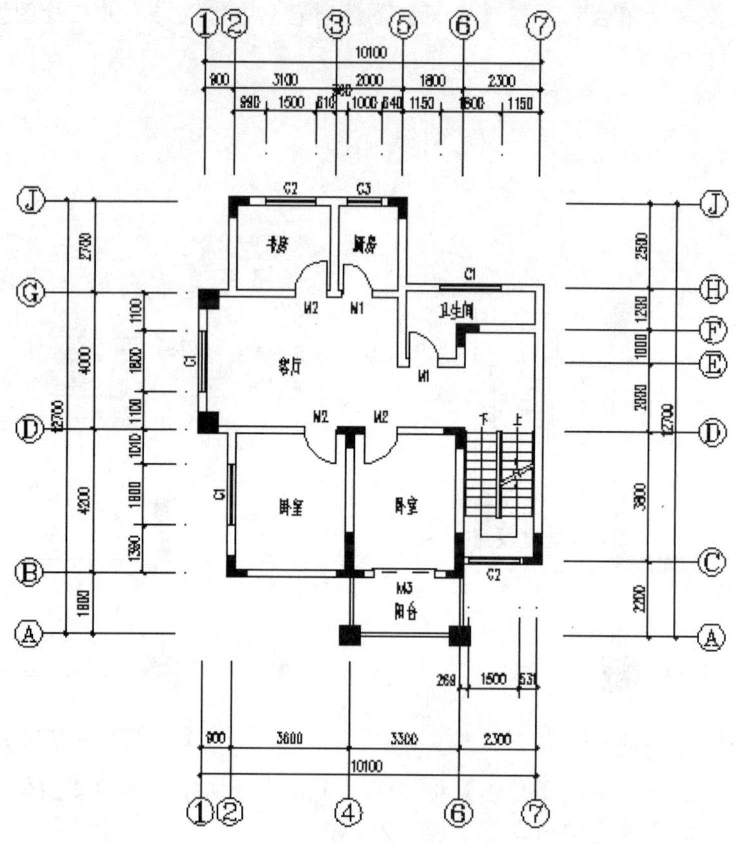

图 4-212　标注外墙窗户

step 30 选择【符号标注】|【标高标注】菜单命令，弹出【标高标注】对话框，选择【手工输入】复选框，在【楼层标高】栏中输入 3.000，在【字高】下拉列表框中输入 3.5，并单击绘图区域放置标高，如图 4-213 所示。

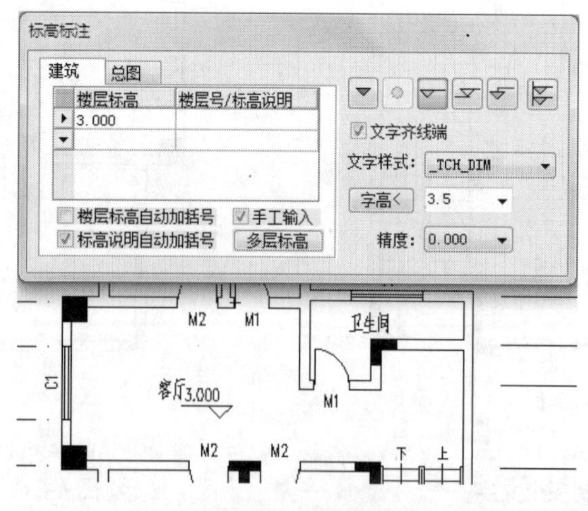

图 4-213　添加标高

step 31 以同样的方法对阳台进行标高，如图 4-214 所示。

step 32 选择【符号标注】|【画指北针】菜单命令，单击绘图区域放置指北针，如图 4-215 所示。

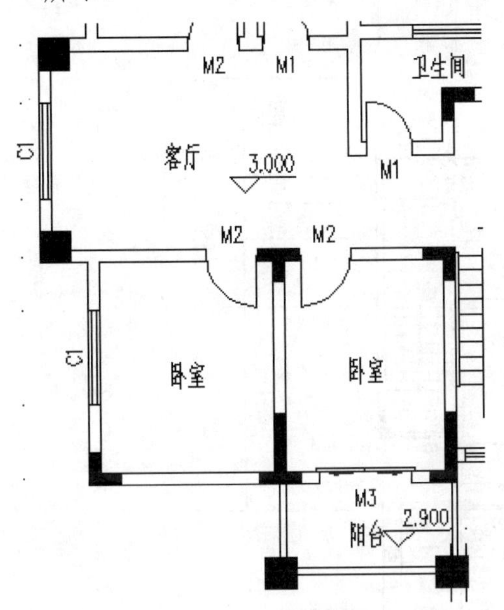

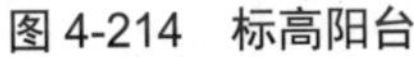

图 4-214　标高阳台

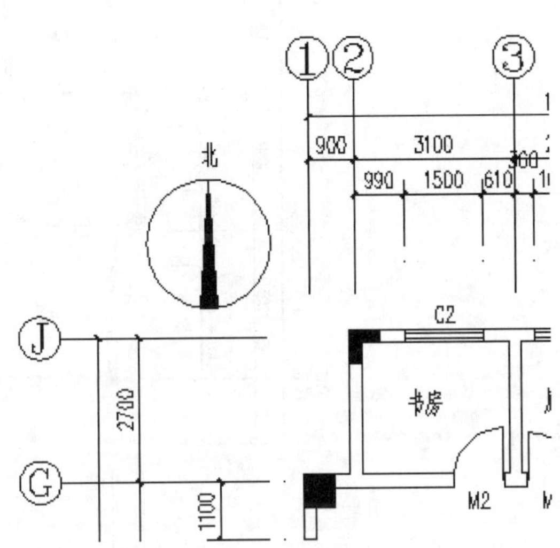

图 4-215　添加指北针

step 33 选择【符号标注】|【图名标注】菜单命令，弹出【图名标注】对话框，输入“二层平面图”，在两个【字高】下拉列表框中分别输入 10.0、7.0，并单击绘图区放置图名，完成添加文字和标注，如图 4-216 所示。

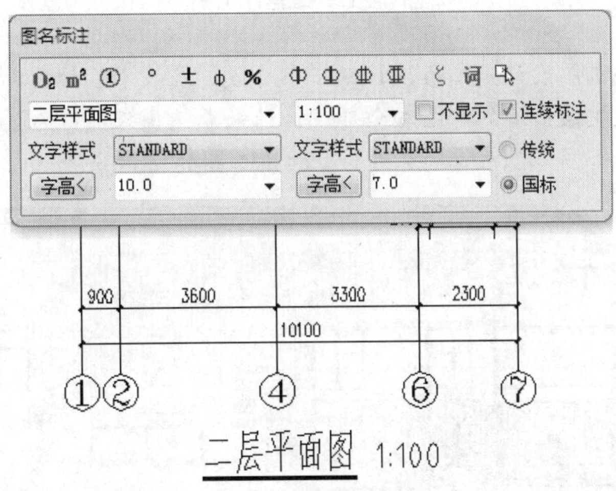

图 4-216　添加图名

step 34 完成的二层平面图，如图 4-217 所示。

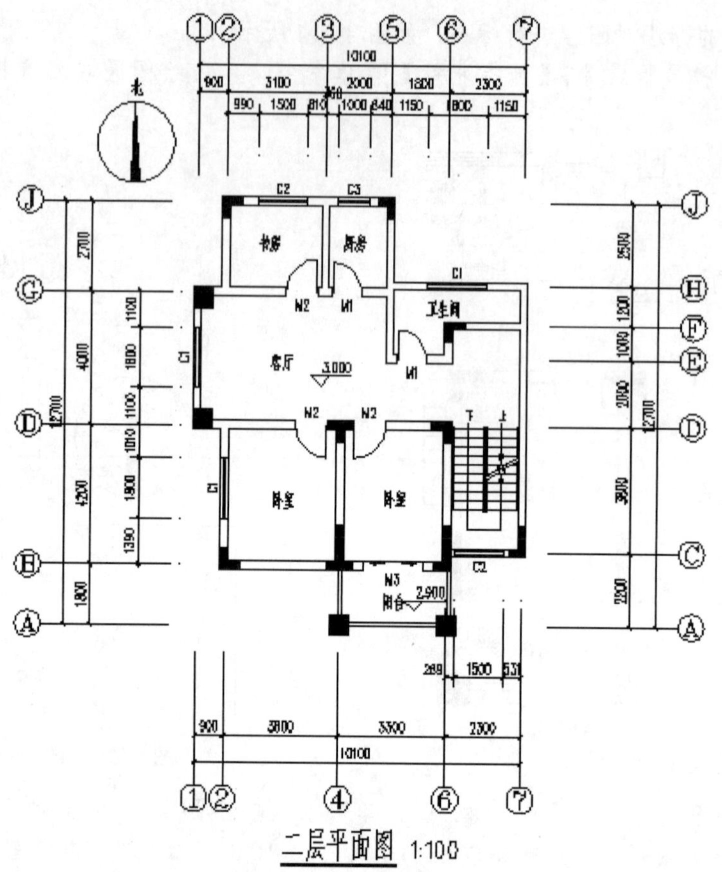

图 4-217　二层平面图

建筑设计实践：施工图设计是工程设计的一个阶段，在技术设计、初步设计两个阶段之后。这一阶段主要通过图纸把设计者的意图和全部设计结果表达出来，作为施工制作的依据，它是设计和施工工作的桥梁。如图 4-218 所示是某别墅的施工图的一部分。

图 4-218　别墅的施工图

阶段进阶练习

本教学日主要介绍了楼梯的创建，编辑房间的方法，以及屋顶特征的创建和编辑，最后介绍楼梯栏杆、扶手和电梯的绘制方法，通过本教学日的学习，读者应该能够熟练掌握创建、编辑这些特征的方法。

如图 4-219 所示，使用本教学日学过的各种命令来创建仓库剖面图。

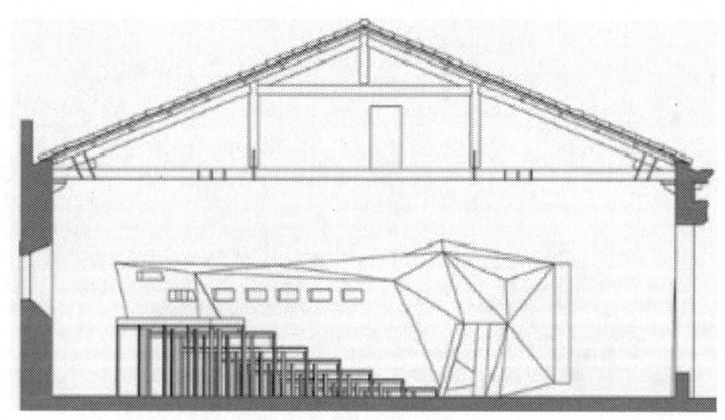

图 4-219　仓库剖面图

一般创建步骤和方法如下。

(1) 绘制框架。

(2) 绘制内部物品。

(3) 创建屋顶。

设计师职业培训教程

第5教学日

当建筑平面图绘制完成后，就应该根据需要添加尺寸标注、文字说明和符号。天正建筑软件 T20 提供了符合国内建筑制图标准的尺寸标注和符号标注样式，用户可以非常方便快捷地完成建筑图形的规范化标注。建筑图一般都有表格进行特征的统计和排列。

本教学日将介绍尺寸标注、符号标注、文字标注和表格的相关知识。

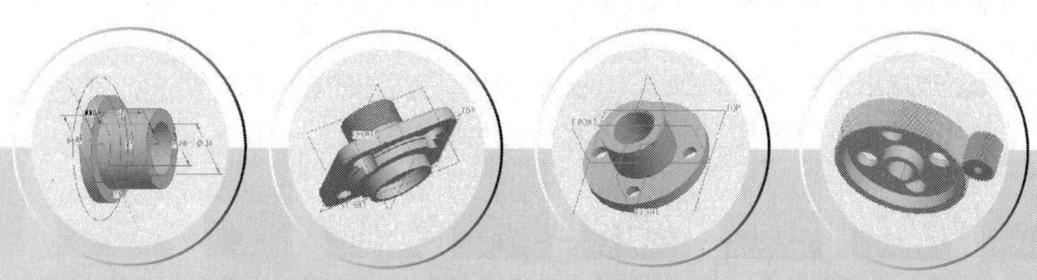

第1课 1课时 设计师职业知识——建筑图纸标注

尺寸是图样的重要组成部分，尺寸是施工的依据。因此，标注尺寸必须认真细致，注写清楚，字体规整，完整正确。

1. 尺寸界线、尺寸线及尺寸起止符号

(1) 图样上的尺寸，由尺寸界线、尺寸线、尺寸起止符号和尺寸数字组成。

(2) 尺寸界线应用细实线绘制，一般应与被标注长度垂直，其一端应离开图样轮廓线不小于2mm，另一端宜超出尺寸线 2～3mm。必要时，图样轮廓线可用作尺寸界线，如图 5-1 所示是典型的建筑标注样式。

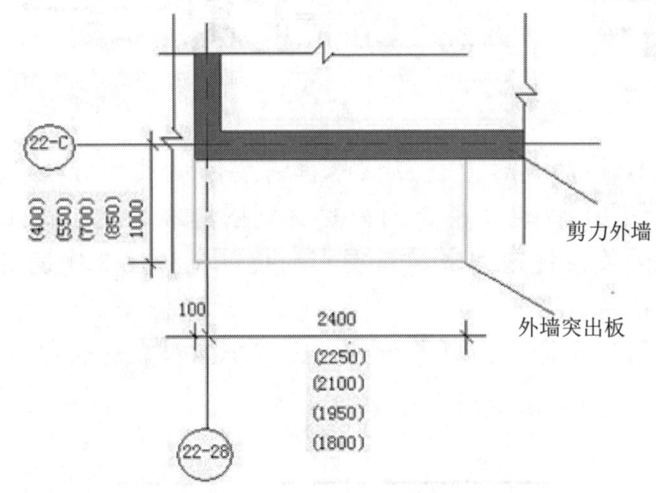

图 5-1 典型的建筑标注样式

(3) 尺寸线应用细实线绘制，应与被注长度平行，且不宜超出尺寸界线，任何图线均不得用作尺寸线。

(4) 尺寸起止符号一般应用中粗斜短线绘制，其倾斜方向应与尺寸界线成顺时针 45° 角，长度宜为 2～3mm。半径、直径、角度与弧长的尺寸起止符号，宜用箭头表示。

2. 尺寸数字

(1) 图样上的尺寸，应以尺寸数字为准，不得从图上直接量取。

(2) 图样上的尺寸单位，除标高及总平面图以米为单位外，均必须以毫米为单位。

(3) 尺寸数字的读数方向，应按易于读取的形式注写。

(4) 尺寸数字应根据其读数方向注写在靠近尺寸线的上方中部，如没有足够的注写位置，最外边的尺寸数字可注写在尺寸界线的外侧，中间相邻的尺寸数字可错开注写，也可引出注写。

3. 尺寸的排列与布置

(1) 尺寸宜标注在图样轮廓线以外，不宜与图线、文字及符号等相交。

(2) 图线不得穿过尺寸数字，不可避免时，应将尺寸数字处的图线断开。

(3) 互相平行的尺寸线，应从被标注的图样轮廓线由近向远整齐排列，小尺寸应离轮廓线较近，大尺寸应离轮廓线较远。

(4) 尺寸分为总尺寸、定位尺寸、细部尺寸三种。绘图时，应根据设计深度和图纸用途确定所需注写的尺寸。

(5) 建筑物平面、立面、剖面图，宜标注室内外地坪、楼地面、地下层地面、阳台、平台、檐口、屋脊、女儿墙、雨篷、门、窗、台阶等处的标高。平屋面等不易标明建筑标高的部位可标注结构标高，并予以说明。结构找坡的平屋面，屋面标高可标注在结构板面最低点，并注明找坡坡度。有屋架的屋面，应标注屋架下弦搁置点或柱顶标高。有起重机的厂房剖面图应标注轨顶标高、屋架下弦杆件下边缘或屋面梁底、板底标高。梁式悬挂起重机宜标出轨距尺寸(以米计)，如图 5-2 所示是建筑屋顶的局部标注。

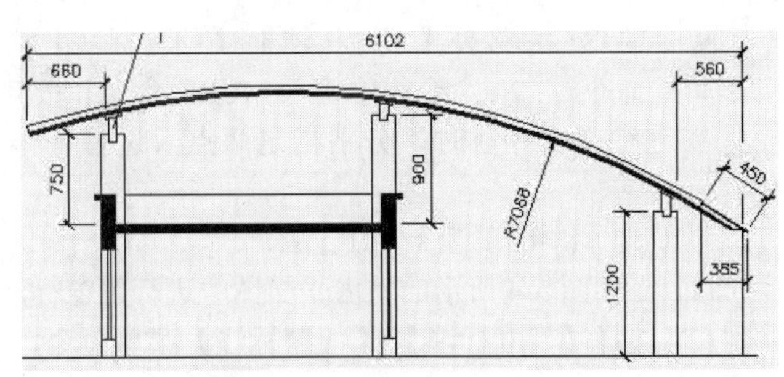

图 5-2　建筑屋顶的局部标注

(6) 楼地面、地下层地面、阳台、平台、檐口、屋脊、女儿墙、台阶等处的高度尺寸及标高，宜按下列规定注写：平面图及其详图注写完成面标高；立面图、剖面图及其详图注写完成面标高及高度方向的尺寸；其余部分注写毛面尺寸及标高；标注建筑平面图各部位的定位尺寸时，注写与其最邻近的轴线间的尺寸；标注建筑剖面各部位的定位尺寸时，注写其所在层次内的尺寸；室内设计图中连续重复的构配件等，当不易标明定位尺寸时，可在总尺寸的控制下，定位尺寸不用数值而用“均分”或 EQ 字样表示。

第 2 课　2 课时　尺寸标注

5.2.1　尺寸标注

行业知识链接：在建筑图中，标注是重要的环节，它有线性、弧长、坐标、对齐、半径、直径等多种标注方式。标注需字体大小适中，清晰明了。如图 5-3 所示是某楼层局部的建筑标注。

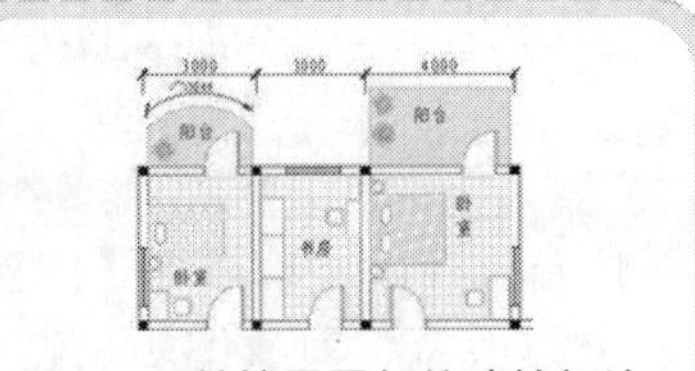

图 5-3　某楼层局部的建筑标注

建筑平面图中的尺寸标注一般包括外部尺寸标注和内部尺寸标注：外部尺寸标注是为了便于读图和施工，分布在图纸的上下左右 4 个方向上；内部尺寸标注则是为了说明房间的净空间大小与位置关系等。

天正建筑软件提供了多种尺寸标注的工具，用户可以快速地对门窗、墙厚、内门、半径和直径等进行标注。

1. 门窗标注

【门窗标注】命令用于对门窗的尺寸大小以及门窗在墙中的位置进行标注。

调用【门窗标注】命令有如下两种方法。

- 菜单栏：选择【尺寸标注】|【门窗标注】菜单命令。
- 命令行：在命令行中输入 MCBZ 命令并按 Enter 键。

在进行门窗标注时，分别指定两点，选择墙体和第二道、第三道尺寸，即可完成门窗标注的操作。

下面具体讲解门窗标注的方法。

(1) 在如图 5-4 所示的室内平面图中进行门窗标注。

(2) 选择【尺寸标注】|【门窗标注】菜单命令，分别指定跨越门窗的起点和终点，创建门窗标注如图 5-5 所示。

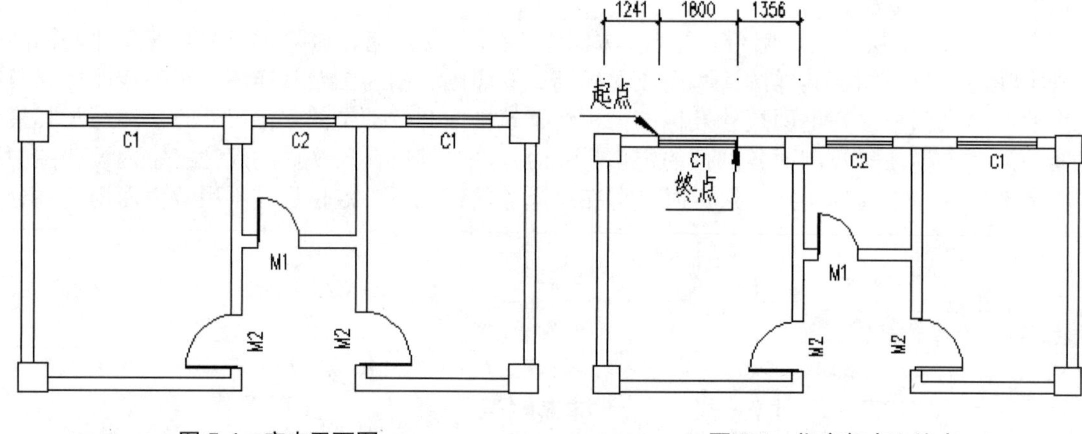

图 5-4　室内平面图　　图 5-5　指定起点和终点

(3) 选择其他墙体继续标注门窗，如图 5-6 所示。

(4) 按 Enter 键结束选择，创建的最终门窗标注效果如图 5-7 所示。

> **提示：**【门窗标注】命令在有柱子的前提下，默认标注柱子，无柱子的情况下默认标注轴线。

2. 门窗标注的联动

门窗标注的联动是指【门窗标注】命令创建的尺寸对象与门窗宽度具有联动的特性，包括门窗移动、夹点改宽、对象编辑、特性编辑(Ctrl+1 组合键)和格式刷特性匹配，使门窗宽度发生线性变化时，线性的尺寸标注随门窗的改变联动更新。

如图 5-8 所示为门窗标注联动的示例。

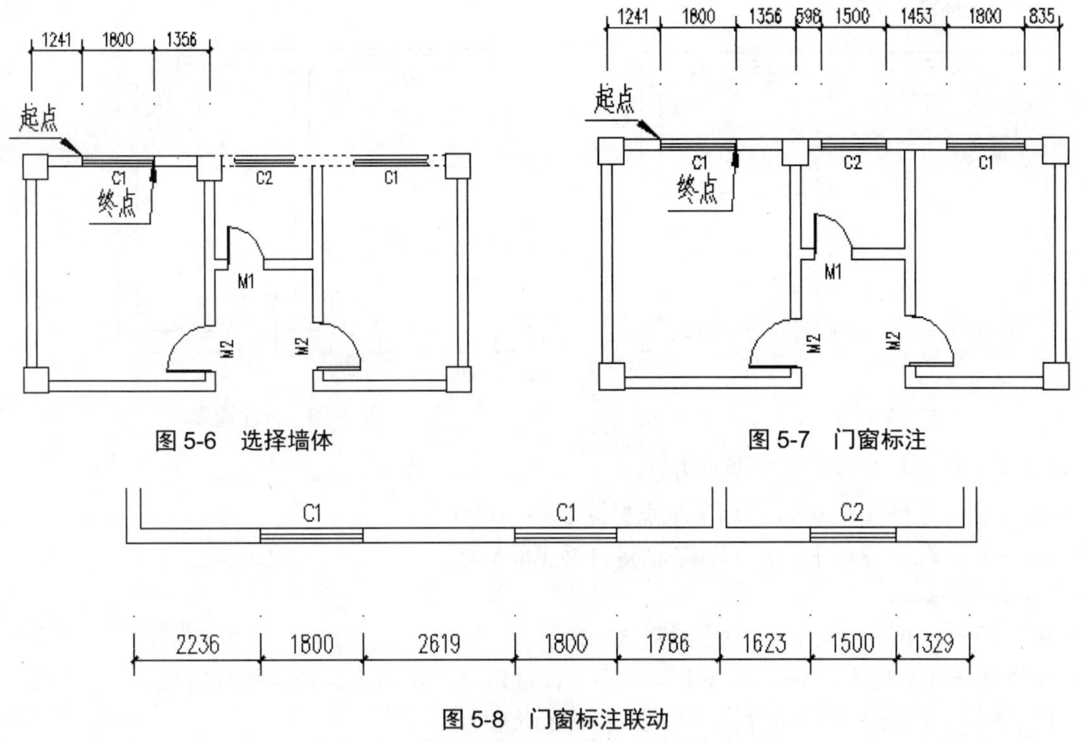

图 5-6　选择墙体

图 5-7　门窗标注

图 5-8　门窗标注联动

> **提示**：目前，带形窗与角窗(角凸窗)、弧窗还不支持门窗标注的联动；通过镜像、复制创建的新门窗不属于联动范围，不会自动增加新的门窗尺寸标注。

3. 墙厚标注

【墙厚标注】命令在图中一次标注两点连线经过的，一段或多段天正墙体对象的墙厚尺寸，标注中可识别墙体的方向，标注出与墙体正交的墙厚尺寸，在墙体内有轴线存在时标注以轴线划分的左右墙宽，墙体内没有轴线存在时则标注墙体的总宽。

调用【墙厚标注】命令有如下两种方法。

- 菜单栏：选择【尺寸标注】|【墙厚标注】菜单命令。
- 命令行：在命令行中输入 QHBZ 命令并按 Enter 键。

在进行墙厚标注时，分别指定直线的第一点和第二点，线选墙体，即可完成墙厚标注的操作。

下面具体讲解墙厚标注的方法。

(1) 添加如图 5-9 所示的平面图墙厚。

(2) 选择【尺寸标注】|【墙厚标注】菜单命令，单击直线的起点和终点，并选择需要标注的墙体，标注的结果如图 5-10 所示。

4. 两点标注

【两点标注】命令可以对两点连线附近有关的轴线、墙线、门窗、柱子等构件标注尺寸，并可标注各墙中点或者添加其他标注点，按 U 键可撤销上一个标注点。两点标注是在绘图过程中最为常用和方便的一种尺寸标注方法。

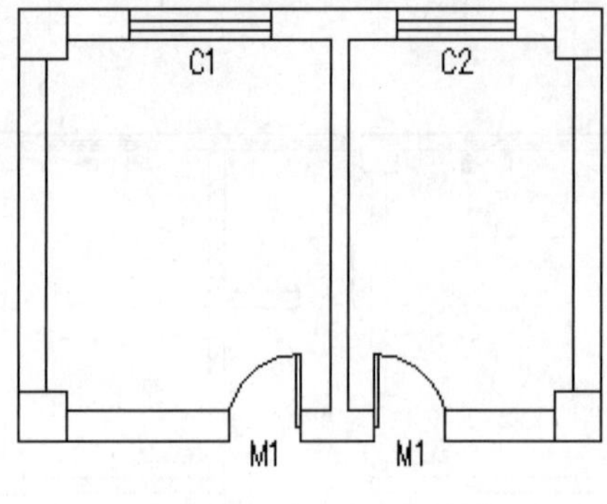

图 5-9　室内平面图

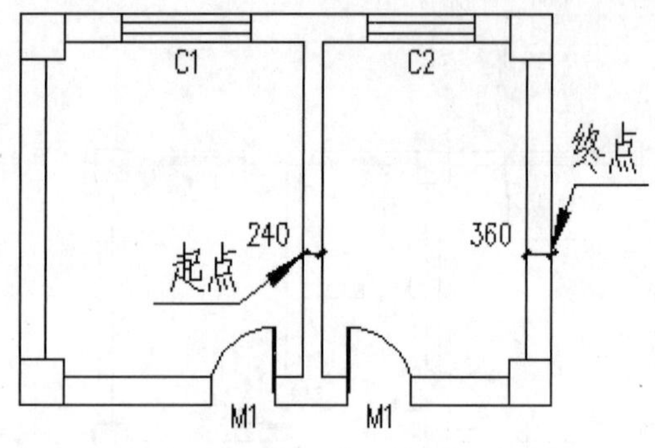

图 5-10　标注墙厚

调用【两点标注】命令有如下两种方法。

- 菜单栏：选择【尺寸标注】|【两点标注】菜单命令。
- 命令行：在命令行中输入 LDBZ 命令并按 Enter 键。

下面具体来讲解两点标注的方法。

(1) 在如图 5-11 所示的平面图中使用两点标注。

(2) 选择【尺寸标注】|【两点标注】菜单命令，选取 A、B 两点，选择标注对象。

(3) 按 Enter 键结束选择，标注的结果如图 5-12 所示。

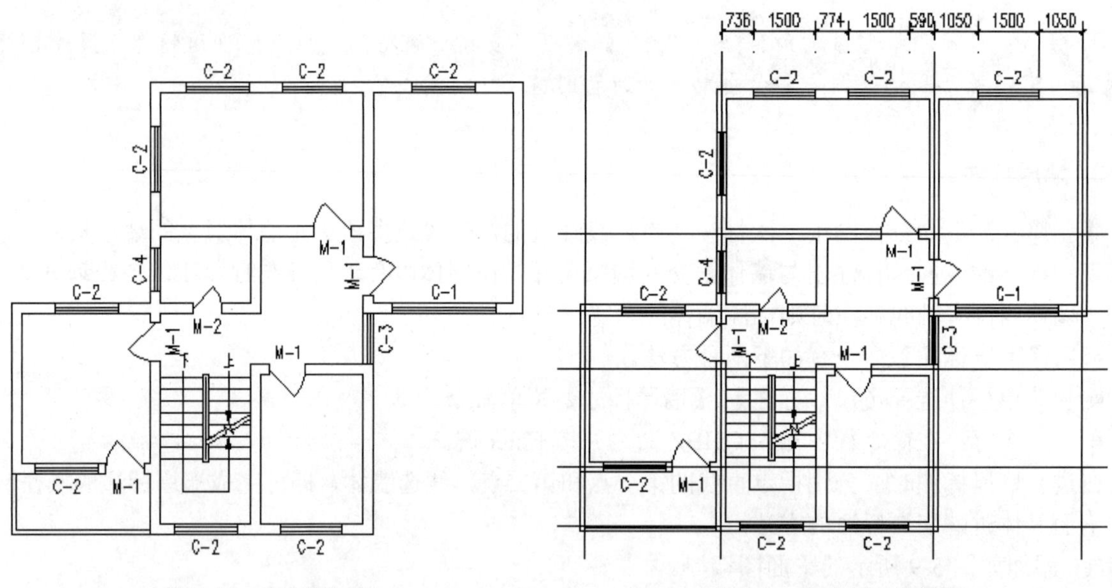

图 5-11　室内平面图　　图 5-12　两点标注的结果

5. 内门标注

【内门标注】命令用于标注内墙门窗尺寸以及门窗最近的轴线或墙边的关系尺寸。

调用【内门标注】命令有如下两种方法。

- 菜单栏：选择【尺寸标注】|【内门标注】菜单命令。

● 命令行：在命令行中输入 NMBZ 命令并按 Enter 键。

下面具体讲解内门标注的方法。

(1) 在图 5-13 所示的室内平面图中进行内门标注。

(2) 选择【尺寸标注】|【内门标注】菜单命令，单击起点和终点选择门，标注的结果如图 5-14 所示。

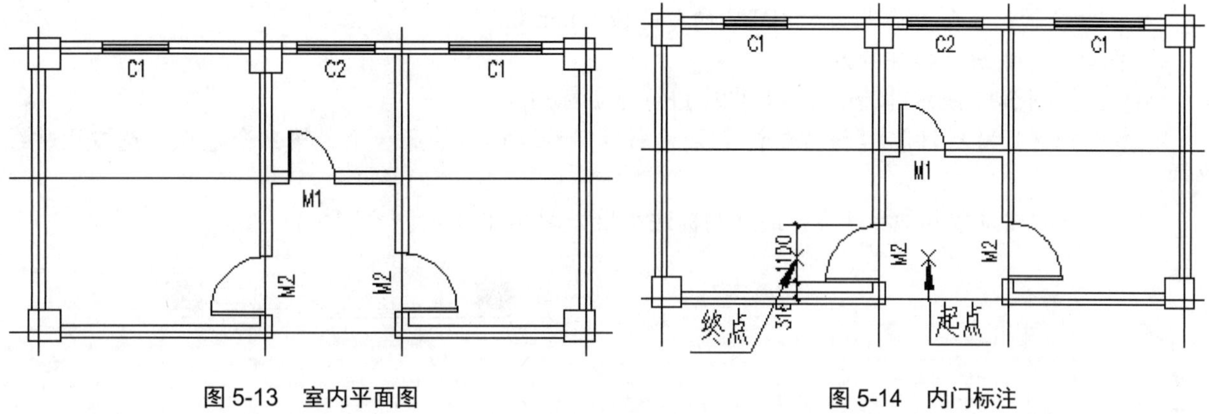

图 5-13　室内平面图　　　　图 5-14　内门标注

6. 快速标注

【快速标注】命令可以快速地识别图形轮廓或者基点线，适用于选取平面图后快速标注外包尺寸线。

调用【快速标注】命令有如下两种方法。

● 菜单栏：选择【尺寸标注】|【快速标注】菜单命令。

● 命令行：在命令行中输入 KSBZ 命令并按 Enter 键。

下面具体讲解快速标注的方法。

(1) 在如图 5-15 所示的平面图中进行快速标注。

(2) 选择【尺寸标注】|【快速标注】菜单命令，选择要标注的对象，按 Enter 键确认，标注的结果如图 5-16 所示。

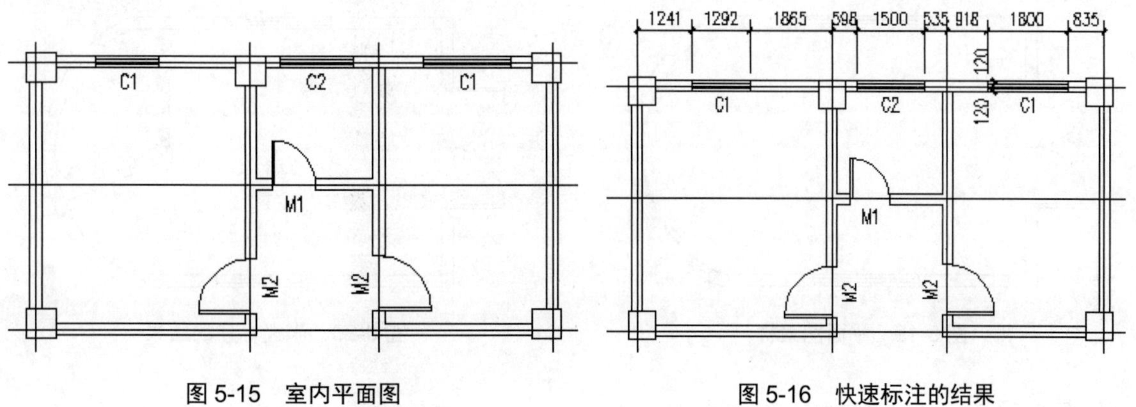

图 5-15　室内平面图　　　　图 5-16　快速标注的结果

7. 逐点标注

【逐点标注】命令对选取的给定点沿指定方向和选定的位置标注尺寸，适用于没有指定天正对象特征，需要取点定位标注的情况，以及其他标注命令难以完成的尺寸标注。

调用【逐点标注】命令有如下两种方法。

- 菜单栏：选择【尺寸标注】|【逐点标注】菜单命令。
- 命令行：在命令行中输入 ZDBZ 命令并按 Enter 键。

下面具体讲解逐点标注的方法。

(1) 在如图 5-17 所示的墙壁和窗户图中进行逐点标注。

(2) 选择【尺寸标注】|【逐点标注】菜单命令，选取标注的第一个、第二个起点，选取尺寸线位置。

(3) 依次单击选取其他标注点，最终的标注结果如图 5-18 所示。

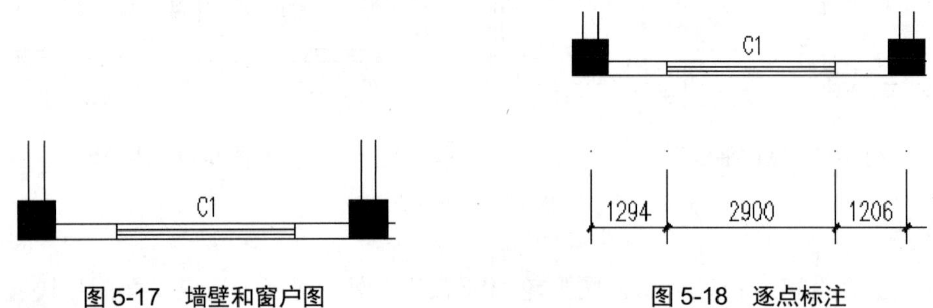

图 5-17　墙壁和窗户图　　图 5-18　逐点标注

8. 半径标注

【半径标注】命令可对弧墙和弧线进行半径标注。调用【半径标注】命令有如下两种方法。

- 菜单栏：选择【尺寸标注】|【半径标注】菜单命令。
- 命令行：在命令行中输入 BJBZ 命令并按 Enter 键。

下面具体讲解半径标注的方法。

(1) 在如图 5-19 所示的平面图中对弧形墙体进行半径标注。

(2) 选择【尺寸标注】|【半径标注】菜单命令，选择待标注的圆弧，标注的结果如图 5-20 所示。

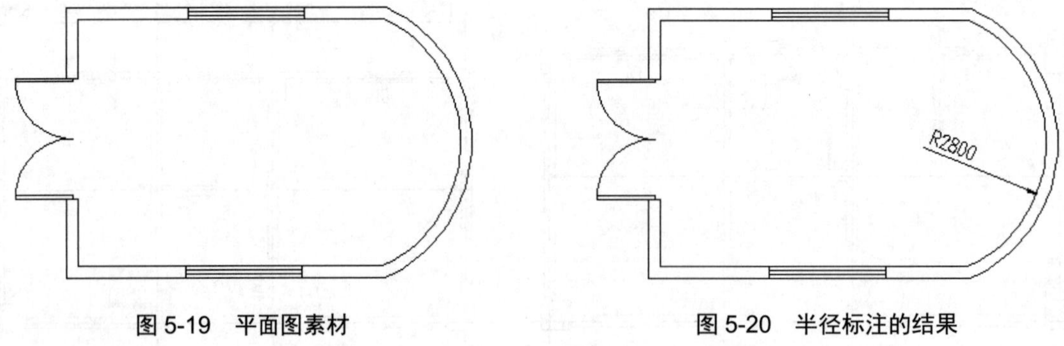

图 5-19　平面图素材　　图 5-20　半径标注的结果

9. 直径标注

【直径标注】命令可对圆弧进行直径标注。调用【直径标注】命令有如下两种方法。

- 菜单栏：选择【尺寸标注】|【直径标注】菜单命令。
- 命令行：在命令行中输入 ZJBZ 命令并按 Enter 键。

下面具体讲解直径标注的方法。

(1) 在如图 5-21 所示的平面图中对弧形墙进行标注。

(2) 选择【尺寸标注】|【直径标注】菜单命令，选择待标注的圆弧，直径标注的结果如图 5-22 所示。

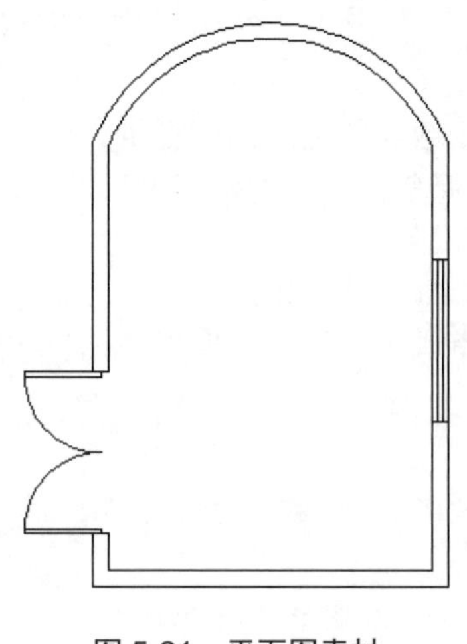

图 5-21　平面图素材

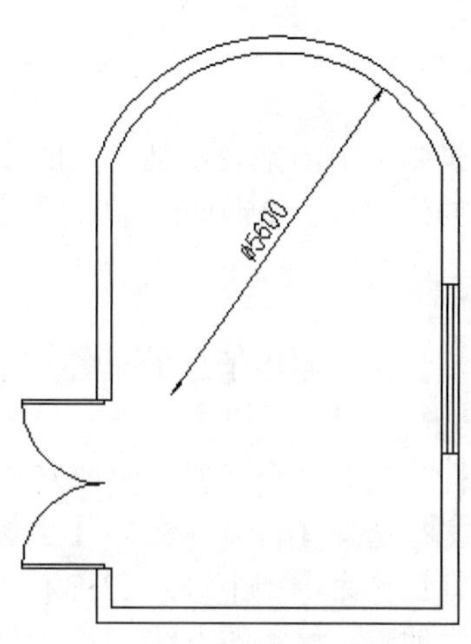

图 5-22　直径标注的结果

10. 角度标注

【角度标注】命令可按逆时针方向标注两根直线之间的夹角。调用【角度标注】命令有如下两种方法。

- 菜单栏：选择【尺寸标注】|【角度标注】菜单命令。
- 命令行：在命令行中输入 JDBZ 命令并按 Enter 键。

下面具体讲解角度标注的方法。

(1) 在如图 5-23 所示的平面图中进行角度标注。

(2) 选择【尺寸标注】|【角度标注】菜单命令，选择第一条直线 A，选择第二条直线 B。

(3) 确定尺寸线的位置，角度标注的结果如图 5-24 所示。

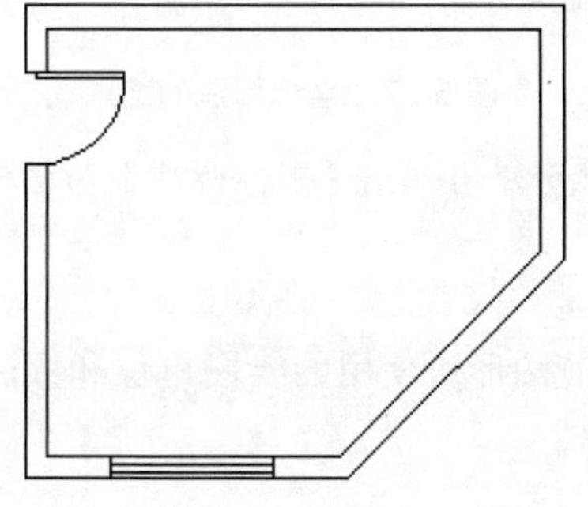

图 5-23　平面图素材

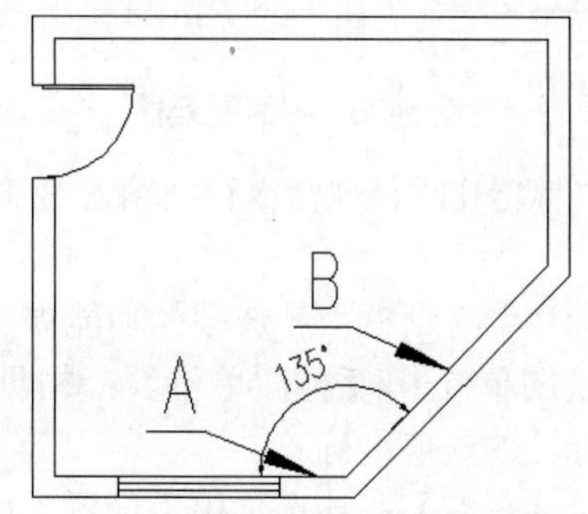

图 5-24　角度标注的结果

5.2.2 坐标与标高标注

行业知识链接：国标规定，图样上标注的尺寸，除标高及总平面图以米(m)为单位外，其余一律以毫米(mm)为单位，图上尺寸数字都不再注写单位。如图 5-25 所示是一个建筑外墙的标注样式。

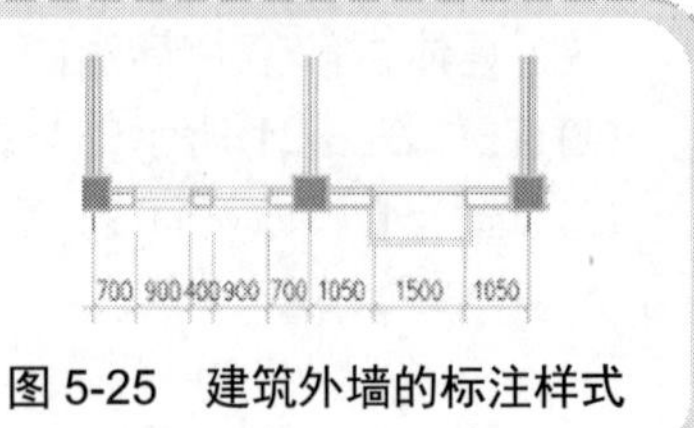

图 5-25 建筑外墙的标注样式

坐标在建筑制图中用来表示某个点的平面位置，一般由政府的测绘部门提供。而标高则是用来表示建筑物某一部位相对于基准面(标高的零点)的竖向高度，是竖向定位的依据。

1. 坐标标注

【坐标标注】命令可用于总平面图上标注测量坐标或者施工坐标，取值根据世界坐标或者当前用户坐标 UCS 确定。

调用【坐标标注】命令有如下两种方法。

- 菜单栏：选择【符号标注】|【坐标标注】菜单命令。
- 命令行：在命令行中输入 ZBBZ 命令并按 Enter 键。

下面具体讲解坐标标注的方法。

(1) 在如图 5-26 所示的平面图中进行坐标标注。

(2) 选择【符号标注】|【坐标标注】菜单命令，在绘图窗口中分别选取墙角点作为标注点，然后选择坐标标注方向，结果如图 5-27 所示。

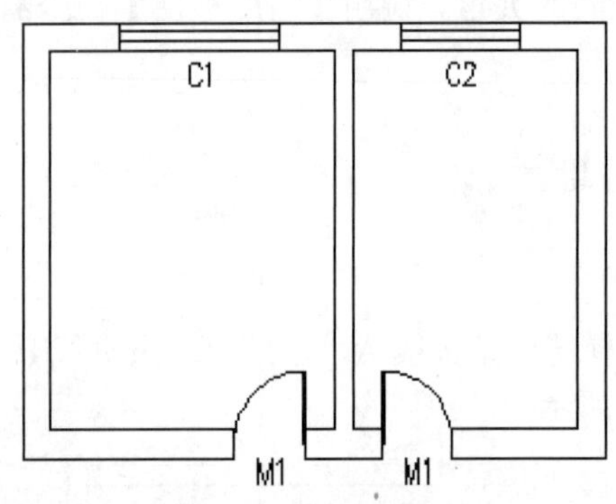

图 5-26 平面图素材

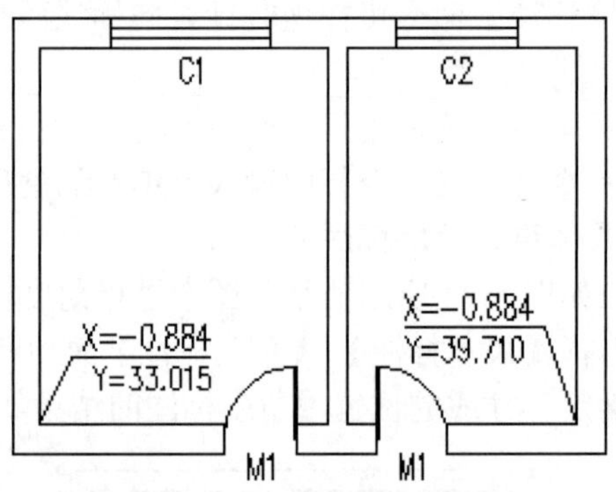

图 5-27 坐标标注的结果

在进行坐标标注时，在命令行中输入 S 命令并按 Enter 键，可弹出【坐标标注】对话框，如图 5-28 所示。

【坐标标注】对话框中各选项的功能如下。

- 【绘图单位】/【标注单位】：根据需要选择当前图形所使用的绘图单位和标注单位，以保证标注的数值准确。
- 【标注精度】：该选项用于设置坐标标注的小数位数。
- 【箭头样式】：该选项有【无】、【箭头】、【圆点】和【十字】4 种箭头样式可供选择。

- 【坐标取值】：可以从世界坐标系或用户坐标系 UCS 中任意选择(默认取世界坐标系)，若选择以用户坐标系 UCS 取值，应该以 UCS 命令把当前图形设为要选择使用的 UCS；若为世界坐标系时，坐标取值与世界坐标系一致。
- 【坐标类型】：该选项组用于设置坐标标注类型，包括测量标注和施工标注两种类型。
- 【设置坐标系】：此按钮用于重新指定坐标系原点的位置。
- 【北向角度】：此按钮用于设置正北方向。
- 【固定角度】复选框：用于设置坐标引线与屏幕水平线之间的夹角。

2. 标高标注

【标高标注】命令用于建筑专业的平面图标高标注、立剖面图楼面标高标注以及总图专业的地坪标高标注、绝对标高和相对标高的关联标注，可连续标注标高。

调用【标高标注】命令有如下两种方法。

- 菜单栏：选择【符号标注】|【标高标注】菜单命令。
- 命令行：在命令行中输入 BGBZ 命令并按 Enter 键。

在进行标高标注时，会弹出【标高标注】对话框，如图 5-29 所示。切换到【建筑】选项卡，可对建筑平面图、立面图和剖面图的标高进行标注；切换到【总图】选项卡，可对总图进行标高标注。

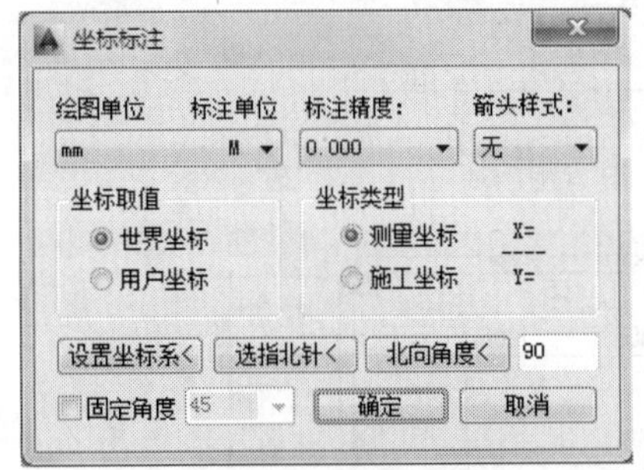

图 5-28 【坐标标注】对话框

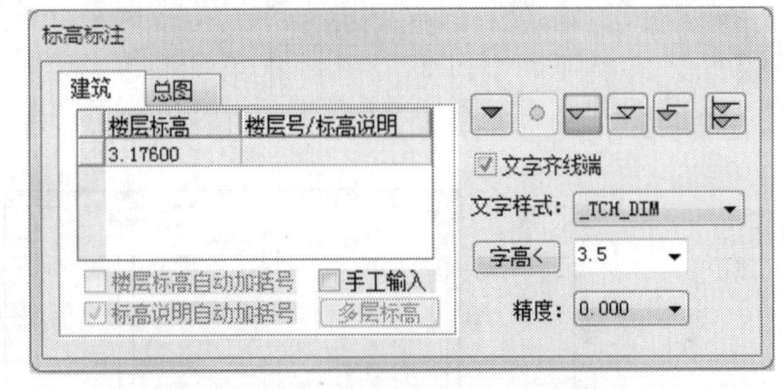

图 5-29 【标高标注】对话框

下面具体讲解标高标注的方法。

(1) 对如图 5-30 所示的平面图进行标高标注。

(2) 选择【符号标注】|【标高标注】菜单命令，在弹出的【标高标注】对话框中设置参数，如图 5-31 所示。

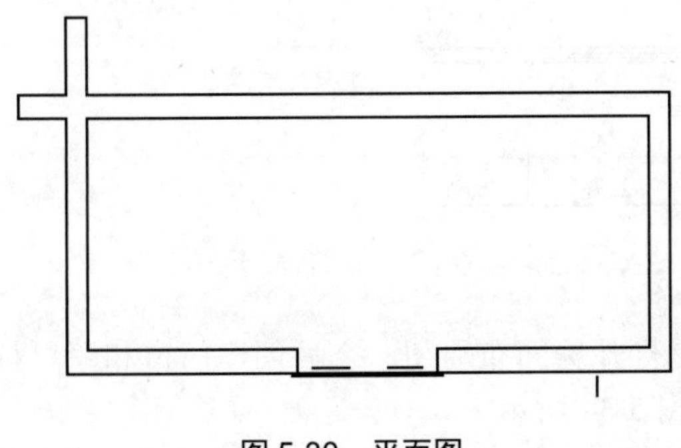

图 5-30 平面图

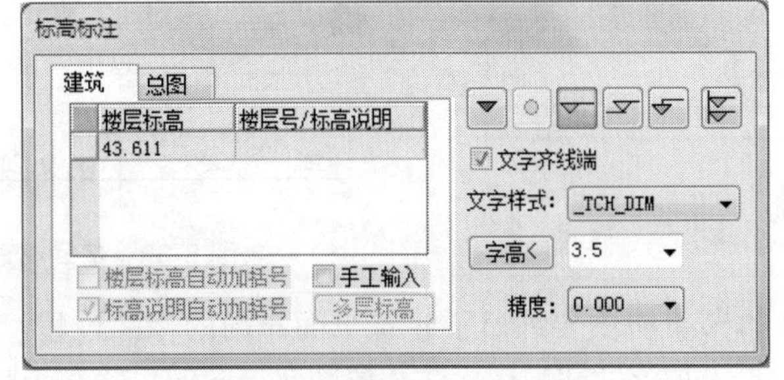

图 5-31 【标高标注】对话框

(3) 单击选取两点为标高标注点，标高方向向右，标高标注的结果如图 5-32 所示。

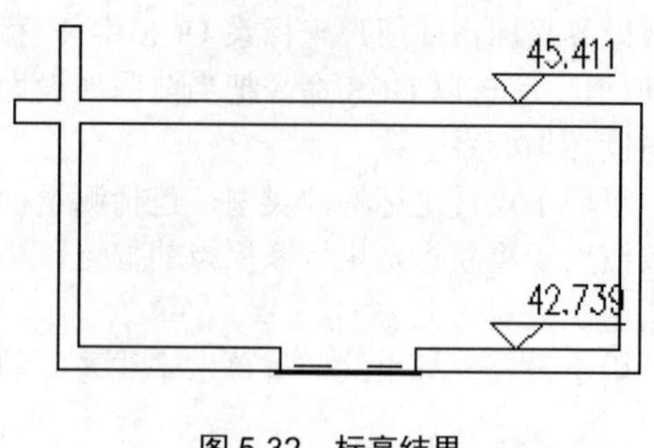

图 5-32　标高结果

课后练习

案例文件：ywj\05\01.dwg、02.dwg

视频文件：光盘→视频课堂→第 5 教学日→5.3

本节课后练习的是房间布局的标注，房间布局的墙壁门窗已经创建完成，在其基础上进行各种标注，如图 5-33 所示为创建完成的房间布局的标注。

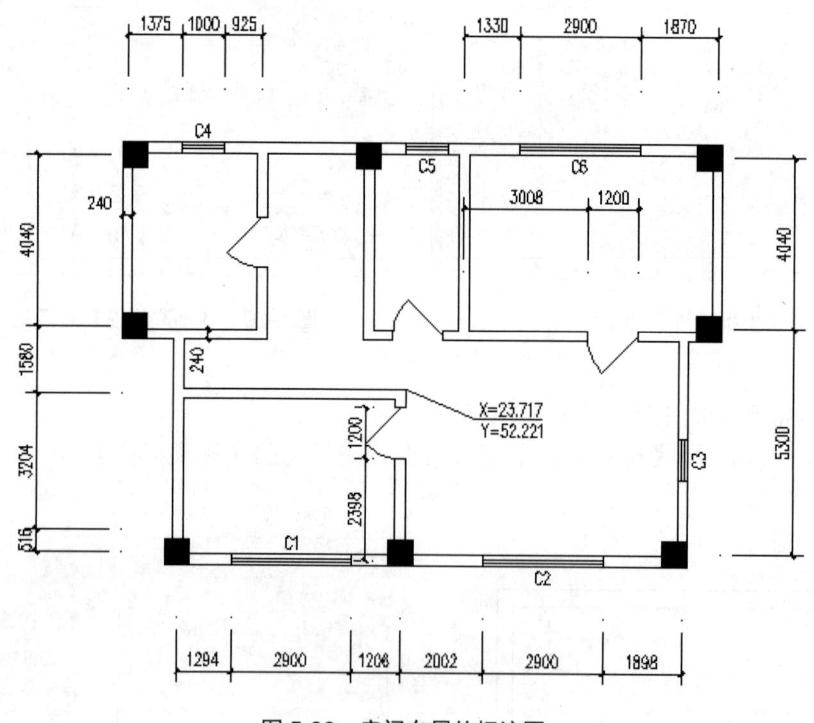

图 5-33　房间布局的标注图

本节案例主要练习了建筑平面布局的标注过程，首先打开房间布局图，之后创建门窗和壁厚标注，再添加连续和坐标标注，房间布局图的思路和步骤如图 5-34 所示。

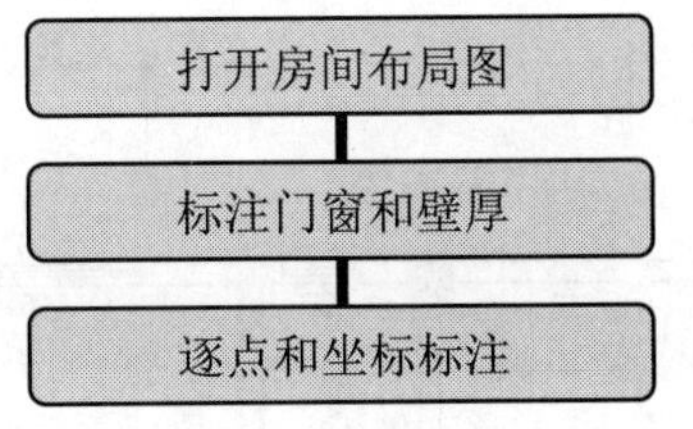

图 5-34　房间布局图的创建思路和步骤

练习案例操作步骤如下。

step 01 首先打开房间布局图。选择【文件】|【打开】菜单命令，打开房间布局图文件，如图 5-35 所示。

step 02 接着进行门窗和壁厚标注。选择【尺寸标注】|【门窗标注】菜单命令，选择两点，进行 C4 窗标注，如图 5-36 所示。

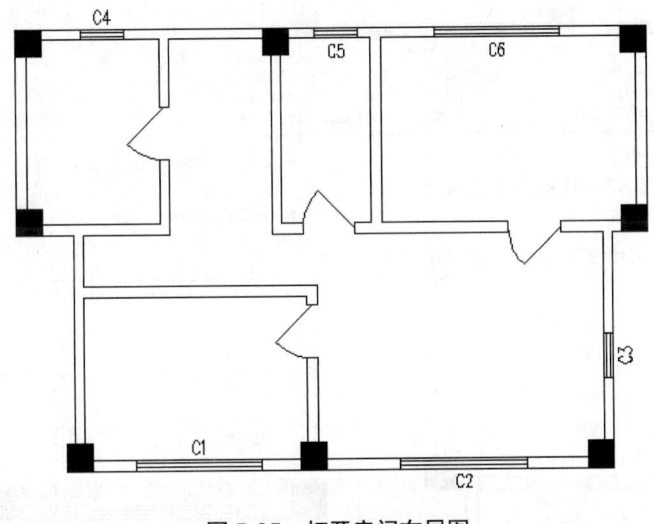

图 5-35　打开房间布局图

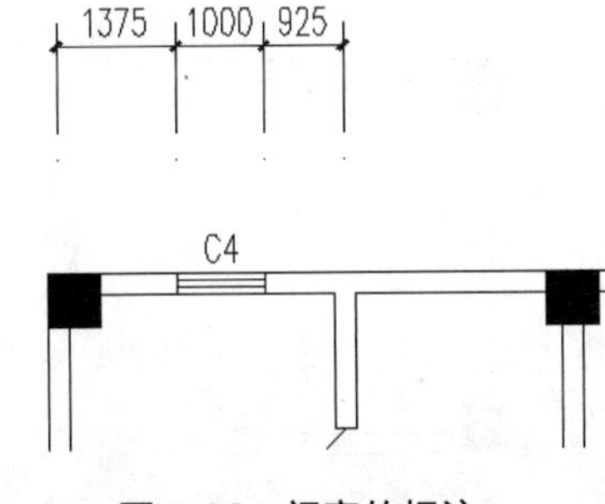

图 5-36　门窗的标注

step 03 选择【尺寸标注】|【门窗标注】菜单命令，进行其余门窗的标注，如图 5-37 所示。

step 04 选择【尺寸标注】|【墙厚标注】菜单命令，选择两点，分别标注两处墙壁厚，如图 5-38 所示。

step 05 选择【尺寸标注】|【内门标注】菜单命令，选择两点，标注内门 1，如图 5-39 所示。

step 06 选择【尺寸标注】|【内门标注】菜单命令，选择两点，标注内门 2，完成门窗和壁厚的标注，如图 5-40 所示。

step 07 最后进行逐点和坐标标注。选择【尺寸标注】|【逐点标注】菜单命令，依次单击标注右侧墙壁，如图 5-41 所示。

step 08 选择【尺寸标注】|【逐点标注】菜单命令，依次单击标注左侧墙壁，如图 5-42 所示。

step 09 选择【符号标注】|【坐标标注】菜单命令，选择房中一点，完成该点的坐标标注，如图 5-43 所示。

step 10 完成标注的房间布局图，如图 5-44 所示。

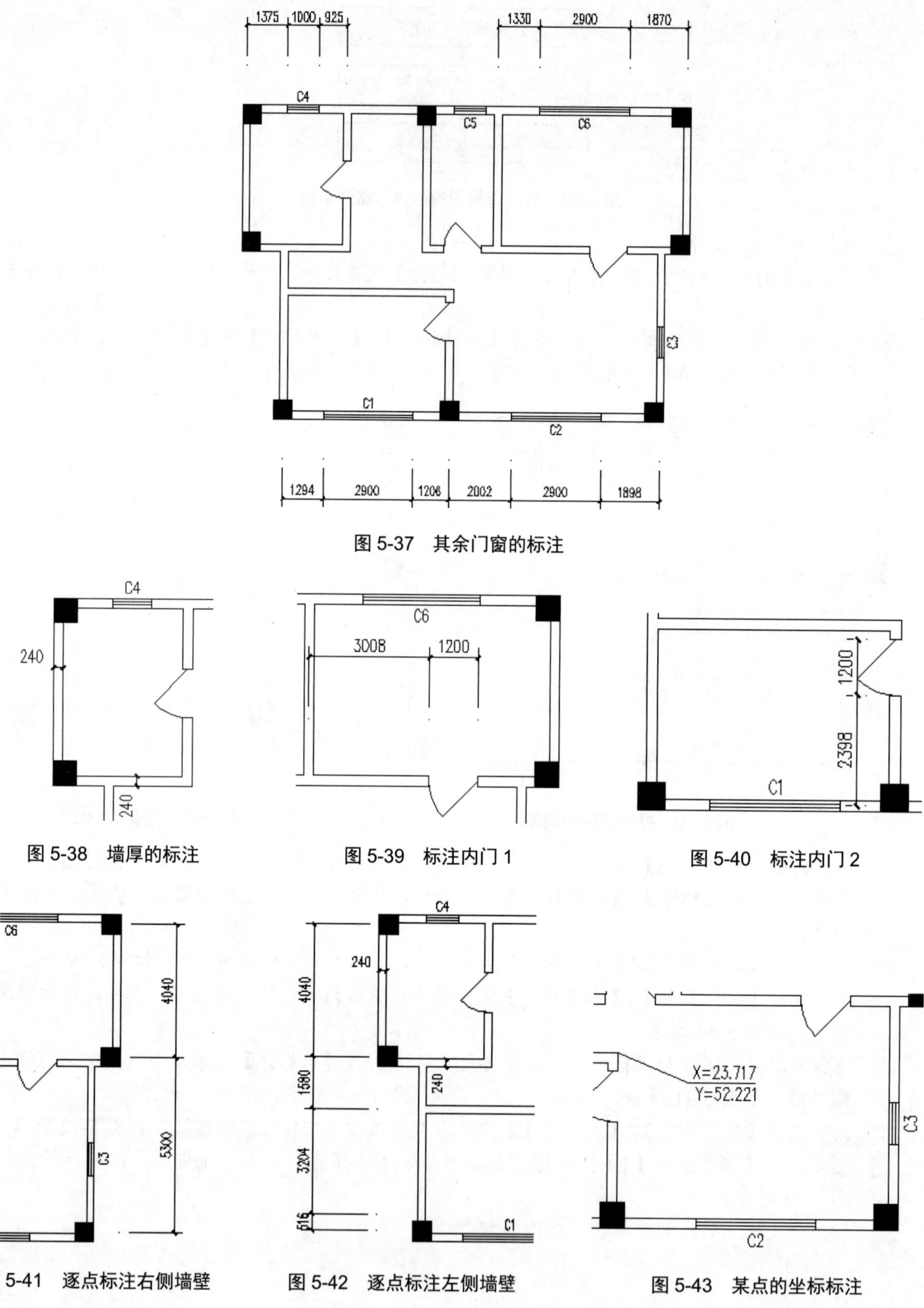

图 5-37　其余门窗的标注

图 5-38　墙厚的标注

图 5-39　标注内门 1

图 5-40　标注内门 2

图 5-41　逐点标注右侧墙壁

图 5-42　逐点标注左侧墙壁

图 5-43　某点的坐标标注

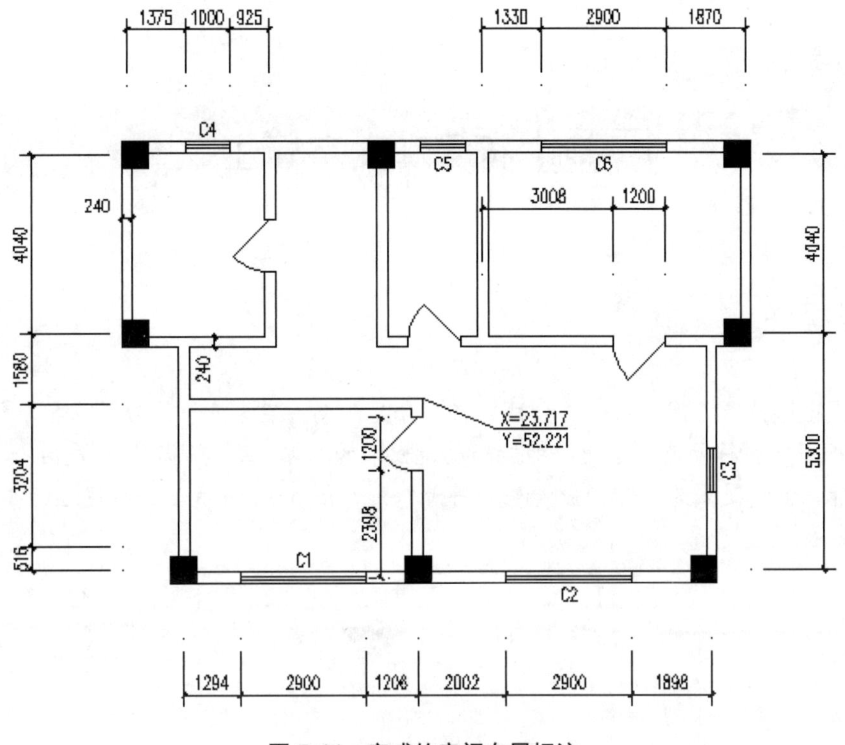

图 5-44 完成的房间布局标注

建筑设计实践：建筑所形成的空间为人所用，建筑内的器物为人所用，因而人体各部的尺寸及其各类行为活动所需的空间尺寸，是决定建筑开间、进深、层高、器物大小的最基本的尺度。如图 5-45 所示，这是居室平面图的标注。

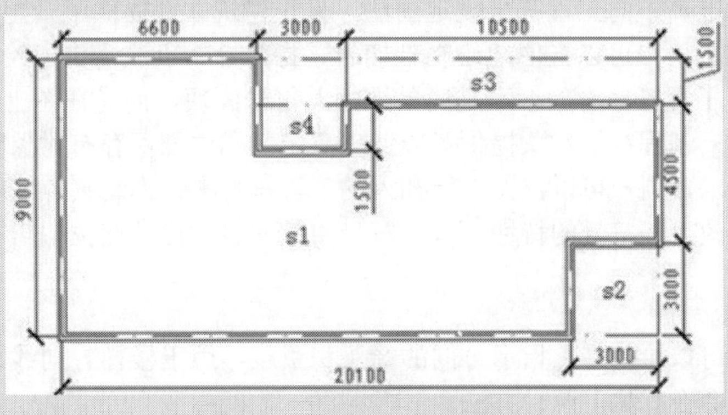

图 5-45 居室平面图的标注

符号和文字标注

5.3.1 符号标注

行业知识链接：根据符号的来源和目的将其分为两类。某些符号是为了意指而制造出来的客体(Object)，而另一些符号是为了使用功能而制造出来的客体。而建筑符号就是后一种，它之所以具有实用功能，恰恰是因为"它们被解码为符号"。如图 5-46 所示是一些建筑标高符号。

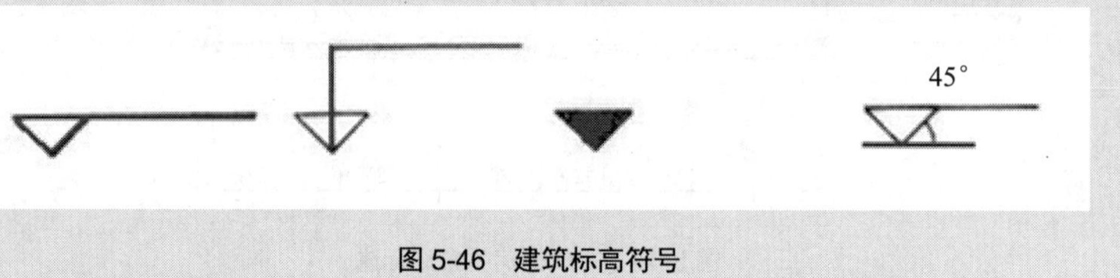

图 5-46 建筑标高符号

天正建筑软件提供了符合国内建筑制图标准的符号标注样式，用户可以方便快速地完成建筑图形的规范化符号标注。

1. 符号标注的概念

按照《建筑制图标准》中的工程符号规定画法，天正建筑软件提供了一整套的自定义工程符号对象，利用这些符号对象，用户可以方便地绘制剖切号、指北针、引注箭头，绘制各种详图符号、引出标注符号。使用自定义工程符号对象，不是简单地插入符号图块，而是在图上添加了代表建筑工程专业含义的图形符号对象，工程符号对象提供了专业夹点定义和内部保存有对象特性的数据。

根据绘图的不同要求，用户可以在图上已插入的工程符号上，拖动夹点或者按 Ctrl+1 组合键启动对象特性栏，在其中更改工程符号的特性。双击符号中的文字，启动在位编辑即可更改文字内容。

2. 箭头引注

【箭头引注】命令可以绘制带有指示方向的箭头和引线，用于楼梯方向线、坡度等标注。

调用【箭头引注】命令有如下两种方法。

- 菜单栏：选择【符号标注】|【箭头引注】菜单命令。
- 命令行：在命令行中输入 JTYZ 命令并按 Enter 键。

创建箭头引注时，弹出【箭头引注】对话框，如图 5-47 所示。输入引注文字，根据命令行的提示指定箭头的起点和终点，即可完成箭头引注的操作。

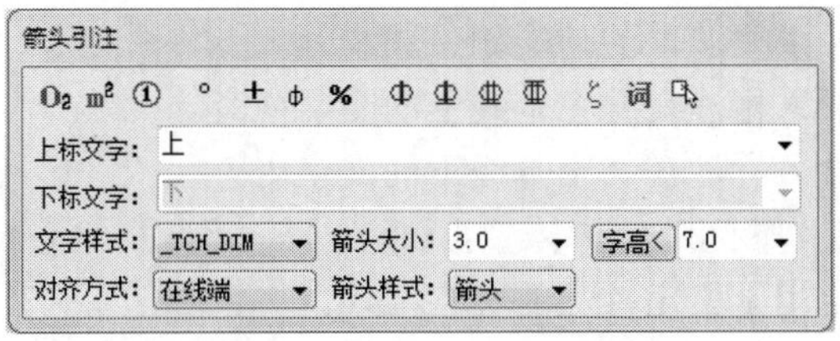

图 5-47　【箭头引注】对话框

【箭头引注】对话框中各主要选项的功能如下。

- 【上标文字】：输入引线端部或者引线上下要标注的文字，可以从该下拉列表框中选择已保存的文字历史记录，也可以不输入文字。
- 【下标文字】：当对齐方式为齐线端、齐线中时方为可输入状态，输入线下要标注的文字。
- 【对齐方式】：有【在线端】、【齐线端】和【齐线中】3 种选择。
- 【箭头大小】：可设置引注箭头的大小。
- 【箭头样式】：有【箭头】、【半箭头】、【点】、【十字】、【无】共 5 种样式可供选择。
- 【字高】：可手动输入设置文字标注大小，也可从下拉列表框中选取。

如图 5-48 所示为各种箭头标注样式的效果。

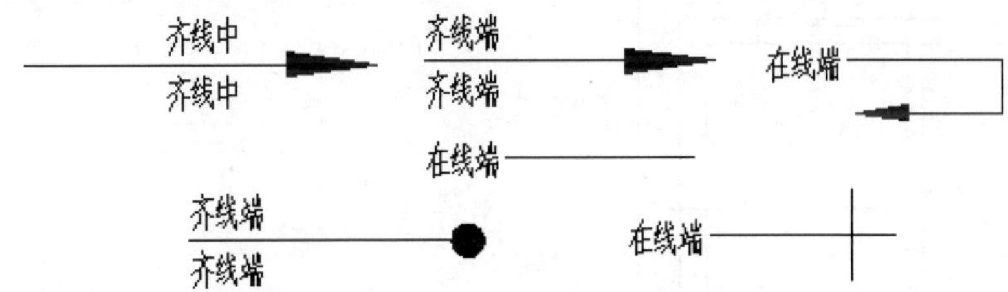

图 5-48　标注样式

3. 引出标注

【引出标注】命令可以用引线引出多个标注点来做统一内容的标注。

调用【引出标注】命令有如下两种方法。

- 菜单栏：选择【符号标注】|【引出标注】菜单命令。
- 命令行：在命令行中输入 YCBZ 命令并按 Enter 键。

创建引出标注时，弹出【引出标注】对话框，如图 5-49 所示。输入引出标注文字内容，根据命令行的提示指定标注的起点和终点，即可完成引出标注的操作。

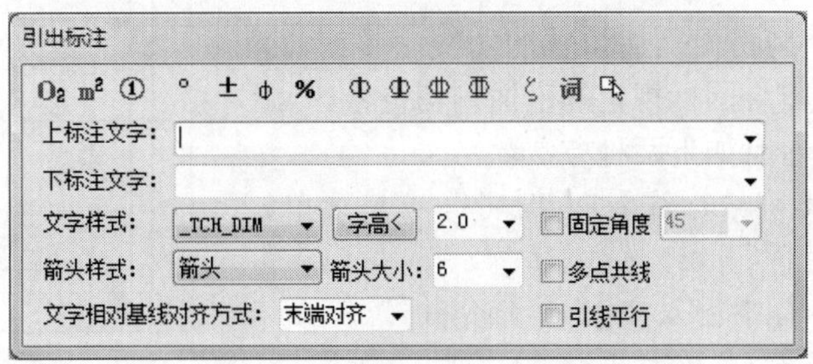

图 5-49　【引出标注】对话框

【引出标注】对话框中各主要选项的功能如下。

- 【上标注文字】：输入标注在文字基线上的文字内容。
- 【下标注文字】：输入标注在文字基线下的文字内容。
- 【箭头样式】：可在其下拉列表框中选择【箭头】、【点】、【十字】和【无】4 种箭头形式。
- 【文字样式】：设定用于引出标注的文字样式。
- 【固定角度】：设定用于引出线的固定角度，选中该复选框后引线角度不随拖动光标改变，从 0～90° 中可选。
- 【多点共线】：设定增加其他标注点时，这些引线与首引线共线添加，适用于立面和剖面的材料标注。
- 【文字相对基线对齐方式】下拉列表框：有【始端对齐】、【居中对齐】和【末端对齐】3 种文字对齐方式可供选择。

下面具体讲解创建引出标注的方法。

(1) 在如图 5-50 所示的平面图中创建引出标注。

(2) 选择【符号标注】|【引出标注】菜单命令，在弹出的【引出标注】对话框中设置参数，如图 5-51 所示。

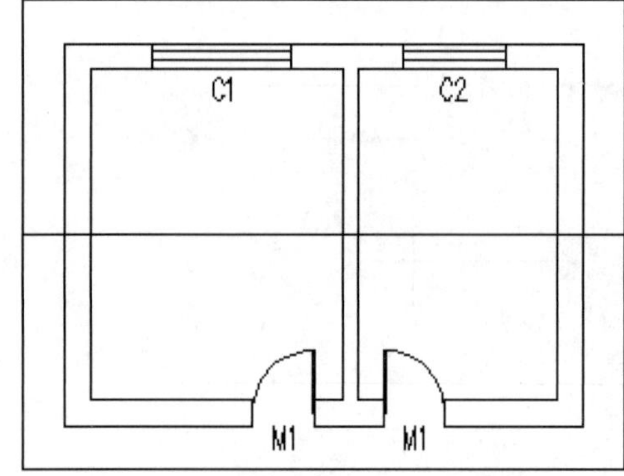

图 5-50 平面图素材

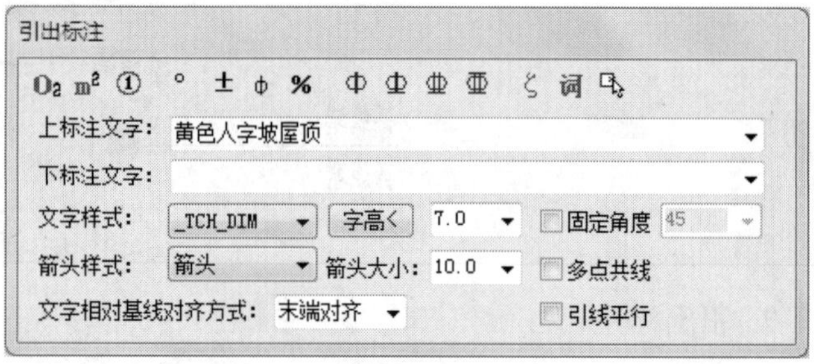

引出标注

上标注文字：黄色人字坡屋顶

下标注文字：

文字样式：_TCH_DIM 字高< 7.0 固定角度 45

箭头样式：箭头 箭头大小：10.0 多点共线

文字相对基线对齐方式：末端对齐 引线平行

图 5-51 设置引出标注参数

(3) 选取点 A 作为引出标注的第一点，选取点 B 为引线位置，选取点 C 作为文字基线位置，创建引出标注结果如图 5-52 所示。

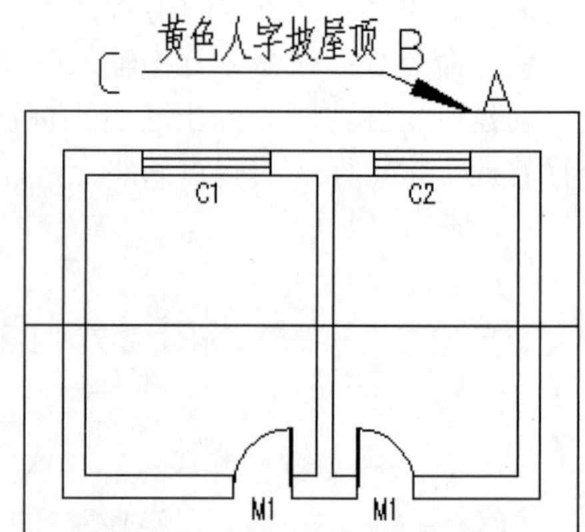

图 5-52 引出标注效果

4. 剖切符号

剖切符号是用于表示剖切面剖切位置的图线，【剖切符号】命令可在图中标注符合国标规定的剖面剖切符号。

调用【剖切符号】命令有如下两种方法。

- 菜单栏：选择【符号标注】|【剖切符号】菜单命令。
- 命令行：在命令行中输入 PQFH 命令并按 Enter 键，弹出【剖切符号】对话框。

创建剖切符号时，弹出【剖切符号】对话框，如图 5-53

所示，在此可设置创建的【剖面图号】、【剖切编号】和【文字样式】等参数。

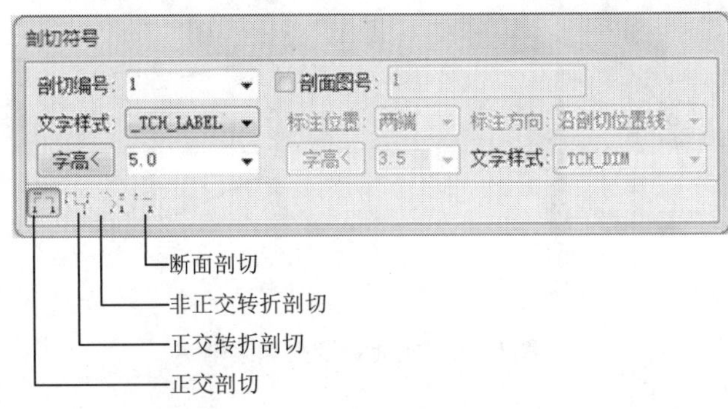

图 5-53　【剖切符号】对话框

下面具体讲解创建断面剖切符号的方法。

(1) 在如图 5-54 所示的平面图中创建断面剖切符号。

(2) 选择【符号标注】|【剖切符号】菜单命令，在弹出的【剖切符号】对话框中单击【断面剖切】按钮。

(3) 在绘图窗口中选取剖切点，按 Enter 键默认当前剖视方向，创建断面剖切符号，结果如图 5-55 所示。

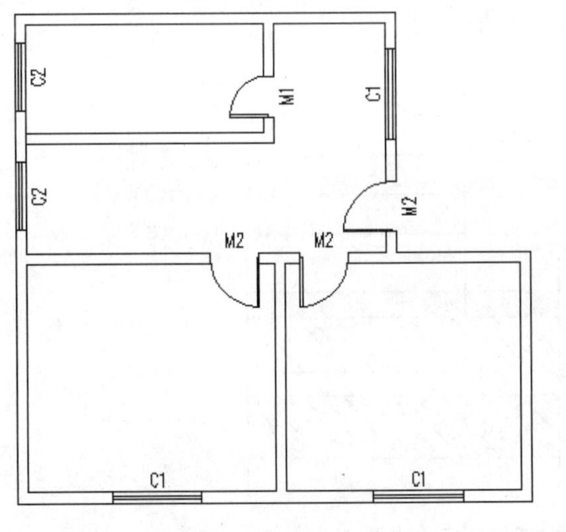

图 5-54　平面图素材

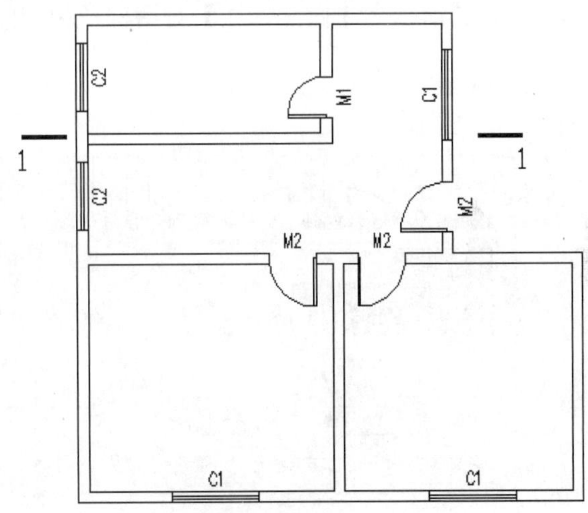

图 5-55　创建断面剖切符号

5. 画指北针

利用【画指北针】命令可在图上绘制一个国标规定的指北针符号，从插入点到橡皮线的终点定义为指北针的方向，这个方向在坐标标注时起指示北向坐标的作用。

调用【画指北针】命令有如下两种方法。

- 菜单栏：选择【符号标注】|【画指北针】菜单命令。
- 命令行：在命令行中输入 HZBZ 命令并按 Enter 键。

图 5-56 所示为创建的指北针符号以及相应的夹点编辑功能示意图。

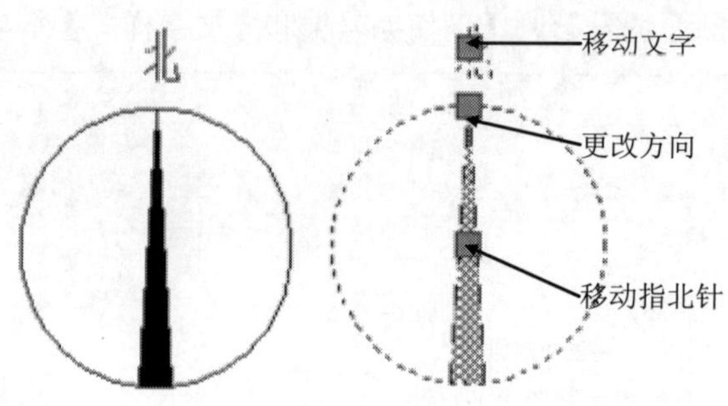

图 5-56　指北针及夹点编辑

6. 做法标注

【做法标注】命令用于在施工图纸上标注工程的材料做法，通过专业词库可调入北方地区常用的88J5-X1 标准(2000 版)的墙面、地面、楼面、顶棚和屋面标准做法。

调用【做法标注】命令有如下两种方法。

- 菜单栏：选择【符号标注】|【做法标注】菜单命令。
- 命令行：在命令行中输入 ZFBZ 命令并按 Enter 键。

创建做法标注时，在弹出的【做法标注】对话框中输入标注文字和文字参数，然后在绘图区中指定引出点、引注上线的第二点和文本所在点，即可完成一个做法标注的创建。

如图 5-57 所示为【做法标注】对话框及相应的标注效果。

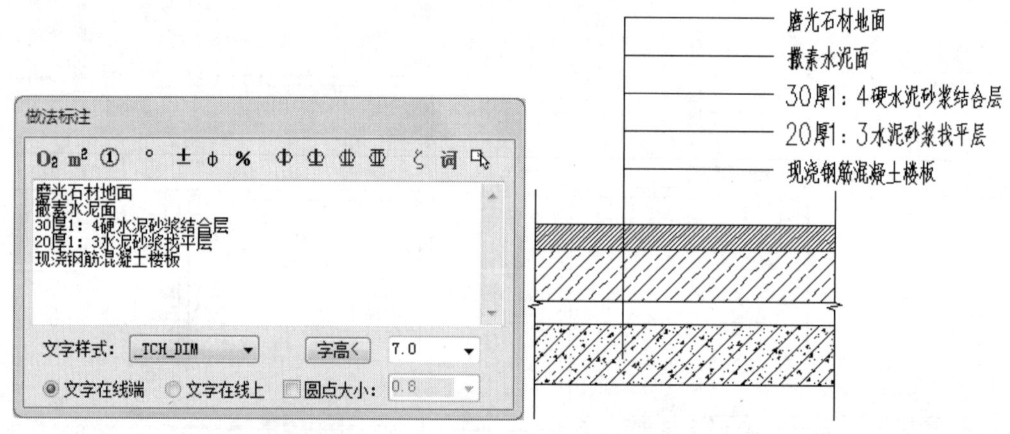

图 5-57　【做法标注】对话框及标注效果

7. 索引符号

利用【索引符号】命令可以为图中另有详图的某一部分或构件注上索引号。

调用【索引符号】命令有如下两种方法。

- 菜单栏：选择【符号标注】|【索引符号】菜单命令。
- 命令行：在命令行中输入 SYFH 命令并按 Enter 键。

创建索引符号时，弹出【索引符号】对话框，在其中设置参数，然后根据命令行的提示指定索引节点的位置、转折点位置、文字索引号位置，即可完成创建索引符号的操作，如图 5-58 所示。

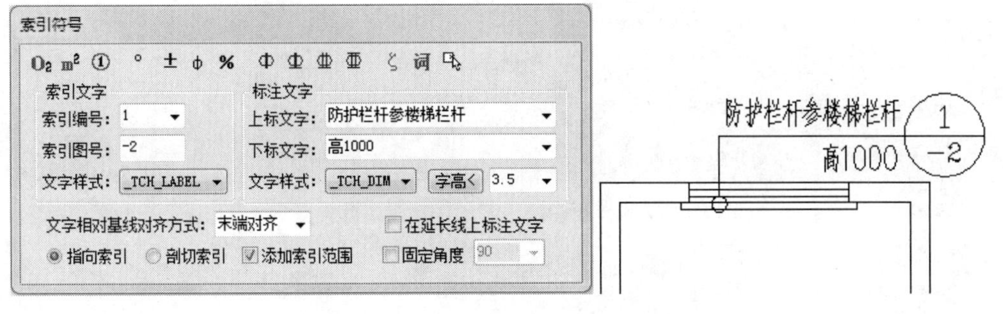

图 5-58 【索引符号】对话框及创建效果

5.3.2 文字标注

行业知识链接：建筑设计图中的文字含义如下：“c20 钢筋砼jl(240400)配 4φ16 络φ6@200 箍。”解读为：强度为 c 的钢筋混凝土结构的基础梁，宽为 240mm，高为 400mm，配 4 条直径为 16 厘(16mm)螺纹的主钢筋，每间隔 200mm 箍一个直径为 6 厘的钢筋长方形环络。如图 5-59 所示是某建筑文字标注。

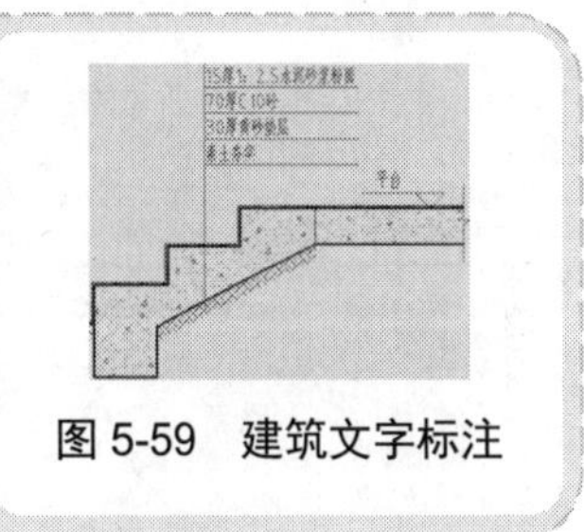

图 5-59 建筑文字标注

在建筑图纸中，文字是不可缺少的一部分，以清晰、准确地表达图形无法表达的信息，如一些技术要求、工程概况等。本课将详细讲解天正建筑软件提供的文字样式、单行文字、多行文字等文字创建和编辑工具的用法。

1. 文字样式

文字样式定义了文字的外观，是对文字特性的一种描述，包括字体、高度、宽度比例、倾斜角度以及排列方式等。使用天正建筑软件的【文字样式】命令可以快速创建和修改文字样式。

调用【文字样式】命令有如下两种方法。

- 菜单栏：选择【文字表格】|【文字样式】菜单命令。
- 命令行：在命令行中输入 WZYS 命令并按 Enter 键。

下面具体讲解新建文字样式的方法。

(1) 在命令行中输入“WZYS”并按 Enter 键，弹出如图 5-60 所示的【文字样式】对话框，单击其中的【新建】按钮。

(2) 在弹出的【新建文字样式】对话框中，设置新文字样式的名称，如图 5-61 所示。

(3) 单击【新建文字样式】对话框中的【确定】按钮，返回【文字样式】对话框，设置【字高方向】为 1.5，单击【确定】按钮，关闭对话框，完成文字样式的设置。

(4) 如图 5-62 所示为使用新建的文字样式创建文字的结果。

- 【文字样式】对话框中各选项的功能如下。
- 【样式名】下拉列表框：用于选择已存在的文字样式，选择某文字样式后，可通过对话框下方的各个选项对其进行修改。

图 5-60 【文字样式】对话框

图 5-61 输入新文字样式名称

天正单行文字输入

图 5-62 创建的文字

- 【新建】、【重命名】和【删除】按钮：分别用于新建文字样式，以及对当前所选的文字样式进行重命名或删除操作。
- 【AutoCAD 字体】和【Windows 字体】单选按钮：用于设置使用 AutoCAD 软件中字体还是使用 Windows 字体。
- 【宽高比】文本框：用于设置文字宽度与高度的比值。
- 【中文字体】下拉列表框：用于设置使用何种中文字体。
- 【字宽方向】文本框：用于设置西文字宽与中文字宽的比值。
- 【字高方向】文本框：用于设置西文字高与中文字高的比值。
- 【西文字体】下拉列表框：用于设置使用何种西文字体。
- 【预览】按钮：单击此按钮，可在预览区显示文字样式的设置效果。

2. 单行文字

使用【单行文字】命令可以创建符合中国《建筑制图标准》的天正单行文字。

调用【单行文字】命令有如下两种方法。

- 菜单栏：选择【文字表格】|【单行文字】菜单命令。
- 命令行：在命令行中输入 DHWZ 命令并按 Enter 键。

下面具体讲解创建单行文字的方法。

(1) 选择【文字表格】|【单行文字】菜单命令，在弹出的【单行文字】对话框中输入文字，如图 5-63 所示。

(2) 在绘图区中选取单行文字的插入位置，插入单行文字，结果如图 5-64 所示。

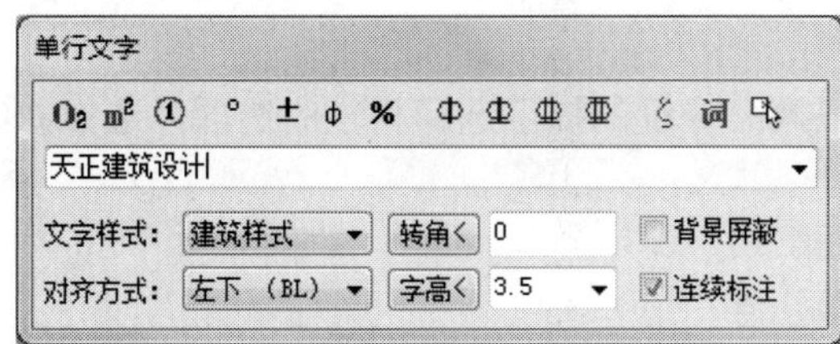

图 5-63 【单行文字】对话框

图 5-64 单行文字

提示：可以双击单行文字对其进行在位编辑，也可单击鼠标右键，在弹出的快捷菜单中选择【单行文字】命令，在弹出的【单行文字】对话框中对文字的格式等进行修改。

3. 多行文字

【多行文字】命令用于创建含有多种格式的大段文字，常用于输入设计说明、工程概况等建筑文本。

调用【多行文字】命令有如下两种方法。

- 菜单栏：选择【文字表格】|【多行文字】菜单命令。
- 命令行：在命令行中输入 DHWZ 命令并按 Enter 键。

下面具体讲解创建多行文字的方法。

(1) 选择【文字表格】|【多行文字】菜单命令，在弹出的【多行文字】对话框中输入文字内容并设置相应的格式，如图 5-65 所示。

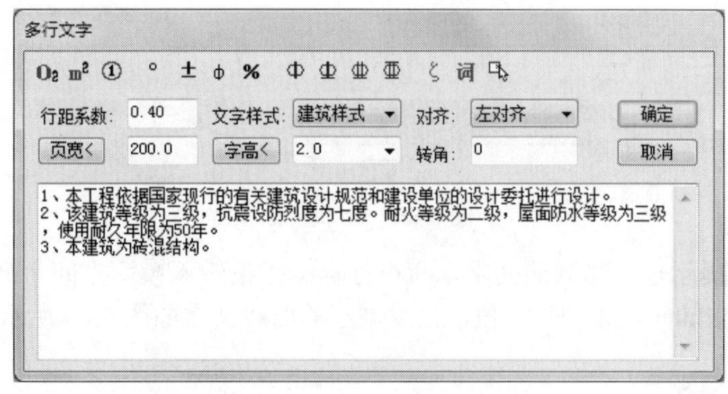

图 5-65 【多行文字】对话框

(2) 单击【多行文字】对话框中的【确定】按钮，在绘图区中选取文字的插入位置，结果如图 5-66 所示。

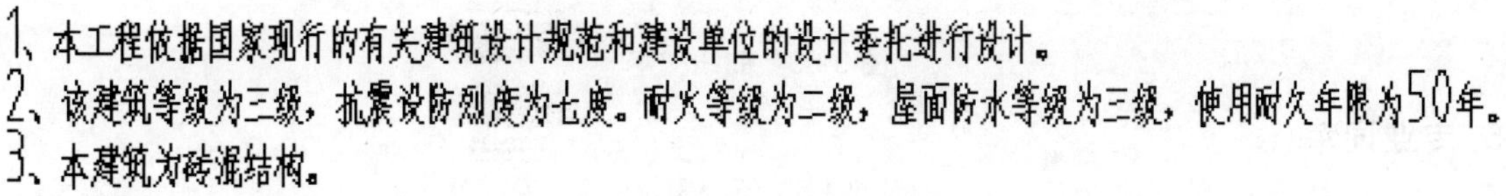

1、本工程依据国家现行的有关建筑设计规范和建设单位的设计委托进行设计。
2、该建筑等级为三级，抗震设防烈度为七度。耐火等级为二级，屋面防水等级为三级，使用耐久年限为50年。
3、本建筑为砖混结构。

图 5-66 创建多行文字

4. 曲线文字

【曲线文字】命令用于创建沿着曲线排列的文字。

在天正建筑软件中调用【曲线文字】命令，然后根据命令行的提示选择相应的选项，选择曲线，设置字高，按 Enter 键即可完成创建曲线文字的操作。

调用【曲线文字】命令有如下两种方法。

- 菜单栏：选择【文字表格】|【曲线文字】菜单命令。
- 命令行：在命令行中输入 QXWZ 命令并按 Enter 键。

创建曲线文字时，首先需要选择创建曲线文字的方式，有“直接写弧线文字”和“按已有曲线布置文字”两种方式可供选择。

下面具体讲解创建曲线文字的方法。

(1) 在如图 5-67 所示的曲线上添加文字。

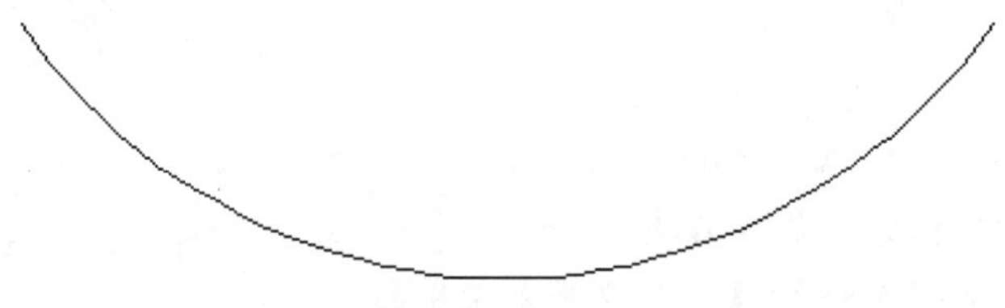

图 5-67　曲线

(2) 在命令行中输入“QXWZ”并按 Enter 键，根据命令行的提示输入“P”，选择【按已有曲线布置文字】选项，并选择文字基线，即文字排列的曲线，如图 5-68 所示。

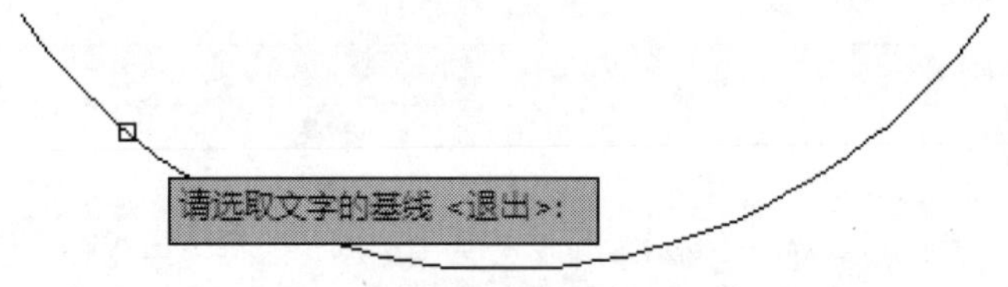

图 5-68　选择基线

(3) 根据命令行的提示输入排列的文字，命令行提示“请键入模型空间字高<500>:”时，输入文字字高数值，或直接按 Enter 键采用默认值，最终创建的曲线文字如图 5-69 所示。

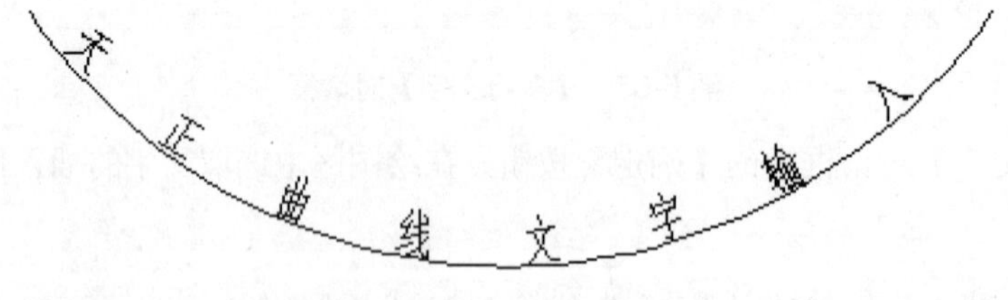

图 5-69　曲线文字

5. 专业词库

专业词库是天正建筑提供给用户的一个建筑专业相关的文字词库，包括做法说明、材料做法、图形名称、室内设施、房间名称、构件名称等内容，用户可以快速调用，以提高绘图的效率。使用【专业词库】命令可以输入、调用或维护专业词库中的词条。

调用【专业词库】命令有如下两种方法。

- 菜单栏：选择【文字表格】|【专业词库】菜单命令。
- 命令行：在命令行中输入 ZYCK 命令并按 Enter 键。

下面具体讲解专业词库的用法。

(1) 修改如图 5-70 所示的文字注释。

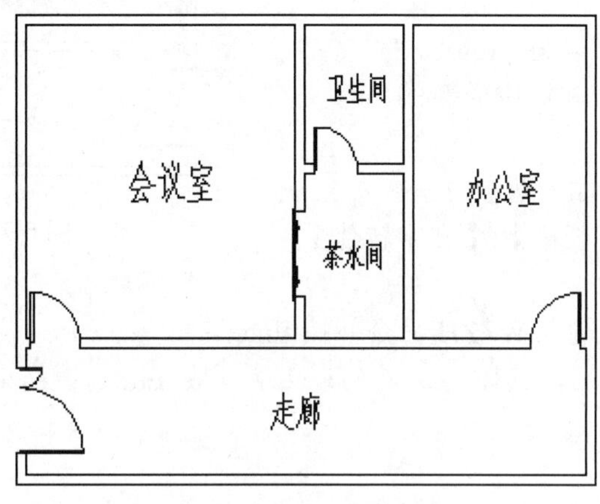

图 5-70　平面图素材

(2) 在命令行中输入 ZYCK 命令并按 Enter 键，在弹出的【专业词库】对话框中选择“主任办公室”文本，并单击【文字替换】按钮，如图 5-71 所示。

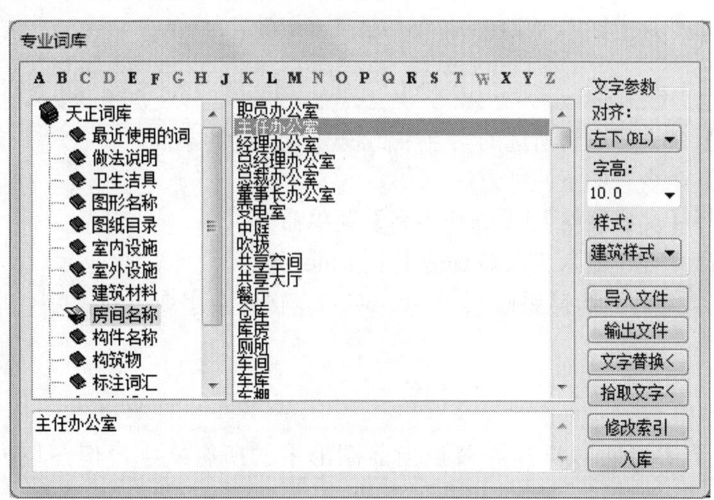

图 5-71　【专业词库】对话框

(3) 在绘图区中单击“会议室”文本，完成文字替换，结果如图 5-72 所示。

6. 转角自纠

【转角自纠】命令用于翻转调整图中单行文字的方向，使其符合制图标准规定的文字方向，同时可以一次选取多个文字对象一起纠正。

调用【转角自纠】命令有如下两种方法。

- 菜单栏：选择【文字表格】|【转角自纠】菜单命令。
- 命令行：在命令行中输入 ZJZJ 命令并按 Enter 键。

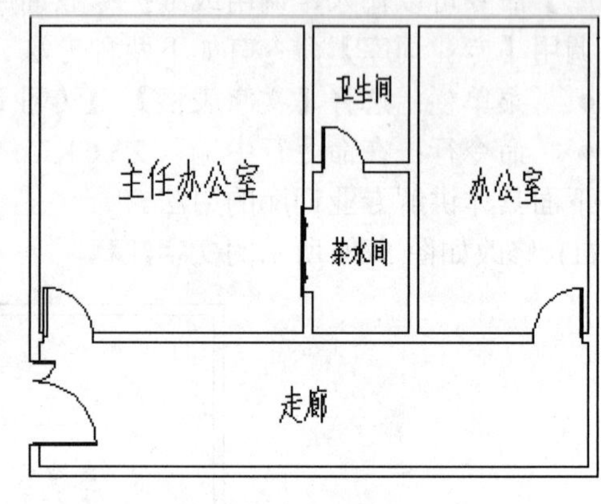

图 5-72 文字替换结果

7. 文字转化

使用【文字转化】命令可以将 AutoCAD 文字转换成天正文字，对其进行合并后生成新的单行文字或多行文字。

调用【文字转化】命令有如下两种方法。

- 菜单栏：选择【文字表格】|【文字转化】菜单命令。
- 命令行：在命令行中输入 WZZH 命令并按 Enter 键。

在调用【文字转化】命令后，选择 AutoCAD 文字，按 Enter 键结束选择，即可完成文字转化的操作。

8. 文字合并

使用【文字合并】命令可以把天正单行文字的段落合并成一个多行文字。

调用【文字合并】命令有如下两种方法。

- 菜单栏：选择【文字表格】|【文字合并】菜单命令。
- 命令行：在命令行中输入 WZHB 命令并按 Enter 键。

9. 统一字高

使用【统一字高】命令可以将所选的文字字高统一为给定的字高。

调用【统一字高】命令有如下两种方法。

- 菜单栏：选择【文字表格】|【统一字高】菜单命令。
- 命令行：在命令行中输入 TYZG 命令并按 Enter 键。

在进行统一字高操作时，选择要修改的 AutoCAD 软件文字或天正文字，即可完成统一字高的操作。

10. 查找替换

使用【查找替换】命令可以查找和替换当前图形中的所有文字，但图块内的文字和属性文字除外。

调用【查找替换】命令有如下两种方法。

- 菜单栏：选择【文字表格】|【查找替换】菜单命令。
- 命令行：在命令行中输入 CZTH 命令并按 Enter 键。

下面具体讲解查找替换的用法。

(1) 对如图 5-73 所示的平面图中的文字进行查找替换。

(2) 在命令行中输入“CZTH”并按 Enter 键，弹出【查找和替换】对话框，单击【查找内容】选项后面的【选择】按钮，在绘图区中选择“办公室”文本，在【替换为】下拉列表框中输入“宿舍”文本，如图 5-74 所示。

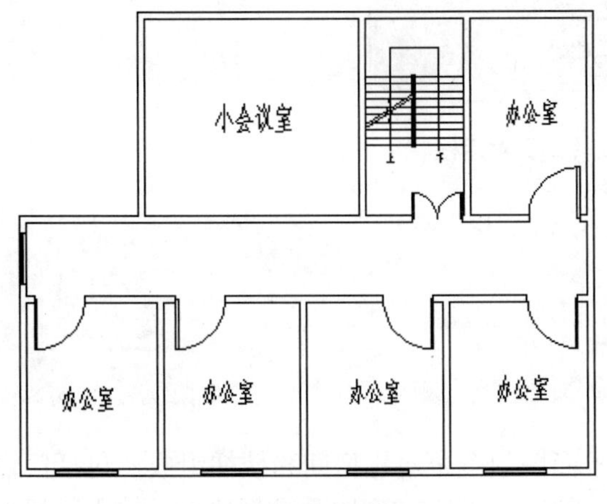

图 5-73 平面图素材

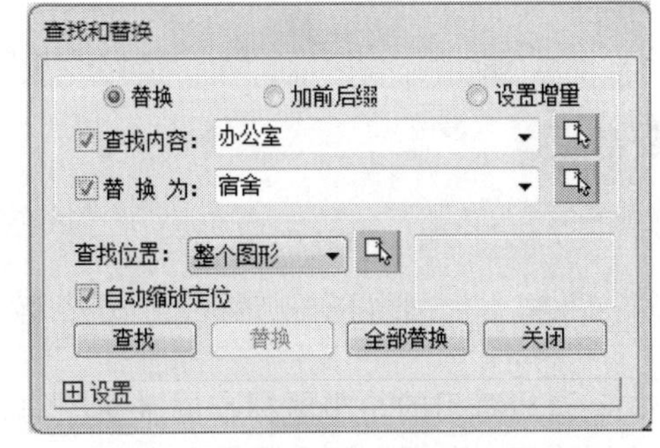

图 5-74 【查找和替换】对话框

(3) 单击【查找和替换】对话框中的【全部替换】按钮，在弹出的【查找替换】对话框中单击【确定】按钮，如图 5-75 所示。

(4) 图形中的“办公室”文本即替换为“宿舍”文本，如图 5-76 所示。

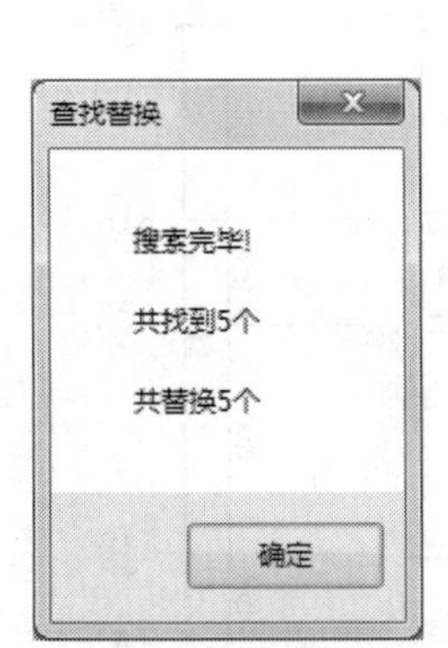

图 5-75 【查找替换】对话框

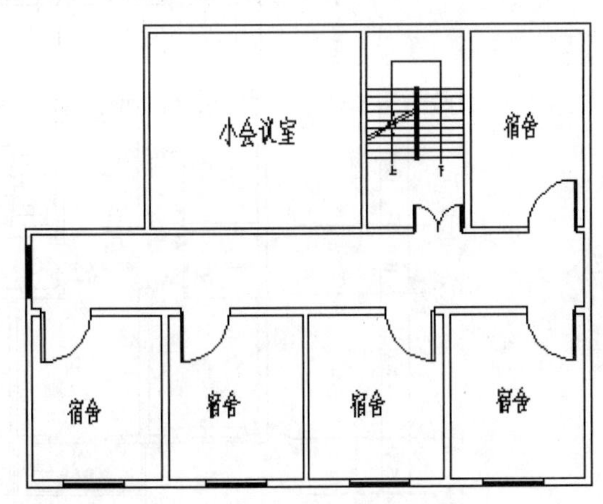

图 5-76 查找替换

11. 繁简转换

【繁简转换】命令用于将当前图档的内码在 Big5 与 GB 之间转换。

调用【繁简转换】命令有如下两种方法。

- 菜单栏：选择【文字表格】|【繁简转换】菜单命令。
- 命令行：在命令行中输入 FJZH 命令并按 Enter 键。

在进行繁简转换时，会弹出【繁简转换】对话框，如图 5-77 所示，设置相关参数后，单击【确定】按钮，然后在绘图区选择需要转换的文字并按 Enter 键，即可完成文本的繁简转换。

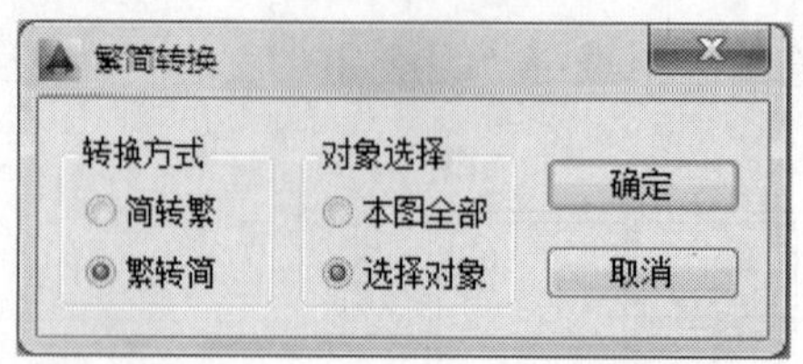

图 5-77 【繁简转换】对话框

课后练习

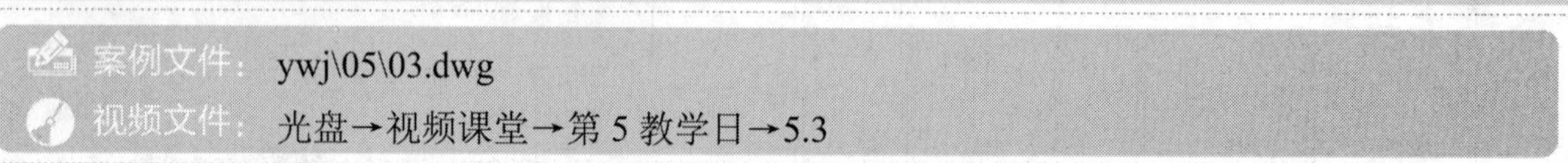

本节课后练习的是小区标准层平面图的绘制，平面图由多个对称房间和楼梯组成，包括门窗、阳台等建筑特征，最后标注有尺寸和文字，比例为 1∶100，如图 5-78 所示是创建完成的小区标准层平面图。

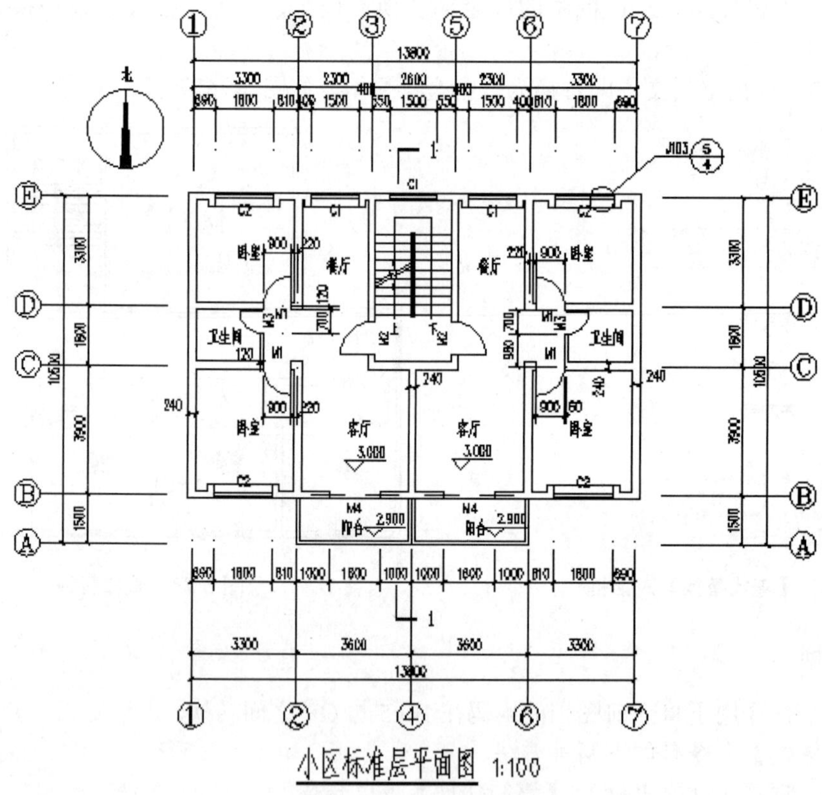

图 5-78 小区标准层平面图

本节案例主要练习了小区标准层平面图的绘制过程，首先绘制轴网，之后绘制墙体，再添加门窗、楼梯、阳台等附属特征，接着创建文字和标注，小区标准层平面图的思路和步骤如图 5-79 所示。

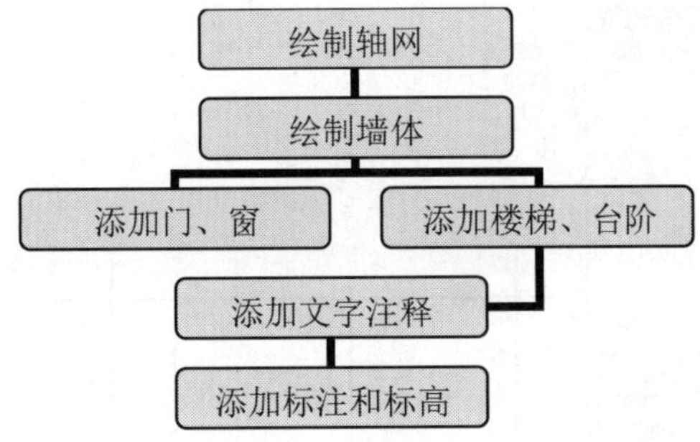

图 5-79　小区标准层平面图的创建思路和步骤

练习案例操作步骤如下。

step 01 首先绘制轴网。选择【轴网柱子】|【绘制轴网】菜单命令，弹出【绘制轴网】对话框，选中【上开】单选按钮，在列表框的【间距】列中分别输入间距值 3300、2300、2600、2300 和 3300，如图 5-80 所示。

step 02 在【绘制轴网】对话框中，选中【下开】单选按钮，在列表框的【间距】列中分别输入间距值 3300、3600、3600 和 3300，如图 5-81 所示。

图 5-80　输入上开间距

图 5-81　输入下开间距

step 03 在【绘制轴网】对话框中，选中【左进】单选按钮，在列表框的【间距】列中分别输入间距值 1500、3900、1800 和 3300，并单击绘图区放置轴网，如图 5-82 所示。

step 04 选择【轴网柱子】|【轴网标注】菜单命令，弹出【轴网标注】对话框，选中【双侧标注】单选按钮，选择起始轴线和结束轴线来标注垂直轴线，如图 5-83 所示。

step 05 以同样的方法标注水平轴线，完成轴网的绘制，如图 5-84 所示。

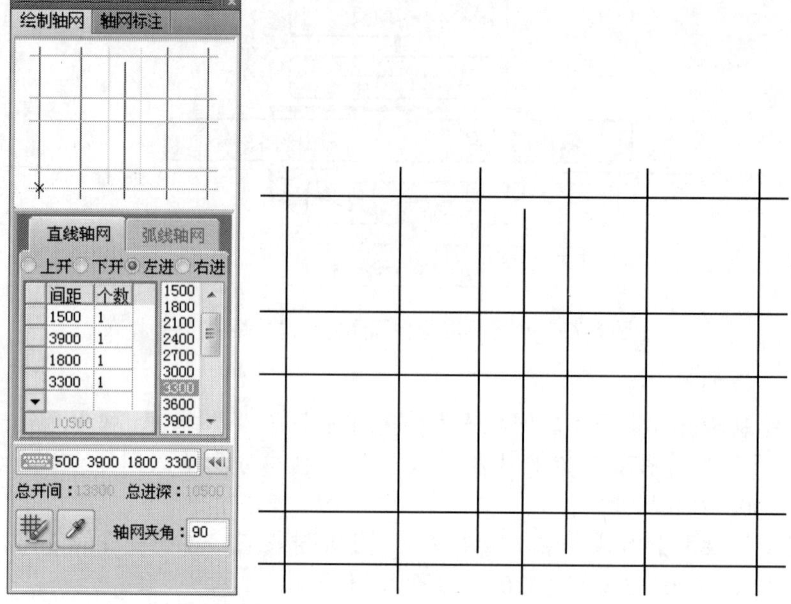

图 5-82 输入左进间距并添加轴网

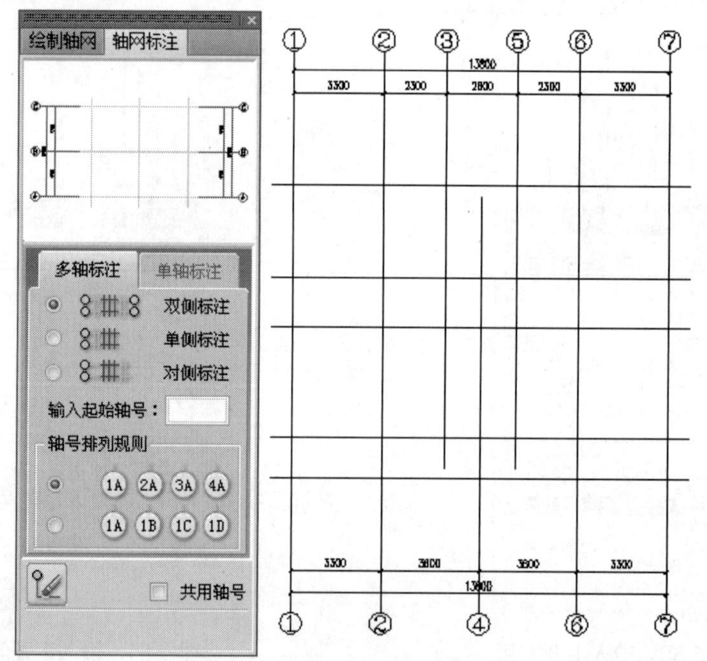

图 5-83 标注垂直轴网

step 06 接着创建墙体。选择【墙体】|【绘制墙体】菜单命令，弹出【墙体】对话框，在【墙宽】微调框中输入 240，在【用途】下拉列表框中选择【外墙】选项，并在绘图区域绘制平面图的外墙，如图 5-85 所示。

step 07 在【墙体】对话框的【用途】下拉列表框中选择【内墙】选项，绘制平面图的内墙，如图 5-86 所示。

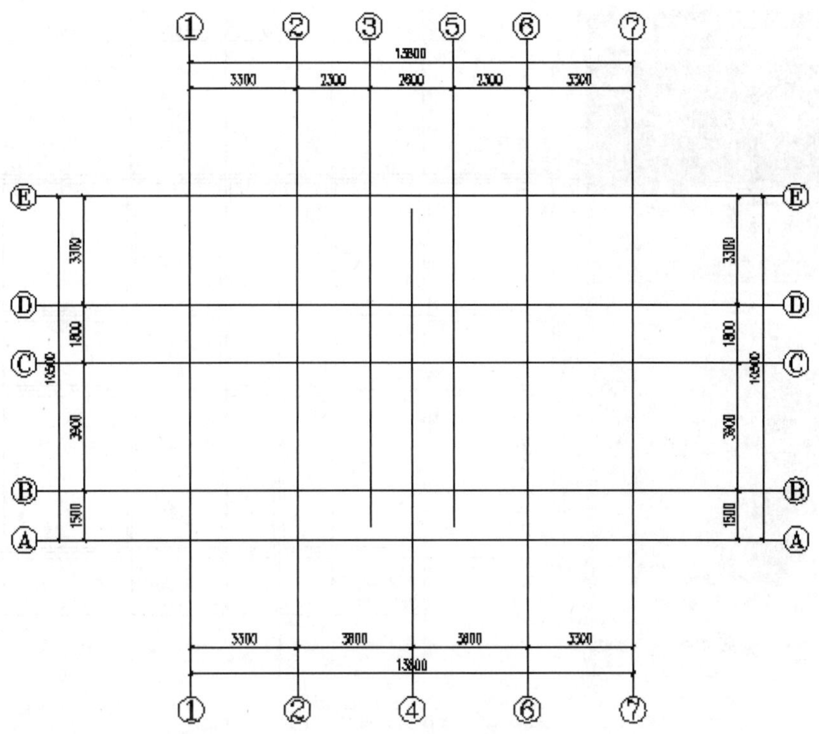

图 5-84　标注出水平轴号

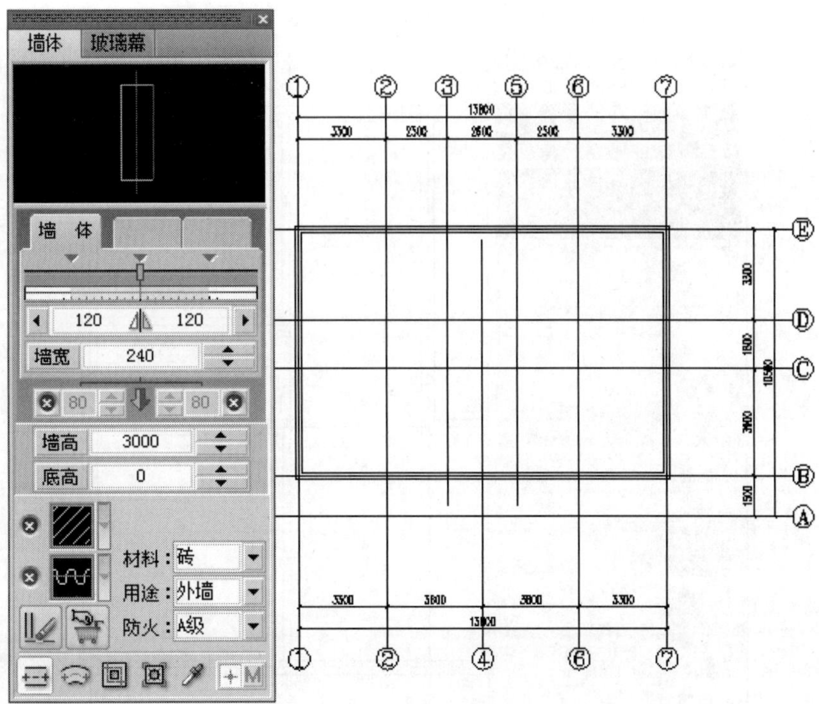

图 5-85　绘制平面图的外墙

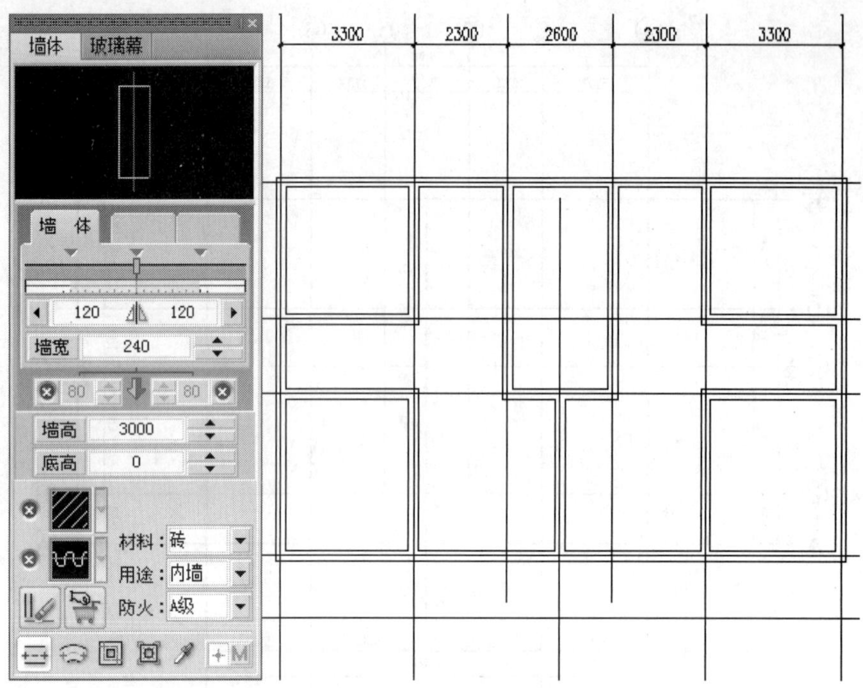

图 5-86　绘制平面图的内墙

step 08 在【墙体】对话框的【墙宽】微调框中输入 120，在【用途】下拉列表框中选择【分户】选项，绘制平面图右侧区域的分户墙，如图 5-87 所示。

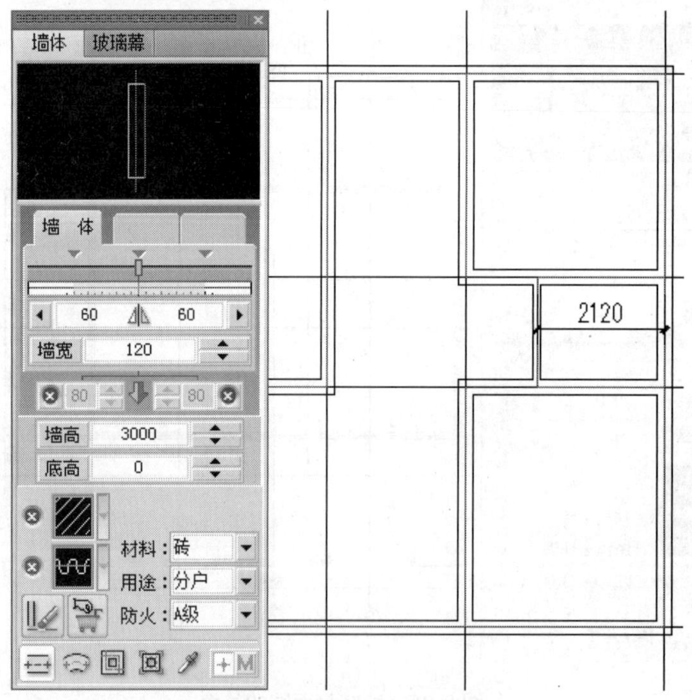

图 5-87　绘制平面图中的分户墙

step 09 单击修改工具栏中的【镜像】按钮，镜像复制分户墙至如图 5-88 所示的位置，完成墙体的创建。

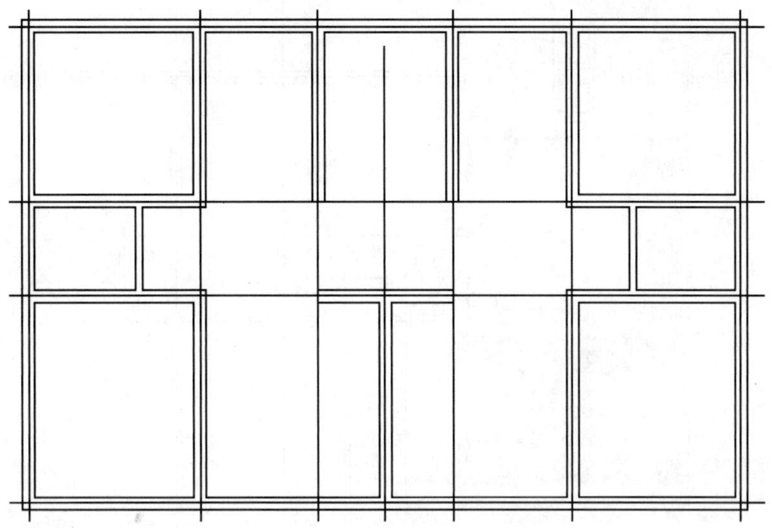

图 5-88 镜像复制分户墙

step 10 继续创建门窗、阳台、楼梯。选择【门窗】|【新门】菜单命令，弹出【门】对话框，在【门宽】微调框中输入 900，在【编号】下拉列表框中输入 M1，在【类型】下拉列表框中选择【普通门】选项，在【材料】下拉列表框中选择【木复合】选项，并在绘图区域添加多个宽为 900 的门，如图 5-89 所示。

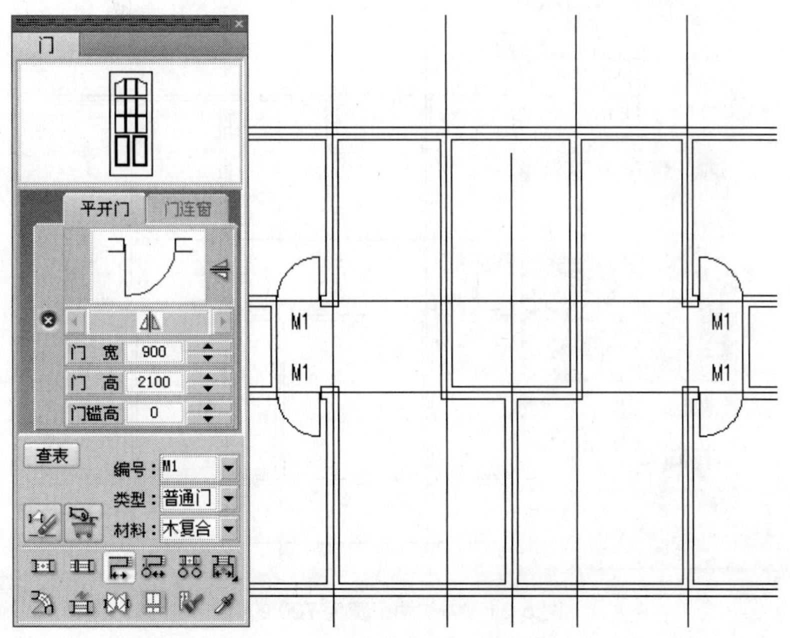

图 5-89 添加多个宽为 900 的门

step 11 在【门】对话框的【门宽】微调框中输入 1000，在【编号】下拉列表框中输入 M2，并在绘图区域添加两个宽为 1000 的门，如图 5-90 所示。

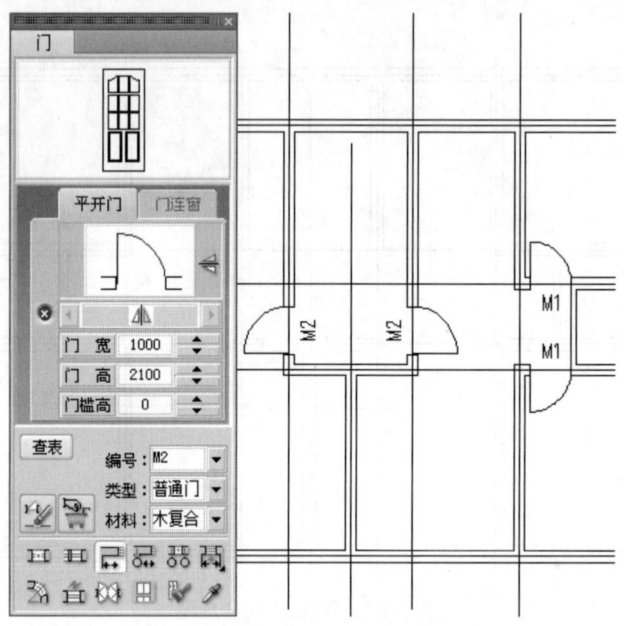

图 5-90　添加两个宽为 1000 的门

step 12 在【门】对话框的【门宽】微调框中输入 700，在【编号】下拉列表框中输入 M3，并在绘图区域添加两个宽为 700 的门，如图 5-91 所示。

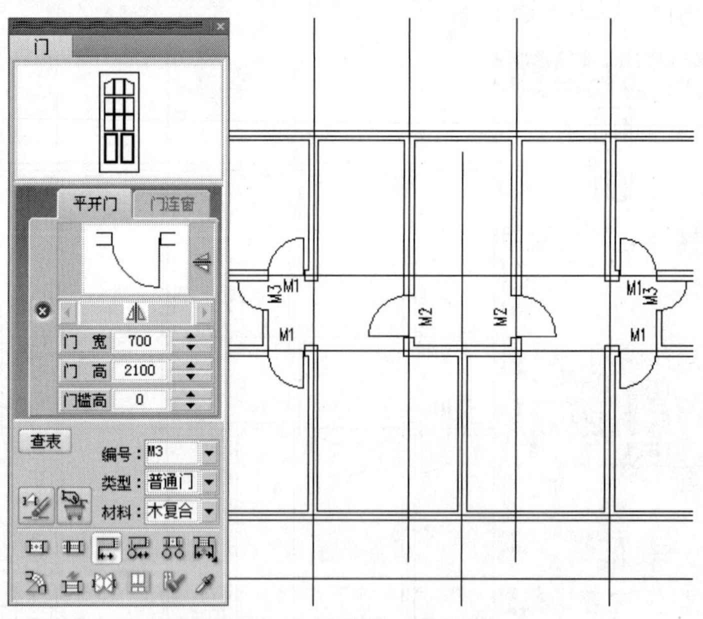

图 5-91　添加两个宽为 700 的门

step 13 在【门】对话框中，单击门样式立面图，弹出【天正图库管理系统】窗口，选择【双扇推拉门】选项，如图 5-92 所示。

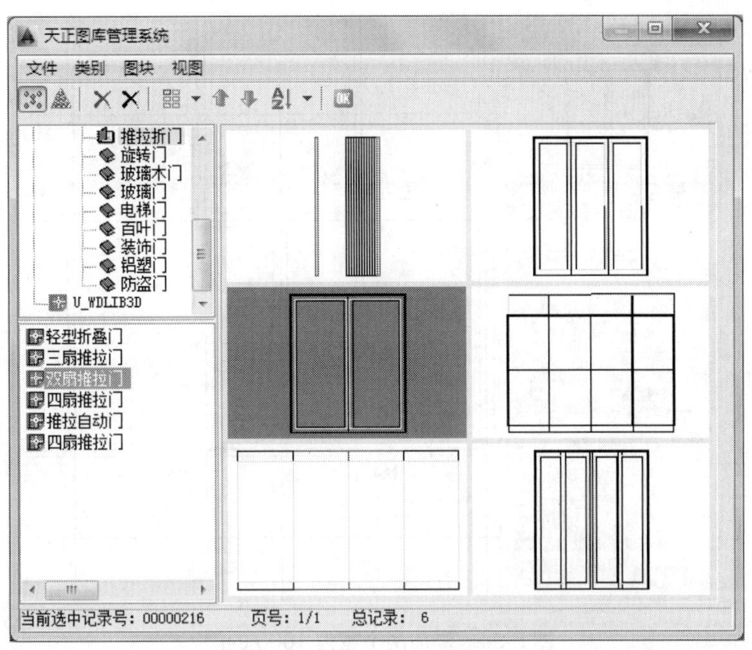

图 5-92 选择门的立面样式

step 14 在【门】对话框中，单击门样式平面图，弹出【天正图库管理系统】窗口，选择【墙中双扇推拉门】选项，如图 5-93 所示。

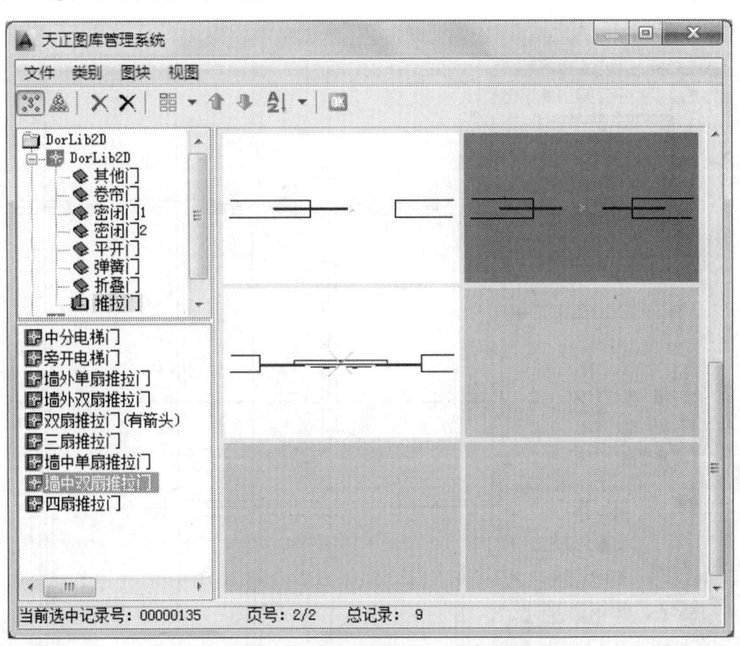

图 5-93 选择门的平面样式

step 15 在【门】对话框的【门宽】微调框中输入 1600，在【编号】下拉列表框中输入 M4，并在绘图区域添加两个宽为 1600 的门，如图 5-94 所示。

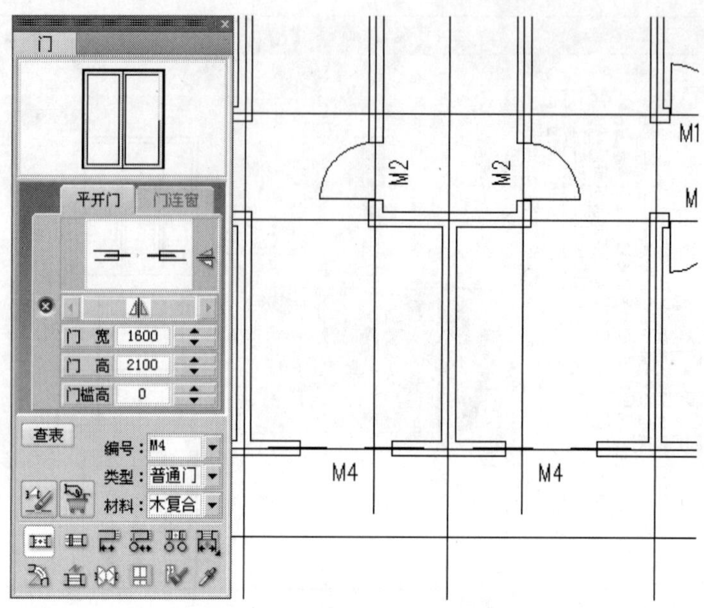

图 5-94　添加两个宽为 1600 的门

step 16 选择【门窗】|【新窗】菜单命令，弹出【窗】对话框，在【窗宽】微调框中输入 1500，在【编号】下拉列表框中输入 C1，在【类型】下拉列表框中选择【普通窗】选项，在【材料】下拉列表框中选择【木复合】选项，并在绘图区域添加三个宽为 1500 的窗户，如图 5-95 所示。

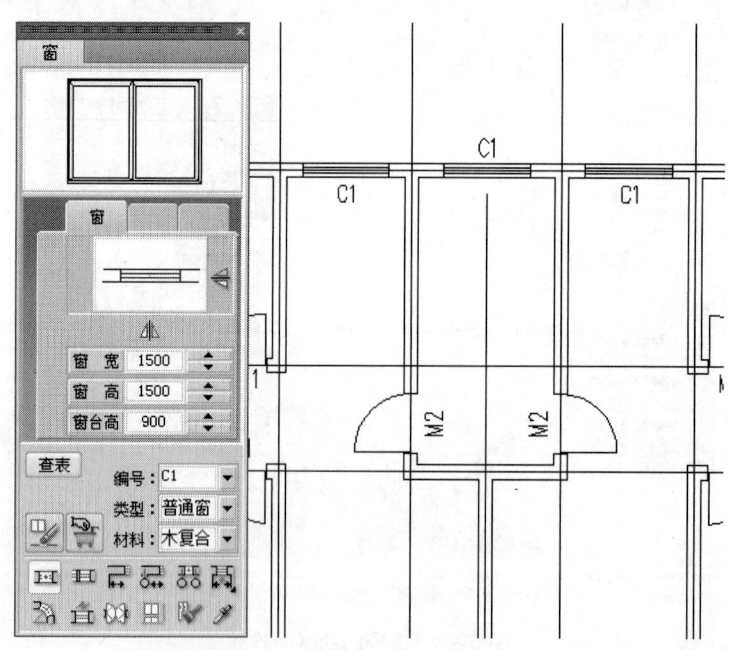

图 5-95　添加三个宽为 1500 的窗户

step 17 在【窗】对话框的【窗宽】微调框中输入 1800，在【编号】下拉列表框中输入 C2，并在绘图区域添加多个宽为 1800 的窗户，如图 5-96 所示。

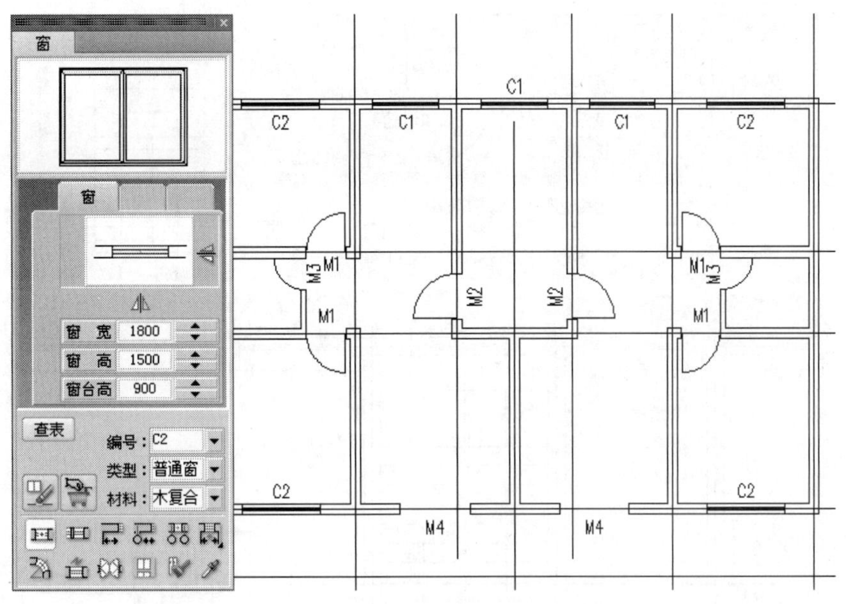

图 5-96　添加多个宽为 1800 的窗户

step 18 选择【门窗】|【门窗工具】|【门窗套】菜单命令，弹出【门窗套】对话框，使用默认参数，并在平面图中添加门窗套，如图 5-97 所示。

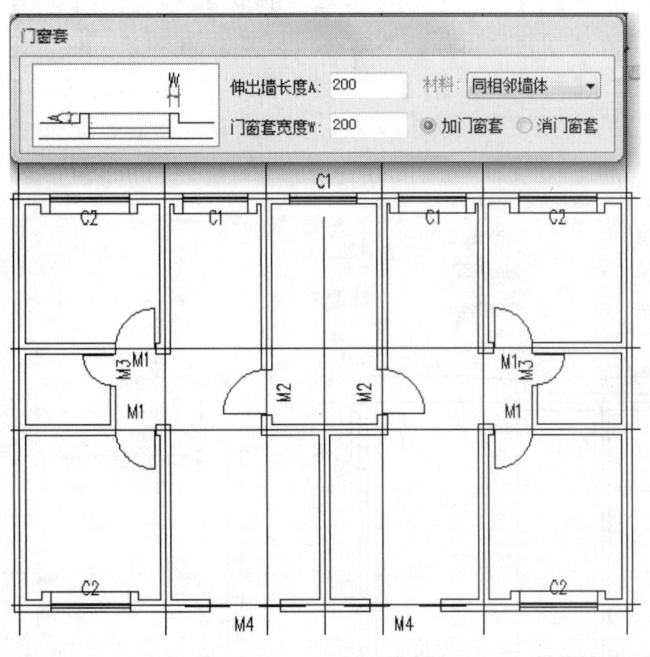

图 5-97　添加门窗套

step 19 选择【楼梯其他】|【双跑楼梯】菜单命令，弹出【双跑楼梯】对话框，在【梯间宽】文本框中输入 2360，在【平台宽度】文本框中输入 1000，并在绘图区域添加双跑楼梯，如图 5-98 所示。

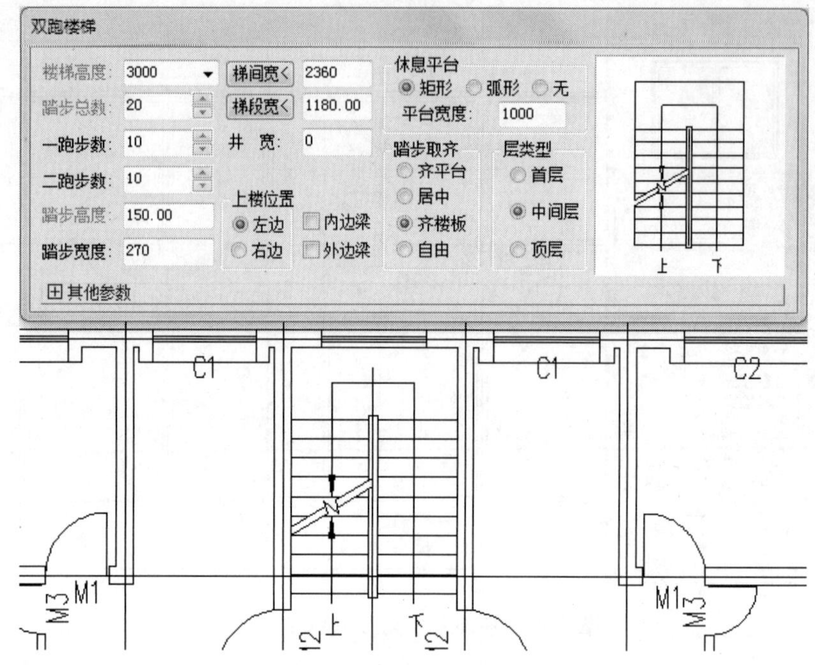

图 5-98 添加双跑楼梯

step 20 选择【楼梯其他】|【阳台】菜单命令，弹出【绘制阳台】对话框，选择【矩形三面阳台】类型，并在绘图区域添加两个阳台，如图 5-99 所示。

step 21 选择【门窗】|【门窗工具】|【门口线】菜单命令，弹出【门口线】对话框，选中【单侧】单选按钮，并在平面图中添加门口线，完成门窗、阳台、楼梯的创建，如图 5-100 所示。

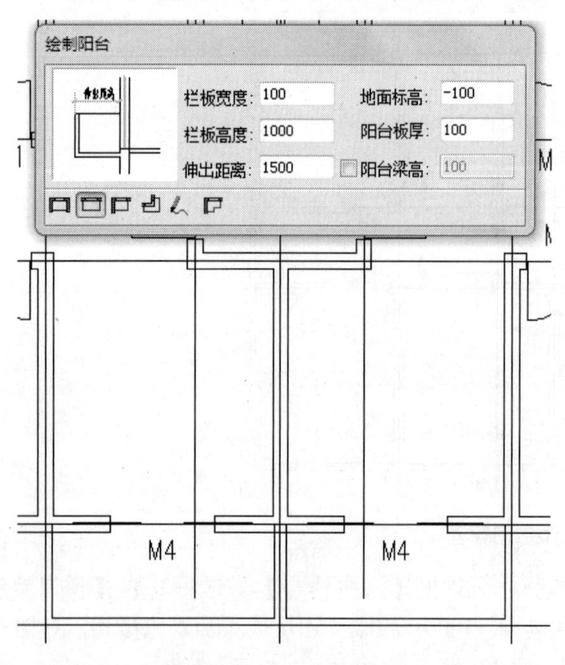

图 5-99 添加两个阳台

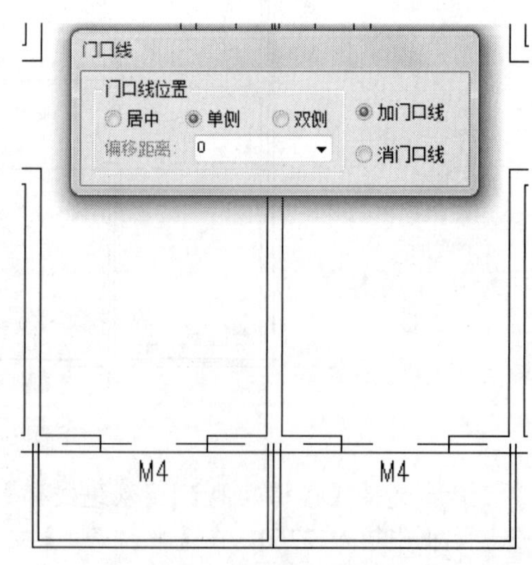

图 5-100 添加门口线

step 22 最后添加文字和标注。选择【文字表格】|【单行文字】菜单命令，弹出【单行文字】对话框，在【字高】下拉列表框中输入 5.0，输入文字“客厅”，并单击绘图区域放置文字，如图 5-101 所示。

step 23 单击修改工具栏中的【复制】按钮，复制多个文字至如图 5-102 所示位置。

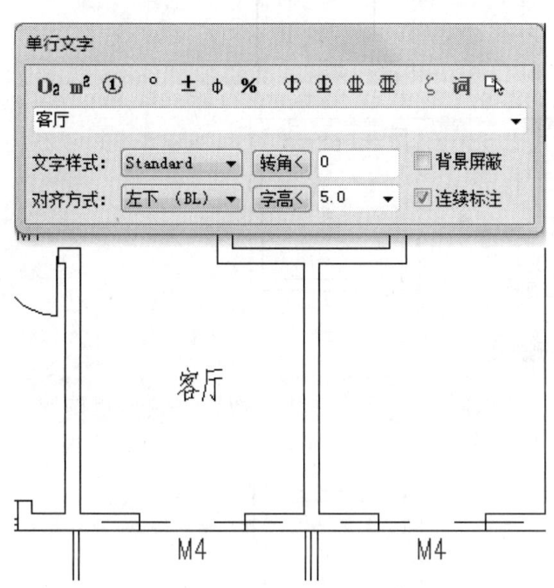

图 5-101　添加文字注释

图 5-102　复制多个文字

step 24 双击文字修改文字内容，如图 5-103 所示。

step 25 单击修改工具栏中的【镜像】按钮，镜像复制文字至平面图右侧，如图 5-104 所示。

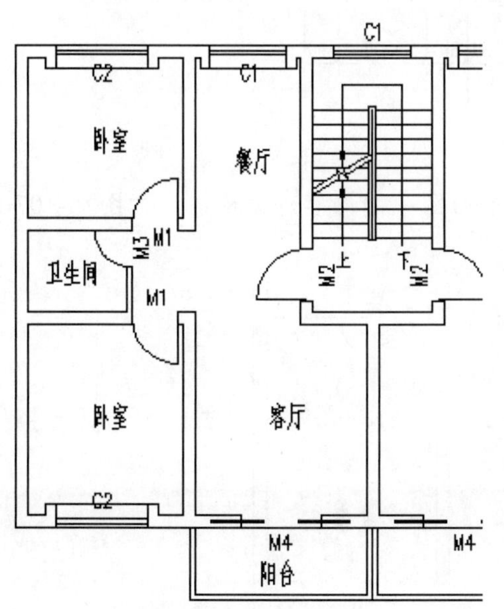

图 5-103　修改文字内容

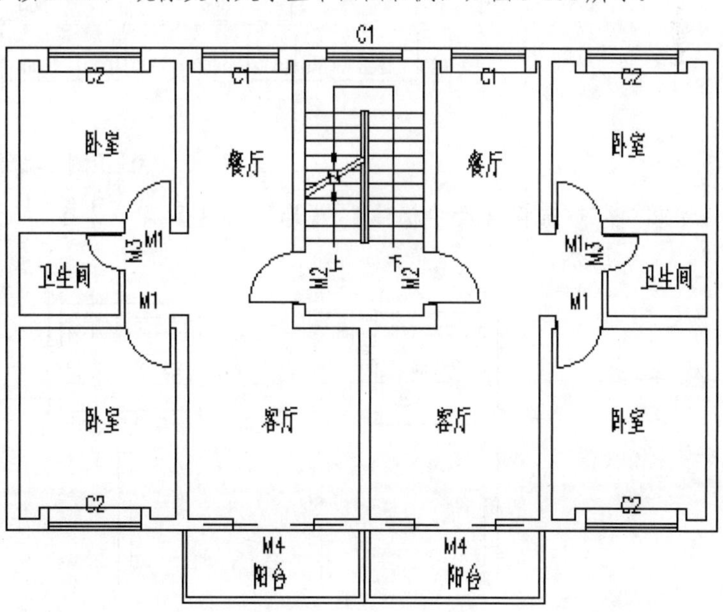

图 5-104　镜像复制文字

step 26 选择【尺寸标注】|【门窗标注】菜单命令，对平面图上侧外墙的窗户进行标注，如图 5-105 所示。

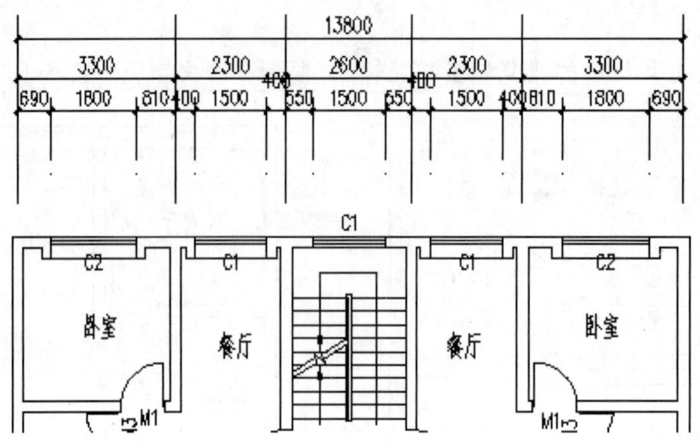

图 5-105　标注上侧外墙窗户

step 27 选择【尺寸标注】|【门窗标注】菜单命令，以同样的方法标注平面图下侧外墙的窗户，如图 5-106 所示。

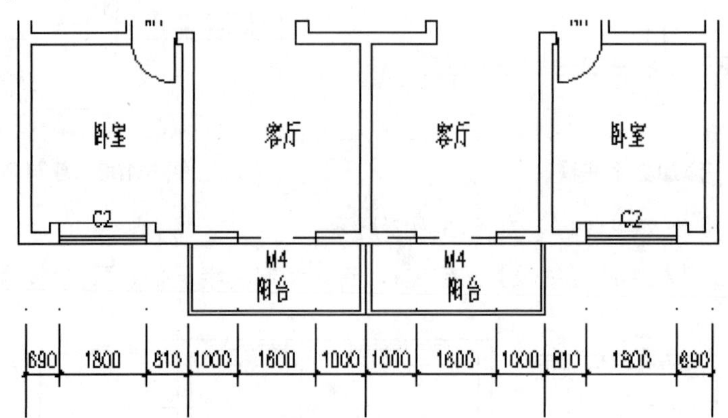

图 5-106　标注下侧外墙窗户

step 28 选择【尺寸标注】|【墙厚标注】菜单命令，对平面图中的墙厚进行标注，如图 5-107 所示。

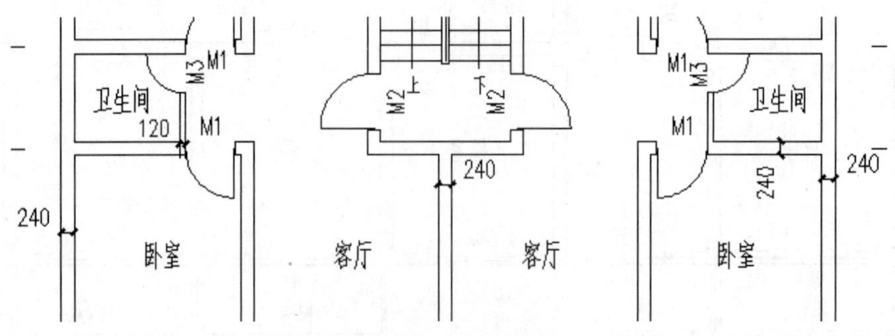

图 5-107　标注墙厚

step 29 选择【尺寸标注】|【内门标注】菜单命令，对平面图中的内门进行标注，如图 5-108 所示。

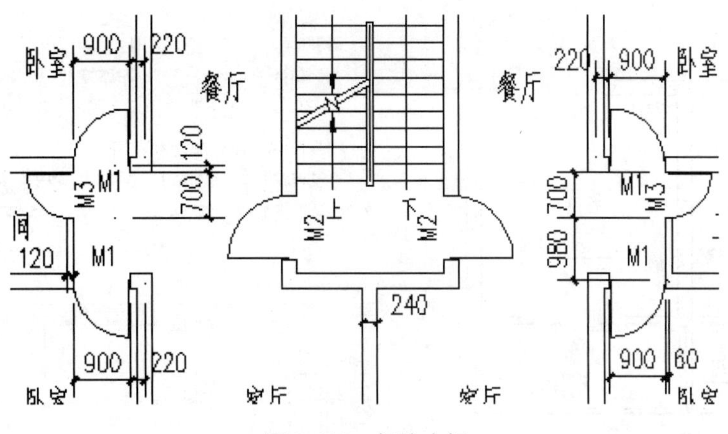

图 5-108　标注内门

step 30 选择【符号标注】|【标高标注】菜单命令，弹出【标高标注】对话框，选中【手工输入】复选框，在【楼层标高】列表框中输入 3.000，在【字高】下拉列表框中输入 3.5，并单击绘图区域放置标高，如图 5-109 所示。

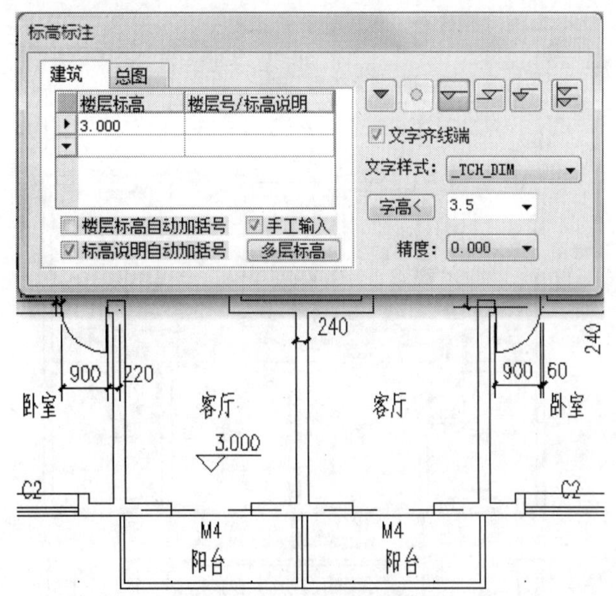

图 5-109　添加标高

step 31 以同样的方法完成平面图中的其他标高，结果如图 5-110 所示。

step 32 选择【符号标注】|【索引符号】菜单命令，弹出【索引符号】对话框，在【索引编号】下拉列表框中输入 5，在【索引图号】文本框中输入 4，在【上标文字】下拉列表框中输入 J103，并在平面图中添加索引，如图 5-111 所示。

step 33 选择【符号标注】|【剖切符号】菜单命令，弹出【剖切符号】对话框，在【字高】下拉列表框中输入 5.0，并在平面图中添加剖切符号，如图 5-112 所示。

240
220
客厅
3.000
客厅
3.000
M4
阳台
2.900
M4
阳台
2.900

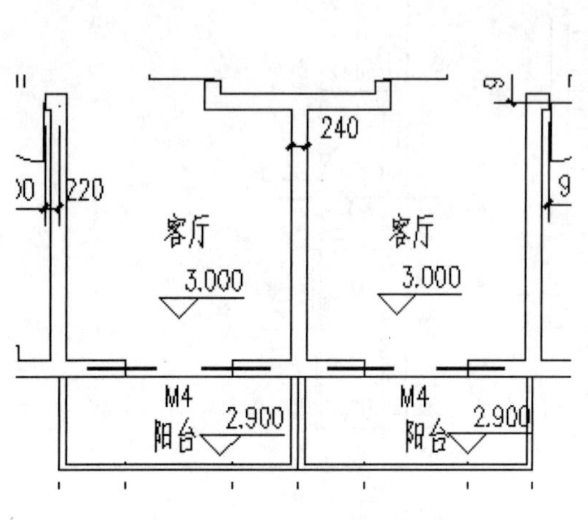

图 5-110　添加所有标高

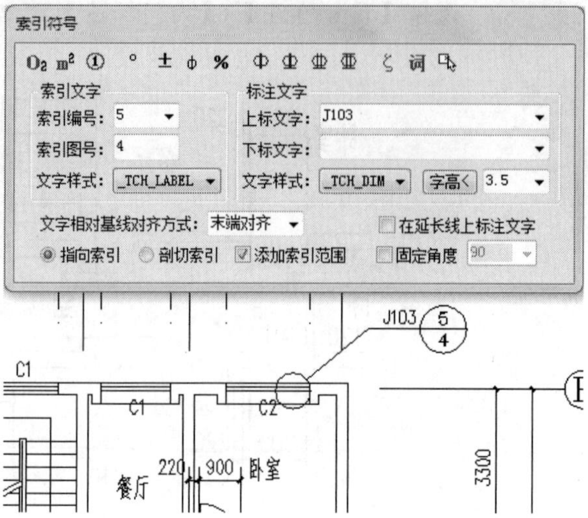

索引符号
索引文字
索引编号: 5
索引图号: 4
文字样式: _TCH_LABEL
标注文字
上标文字: J103
下标文字:
文字样式: _TCH_DIM
字高<
3.5
文字相对基线对齐方式: 末端对齐
在延长线上标注文字
指向索引
剖切索引
添加索引范围
固定角度
90
J103
5
4
C1
C1
C2
220
900
卧室
餐厅
3300

图 5-111　添加索引

剖切符号
剖切编号: 1
剖面图号: 1
文字样式: _TCH_LABEL
标注位置: 两端
标注方向: 沿剖切位置线
字高<
5.0
字高<
3.5
文字样式: _TCH_DIM
1
C1
C2
C1
C1
C2
卧室
餐厅
餐厅
卧室
卫生间
卫生间
卧室
客厅
客厅
卧室
3.000
3.000
C2
C2
M4
阳台
2.900
M4
阳台
2.900
690
1800
810
1000
1600
1000
1000
1600
1000
810
1800
690
1

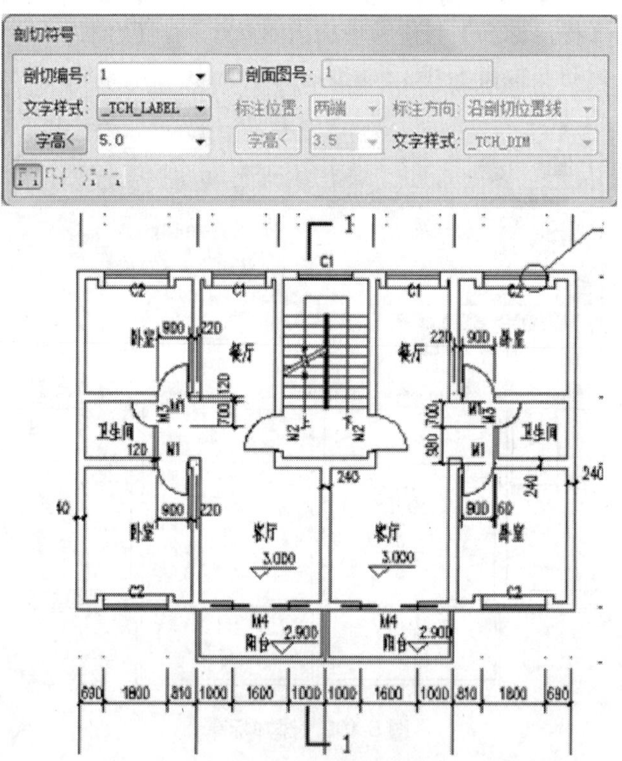

图 5-112　添加剖切符号

step 34 选择【符号标注】|【画指北针】菜单命令，在绘图区域单击放置指北针，如图 5-113 所示。

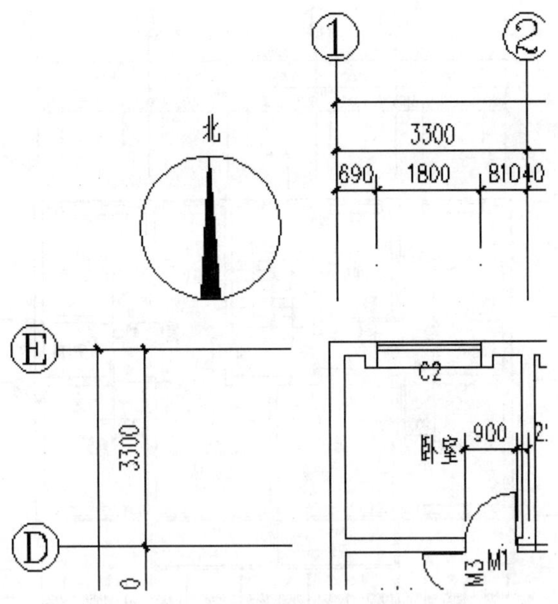

图 5-113　添加指北针

step 35 选择【符号标注】|【图名标注】菜单命令，弹出【图名标注】对话框，输入“小区标准层平面图”，在两个【字高】下拉列表框中分别输入 10.0、7.0，并单击绘图区放置图名，完成文字和标注的添加，如图 5-114 所示。

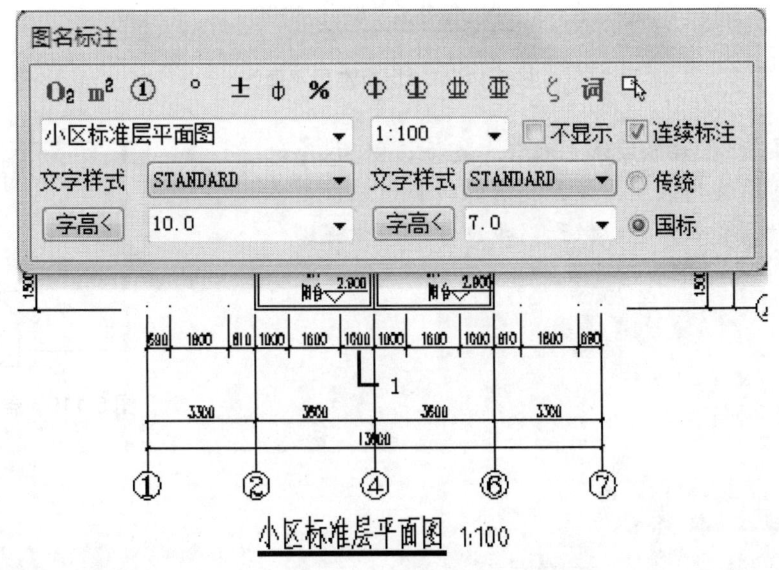

图 5-114　添加图名

step 36 完成的小区标准层平面图如图 5-115 所示。

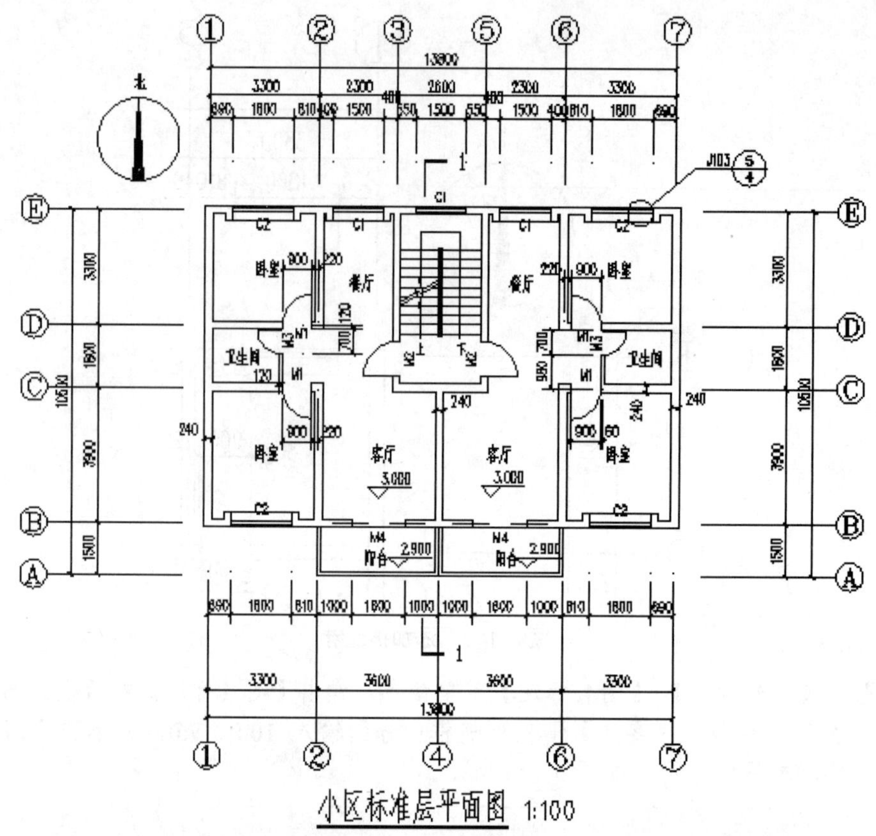

图 5-115　小区标准层平面图

建筑设计实践：整体式建筑宜采用土建与装修、设备一体化设计。同时将室内装修与设备安装的施工组织计划于主体结构施工计划有效结合，做到同步设计、同步施工，以缩短施工周期。如图 5-116 所示是包括室内布局的居室平面图。

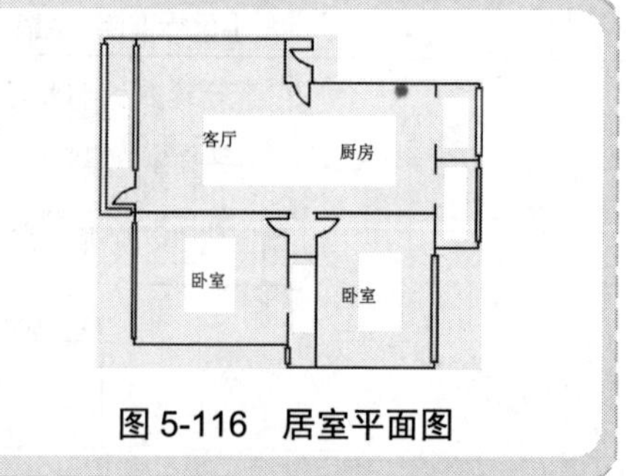

图 5-116　居室平面图

第4课 2课时 表格操作

表格可以说明多种同类物体的不同参数，在建筑绘图中经常使用。天正建筑软件中的表格工具是 AutoCAD 软件表格工具的完善和扩充，可以快速地创建符合建筑制图需要的表格。本课将介绍表格工具的使用方法。

5.4.1 新建表格

行业知识链接：在正规的图纸上，标题栏和表格的格式和尺寸应按照 GB10609.1—89 的规定绘制，如图 5-117 所示是建筑图明细表。

序号	名称	代号
1	板	B
2	屋面板	WB
3	空心板	KB
4	折板	ZB
5	密肋板	MB

图 5-117　建筑图明细表

1. 新建表格

使用【新建表格】命令可以快速绘制新表格。

调用【新建表格】命令有如下两种方法。

- 菜单栏：选择【文字表格】|【新建表格】菜单命令。
- 命令行：在命令行中输入 XJBG 命令并按 Enter 键。

调用【新建表格】命令后，在弹出的【新建表格】对话框中设置行列数量和行高、列宽参数，单击【确定】按钮，然后在绘图区选取表格的插入点，即可完成新建表格的操作。

下面具体讲解新建表格的方法。

(1) 在命令行中输入 XJBG 命令并按 Enter 键，在弹出的【新建表格】对话框中设置参数，如图 5-118 所示。

(2) 单击【新建表格】对话框中的【确定】按钮，在绘图区选取表格的插入点，即可创建表格，如图 5-119 所示。

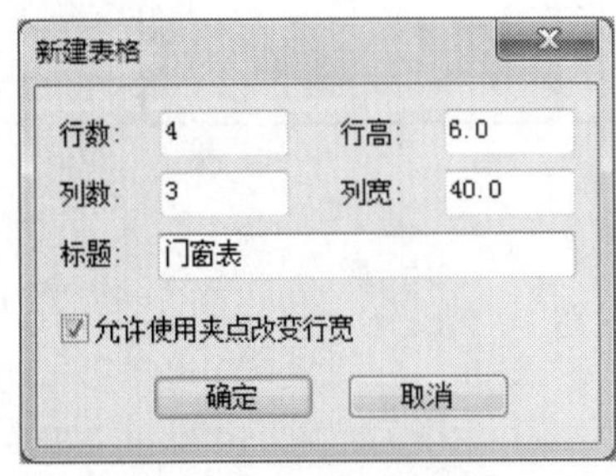

图 5-118　【新建表格】对话框

门窗表		

图 5-119　新建表格

2. 转出 Word

【转出 Word】命令用于将表格对象的内容输出到 Word 文档中，以供用户制作报告文件。

选择【文字表格】|【转出 Word】菜单命令，在绘图区中选择表格对象，并按 Enter 键，即可将选定的表格内容输出到 Word 文档中。

3. 转出 Excel

【转出 Excel】命令用于将表格对象的内容输出到 Excel 文档中，以供用户在其中进行统计和打印。选择【文字表格】|【转出 Excel】菜单命令，在绘图区中选择表格对象，即可将选定的表格内容

输出到 Excel 文档中。

4. 读入 Excel

【读入 Excel】命令用于将当前 Excel 表单中选中的数据更新到指定的天正表格中，支持 Excel 中保留的小数位数，当用户打开了一个 Excel 文件，并框选要输出表格的范围后时，在天正建筑软件中，选择【文字表格】|【读入 Excel】菜单命令，会弹出 AutoCAD 信息提示框，单击【是(Y)】按钮，最后指定表格左上角位置即可创建表格。在没有打开 Excel 文件的前提下，系统会提示用户打开一个 Excel 文件并框选要复制的范围。

5.4.2 编辑表格

行业知识链接：标题栏用来填写图纸名称、所用材料、图形比例、图号、单位名称及设计、审核、批准等有关人员的签字。每张图纸的右下角都应有标题栏。如图 5-120 所示是一个标准的标题栏尺寸。

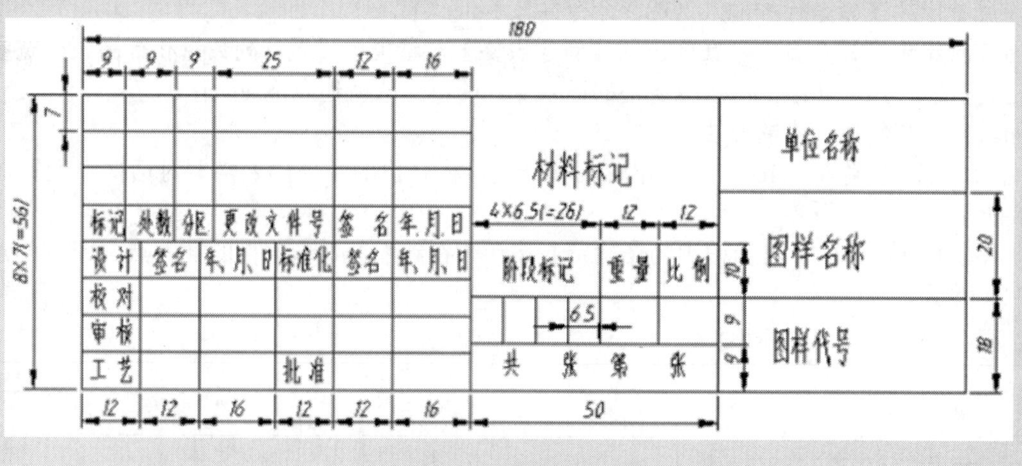

图 5-120 标题栏尺寸

1. 全屏编辑

使用【全屏编辑】命令可以对表格的内容进行表行(或表列)或单元格内容编辑。

调用【全屏编辑】命令有如下两种方法。

- 菜单栏：选择【文字表格】|【表格编辑】|【全屏编辑】菜单命令。
- 命令行：在命令行中输入 QPBJ 命令并按 Enter 键。

在进行全屏编辑时，首先命令行提示用户选择需要编辑的表格，然后弹出【表格内容】对话框，用户就可以像使用 Excel 一样对表格进行各类编辑操作，如修改单元格内容、增加/删除行/列等。在对话框中单击鼠标右键，在弹出的快捷菜单中选择相应的编辑命令即可。

下面具体讲解全屏编辑表格的方法。

(1) 创建如图 5-121 所示的门窗表。

门窗表

类型	设计编号	洞口尺寸(mm)	数量	图集名称	页次	选用型号	备注
普通门	M1	900X2100	12				
	M2	1100X2100	12				
	M-1	900X2100	5				
	M-2	700X2100	1				
普通窗	C1	2000X1500	8				
	C2	1500X1500	9				
	C-1	2500X1500	1				
	C-2	1500X1500	8				
	C-3	1160X1500	1				
	C-4	1000X1500	1				

图 5-121 【门窗表】表格

(2) 在命令行中输入 QPBJ 命令并按 Enter 键，根据命令行提示选择表格。在弹出的【表格内容】对话框中选择要编辑的单元，单击鼠标右键，在弹出的快捷菜单中选择【删除列】命令，如图 5-122 所示。

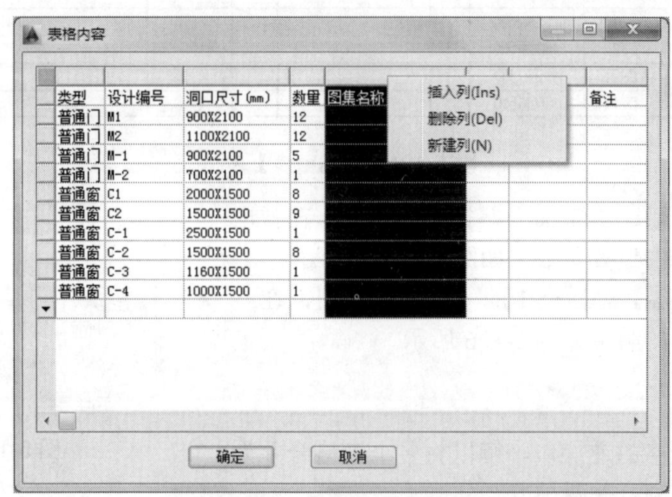

图 5-122 【表格内容】对话框

(3) 单击【表格内容】对话框中的【确定】按钮，编辑表格的结果如图 5-123 所示。

门窗表

类型	设计编号	洞口尺寸(mm)	数量	页次	选用型号	备注
普通门	M1	900X2100	12			
	M2	1100X2100	12			
	M-1	900X2100	5			
	M-2	700X2100	1			
普通窗	C1	2000X1500	8			
	C2	1500X1500	9			
	C-1	2500X1500	1			
	C-2	1500X1500	8			
	C-3	1160X1500	1			
	C-4	1000X1500	1			

图 5-123 编辑结果

2. 拆分表格

使用【拆分表格】命令可以将表格分为多个子表格，有【行拆分】和【列拆分】两种方式。

调用【拆分表格】命令有如下两种方法。

- 菜单栏：选择【文字表格】|【表格编辑】|【拆分表格】菜单命令。
- 命令行：在命令行中输入 CFBG 命令并按 Enter 键。

下面具体讲解拆分表格的方法。

(1) 把如图 5-124 所示的门窗表格进行拆分。

门窗表

类型	设计编号	洞口尺寸(mm)	数量	图集名称	页次	选用型号	备注
普通门	M1	900X2100	12				
	M2	1100X2100	12				
	M-1	900X2100	5				
	M-2	700X2100	1				
普通窗	C1	2000X1500	8				
	C2	1500X1500	9				
	C-1	2500X1500	1				
	C-2	1500X1500	8				
	C-3	1160X1500	1				
	C-4	1000X1500	1				

图 5-124 【门窗表】表格

(2) 在命令行中输入 CFBG 命令并按 Enter 键，在弹出的【拆分表格】对话框中设置参数，如图 5-125 所示。

(3) 单击【拆分表格】对话框中的【拆分】按钮，在绘图区中选择表格，拆分的结果如图 5-126 所示。

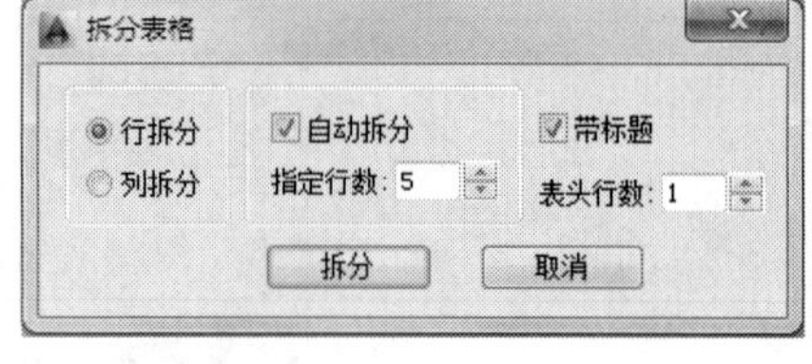

图 5-125 设置参数

3. 合并表格

合并表格是拆分表格的逆操作，可以将多个表格合并为一个表格，有行合并和列合并两种方式。

门窗表

类型	设计编号	洞口尺寸(mm)	数量	图集名称	页次	选用型号	备注
普通门	M1	900X2100	12				
	M2	1100X2100	12				
	M-1	900X2100	5				
	M-2	700X2100	1				
普通窗	C1	2000X1500	8				

门窗表

类型	设计编号	洞口尺寸(mm)	数量	图集名称	页次	选用型号	备注
普通窗	C2	1500X1500	9				
	C-1	2500X1500	1				
	C-2	1500X1500	8				
	C-3	1160X1500	1				
	C-4	1000X1500	1				

图 5-126 拆分结果

调用【合并表格】命令有如下两种方法。

- 菜单栏：选择【文字表格】|【表格编辑】|【合并表格】菜单命令。
- 命令行：在命令行中输入 HBBG 命令并按 Enter 键。

4. 表列编辑

使用【表列编辑】命令可以编辑表格的一列或者多列。

调用【表列编辑】命令有如下两种方法。

- 菜单栏：选择【文字表格】|【表格编辑】|【表列编辑】菜单命令。
- 命令行：在命令行中输入 BLBJ 命令并按 Enter 键。

在天正建筑软件中调用【表列编辑】命令，然后选择需要编辑的一列或多列数据，在弹出的【列设定】对话框中设置参数，单击【确定】按钮，即可完成编辑。

下面具体讲解表列编辑的方法。

(1) 对如图 5-127 所示的表格使用表列编辑。

(2) 在命令行中输入 BLBJ 命令并按 Enter 键，选择列，如图 5-128 所示。

门窗表

类型	设计编号	洞口尺寸(mm)	数量	页次
普通门	M1	900X2100	12	
	M2	1100X2100	12	
	M-1	900X2100	5	
	M-2	700X2100	1	
普通窗	C1	2000X1500	8	
	C2	1500X1500	9	

图 5-127 【门窗表】表格

门窗表

类型	设计编号	洞口尺寸(mm)	数量	页次
普通门	M1	900X2100	12	
	M2	1100X2100	12	
	M-1	900X2100	5	
	M-2	700X2100	1	请点取
普通窗	C1	2000X1500	8	
	C2	1500X1500	9	

图 5-128 选择列

(3) 在弹出的【列设定】对话框中设置参数，如图 5-129 所示，单击【确定】按钮关闭对话框。

(4) 表列编辑的结果如图 5-130 所示。

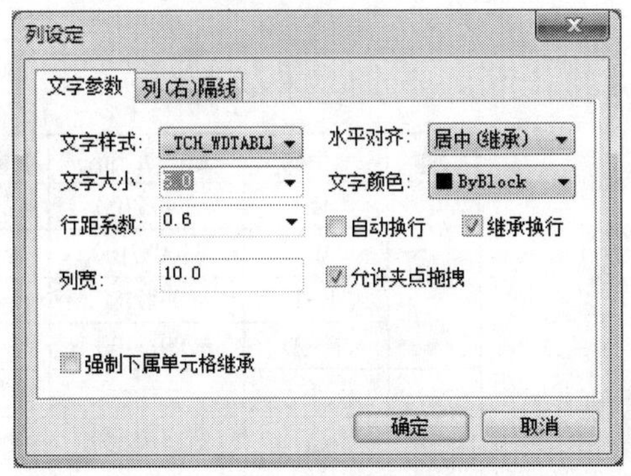

图 5-129 【列设定】对话框

门窗表

类型	设计编号	洞口尺寸(mm)	数量	页次
普通门	M1	900X2100	12	
	M2	1100X2100	12	
	M-1	900X2100	5	
	M-2	700X2100	1	
普通窗	C1	2000X1500	8	
	C2	1500X1500	9	

图 5-130 表列编辑结果

5. 表行编辑

使用【表行编辑】命令可以编辑表格的一行或者多行，以快速设置行文字的文字样式、列宽、文字大小等内容。

调用【表行编辑】命令有如下两种方法。

- 菜单栏：选择【文字表格】|【表格编辑】|【表行编辑】菜单命令。
- 命令行：在命令行中输入 BHBJ 命令并按 Enter 键。

在进行表行编辑时，根据命令行提示选择需要编辑的一行或多行，在弹出的【行设定】对话框中设置相关参数，最后单击【确定】按钮，即可完成编辑。

6. 增加表行

使用【增加表行】命令可以在指定的行之前或之后增加一行，也可以调用【全屏编辑】命令来实现。

调用【增加表行】命令有如下两种方法。

- 菜单栏：选择【文字表格】|【表格编辑】|【增加表行】菜单命令。
- 命令行：在命令行中输入 ZJBH 命令并按 Enter 键。

下面具体讲解增加表行的方法。

(1) 在如图 5-131 所示的门窗表中增加表行。

(2) 在命令行中输入 ZJBH 命令并按 Enter 键，在绘图区中选择指定的行，如图 5-132 所示。

门窗表

类型	设计编号	洞口尺寸(mm)	数量	页次
普通门	M1	900X2100	12	
	M2	1100X2100	12	
	M-1	900X2100	5	
	M-2	700X2100	1	
普通窗	C1	2000X1500	8	
	C2	1500X1500	9	

图 5-131 【门窗表】表格

门窗表

类型	设计编号	洞口尺寸(mm)	数量	页次
普通门	M1	900X2100	12	
	M2	1100X2100	12	
	M-1	900X2100	5	
	M-2	700X2100	1	
普通窗	C1	2000X1500	8	

请点取一表行以(在本行之前)插入新行或

图 5-132 选择行

(3) 根据命令行的提示输入 A 并按 Enter 键，选择【在本行之后插入】选项，增加表行的结果如图 5-133 所示。

门窗表

类型	设计编号	洞口尺寸(mm)	数量	页次
普通门	M1	900X2100	12	
	M2	1100X2100	12	
	M-1	900X2100	5	
	M-2	700X2100	1	
普通窗	C1	2000X1500	8	
	C2	1500X1500	9	

图 5-133 增加表行

7. 删除表行

使用【删除表行】命令可以删除指定行，也可以调用【全屏编辑】命令来实现。

调用【删除表行】命令有如下两种方法。

- 菜单栏：选择【文字表格】|【表格编辑】|【删除表行】菜单命令。
- 命令行：在命令行中输入 SCBH 命令并按 Enter 键。

8. 单元编辑

使用【单元编辑】命令可以编辑表格单元格，修改单元格文字内容或文字属性。

调用【单元编辑】命令有如下两种方法。

- 菜单栏：选择【文字表格】|【单元编辑】|【单元编辑】菜单命令。
- 命令行：在命令行中输入 DYBJ 命令并按 Enter 键。

执行【单元编辑】命令时，首先根据命令行提示选取要编辑的单元格，弹出【单元格编辑】对话框，在其中设置相关参数，即可完成表格单元的编辑。

下面具体讲解单元编辑的方法。

(1) 对如图 5-134 所示的表格进行单元编辑。

(2) 在命令行中输入 DYBJ 命令并按 Enter 键，选取要编辑的单元格，如图 5-135 所示。

门窗表

类型	设计编号	洞口尺寸(mm)	数量	页次
普通门	M1	900X2100	12	
	M2	1100X2100	12	
	M-1	900X2100	5	
普通窗	C1	2000X1500	8	
	C2	1500X1500	9	

图 5-134 【门窗表】表格

门窗表

类型	设计编号	洞口尺寸(mm)	数量	页次
普通门	M1	900X2100	12	
	M2	1100X2100	12	
	M-1	900X2100	5	
普通窗	C1	2000X1500	8	
	C2	1500X1500	9	

请点取一单元格进行编辑或 326

图 5-135 选择单元格

(3) 在弹出的【单元格编辑】对话框中设置参数，如图 5-136 所示。

(4) 单击【单元格编辑】对话框中的【确定】按钮关闭对话框，完成单元格编辑的结果如图 5-137 所示。

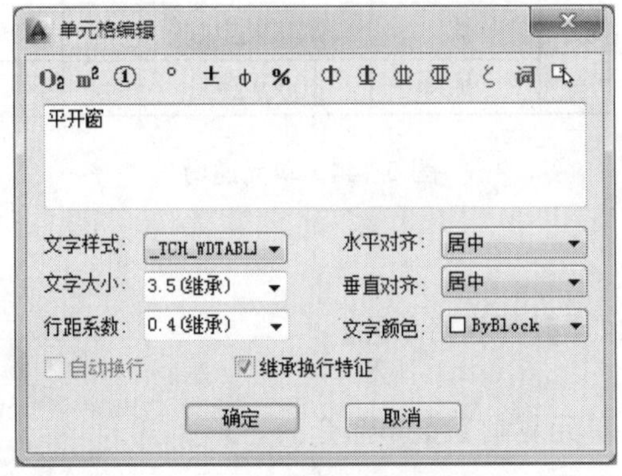

图 5-136 【单元格编辑】对话框

门窗表

类型	设计编号	洞口尺寸(mm)	数量	页次
普通门	M1	900X2100	12	
	M2	1100X2100	12	
	M-1	900X2100	5	
平开窗	C1	2000X1500	8	
	C2	1500X1500	9	

图 5-137 单元格编辑

提示：在【单元格编辑】对话框中，可以对单元格的【文字样式】、【文字大小】、【文字颜色】等参数进行设置。

9. 单元递增

【单元递增】命令可以复制单元的文字内容，并且同时将文字内的某一项递增或递减，同时按

Shift 键复制，按 Ctrl 键为递减。

调用【单元递增】命令有如下两种方法。

- 菜单栏：选择【文字表格】|【单元编辑】|【单元递增】菜单命令。
- 命令行：在命令行中输入 DYDZ 命令并按 Enter 键。

下面具体讲解单元递增的操作方法。

(1) 对如图 5-138 所示的表格【设计编号】栏中的编号进行单元递增操作。

(2) 在命令行中输入 DYDZ 命令并按 Enter 键。选取要编辑的第一个单元格，如图 5-139 所示。

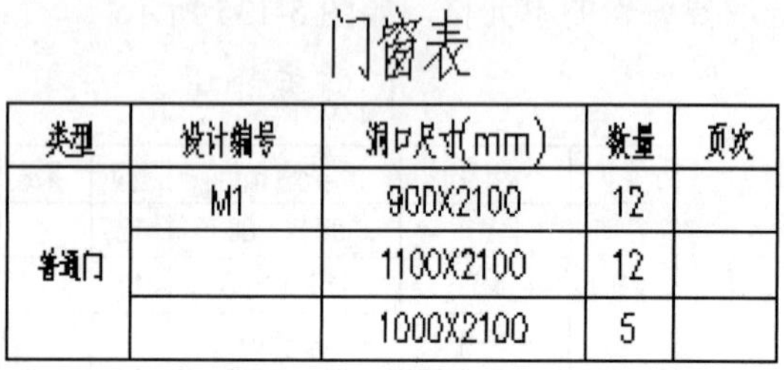

门窗表

类型	设计编号	洞口尺寸(mm)	数量	页次
普通门	M1	900X2100	12	
		1100X2100	12	
		1000X2100	5	

图 5-138 【门窗表】表格

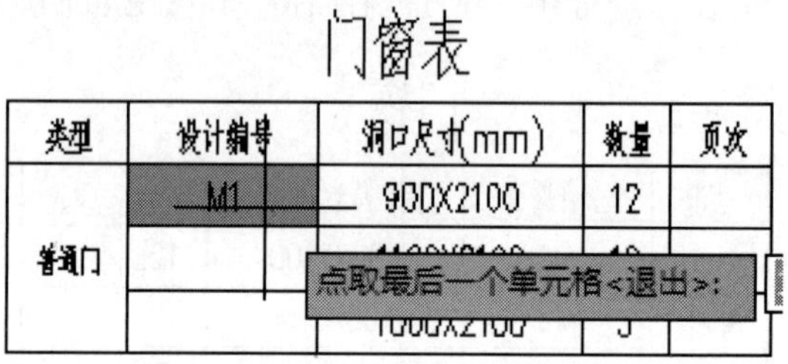

门窗表

类型	设计编号	洞口尺寸(mm)	数量	页次
普通门	M1	900X2100	12	
		[illegible]	[illegible]	
		[illegible]	[illegible]	

图 5-139 选取第一个单元格

(3) 选取最后一个单元格，如图 5-140 所示。

(4) 表格单元递增的结果，如图 5-141 所示。

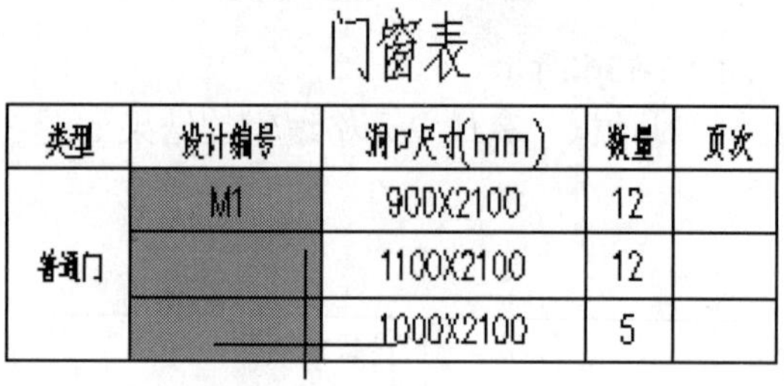

门窗表

类型	设计编号	洞口尺寸(mm)	数量	页次
普通门	M1	900X2100	12	
		1100X2100	12	
		1000X2100	5	

图 5-140 选取最后一个单元格

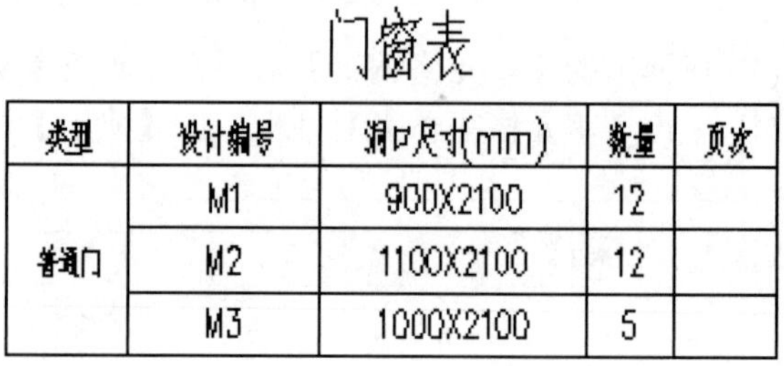

门窗表

类型	设计编号	洞口尺寸(mm)	数量	页次
普通门	M1	900X2100	12	
	M2	1100X2100	12	
	M3	1000X2100	5	

图 5-141 单元递增

10. 单元复制

使用【单元复制】命令可以复制某一单元文字对象至目标表格单元。

调用【单元复制】命令有如下两种方法。

- 菜单栏：选择【文字表格】|【单元编辑】|【单元复制】菜单命令。
- 命令行：在命令行中输入 DYFZ 命令并按 Enter 键。

在进行单元复制时，根据命令行的提示，分别选取源单元格和目标单元格，即可完成单元复制。

下面具体讲解单元复制的方法。

(1) 对如图 5-142 所示的表格进行单元复制操作。

(2) 在命令行中输入 DYFZ 命令并按 Enter 键，选取源单元格，如图 5-143 所示，此时源单元格中的内容显示为红色。

(3) 在目标单元格上单击，即可复制源单元格，结果如图 5-144 所示。可以继续单击其他单元格，进行连续复制。

门窗表

类型	设计编号	洞口尺寸(mm)	数量	页次
普通门	M1	900X2100	12	
	M2	1100X2100	12	
	M3		5	

图 5-142　【门窗表】表格

门窗表

类型	设计编号	洞口尺寸(mm)	数量	页次
普通门	M1	900X2100	12	
	M2	1100X2100	12	
	M3		5	

点取拷贝源

图 5-143　点取单元格

11. 单元合并

【单元合并】命令用于合并表格的单元格。

调用【单元合并】命令有如下两种方法。

- 菜单栏：选择【文字表格】|【单元编辑】|【单元合并】菜单命令。
- 命令行：在命令行中输入 DYHB 命令并按 Enter 键。

下面具体讲解单元合并的方法。

(1) 在如图 5-145 所示的表格中进行单元合并操作。

门窗表

类型	设计编号	洞口尺寸(mm)	数量	页次
普通门	M1	900X2100	12	
	M2	1100X2100	12	
	M3	1100X2100	5	

图 5-144　单元复制

门窗表

类型	设计编号	洞口尺寸(mm)	数量	页次
普通门	FM丙0618	600X1800	1	
	FM丙1218	1200X1800	1	
	FM乙1221	1200X2100	2	
	M0921	900X2100	1	
	M1021	1100X2100	28	
	M1022	1100X1800	6	

图 5-145　【门窗表】表格

(2) 在命令行中输入 DYHB 命令并按 Enter 键，先选取合并单元格区域的角点单元格，然后拖动鼠标指定合并区域，如图 5-146 所示。

(3) 单元格合并的结果如图 5-147 所示。

门窗表

类型	设计编号	洞口尺寸(mm)	数量	页次
普通门	FM丙0618	600X1800	1	
	FM丙1218	1200X1800	1	
	FM乙1221	1200X2100	2	
	M0921	900X2100	1	
	M1021	1100X2100	28	
	M1022	1100X1800	6	

图 5-146　选择单元格

门窗表

类型	设计编号	洞口尺寸(mm)	数量	页次
普通门	FM丙0618	600X1800	1	
	FM丙1218	1200X1800	1	
	FM乙1221	1200X2100	2	
	M0921	900X2100	1	
	M1021	1100X2100	28	
	M1022	1100X1800	6	

图 5-147　单元格合并的结果

12. 撤销合并

使用【撤销合并】命令可以撤销已经合并的单元，也可以用【单元编辑】命令来实现。

调用【撤销合并】命令有如下两种方法。

- 菜单栏：单击【文字表格】|【单元编辑】|【撤销合并】菜单命令。
- 命令行：在命令行中输入 CXHB 命令并按 Enter 键。

在进行撤销合并时，根据命令行的提示单击已经合并的单元格，即可完成撤销合并操作。

课后练习

案例文件：ywj\05\04.dwg

视频文件：光盘→视频课堂→第 5 教学日→5.4

本节课后练习的是门窗表的创建过程，门窗表由普通门和普通窗的各个参数组成，如图 5-148 所示是创建完成的门窗表。

门窗表

类型	设计编号	洞口尺寸（mm）	数量			图集名称	页次	备注
		宽度X高度	一层	二层	合计			
普通门	M1	2000X2700	3		3	L92JB08	5	推拉门 甲方定制
	M2	1800X2700	1		1	L92JB01	2	推拉门 甲方定制
	M3	1500X3000	2		2	L92JB01	1	木门 房间门
	M4	1000X2100	4	4	8	L92JB01	7	百叶木门 卫生间门
	M5	900X2100	2		2	L92JB01	3	厨房推拉门
普通窗	C1	1800X2100	2	3	5	L92JB02	9	隔热铝合金窗 窗台高900
	C2	1500X1500	28	10	38	L92JB02	11	隔热铝合金窗 窗台高900
	C3	1200X1500	12	13	25	L92JB02	12	隔热铝合金窗 窗台高900
	C4	1000X1500		8	8	L92JB02	10	隔热铝合金窗 窗台高900
	C5	700X1300		31	31	L92JB02	8	隔热铝合金窗 窗台高900

图 5-148　门窗表

本节案例主要练习了门窗表的绘制过程，首先新建表格，之后设置表格参数，最后添加表格内容，门窗表创建的思路和步骤如图 5-149 所示。

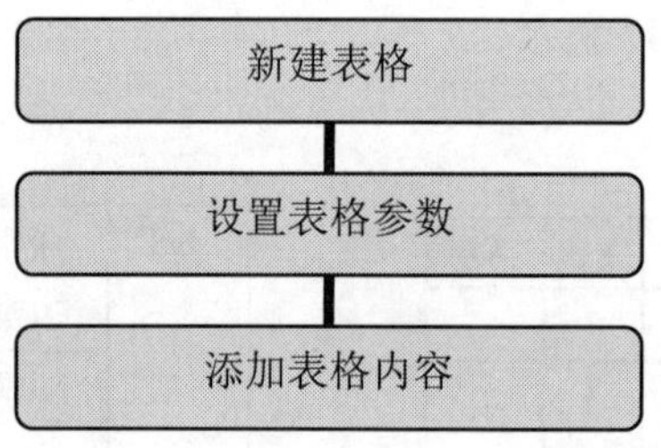

图 5-149　门窗表创建的思路和步骤

练习案例操作步骤如下。

step 01 首先创建表格。选择【文字表格】|【新建表格】菜单命令，弹出【新建表格】对话框，如图 5-150 所示。

step 02 在【新建表格】对话框中设置参数，在【行数】文本框中输入 12，在【列数】文本框中输入 9，在【标题】文本框中输入“门窗表”，单击【确定】按钮，在绘图区域添加表格，如图 5-151 所示。

step 03 选择【文字表格】|【单元编辑】|【单元合并】菜单命令，选择单元格进行合并，结果如图 5-152 所示，完成表格的创建。

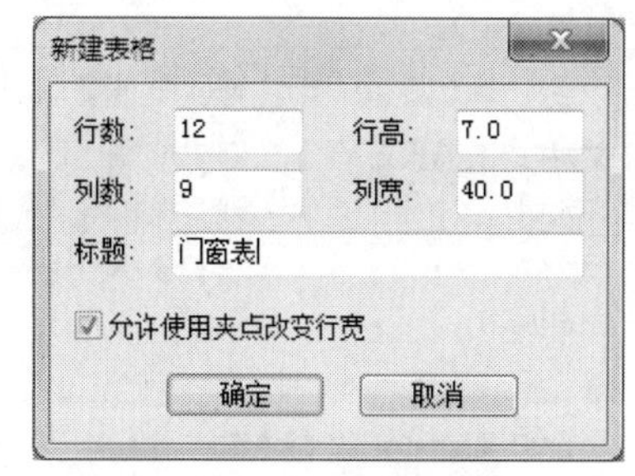

图 5-150　修改表格参数

step 04 接着进行表格参数设置。双击表格，弹出【表格设定】对话框，在【文字参数】选项卡的【文字大小】下拉列表框中输入 5.0，在【水平对齐】下拉列表框中选择【居中】选项，在【垂直对齐】下拉列表框中选择【居中】选项，选择【强制下属行列和单元格继承表格文字特性】复选框，如图 5-153 所示。

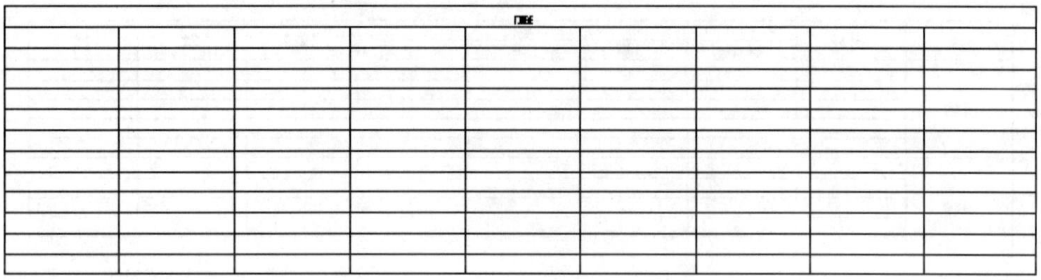

图 5-151　添加的表格

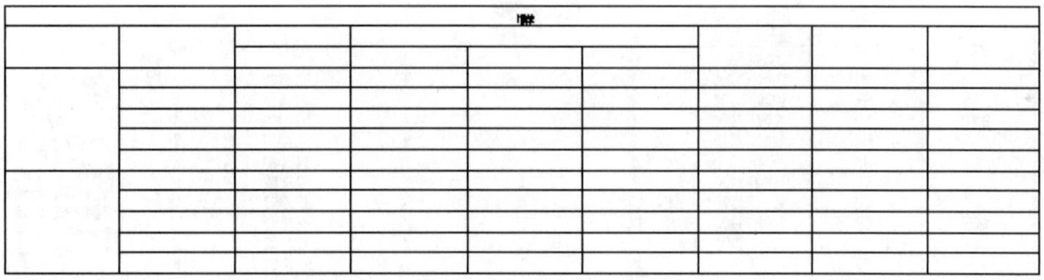

图 5-152　合并单元格

step 05 打开【表格设定】对话框中的【标题】选项卡，在【文字高度】下拉列表框中输入 10.0，在【垂直对齐】下拉列表框中选择【靠下】选项，选中【标题在边框外】复选框，单击【确定】按钮，完成表格参数设置，如图 5-154 所示。

step 06 最后添加表格内容，双击单元格添加文字，如图 5-155 所示。

step 07 添加其余单元格内容，如图 5-156 所示。

step 08 选择【文字表格】|【表格编辑】|【表列编辑】菜单命令，选择要编辑的列，弹出【列设定】对话框，在【文字参数】选项卡的【列宽】文本框中输入 20.0，并单击【确定】按钮，如图 5-157 所示。

step 09 以同样的方法修改其他列宽，从左至右依次为 25、35、15、15、15、30、15 和 50，完成添加表格内容，如图 5-158 所示。

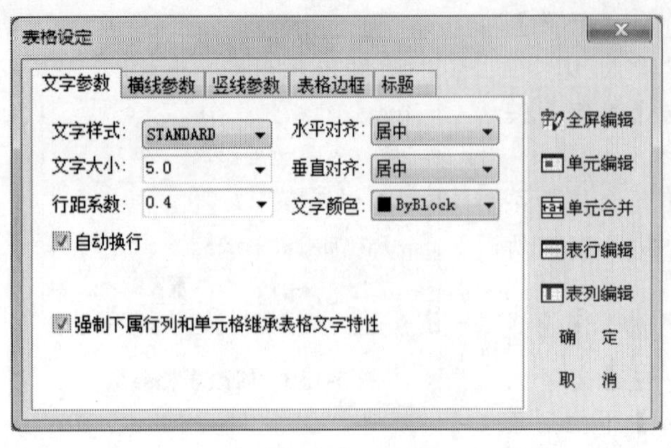

图 5-153 设置【文字参数】选项卡

图 5-154 设置【标题】选项卡

门窗表

类型	设计编号	洞口尺寸(mm) 宽度X高度	数量 一层	二层	合计	图集名称	页次	备注
普通门								
普通窗								

图 5-155 添加文字

门窗表

类型	设计编号	洞口尺寸(mm) 宽度X高度	数量 一层	二层	合计	图集名称	页次	备注
普通门	M1	2000X2700	3		3	L92J808	5	[illegible]
	M2	1800X2700	1		1	L92J801	2	[illegible]
	M3	1500X3000	2		2	L92J801	1	[illegible]
	M4	1000X2100	4	4	8	L92J801	7	[illegible]
	M5	900X2100	2		2	L92J801	3	底层防盗门
普通窗	C1	1800X2100	2	3	5	L92J802	9	[illegible]
	C2	1500X1500	28	10	38	L92J802	11	[illegible]
	C3	1200X1500	12	13	25	L92J802	12	[illegible]
	C4	1000X1500		8	8	L92J802	10	[illegible]
	C5	700X1300		31	31	L92J802	8	[illegible]

图 5-156 为表格添加其余内容

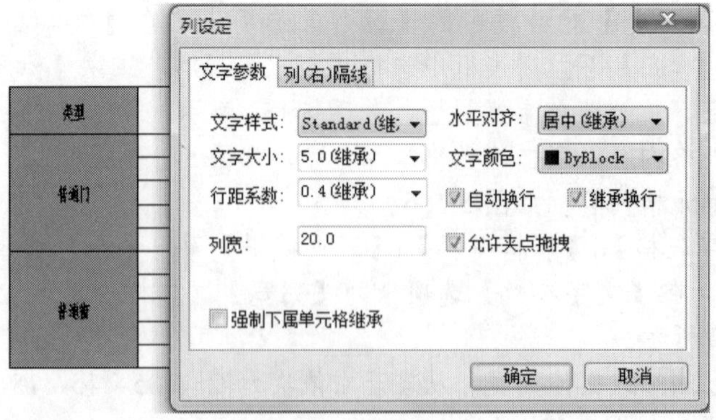

图 5-157 编辑列宽

门窗表

类型	设计编号	洞口尺寸(mm)	数量			图集名称	页次	备注
		宽度X高度	一层	二层	合计			
普通门	M1	2000X2700	3		3	L92JB08	5	推拉门 甲方定制
	M2	1800X2700	1		1	L92JB01	2	推拉门 甲方定制
	M3	1500X3000	2		2	L92JB01	1	木门 房间门
	M4	1000X2100	4	4	8	L92JB01	7	百叶木门 卫生间门
	M5	900X2100	2		2	L92JB01	3	厨房推拉门
普通窗	C1	1800X2100	2	3	5	L92JB02	9	隔热铝合金窗 窗台高900
	C2	1500X1500	28	10	38	L92JB02	11	隔热铝合金窗 窗台高900
	C3	1200X1500	12	13	25	L92JB02	12	隔热铝合金窗 窗台高900
	C4	1000X1500		8	8	L92JB02	10	隔热铝合金窗 窗台高900
	C5	700X1300		31	31	L92JB02	8	隔热铝合金窗 窗台高900

图 5-158　编辑表格列宽

建筑设计实践：对于工业项目来说包括建设项目各分部工程的详图和零部件，结构件明细表，都有验收标准方法。民用工程施工图设计应形成所有专业的设计图纸：含图纸目录、说明和必要的设备、材料表，并按照要求编制工程预算书。如图 5-159 所示的楼梯施工图，都应纳入专业设计图纸。

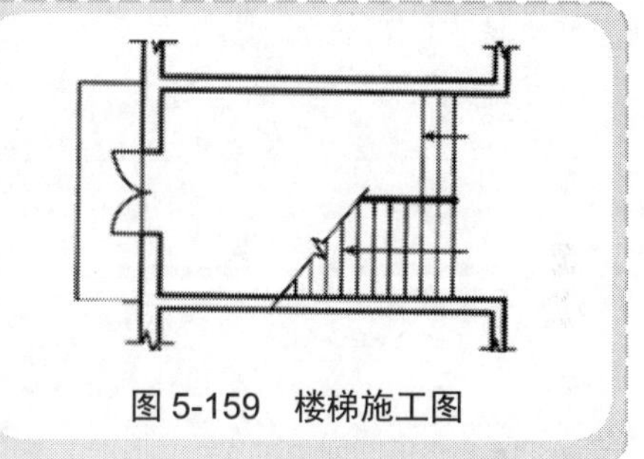

图 5-159　楼梯施工图

阶段进阶练习

本教学日主要介绍了尺寸标注、符号标注的创建与编辑方法，以及文字样式、文字、表格的创建与编辑方法，读者在结合范例学习之后会有一个整体的认识，对以后的学习很有帮助。

如图 5-160 所示，使用本教学日学过的知识来创建楼层施工图。

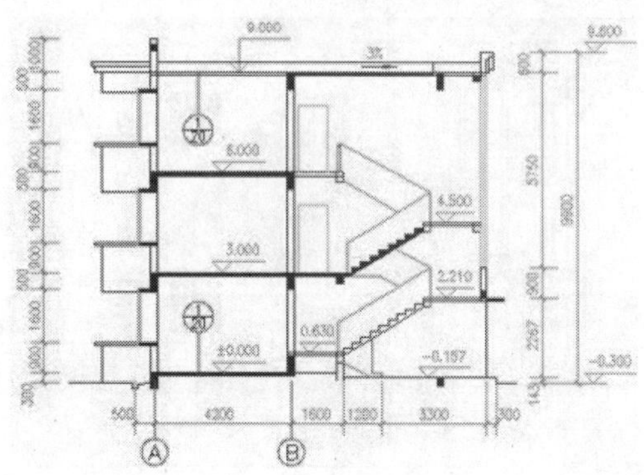

图 5-160　楼层施工图

一般创建步骤和方法如下。

(1) 绘制轴网、楼层框架。

(2) 绘制楼梯、窗户等附属。

(3) 创建尺寸标注。

第6教学日

天正建筑软件的平面图和三维模型虽然是同步生成的，但还需要用户根据实际情况对三维对象进行修改编辑，以生成完整的三维建筑模型。

本教学日首先介绍了天正建筑软件三维造型工具的使用方法，然后讲解了三维模型的一些编辑工具，最后介绍了图形导出的方法。

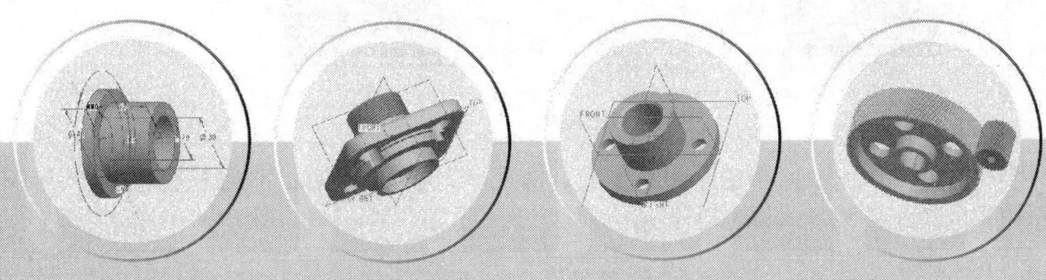

第1课 1课时 设计师职业知识——三维投影

1. 正投影

(1) 正投影(投影线垂直于投影面的投影)可以表达出零件的真实性，因此，在机械设计中一般情况下会采用正投影绘制图纸。正投影有以下几个的基本特性。

- 真实性：当空间直线或平面平行于投影面时，其在所平行的投影面上的投影反映直线的实长或平面的实形。
- 积聚性：当直线或平面垂直于投影面时，它在所垂直的投影面上的投影为一点或一条直线。
- 类似性：当空间直线或平面倾斜于投影面时，它在该投影面上的正投影仍为直线或与之类似的平面图形。

(2) 利用正投影法将物体放在 3 个互相垂直的平面所组成的三面投影体系中，物体的 3 个表面分别与 3 个投影面平行。然后分别向 3 个投影面投射，得到该物体在 3 个投影面上的 3 个投影，分别是正面投影、水平投影和侧面投影，成为物体的三视图，如图 6-1 所示。

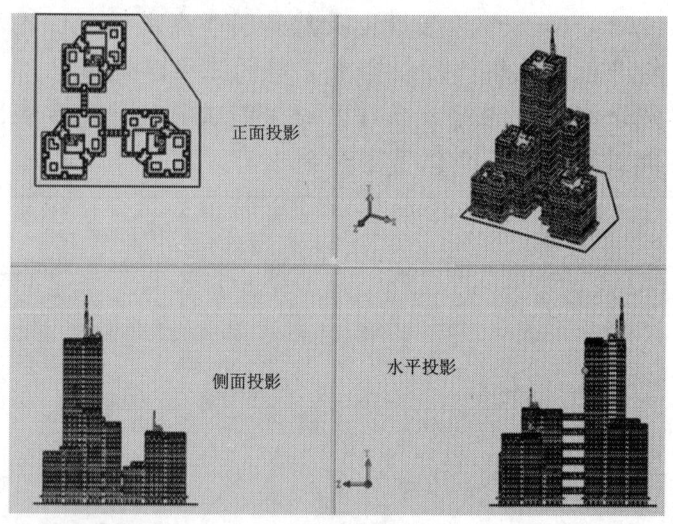

图 6-1　正投影

(3) 使 V 面不动，H 面绕 OX 轴向下旋转 90° 与 V 面重合，W 面绕 OZ 轴向右旋转 90° 与 V 面重合，则得到三视图间的位置关系，如图 6-2 所示。

(4) 主、俯视图反映了物体的同样长度；主、左视图反映了物体的同样高度；俯、左视图反映了物体的同样宽度，如图 6-3 所示，即三视图之间的投影规律为：

主、俯视图——长对正；

左、俯视图——宽相等；

主、左视图——高平齐。

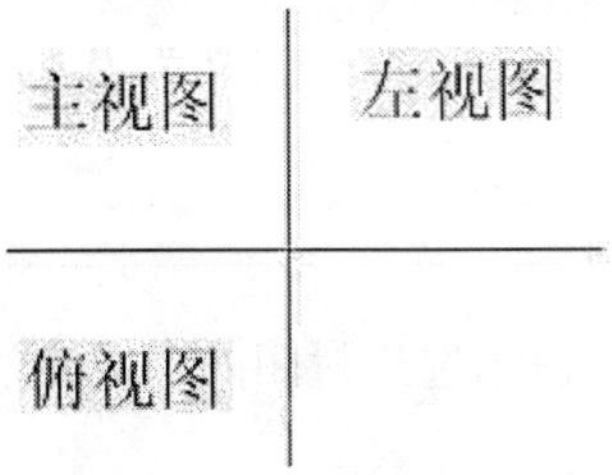

主视图　左视图

俯视图

图 6-2　视图位置

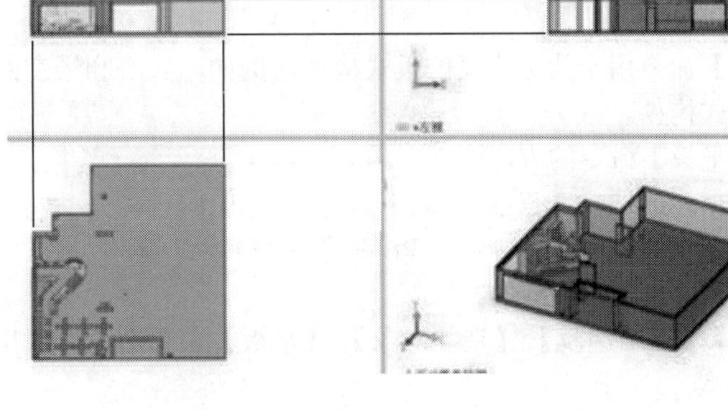

图 6-3　视图对应

2. 点线面的投影特性

点：无论从哪个角度观察均为一点。

线：

(1) 直线平行于投影面，投影等于实长。

(2) 直线垂直于投影面，投影积聚成一点。

(3) 直线倾斜于投影面，投影小于实长。

面：

(1) 平面平行于投影面，投影成实形。

(2) 平面垂直于投影面，投影积聚成一线。

(3) 平面倾斜于投影面，投影小于实形的类似图形。

第 2 课　2 课时　三维造型

在天正建筑软件屏幕菜单的【三维建模】子菜单中，提供了一系列专门用于创建三维图形的工具，本节将进行详细介绍。

6.2.1　造型对象

行业知识链接：定义一个用户坐标系即改变原点(0，0，0)的位置以及 XY 平面和 Z 轴的方向。可在天正建筑软件的三维空间中任何位置定位和定向 UCS，也可随时定义、保存和复用多个用户坐标系。如图 6-4 所示是一个完成的三维建筑正视图。

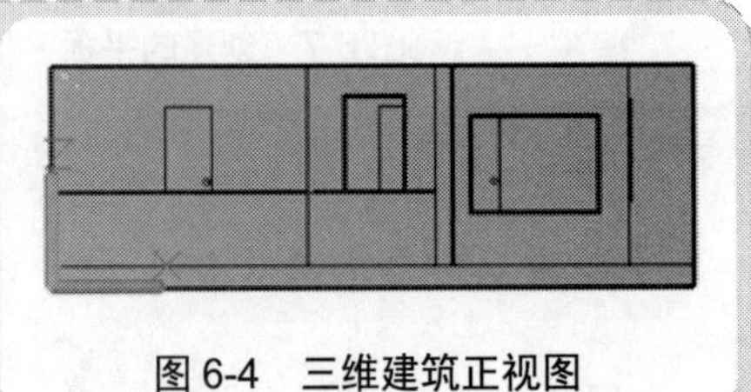

图 6-4　三维建筑正视图

1. 平板

【平板】命令用于构造广义的板式构件，例如，实心和镂空的楼板、平屋顶等，也可创建其他方向的斜向板式构件。

调用【平板】命令的方法如下。

- 菜单栏：选择【三维建模】|【造型对象】|【平板】命令。
- 命令行：在命令行中输入 PB 命令并按 Enter 键。

下面具体讲解创建平板的方法。

(1) 选择【三维建模】|【造型对象】|【平板】菜单命令，根据命令行的提示选择封闭的多段线，如图 6-5 所示。

(2) 在命令行提示“选择作为板内洞口的封闭的多段线和圆”时，选择作为板内洞口的封闭圆形，按 Enter 键，输入板厚值为 300，如图 6-6 所示。

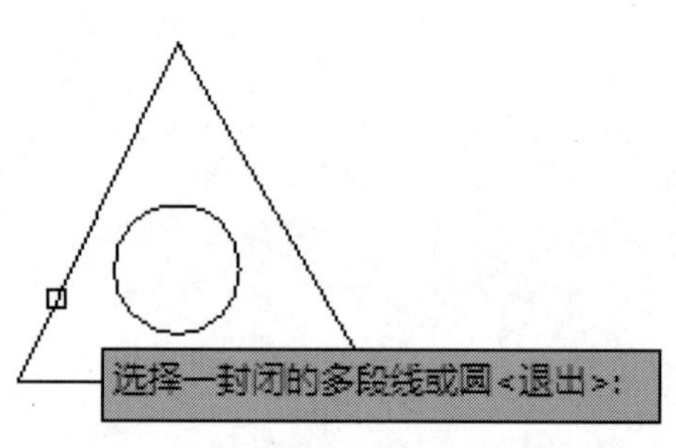

图 6-5 选择封闭的多段线

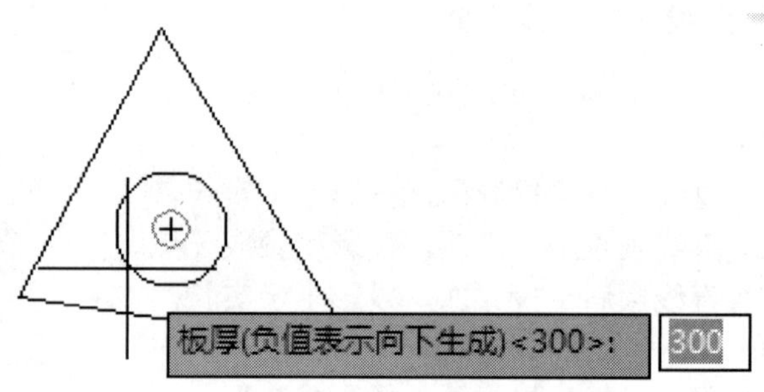

图 6-6 输入板厚值

(3) 按 Enter 键，完成平板的创建结果，如图 6-7 所示。双击绘制完成的平板图形，在弹出的快捷菜单中可以选择相应的命令并对其进行修改，如图 6-8 所示。

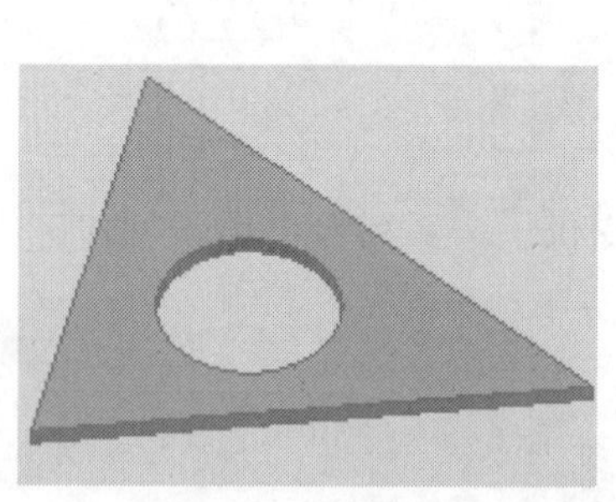

图 6-7 创建的平板

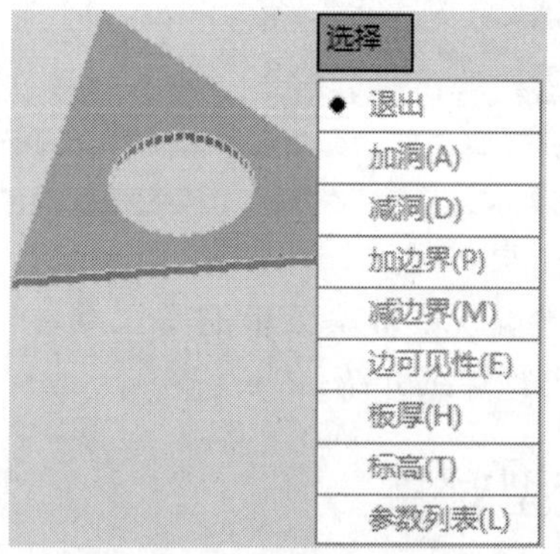

图 6-8 编辑修改平板

2. 竖板

【竖板】命令与【平板】命令相对应，用于构造竖直方向的板式构件，用作遮阳板、阳台隔断等。

调用【竖板】命令的方法如下。

- 菜单栏：选择【三维建模】|【造型对象】|【竖板】命令。
- 命令行：在命令行中输入 SB 命令并按 Enter 键。

下面具体讲解创建竖板的方法。

(1) 选择【三维建模】|【造型对象】|【竖板】命令，在绘图区中分别单击指定竖板的起点和终点，按两次 Enter 键，确认竖板的起点和终点标高都为 0，根据命令行的提示设置其他参数，如图 6-9 所示。

```
命令: SB
TVERTSLAB
起点或 [参考点(R)]<退出>:
终点或 [参考点(R)]<退出>:
起点标高<0>:300
终点标高<0>:200
起边高度<1000>:
终边高度<1000>:
板厚<200>:500
是否显示二维竖板?[是(Y)/否(N)]<Y>: Y
```

(2) 命令行提示“是否显示二维竖板?[是(Y) / 否(N)]”时，按 Enter 键确认显示二维竖板，创建结果如图 6-10 所示。

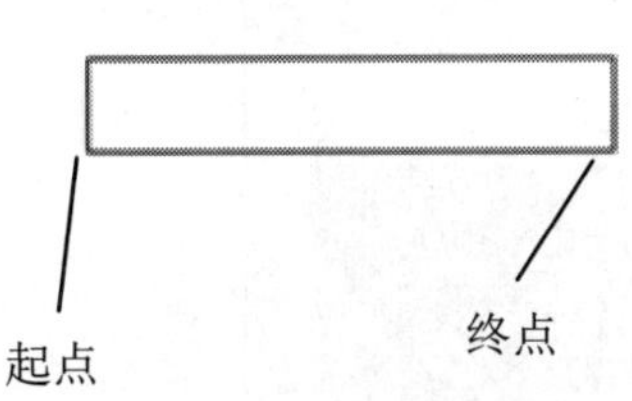

图 6-9　选择起点和终点

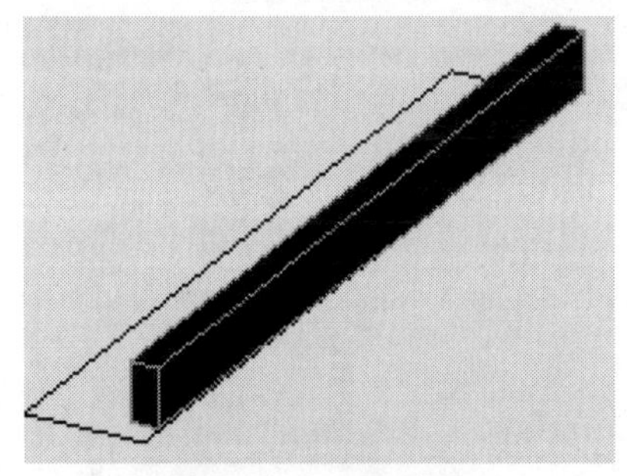

图 6-10　创建的竖板

双击绘制完成的竖板图形，在弹出的快捷菜单中可以选择相应的命令对其进行修改，如图 6-11 所示。

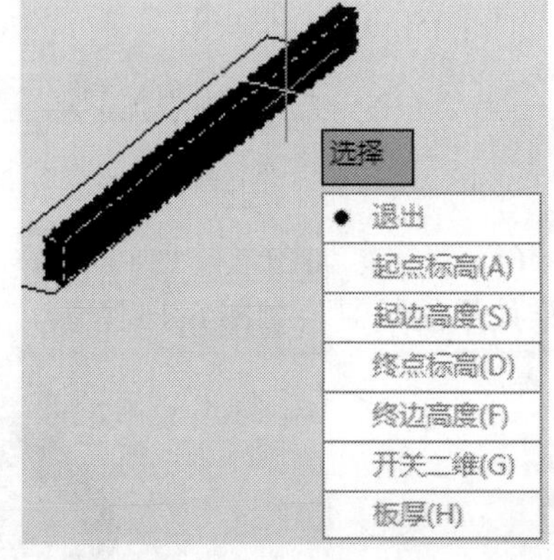

图 6-11　编辑修改竖板

3. 路径曲面

【路径曲面】命令可以采用已经绘制的路径和截面放样的方式绘制三维图形。

调用【路径曲面】命令的方法如下。

- 菜单栏：选择【三维建模】|【造型对象】|【路径曲面】命令。
- 命令行：在命令行中输入 LJQM 命令并按 Enter 键。

下面具体讲解路径曲面的使用方法。

(1) 选择【三维建模】|【造型对象】|【路径曲面】命令，弹出【路径曲面】对话框，如图 6-12 所示。

(2) 单击【路径曲面】对话框的【选择路径曲线或可绑定对象】选项组中的【选择】按钮，在绘图区中选择作为路径的曲线，如图 6-13 所示，按 Enter 键返回【路径曲面】对话框。

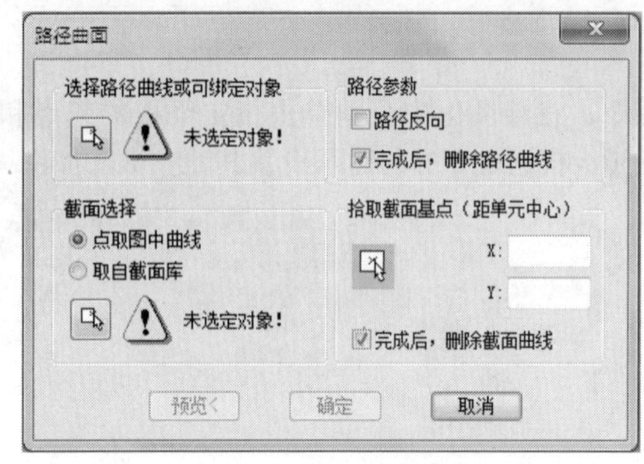

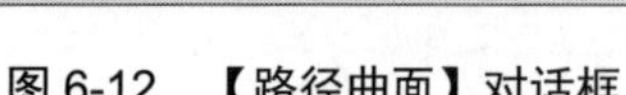

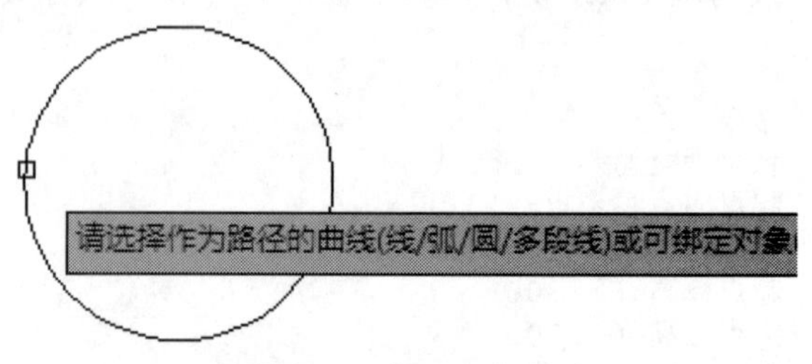

图 6-12　【路径曲面】对话框

图 6-13　选择路径

(3) 选中【路径曲面】对话框的【截面选择】选项组中的【取自截面库】单选按钮，单击其下方的【选择】按钮，在打开的【天正图库管理系统】窗口中选择截面图形，如图 6-14 所示。

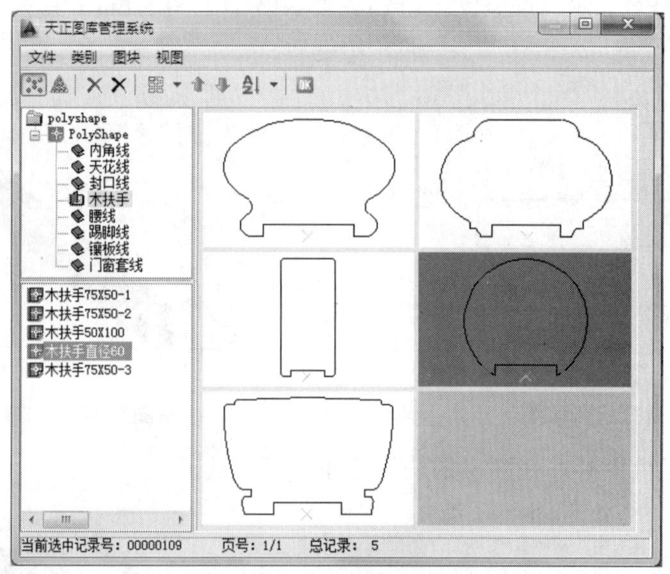

图 6-14　选择截面图形

(4) 双击截面图形，返回【路径曲面】对话框，单击【确定】按钮，关闭对话框，完成路径曲面三维效果的绘制，如图 6-15 所示。

图 6-15　路径曲面

4. 变截面体

【变截面体】命令主要是通过一条路径和多个截面形状放样而生成的三维对象，多用于建筑装饰造型等。

调用【变截面体】命令的方法如下。

- 菜单栏：选择【三维建模】|【造型对象】|【变截面体】命令。
- 命令行：在命令行中输入 BJMT 命令并按 Enter 键。

5. 等高建模

【等高建模】命令将一组灯臂多段线组成的等高线生成自定义的三维模型，主要用于创建地面模型。

调用【等高建模】命令的方法如下。

- 菜单栏：选择【三维建模】|【造型对象】|【等高建模】命令。
- 命令行：在命令行中输入 DGJM 命令并按 Enter 键。

6.2.2 造型库

行业知识链接：曲面被看作是在空间几何中线的运动轨迹，定义一个三维曲面首先需要一个三维坐标系。如图 6-16 所示是一个定位好的三维曲面模型的坐标。

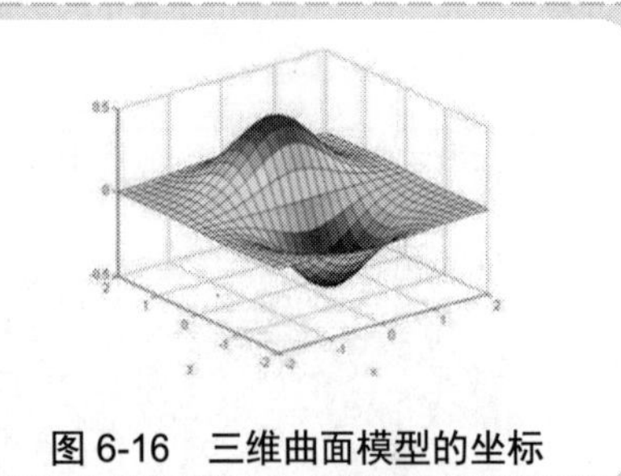

图 6-16　三维曲面模型的坐标

1. 栏杆库

【栏杆库】命令可以从通用图库的栏杆单元库中调出栏杆单元。

调用【栏杆库】命令的方法如下。

- 菜单栏：选择【三维建模】|【造型对象】|【栏杆库】命令。
- 命令行：在命令行中输入 LGK 命令并按 Enter 键。

选择【栏杆库】命令后，弹出【天正图库管理系统】窗口，其中的栏杆造型如图 6-17 所示。

2. 路径排列

【路径排列】命令能够沿着路径排列生成指定间距的图块对象，常用于生成栏杆。

调用【路径排列】命令的方法如下。

- 菜单栏：选择【三维建模】|【造型对象】|【路径排列】命令。
- 命令行：在命令行中输入 LJPL 命令并按 Enter 键。

选择【路径排列】命令后，弹出如图 6-18 所示的【路径排列】对话框，如图 6-19 所示为曲线路径排列后的三维效果。

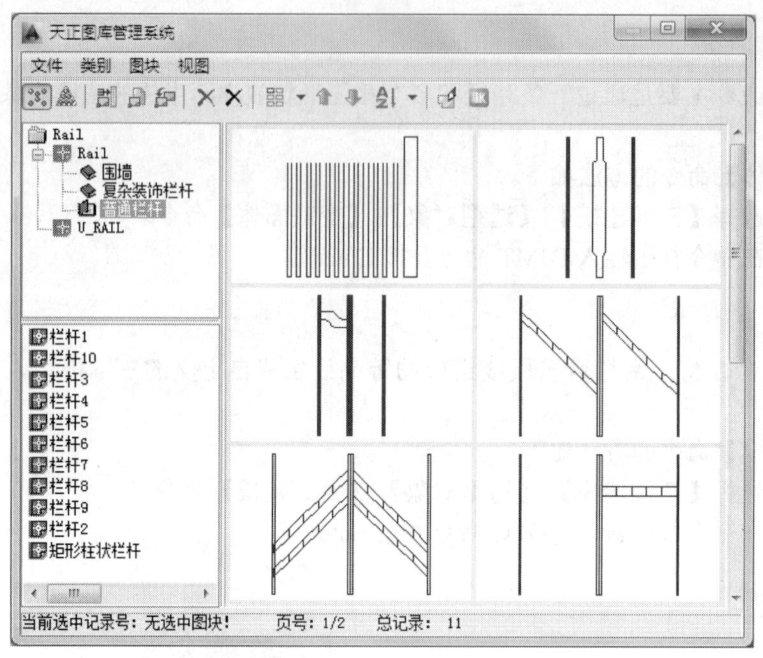

图 6-17 栏杆造型

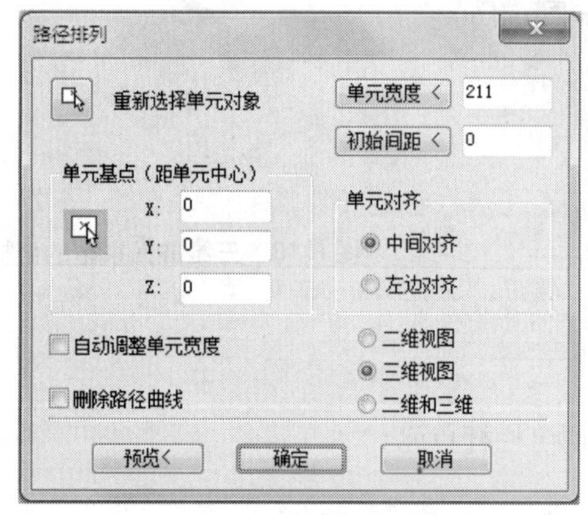

图 6-18 【路径排列】对话框

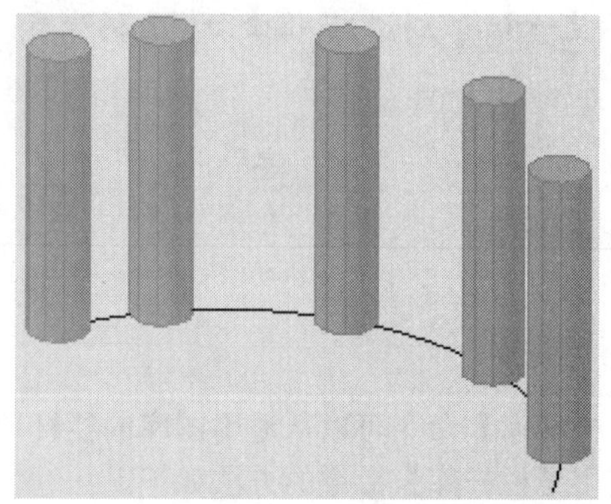

图 6-19 曲线路径排列的三维效果

3. 三维网架

【三维网架】命令可以把空间的一组关联直线转换成有球节点的网架模型。

调用【三维网架】命令的方法如下。

- 菜单栏：选择【三维建模】|【造型对象】|【三维网架】命令。
- 命令行：在命令行中输入 SWWJ 命令并按 Enter 键。

下面具体讲解创建三维网架的方法。

(1) 选择【三维建模】|【造型对象】|【三维网架】命令，选择直线，如图 6-20 所示。

(2) 按 Enter 键，在弹出的【网架设计】对话框中设置参数，如图 6-21 所示。

(3) 在【网架设计】对话框中单击【确定】按钮，创建三维网架的结果，如图 6-22 所示。

图 6-20　选择直线

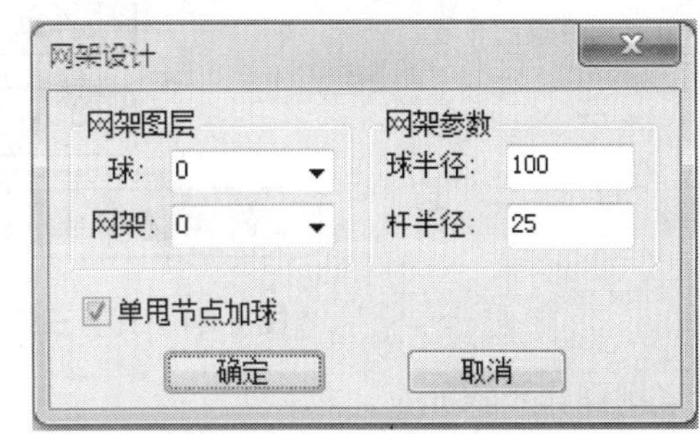

图 6-21　【网架设计】对话框

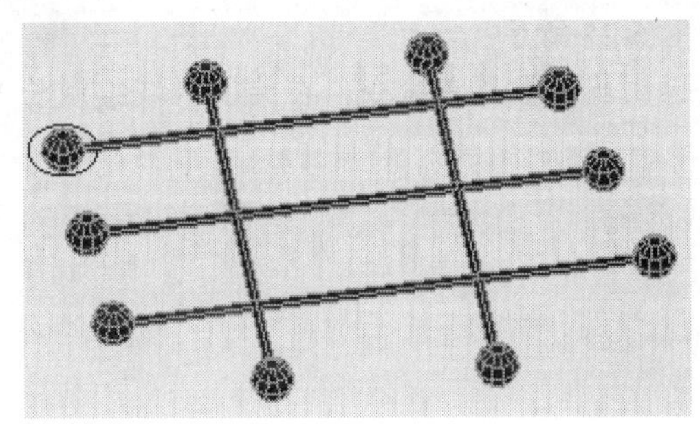

图 6-22　三维网架

课后练习

案例文件：ywj\06\01.dwg

视频文件：光盘→视频课堂→第 6 教学日→6.2

本节课后练习的是创建瓦房三维模型，三维模型由两组墙体和门窗组成，同时具有屋顶和老虎窗特征，如图 6-23 所示是创建的瓦房三维模型。

图 6-23　瓦房三维模型

本节案例主要练习了瓦房三维模型的创建过程，首先创建墙体，然后绘制门窗，再添加围栏特征，接着创建屋顶和老虎窗，瓦房三维模型的创建思路和步骤如图 6-24 所示。

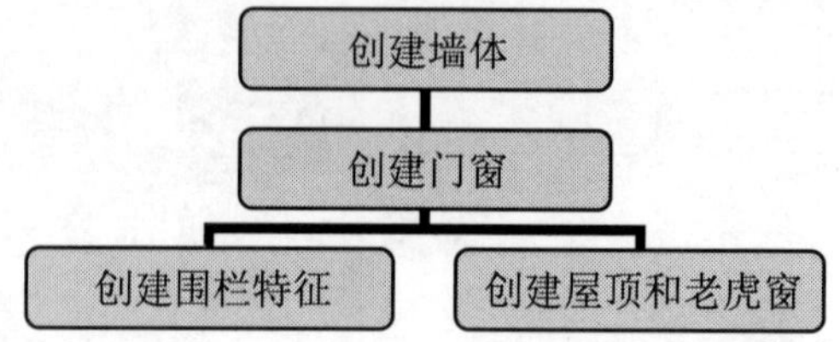

图 6-24　瓦房三维模型的创建思路和步骤

练习案例操作步骤如下。

step 01 首先创建墙体。选择【墙体】|【绘制墙体】菜单命令，弹出【墙体】对话框，在【墙宽】微调框中输入 240，在【用途】下拉列表框中选择【内墙】选项，并在绘图区域绘制长为 10000 的外墙，如图 6-25 所示。

step 02 选择【墙体】|【绘制墙体】菜单命令，在绘图区域绘制长为 6000、10000 和 6000 的外墙，如图 6-26 所示。

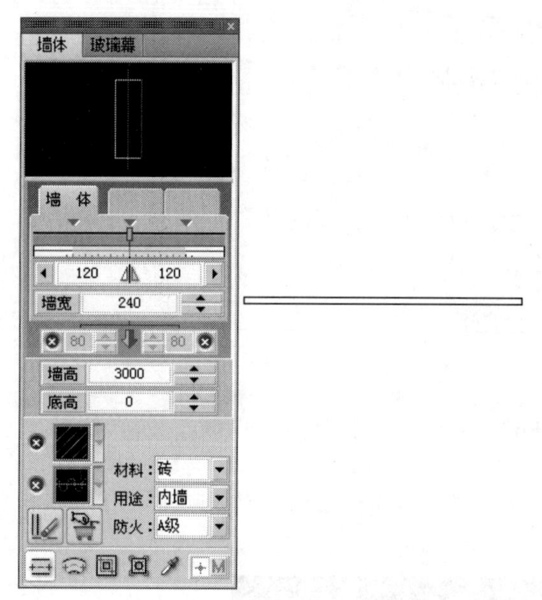

图 6-25　绘制墙体

图 6-26　绘制其余墙体

step 03 选择【墙体】|【改高度】菜单命令，在绘图区域选择内墙，输入高度为 4000，如图 6-27 所示。

step 04 选择【墙体】|【改高度】菜单命令，修改其余墙体高度为 4000，完成墙体的创建，如图 6-28 所示。

step 05 接着创建门窗。选择【门窗】|【新窗】菜单命令，单击窗户样式，弹出【天正图库管理系统】窗口，选择【平开窗 3】选项，如图 6-29 所示。

step 06 在弹出的【窗】对话框中，设置窗户的参数，在墙壁上放置窗户，如图 6-30 所示。

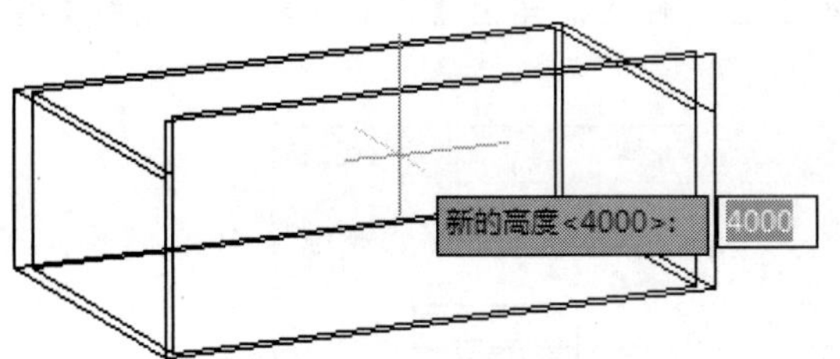

图 6-27　修改墙高

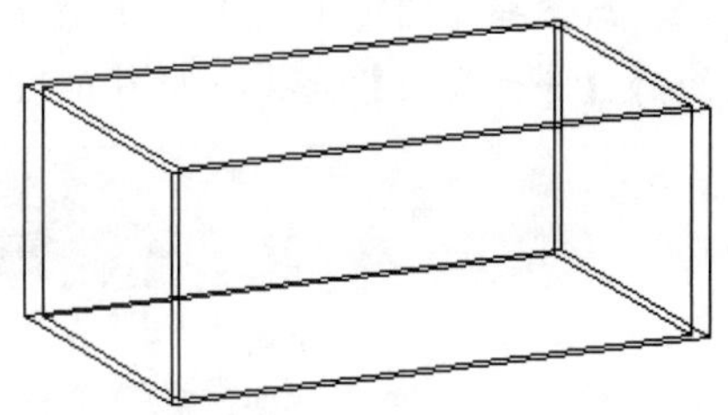

图 6-28　修改其余墙高

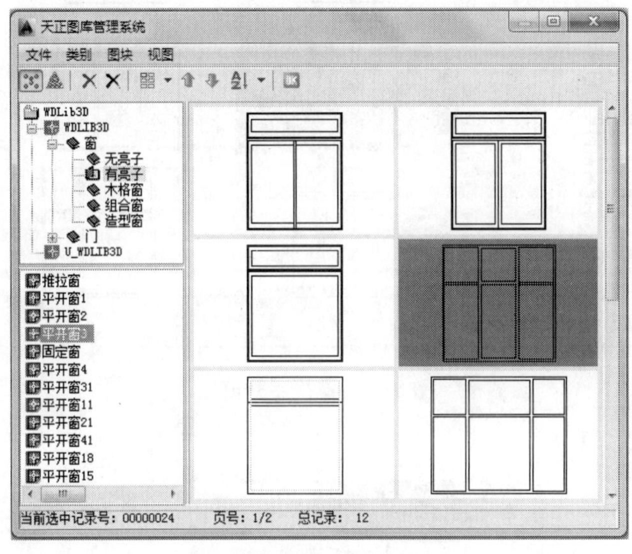

图 6-29　选择平开窗 3

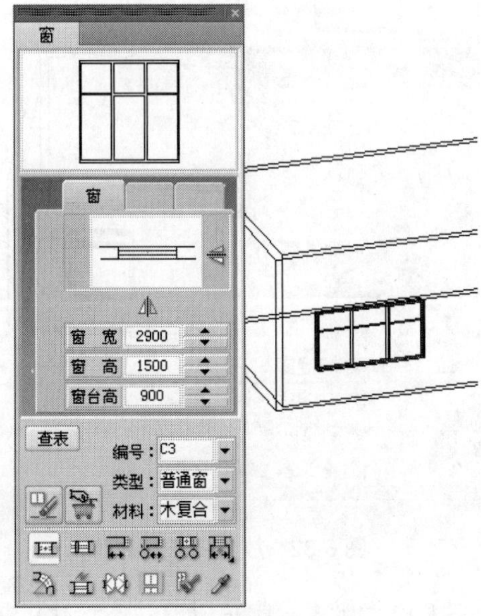

图 6-30　放置平开窗 3

step 07 选择【门窗】|【新窗】菜单命令，单击窗户样式，弹出【天正图库管理系统】窗口，选择【平开窗 2】选项，如图 6-31 所示。

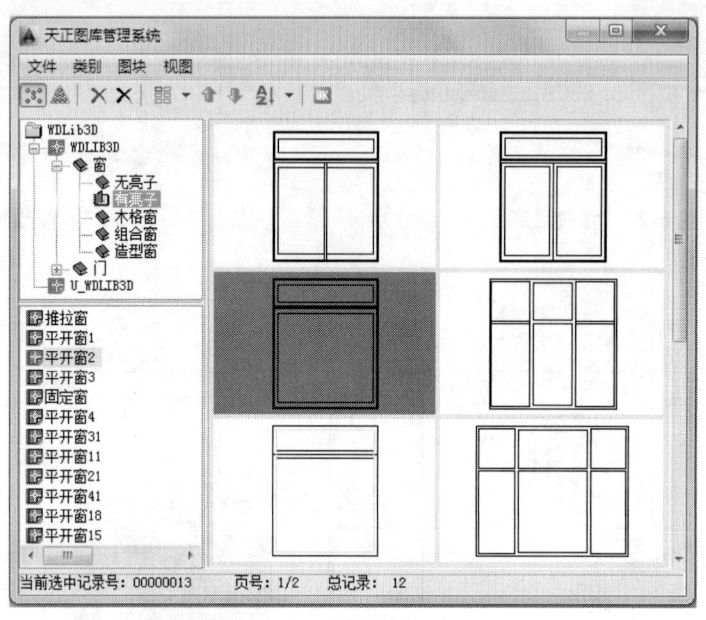

图 6-31 选择平开窗 2

step 08 在弹出的【窗】对话框中，设置窗户的参数，在墙壁上放置平开窗 2，如图 6-32 所示。

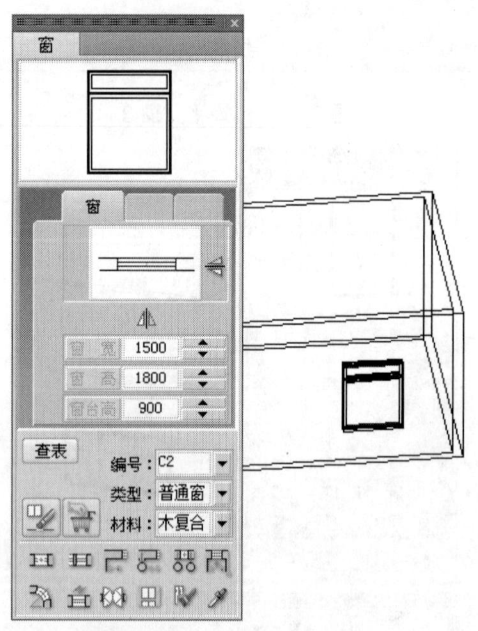

图 6-32 放置平开窗 2

step 09 选择【门窗】|【新门】菜单命令，单击门的样式，弹出【天正图库管理系统】窗口，选择【实木工艺门 2】选项，如图 6-33 所示。

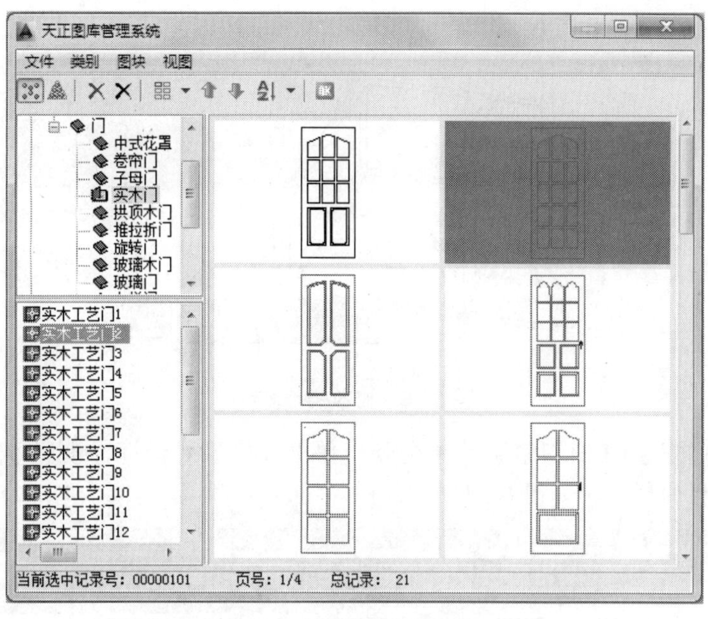

图 6-33 选择实木工艺门 2

step 10 在弹出的【门】对话框中，设置门的参数，在墙壁上放置门，完成门窗的创建，如图 6-34 所示。

step 11 继续创建围栏。选择【墙体】|【绘制墙体】菜单命令，在绘图区域绘制长度 4000×6000 的矩形矮墙，如图 6-35 所示。

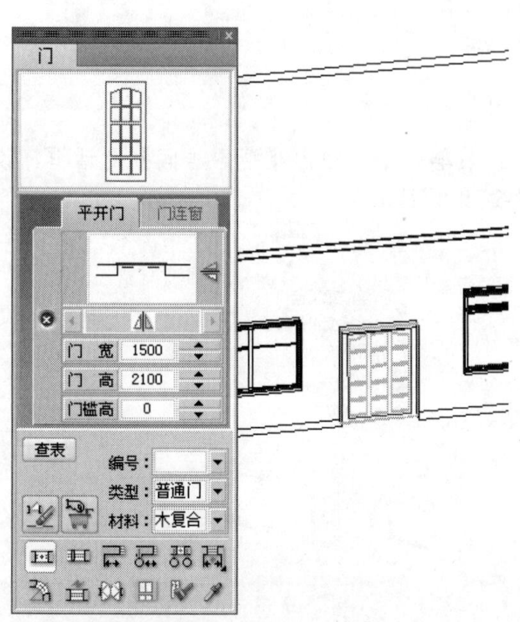

图 6-34 创建实木工艺门 2

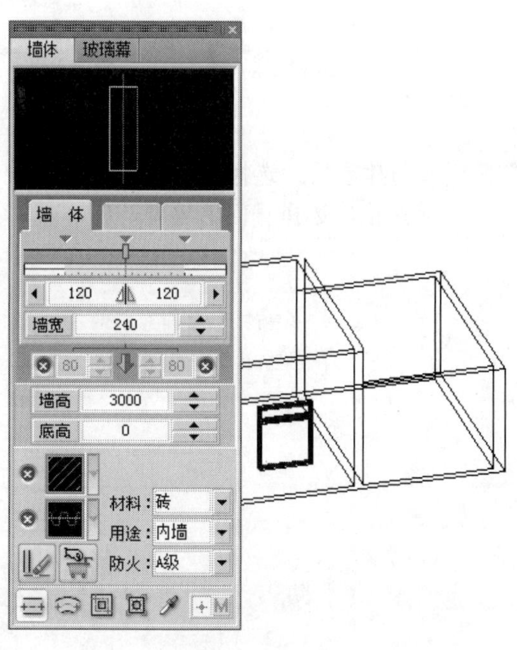

图 6-35 创建矮墙

step 12 选择【墙体】|【改高度】菜单命令，在绘图区域选择矮墙，修改高度为 2000，如图 6-36 所示。

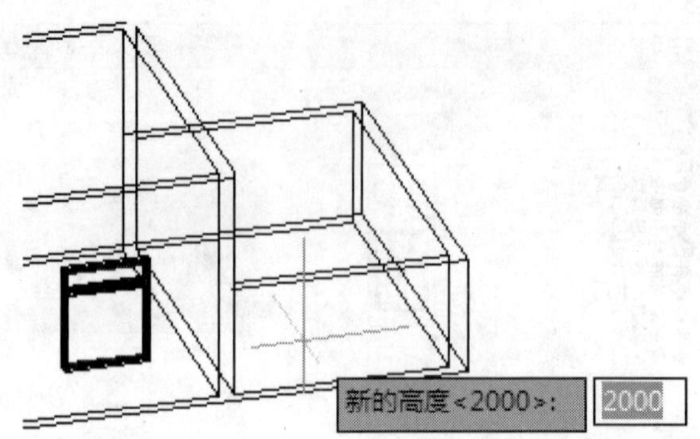

图 6-36　修改矮墙高度

step 13 选择【门窗】|【旧门窗】菜单命令，弹出【门】对话框，设置参数，在矮墙上放置旧门，完成围栏的创建，如图 6-37 所示。

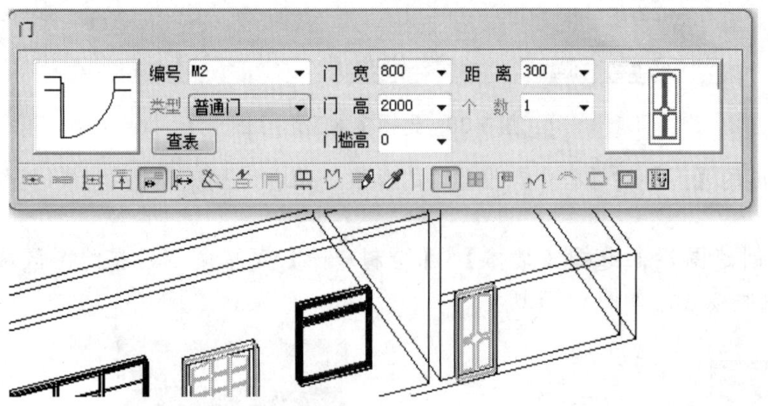

图 6-37　创建旧门

step 14 创建屋顶。选择【房间屋顶】|【搜索房间】菜单命令，弹出【搜索房间】对话框，设置参数，依次选择房间的墙壁，完成搜索，如图 6-38 所示。

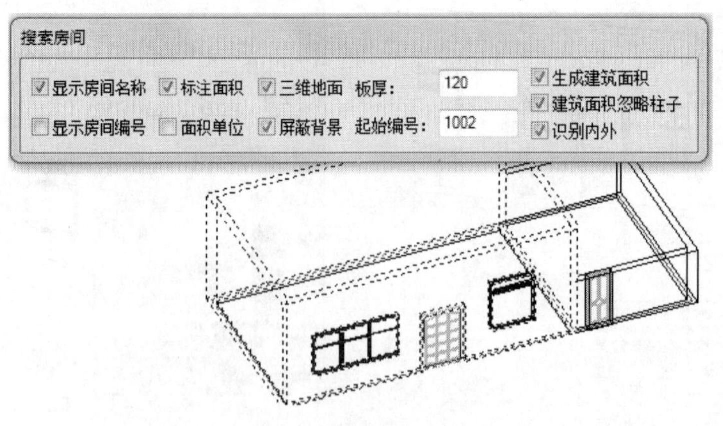

图 6-38　搜索房间

step 15 选择【房间屋顶】|【人字坡顶】菜单命令，弹出【人字坡顶】对话框，设置参数，创建

屋顶，如图 6-39 所示。

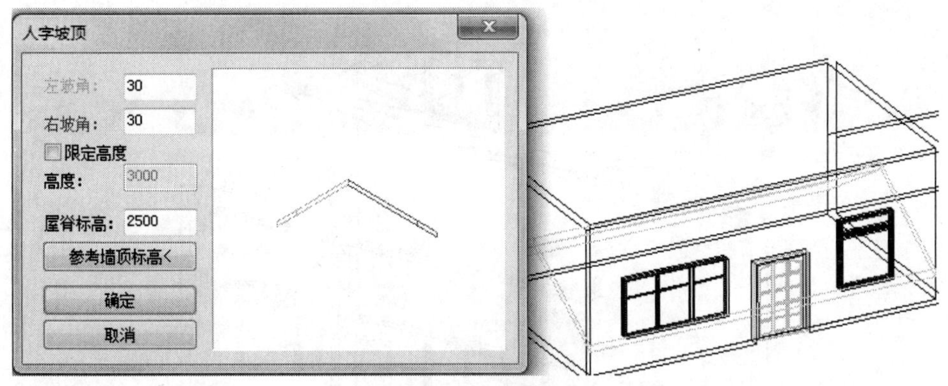

图 6-39　创建屋顶

step 16 单击修改工具栏中的【移动】按钮，移动屋顶的位置，如图 6-40 所示。

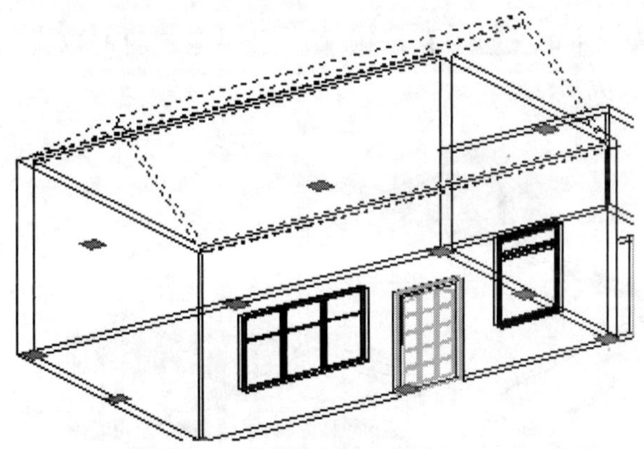

图 6-40　移动屋顶

step 17 选择【房间屋顶】|【加老虎窗】菜单命令，弹出【加老虎窗】对话框，设置参数，单击【确定】按钮，如图 6-41 所示。

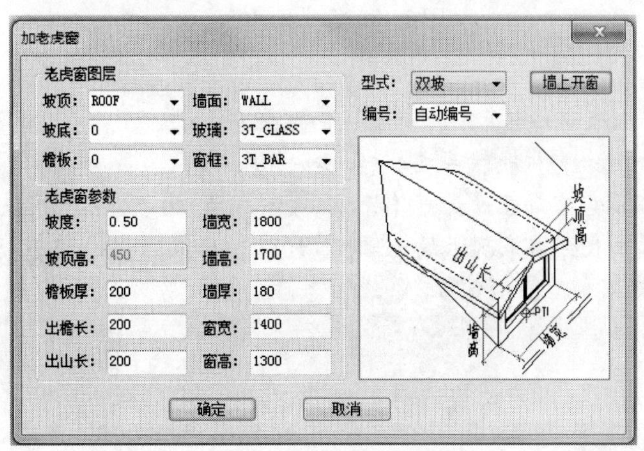

图 6-41　创建老虎窗

step 18 单击绘图区放置老虎窗，如图 6-42 所示。

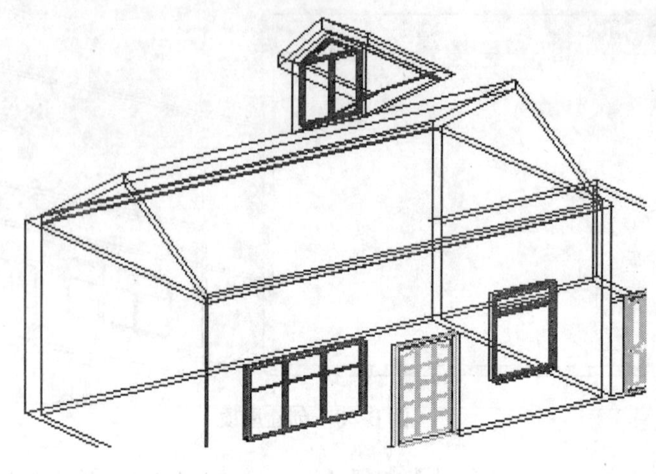

图 6-42　放置老虎窗

step 19 单击修改工具栏中的【移动】按钮，移动老虎窗的位置，完成屋顶的创建，最终的瓦房模型如图 6-43 所示。

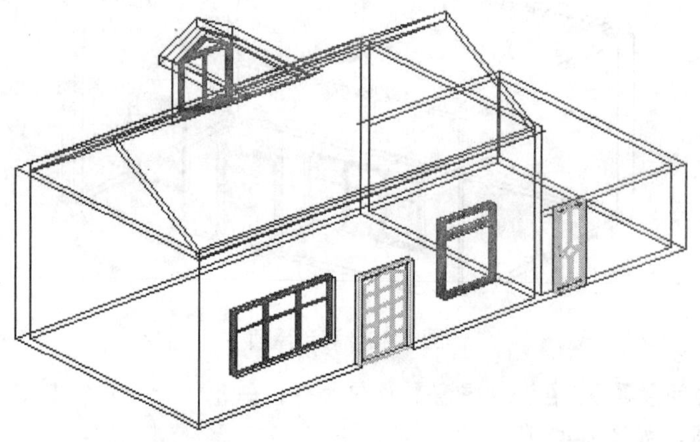

图 6-43　完成瓦房模型

建筑设计实践： 建筑及环境艺术模型介于平面图纸与实际立体空间之间，它把两者有机地联系在一起，是一种三维的立体模式，三维建筑模型有助于设计创作的推敲，可以直观地体现设计意图，弥补图纸在表现上的局限性。如图 6-44 所示是渲染后的三维建筑模型。

图 6-44　渲染后的三维建筑模型

第3课 2课时 三维编辑工具

与二维图形对象一样，用户也可以编辑三维图形对象，且二维图形对象编辑中的大多数命令都适用于三维图形。天正建筑软件提供了大量的面和边的三维编辑工具，如有必要还可以通过三维切割将建筑一分为二，展示建筑内部。

6.3.1 三维编辑工具

行业知识链接： 三维编辑特征可以快速创建模型特征，如图6-45所示是三维建筑的屋顶结构，使用阵列命令可以快速创建。

图6-45 三维建筑的屋顶

1. 线转面

【线转面】命令可以根据二维视图中构成面的边、直线或多段线生成三维网格。

调用【线转面】命令的方法有如下两种。

- 菜单栏：选择【三维建模】|【编辑工具】|【线转面】命令。
- 命令行：在命令行中输入XZM命令并按Enter键。

下面具体讲解线转面的方法。

(1) 选择【三维建模】|【编辑工具】|【线转面】命令，选择构成面的边，如图6-46所示。

(2) 在命令行提示“是否删除原始的边线?[是(Y) / 否(N)]<Y>：”时，输入N，线转面的结果，如图6-47所示。

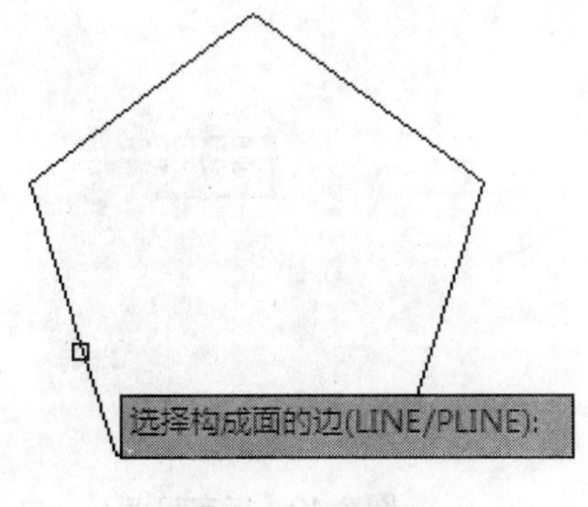

图6-46 选择边

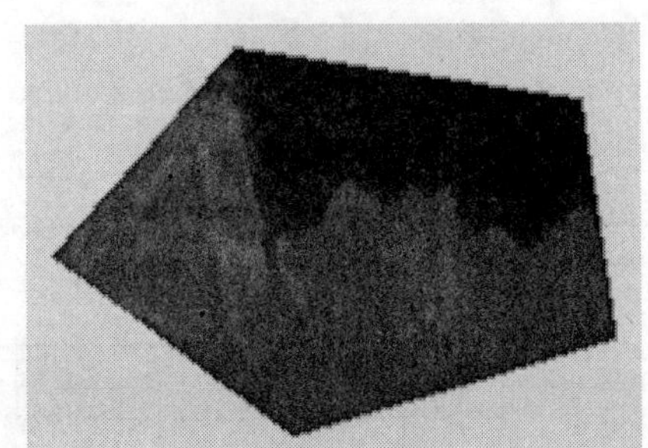

图6-47 面

2. 实体转面

【实体转面】命令可以将三维或面域实体转换成网格面对象。

调用【实体转面】命令的方法有如下两种。

- 菜单栏：选择【三维建模】|【编辑工具】|【实体转面】命令。
- 命令行：在命令行中输入 STZM 命令并按 Enter 键。

3. 面片合成

【面片合成】命令可以把多个三维面转换成多格面，便于编辑和修改。

调用【面片合成】命令的方法有如下两种。

- 菜单栏：选择【三维建模】|【编辑工具】|【面片合成】命令。
- 命令行：在命令行中输入 MPHC 命令并按 Enter 键。

4. 隐去边线

【隐去边线】命令可以将三维面对象与网格面对象的指定边线改为不可见。

调用【隐去边线】命令的方法有如下两种。

- 菜单栏：选择【三维建模】|【编辑工具】|【隐去边线】命令。
- 命令行：在命令行中输入 YQBX 命令并按 Enter 键。

5. 三维切割

【三维切割】命令可以切割任何三维对象，以便对其赋予不同的特性。

调用【三维切割】命令的方法有如下两种。

- 菜单栏：选择【三维建模】|【编辑工具】|【三维切割】命令。
- 命令行：在命令行中输入 SWQG 命令并按 Enter 键。

下面具体讲解三维切割的方法。

(1) 选择【三维建模】|【编辑工具】|【三维切割】命令，选择需要剖切的三维对象，如图 6-48 所示。

(2) 指定切割直线的起点，如图 6-49 所示。

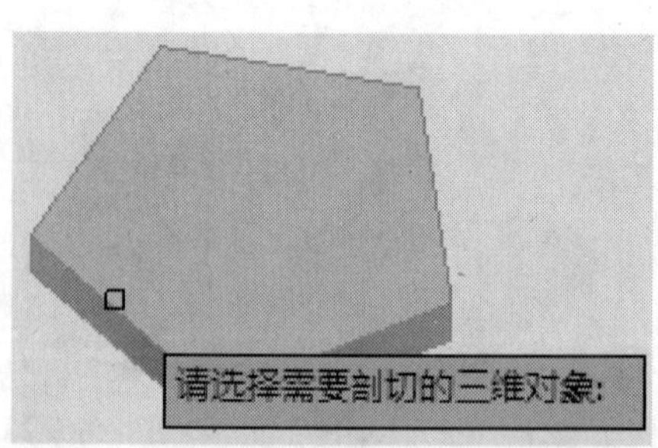

图 6-48　选择剖切对象

图 6-49　指定起点

(3) 指定切割直线的终点，如图 6-50 所示。

(4) 三维切割的操作结果，如图 6-51 所示。

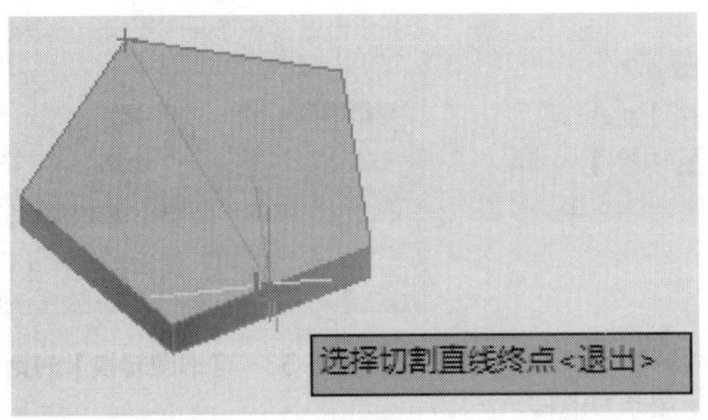

图 6-50　指定终点

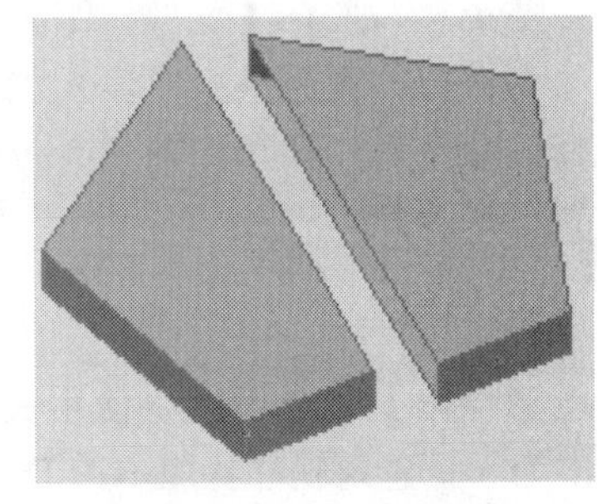

图 6-51　三维切割后的结果

6. 厚线变面

【厚线变面】命令可以将有厚度的线、弧、多段线对象按照厚度转换为三维面。

调用【厚线变面】命令的方法有如下两种。

- 菜单栏：选择【三维建模】|【编辑工具】|【厚线变面】命令。
- 命令行：在命令行中输入 HXBM 命令并按 Enter 键。

7. 线面加厚

【线面加厚】命令为选中的闭合线和三维面赋予厚度，用于将线段加厚为平面，三维面加厚为有顶部的多面体。

调用【线面加厚】命令的方法有如下两种。

- 菜单栏：选择【三维建模】|【编辑工具】|【线面加厚】命令。
- 命令行：在命令行中输入 XMJH 命令并按 Enter 键。

6.3.2　图形导出

行业知识链接：建筑三维模型既是设计师设计过程的一部分，同时也属于设计的一种表现形式，被广泛应用于城市建设、房地产开发、商品房销售、设计投标与招商合作等方面。如图 6-52 所示是一个别墅模型的三维图。

图 6-52　别墅模型的三维图

天正建筑软件中的图形导出命令主要有旧图转换、图形导出、图纸保护等，这些命令可以对图形进行转换或导出，本节将介绍图形导出的方法。

1. 旧图转换

由于天正建筑软件升级后图形格式变化较大，为了升级后可以重复使用旧图资源继续设计，该命令可以将使用天正建筑软件 3.0 格式的平面图进行转换，将图形对象表示的内容升级到新版本的专业对象格式。

调用【旧图转换】命令的方法有如下两种。

- 菜单栏：选择【文件布图】|【旧图转换】命令。
- 命令行：在命令行中输入 JTZH 命令并按 Enter 键。

选择该命令后，打开如图 6-53 所示的【旧图转换】对话框，设置转换参数。

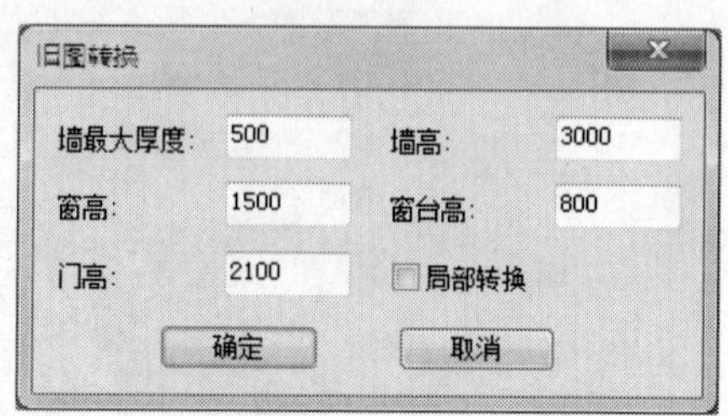

图 6-53 【旧图转换】对话框

2. 图形导出

【图形导出】命令可以将使用天正建筑软件 2.0 绘制的图形导出为天正建筑软件各版本的 DWG 图或各专业条件图。

在天正建筑软件中执行【图形导出】命令，可以在命令行中输入 TXDC 命令，按 Enter 键后，弹出如图 6-54 所示的【图形导出】对话框，设置保存类型及文件名，单击【保存】按钮，即可将图形导出。

图 6-54 【图形导出】对话框

课后练习

案例文件：ywj\06\02.dwg、03.dwg

视频文件：光盘→视频课堂→第 6 教学日→6.3

本节课后练习的是室内布局模型，三维模型由墙壁、窗户、柱子和屋顶组成，形成室内布局形式，如图 6-55 所示是创建的室内布局模型。

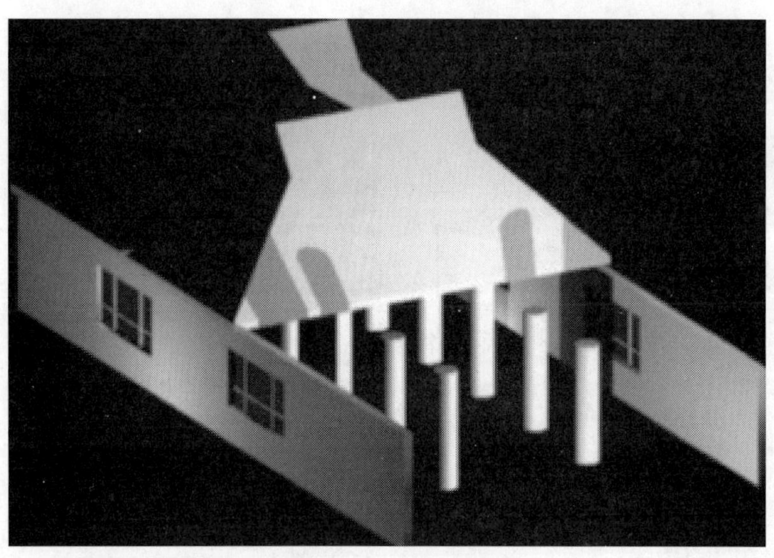

图 6-55　室内布局模型

本节案例主要练习了室内布局模型的创建过程，首先绘制墙体，之后创建窗户，再添加柱子特征，最后创建两套屋顶，室内布局模型的创建思路和步骤如图 6-56 所示。

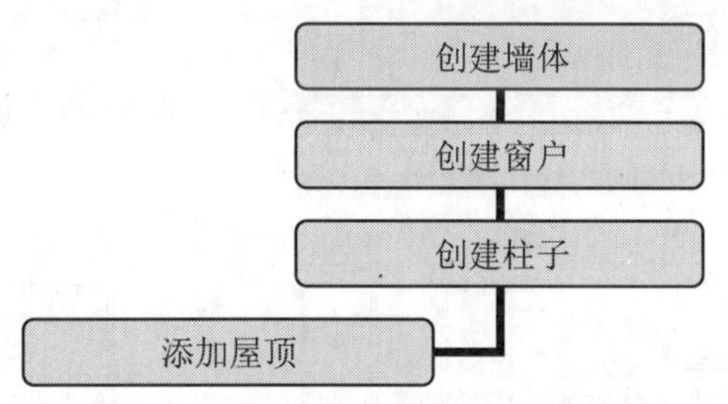

图 6-56　室内布局模型的创建思路和步骤

练习案例操作步骤如下。

step 01 首先创建墙体。选择【墙体】|【绘制墙体】菜单命令，弹出【墙体】对话框，在【墙宽】微调框内输入 240，在【用途】下拉列表框中选择【内墙】选项，并在绘图区域绘制长为 10000 的外墙，如图 6-57 所示。

step 02 选择【墙体】|【绘制墙体】菜单命令，在绘图区域绘制长为 20000 的两段外墙体，完成墙体的创建，如图 6-58 所示。

step 03 接着创建窗户。选择【门窗】|【新窗】菜单命令，单击窗户样式，弹出【天正图库管理系统】窗口，选择【平开窗 41】选项，如图 6-59 所示。

step 04 在弹出的【窗】对话框中，设置窗户的参数，在墙壁上放置 4 扇窗户，完成窗户的创建，如图 6-60 所示。

step 05 继续创建柱子。选择【轴网柱子】|【标准柱】菜单命令，设置参数，创建一个标准圆柱，如图 6-61 所示。

step 06 单击修改工具栏中的【矩形阵列】按钮，阵列圆柱，数量如图 6-62 所示，完成柱子的创建。

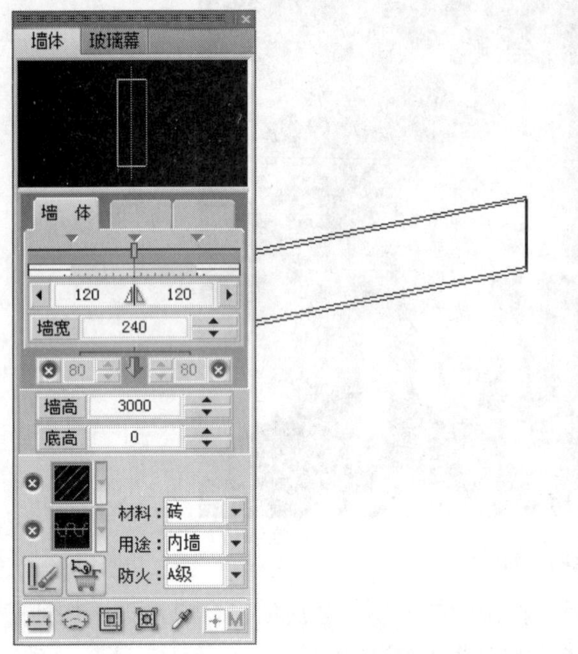

图 6-57　创建墙体

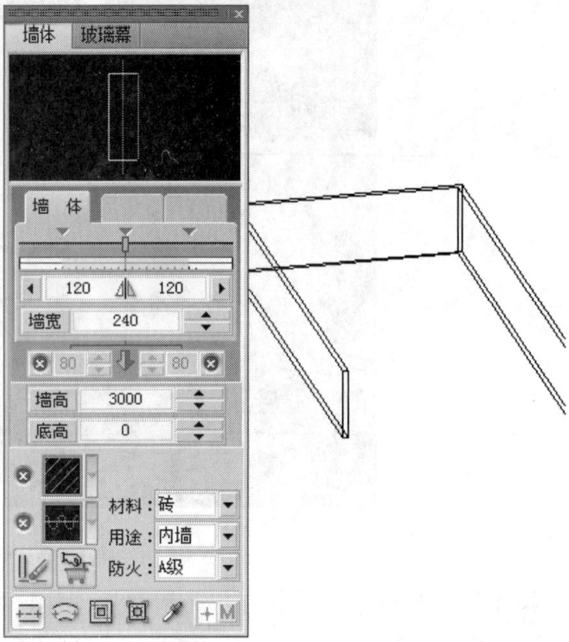

图 6-58　创建两段墙体

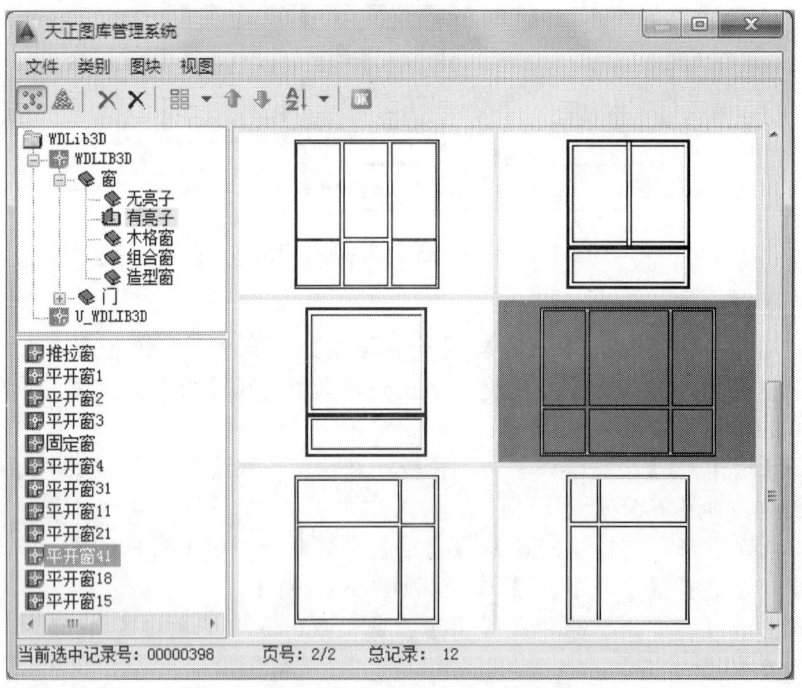

图 6-59　选择平开窗 41

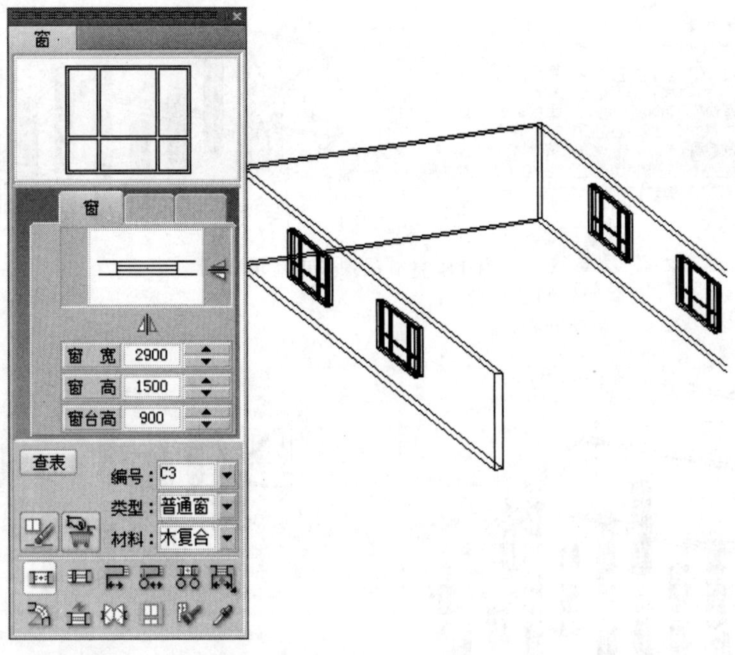

图 6-60　创建 4 扇窗户

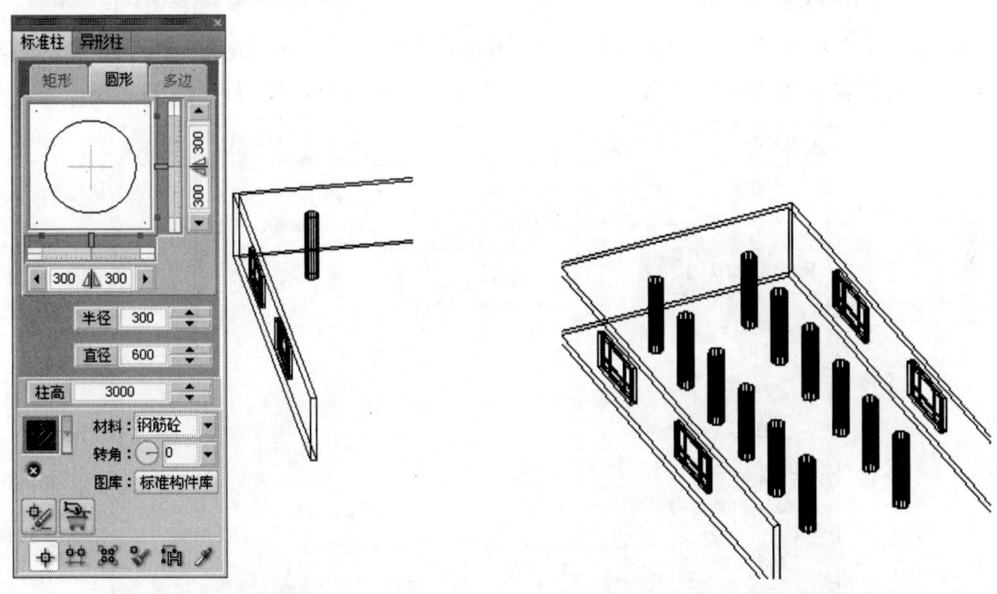

图 6-61　创建标准柱

图 6-62　阵列圆柱

step 07 最后创建屋顶。选择【房间屋顶】|【矩形屋顶】菜单命令，弹出【矩形屋顶】对话框，设置参数，创建矩形屋顶，如图 6-63 所示。

step 08 单击修改工具栏中的【移动】按钮，移动屋顶的位置，如图 6-64 所示。

step 09 选择【房间屋顶】|【矩形屋顶】菜单命令，完成第二个屋顶的创建，最终的室内布局模型，如图 6-65 所示。

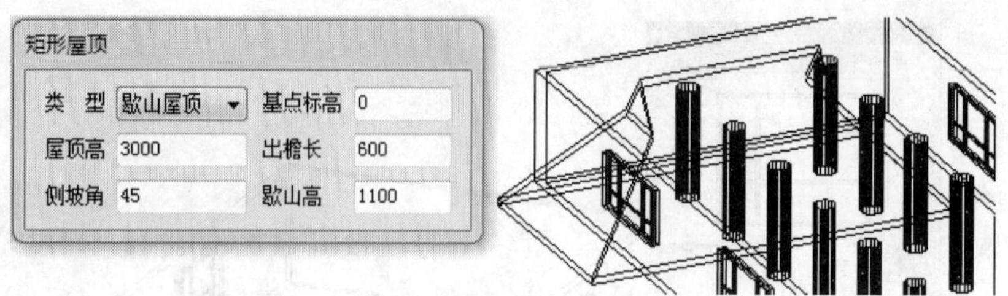

图 6-63 创建矩形屋顶

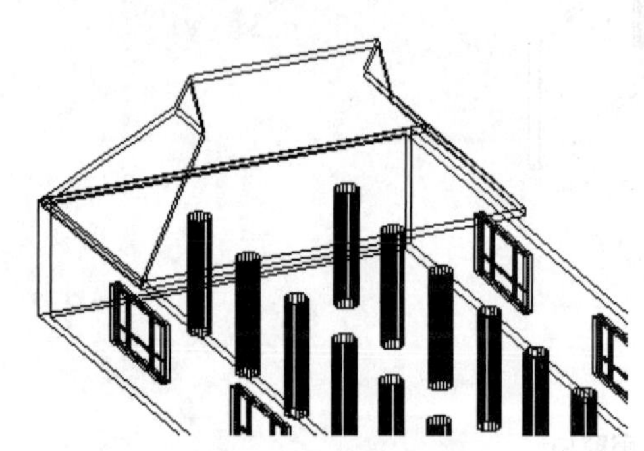

图 6-64 移动屋顶

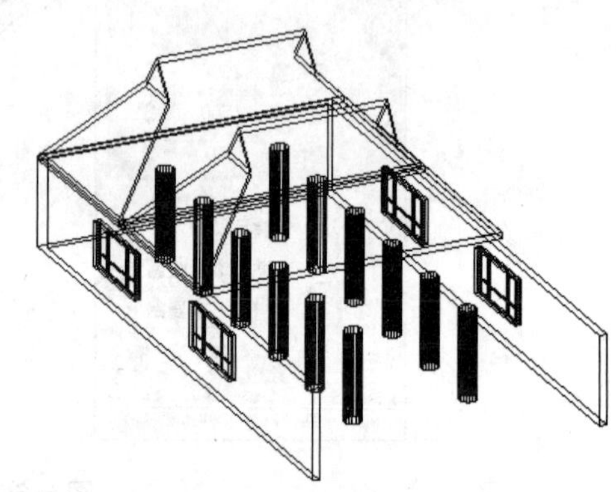

图 6-65 创建第二个屋顶

step 10 在命令行中输入 TXDC 命令，按 Enter 键后，弹出如图 6-66 所示的【图形导出】对话框，设置保存类型及文件名“03”，单击【保存】按钮，将图形导出。

图 6-66 【图形导出】对话框

建筑设计实践： CAD 三维体模型同样可以进行渲染，以得到更好的效果。如图 6-67 所示是渲染后的室内模型俯视图。

图 6-67　室内模型俯视图

阶段进阶练习

本教学日学习了各个知识点之后，应该掌握绘制三维基本造型的方法，三维对象的编辑和图形导出的方法。

如图 6-68 所示，使用本教学日学过的知识来创建楼房的三维模型。

图 6-68　楼房三维模型

一般创建步骤和方法如下。

(1) 绘制墙体。

(2) 绘制门窗。

(3) 添加屋顶和材质。

第7教学日

建筑立面和剖面图是建筑绘图的基础，大多数建筑施工和展示等过程要使用到建筑立面图和剖面图，建筑平面和大样图同样较为常用，本教学日主要结合范例介绍一般建筑图的绘制方法和思路，建筑图绘制完成后就可以进行布局和打印。

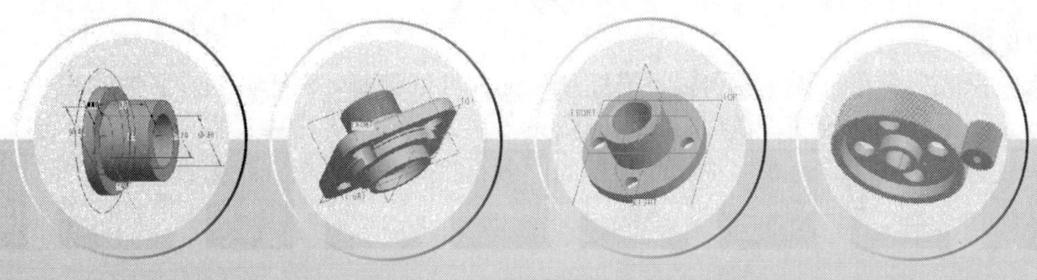

第1课 1课时 设计师职业知识——建筑成图知识

每一个建筑的设计都各不相同，甚至千差万别，所有的标准图集都不可能涵盖一栋建筑的全部构造形式，而且在平、立、剖面施工图中还有一些不能表达清楚的尺寸定位和建筑构件，这时必须放大比例后绘制建筑大样图来详细表达。例如，卫生间大样、厨房大样、楼梯间大样设计，一些房间的设备布置，立面的细部装修，室外附属工程异形部分的立、剖面大样等。

1. 建筑平面大样详图的绘制

建筑设计中的卫生间、厨房、楼梯间以及不能在建筑平面图中清楚表达的部分需要设计绘制建筑平面大样图。

1) 初始条件图的提取与准备

在绘制任何建筑图设计时，首先要想到利用 AutoCAD 软件复制和编辑的修改优势。建筑平面大样图的设计可以尽量从平面施工图中提取有用的部分，以减少工作量，我们称之为初始条件图，这样可以避免平面大样图从零开始。

首先用“复制”命令复制平面施工图中用于绘制建筑平面大样的有用部分到图纸的适当位置，然后用“删除”命令删去不需要的部分，获得我们需要的初始条件图。

2) 编辑和修改条件图

对条件图我们还需要进行必要的补充、编辑和修改，如对所在墙体补画轴线及标注尺寸、调整墙线宽度等。在平面大样的绘制中还要考虑一个重要的问题，即由于详图比例大(如 1∶10、1∶20、1∶50)，而其他的图形比例小(1∶100、1∶200、1∶500)，但又需要将不同比例的图形调整到一张图中出图，要使出图满足要求，就必须对条件图进行比例调整。有三种方法：一是在图纸空间中绘制和出图，这样可以不受出图比例限制；二是在模型空间中绘制和出图，提取的条件图可用命令适当放大数倍，例如，提取的条件图是按 1∶1 比例绘制，按 1∶100 将提取的条件图用“scale”命令适当放大数倍，而详图也要按 1∶1 绘制，而以 1∶10 出图，这时需将提取的条件图放大 10 倍；三是将不同比例的图形作为块插入到一张图中出图。

3) 平面大样的绘制

有了编辑与修改完成后的条件图，就可以补充完成平面大样的绘制。对于建筑设计中的卫生间、厨房，可以在进行大样图设计时绘制、调用、插入专业设备块。对于没有图库或需单独绘制的细部可直接用 AutoCAD 软件绘图和编辑命令完成，而楼梯间一般直接调用条件图，根据设计要求作适当细部调整，补充楼梯抹灰等装饰做法。

4) 材料和图案填充

绘制平面大样是为了更清楚地表达建筑的细部做法、构件和设备的定位尺寸，其比例较大，就连地面的装饰风格等都要一一绘制出来，因此其剖切部位如墙、柱、构造柱、钢筋混凝土、空心板等需要填充材料符号。

5) 文本与尺寸标注

文本标注应详细注明各部分的构造做法，如详细注明楼梯的踏步面、防滑条、栏杆、厨房灶台、洗涤池的使用材料、颜色、构造层次等，标注方法与平面施工图中的文本标注相同。

卫生间、厨房大样一般需标注两道尺寸，即设备定位尺寸和房间的周边净尺寸。卫生间洁具一般为标准规格，只需定位其水管位置和方向即可。其他设备以其他边缘线定位，同时还应标注其室内标高、排水坡度及方向等。

2. 绘制建筑立面和剖面大样详图

凡是在立、剖面建筑施工图中无法表达清楚的部分，以及标准集上没有的构造或异形形体部分，如屋面泛水、防水、玻璃幕墙节点构造等均需要绘制大样图。它们的绘制方法与平面大样图的绘制方法相同，即可分为提取条件图、编辑修改、大样图绘制、图案填充、文本与尺寸标注五大步，在此不再赘述。

至此，大样详图绘制完成，一套完整的建筑施工图的全部绘制结束了，建筑师在进行审视后就可以签字出图，交给其他专业设计师进行结构和设备设计，也可以提交给甲方和施工单位进行施工。

3. 绘制建筑立面图的基本方法

在传统的绘图中，一般是在完成建筑平面施工图后再绘制立面图，因为建筑平面施工图是立面图的基础，所以建筑平面施工图的修改将给立面图的修改带来巨大的工作量。但在运用天正建筑软件T20辅助建筑设计的过程中，可以利用天正建筑软件T20便于修改的强大功能任意选定某一类图纸进行设计。用软件绘制立面图的基本方法主要有两种。

1) 模型投影法绘制立面图

该方法是利用天正建筑软件T20建模准确、消隐迅速的功能，首先建立起建筑的三维模型，然后通过选择不同视点观察模型并进行消隐处理，得到不同方向的建筑立面图。这种方法的优点是它直接从三维模型上提取二维立面信息，一旦完成建模工作，就可以得到任意方向的建筑立面图。可以在此基础上作必要的补充和修改，生成不同视点的室外三维透视图，很多专业的CAD软件即采用这种方法生成立面图。具体做法是在各建筑平面图中关闭无用图层，删去不必要的图素后再组合起来，根据平面图外墙，外门窗等的位置和尺寸，构造建筑物表面三维模型或实体模型，一般为了减小此三维模型的数据量，只需要建立建筑的所有外墙和屋顶表面模型即可。

2) 各向独立绘制立面图

绘制建筑立面图时必须先绘制建筑平面图。这种立面图的绘制方法是直接调用平面图，关闭不要的图层，再删去一些不必要的图素，根据平面图某方向的外墙、外门窗等位置和尺寸，按照“长相等、高平齐、宽对正”的原则直接用AutoCAD软件绘图命令绘制某方向的建筑立面投影图。在绘制时，可以用“射线”命令和“直线”命令绘制一些辅助线帮助准确定位。这种绘图方法简单、直观、准确，是最基本的作图方法，能体现出计算机绘图的定位准确、修改方便的优势，但它产生的立面图是彼此分离的，不同方向的立面图必须独立绘制。

4. 绘制建筑剖面图的基本方法

在绘制建筑剖面图之前，应选择最能表达建筑空间结构关系的部位来绘制剖面图，一般应在主要楼梯部位剖切。常采用以下两种方法绘制建筑剖面图。

1) 二维绘图方法

该方法比较简便和直观，从时间和经济效益上来讲都比较合算，它的绘制只需以建筑的平、立面为其生成基础，根据建筑形体的情况绘制，这种方法适宜于从底层开始向上逐层设计，相同的部分逐层向上阵列或复制，最后再进行编辑和修改。它的绘制是从底层开始向上逐层绘制墙体、地面、门窗、阳台、雨篷、楼面及梁柱等，相同的部分还可逐层向上阵列或复制，最后再进行编辑和修改，以节省时间，加快绘图速度。

2) 三维绘图方法

该方法是以已经生成的平面图为基础，依据立面设计提供的层高、门窗等有关情况，保留剖面图中剖切到或看到的部分，然后从剖切线位置将与剖视方向相反的部分剪去，并给剩余部分指定基高和厚度，得到剖面图三维模型的大体框架，然后以它为基础生成剖面图。如果想用计算机精确地绘制剖面图，也可以把整个建筑物建成一个实体模型，但是这样必须详尽地将建筑物内外构件全部建成三维模型，其工作量大，占用的计算机空间大，处理速度较慢，从时间和效率上来看很不经济。

2课时 天正工程管理

天正建筑引入工程管理的目的是希望能灵活地管理同属于一个工程的图纸文件，以将层高数据、自然层号和平面图对应起来，方便建筑立面图、建筑剖面图和三维模型的生成。

7.2.1 天正工程管理的概念

天正工程管理是把用户所设计的大量图形文件按“工程”或“项目”区别开来，首先要求用户把同属于一个工程的文件放在同一个文件夹下进行管理。

工程管理允许用户使用一个 DWG 文件通过楼层框保存多个楼层平面，通过楼层框定义自然层与标准层关系，也可以使用一个 DWG 文件保存一个楼层平面，直接在楼层表定义楼层关系，通过对齐点把各楼层组装起来。

工程管理还支持一部分楼层平面在一个 DWG 文件，而另一些楼层在其他 DWG 文件这种混合保存方式。

7.2.2 工程管理

【工程管理】面板是天正建筑管理工程项目的工具，使用该面板，用户可以新建和打开工程，并进行导入图纸和楼层表等常用操作。

调用【工程管理】命令可启动工程管理界面，打开【工程管理】面板，如图 7-1 所示，建立由各楼层平面图组成的楼层表，在界面上方提供了创建立面、剖面、三维模型等图形的工具按钮。

打开【工程管理】面板有如下几种方法。

- 菜单栏：选择【文件布图】|【工程管理】菜单命令。
- 命令行：在命令行中输入 GCGL 命令并按 Enter 键。
- 按下 Ctrl+Shift+~组合键，再次按下则可关闭该面板。

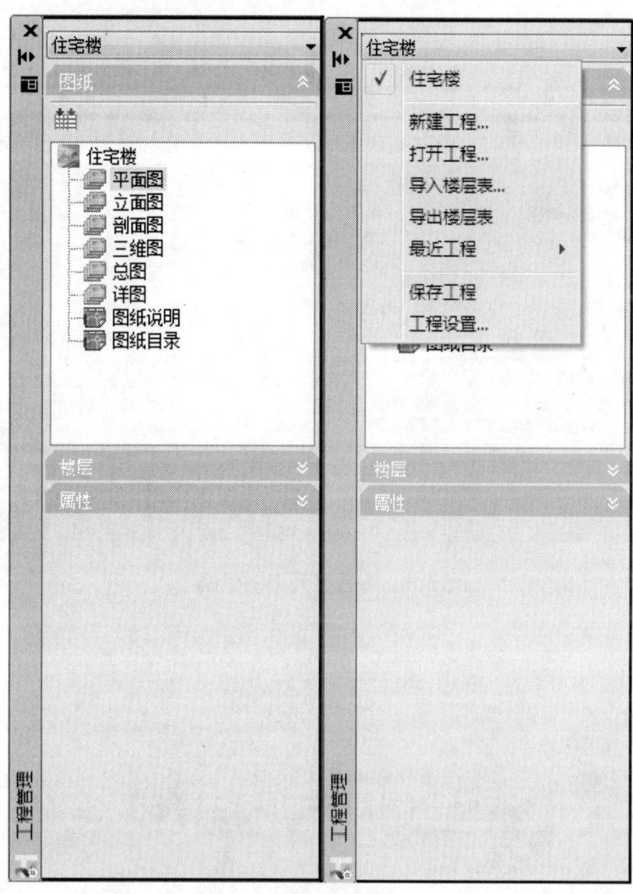

图 7-1 【工程管理】面板

7.2.3 新建工程

生成建筑立面图和剖面图之前，都需要创建新工程，下面具体讲解新建工程的方法。

(1) 选择【文件布图】|【工程管理】菜单命令，弹出【工程管理】面板，在【工程管理】下拉菜单中选择【新建工程】命令，如图 7-2 所示。

(2) 系统弹出【另存为】对话框，输入新工程的名称，并指定保存工程的文件夹，如图 7-3 所示。

(3) 单击【另存为】对话框中的【保存】按钮保存工程项目，即可完成新工程的创建，如图 7-4 所示，同时得到一个扩展名为 tpr 的项目文件。

图 7-2 选择【新建工程】命令

图 7-3 【另存为】对话框

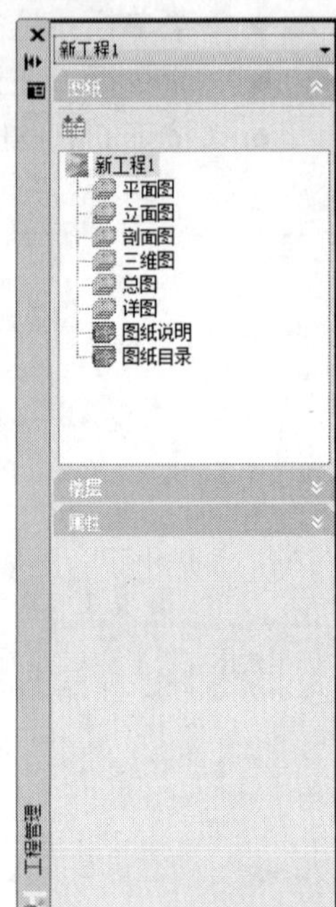

图 7-4 新建工程效果

第 3 课 2 课时 图纸布局和打印

7.3.1 图纸布局

行业知识链接：图纸空间布局主要用于图形布局并打印输出建筑图纸，在该空间中可以进行单比例布图，也可以按不同的比例(根据绘图时设置的绘图比例)将多个图形输出到一张图纸(即多比例布图，需要创建多个视口)。如图 7-5 所示是平面图中的布局形式和划分。

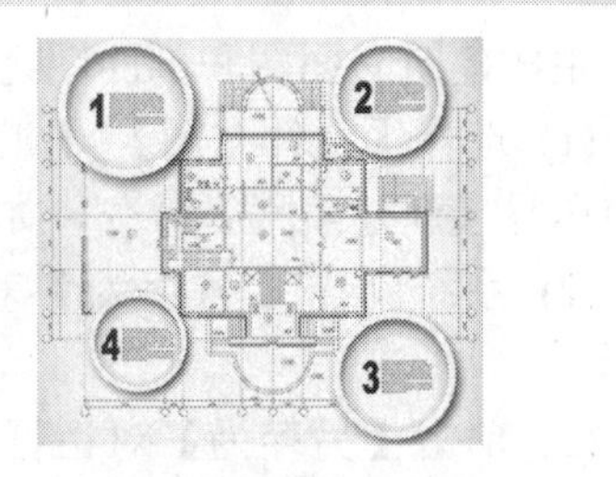

图 7-5 平面图中的布局

与 AutoCAD 软件一样，天正建筑软件也有图纸空间和模型空间，单击绘图窗口下方的【模型】和【布局】标签，可以在这两个空间之间切换。其中模型空间主要用于绘制建筑图形，此外，对于一些简单的图形，可以在模型空间中按一个比例布图(即单比例布图)并输出。

本课先介绍单比例和多比例布图的基本流程和方法，然后在后面再详细讲解各布局命令的用法。

1. 单比例布图

在软件中，建筑对象在模型空间设计时都是按 1∶1 的实际尺寸创建的，当全图只使用一个比例时，不必使用复杂的图纸空间布图，在模型空间直接插入图框就可以出图了，如图 7-6 所示。

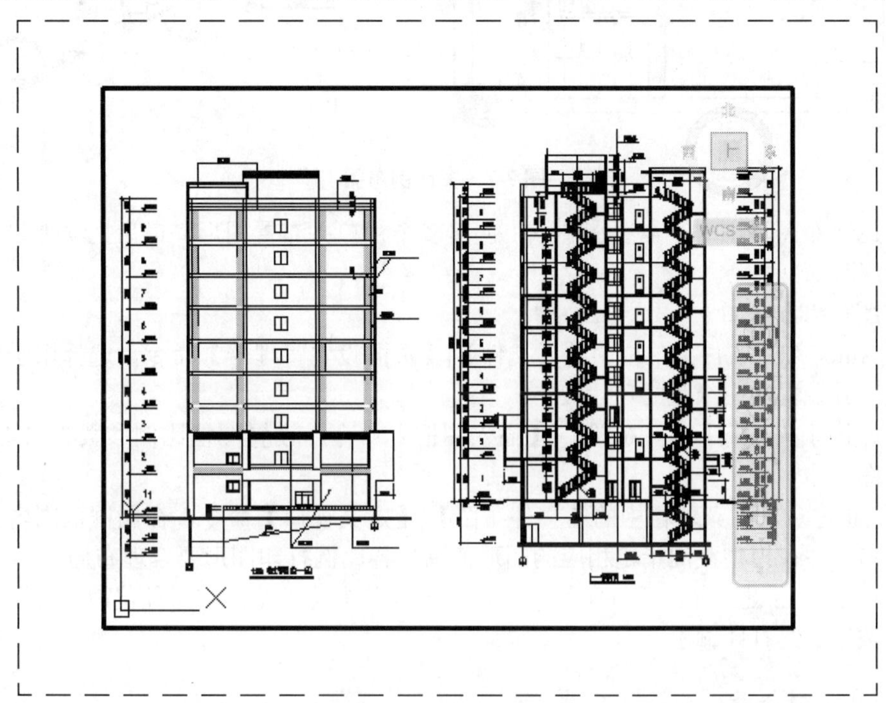

图 7-6　单比例布图

出图比例就是用户画图前设置的当前比例，如果出图比例与画图前的当前比例不符，就要用【改变比例】命令修改图形，要选择图形的注释对象(包括文字、标注、符号等)进行更新。

单比例布图打印输出方法如下。

(1) 选择【文件】|【页面设置管理器】菜单命令，选择用于打印输出的打印机或绘图仪，并设置输出纸张的尺寸大小。

(2) 使用【当前比例】命令设定图形的比例，例如 1∶100。

(3) 按设计要求绘图，对图形进行编辑修改，直到符合出图要求。

(4) 选择【文件布图】|【插入图框】命令，按图形比例(如 1∶100)设置图框比例参数，单击【确定】按钮插入图框。

(5) 按 Ctrl+P 组合键，弹出【打印】对话框，选择【窗口】打印范围，然后在模型空间指定打印输出的范围。

(6) 在对话框的【打印比例】选项组中按图形比例大小设定打印比例(如 1∶100)。单击【确定】按钮，即可开始打印输出。

2. 多比例布图

多比例布图就是在绘制某些图形时，将多个比例不同的图形绘制在同一张图样上，然后将这多个不同输出比例的图形打印在一张图纸上，如图 7-7 所示。

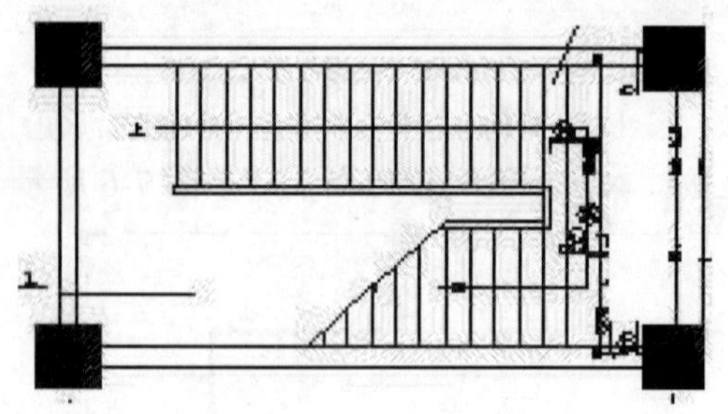
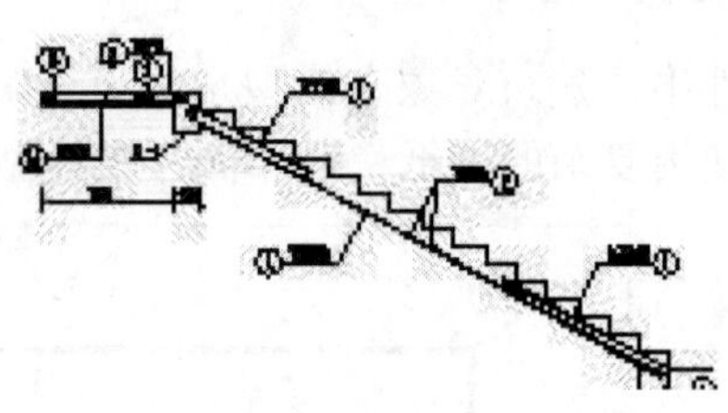

图 7-7　多比例布图

在进行多比例布图输出时，需要在图纸上创建多个视口并布置图形，最后拖动视口调整好出图的多比例布图最终版面。

多比例布图打印方法如下。

(1) 选择 AutoCAD 软件菜单栏中的【文件】|【页面设置管理器】命令，选择用于打印输出的打印机或绘图仪，并设置输出纸张的尺寸大小。

(2) 在图纸空间中选择【文件布图】|【插入图框】命令，设置图框比例参数为 1∶1，单击【确定】按钮插入图框。

(3) 选择天正建筑软件菜单栏中的【文件布图】|【定义视口】命令，在图框范围内创建不同打印比例图形的视口，并在模型空间指定相应的图形范围。各比例打印图形要合理布局。

(4) 按 Ctrl+P 组合键，弹出【打印】对话框，可以单击【预览】按钮预览最终打印效果，满意后单击【确定】按钮最终打印输出。

7.3.2　图纸布局命令

行业知识链接：图纸布局命令用于对图纸的位置或者属性进行修改。如图 7-8 所示是建筑立面图的布局。

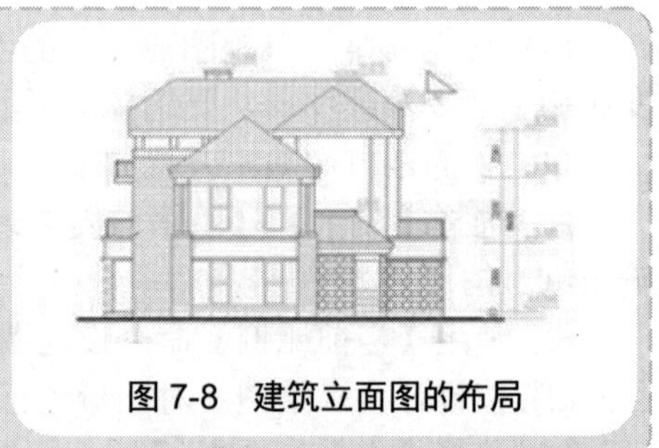

图 7-8　建筑立面图的布局

1. 插入图框

【插入图框】命令用于在当前模型空间或图纸空间插入图框。调用【插入图框】命令有如下两种方法。

- 菜单栏：选择【文件布图】|【插入图框】菜单命令。
- 命令行：在命令行中输入 CRTK 命令并按 Enter 键。

选择命令后，弹出【插入图框】对话框，如图 7-9 所示。

对话框中各选项的功能如下。

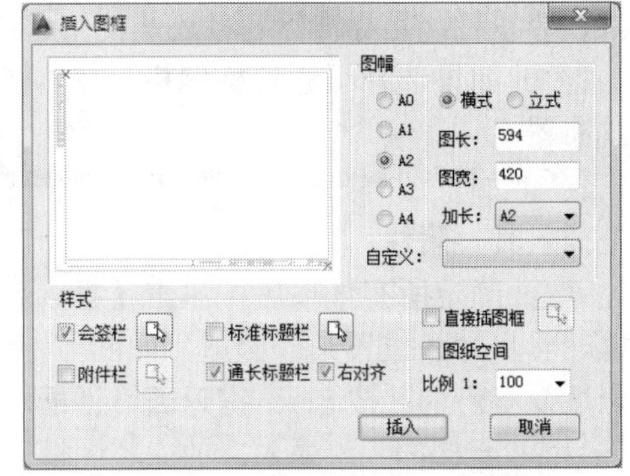

图 7-9 【插入图框】对话框

- 【图幅】选项组：共有 A0～A4 五种标准图幅，单击某一图幅单选按钮，就选定了相应的图幅。
- 【图长】/【图宽】：通过输入数值，直接设定图纸的长宽尺寸或显示标准图幅的图长与图宽。
- 【横式】/【立式】：设置图纸为立式还是横式。
- 【加长】：选定加长型的标准图幅，单击右边的下拉箭头，出现国标加长图幅供选择。
- 【自定义】：如果使用过在图长和图宽栏中输入的非标准图框尺寸，命令会把此尺寸作为自定义尺寸保存在此下拉列表框中，单击右边的下拉箭头可以从中选择已保存的 20 个自定义尺寸。
- 【比例】：设定图框的出图比例，此数字应与【打印】对话框中的【出图比例】一致。此比例也可从列表中选取，如果列表中没有，也可直接输入。选中【图纸空间】复选框后，此选项显示为灰色，比例自动设为 1∶1。
- 【图纸空间】：选中此复选框后，当前视图切换为图纸空间(布局)，比例自动设置为 1∶1。
- 【会签栏】：选中此复选框后，允许在图框左上角加入会签栏，单击右边的按钮从图框库中可选取预先入库的会签栏。
- 【标准标题栏】：选中此复选框后，允许在图框右下角加入国标样式的标题栏，单击右边的按钮可从图框库中选取预先入库的标题栏。
- 【通长标题栏】：选中此复选框后，允许在图框右方或者下方加入用户自定义样式的标题栏，单击右边的按钮从图框库中可选取预先入库的标题栏，命令自动从用户所选中的标题栏尺寸判断插入的是竖向还是横向的标题栏，采取合理的插入方式并添加通栏线。
- 【右对齐】：图框在下方插入横向通长标题栏时，选中【右对齐】复选框时可使得标题栏右对齐，左边插入附件。
- 【附件栏】：选中【通长标题栏】复选框后，【附件栏】复选框可选，选中【附件栏】复选框后，允许图框一端加入附件栏，单击右边的按钮从图框库中可选取预先入库的附件栏，可以是设计单位徽标或者是会签栏。
- 【直接插图框】：选中此复选框，允许在当前图形中直接插入带有标题栏与会签栏的完整图框，而不必选择图幅尺寸和图纸格式，单击右边的按钮从图框库中可选取预先入库的完整图框。

在图纸中插入图框有以下几种方式。

(1) 设置预设的标题栏和会签栏后，先从图库中选取预设的标题栏和会签栏，实时组成，然后单击图框插入。

① 可在图幅栏中先选定所需的图幅格式是横式还是立式，然后选择图幅尺寸是 A4～A0 中的某个尺寸，需加长时从加长中选取相应的加长型图幅，如果是非标准尺寸，在【图长】和【图宽】文本框中输入。

② 在图纸空间下插入时选中该项，在模型空间下插入则选择出图比例，再确定是否需要标题栏、会签栏，是标准标题栏还是使用通长标题栏。

③ 如果选择了通长标题栏，单击【选择】按钮后，进入图框库选择按水平图签还是竖直图签格式布置。

④ 如果还有附件栏要插入，单击【选择】按钮后，进入图框库选择合适的附件，是插入院标还是插入其他附件。

⑤ 确定所有选项后，单击【插入】按钮，屏幕上出现一个可拖动的蓝色图框，移动光标拖动图框，看尺寸和位置是否合适，如图 7-10 所示。在合适位置取点插入图框，如果图幅尺寸或者方向不合适，右击，并按 Enter 键返回对话框，重新选择参数。

(2) 直接插入事先入库的完整图框。

① 选中【直接插图框】复选框，然后单击按钮，进入图框库选择完整图框，如图 7-11 所示。其中每个标准图幅和加长图幅都要独立入库，每个图框都是带有标题栏和会签栏、院标等附件的完整图框。

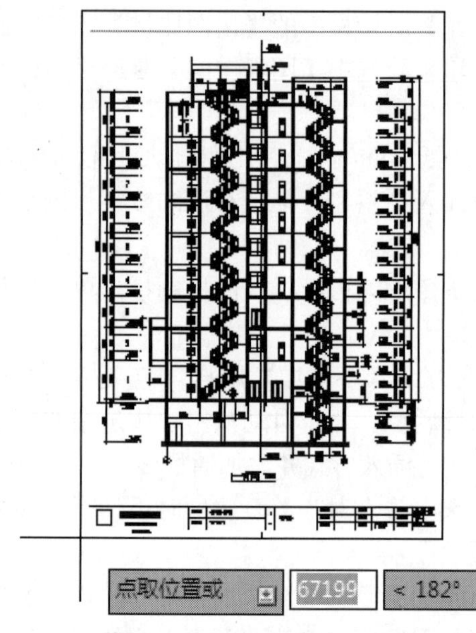

图 7-10　模型空间下插入

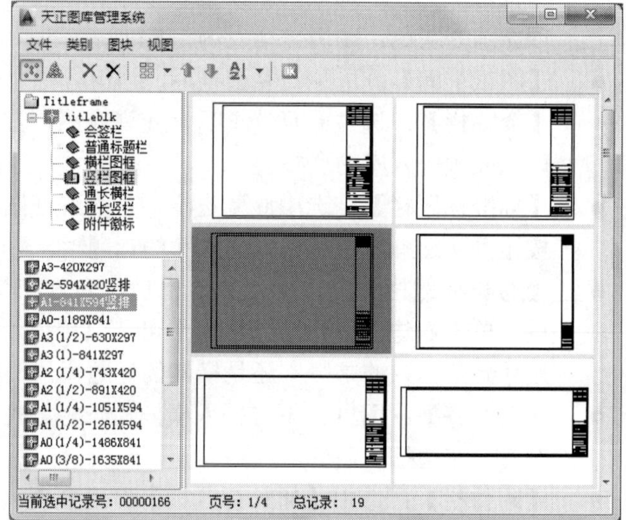

图 7-11　选择图框样式

② 在图纸空间下插入时选中【图纸空间】复选框，在模型空间下插入则选择比例。

③ 确定所有选项后，单击【插入图框】对话框中的【插入】按钮插入图框，如图 7-12 所示。

2. 图纸目录

【图纸目录】命令能按照国标的要求自动生成图纸目录表格。

调用【图纸目录】命令有如下两种方法。

- 菜单栏：选择【文件布图】|【图纸目录】菜单命令。
- 命令行：在命令行中输入 TZML 命令并按 Enter 键。

创建图纸目录时，弹出【图纸文件选择】对话框，如图 7-13 所示。该命令首先在当前工程的图纸集中搜索图框(如果没有添加进图纸集则不会被搜索到)，范围包括图纸空间和模型空间在内，其中立剖面图文件中有两个图纸空间布局，各包括一张图纸。

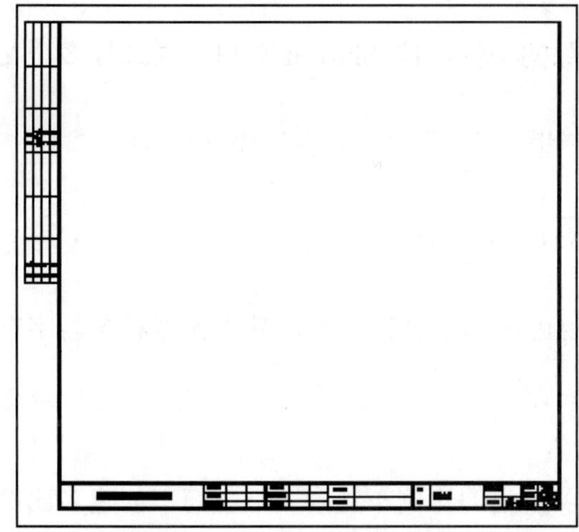

图 7-12　插入的图框

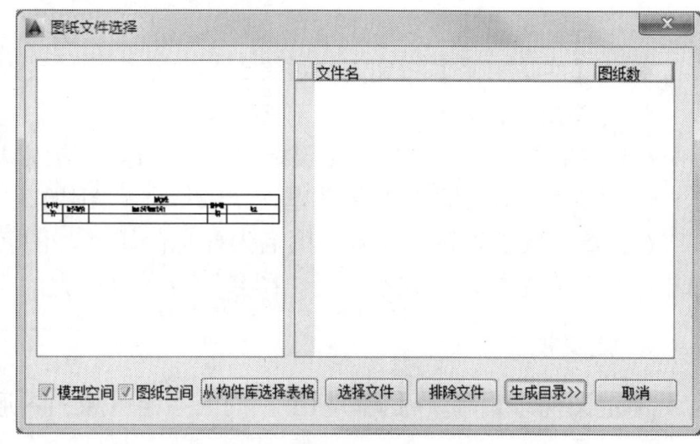

图 7-13　【图纸文件选择】对话框

单击【选择文件】按钮，可把其他参加生成图纸目录的文件选择进来。单击【生成目录】按钮，进入图纸插入目录表格：

图纸名称列的文字如果有分号“；”，表示该图纸有图名和扩展图名，在输出表格时起到换行的作用。

【图纸文件选择】对话框中各控件说明如下。

- 【模型空间】复选框：默认选中该复选框，表示在已经选择的图形文件中包括模型空间里插入的图框，取消选择则表示只保留图纸空间图框。
- 【图纸空间】复选框：默认选中该复选框，表示在已经选择的图形文件中包括图纸空间里插入的图框，取消选中则表示只保留模型空间图框。
- 【从构件库选择表格】按钮：单击该按钮，弹出【天正构件库】窗口，如图 7-14 所示，以选择目录表格样式。

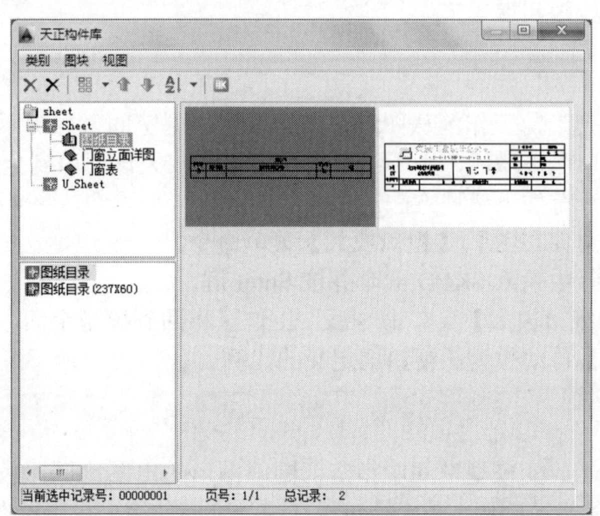

图 7-14　【天正构件库】窗口

- 【选择文件】按钮：单击该按钮，进入标准文件对话框，选择要添加入图纸目录列表的图形文件，按 Shift 键可以一次选多个文件。
- 【排除文件】按钮：选择要从图纸目录列表中排除的文件，按 Shift 键可以一次选择多个文件，单击该按钮即把这些文件从列表中删除。
- 【生成目录】按钮：完成图纸目录命令，结束对话框，由用户在图上插入图纸目录。

使用【图纸目录】命令时，对图框有下列要求。

(1) 图框的图层名与当前图层标准中的名称一致(默认是 PUB_TITLE)。

(2) 图框必须包括属性块(图框图块或标题栏图块)。

(3) 属性块必须有以图号和图名为标记的属性，图名也可用图纸名称代替，其中图号和图名字符串中不允许有空格，例如不接受“图名”这样的写法。

3. 定义视口

【定义视口】命令用于将模型空间的指定区域的图形以给定的比例布置到图纸空间，创建多比例布图的视口。

调用【定义视口】命令有如下两种方法。

- 菜单栏：选择【文件布图】|【定义视口】菜单命令。
- 命令行：在命令行中输入 DYSK 命令并按 Enter 键。

选择【文件布图】|【定义视口】菜单命令后，命令行提示如下：

```
请给出图形视口的第一点<退出>:        //点取视口的第一点
```

如果采取先绘图后布图，在模型空间中围绕布局图形外包矩形外取一点，命令行接着显示：

```
第二点<退出>:        //点取外包矩形对角点作为第二点把图形套入
该视口的比例 1:<100>:        //输入视口的比例，系统切换到图纸空间
请点取该视口要放的位置<退出>:        //点取视口的位置，将其布置到图纸空间中
```

如果采取先布图后绘图，在模型空间中框定一空白区域选定视口后，将其布置到图纸空间中。此比例要与即将绘制的图形比例一致。可一次建立比例不同的多个视口，用户可以分别进入每个视口中，使用天正的命令进行绘图和编辑工作。

4. 视口放大

【视口放大】命令可把当前工作区从图纸空间切换到模型空间，并提示选择视口按中心位置放大到全屏。如果原来某一视口已被激活，则不出现提示，直接放大该视口到全屏。

调用【视口放大】命令有如下两种方法。

- 菜单栏：选择【文件布图】|【视口放大】菜单命令。
- 命令行：在命令行中输入 SKFD 命令并按 Enter 键。

选择【文件布图】|【视口放大】菜单命令后，工作区将回到模型空间，并将此视口内的模型放大到全屏，同时【当前比例】自动改为该视口已定义的比例。

5. 改变比例

【改变比例】命令用于改变模型空间中指定范围内图形的出图比例，包括视口本身的比例，如果修改成功，会自动作为新的当前比例。该命令可以在模型空间使用，也可以在图纸空间使用，执行后建筑对象大小不会变化，但包括工程符号的大小、尺寸和文字的字高等注释相关对象的大小会发生变化。

调用【改变比例】命令有如下两种方法。

- 菜单栏：选择【文件布图】|【改变比例】菜单命令。
- 状态栏：单击状态栏左下角的【比例】按钮。

下面具体讲解改变比例的操作方法。

(1) 改变图 7-15 所示的平面图的比例。

(2) 框选要改变比例的对象，然后单击状态栏左下角的【比例】按钮，设置要改变的比例为 1∶50，如图 7-16 所示。

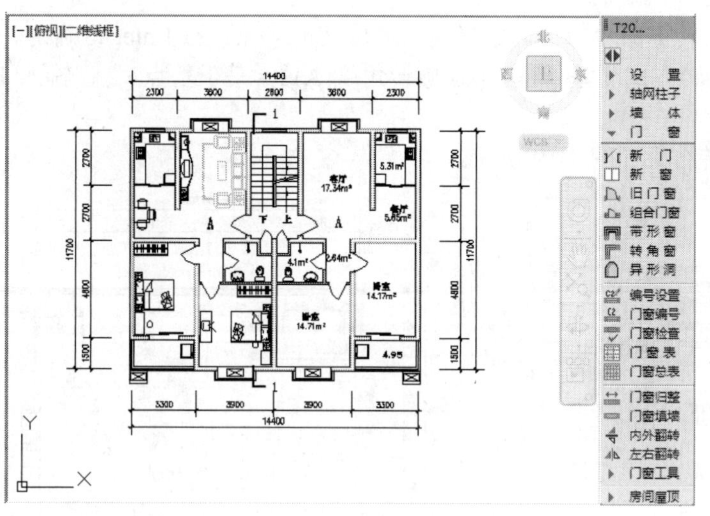

图 7-15　室内平面图

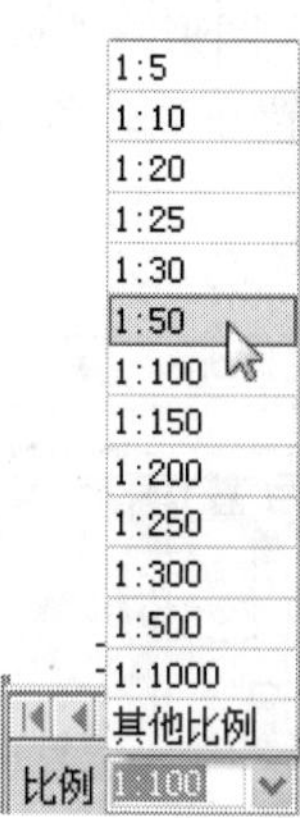

图 7-16　设置要改变的比例

(3) 改变比例后的效果如图 7-17 所示。

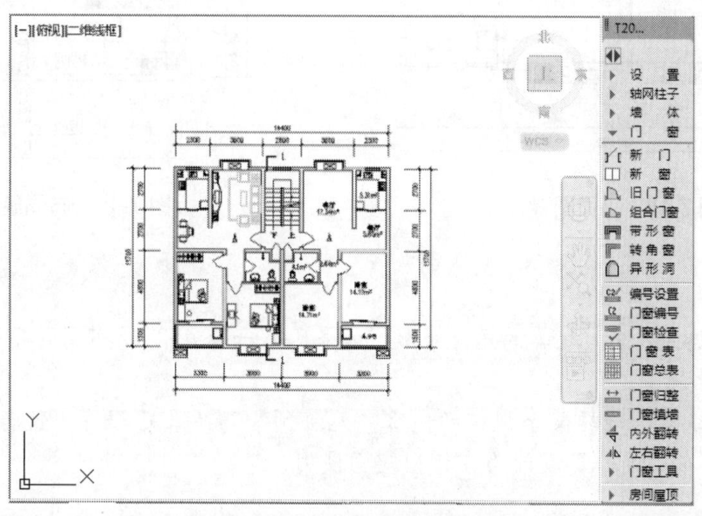

图 7-17　改变比例后的效果

提示：经过比例修改后的图形会在布局中大小有明显改变，但是会维持注释相关对象的大小相等，从上例可见轴号、详图号、尺寸文字字高等都是一致的，符合国家制图标准的要求。

6. 布局旋转

【布局旋转】命令用于旋转布置的图形，以方便布置竖向的图框。

调用【布局旋转】命令有如下两种方法。

- 菜单栏：选择【文件布图】|【布局旋转】菜单命令。
- 命令行：在命令行中输入 BJXZ 命令并按 Enter 键。

下面具体讲解布局旋转的操作方法。

(1) 对图 7-18 所示的平面图进行布局旋转。

(2) 选择【文件布图】|【布局旋转】菜单命令，选择要布局旋转的对象，按 Enter 键确定。

(3) 命令行提示“请选择布局旋转方式【基于基点(B)/旋转角度(A)】<基于基点>”，输入 B 并按 Enter 键，在图形上选取旋转基点。

(4) 设置布局转角为 90°，旋转结果如图 7-19 所示。

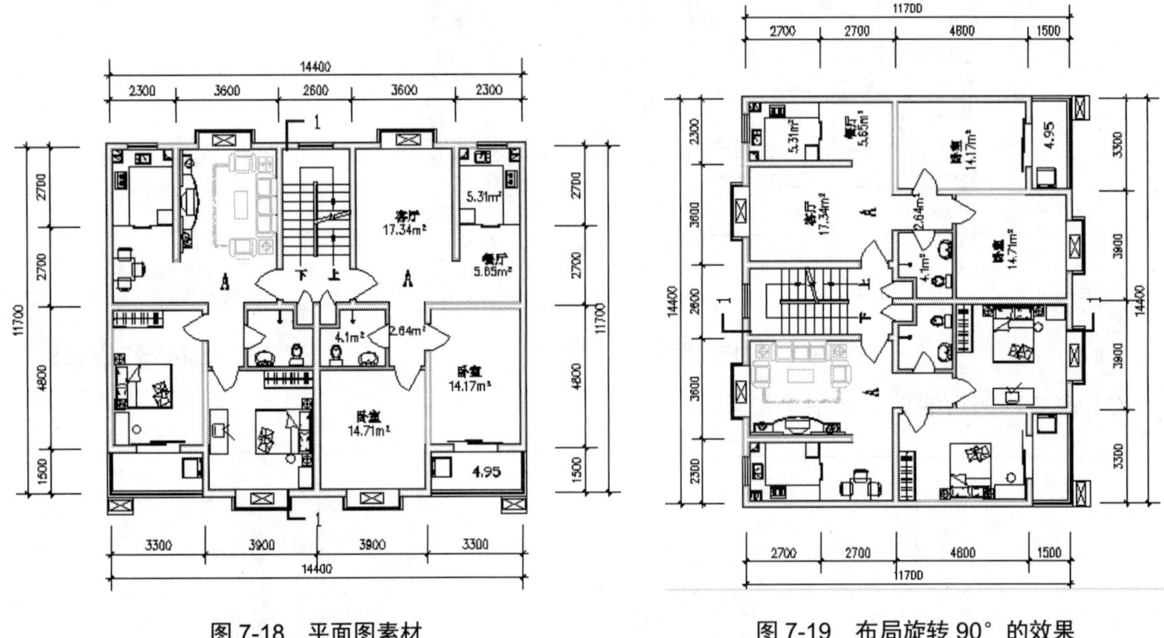

图 7-18　平面图素材　　　　图 7-19　布局旋转 90°的效果

> **提示：**
>
> (1) 旋转角度总是从 0°起算的角度参数，如果已有一个 45°的布局转角，此时再输入 45 是不发生任何变化的。
>
> (2) 由于在图纸空间旋转某个视口的内容，无法预知其结果是否将导致与其他视口内的内容发生碰撞，因此【布局旋转】设计为在模型空间使用。

7. 图形切割

在绘制建筑图时，有时需要将图形的某一部分进行放大图示出来，形成大样效果。天正建筑软件 T20 提供了图形切割功能，可将一幅图形中指定的一个区域复制为一个单独的图形，并改变输出比例，以达到多比例布图的目的。

- 菜单栏：选择【文件布图】|【图形切割】菜单命令。
- 命令行：在命令行中输入 TXQG 命令并按 Enter 键。

在进行图形切割时，首先根据图形定位方式，在绘图区中选择图形切割的范围，然后指定新图形的插入位置，即可创建切割的图形。

7.3.3 格式转换导出

行业知识链接：天正建筑软件 T20 可以导出多种形式的文件格式。如图 7-20 所示是不同的天正软件导出格式。

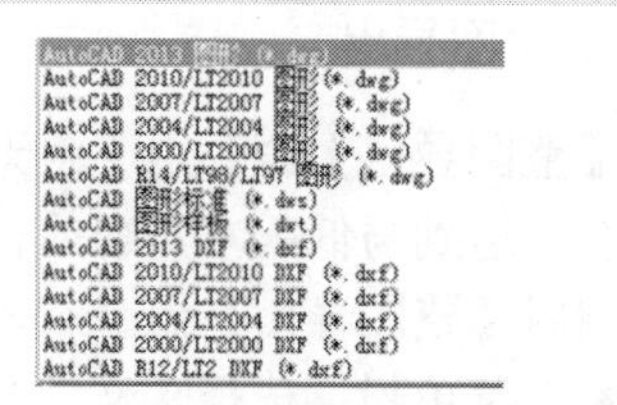

图 7-20 不同的天正软件导出格式

使用带有专业对象技术的建筑软件不可避免地带来了建筑对象兼容问题，例如非对象技术的天正低版本不能打开天正高版本软件，没有安装天正插件的纯粹 AutoCAD 软件不能打开天正软件 5 以上使用专业对象的图形文件。本节所介绍的多种文件导出转换工具以及天正插件，可以解决这些用户之间的文件交流问题。

1. 局部导出

【局部导出】命令用于对局部的图纸部分进行导出。

调用【局部导出】命令有如下两种方法。

- 菜单栏：选择【文件布图】|【局部导出】菜单命令。
- 命令行：在命令行中输入 JBDC 命令并按 Enter 键。

选择命令后，会弹出【请选择待转换的文件】对话框，选择文件进行转换，如图 7-21 所示。

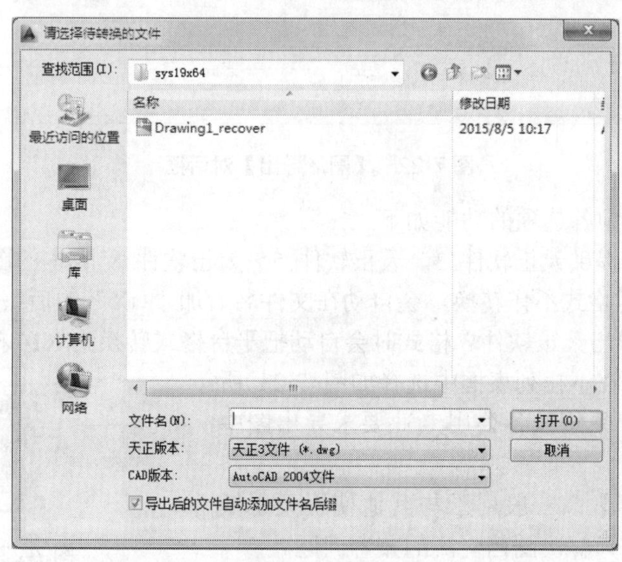

图 7-21 【请选择待转换的文件】对话框

2. 批量导出

【批量导出】命令用于对图纸进行成批的导出。

调用【批量导出】命令有如下两种方法。

- 菜单栏：选择【文件布图】|【批量导出】菜单命令。
- 命令行：在命令行中输入 PLDC 命令并按 Enter 键。

选择命令后，同样会弹出【请选择待转换的文件】对话框，选择文件进行转换即可。

3. 整图导出

【整图导出】命令用于将天正建筑软件 T20 图档导出为天正软件各版本的 DWG 图或者各专业条件图，以达到与低版本兼容的目的。本命令支持图纸空间布局的导出。

调用【整图导出】命令有如下两种方法。

- 菜单栏：选择【文件布图】|【整图导出】菜单命令。
- 命令行：在命令行中输入 ZTDC 命令并按 Enter 键。

在导出图形时，会弹出【图形导出】对话框，如图 7-22 所示。

图 7-22 【图形导出】对话框

【图形导出】对话框中各选项的功能如下。

- 【保存类型】：提供天正软件 3，天正软件 5～天正软件 8 版本的图形格式转换，其中天正软件 8 版本表示格式不作转换，会自动在文件名后加“_tX”的后缀(X=3、5、6、7、8)，在 2007 以上平台导出天正软件 3 格式时会自动把平台格式转换为 R14 格式。
- 【导出内容】：在下拉列表框中选择如图 7-23 所示的多个选项，系统按各公用专业要求导出图中的不同内容。
    - ◆ 【全部内容】：一般用于与其他使用天正低版本的建筑师解决图档交流的兼容问题。
    - ◆ 【三维模型】：不必转到轴测视图，在平面

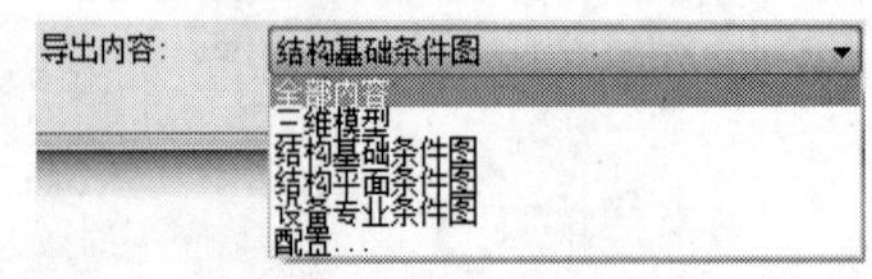

图 7-23 设置导出选项

视图下即可导出天正对象构造的三维模型。

- 【结构基础条件图】：为结构工程师创建基础条件图，此时门窗洞口被删除，使墙体连续，砖墙可选保留，填充墙删除或者转化为梁，受配置的控制，其他的处理包括删除矮墙、矮柱、尺寸标注、房间对象；混凝土墙保留(门改为洞口)，其他内容均保留不变。
- 【结构平面条件图】：为结构工程师创建楼层平面图，砖墙可选保留(门改为洞口)或转化为梁，同样也受配置的控制，其他的处理包括删除矮墙、矮柱、尺寸标注、房间对象；混凝土墙保留(门改为洞口)，其他内容均保留不变。
- 【设备专业条件图】：为暖通、水、电专业创建楼层平面图，隐藏门窗编号，删除门窗标注，其他内容均保留不变。
- 【配置…】：默认配置是按框架结构转为结构平面条件图设计的，砖墙保留，填充墙删除。如果要转基础图时选择【配置…】选项，打开如图 7-24 所示的【结构条件图选项】对话框并进行修改。

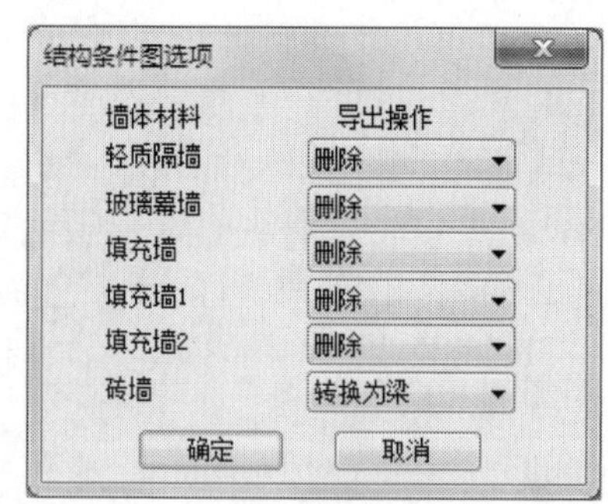

图 7-24 【结构条件图选项】对话框

下面具体讲解图形导出的操作方法。

(1) 导出图 7-25 所示的平面图。

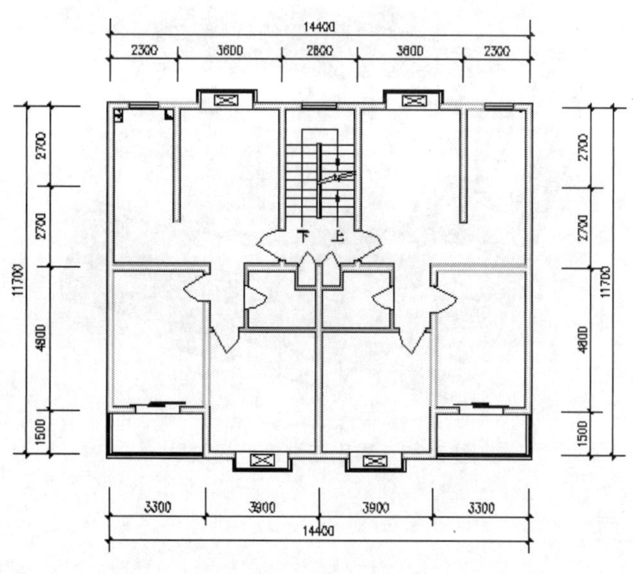

图 7-25 平面图素材

(2) 选择【文件布图】|【图形导出】菜单命令，在【图形导出】对话框中设置【导出内容】为【三维模型】，如图 7-26 所示。

(3) 打开导出文件，结果如图 7-27 所示。

4. 批量转旧

【批量转旧】命令用于将当前版本的图档批量转化为天正旧版 DWG 格式。它同样支持图纸空间布局的转换，在转换 R14 版本时只转换第一个图纸空间布局，用户可以自定义文件的后缀。

调用【批量转旧】命令的方法：在命令行中输入 PLZJ 命令并按 Enter 键。

图 7-26　设置导出参数

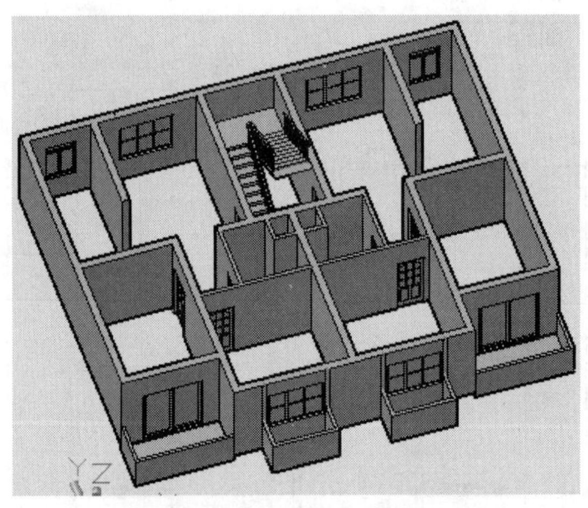

图 7-27　导出三维模型的效果

7.3.4　图形转换工具

行业知识链接：天正建筑软件 T20 的图形转换工具用于对图纸属性的修改，包括颜色、线型等。如图 7-28 所示是建筑图纸中不同颜色的部分。

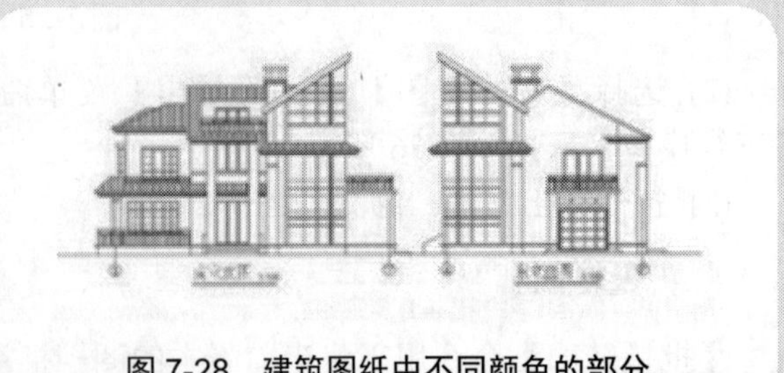

图 7-28　建筑图纸中不同颜色的部分

1. 图变单色

【图变单色】命令提供把按图层定义绘制的彩色线框图形，临时变为黑白线框图形的功能，适用于为编制印刷文档前对图形进行前处理。由于彩色的线框图形在黑白输出的照排系统中输出时色调偏淡，【图变单色】命令将不同的图层颜色临时统一改为指定的单一颜色，为截图做好准备。若再次执行本命令时，会记忆上次用户使用的颜色作为默认颜色。

调用【图变单色】命令有如下两种方法。

- 菜单栏：选择【文件布图】|【图变单色】菜单命令。
- 命令行：在命令行中输入 TBDS 命令并按 Enter 键。

下面具体讲解图变单色的方法。

(1) 在图 7-29 所示的平面图中执行图变单色命令。

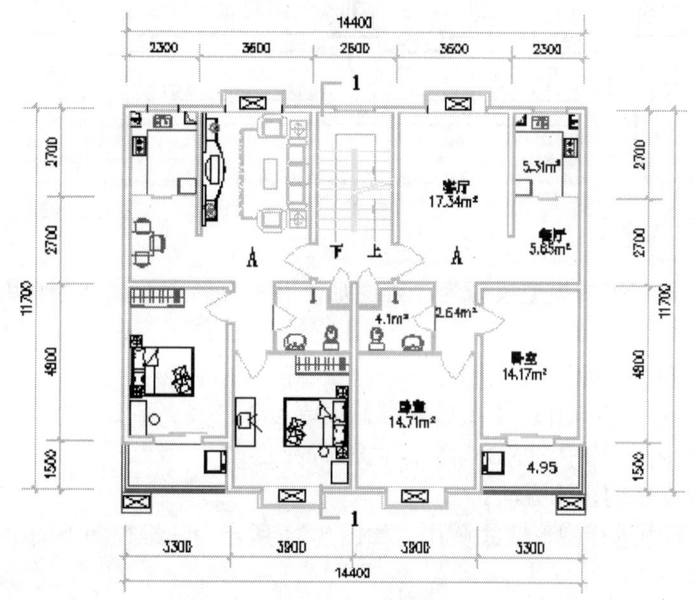

图 7-29　平面图素材

(2) 选择【文件布图】|【图变单色】菜单命令，命令行提示“请输入平面图要变成的颜色/7-红/2-黄/3-绿/4-青/5-蓝/6-粉/7-白/<9>”，输入“1”并按 Enter 键，结果如图 7-30 所示。

> **提示：**若把背景颜色先设为白色，执行本命令后，按 Enter 键应选择白色，图形中所有图层颜色将改为黑色。

2. 颜色恢复

【颜色恢复】命令用于将图层颜色恢复为系统默认的颜色，即在当前图层标准中设定的颜色。

调用【颜色恢复】命令有如下两种方法。

- 菜单栏：选择【文件布图】|【颜色恢复】菜单命令。
- 命令行：在命令行中输入 YSHF 命令并按 Enter 键。

【颜色恢复】命令没有人机交互，执行后就将天正对象的图层颜色恢复为系统默认的颜色。

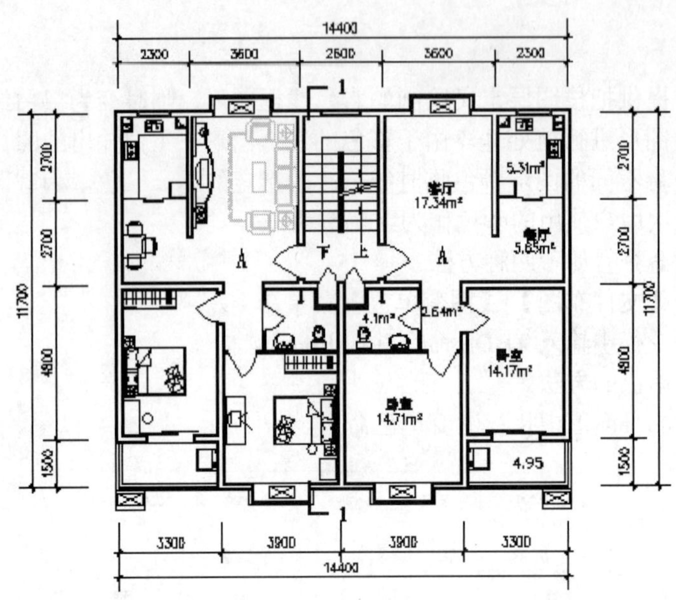

图 7-30 图色单变效果

3. 图形变线

【图形变线】命令把三维的模型投影为二维图形，并另存新图。该命令常用于生成有三维消隐效果的二维线框图。

调用【图形变线】命令有如下两种方法。

- 菜单栏：选择【文件布图】|【图形变线】菜单命令。
- 命令行：在命令行中输入 TXBX 命令并按 Enter 键。

下面具体讲解图形变线的操作方法。

(1) 在下面的平面图中进行图形变线操作，如图 7-31 所示为三维视图下的消隐状态。

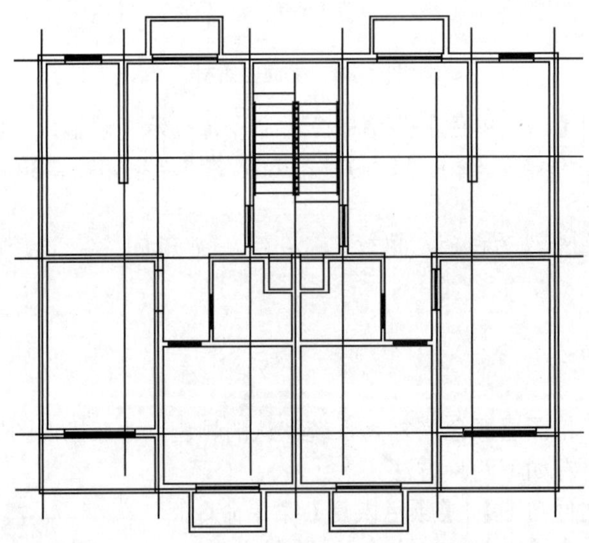

图 7-31 平面图素材

(2) 选择【文件布图】|【图形变线】菜单命令，在弹出的【输入新生成的文件名】对话框中输入新文件名，如图 7-32 所示。

图 7-32　输入新文件名

(3) 命令行提示“是否进行消除重线?”。输入 Y 消除重线。结果如图 7-33 所示，此时该新图形已成为二维图，不再是三维对象。

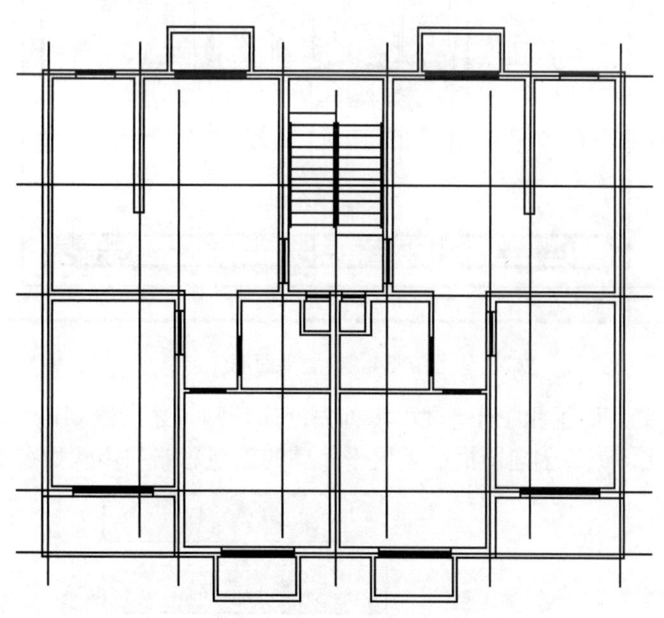

图 7-33　图形变线结果

提示：

(1) 转换后绘图精度将稍有损失，并且弧线在二维中由连接的多个 Line 线段组成。

(2) 转换三维消隐图前，请使用右键菜单设置着色模式为【二维线框】，否则不能消隐三维模型。

课后练习

案例文件：ywj\07\01.dwg

视频文件：光盘→视频课堂→第 7 教学日→7.3

本节课后练习的是创建首层平面图，平面图由多个房间、楼梯、文字和标注组成，同时具有图纸图框和标题栏，如图 7-34 所示是创建完成的首层平面图。

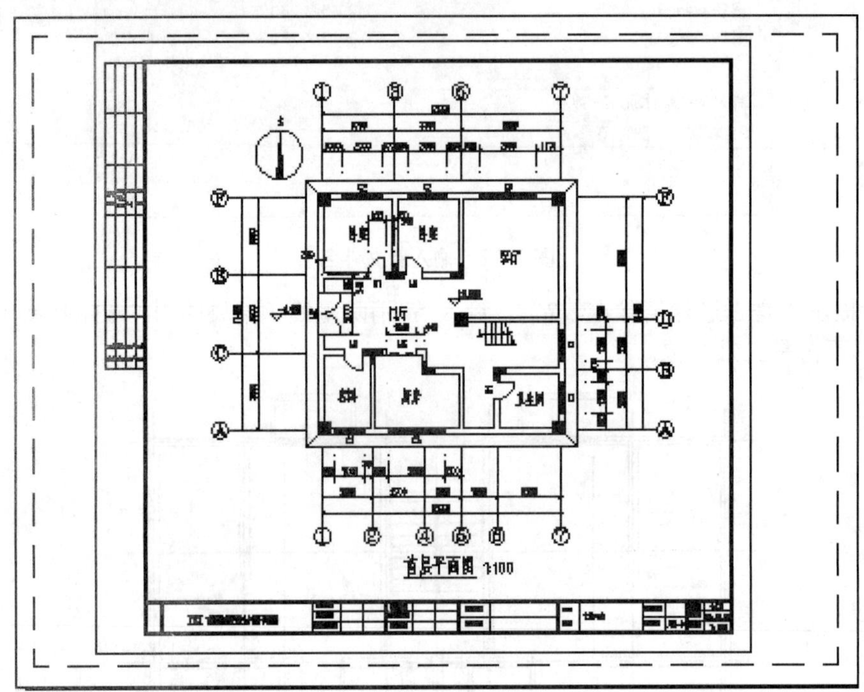

图 7-34　首层平面图

本节案例主要练习首层平面图的创建过程，首先创建轴网，之后绘制墙体，再添加门窗和楼梯特征，接着添加文字和标注，最后创建图框，首层平面图的创建思路和步骤如图 7-35 所示。

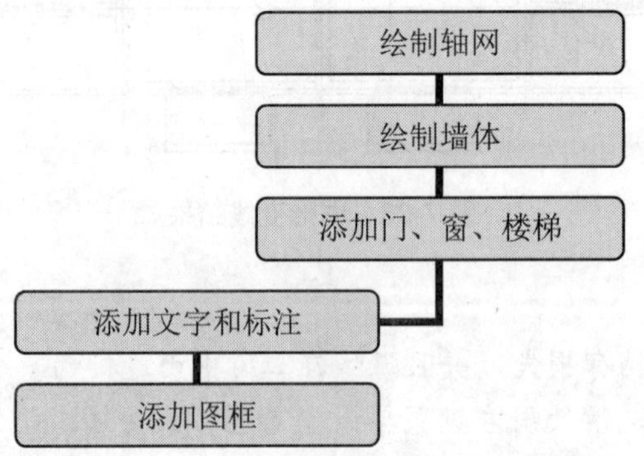

图 7-35　首层平面图的创建思路和步骤

练习案例操作步骤如下。

step 01 首先创建轴网。选择【轴网柱子】|【绘制轴网】菜单命令，弹出【绘制轴网】对话框，选中【上开】单选按钮，在【间距】列表框中分别输入间距值 3700、3300 和 5000，如图 7-36 所示。

step 02 在【绘制轴网】对话框中，选中【下开】单选按钮，在【间距】列表框中分别输入间距值 2500、2700、1800、1800 和 3200，如图 7-37 所示。

step 03 在【绘制轴网】对话框中，选中【左进】单选按钮，在【间距】列表框中分别输入间距值 3800、3800 和 3800，如图 7-38 所示。

图 7-36 输入上开间距

图 7-37 输入下开间距

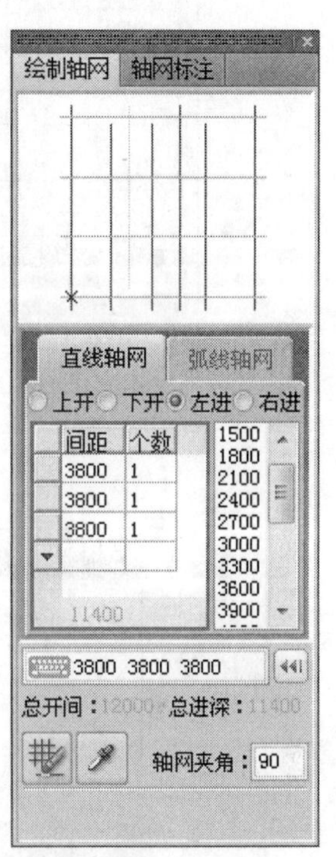

图 7-38 输入左进间距

step 04 在【绘制轴网】对话框中，选中【右进】单选按钮，在【间距】列表框中输入间距值 2900、2500 和 6000，并单击绘图区放置轴网，如图 7-39 所示。

step 05 选择【轴网柱子】|【轴网标注】菜单命令，弹出【轴网标注】对话框，选中【双侧标注】单选按钮，选择起始轴线和结束轴线来标注垂直轴线，如图 7-40 所示。

step 06 同样选择起始轴线和结束轴线来标注水平轴线，完成轴网的创建，如图 7-41 所示。

step 07 接着创建墙体。选择【墙体】|【绘制墙体】菜单命令，弹出【墙体】对话框，在【墙宽】微调框中输入 360，并设置外侧墙宽为 240，在【用途】下拉列表框中选择【外墙】选项，并在绘图区域绘制平面图的外墙，如图 7-42 所示。

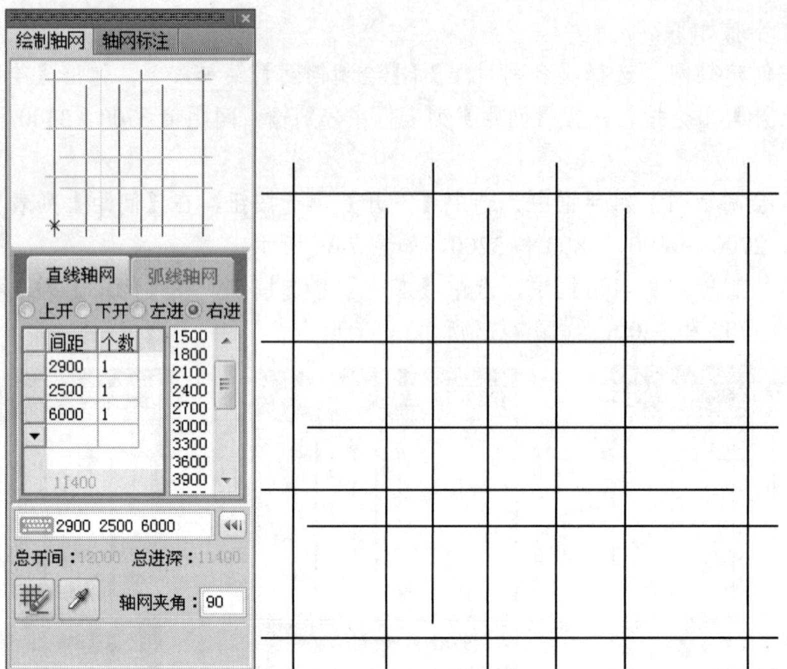

图 7-39　放置轴网

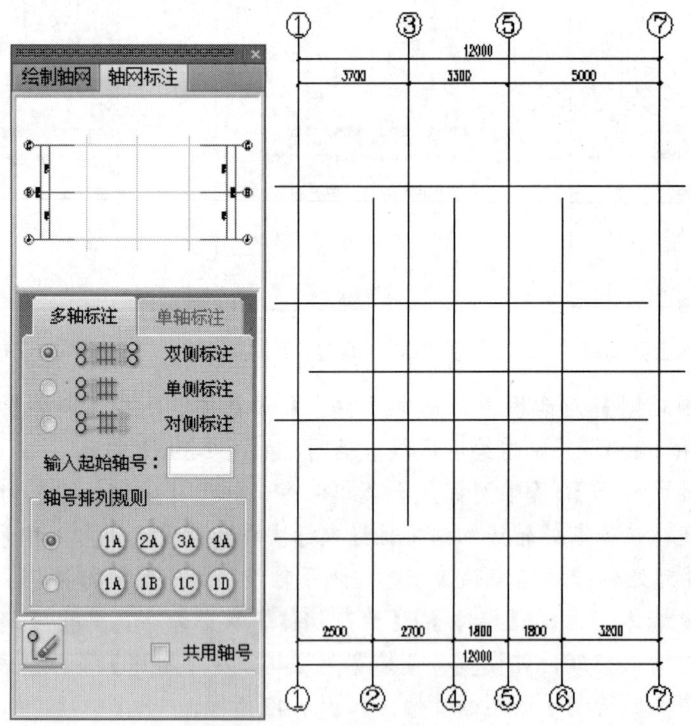

图 7-40　标注垂直轴线

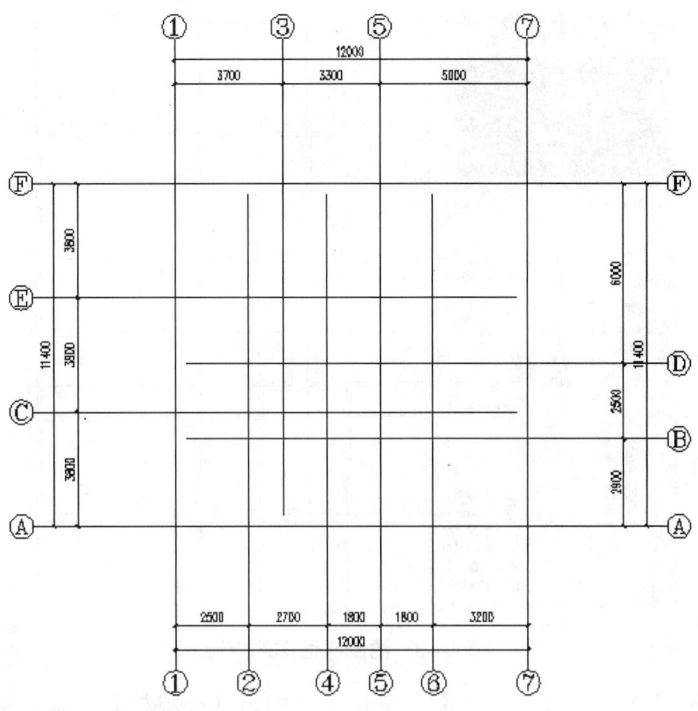

图 7-41　标注水平轴线

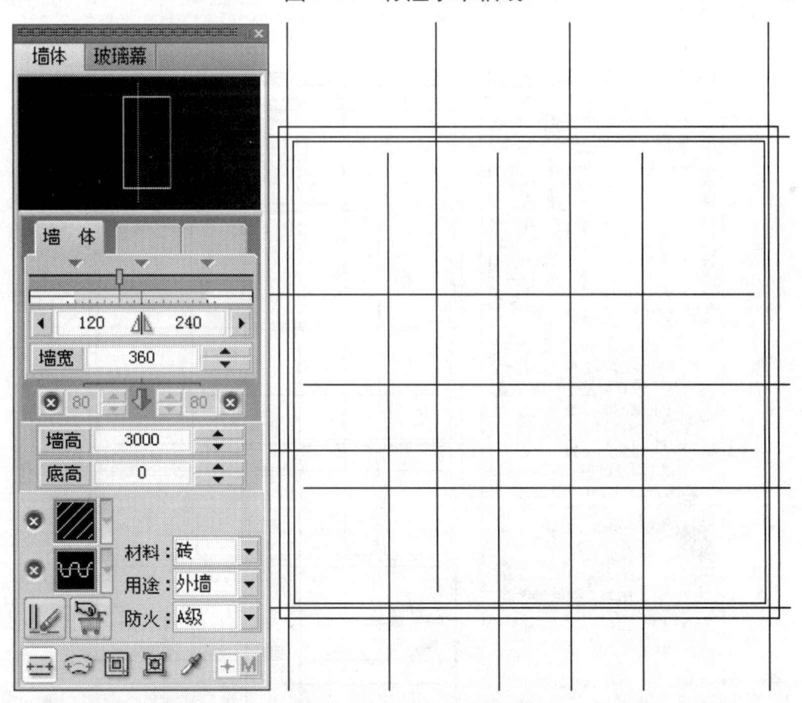

图 7-42　绘制平面图外墙

step 08 在【墙体】对话框的【墙宽】微调框中输入 240，在【用途】下拉列表框中选择【内墙】选项，绘制平面图的内墙，如图 7-43 所示。

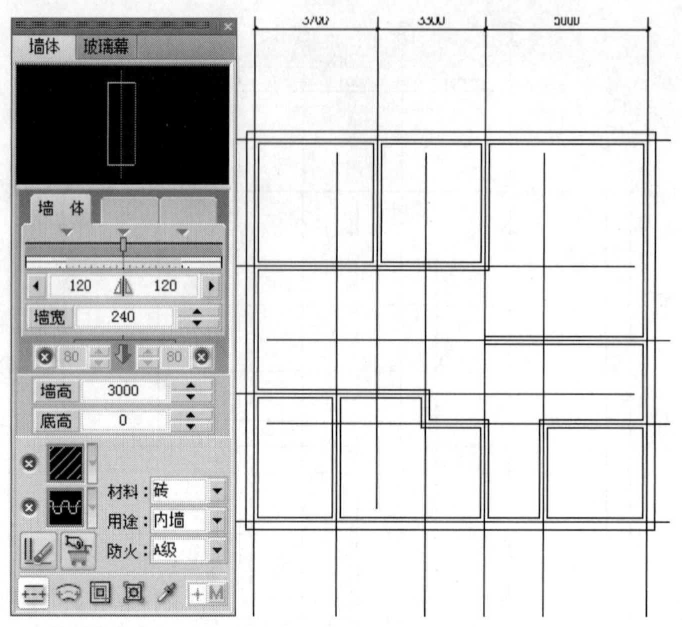

图 7-43　绘制平面图的内墙

step 09 选择【轴网柱子】|【标准柱】菜单命令，弹出【标准柱】对话框，在【横向】微调框内输入 600，在【纵向】微调框内输入 600，并在绘图区域添加多个标准立柱，如图 7-44 所示。

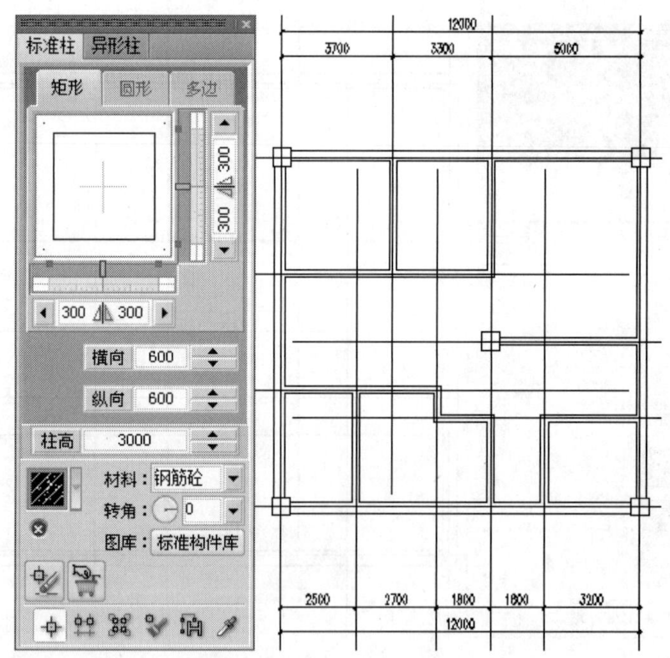

图 7-44　添加多个标准柱

step 10 选择【轴网柱子】|【柱齐墙边】菜单命令，调整柱子位置，使柱边与墙边对齐，如图 7-45 所示。

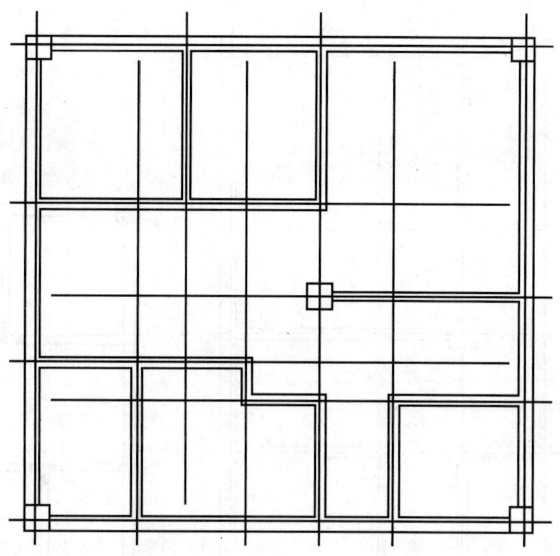

图 7-45　使柱边与墙边对齐

step 11 选择【轴网柱子】|【角柱】菜单命令，选取添加角柱的墙角后，弹出【转角柱参数】对话框，使用默认参数，单击【确定】按钮，添加角柱，如图 7-46 所示。

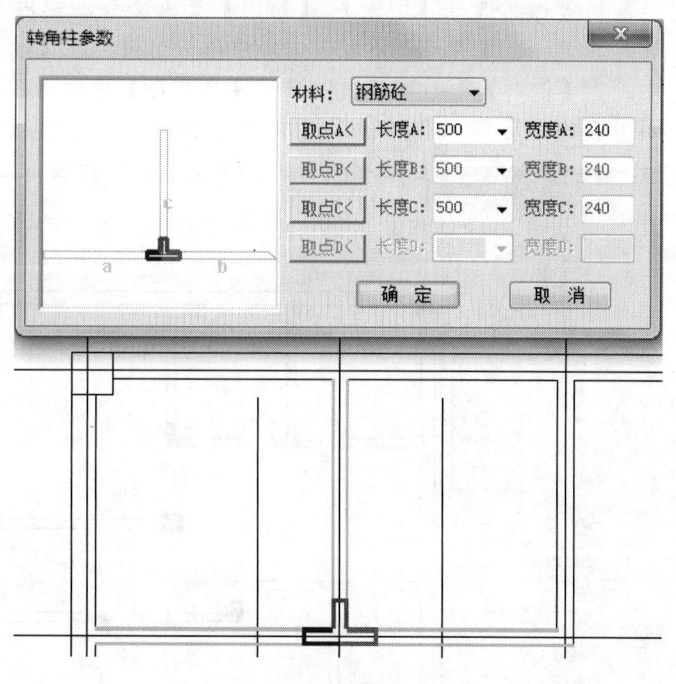

图 7-46　添加角柱

step 12 按照同样的方法添加平面图中其他的角柱，结果如图 7-47 所示。

step 13 选择【绘图】|【图案填充】菜单命令，选择 SOLID 填充图案，对平面图中的立柱进行填充，完成墙体的创建，如图 7-48 所示。

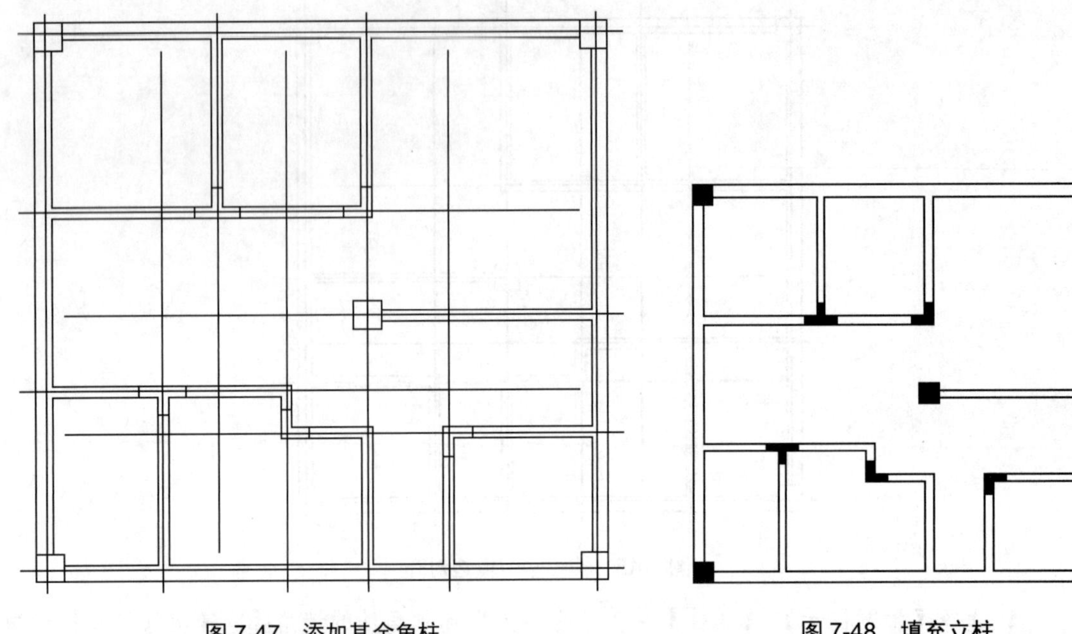

图 7-47　添加其余角柱　　　　图 7-48　填充立柱

step 14 继续创建门窗和楼梯。选择【门窗】|【新门】菜单命令，弹出【门】对话框，在【门宽】微调框中输入 900，在【编号】下拉列表框中输入 M1，在【类型】下拉列表框中选择【普通门】选项，在【材料】下拉列表框中选择【木复合】选项，并在绘图区域添加多个宽为 900 的门，如图 7-49 所示。

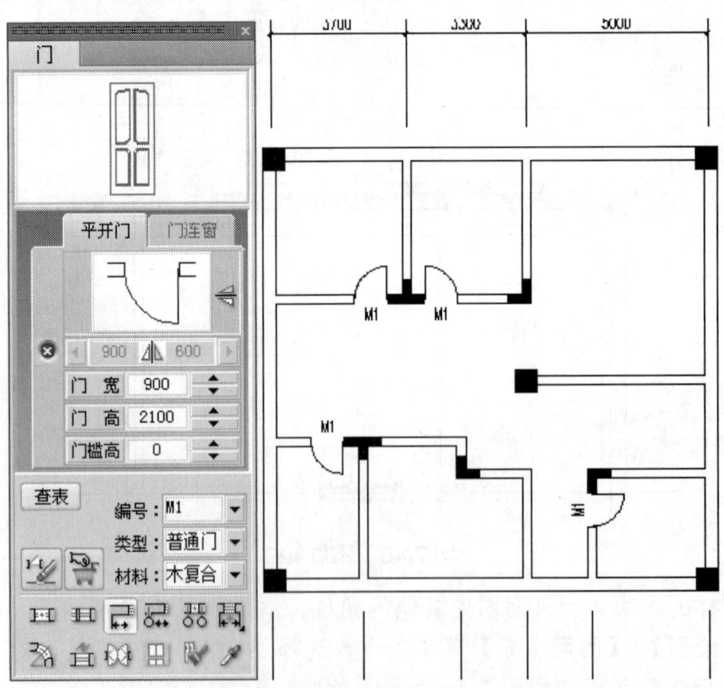

图 7-49　添加多个宽为 900 的门

step 15 选择【门窗】|【新门】菜单命令，弹出【门】对话框，单击门样式立面图，弹出【天正图库管理系统】窗口，选择【双扇实木门 11】选项，如图 7-50 所示。

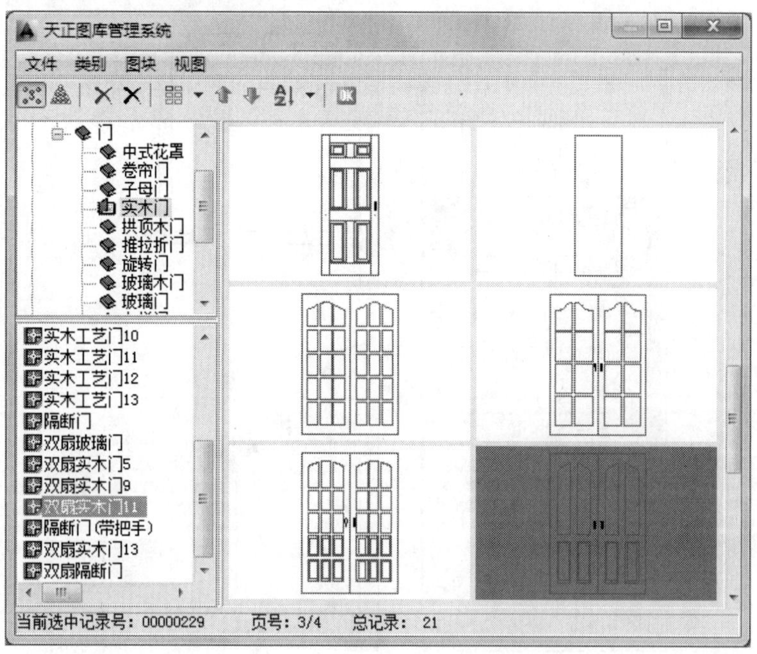

图 7-50 选择门的立面样式

step 16 在【门】对话框中，单击门样式平面图，弹出【天正图库管理系统】窗口，选择【双扇平开门(全开无门厚)】选项，如图 7-51 所示。

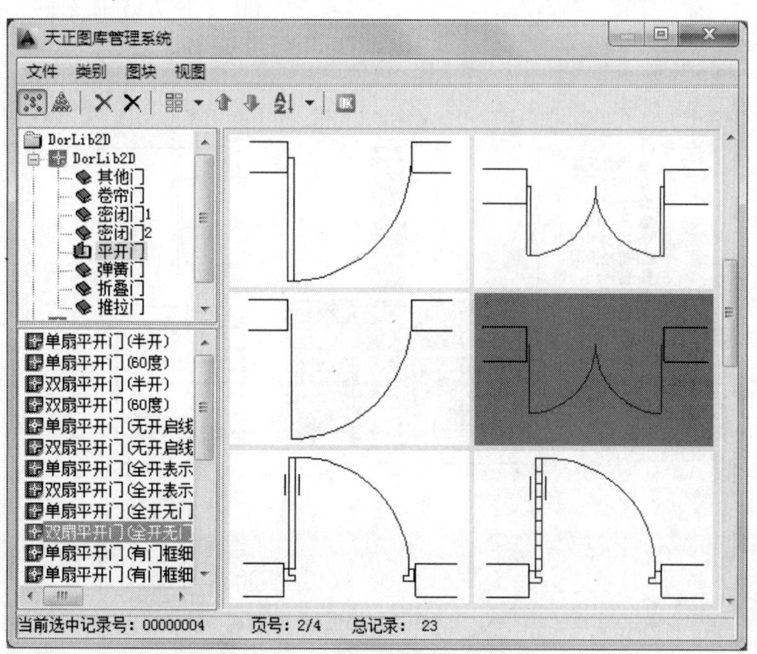

图 7-51 选择门的平面样式

step 17 在【门】对话框的【门宽】微调框中输入 2000，在【编号】下拉列表框中输入 M2，并在绘图区域添加一个宽为 2000 的门，如图 7-52 所示。

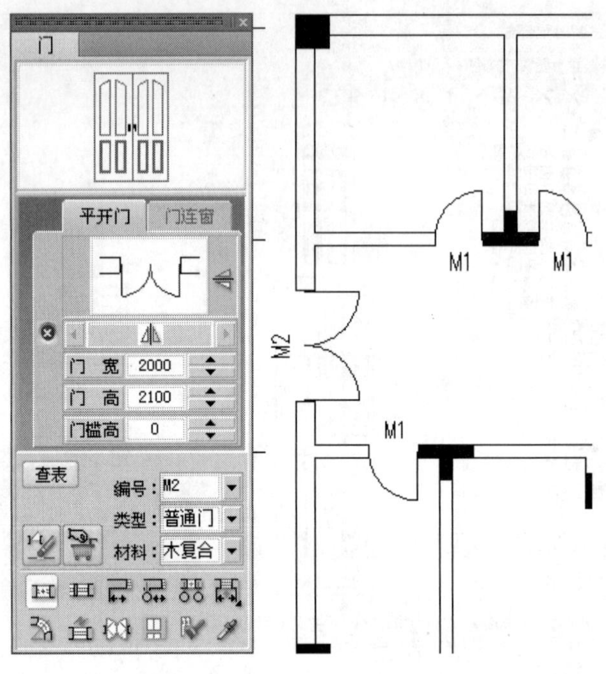

图 7-52 添加一个宽为 2000 的门

step 18 在【门】对话框中，单击门样式立面图，弹出【天正图库管理系统】窗口，选择【双扇推拉门】选项，如图 7-53 所示。

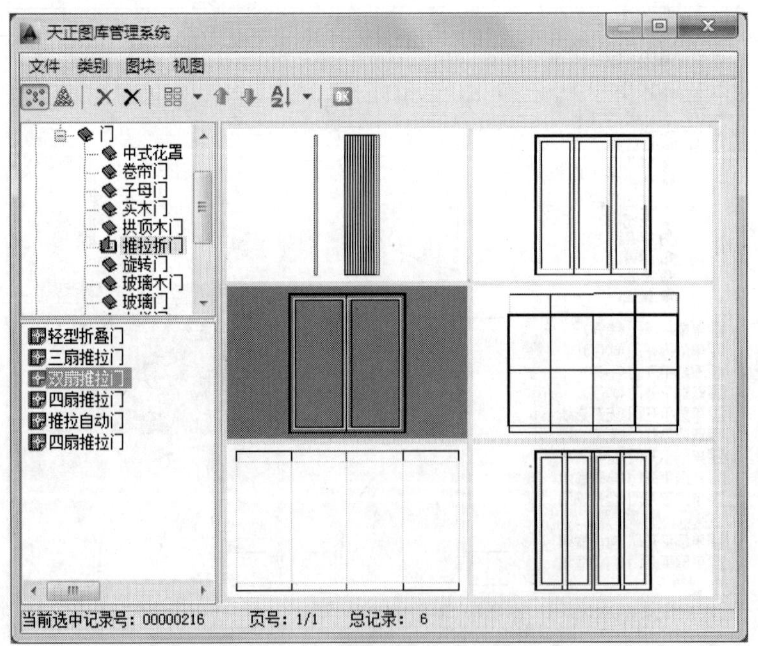

图 7-53 选择门的立面样式

step 19 在【门】对话框中，单击门样式平面图，弹出【天正图库管理系统】窗口，选择【墙外双扇推拉门】选项，如图 7-54 所示。

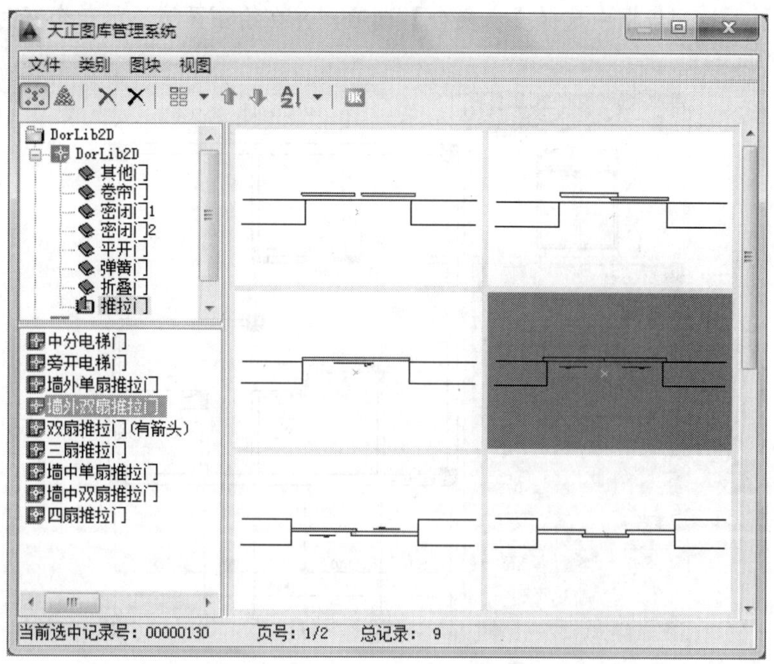

图 7-54 选择门的平面样式

step 20 在【门】对话框的【门宽】微调框中输入 1500，在【编号】下拉列表框中输入 M3，并在绘图区域添加一个宽为 1500 的门，如图 7-55 所示。

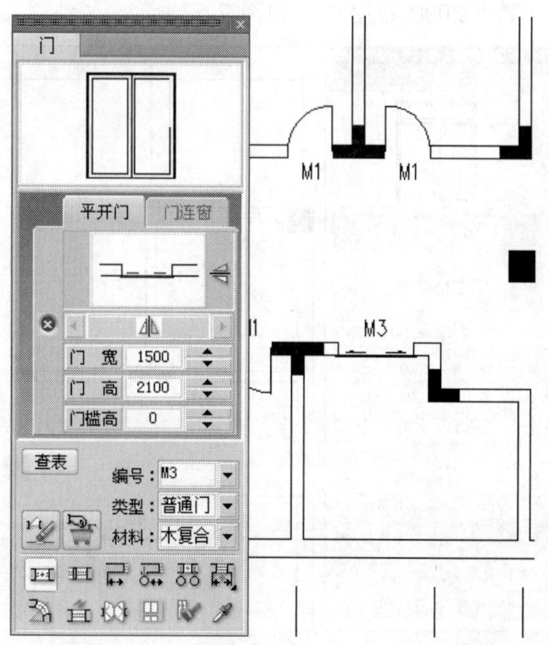

图 7-55 添加一个宽为 1500 的门

step 21 选择【门窗】|【新窗】菜单命令，弹出【窗】对话框，在【窗宽】微调框内输入1500，在【编号】下拉列表框中输入C1，在【类型】下拉列表框中选择【普通窗】选项，在【材料】下拉列表框中选择【木复合】选项，并在绘图区域添加三个宽为1500的窗户，如图7-56所示。

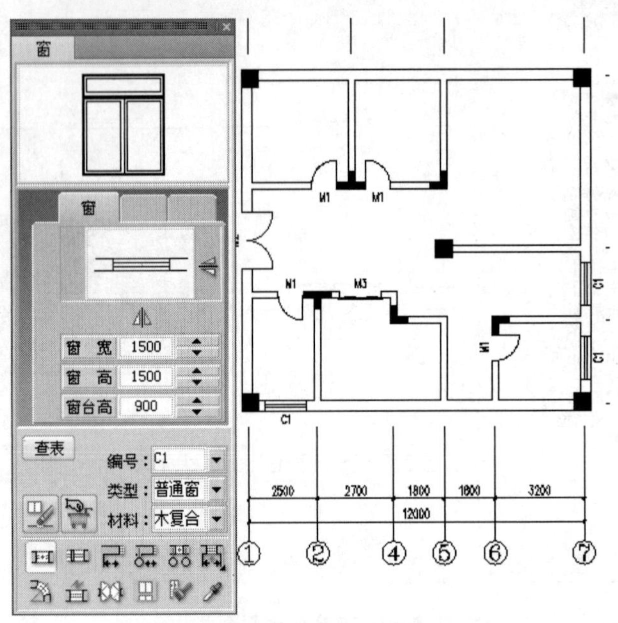

图7-56 添加三个宽为1500的窗户

step 22 在【窗】对话框的【窗宽】微调框内输入2000，在【编号】下拉列表框中输入C2，并在绘图区域添加两个宽为2000的窗户，如图7-57所示。

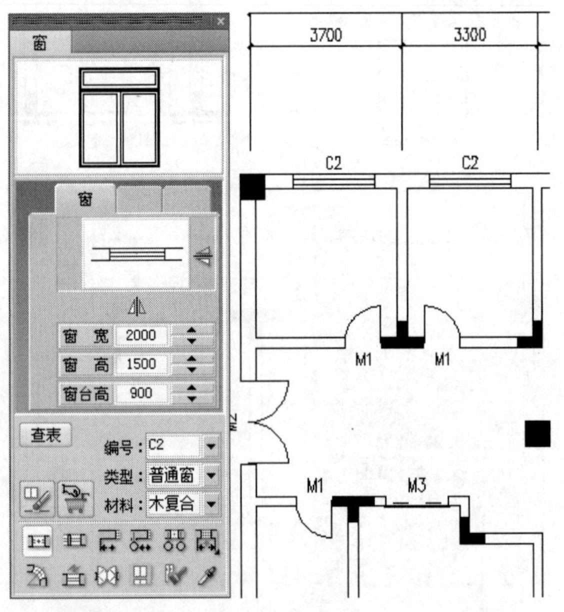

图7-57 添加两个宽为2000的窗户

step 23 在【窗】对话框的【窗宽】微调框中输入 2900，在【编号】下拉列表框中输入 C3，并在绘图区域添加两个宽为 2900 的窗户，如图 7-58 所示。

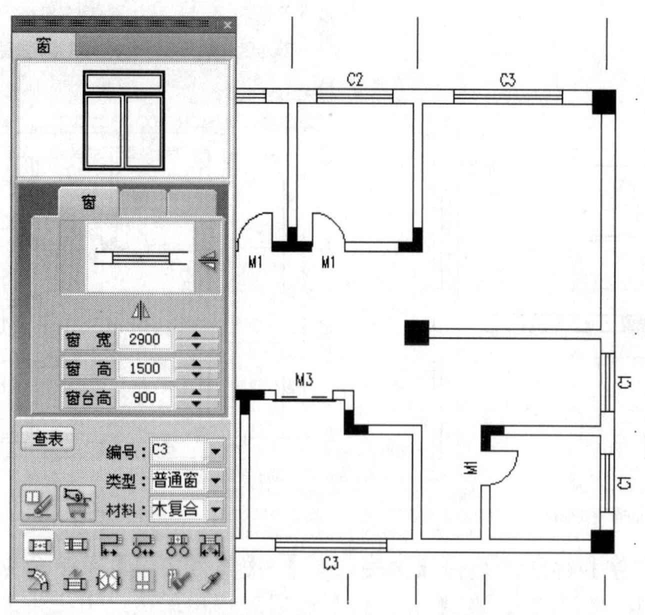

图 7-58　添加两个宽为 2900 的窗户

step 24 选择【楼梯其他】|【双跑楼梯】菜单命令，弹出【双跑楼梯】对话框，在【梯间宽】文本框输入 2260，选中【首层】单选按钮，并在绘图区域添加双跑楼梯，如图 7-59 所示。

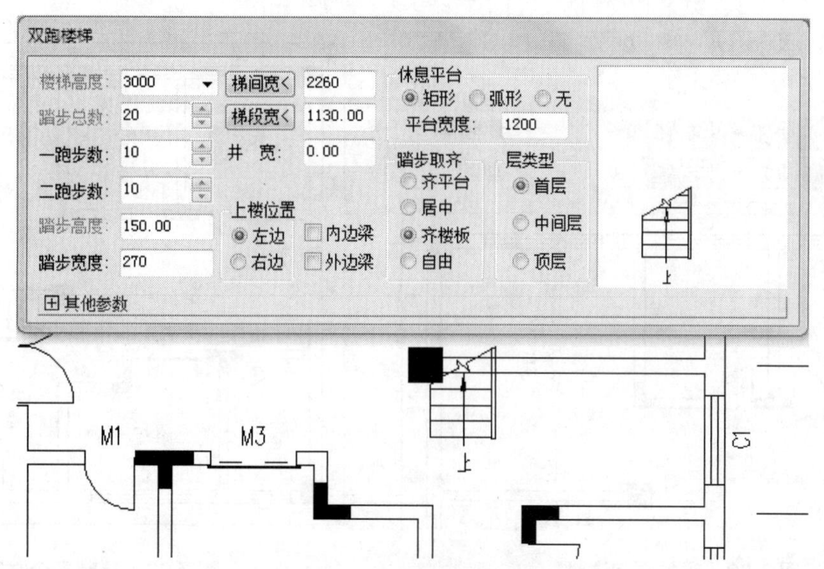

图 7-59　添加双跑楼梯

step 25 单击修改工具栏中的【旋转】按钮，旋转楼梯，如图 7-60 所示。

step 26 选择【楼梯其他】|【散水】菜单命令，弹出【散水】对话框，选择【搜索自动生成】类型，选择外墙体，按 Enter 键生成散水，完成门窗和楼梯的创建，如图 7-61 所示。

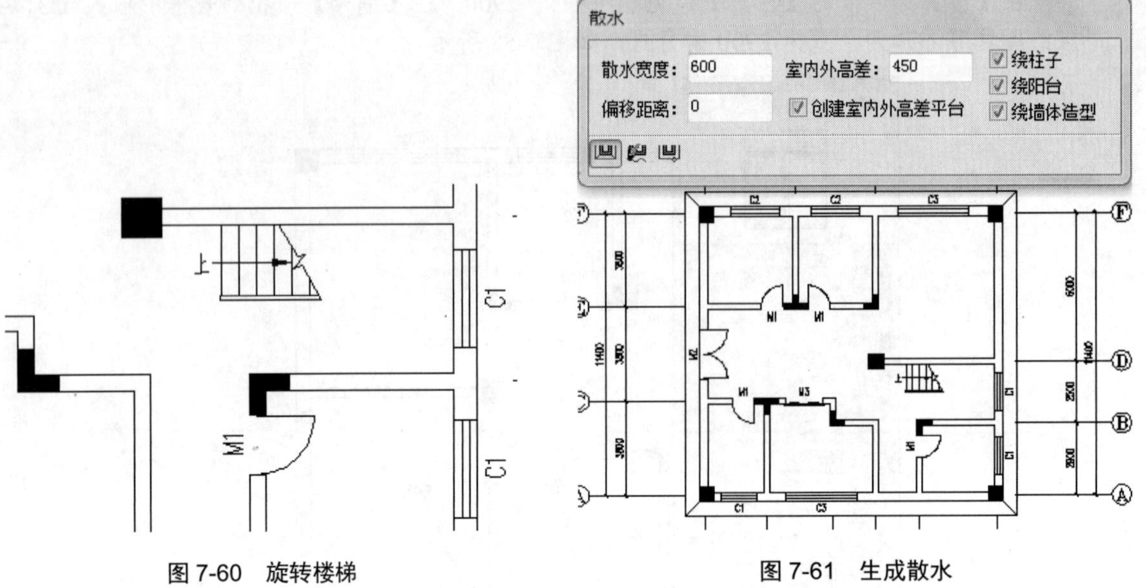

图 7-60 旋转楼梯

图 7-61 生成散水

step 27 继续添加文字和标注。选择【文字表格】|【单行文字】菜单命令，弹出【单行文字】对话框，输入文字“客厅”，在【字高】下拉列表框中输入 7.0，并单击绘图区域放置文字，如图 7-62 所示。

step 28 单击修改工具栏中的【复制】按钮，复制多个文字至如图 7-63 所示的位置。

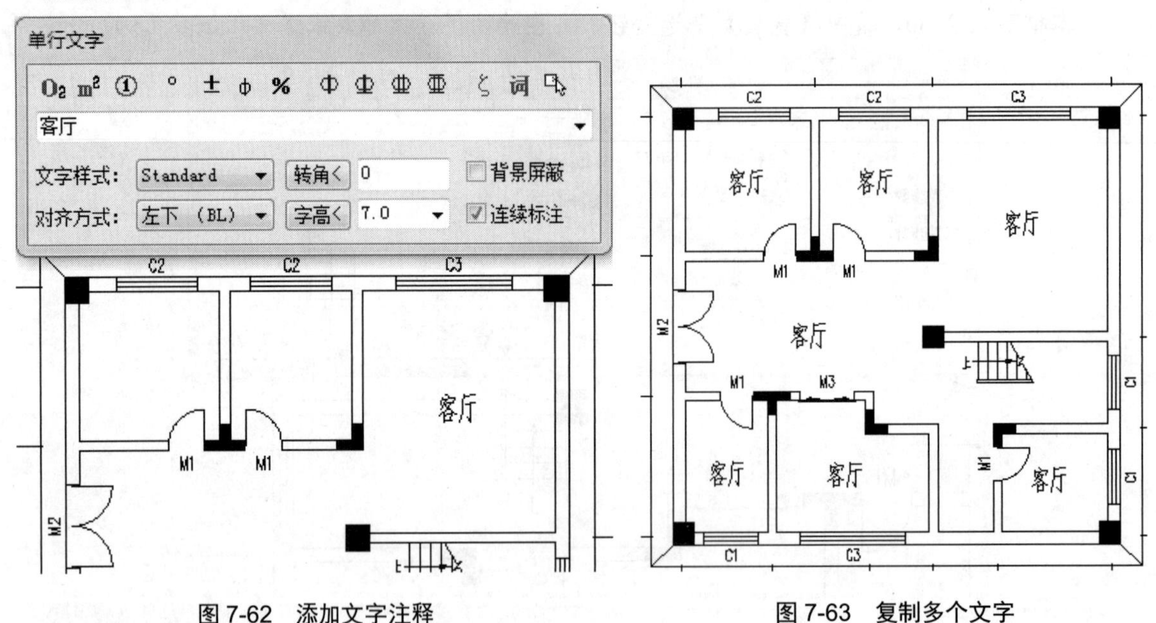

图 7-62 添加文字注释

图 7-63 复制多个文字

step 29 双击文字修改文字内容，如图 7-64 所示。

step 30 选择【尺寸标注】|【门窗标注】菜单命令，标注平面图中外墙的门窗，如图 7-65 所示。

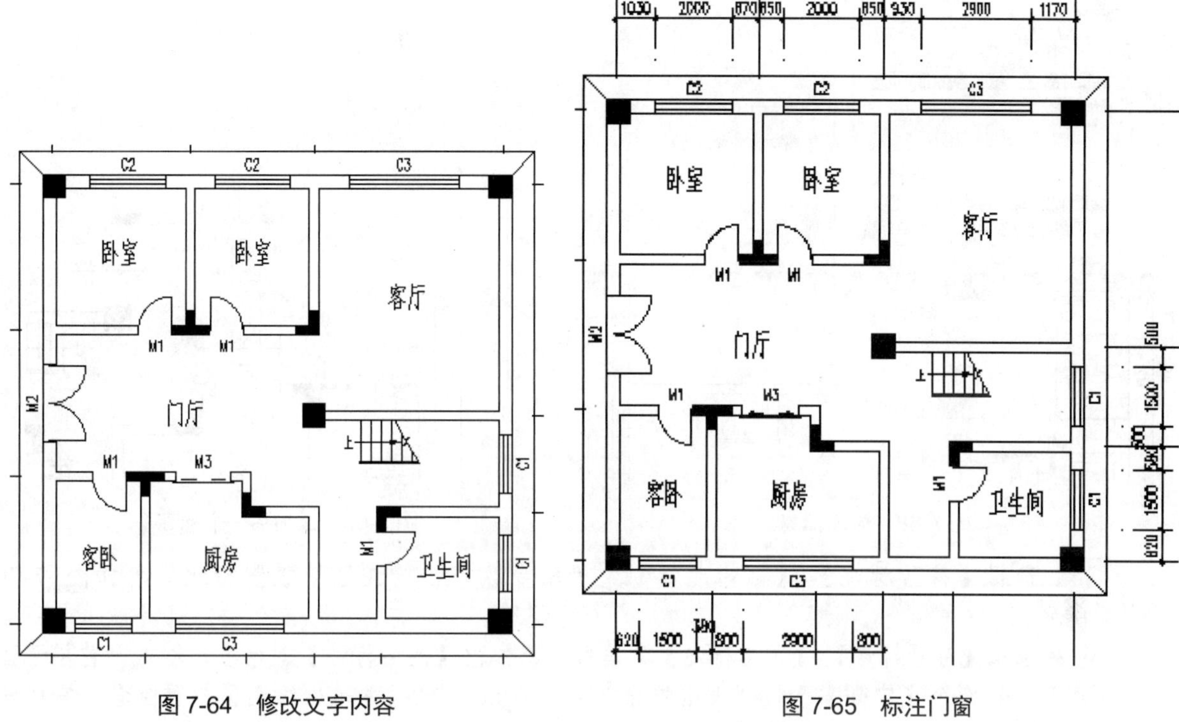

图 7-64 修改文字内容

图 7-65 标注门窗

step 31 选择【尺寸标注】|【墙厚标注】菜单命令，标注平面图中的墙厚，如图 7-66 所示。

step 32 选择【尺寸标注】|【内门标注】菜单命令，标注平面图中的内门，如图 7-67 所示。

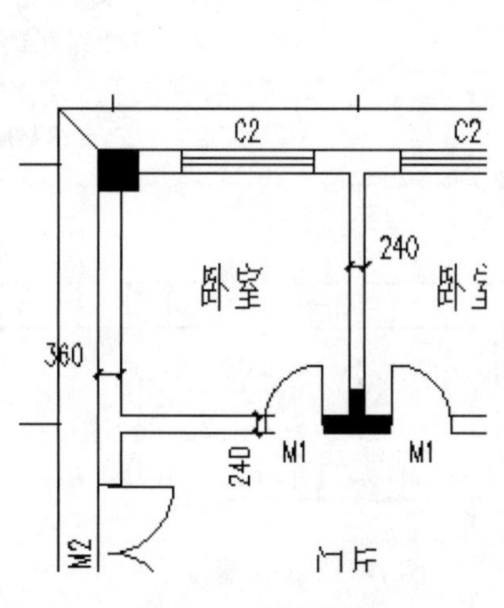

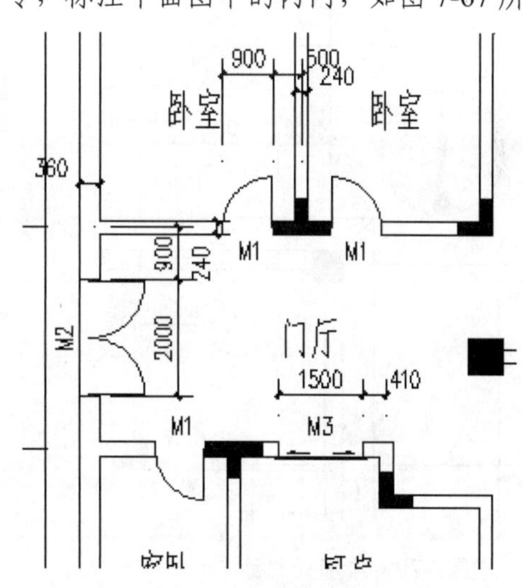

图 7-66 标注墙厚

图 7-67 标注内门

step 33 选择【符号标注】|【标高标注】菜单命令，弹出【标高标注】对话框，选中【手工输入】复选框，在【楼层标高】栏中输入“%%p0.000”，在【字高】下拉列表框中输入 3.5，并单击绘图区域放置标高，如图 7-68 所示。

step 34 以同样的方法标注另一个标高“-0.45”，如图 7-69 所示。

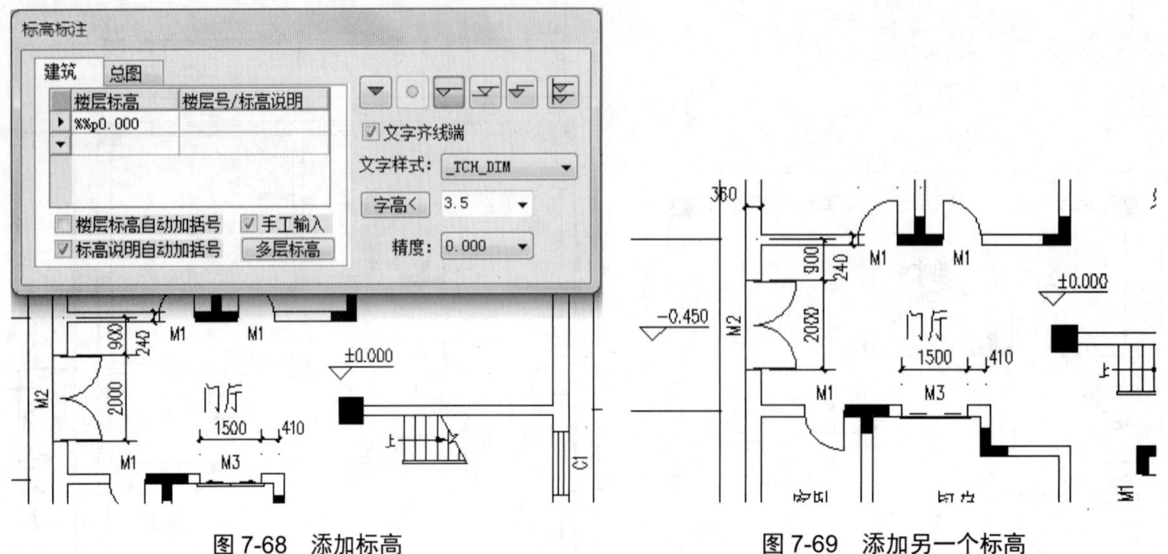

图 7-68　添加标高　　　图 7-69　添加另一个标高

step 35 选择【符号标注】|【画指北针】菜单命令，单击绘图区域放置指北针，如图 7-70 所示。

step 36 选择【符号标注】|【图名标注】菜单命令，弹出【图名标注】对话框，输入“首层平面图”，在两个【字高】下拉列表框中分别输入 10.0、7.0，并单击绘图区放置图名，完成添加文字和标注，如图 7-71 所示。

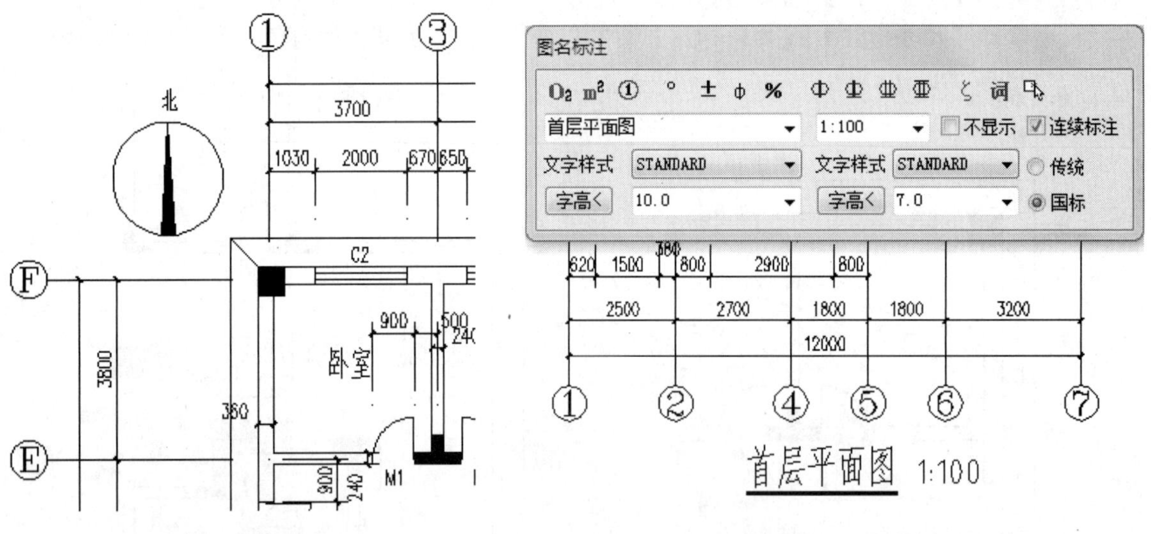

图 7-70　添加指北针　　　图 7-71　添加图名

step 37 最后添加图框。选择【文件布图】|【插入图框】菜单命令，弹出【插入图框】对话框，选中【横式】单选按钮，在【图长】文本框中输入 330，在【图宽】文本框中输入 300，如图 7-72 所示。

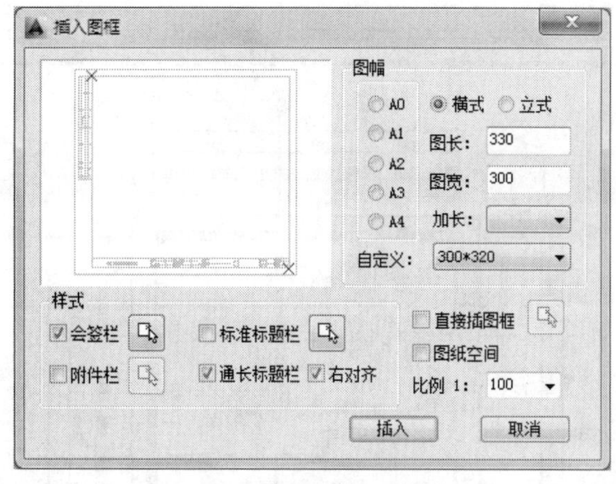

图 7-72　设置图框参数

step 38 在【插入图框】对话框中，单击【插入】按钮，完成图框的添加，如图 7-73 所示。

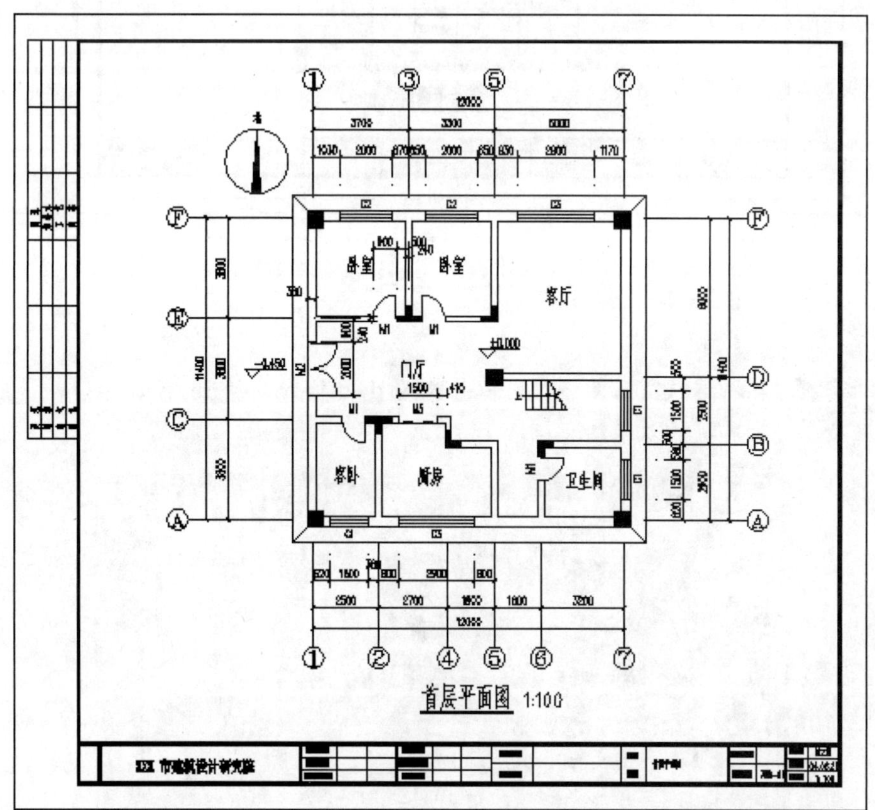

图 7-73　插入图框

step 39 完成布局后的首层平面图，如图 7-74 所示。

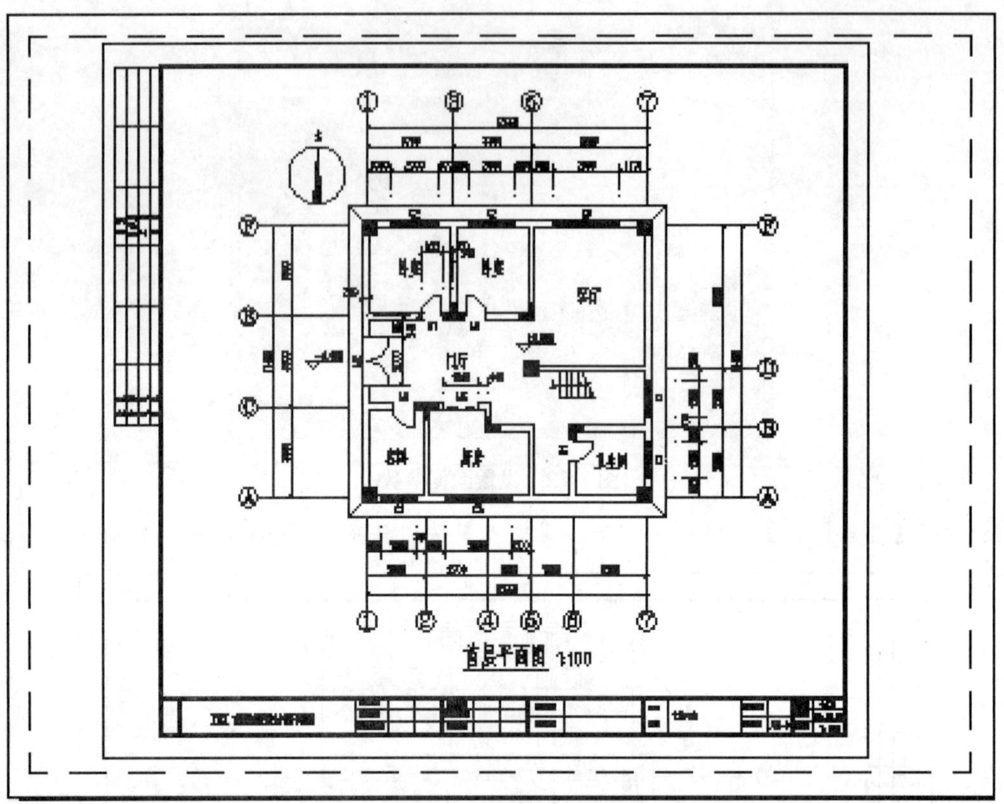

图 7-74　首层平面图

建筑设计实践：各种建筑图三维模型可以导出为 dwg 格式，使用 AutoCAD 软件或者其他渲染软件进行渲染，得到真实的效果。如图 7-75 所示是建筑渲染图。

图 7-75　建筑渲染图

第4课 3课时 天正建筑立面图绘制

7.4.1 楼层表

行业知识链接： 楼层表是建筑图纸的楼层参数以表格的形式表现出来。如图 7-76 所示是建筑图纸中的楼层表。

序号	名称	首层	底标高	层高	相同层数
16	楼层屋面	□	58.45	3.35	1
15	楼层15	□	53.95	4.5	1
14	楼层14	□	49.75	4.2	1
13	楼层13	□	46.15	3.6	1
12	楼层12	□	42.55	3.6	1

图 7-76 楼层表

1. 打开工程

要操作某工程项目，首先应打开该工程文件。在【工程管理】面板中打开【工程管理】下拉菜单，选择其中的【打开工程】命令，在弹出的【打开】对话框中选择需要打开的项目文件，单击【打开】按钮即可，如图 7-77 所示。

图 7-77 打开工程文件

2. 添加图纸

新建工程之后，还需要在该新工程中添加图纸，即把绘制好的图纸移到该工程文件夹中，以方便立面图和剖面图的自动生成。

下面具体讲解添加图纸的方法。

(1) 打开创建的“新工程 1.tpr”文件，右击图纸列表中的【平面图】选项，在弹出的快捷菜单中选择【添加图纸】命令，如图 7-78 所示。

(2) 在弹出的【选择图纸】对话框中选择需要添加的图纸，包括各层平面图，然后单击【打开】按钮添加图纸，如图 7-79 所示。

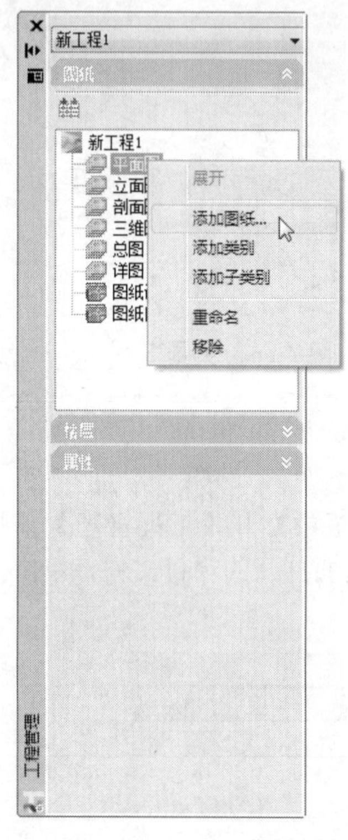

图 7-78 选择【添加图纸】命令

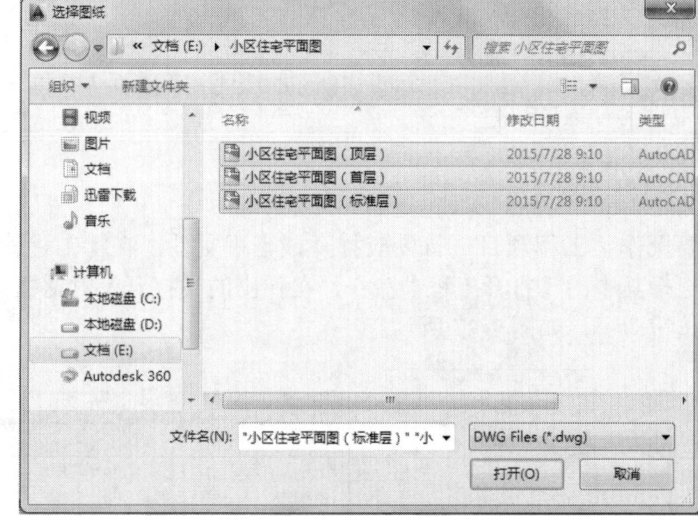

图 7-79 选择图纸

(3) 添加图纸的效果如图 7-80 所示。

3. 创建楼层表

当添加完图纸后，接下来需要在【工程管理】面板的【楼层】选项栏中设置楼层表，将层高数据和自然层号对应起来。需要注意的是，一个平面图除了可以代表一个自然楼层外，还可以代表多个相同的自然层，用户只需在楼层表中的【层号】处填写起始层号，用 “～”或“-”隔开即可。

下面具体讲解创建楼层表的方法。

(1) 展开【楼层】选项栏，在【层号】列表框中输入楼层编号 1，在【层高】列表框中输入高度 3000，如图 7-81 所示。

(2) 单击楼层表格行上面的【选择标准层文件】按钮，在打开的【选择标准层图形文件】对话框中添加该楼层的图纸文件，单击【打开】按钮将其添加，如图 7-82 所示。

(3) 使用同样的方法，依次添加 2 层和 3 层图纸文件，创建楼层表如图 7-83 所示。

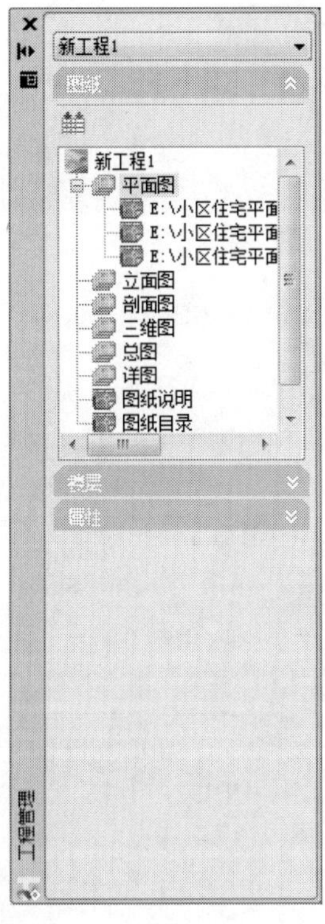

图 7-80 添加图纸的效果

图 7-81 输入层参数

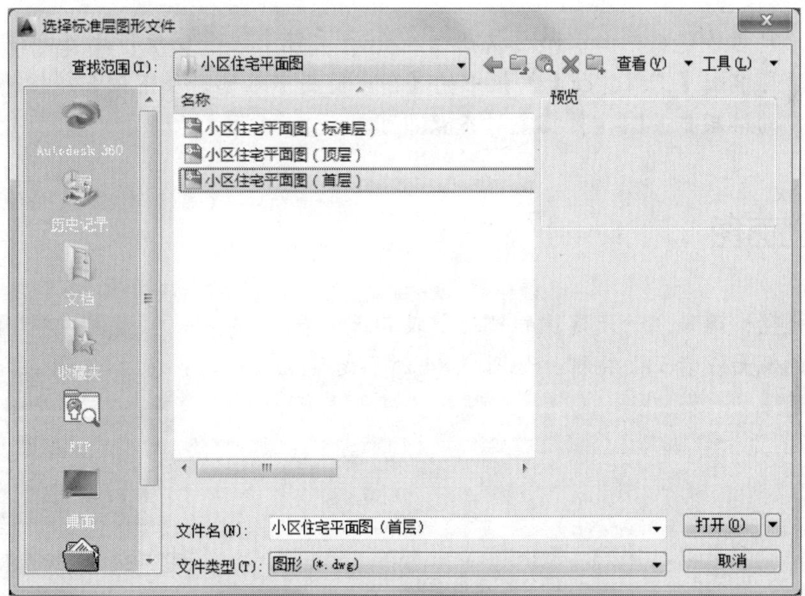

图 7-82 选择图形文件

图 7-83 创建楼层表

提示：当用户将各楼层平面图都存放在一个 dwg 文件中时，应先将此 dwg 文件打开并处于当前窗口，然后再单击【工程管理】面板中的【在当前图中框选楼层范围】按钮，接着在绘图区中框选相对应的楼层平面图，并指定对齐点即可。

7.4.2 创建立面图

行业知识链接：建筑立面是建筑的侧视图或者正视图，用于表达建筑的侧面或者正面特征。如图 7-84 所示是建筑图纸中的立面图。

图 7-84 建筑图纸中的立面图

在新工程中添加图纸并设置楼层表后，天正建筑软件就可以自动生成立面图了。

1. 建筑立面

【建筑立面】命令可按照工程管理的楼层表数据，一次生成多层建筑立面。

调用【建筑立面】命令有如下两种方法。

- 菜单栏：选择【立面】|【建筑立面】菜单命令。
- 命令行：在命令行中输入 JZLM 命令并按 Enter 键。

下面具体讲解建筑立面生成的方法。

(1) 在【工程管理】面板中打开已添加的图纸，并创建楼层表的“新工程 1”工程文件，如图 7-85 所示。

(2) 展开【图纸】选项栏，在平面图纸文件上单击鼠标右键，从弹出的快捷菜单中选择【打开】命令，或直接双击各个平面图，打开所有的平面图，如图 7-86 所示。

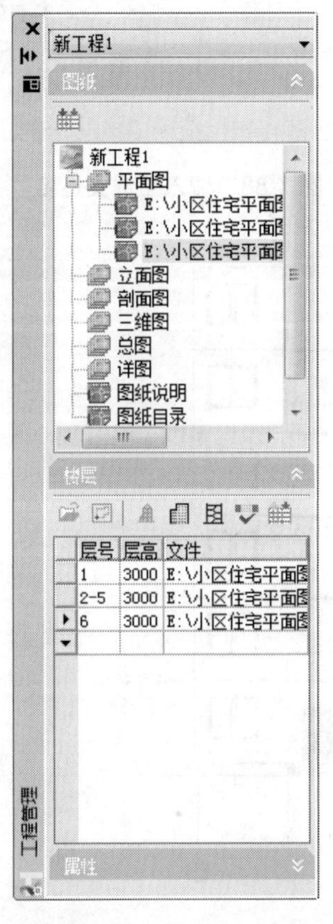

图 7-85 打开项目工程

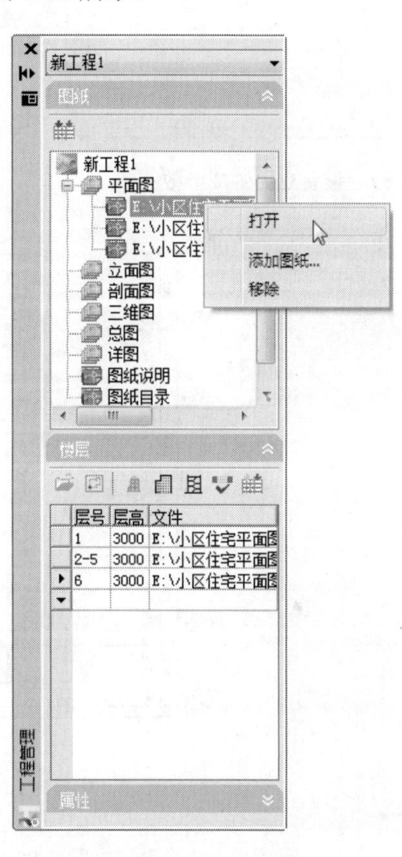

图 7-86 打开平面图

(3) 单击【楼层】工具栏中的【在当前图中框选楼层范围】按钮，接着在绘图区中框选相对应的楼层平面图，并在每层指定同一个对齐点。

(4) 创建建筑立面。单击【建筑立面】按钮，命令行提示“输入立面方向或【正立面(F)/背立面(B)/左立面(L)/右立面(R)】<退出>：”，这里输入 F，以创建正立面图。

(5) 命令行提示“请选择要出现在立面图上的轴线”，在图纸上选取起始轴①和终止轴⑤。

(6) 按 Enter 键确认，在弹出的【立面生成设置】对话框中设置参数，如图 7-87 所示。

(7) 单击【立面生成设置】对话框中的【生成立面】按钮，弹出【输入要生成的文件】对话框，输入立面文件名，如图 7-88 所示。

(8) 单击【输入要生成的文件】对话框中的【保存】按钮，生成的立面图效果如图 7-89 所示。

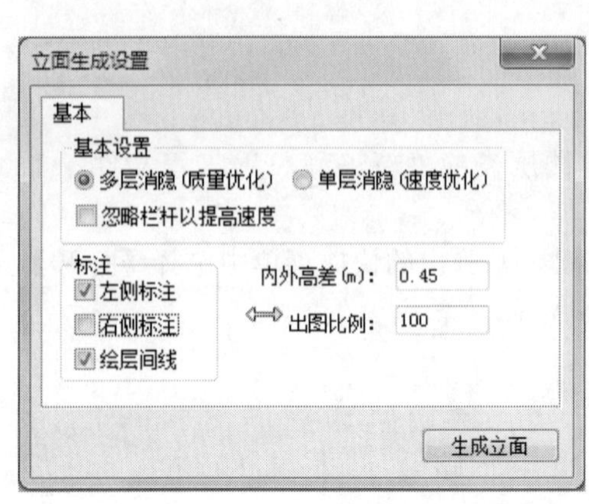

图 7-87　设置立面生成参数

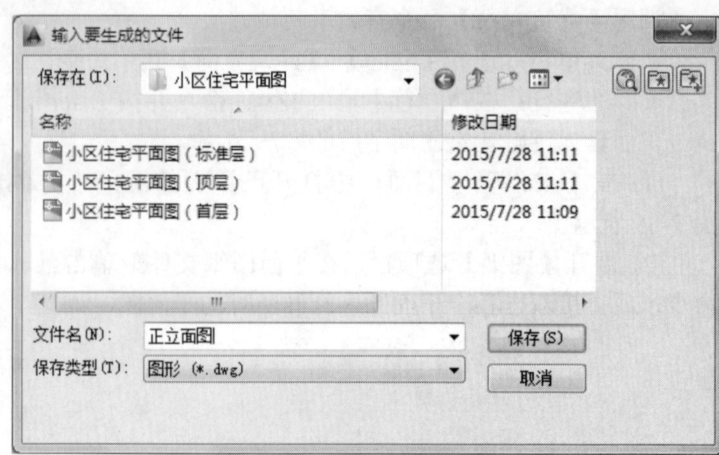

图 7-88　输入生成文件名

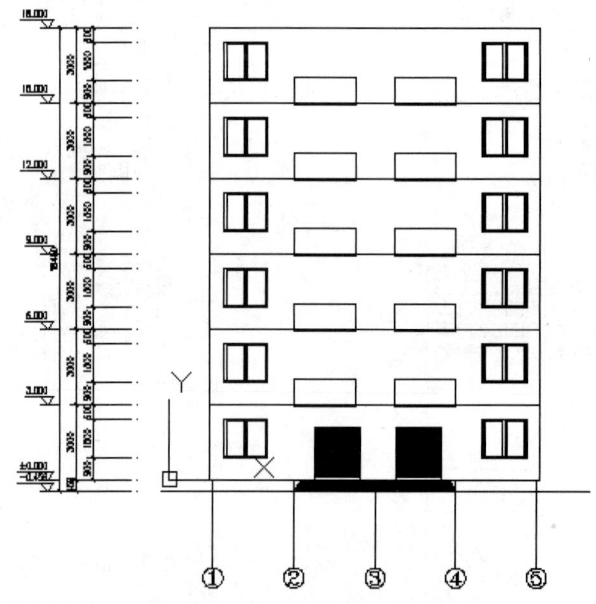

图 7-89　生成建筑立面图效果

【立面生成设置】对话框中各控件说明如下。

- 【多层消隐(质量优化)】/【单层消隐(速度优化)】单选按钮：前者考虑到两个相邻楼层的消隐，速度较慢，但可考虑楼梯扶手等伸入上层的情况，消隐精度比较好。
- 【内外高差】：室内地面与室外地坪的高差。
- 【出图比例】：立面图的打印出图比例。
- 【左侧标注】/【右侧标注】复选框：是否标注立面图左右两侧的竖向标注，含楼层标高和尺寸。
- 【绘层间线】复选框：楼层之间的水平横线是否绘制。
- 【忽略栏杆以提高速度】复选框：选中此复选框，为了优化计算，忽略复杂栏杆的生成。

2. 构件立面

【构件立面】命令用于生成当前标准层、局部构件或三维图块对象在选定方向上的立面图与顶视图。生成的立面图内容取决于选定对象的三维图形。

调用【构件立面】命令有如下两种方法。

- 菜单栏：选择【立面】|【构件立面】菜单命令。
- 命令行：在命令行中输入 GJLM 命令并按 Enter 键。

下面具体讲解构件立面的创建方法。

(1) 生成图 7-90 所示的楼梯平面图的立面图。

(2) 选择【立面】|【构件立面】菜单命令，在命令行中输入“F”选择生成正立面图。

(3) 选择该楼梯构件，按 Enter 键确定，结果如图 7-91 所示。

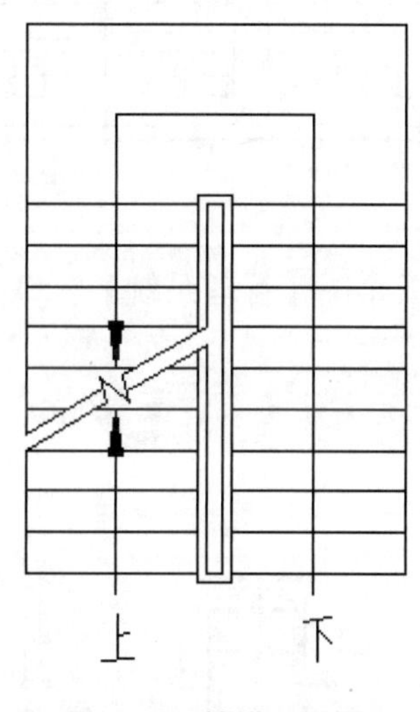

图 7-90　楼梯平面图

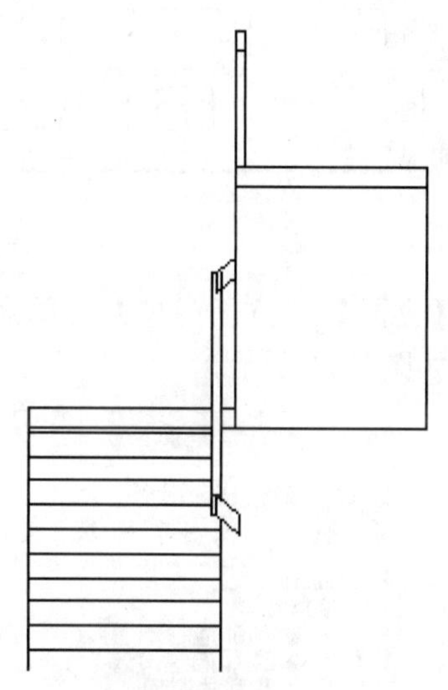
图 7-91　构件正立面图

7.4.3　立面编辑与深化

行业知识链接：天正建筑软件 T20 提供了多种立面编辑工具，包括立面门窗、门窗参数、立面窗套和立面阳台等。如图 7-92 所示是瓦房的立面图。

图 7-92　瓦房的立面图

利用【工程管理】命令生成立面图后，有些部分可能存在一些问题或内容不够完善，此时需要对生成的立面图进行细部深化和立面编辑。

1. 立面门窗

【立面门窗】命令用于插入、替换立面图上的门窗，同时对立面门窗图库进行维护。

调用【立面门窗】命令有如下两种方法。

- 菜单栏：选择【立面】|【立面门窗】菜单命令。
- 命令行：在命令行中输入 LMMC 命令并按 Enter 键。

下面具体讲解立面门窗命令的使用方法。

(1) 在图 7-93 所示的建筑立面图中进行立面窗的替换。

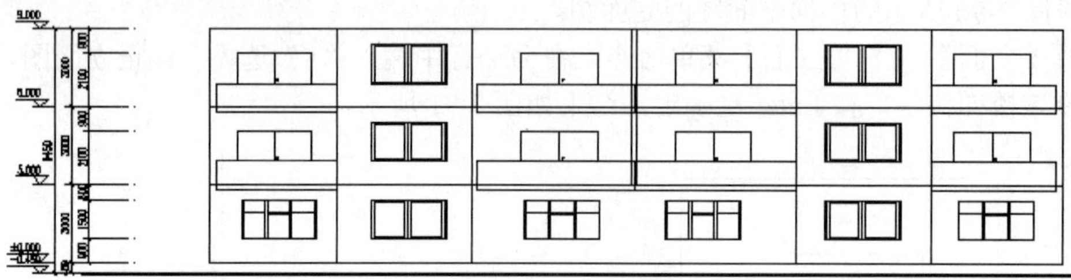

图 7-93 建筑立面图

(2) 选择【立面】|【立面门窗】菜单命令，在弹出的【天正图库管理系统】窗口中选择需要替换的门窗样式，如图 7-94 所示。

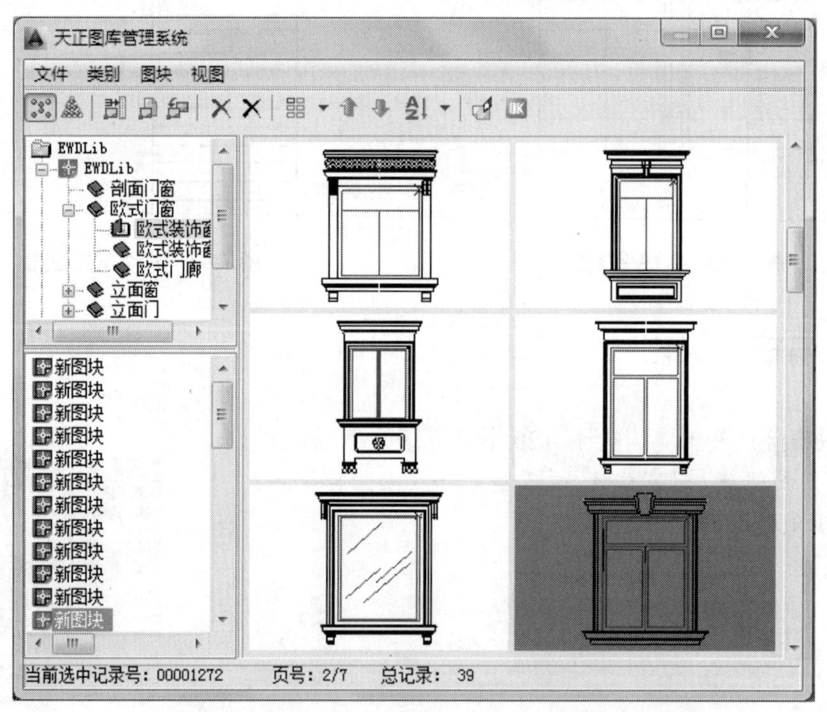

图 7-94 选择需要替换的窗

(3) 单击【天正图库管理系统】窗口上方的【替换】按钮，选择图中要被替换的窗，按 Enter 键，结果如图 7-95 所示。窗户替换完成。

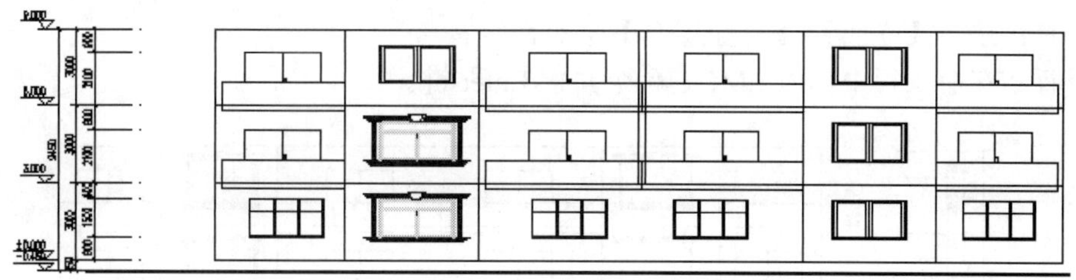

图 7-95　替换窗效果

2. 门窗参数

【门窗参数】命令用于修改立面门窗尺寸和位置。在绘图区中选择需要修改的门窗并按 Enter 键确认，然后依次在命令行中输入要修改的门窗参数值并按 Enter 键，即可完成门窗参数的修改。

调用【门窗参数】命令有如下两种方法。

- 菜单栏：选择【立面】|【门窗参数】菜单命令。
- 命令行：在命令行中输入 MCCS 命令并按 Enter 键。

下面具体讲解门窗参数的设置方法。

(1) 修改图 7-96 所示的立面图的门窗参数。

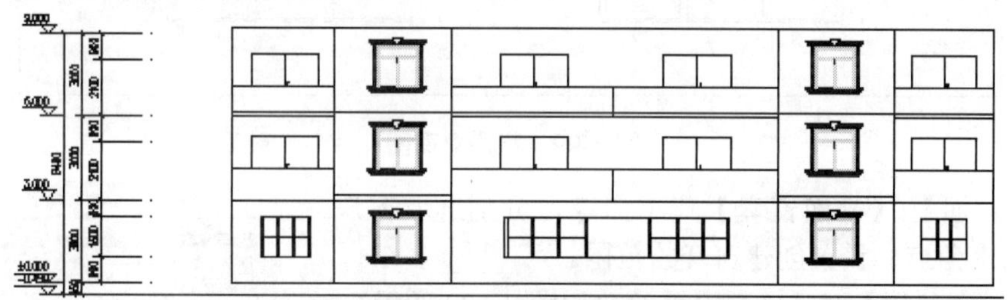

图 7-96　建筑立面图

(2) 选择【立面】|【门窗参数】菜单命令，选择立面门窗如图 7-97 所示，按 Enter 键确定。

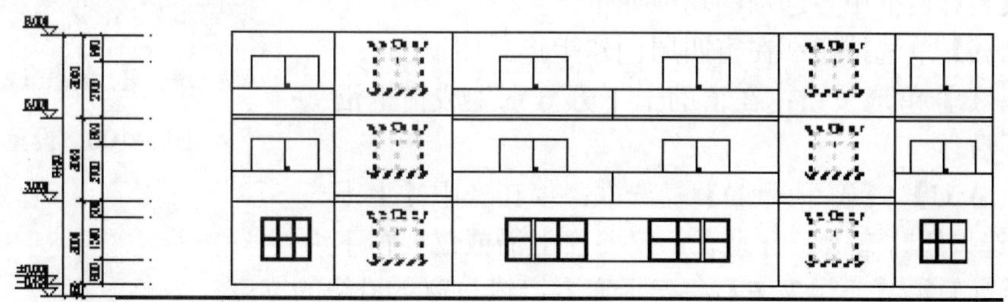

图 7-97　选择立面门窗

(3) 根据命令行提示设置底标高不变，高度为 1800，宽度为 2400，门窗修改结果如图 7-98 所示。

3. 立面窗套

【立面窗套】命令用于为已有的立面窗创建全包的窗套或者窗楣线和窗台线。

调用【立面窗套】命令有如下两种方法。

- 菜单栏：选择【立面】|【立面窗套】菜单命令。
- 命令行：在命令行中输入 LMCT 命令并按 Enter 键。

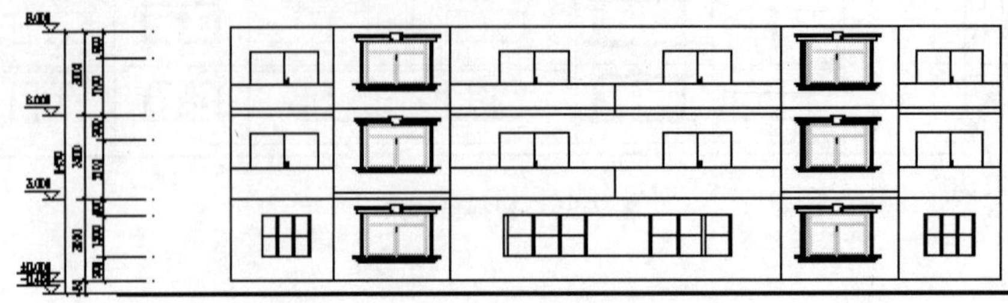

图 7-98　修改门窗参数效果

下面具体讲解立面窗套的创建方法。

(1) 在图 7-99 所示的窗户立面图中添加立面窗套。

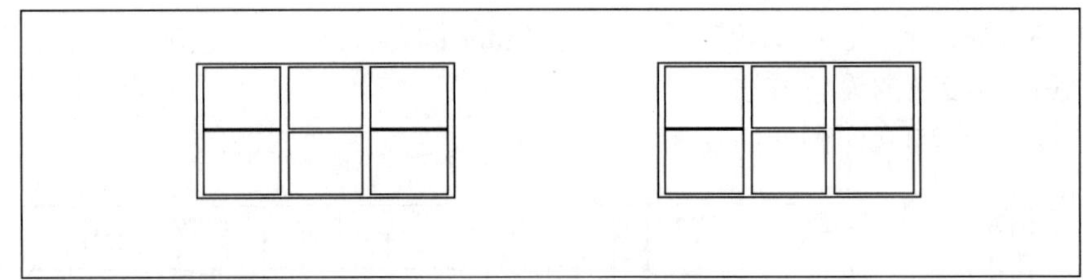

图 7-99　窗户立面图

(2) 选择【立面】|【立面窗套】菜单命令，分别选取窗户的左下角点和右上角点，设置创建窗套的范围。

(3) 弹出【窗套参数】对话框，设置参数如图 7-100 所示。

(4) 单击【窗套参数】对话框中的【确定】按钮关闭对话框，创建窗套效果如图 7-101 所示。

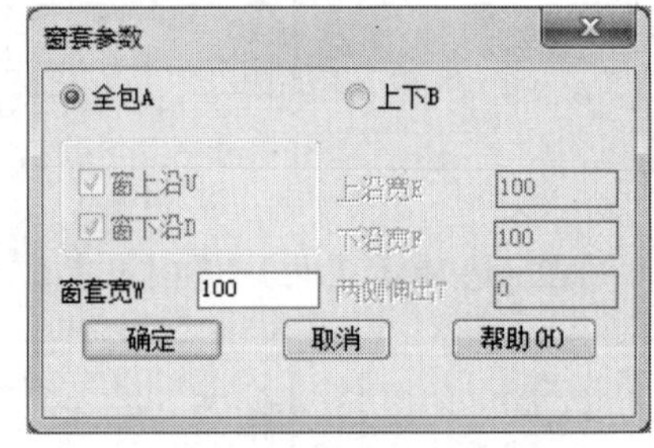

图 7-100　设置门窗套参数

【窗套参数】对话框中各选项的功能如下。

- 【全包 A】单选按钮：在窗四周创建矩形封闭窗套。
- 【上下 B】单选按钮：在窗的上下方分别生成窗上沿与窗下沿。
- 【窗上沿 U】/【窗下沿 D】复选框：仅在选中【上下 B】单选按钮时有效。分别表示仅要窗上沿或仅要窗下沿。
- 【上沿宽 E】/【下沿宽 F】：表示窗上沿线与窗下沿线的宽度。
- 【两侧伸出 T】：窗上、下沿两侧伸出的长度。
- 【窗套宽 W】：除窗上、下沿以外部分的窗套宽。

4. 立面阳台

【立面阳台】命令用于插入或替换立面图上阳台的样式，同时也是立面阳台的管理工具。调用【立面阳台】命令有如下两种方法。

- 菜单栏：选择【立面】|【立面阳台】菜单命令。
- 命令行：在命令行中输入 LMYT 命令并按 Enter 键。

下面具体讲解立面阳台的创建方法。

(1) 在图 7-102 所示的立面图中插入立面阳台。

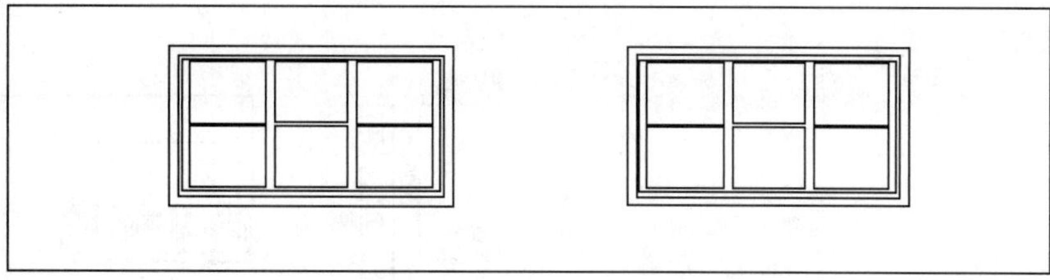

图 7-101　添加窗套效果

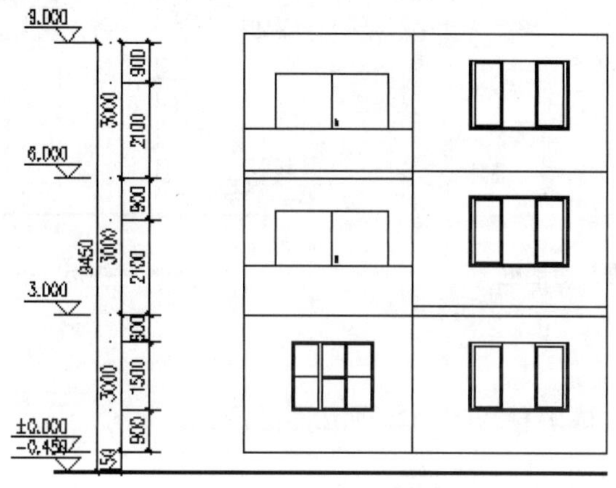

图 7-102　建筑立面图

(2) 选择【立面】|【立面阳台】菜单命令，在弹出的【天正图库管理系统】窗口中选择阳台类型，如图 7-103 所示。

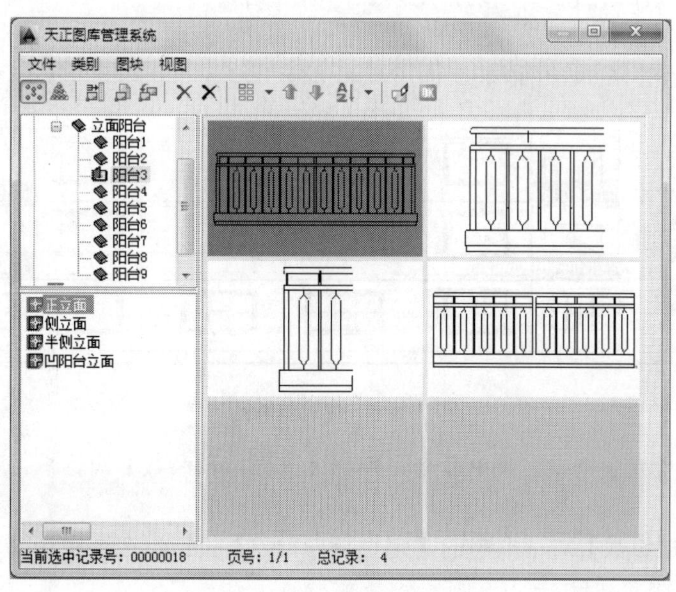

图 7-103　选择立面阳台类型

(3) 在弹出的【图块编辑】对话框中设置参数，如图 7-104 所示。

(4) 在图中选取插入阳台的位置，即可插入立面阳台，如图 7-105 所示。连续单击鼠标可以一次插入多个立面阳台。

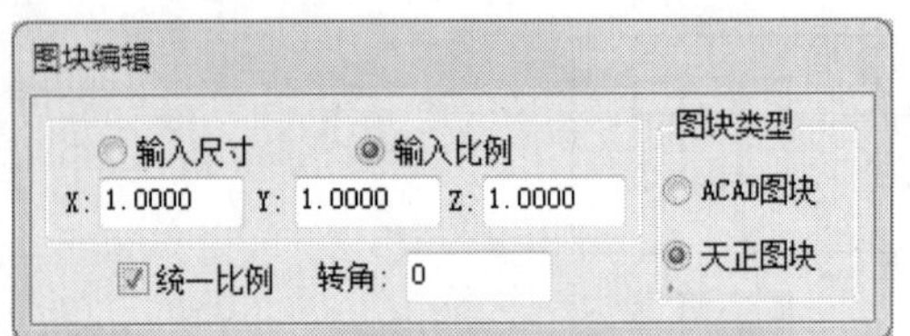

图 7-104 【图块编辑】对话框

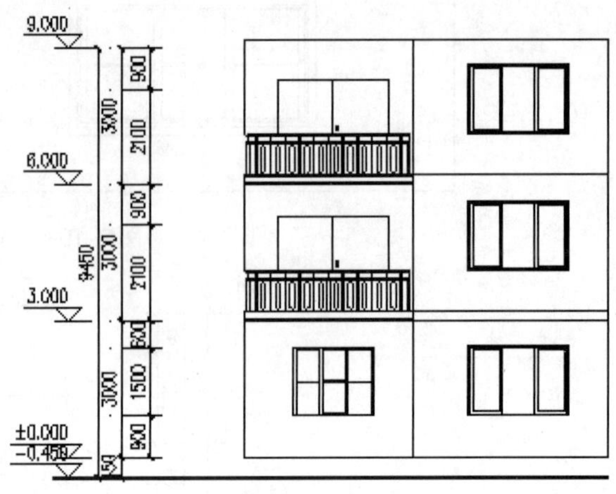

图 7-105 插入立面阳台效果

5. 立面屋顶

【立面屋顶】命令用于生成多种形式的屋顶立面图形式。

调用【立面屋顶】命令有如下两种方法。

- 菜单栏：选择【立面】|【立面屋顶】菜单命令。
- 命令行：在命令行中输入 LMWD 命令并按 Enter 键。

创建立面屋顶时，在弹出的【立面屋顶参数】对话框中选择立面屋顶的样式，并设置参数，单击【定位点 PT1-2】按钮，在绘图区中分别指定两点，即可完成创建立面屋顶的操作。

下面具体讲解立面屋顶的插入方法。

(1) 在图 7-106 所示的立面图中添加立面屋顶。

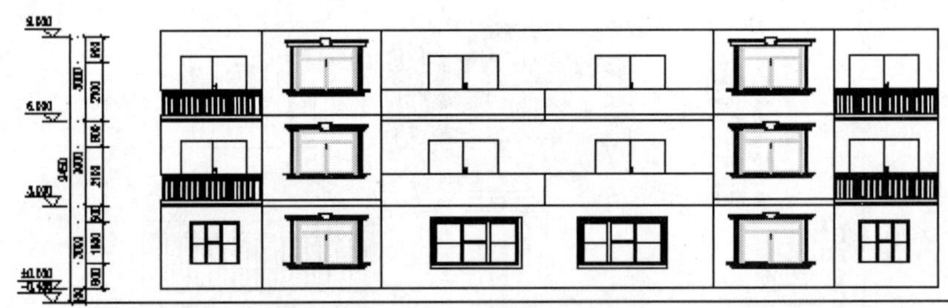

图 7-106 建筑立面图

(2) 选择【立面】|【立面屋顶】菜单命令，弹出【立面屋顶参数】对话框，设置参数，如图 7-107 所示。

(3) 单击【立面屋顶参数】对话框中的【定位点 PT1-2】按钮，在图中选择墙顶角点 PT1、PT2，再单击【确定】按钮关闭对话框。

(4) 添加立面屋顶的效果如图 7-108 所示。

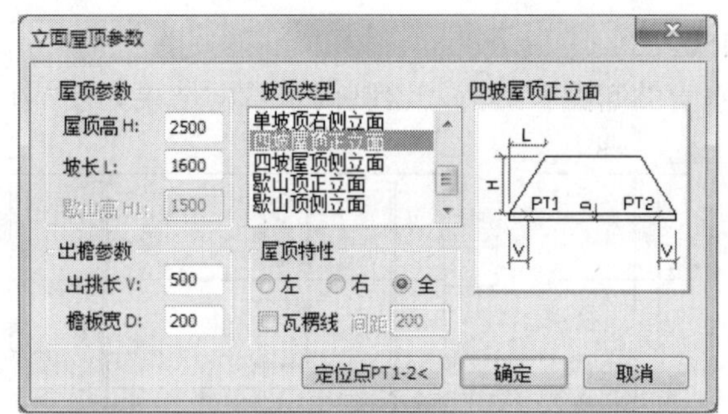

图 7-107　设置屋顶参数

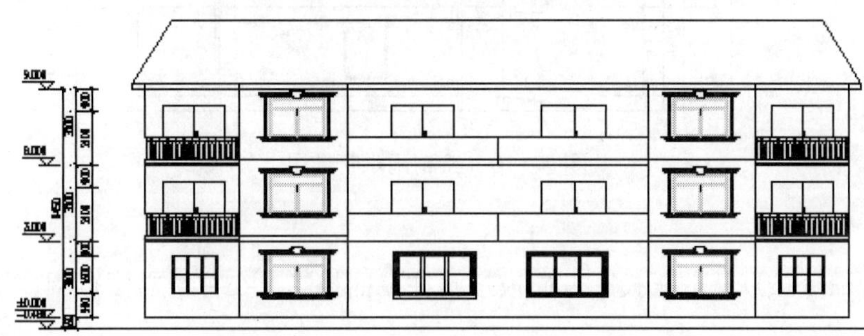

图 7-108　添加立面屋顶效果

6. 雨水管线

【雨水管线】命令可以按照给定的位置生成竖直向下的雨水管。

调用【雨水管线】命令有如下两种方法。

- 菜单栏：选择【立面】|【雨水管线】菜单命令。
- 命令行：在命令行中输入 YSGX 命令并按 Enter 键。

创建雨水管线时，根据命令行的提示分别指定雨水管的起点和终点，即可完成创建雨水管线的操作。

下面具体讲解雨水管线的创建方法。

(1) 在图 7-109 所示的立面图中添加雨水管。

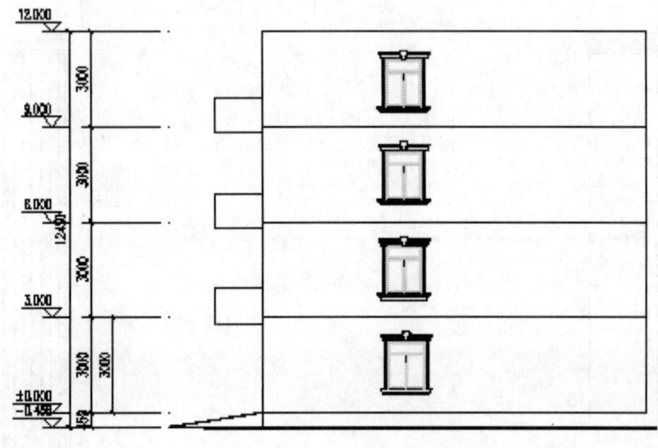

图 7-109　建筑立面图

(2) 选择【立面】|【雨水管线】菜单命令，命令行提示“当前管径为 100”，输入“D”并按

Enter 键，将雨水管径设为 150。

(3) 在立面图中指定雨水管的起点和终点，绘制雨水管的结果如图 7-110 所示。

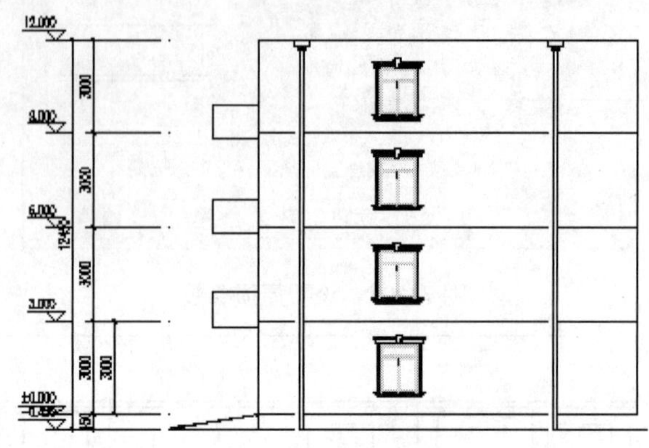

图 7-110　绘制雨水管效果

7. 柱立面线

【柱立面线】命令按默认的正投影方向模拟圆柱立面投影，在柱子立面范围内绘制有立体感的竖向投影线。

调用【柱立面线】命令有如下两种方法。

- 菜单栏：选择【立面】|【柱立面线】菜单命令。
- 命令行：在命令行中输入 ZLMX 命令并按 Enter 键。

下面具体讲解柱立面线的操作。

(1) 给图 7-111 所示的柱子添加立面线。

(2) 选择【立面】|【柱立面线】菜单命令，设置起始角为 180°，包含角为 180°，立面线数目为 12。

(3) 按 F3 键，打开对象捕捉功能，在绘图窗口选取柱子矩形立面边界的两个对角点，创建立面线，如图 7-112 所示。

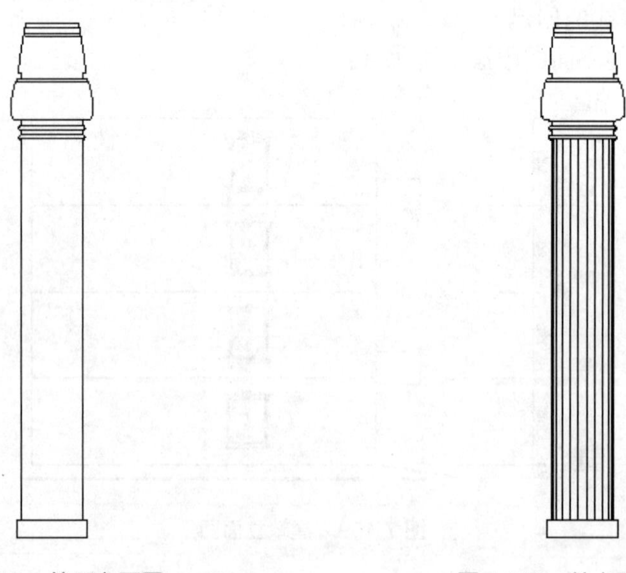

图 7-111　柱子立面图　　图 7-112　柱立面线效果

8. 图形裁剪

【图形裁剪】命令用于对立面图形进行裁剪。

调用【图形裁剪】命令有如下两种方法。

- 菜单栏：选择【立面】|【图形裁剪】菜单命令。
- 命令行：在命令行中输入 TXCJ 命令并按 Enter 键。

下面具体讲解图形裁剪的操作。

(1) 对图 7-113 所示的建筑立面图进行裁剪。

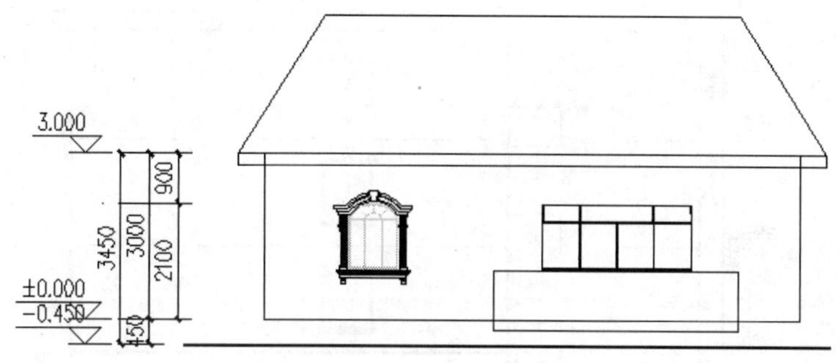

图 7-113 建筑立面图

(2) 选择【立面】|【图形裁剪】菜单命令，选择建筑底边线为裁剪对象。

(3) 在绘图窗口中分别选取点 1 和点 2，指定一个矩形范围作为裁剪区域，如图 7-114 所示。

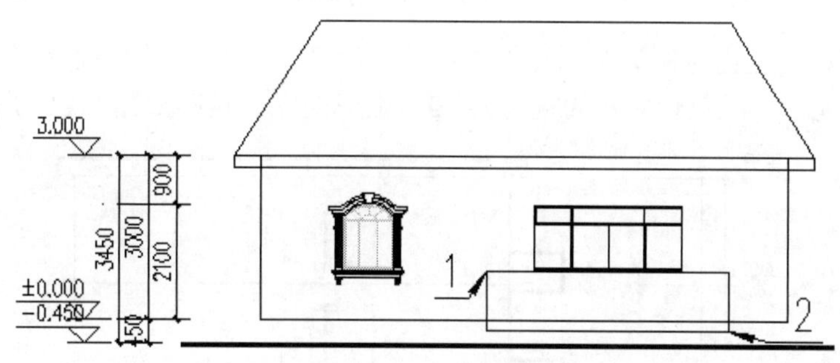

图 7-114 图形裁剪效果

(4) 使用同样的方法，裁剪与屋顶相交的墙线，最终效果如图 7-115 所示。

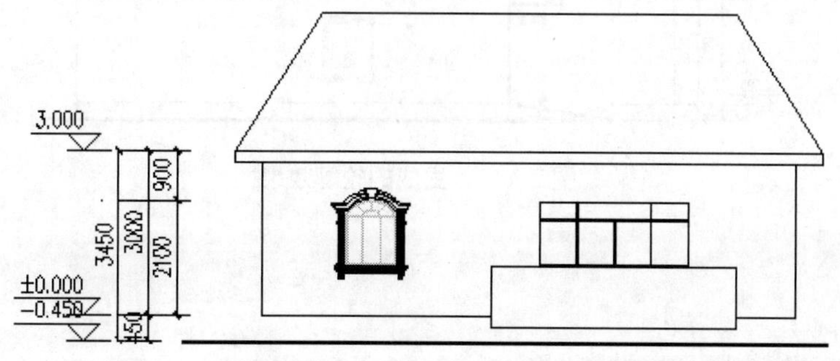

图 7-115 裁剪结果

9. 立面轮廓

【立面轮廓】命令用于搜索立面图轮廓，生成轮廓粗线。

调用【立面轮廓】命令有如下两种方法。

- 菜单栏：选择【立面】|【立面轮廓】菜单命令。
- 命令行：在命令行中输入 LMLK 命令并按 Enter 键。

下面具体讲解立面轮廓的操作方法。

(1) 使图 7-116 所示的立面图生成立面轮廓。

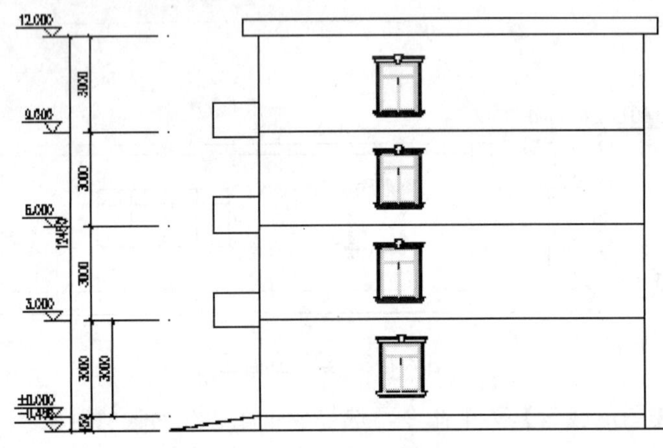

图 7-116　建筑立面图

(2) 选择【立面】|【立面轮廓】菜单命令，框选立面图，按 Enter 键确定。

(3) 根据命令行提示，设置轮廓线的宽度为 50，生成的立面轮廓如图 7-117 所示。

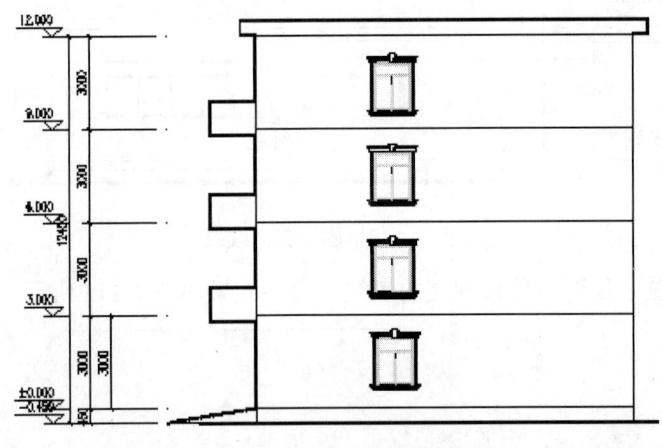

图 7-117　生成的轮廓效果

课后练习

案例文件：ywj\07\01.dwg、02.dwg

视频文件：光盘→视频课堂→第 7 教学日→7.4

本节课后练习的是创建建筑的立面图，立面图由已有的平面图产生，如图 7-118 所示是创建完成的立面图。

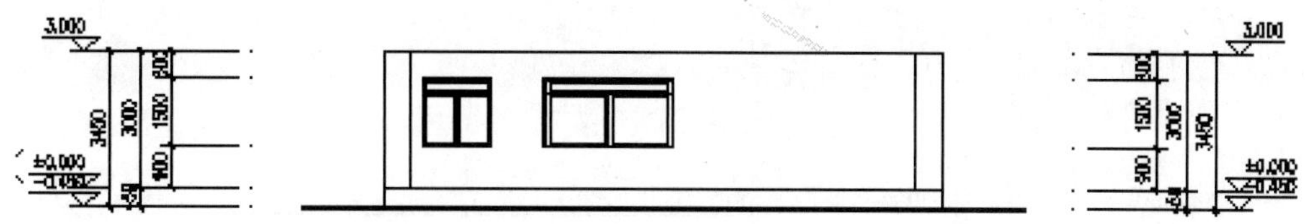

图 7-118　建筑的立面图

本节案例主要练习建筑立面图的创建过程，首先打开文件，之后使用建筑立面命令创建立面图，建筑立面图的创建思路和步骤如图 7-119 所示。

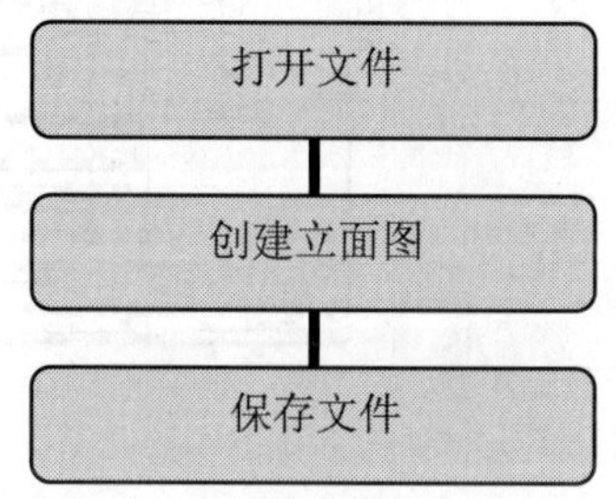

图 7-119　建筑立面图的创建思路和步骤

练习案例操作步骤如下。

step 01 首先打开文件。选择【文件】|【打开】菜单命令，打开【选择文件】对话框，选择文件“01”，单击【打开】按钮，如图 7-120 所示。

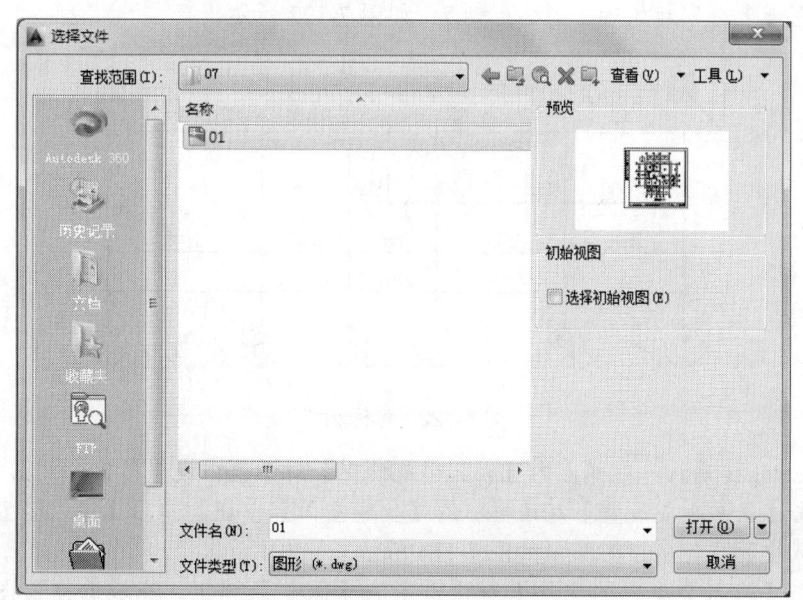

图 7-120　【选择文件】对话框

step 02 选择【文件布图】|【工程管理】菜单命令，打开【工程管理】面板，完成打开文件，如

图 7-121 所示。

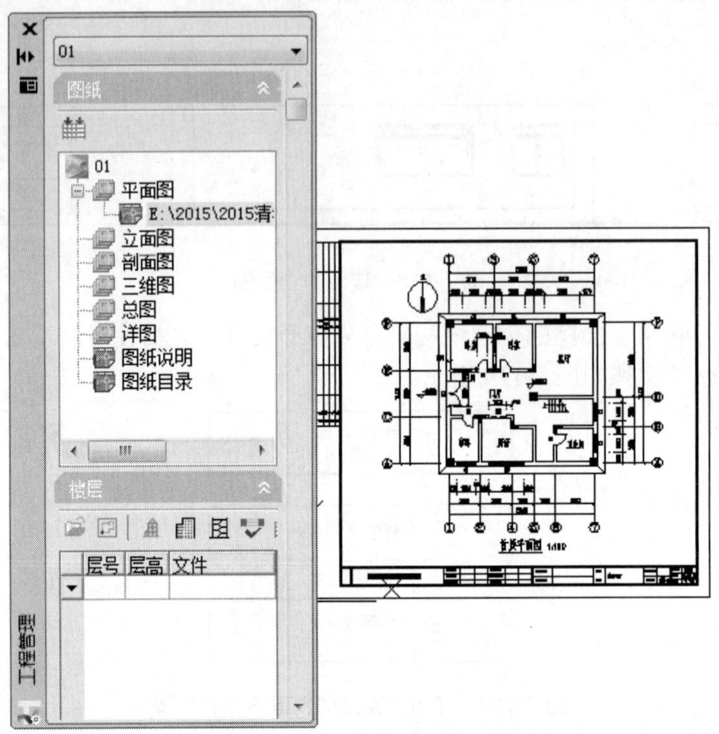

图 7-121 【工程管理】面板和图纸

step 03 接着创建立面图。单击【工程管理】面板【建筑立面】按钮，输入 F，以创建正立面图，在图纸上选取起始轴 1 到终止轴 7，如图 7-122 所示。

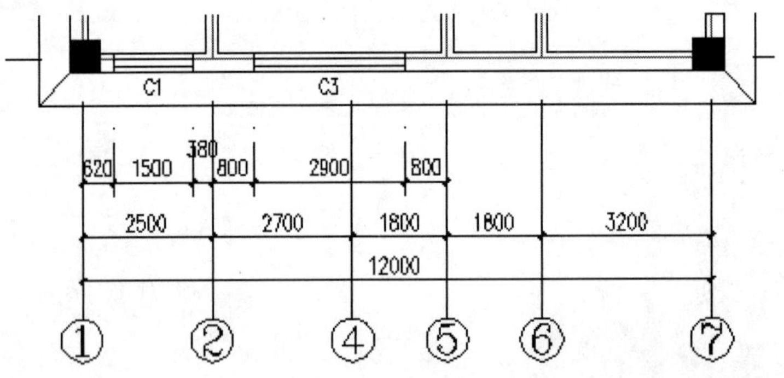

图 7-122 选择轴线

step 04 按 Enter 键确认，在弹出的【立面生成设置】对话框中设置参数，如图 7-123 所示。

step 05 单击【立面生成设置】对话框中的【生成立面】按钮，弹出【输入要生成的文件】对话框，输入立面文件名“02”，如图 7-124 所示。

step 06 单击【输入要生成的文件】对话框中的【保存】按钮，完成的立面图效果如图 7-125 所示。

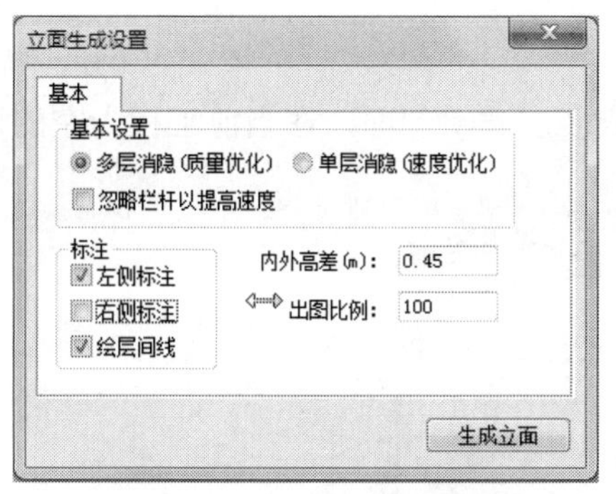

图 7-123　设置立面生成参数

图 7-124　输入生成文件名

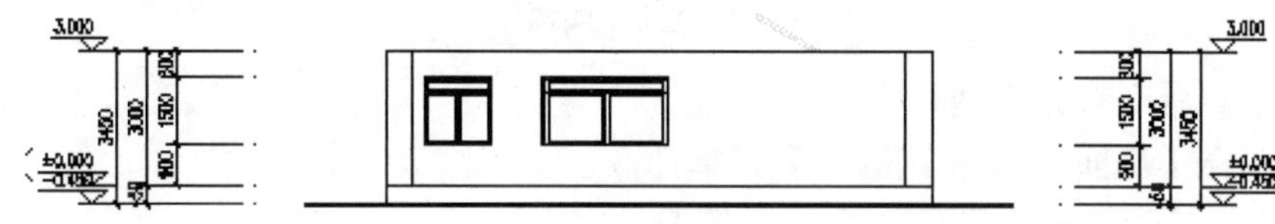

图 7-125　生成建筑立面

建筑设计实践：各种立面图应按正投影法绘制。建筑立面图应包括投影方向可见的建筑外轮廓线和墙面线脚、构配件、墙面做法及必要的尺寸和标高等。如图 7-126 所示是建筑立面图。

图 7-126　建筑立面图

第5课 2课时 天正建筑剖面图的绘制

7.5.1　创建建筑剖面图

行业知识链接：与创建建筑立面图相同，建筑剖面图也可由工程管理中的楼层表数据生成，区别就在于创建建筑剖面图时，需事先在首层平面图中绘制出剖切符号，指定剖切的位置。不同的剖切位置，将得到不同的建筑剖面图。如图 7-127 所示是楼房的剖面图。

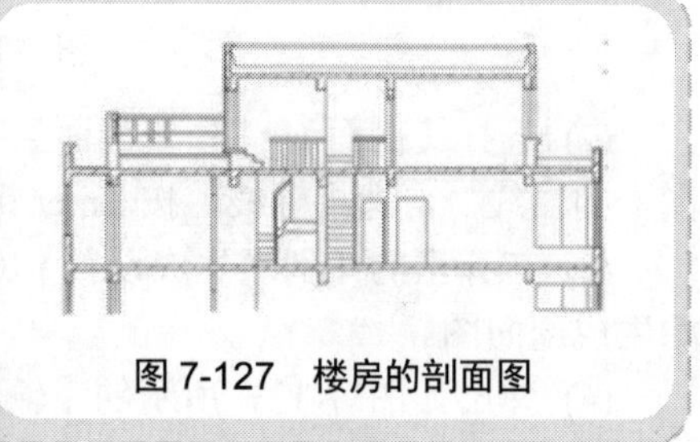

图 7-127　楼房的剖面图

1. 建筑剖面

本命令按照【工程管理】面板中的楼层表数据，一次生成多层建筑剖面，在当前工程为空的情况下执行本命令，会出现警告对话框，如图 7-128 所示。

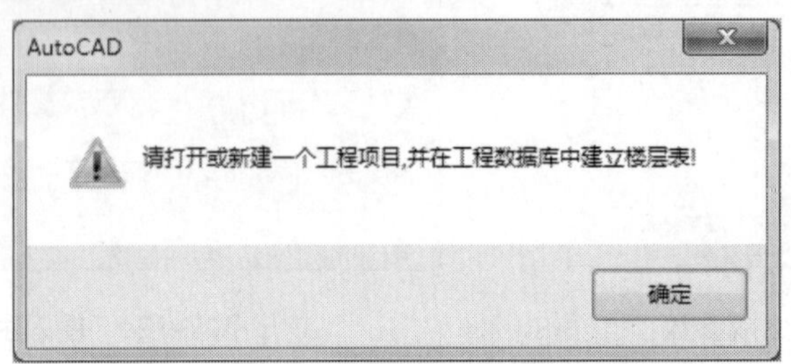

图 7-128　警告对话框

调用【建筑剖面】命令有如下两种方法。

- 菜单栏：选择【剖面】|【建筑剖面】菜单命令。
- 命令行：在命令行中输入 JZPM 命令并按 Enter 键。

下面具体讲解建筑剖面图的生成方法。

(1) 在打开的平面图素材窗口中，按 Ctrl+Shift+~组合键，打开【工程管理】面板，如图 7-129 所示。

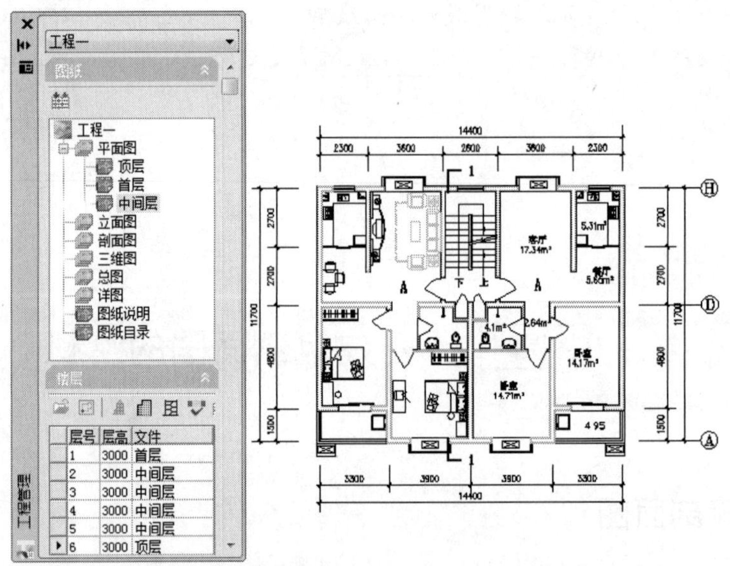

图 7-129　【工程管理】面板和平面图素材

(2) 选择【剖面】|【建筑剖面】菜单命令，选择剖切线，此时命令行提示“请选择要出现在剖面图上的轴线”，选择轴线，按 Enter 键确定。

(3) 在弹出的【剖面生成设置】对话框中设置参数，如图 7-130 所示，单击【生成剖面】按钮开始生成剖面图。

(4) 弹出如图 7-131 所示的【输入要生成的文件】对话框，提示用户设置剖面图文件名和保存位置，这里输入文件名“1-1 剖面图”。

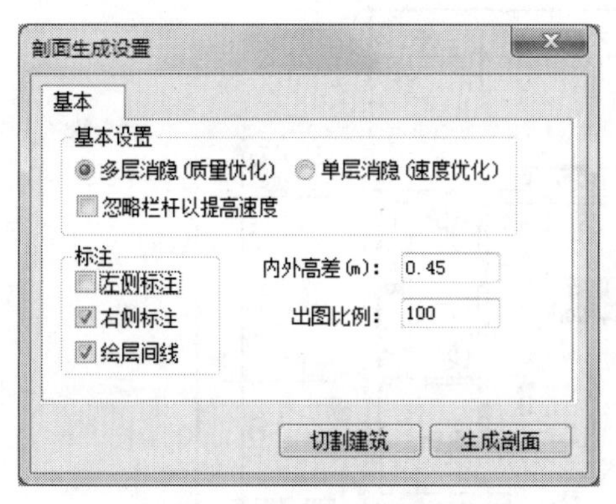

图 7-130　设置剖面生成参数

图 7-131　保存文件为 1-1 剖面

(5) 单击【输入要生成的文件】对话框中的【保存】按钮保存剖面图，结果如图 7-132 所示。

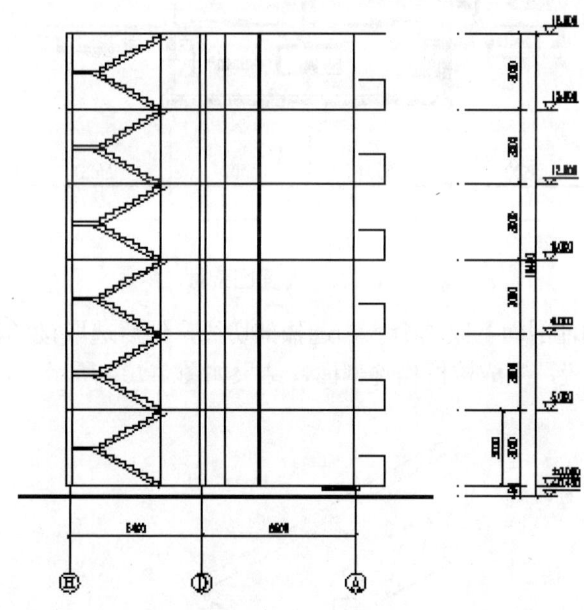

图 7-132　剖面图

2. 构件剖面

【构件剖面】命令用于生成当前标准层、局部构件或三维图块对象在指定剖视方向上的剖视图。调用【构件剖面】命令有如下几种方法。

- 菜单栏：选择【剖面】|【构件剖面】菜单命令。
- 命令行：在命令行中输入 GJPM 命令并按 Enter 键。

创建构件剖面时，首先需要在绘图区指定剖切线，然后选择需剖切的构件并按 Enter 键确认，最后指定构件剖面的插入点即可完成构件剖面的创建。

下面具体讲解构件剖面的生成方法。

(1) 在图 7-133 所示的平面图运用【构件剖面】命令，生成楼梯构件剖面。

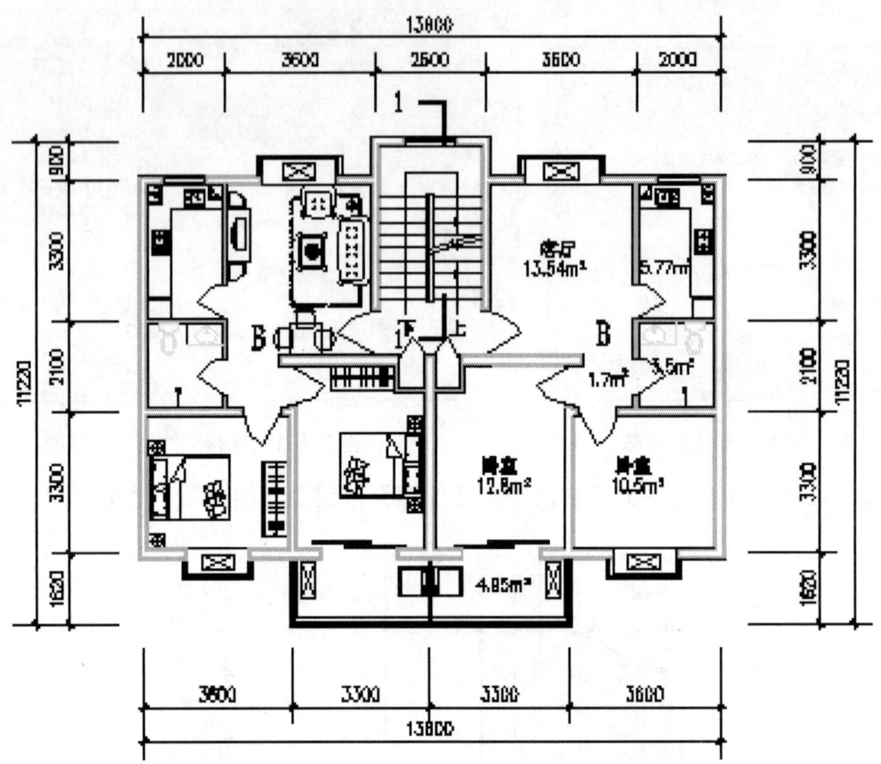

图 7-133　平面图素材

(2) 选择【剖面】|【构件剖面】菜单命令，选择剖切线，然后选取楼梯构件，按 Enter 键确定。

(3) 在图中选取放置位置，生成楼板构件剖面，结果如图 7-134 所示。

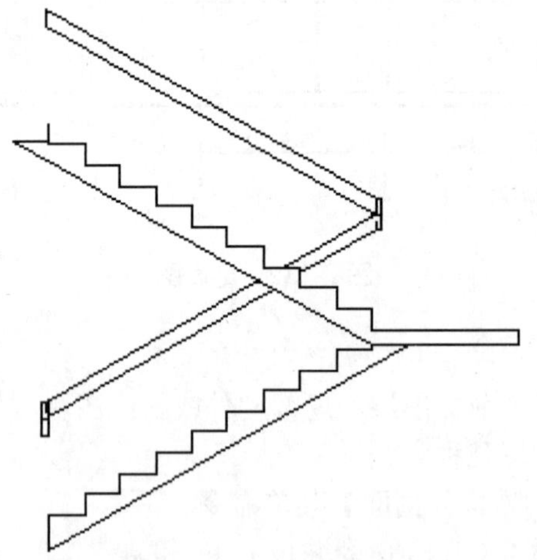

图 7-134　楼梯构件剖面

7.5.2 剖面绘制

行业知识链接：利用剖面生成工具生成的建筑剖面图，其内容往往有时与实际不符，此时就需要对生成的剖面图进行进一步的处理，以完善剖面图。如图 7-135 所示是仓库的剖面图。

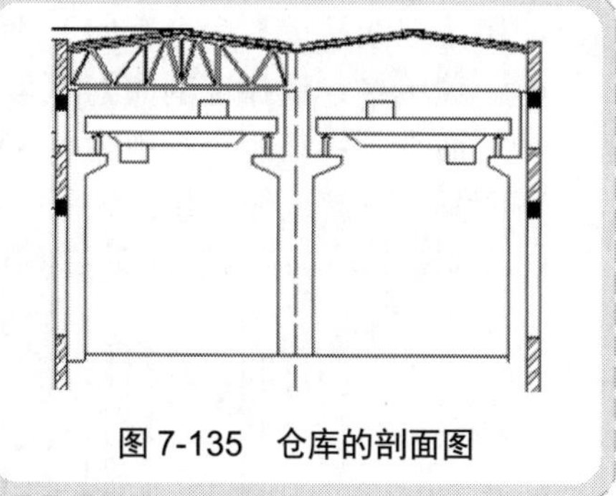

图 7-135　仓库的剖面图

1. 画剖面墙

【画剖面墙】命令可以在“S_ WALL”图层上绘制剖面双线墙。

调用【画剖面墙】命令有如下两种方法。

- 菜单栏：选择【剖面】|【画剖面墙】菜单命令。
- 命令行：在命令行中输入 HPMQ 命令并按 Enter 键。

在画剖面墙时，根据命令行提示，依次指定剖面墙的各个点，即可完成剖面墙的绘制。根据命令行提示，可以设置剖面墙的参数。

下面具体讲解画剖面墙的用法。

(1) 在图 7-136 所示的立面图中绘制剖面墙。

(2) 选择【剖面】|【画剖面墙】菜单命令，命令行提示“墙厚当前值：左墙 120，右墙 240”，这里保持默认参数。

(3) 选取绘制直墙的起点 A 和终点 B，绘制结果如图 7-137 所示。

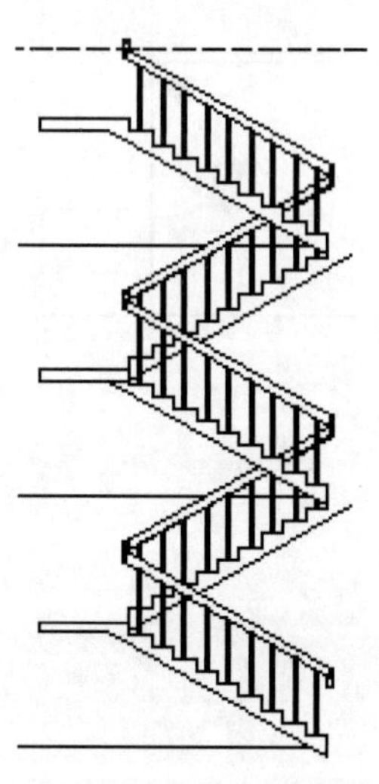

图 7-136　立面图素材

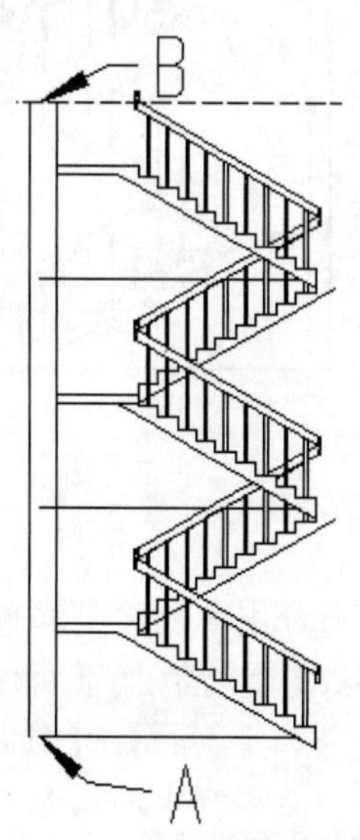

图 7-137　绘制剖面墙线

2. 双线楼板

【双线楼板】命令用于绘制剖面双线楼板。

调用【双线楼板】命令有如下两种方法。

- 菜单栏：选择【剖面】|【双线楼板】菜单命令。
- 命令行：在命令行中输入 SXLB 命令并按 Enter 键。

下面具体讲解双线楼板的绘制方法。

(1) 为图 7-138 所示的立面图绘制双线楼板。

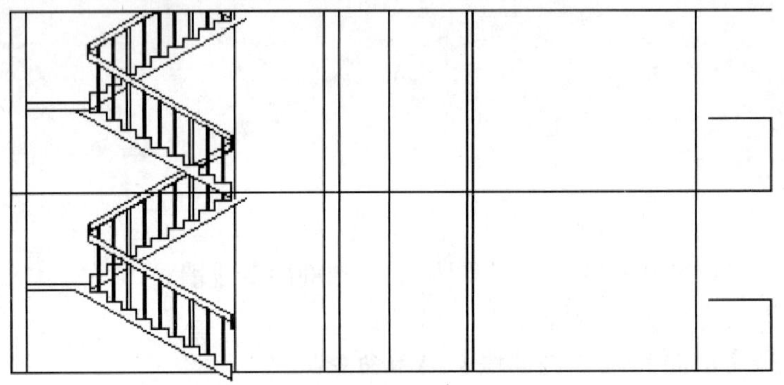

图 7-138　立面图素材

(2) 选择【剖面】|【双线楼板】菜单命令，分别指定楼板的起点 1 和结束点 2。

(3) 按 Enter 键默认楼板标高为起点标高，设置楼板厚度为 120，绘制双楼板，结果如图 7-139 所示。

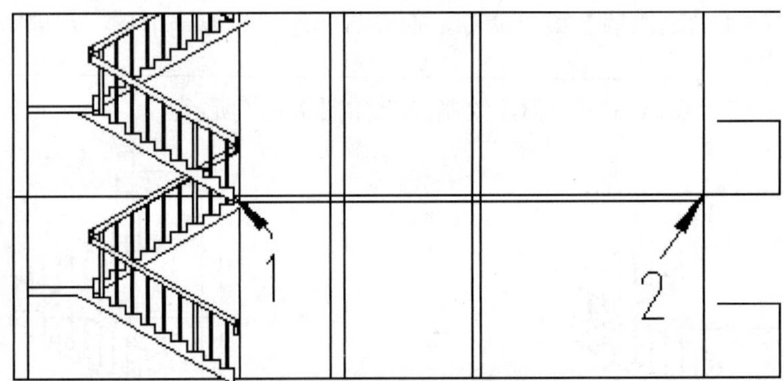

图 7-139　绘制双线楼板

3. 预制楼板

【预制楼板】命令用于创建剖面预制楼板。

调用【预制楼板】命令有如下两种方法。

- 菜单栏：选择【剖面】|【预制楼板】菜单命令。
- 命令行：在命令行中输入 YZLB 命令并按 Enter 键。

创建预制楼板时，会弹出【剖面楼板参数】对话框，在其中设置楼板的类型、单预制板宽度和楼层的总宽度等参数，此时系统将自动计算出预制板的数量和缝宽，接着单击【确定】按钮，然后指定楼板的插入点和预制板的排列方向，即可完成预制楼板的创建。

下面具体讲解预制楼板插入方法。

(1) 在图 7-140 所示的立面图中插入楼板。

(2) 选择【剖面】|【预制楼板】菜单命令，在弹出的【剖面楼板参数】对话框中设置参数，如图 7-141 所示。

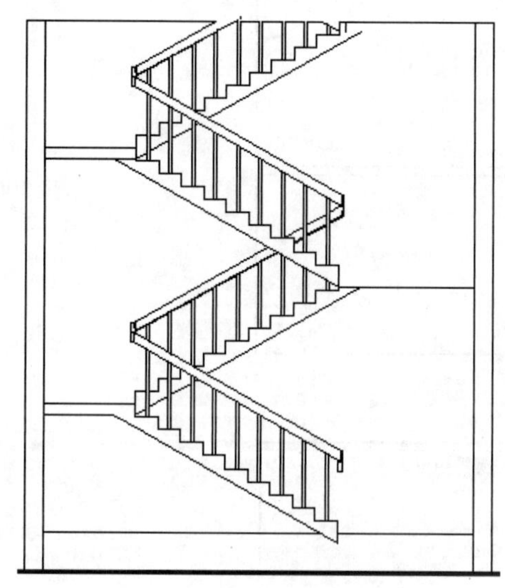

图 7-140　立面图素材

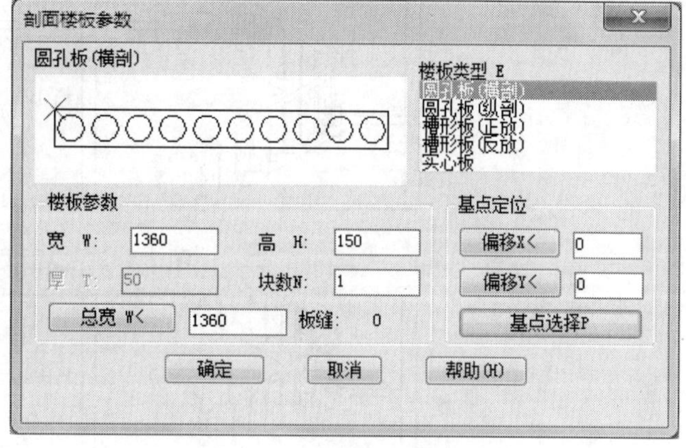

图 7-141　设置剖面楼板参数

(3)单击【剖面楼板参数】对话框中的【确定】按钮，在图中选取楼板插入点，创建剖面楼板效果如图 7-142 所示。

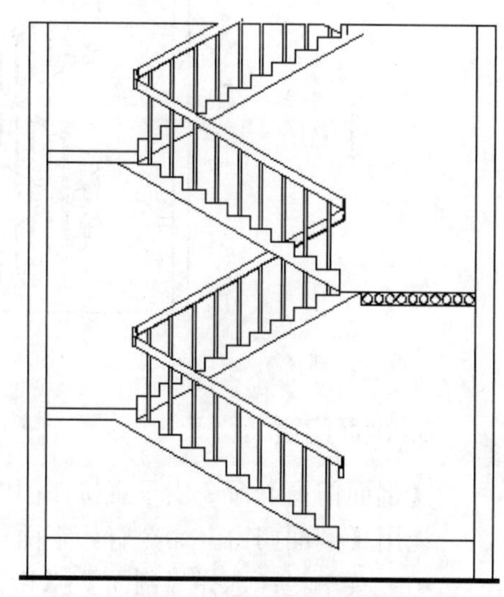

图 7-142　预制楼板效果

4. 加剖断梁

【加剖断梁】命令用于绘制楼板、休息平台下的截面梁。

调用【加剖断梁】命令有如下两种方法。

- 菜单栏：选择【剖面】|【加剖断梁】菜单命令。
- 命令行：在命令行中输入 JPDL 命令并按 Enter 键。

添加剖断梁时，首先指定剖面梁的参照点，然后根据命令行的提示分别设置梁左侧、右侧、梁底边到参照点的距离，即可完成创建剖断梁的操作。

下面具体讲解加剖断梁的操作方法。

(1) 在图 7-143 所示的立面图中添加剖断梁。

(2) 选择【剖面】|【加剖断梁】菜单命令，选取剖断梁的参照点 A，设置梁左侧到参照点的距离为 200，梁右侧到参照点的距离为 200，梁底边到参照点的距离为 300。

(3) 加剖断梁的效果如图 7-144 所示。

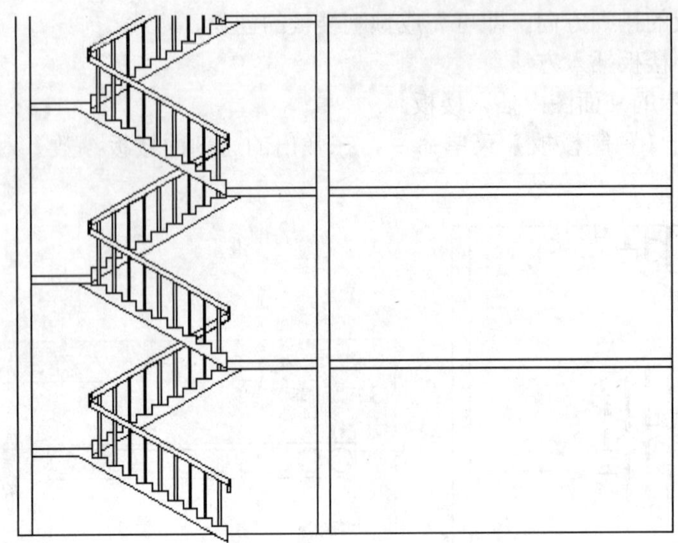

图 7-143 立面图素材

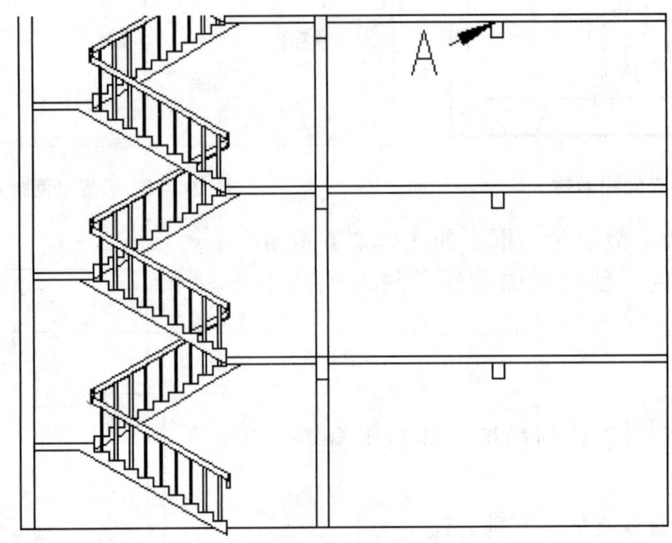

图 7-144 加剖断梁效果

5. 剖面门窗

【剖面门窗】命令用于直接在图中插入剖面门窗。

调用【剖面门窗】命令有如下两种方法。

- 菜单栏：选择【剖面】|【剖面门窗】菜单命令。
- 命令行：在命令行中输入 PMMC 命令并按 Enter 键。

创建剖面门窗时，首先选取剖面墙线下端，根据命令行的提示分别设置门窗下口到墙下端距离、门窗的高度等参数，即可完成创建剖面门窗的操作。

下面具体讲解剖面门窗的创建方法。

(1) 在图 7-145 所示的立面图中添加剖面窗。

(2) 选择【剖面】|【剖面门窗】菜单命令，根据命令行提示输入 S 命令并按 Enter 键，在弹出的【天正图库管理系统】窗口中双击选择剖面门窗样式，如图 7-146 所示。

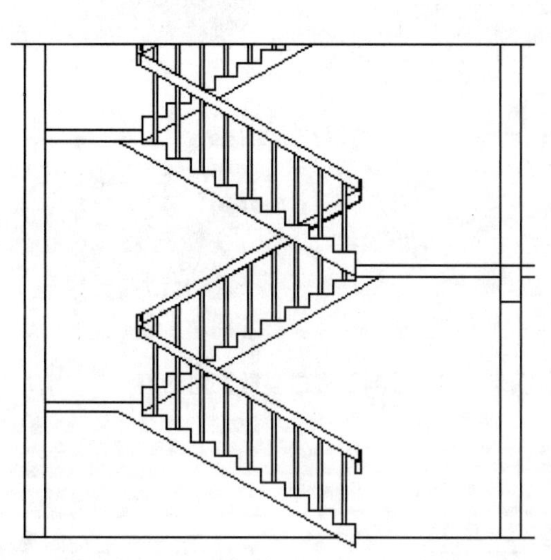

图 7-145　立面图素材

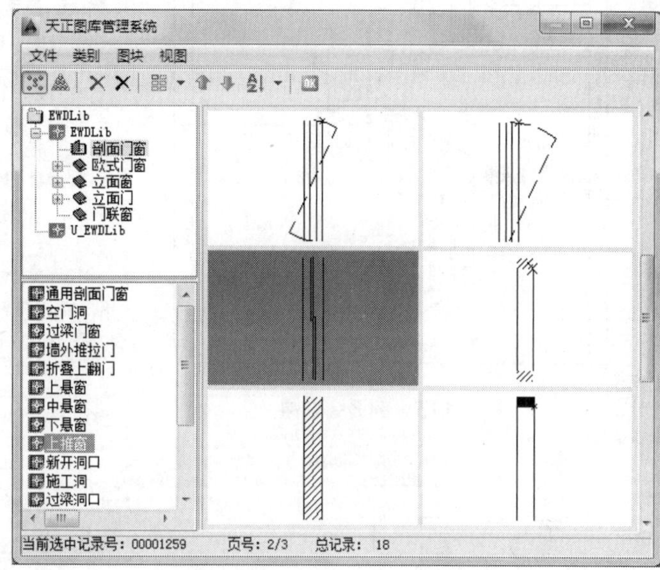

图 7-146　选择剖面门窗样式

(3) 选取剖面墙线下端，设置门窗下口到墙下端的距离为 900，门窗的高度为 1800。

(4) 绘制的剖面门窗效果如图 7-147 所示。

6. 剖面檐口

【剖面檐口】命令用于直接在图中绘制剖面檐口，包括女儿墙剖面、预制挑檐、现浇挑檐和现浇坡檐的剖面。

调用【剖面檐口】命令有如下两种方法。

- 菜单栏：选择【剖面】|【剖面檐口】菜单命令。
- 命令行：在命令行中输入 PMYK 命令并按 Enter 键。

创建剖面檐口时，弹出如图 7-148 所示的【剖面檐口参数】对话框，以设置檐口类型和相应的尺寸、位置参数。

该对话框中各选项的功能如下。

- 【檐口类型】：选择当前檐口的形式，有【女儿墙】、【预制挑檐】、【现浇挑檐】和【现浇坡檐】4 种类型可供选择。
- 【檐口参数】：确定檐口的尺寸及相对位置。
- 【左右翻转 R】按钮：可使檐口作整体翻转。
- 【基点定位】：用以选择屋顶的基点与屋顶角点的相对位置，包括【偏移 X】、【偏移 Y】和【基点选择 P】3 个按钮。

如图 7-149 所示为各种剖面檐口的效果。

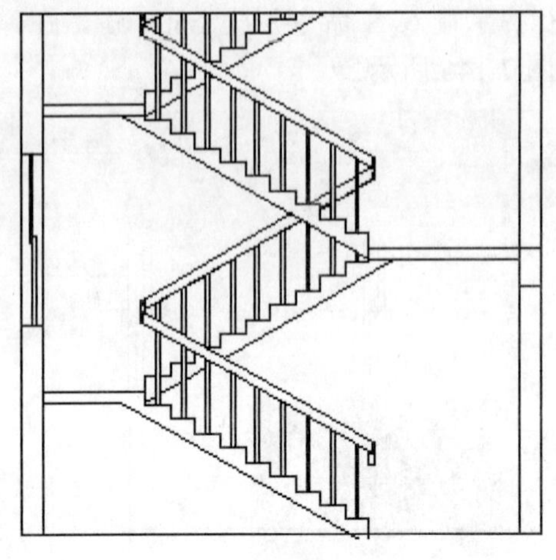

图 7-147　剖面窗效果

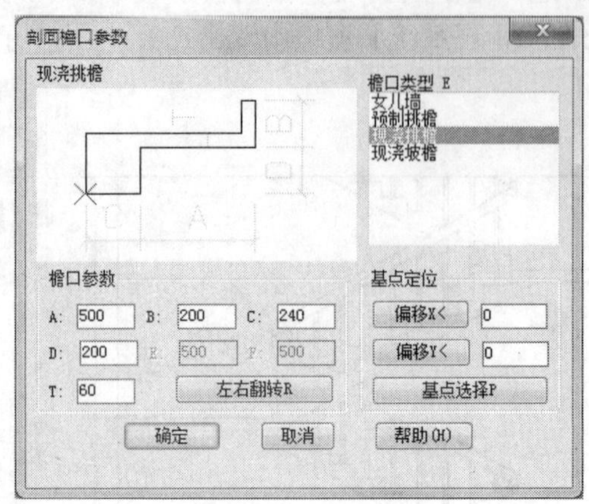

图 7-148　【剖面檐口参数】对话框

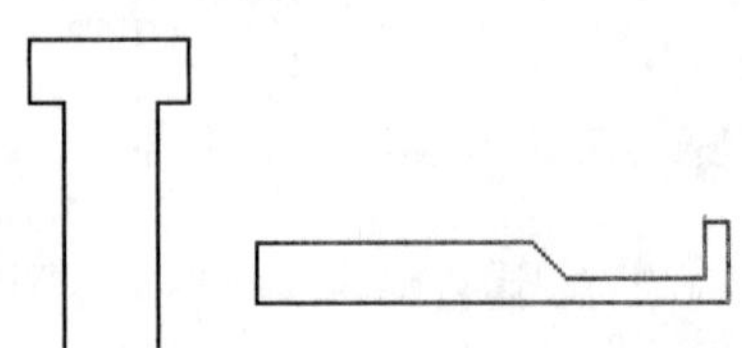

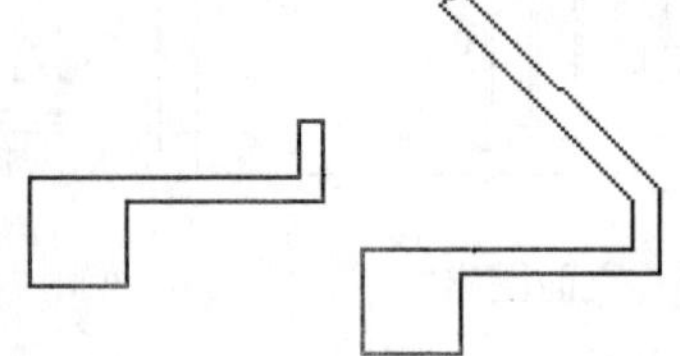

图 7-149　剖面檐口

7. 门窗过梁

【门窗过梁】命令用于在剖面门窗上方画出给定梁高的矩形过梁剖面，并且带有灰度填充。调用【门窗过梁】命令有如下两种方法。

- 菜单栏：选择【剖面】|【门窗过梁】菜单命令。
- 命令行：在命令行中输入 MCGL 命令并按 Enter 键。

下面具体讲解门窗过梁的创建方法。

(1) 在图 7-150 所示的剖面门窗中创建过梁。

(2) 选择【剖面】|【门窗过梁】菜单命令，选择需加过梁的剖面门窗，按 Enter 键确定。

(3) 设置梁高为 120 并按 Enter 键，完成过梁的添加，如图 7-151 所示。

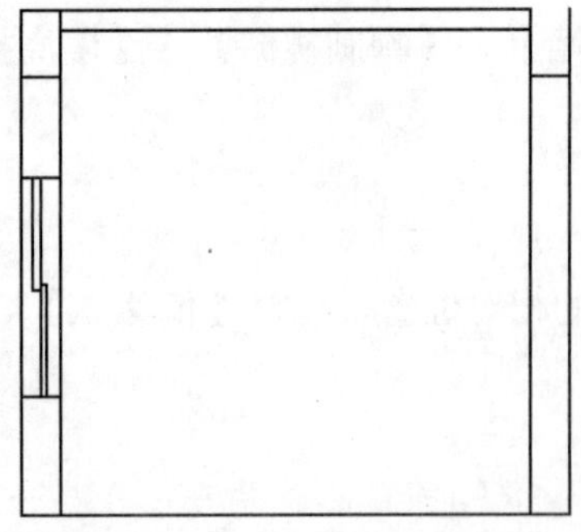

图 7-150　立面图素材

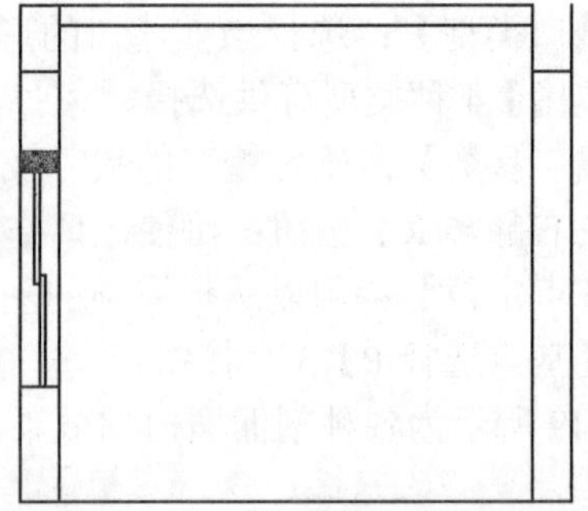

图 7-151　添加门窗过梁效果

7.5.3 楼梯与栏杆剖面

行业知识链接：楼梯是连接楼层的媒介，图纸中的楼梯主要表达形状。如图 7-152 所示是多层楼梯的立面图。

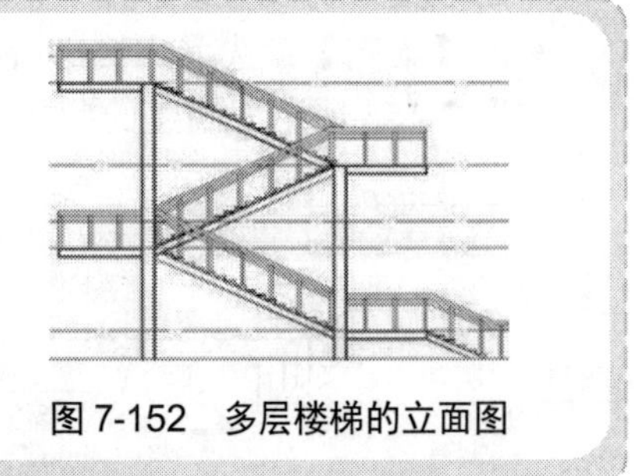

图 7-152 多层楼梯的立面图

1. 参数楼梯

【参数楼梯】命令用于在剖面图中插入单段或整段楼梯剖面，可从平面楼梯获取梯段参数。本命令一次可以绘制超过一跑的双跑 U 形楼梯，条件是各跑步数相同，而且之间对齐(没有错步)。

调用【参数楼梯】命令有如下两种方法。

- 菜单栏：选择【剖面】|【参数楼梯】菜单命令。
- 命令行：在命令行中输入 CSLT 命令并按 Enter 键。

创建剖面楼梯时，弹出【参数楼梯】对话框，如图 7-153 所示。

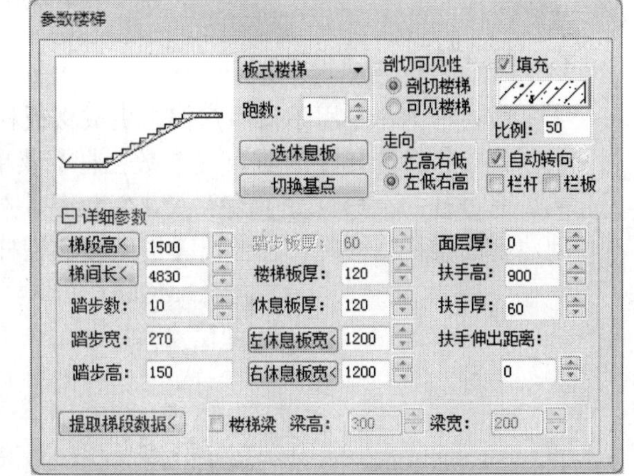

图 7-153 【参数楼梯】对话框

该对话框中各选项的含义如下。

- 梯段类型列表：用于选定当前梯段的形式，有【板式楼梯】、【梁式现浇 L 形】、【梁式现浇△形】和【梁式预制】4 种类型可选。
- 【跑数】：默认跑数为 1，在无模式对话框下可以连续绘制，此时各跑之间不能自动遮挡，跑数大于 2 时各跑间按剖切与可见关系自动遮挡。
- 【剖切可见性】：用以选择画出的梯段是剖切部分还是可见部分，以图层“S _STAIR”或“S_ E _STAIR”表示，颜色也有区别。
- 【自动转向】复选框：在每次执行单跑楼梯绘制后，如选中此项，楼梯走向会自动更换，便于绘制多层的双跑楼梯。
- 【选休息板】按钮：用于确定是否绘出左右两侧的休息板，有【全有】、【全无】、【左有】和【右有】4 种选择。
- 【切换基点】按钮：确定基点(绿色 x)在楼梯上的位置，在左右平台板端部切换。
- 【填充】复选框：以颜色填充剖切部分的梯段和休息平台区域，可见部分不填充。
- 【面层厚】：当前梯段的装饰面层厚度。

- 【扶手(栏板)高】：当前梯段的扶手/栏板高。
- 【扶手厚】：当前梯段的扶手厚度。
- 【提取梯段数据】按钮：从平面楼梯对象提取梯段数据，为双跑楼梯时只提取第一跑数据。
- 【梁高】：选梁式楼梯后出现此参数，应大于楼梯板厚。

如图 7-154 所示为创建的参数楼梯效果。

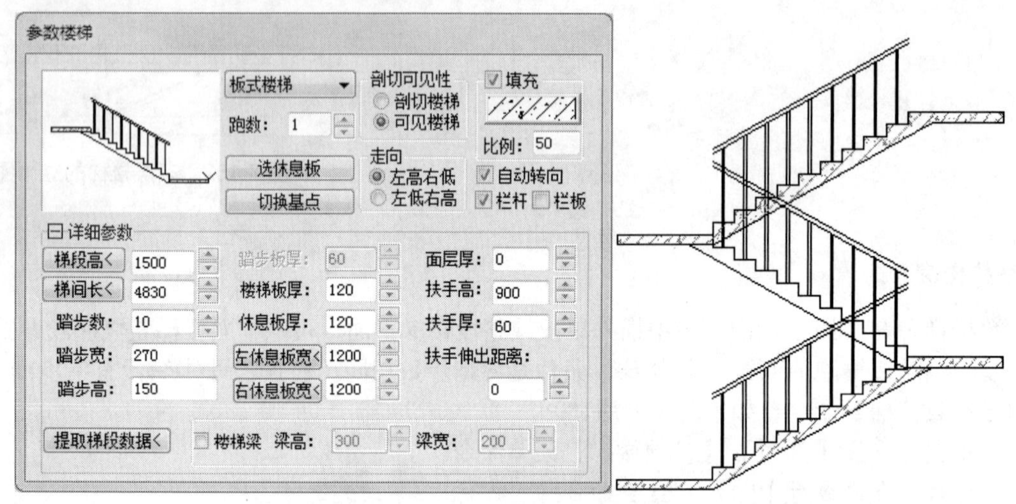

图 7-154　创建的参数楼梯效果

2. 参数栏杆

【参数栏杆】命令用于按用户需求生成楼板栏杆。调用【参数栏杆】命令有如下两种方法。

- 菜单栏：选择【剖面】|【参数栏杆】菜单命令。
- 命令行：在命令行中输入 CSLG 命令并按 Enter 键。

创建剖面楼梯栏杆时，会弹出【剖面楼梯栏杆参数】对话框，如图 7-155 所示。

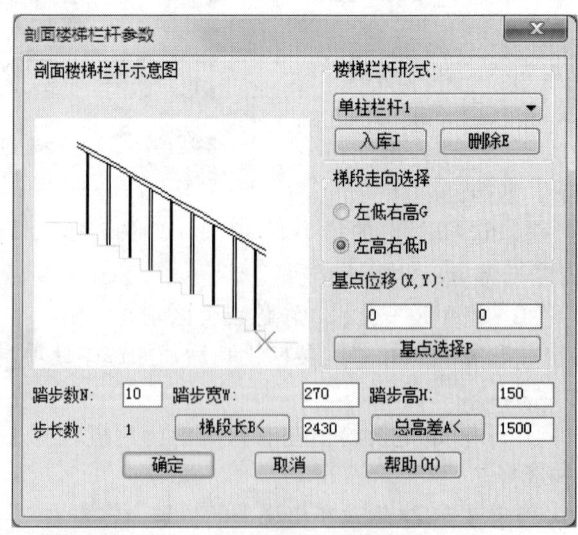

图 7-155　【剖面楼梯栏杆参数】对话框

该对话框中各选项的含义说明如下。

- 栏杆列表框：列出已有的栏杆形式。
- 【入库 I】按钮：用来扩充栏杆库。
- 【删除 E】按钮：用来删除栏杆库中由用户添加的某一栏杆形式。
- 【步长数】：指栏杆基本单元所跨越楼梯的踏步数。
- 【梯段长】按钮：指梯段始末点的水平长度，通过给出梯段两个端点给出。
- 【总高差】按钮：指梯段始末点的垂直高度，通过给出梯段两个端点给出。
- 【基点选择 P】按钮：从图形中按预定位置切换基点。

下面具体讲解参数栏杆的创建方法。

(1) 在图 7-156 所示的剖面图中添加栏杆。

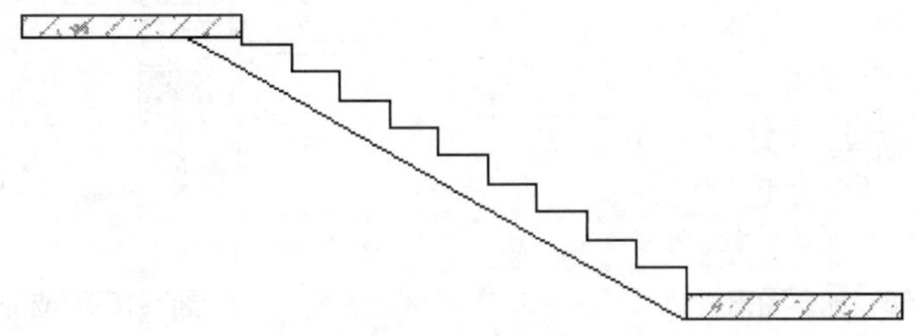

图 7-156 剖面图素材

(2) 选择【剖面】|【参数栏杆】菜单命令，在弹出的【剖面楼梯栏杆参数】对话框中设置参数，选取栏杆插入点，插入剖面栏杆，如图 7-157 所示。

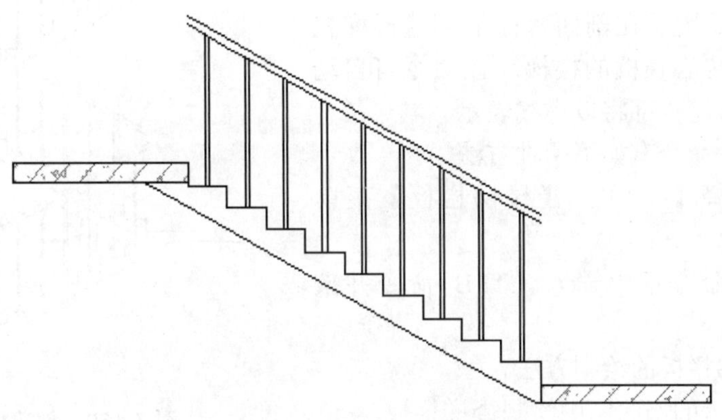

图 7-157 创建的参数栏杆效果

3. 楼梯栏杆

【楼梯栏杆】命令用于自动识别剖面楼梯与可见楼梯，绘制楼梯栏杆与扶手。

调用【楼梯栏杆】命令有如下两种方法。

- 菜单栏：选择【剖面】|【楼梯栏杆】菜单命令。
- 命令行：在命令行中输入 LTLG 命令并按 Enter 键。

创建楼梯栏杆时，根据命令行的提示设置栏杆的高度，分别指定栏杆的起点和终点，即可完成创建楼梯栏杆的操作。

下面具体讲解楼梯栏杆绘制方法。

(1) 在图 7-158 所示的剖面图中添加楼梯栏杆。

(2) 选择【剖面】|【楼梯栏杆】菜单命令，设置扶手高度为 1000，然后输入 Y 确认打断遮挡线。

(3) 选取 A、B 点插入楼梯栏杆，如图 7-159 所示。

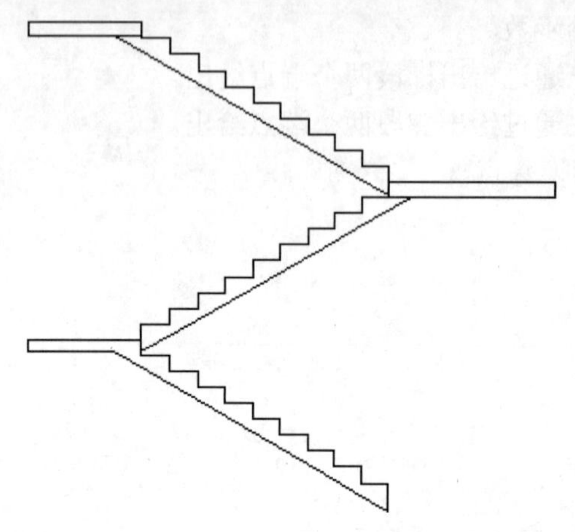

图 7-158 剖面图素材

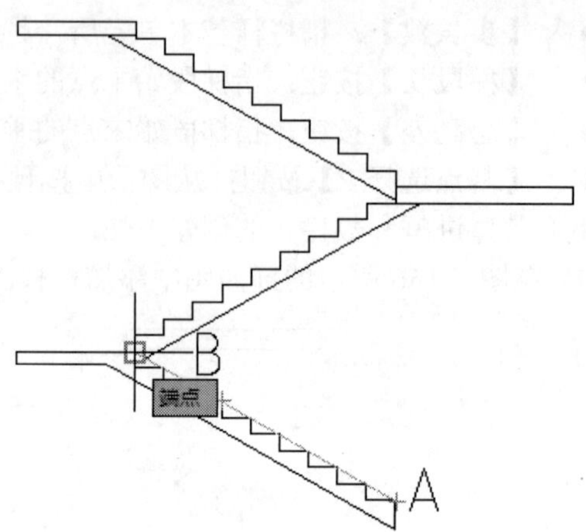

图 7-159 选取插入点

(4) 重复选取起始点，按 Enter 键完成绘制，结果如图 7-160 所示。

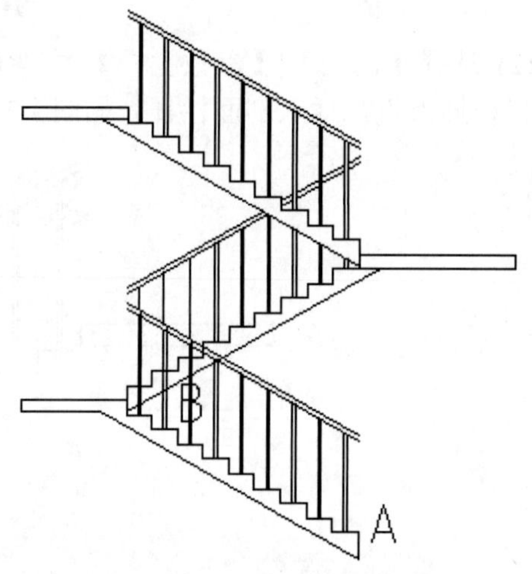

图 7-160 创建楼梯栏杆效果

4. 楼梯栏板

【楼梯栏板】命令用于在剖面楼梯上创建楼梯栏板示意图，用于采用实心栏板的楼梯。该命令可自动处理栏板遮挡部分，被遮挡部将以虚线表示。

调用【楼梯栏板】命令有如下两种方法。

- 菜单栏：选择【剖面】|【楼梯栏板】菜单命令。
- 命令行：在命令行中输入 LTLB 命令并按 Enter 键。

下面具体讲解楼梯栏板的绘制方法。

(1) 在图 7-161 所示的剖面图中绘制楼梯栏板。

(2) 选择【剖面】|【楼梯栏板】菜单命令，设置扶手高度为 1000，然后输入 Y 确认将遮挡线变虚。

(3) 在图中选取绘制栏板的起点和终点，绘制楼梯栏板效果如图 7-162 所示。

5. 扶手接头

【扶手接头】命令与【剖面楼梯】、【参数栏杆】、【楼梯栏杆】、【楼梯栏板】各命令均可配合使用，对楼梯扶手和楼梯栏板的接头作倒角与水平连接处理，水平伸出长度可由用户设定。

调用【扶手接头】命令有如下两种方法。

- 菜单栏：选择【剖面】|【扶手接头】菜单命令。

- 命令行：在命令行中输入 FSJT 命令并按 Enter 键。

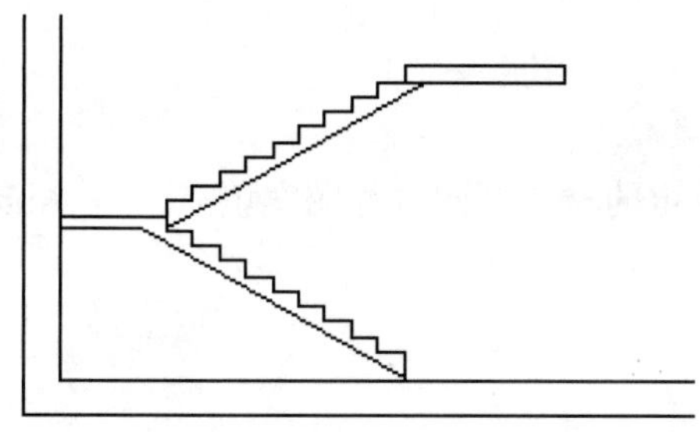

图 7-161　剖面图素材

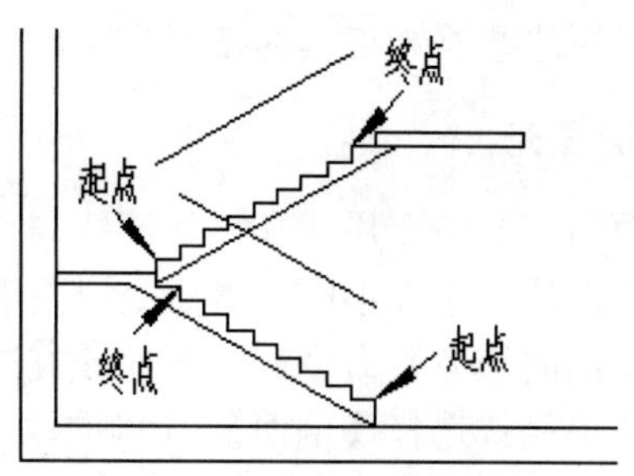

图 7-162　绘制栏板效果

下面具体讲解扶手接头的绘制方法。

(1) 在图 7-163 所示的楼梯剖面图中添加扶手接头。

(2) 选择【剖面】|【扶手接头】菜单命令，设置扶手伸出距离为 0，提示“是否增加栏杆”，选择“否”。

(3) 捕捉需要连接扶手的两点，扶手接头效果如图 7-164 所示。

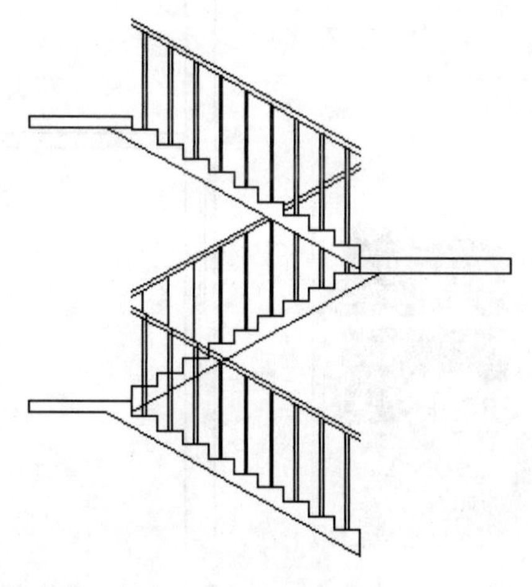

图 7-163　楼梯剖面图

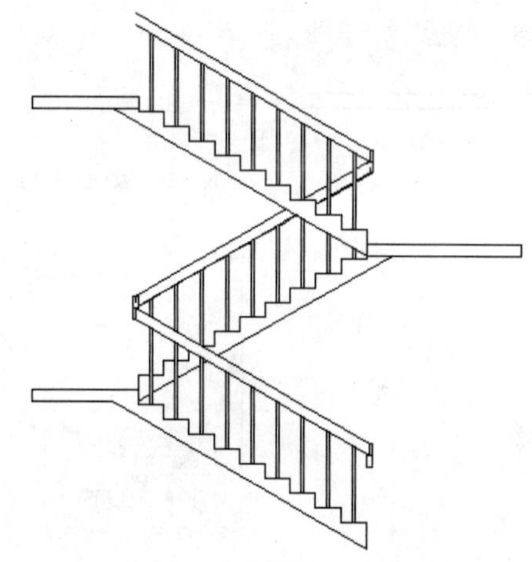

图 7-164　扶手接头效果

7.5.4　剖面填充与加粗

行业知识链接：当对建筑剖面进行深化处理后，还需要对建筑剖面图进行材料填充和线条加粗处理。如图 7-165 所示是楼房的墙面填充效果图。

图 7-165　楼房的墙面填充效果图

天正建筑软件提供了多个修饰工具，包括剖面填充、居中加粗、向内加粗和取消加粗 4 个工具。本节主要介绍这些修饰工具的使用方法。

1. 剖面填充

【剖面填充】命令用于在剖面墙线与楼梯剖面按指定的材料图例进行图案填充，与 AutoCAD 软件的图案填充使用条件不同，本命令不要求墙端封闭即可填充图案。

调用【剖面填充】命令有如下几种方法。

- 菜单栏：选择【剖面】|【剖面填充】菜单命令。
- 命令行：在命令行中输入 PMTC 命令并按 Enter 键。

下面具体讲解剖面填充的操作方法。

(1) 在图 7-166 所示的剖面图中进行剖面填充。

(2) 选择【剖面】|【剖面填充】菜单命令，选择需要填充的双线剖面梁板。

(3) 按 Enter 键，在弹出的【请点取所需的填充图案】对话框中选择填充图案，如图 7-167 所示，图案填充效果如图 7-168 所示。

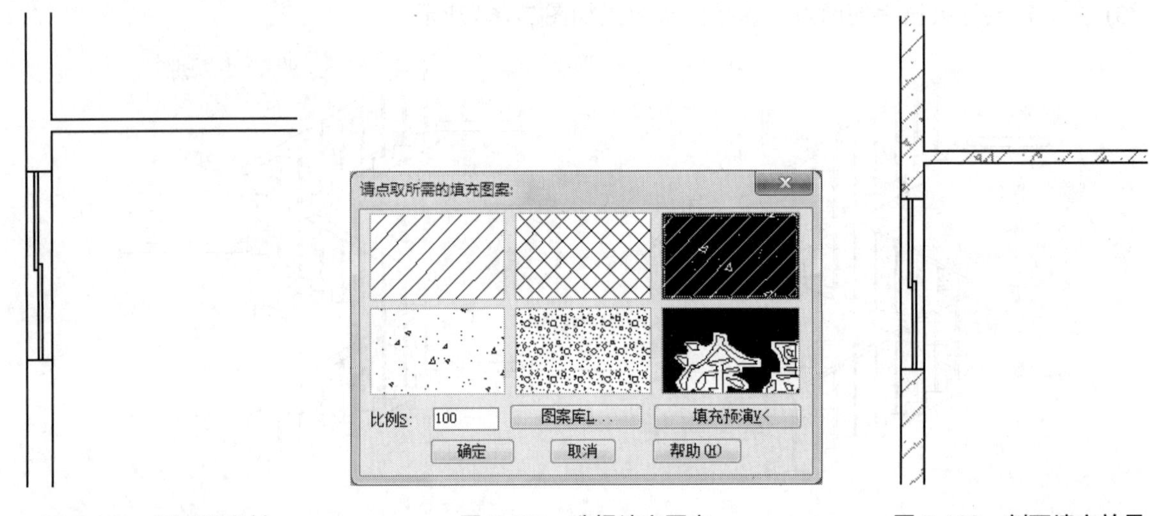

图 7-166 剖面图素材　　图 7-167 选择填充图案　　图 7-168 剖面填充效果

2. 居中加粗

【居中加粗】命令用于将剖面图中的墙线向墙两侧加粗。

调用【居中加粗】命令有如下两种方法。

- 菜单栏：选择【剖面】|【居中加粗】菜单命令。
- 命令行：在命令行中输入 JZJC 命令并按 Enter 键。

下面具体讲解居中加粗的操作方法。

(1) 在图 7-169 所示的剖面图中使用【居中加粗】命令。

(2) 选择【剖面】|【居中加粗】菜单命令，选取要变粗的剖面墙线、梁板和楼梯线，按 Enter 键确认。

(3) 设置墙线宽为 0.4，加粗效果如图 7-170 所示。

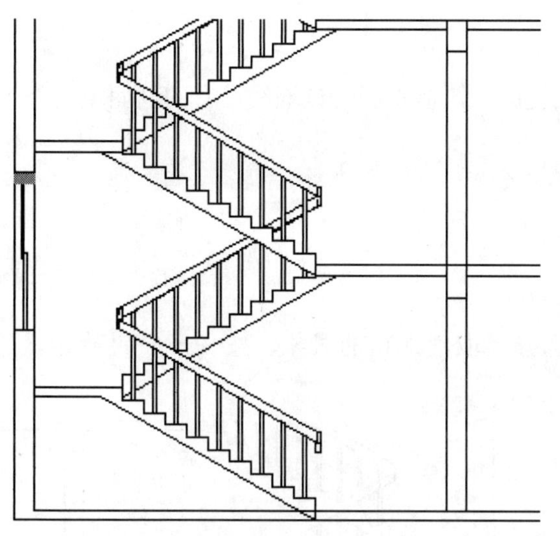

图 7-169　剖面图素材

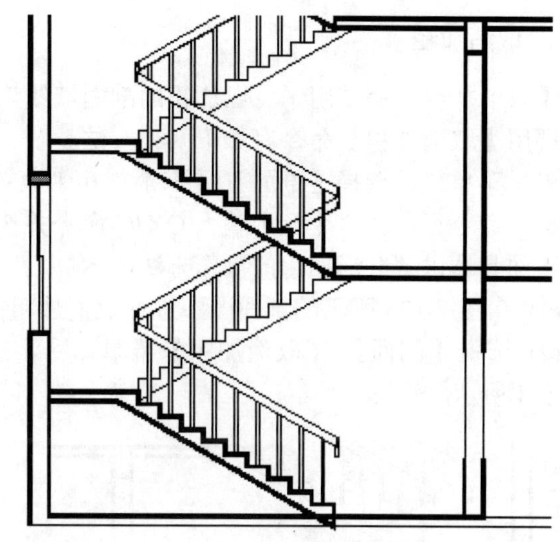

图 7-170　居中加粗效果

3. 向内加粗

【向内加粗】命令用于将剖面图中的墙线向墙内侧加粗，能做到窗墙平齐的出图效果。

调用【向内加粗】命令有如下两种方法。

- 菜单栏：选择【剖面】|【向内加粗】菜单命令。
- 命令行：在命令行中输入 XNJC 命令并按 Enter 键。

下面具体讲解向内加粗的操作方法。

(1) 在图 7-171 所示的剖面图中进行向内加粗的操作。

(2) 选择【剖面】|【向内加粗】菜单命令，选取要变粗的剖面墙线，按 Enter 键确认。

(3) 设置墙线宽为 0.4，向内加粗效果如图 7-172 所示。

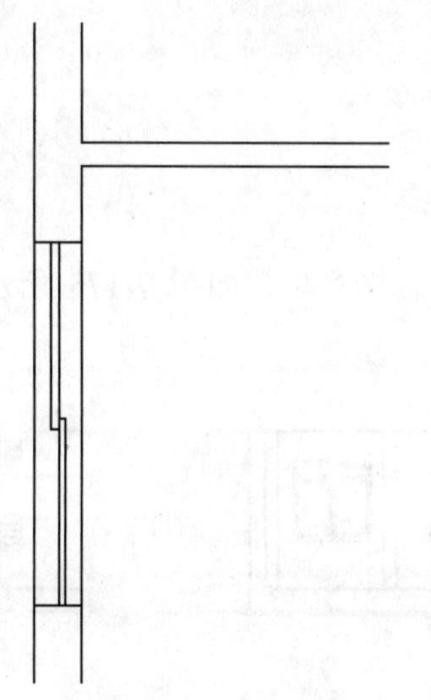

图 7-171　剖面图素材

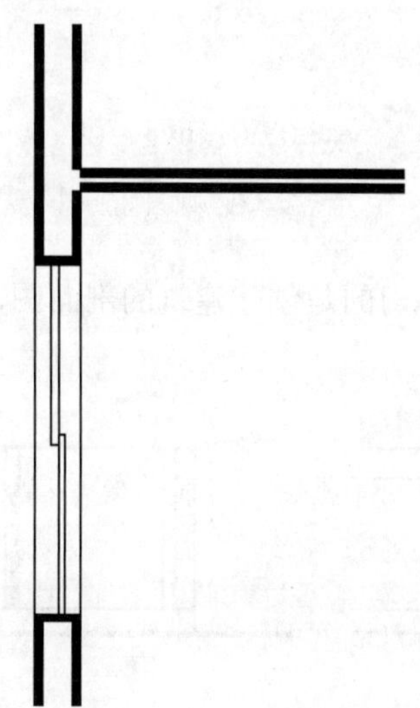

图 7-172　向内加粗效果

4. 取消加粗

【取消加粗】命令用于将已加粗的剖面墙线恢复原状，但不影响该墙线已有的剖面填充。

调用【取消加粗】命令有如下两种方法。

- 菜单栏：选择【剖面】|【取消加粗】菜单命令。
- 命令行：在命令行中输入 QXJC 命令并按 Enter 键。

下面具体讲解取消加粗的操作方法。

(1) 在图 7-173 所示的剖面图中进行取消加粗操作。

(2) 选择【剖面】|【取消加粗】菜单命令，选择要取消加粗的对象，按 Enter 键确定，结果如图 7-174 所示。

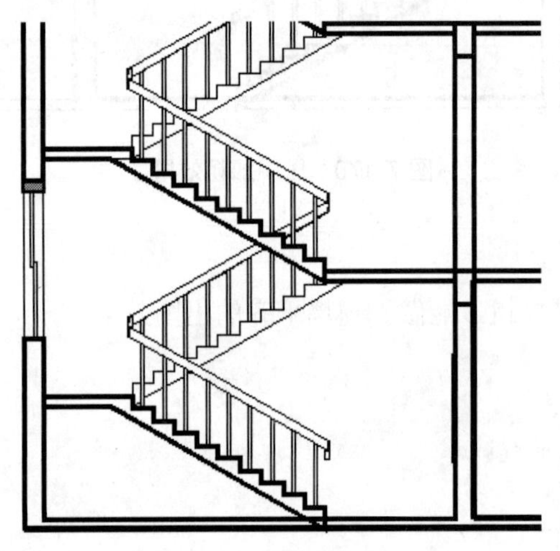

图 7-173 剖面图素材

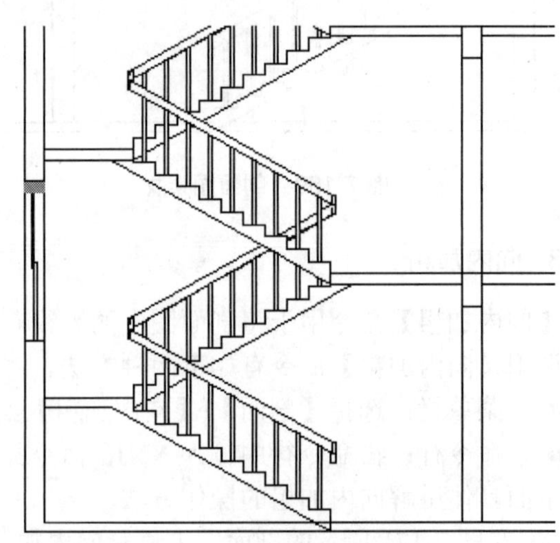

图 7-174 取消加粗效果

课后练习

案例文件：ywj\07\01.dwg、03.dwg

视频文件：光盘→视频课堂→第 7 教学日→7.5

本节课后练习的是创建建筑的剖面图，剖面图由已有平面图产生，如图 7-175 所示是创建完成的剖面图。

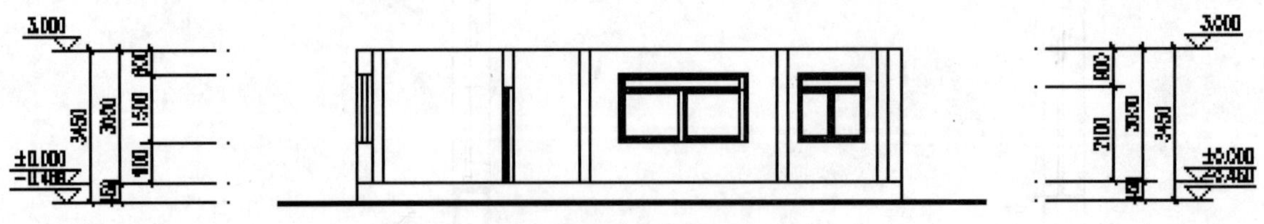

图 7-175 建筑剖面图

本节案例主要练习建筑剖面图的创建过程，首先打开文件，之后使用建筑剖面命令创建剖面图，建筑剖面图的创建思路和步骤如图 7-176 所示。

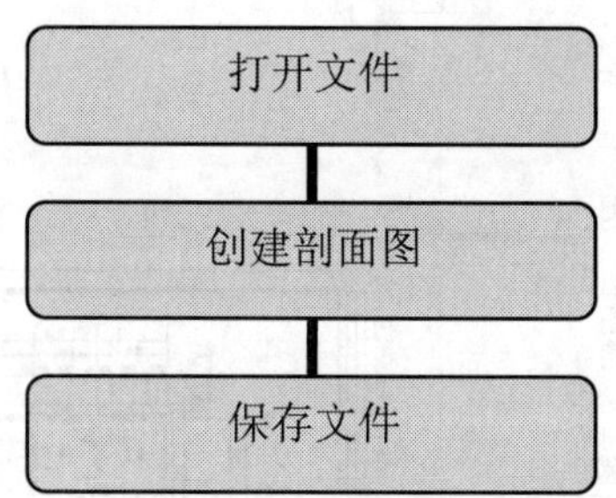

图 7-176　建筑剖面图的创建思路和步骤

练习案例操作步骤如下。

step 01 首先打开文件。选择【文件】|【打开】菜单命令，打开【选择文件】对话框，选择文件“01”，单击【打开】按钮，如图 7-177 所示。

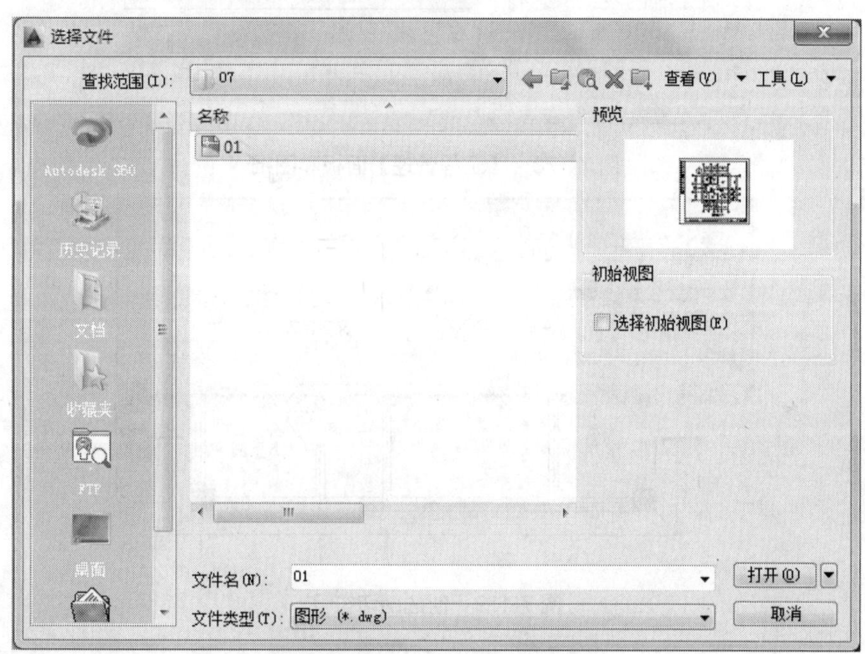

图 7-177　【选择文件】对话框

step 02 选择【文件布图】|【工程管理】菜单命令，打开【工程管理】面板，打开文件，如图 7-178 所示。

step 03 最后创建剖面图。选择【符号标注】|【剖切符号】菜单命令，打开【剖切符号】对话框，创建剖切符号，如图 7-179 所示。

step 04 打开【工程管理】面板，单击【工程管理】面板中的【建筑剖面】按钮，选择刚创建的剖切符号，在弹出的【剖面生成设置】对话框中设置参数，如图 7-180 所示，单击【生成剖面】按钮开始生成剖面图。

step 05 弹出如图 7-181 所示的【输入要生成的文件】对话框，设置剖面图文件名“03”和保存位置。

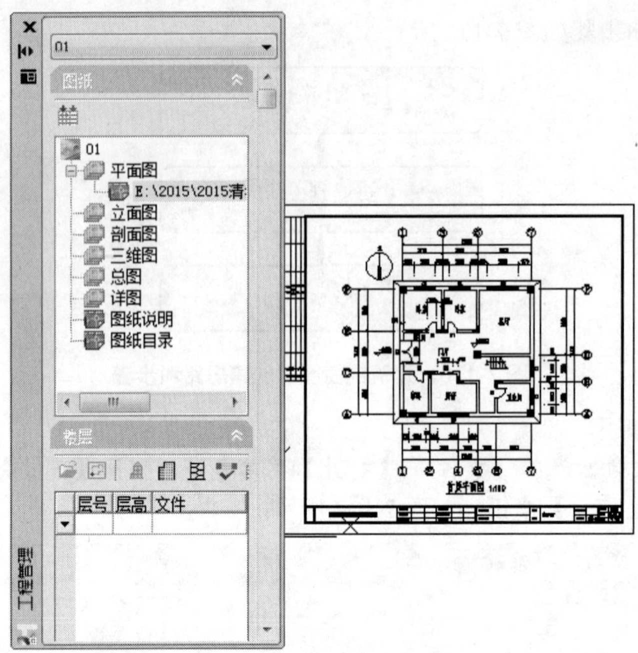

图 7-178 【工程管理】面板和图纸

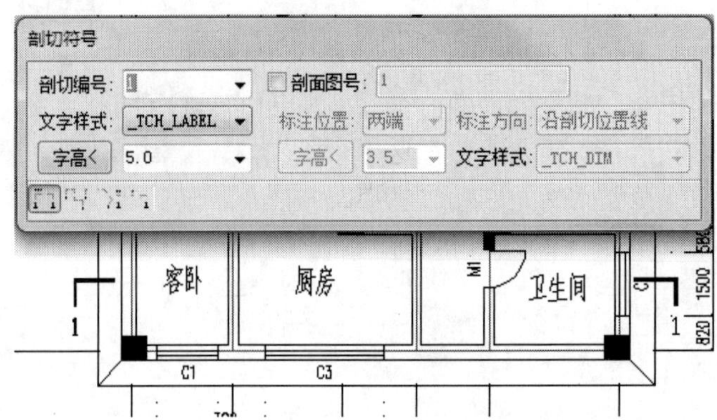

图 7-179 创建剖切符号

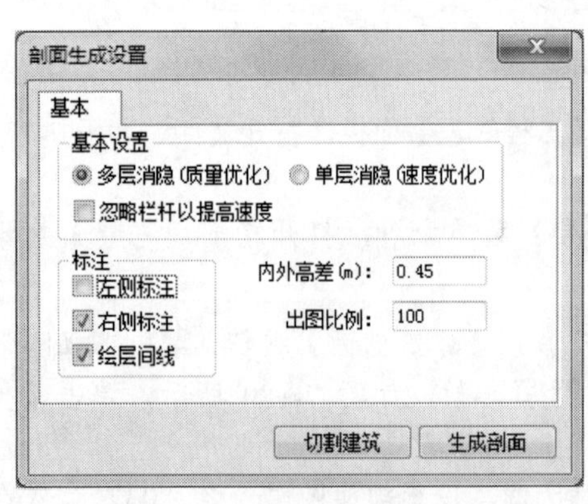

图 7-180 设置剖面生成参数

图 7-181 【输入要生成的文件】对话框

step 06 单击【输入要生成的文件】对话框中的【保存】按钮保存剖面图，完成剖面图的创建，如图 7-182 所示。

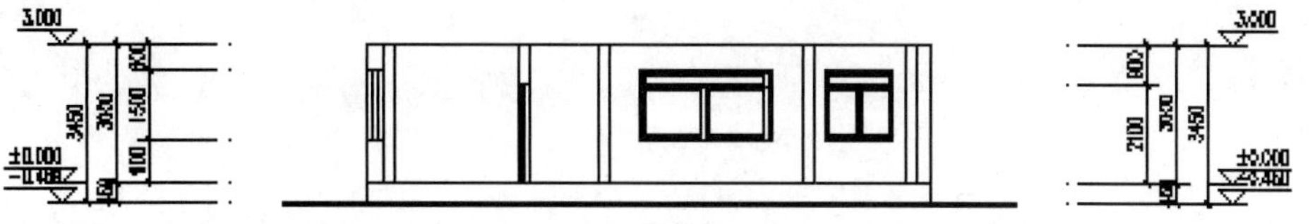

图 7-182 建筑剖面图

建筑设计实践： 建筑剖面图是假想用一个或多个垂直于外墙轴线的铅垂剖切面，将房屋剖开所得的投影图，简称剖面图。如图 7-183 所示是建筑剖面图。

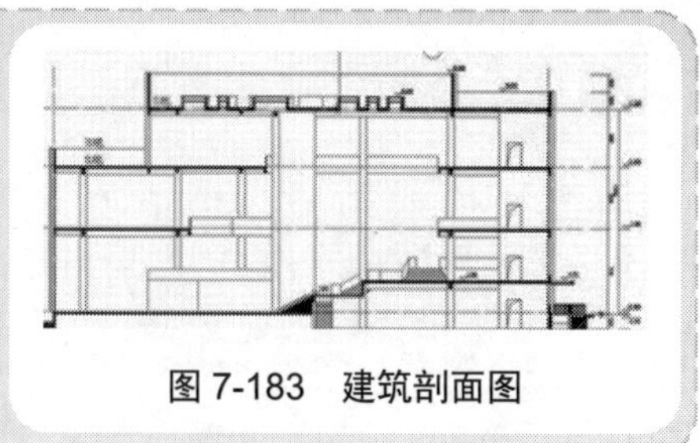

图 7-183 建筑剖面图

阶段进阶练习

本教学日介绍了绘制建筑立面和剖面图的基本知识，以及其绘图方法与技巧，图纸完成厚度布局和打印设置，读者也要丰富自己的绘图经验，这样在工作中才能提高效率。通过本教学日的学习，读者可以掌握使用天正建筑软件 T20 来绘制建筑各类图纸的方法和思路。

如图 7-184 所示，练习创建地基结构大样图。

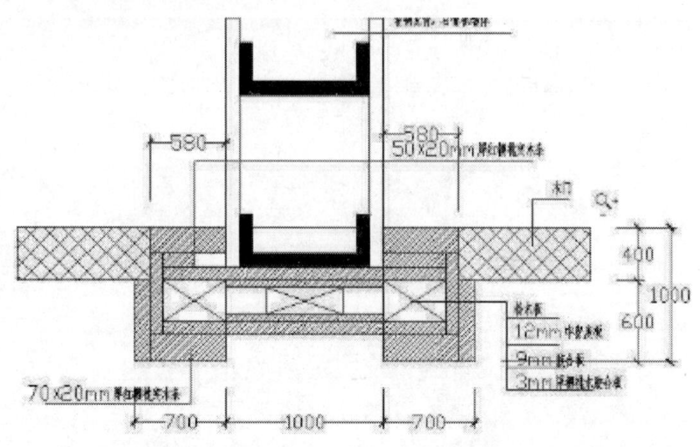

图 7-184 地基结构大样图

一般创建步骤和方法如下。

(1) 使用墙体命令绘制结构。

(2) 填充区域。

(3) 创建尺寸和文字标注。